WPS Office 办公应用从入门到精通（第2版）

IT新时代教育◎编著

·北京·

内 容 提 要

本书以国产办公软件WPS Office为蓝本，以"案例制作"为导向，列举职场中常见的商务办公案例，详细讲解了WPS Office办公文档处理、电子表格应用和演示文稿制作技巧。

具体内容包括：①通过18个职场案例(如劳动合同、员工培训方案、公司行政管理手册、企业组织结构图、企业内部工作流程图、员工入职登记表、出差申请单、员工考核制度表、年度总结报告、营销计划书等)，详细讲解了WPS Office办公文档的处理实战技能；②通过18个职场案例(如公司员工档案表、员工工资表、员工KPI绩效表、业绩奖金表、库存管理清单、销售业绩表、员工业绩统计图、网店销售数据透视表、销售计划表、生产规划表等)，详细讲解了WPS Office电子表格的商务办公实战技能；③通过6个职场案例(如产品宣传与推广演示文稿、公司培训演示文稿、企业文化宣传演示文稿、年终总结演示文稿、商务计划演示文稿等)，详细讲解了WPS Office演示文稿的制作实战技能。

本书注重理论知识与实践的结合，每章内容都从实际案例出发，图文并茂、讲解透彻。当遇到疑难点时，适时安排了"专家答疑"和"专家点拨"栏目，帮助读者走出误区。同时，本书还增加了WPS Office的AI办公技能应用，帮助读者掌握和利用WPS AI提高工作效率的方法。

本书既适合零基础并想快速掌握WPS Office商务办公的读者学习，又可以作为大、中专院校或者企业的培训教材。对于经常使用WPS Office进行办公，但又缺乏实战应用经验和技巧的读者特别有帮助。

图书在版编目 (CIP) 数据

WPS Office办公应用从入门到精通 / IT新时代教育编著. -- 2版. —北京：中国水利水电出版社，2024.8（2025.1重印）.
ISBN 978-7-5226-2479-2

Ⅰ. ①W… Ⅱ. ①I… Ⅲ. ①办公自动化—应用软件
Ⅳ. ①TP317.1

中国国家版本馆CIP数据核字(2024)第111323号

书　　名	WPS Office办公应用从入门到精通（第2版） WPS Office BANGONG YINGYONG CONG RUMEN DAO JINGTONG (DI 2 BAN)
作　　者	IT新时代教育　编著
出版发行	中国水利水电出版社 （北京市海淀区玉渊潭南路1号D座 100038） 网址：www.waterpub.com.cn E-mail：zhiboshangshu@163.com 电话：（010）62572966-2205/2266/2201（营销中心）
经　　售	北京科水图书销售有限公司 电话：（010）68545874、63202643 全国各地新华书店和相关出版物销售网点
排　　版	北京智博尚书文化传媒有限公司
印　　刷	河北文福旺印刷有限公司
规　　格	170mm×240mm　16开本　20.25印张　544千字
版　　次	2019年1月第1版第1次印刷　2024年8月第2版　2025年1月第3次印刷
印　　数	9001—14000册
定　　价	89.80元

PREFACE

序

这个世界上没有天生的王者，都必须经历“从无到有，从有到优”的过程，没有人能跨越这一过程。

蒸汽革命，使机械代替了人力；电力革命，初步实现了电气化；新能源与信息技术革命，造就了机械化、自动化和新的信息技术。科技在不断进步，时代在不断变迁，人类依然在追求人生意义的道路上奔走，持续学习就是实现自我价值的必由之路。每一次微小的积累，都可能在未来的某个时刻成为改变人生轨迹的重要因素。

从校园步入职场，从课桌到工位，空间转变的背后也是人生旅程的转折。作为初入职场的新人，不仅需要清楚地了解工作内容，更需要掌握科学的工作方式。信息科技时代，如何选择和使用办公软件，是新职场人开启职业生涯成长的第一步。随着AI、大数据等技术的发展，经过30多年的迭代与更新，现代办公软件不仅是一个生产效率工具，更是工作与生活中不可或缺的一部分。想在职场中快速站稳脚跟，提升职场竞争力，除了需要培养良好的职场学习习惯，在学中做，在做中学，还要充分利用办公软件提供的丰富内容，巧妙地借助更加智能化的办公工具及服务来提升效率。

本书作者深谙学习之道，将办公软件基础性学习变得生动易学，远近缓急、繁简有度。通过办公软件技能学习，可以更好地指引你如何构建良好的职场生活方式，合理安排时间。本书同时兼顾新人及有专业性需求的人群，有效地帮助读者快速从办公入门级选手进阶到办公高手，快速建立职场信心，节约更多时间，投入到更有创造力的工作中去。

在此，感谢每一位支持WPS的用户，欢迎加入WPS大家庭，我们一直和你们在一起。同时，特别感谢每一位读者，希望你们可以一直怀着勇气、坚韧和信心，持之以恒地学习，保持对事物的新鲜感，使前行的道路上充满无限的可能与希望。相信当你掌握更多技能，做到知行合一时，便可以自由地应对更多的挑战，让人生因努力而光彩。

北京金山办公软件股份有限公司CEO　葛珂

PREFACE
前　言

WPS Office是由北京金山办公软件股份有限公司自主研发的办公软件套装，可以实现办公软件最常用的文字、表格、演示等多种功能。具有内存占用低、运行速度快、体积小巧、强大插件平台支持、免费提供海量在线存储空间及文档模板，支持阅读和输出PDF文件、全面兼容微软Office 97-2010格式（doc/docx/xls/xlsx/ppt/pptx等）的独特优势，可以覆盖Windows、Linux、Android、iOS等多个平台。WPS Office支持桌面和移动办公。

WPS Office个人版对个人用户永久免费，包含WPS文字、WPS表格、WPS演示三大功能模块，与微软Office中的Word、Excel、PowerPoint一一对应，应用XML数据交换技术，无障碍兼容doc、xls、ppt等文件格式，可以直接保存和打开Microsoft Word、Excel和PowerPoint文件，也可以用Microsoft Office轻松编辑WPS系列文档。

本书以“案例制作”为导向，列举多个职场中常见的商务办公案例，详细讲解了WPS Office文档处理、电子表格应用、演示文稿制作的办公技能应用技巧。

本书具有以下特色。

➡ 案例引导，活学活用

本书精心安排并详细讲解了42个实用职场案例的制作方法，涉及行政文秘、人力资源、财务会计、市场营销等常见应用领域。这种以案例贯穿全书的讲解方法，让职场人士带着目的学习操作，学完马上就能运用。

➡ 思路解析，事半功倍

本书打破常规，没有一上来就讲解案例操作，而是通过清晰的“思维导图”来帮助读者厘清案例思路，明白在职场中什么情况下会制作此类文档，制作的要点是什么、有什么样的步骤。使读者带着全局观来学习，不再苦苦思考“为什么要这样操作”。

➡ 一步一图，易学易会

本书在进行案例讲解时，为每一步操作都配上对应的软件截图，并清晰地标注了操作步骤。让读者结合计算机中的软件，快速领会操作技巧，迅速提高办公效率。

➡ 专家点拨，查缺补漏

本书在讲解案例时，不是简单地讲解操作步骤，而是以“专家答疑”和“专家点拨”的方式穿插到案例讲解过程中，解释为什么这样操作、操作时的难点、注意事项是什么。真正解答读者在学习过程中的疑问，帮助读者少走弯路。

➡ 过关练习，及时巩固

本书每章的最后都会综合整个章节的内容安排一个“过关练习”的综合案例，让读者在学习完章节内容后，及时巩固训练，同时考查自己的知识有没有学到位，能否通过本章内容的学习实现技能升级。

➡ AI 办公，高效技能

每章最后还安排了“高手秘技与AI智能化办公”的拓展技能，让读者学习到WPS Office最新的办公技能，并且掌握相关实操经验与技巧，提高办公效率。

➡ 丰富套餐，超值实用

你花一本书的钱，买的不仅仅是一本书，而是一套超值的综合学习套餐。包括1本图书+同步学素材+同步视频教程+《电脑入门必备技能手册》+《WPS Office办公应用快捷键速查手册》。多维学习套餐，真正超值实用!

(1)赠送同步视频教程。配有与书同步的高质量、超清晰的多媒体视频教程，时长达9小时之扫描书中二维码，即可手机同步学习。

(2)赠送同步学习素材。提供了书中所有案例的素材文件，方便读者跟着书中讲解同步练习操作

(3)赠送《电脑入门必备技能手册》，即使不懂电脑，也可以通过本手册的学习，掌握电脑入门技更好地学习WPS Office办公应用技能。

(4)赠送《WPS Office办公应用快捷键速查手册》，帮助读者快速提高办公效率。

温馨提示：可以通过以下步骤来获取学习资源。另外，读者可以加入QQ交流群(群号725510346)与其他读者交流和分享。

	步骤 01 打开手机微信，点击【发现】→点击【扫一扫】→对准此二维码扫描→成功后进入【详细资料】页面，点击【关注】。
	步骤 02 进入公众号主页面，点击左下角的【键盘】图标，在右侧输入“SL20230109”并点击【发送】按钮，即可获取对应学习资料的“下载网址”及“下载密码”。
	步骤 03 在计算机中打开浏览器窗口，在【地址栏】中输入上一步获取的“下载网址”，并打开网站，提示输入密码，输入上一步获取的“下载密码”，单击【提取】按钮。
	步骤 04 进入下载页面，单击书名后面的【下载出】按钮，即可将学习资源包下载到计算机中若提示是【高速下载】还是【普通下载】，则选择【普通下载】。
	步骤 05 下载完成后，有些资料若是压缩包，则通过解压软件（如 WinRAR、7-zip 等）进行解压使用。

提示：扫描下方二维码，获取金山公司官方对应的WPS Office软件下载。

Windows版下载

Mac版下载

WPS AI版下载

本书可作为需要使用WPS Office软件处理日常办公事务的文秘、人事、财务、销售、市场营统计等专业人员的案头参考书，也可以作为大、中专职业院校、电脑培训班的相关专业教材参考用书

本书由IT新时代教育策划并组织编写。全书由一线办公专家和教师合作编写，他们具有丰富的WOffice软件应用技巧和办公实战经验，对于他们的辛苦付出，在此表示衷心的感谢！同时，由于计算机术发展非常迅速，书中疏漏和不足之处也在所难免，敬请广大读者及专家指正。

编者

2024年7

Contents 目录

第4章 WPS中文档样式与模板的应用

第5章 WPS办公文档的修订、邮件合并及高级处理

第6章 WPS电子表格的编辑与数据计算

第7章 WPS电子表格的排序、筛选与汇总

第8章 WPS电子表格中图表与透视表的应用

第9章 WPS中表格数据的预算与决算分析

第10章 WPS表格数据的共享与高级应用

第11章 WPS演示文稿的编辑与设计

第12章 WPS演示文稿的动画设计与放映

第1章 WPS中办公文档的录入与编排

本章导读

WPS文字是金山公司推出的一款免费且功能强大的文档处理软件，使用该软件可以轻松地输入和编排文档。本章通过制作劳动合同和公司年度培训方案，介绍了WPS文字文档的编辑和排版功能。

知识要点

- WPS文字文档的基本操作
- 替换与查找的应用技巧
- 制表符的排版应用
- 段落格式的设置
- 页眉/页脚的设置技巧
- 目录的设置技巧

案例展示

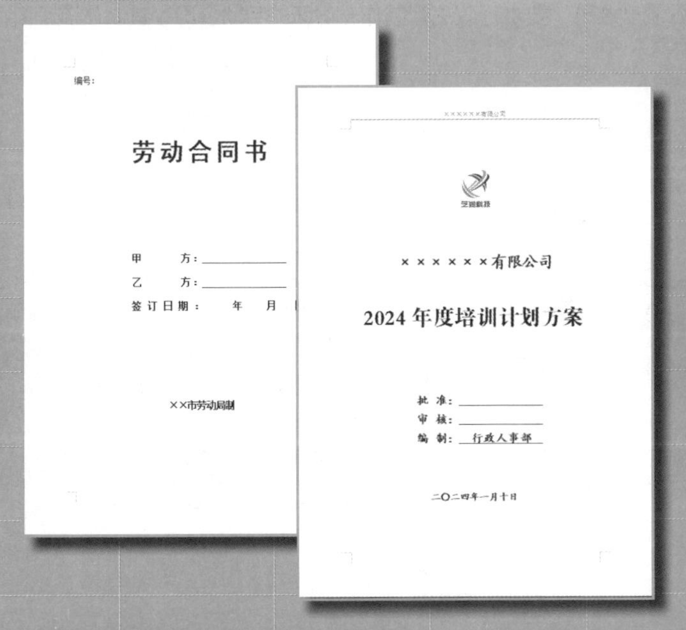

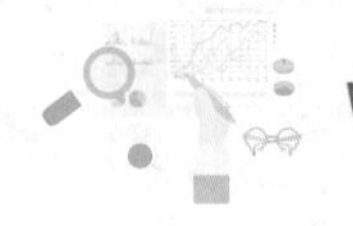

1.1 制作“劳动合同”

扫一扫 看视频

※ 案例说明

劳动合同是公司常用的文档资料之一。一般情况下，企业可以采用劳动部门制作的格式文本，也可以在遵循劳动法律法规前提下，根据公司情况制定合理、合法、有效的劳动合同。本节使用 WPS 的文档编辑功能，详细介绍制作劳动合同类文档的具体步骤。

“劳动合同”文档制作完成后的效果如下图所示。

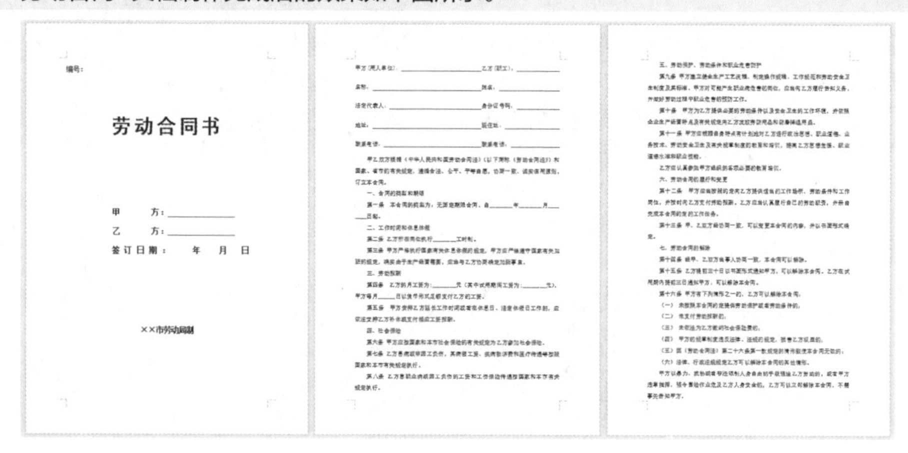

编号：

劳动合同书

甲　　方：

乙　　方：

签订日期：　　年　月　日

××市劳动局制

※ 思路解析

劳动合同是企业单位与员工签订的用工协议，一般包括两个主体：一是用工单位，二是劳动者。最近某公司进行招聘制度改革，要求行政主管制作一份新的劳动合同，其制作流程及思路如下。

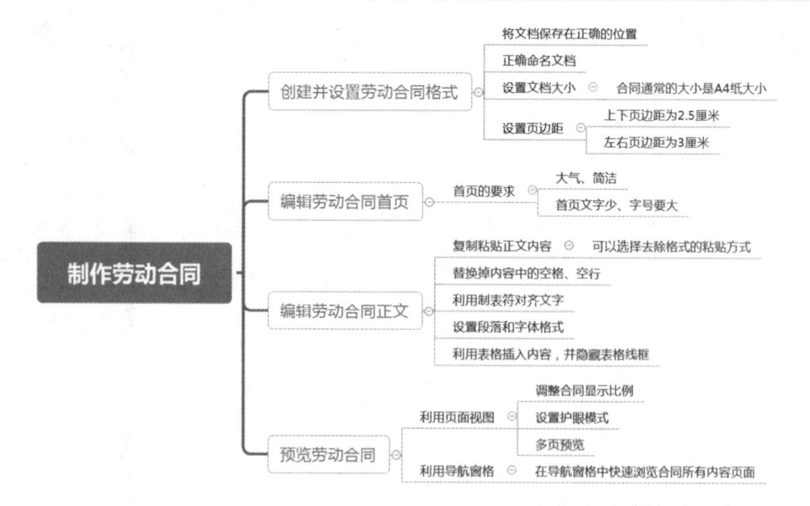

※ 步骤详解

1.1.1 创建并设置劳动合同格式

在编排劳动合同前，首先需要创建一个合同文档，并准确设置文档的格式以符合规范。

>>>1. 新建空白文档

在编排文档前要养成在正确的位置创建文档并命名的习惯，以防文档丢失。

第1步：启动WPS文字。在计算机中安装好WPS Office后，打开菜单栏，展开WPS Office文件夹；选择WPS Office选项，启动软件。

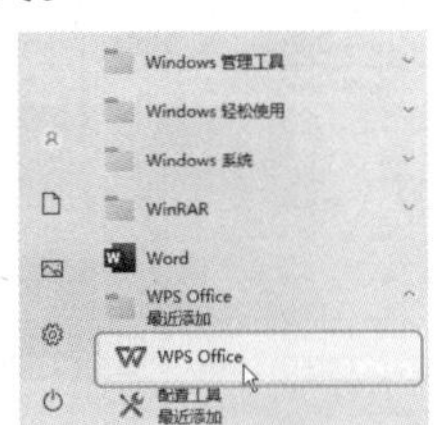

第2步：新建文字文档。❶单击WPS Office首页界面中的“新建”按钮；❷在弹出的界面中选择要新建文档的组件属性，这里选择“文字”选项。

第3步：新建空白文档。在“新建文档”页面中选择“空白文档”选项。

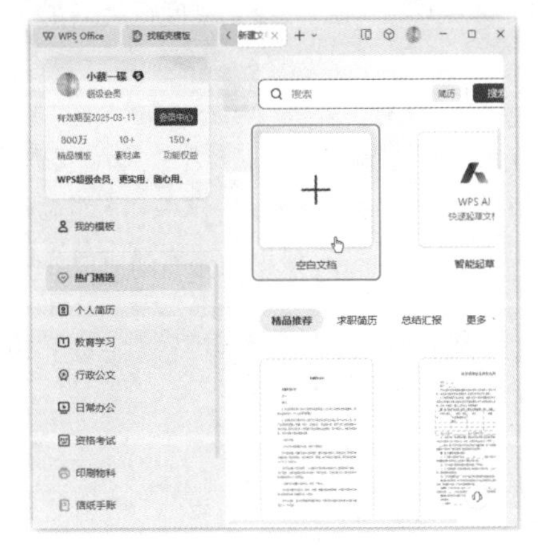

第4步：保存文档。此时WPS Office中新建了一个空白文字文档，建议先保存文档再进行文档制作。单击快速访问工具栏中的“保存”按钮。

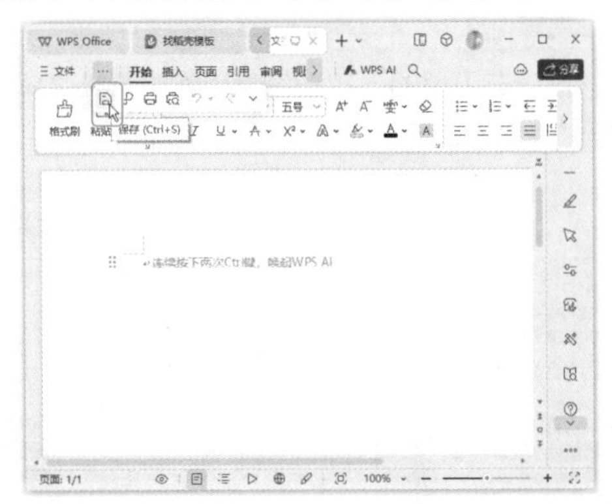

第5步：保存文档。❶选择“此电脑”选项；❷选择恰当的保存位置；❸输入文件名称；❹单击“保存”按钮。

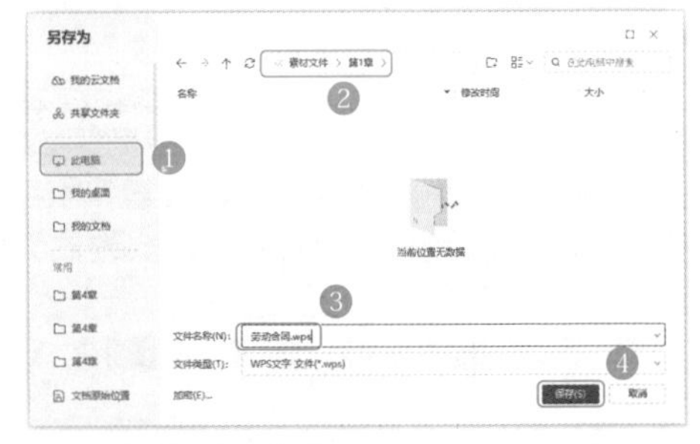

>>>2. 设置页面大小

不同的文档对页面大小有不同的要求，在文档创建完成后，应根据需求对页面大小进行设置。通常情况下，劳动合同选择A4页面大小。❶切换到“页面”选项卡下，单击“纸张大小”按钮右下角的下拉按钮；❷选择其中的A4尺寸大小。

>>>3. 设置页边距

页边距指的是页面的边线到文字的距离，通常在页边距内输入文字或图形内容。一般来说，劳动合同的上下页边距为2.5厘米，左右页边距为3厘米。

第1步：打开“页面设置”对话框。❶ 单击“页边距”按钮右下角的下拉按钮 ；❷ 从下拉菜单中选择“自定义页边距”选项。

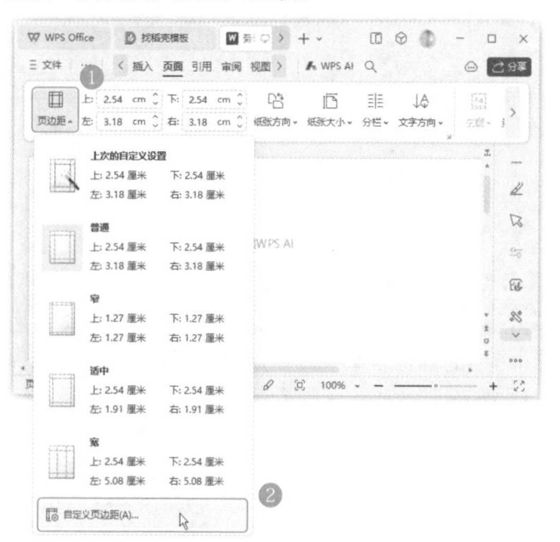

第2步：设置页边距。❶ 在“页面设置”对话框中输入页边距的数值，上下为2.5厘米，左右为3厘米；❷ 单击右下角的“确定”按钮。

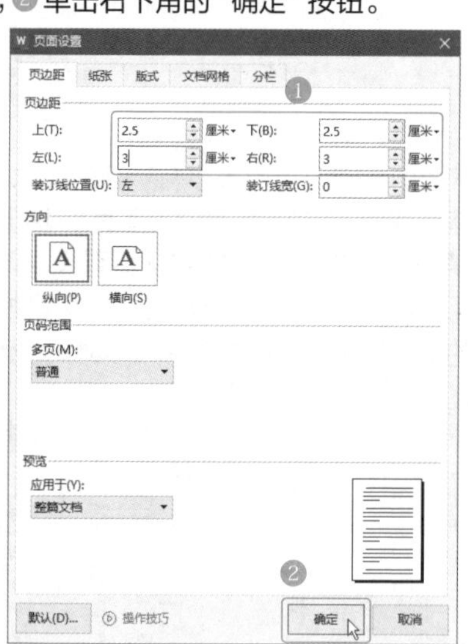

1.1.2 编辑劳动合同首页

劳动合同文档的基本格式设置完成后，就可以开始编辑合同的首页了。首页的内容应该说明这是一份什么文档，格式应当简洁、大气。在输入内容时，一部分内容输入完成后需要换行，再输入另外一部分的内容。

>>>1. 输入首页内容

下面先来输入首页内容，具体操作如下。

第1步：定位光标输入第一行字。将光标置于页面左上方，输入第一行字。

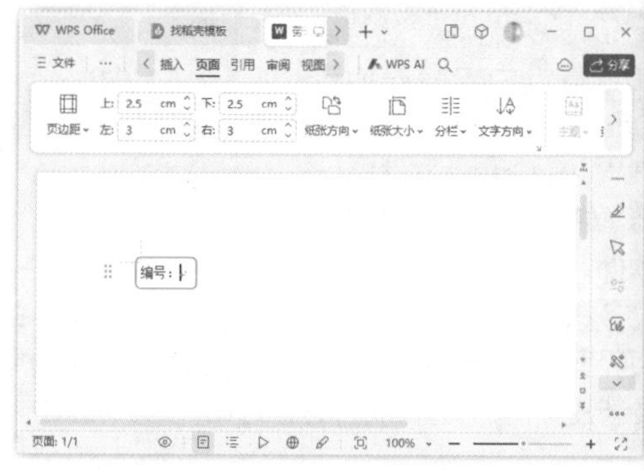

第2步：按Enter键换行。第一行字输入完成后按Enter键，让光标换行。

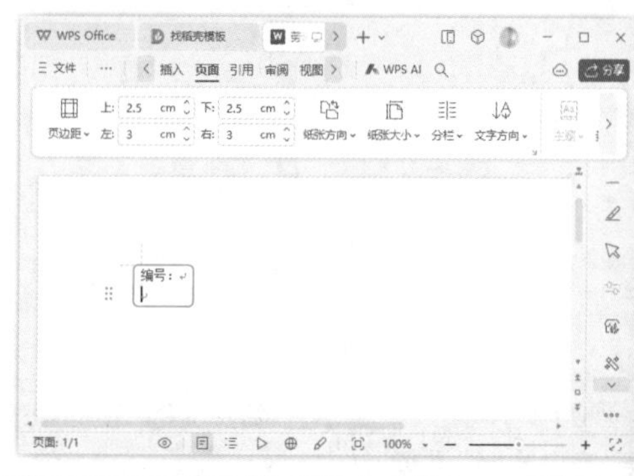

第3步：输入第二行字。完成换行后，输入第二行字。

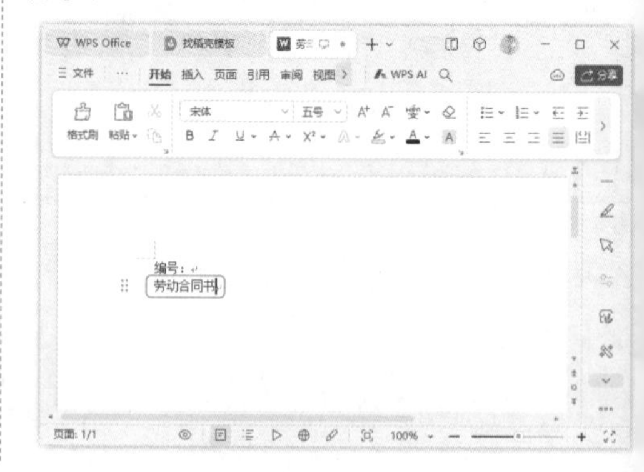

第4步：完成首页内容输入。按照同样的方法，完成首页内容输入。

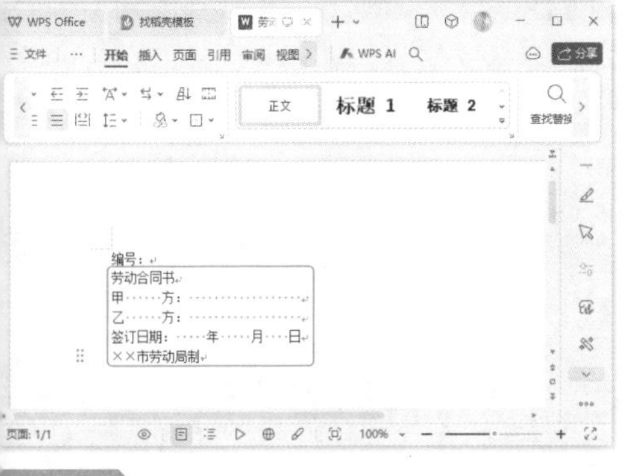

专家点拨

按Enter键换行称为硬回车，按Enter+Shift组合键换行称为软回车。硬回车的效果是分段，换行后新输入的是另一段内容；而软回车的效果是换行不分段，类似于首行缩进这样的段落格式对软回车后输入的文字是无效的。

>>>2. 编辑“编号”文字格式

输入首页内容后，接下来首先设置“编号”格式，包括字体、字号、行距及对齐方式等内容。在WPS文字的“开始”选项卡中，可以轻松完成字体和段落的格式设置，具体操作如下。

第1步：设置字体格式。❶选择“编号”文本；❷单击“开始”选项卡；❸在“字体”组中将“字体”设置为“宋体”；❹将“字号”设置为“四号”。

第2步：设置行距。❶选择“编号”文本；❷在“开始”选项卡下单击“段落”组中的“行距”按钮 ；❸在弹出的下拉菜单中选择3.0选项，此时即可将所选文本的行距设置为3倍行距。

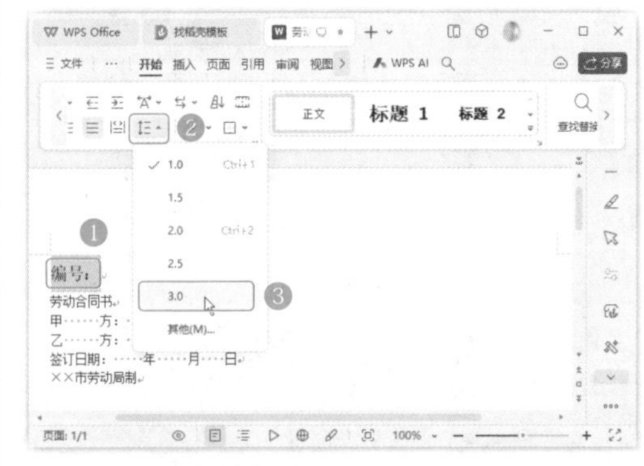

>>>3. 设置标题格式

一篇文档的首页标题，通常采用大字号字体进行设置，如黑体、华文中宋等。接下来，在WPS文字中设置“劳动合同书”文本的字体格式、段落间距、行距，以及字体宽度等，具体操作如下。

第1步：打开“字体”对话框。❶选择标题“劳动合同书”；❷单击“开始”选项卡；❸在“字体”组中单击“对话框启动器”按钮 。

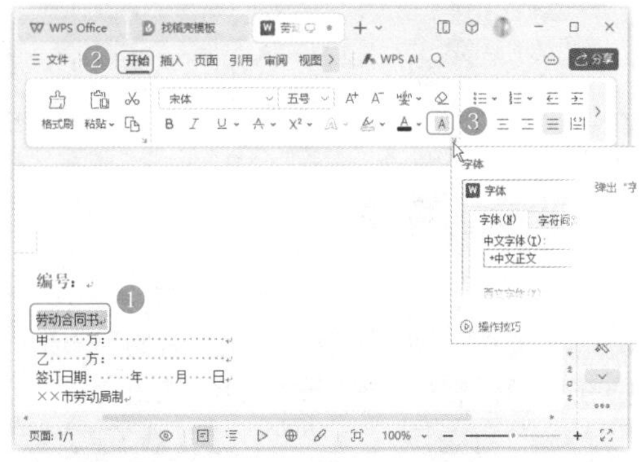

第2步：设置字体格式。❶在弹出的“字体”对话框中将“中文字体”设置为“黑体”；❷将“字形”设置为“常规”；❸将“字号”设置为“初号”；❹单击“确定”按钮。

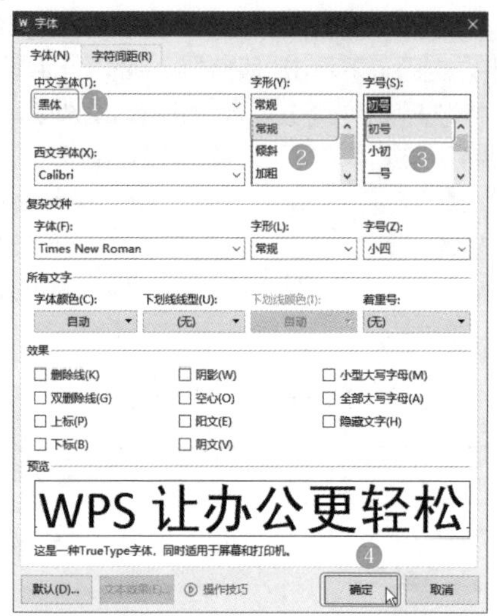

专家点拨

设置字体格式也可以直接在“开始”选项卡下的“字体”组中进行设置，但是在“字体”对话框中可以设置的选项更多。

第3步：设置字体加粗。 ❶单击“开始”选项卡；❷在“字体”组中单击“加粗”按钮 B 。

第4步：设置对齐方式。 ❶单击“开始”选项卡；❷在“段落”组中单击“居中对齐”按钮 ≡ 。

第5步：打开“段落”对话框。 ❶单击“开始”选项卡；❷在“段落”组中单击“对话框启动器”按钮↘。

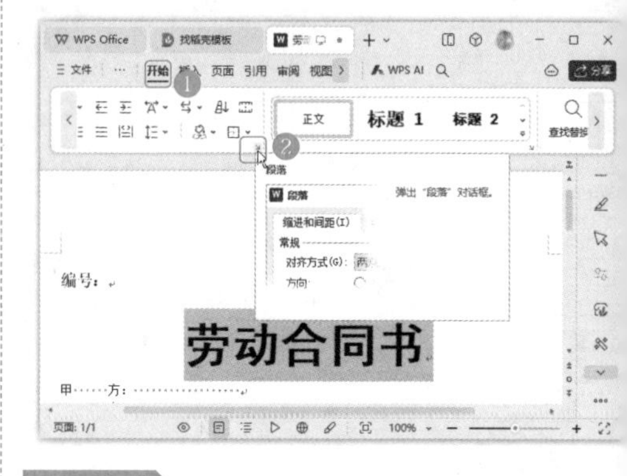

专家点拨

启动对话框的方法，通常有以下两种。

(1)选中文本并右击，在弹出的快捷菜单中选择“段落”选项。

(2)选中文本，单击“开始”选项卡“段落”组中的“对话框启动器”按钮↘。

第6步：设置行距、间距。 ❶在弹出的“段落”对话框中，默认切换到“缩进和间距”选项卡；❷将“行距”设置为“多倍行距”，“设置值”设置为“1.5倍”；❸将“间距”设置为“段前”4行、“段后”4行；❹单击“确定”按钮。

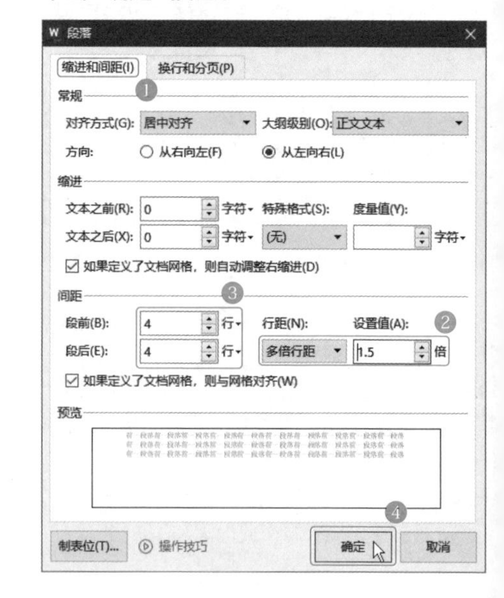

第7步：打开"设置宽度"对话框。❶单击"开始"选项卡；❷在"段落"组中单击"中文版式"按钮；❸在弹出的下拉菜单中选择"字符缩放"选项；❹选择"其他"选项。

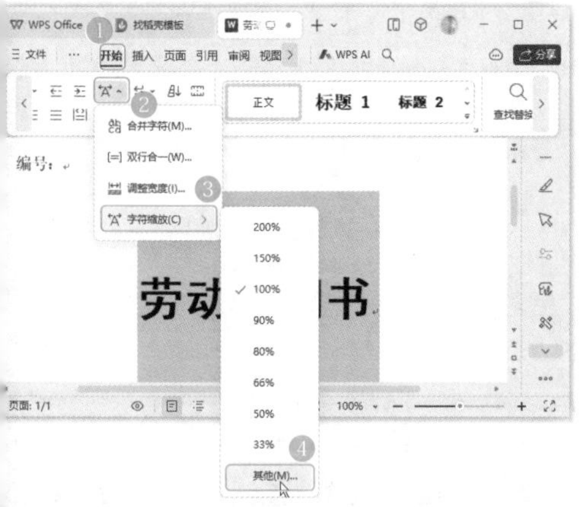

第8步：设置文字宽度。❶在弹出的"字体"对话框中，将"间距"设置为"加宽"，"值"设置为"0.1厘米"；❷单击"确定"按钮。

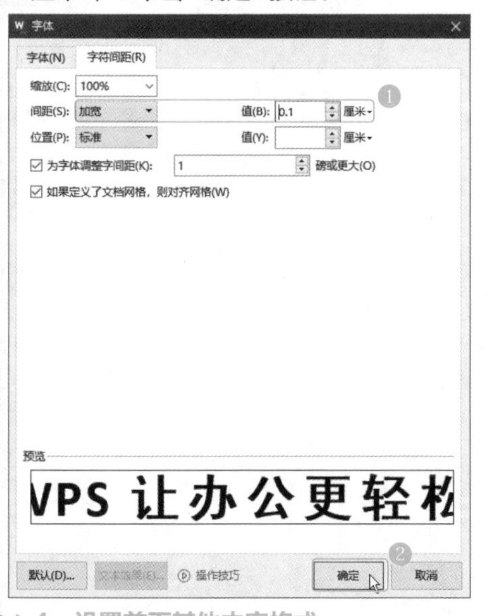

>>4. 设置首页其他内容格式

正规的劳动合同首页通常包括订立劳动合同的甲乙双方信息、签订时间，以及印制单位等。接下来设置这些项目的字体和段落格式，使其更加整齐、美观，具体操作如下。

第1步：设置字体格式。将所有项目的"字体"设置为"宋体"；将"字号"设置为"三号"，并加粗显示。

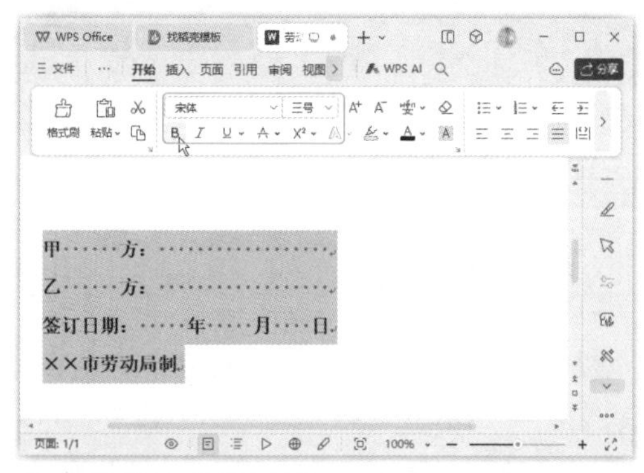

第2步：调整文字缩进。❶选中所有项目；❷在"段落"组中不断单击"增加缩进量"按钮，即可以一个字符为单位向右侧缩进。

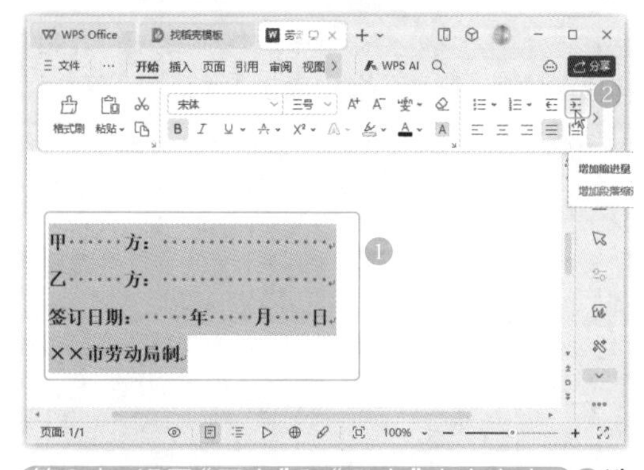

第3步：设置"甲方"和"乙方"文字宽度。❶选中"甲方"和"乙方"文字；❷打开"字体"对话框，设置"间距"为"加宽"，"值"为"0.05厘米"。

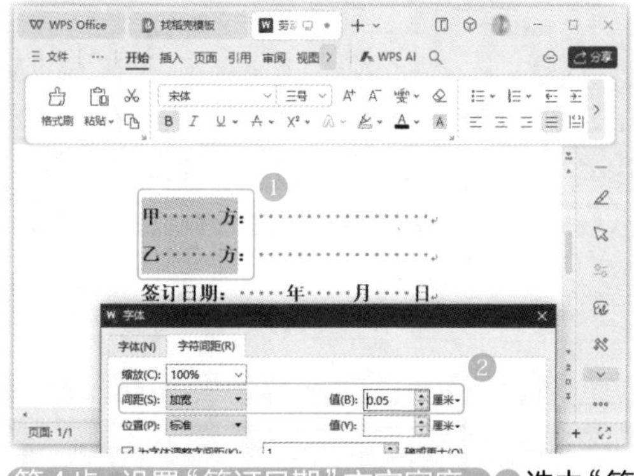

第4步：设置"签订日期"文字宽度。❶选中"签订日期"文字；❷打开"字体"对话框，设置"间距"为"加宽"，"值"为"0.18厘米"。

专家点拨

在设置字体格式时，如果能找到范本，那么可以通过格式刷把范本上的文字格式复制到目标文档中，从而实现格式的快速调整。

第5步：调整行距。 ❶选中所有项目，在“开始”选项卡中的“段落”组中单击“行距”按钮 ⇅ ；❷在弹出的下拉菜单中选择2.5选项，此时即可将所选文本的行距设置为2.5倍行距。

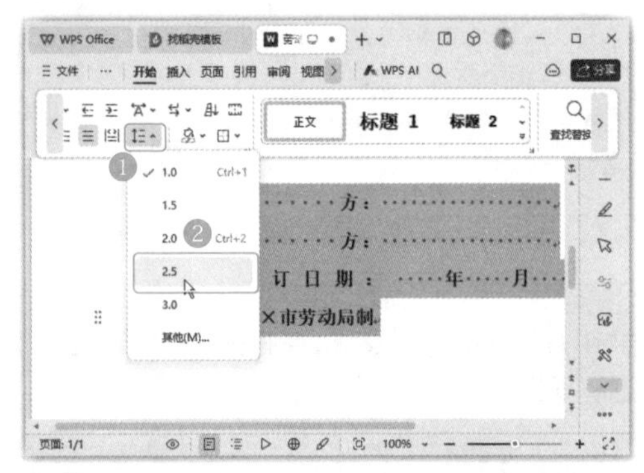

第6步：设置段前间距。 ❶选择标题“甲方”所在的行；❷单击“段落”对话框启动器按钮 ↘ ；在“段落”对话框中将“段前”间距设置为“8行”。

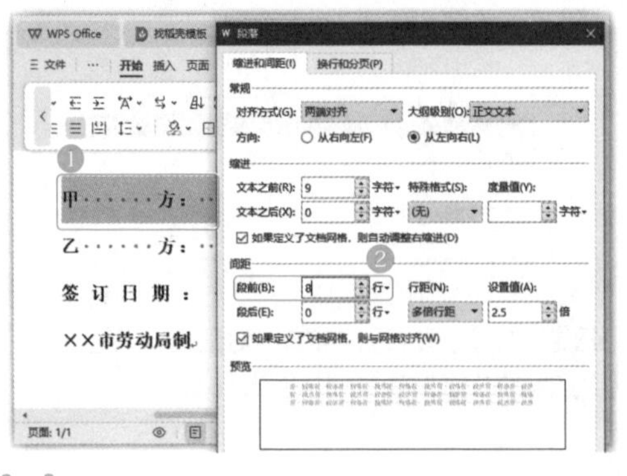

第7步：设置段后间距。 ❶选择“签订日期”所在的行；❷在“段落”对话框中将“段后”间距设置为“8行”。

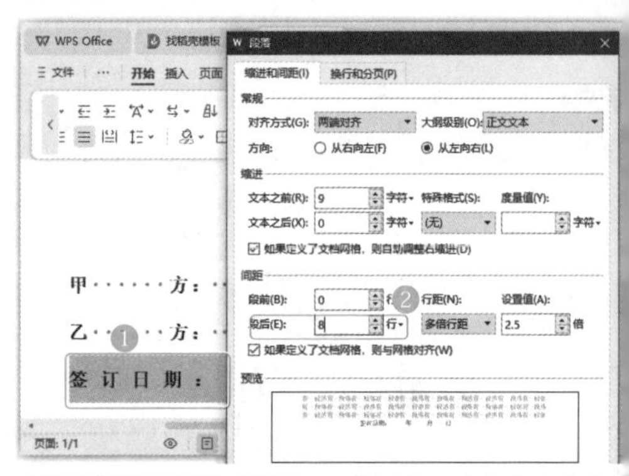

第8步：添加下划线。 ❶选择“甲方”“乙方”文字右侧添加的空格，单击“开始”选项卡；❷在“字体”组中单击“下划线”按钮 U ，此时即可为选中的空格加上下划线。

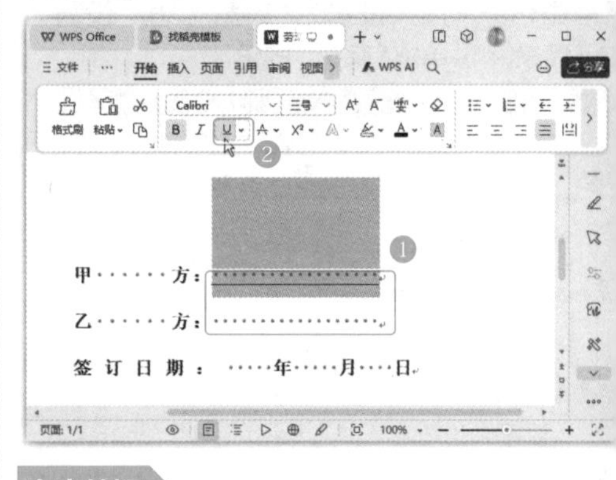

专家答疑

问：为文字尾部添加空格，为什么有的文档能看到空格标记，有的文档不能看到？

答：在文档中添加空格后，有的文档会以省略号的形式显示空格标记，标记表示文档中存在的空格。让空格显示标记的方法是，选择“文件”菜单中的“选项”命令，在“选项”对话框中切换到“视图”选项卡，选中“格式标记”中的“空格”复选框，就会让文档中的空格以标记形式显示了。

第9步：设置段落缩进。 ❶选择印制单位内容所在的行；❷在“段落”对话框中将“文本之前”设

置为“0字符”。

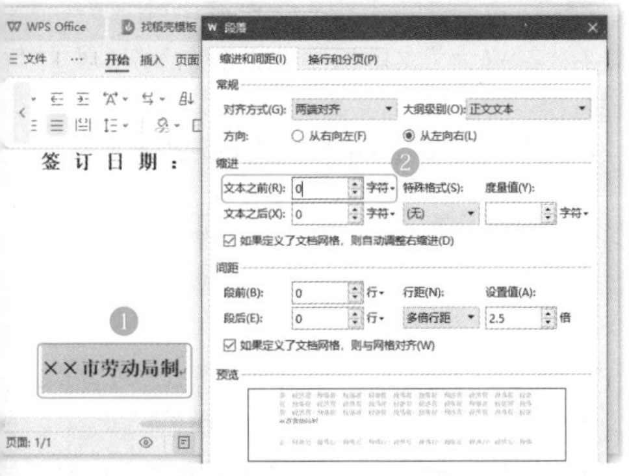

第10步：设置对齐方式。❶选择印制单位内容所在的行；❷单击“开始”选项卡；❸单击“段落”组中的“居中对齐”按钮。

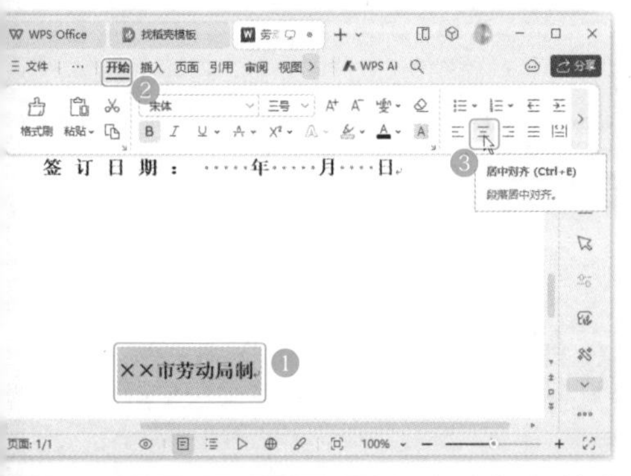

第11步：查看合同首页效果。操作到这里，劳动合同首页就制作完成了。此时可以查看制作完成的合同首页。

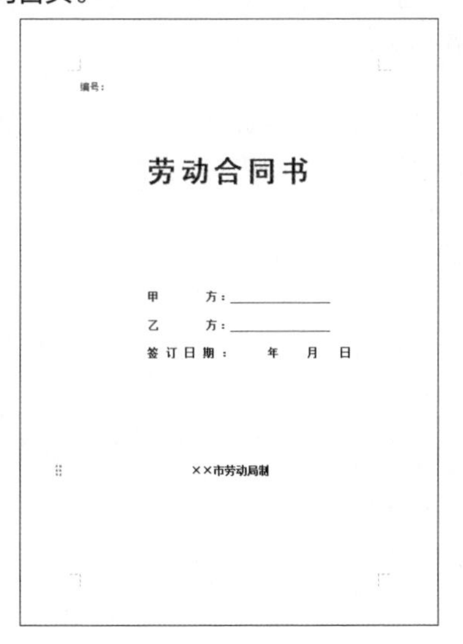

编号：

劳动合同书

甲　　方：

乙　　方：

签 订 日 期：　　年　　月　　日

××市劳动局制

1.1.3 编辑劳动合同正文

劳动合同首页制作完成后，就可以录入文档内容了。在录入内容时，需要对内容进行排版设置及格式设置。

>>>1. 复制和粘贴文本

在录入和编辑文档内容时，有时需要从外部文件或其他文档中复制一些文本内容。例如，本例中将从素材文件中复制劳动合同内容到WPS中进行编辑，这就涉及文本内容的复制与粘贴操作，具体操作如下。

第1步：复制文本。在记事本中打开“素材文件\第1章\劳动合同内容.txt”文件。按Ctrl+A组合键全选文本内容，按Ctrl+C组合键复制所选内容。

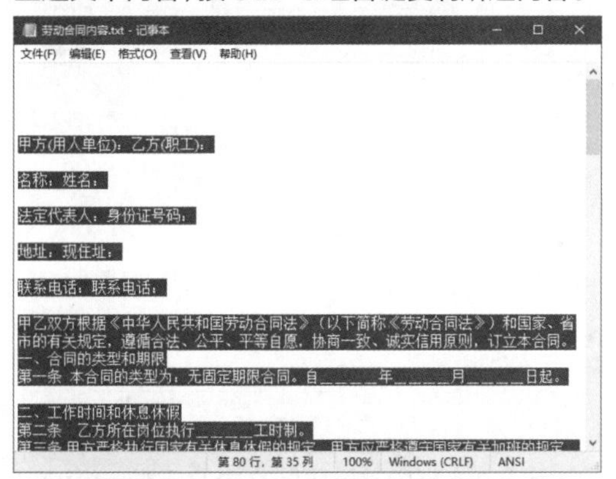

第2步：粘贴文本。将文本插入点定位于WPS文档末尾，按Ctrl+V组合键，即可将复制的内容粘贴于文档中。

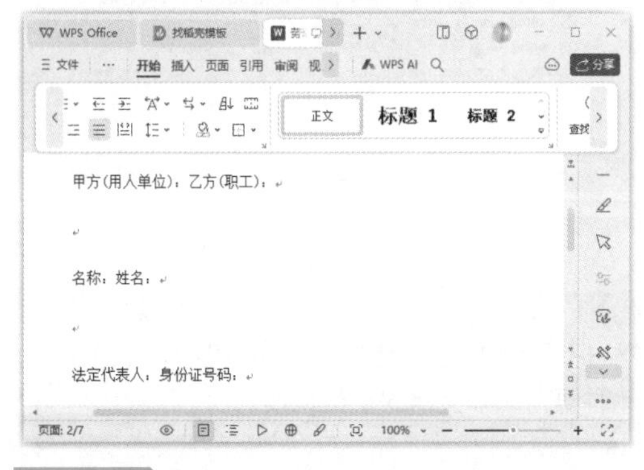

专家答疑

问：为什么从网页中复制的文字，执行粘贴命令后，格式十分奇怪？

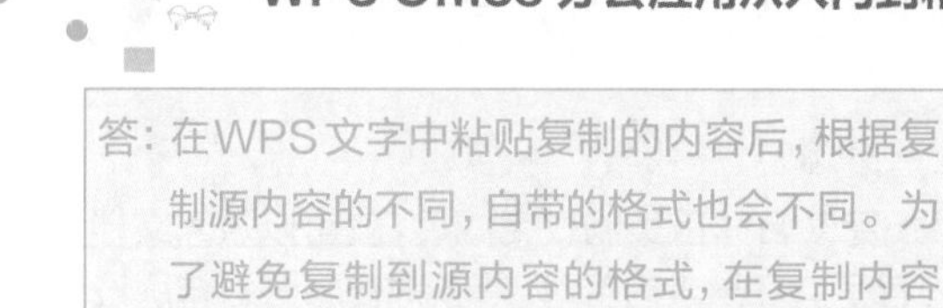
答：在WPS文字中粘贴复制的内容后，根据复制源内容的不同，自带的格式也会不同。为了避免复制到源内容的格式，在复制内容后，单击“粘贴”按钮右侧的下拉按钮，从中选择“只粘贴文本”的粘贴方式。

>>>2. 查找和替换空格、空行

从其他文件向WPS文档中复制和粘贴内容时，经常出现许多空格和空行。此时，可以使用“查找替换”命令，批量替换或删除这些空格、空行。

第1步：执行“替换”命令。❶复制文中的任意一个汉字符空格“　”；❷单击“开始”选项卡“编辑”组中的“查找替换”下拉按钮；❸选择“替换”选项。

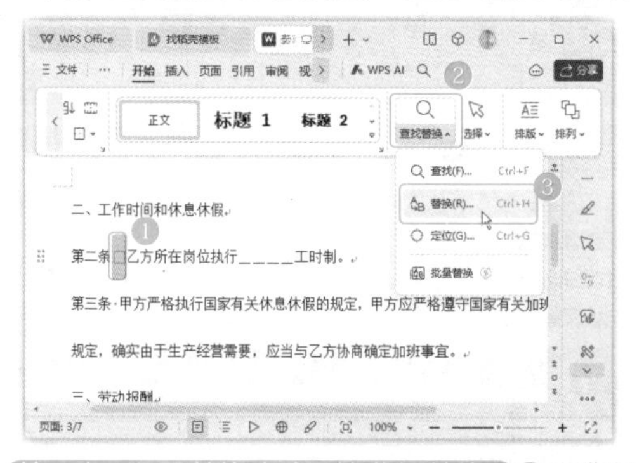

第2步：设置替换内容，并进行替换。❶在“查找内容”文本框中粘贴复制文中的任意一个汉字符空格“　”；❷在“替换为”文本框中输入一个空格“ ”；❸单击“全部替换”按钮。

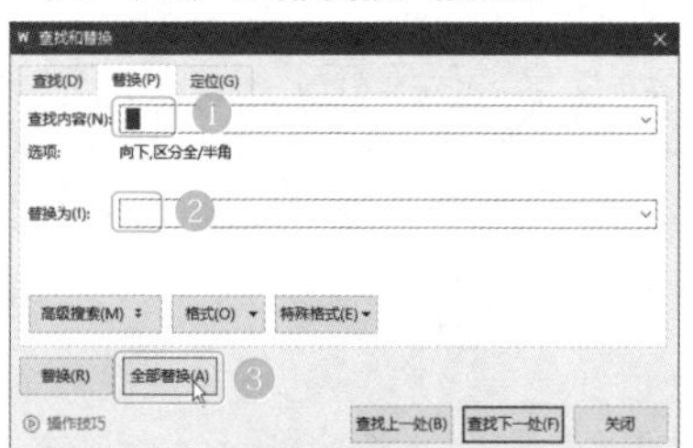

第3步：完成空格替换。弹出“WPS文字”对话框，提示用户“全部完成”，单击“确定”按钮即可。此时便完成了文档的空格替换。

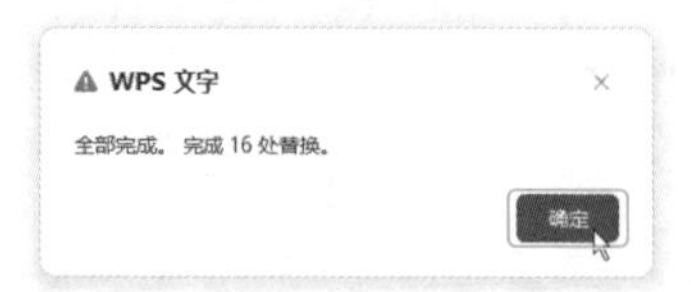

第4步：替换空行。❶再次打开“查找和替换”对话框；在“查找内容”文本框中输入“^p^p”；❷在“替换为”文本框中输入“^p”；❸单击“全部替换”按钮。

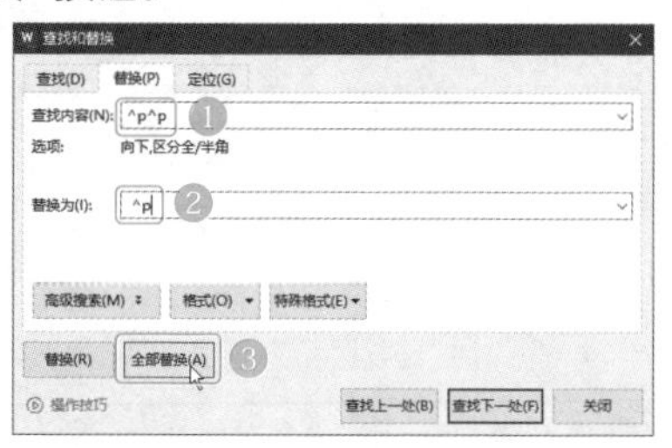

第5步：完成空行替换。在弹出的“WPS文字”对话框中，若提示用户“全部完成”，则单击“确定”按钮即可。

专家点拨

在对文档内容进行查找和替换时，如果所查找的内容或所需要替换为的内容中包含特殊格式，如段落标记、手动换行符、制表位、分节符等编辑标记之类的特定内容，均可使用“查找和替换”对话框中的“特殊格式”按钮菜单进行选择。

>>>3. 使用制表符进行精确排版

对WPS文档进行排版时，要对不连续的文本列进行整齐排列，可以使用制表符进行快速定位和精确排版。

第1步：移动制表符位置。❶选中“视图”选项卡下的“标尺”复选框，即可打开标尺；❷将鼠标指针移动到水平标尺上，按住鼠标左键不放，可以左右移动确定制表符的位置。

第2步：定位制表符位置。❶在水平标尺上需要添加制表符的位置单击，释放鼠标左键后，会出现一个“左对齐式制表符”符号“ ˪”；❷将光标定位到文本“乙方”之前，然后按Tab键，此时，光标之后的文本自动与制表符对齐；❸使用同样的方法，用制表符定位其他文本。

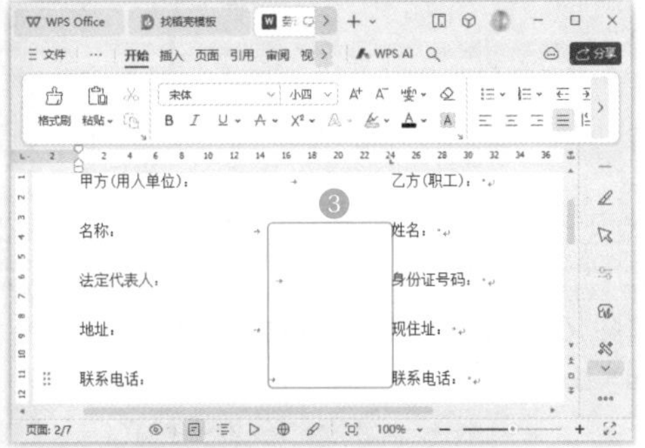

>>>4．设置字体和段落格式

对WPS文档进行排版时，要对文档内文的字体、行距等进行设置。

第1步：设置下划线。❶在“乙方”各项目后添加合适的空格，选中这些空格和制表符；单击“开始”选项卡；❷在“字体”组中单击“下划线”按钮，此时即可为选中的空格添加下划线。

第2步：设置段落格式。❶选中所有正文，打开“段落”对话框，设置“首行缩进”为“2字符”；❷将“行距”设置为“1.5倍”；❸单击“确定”按钮。

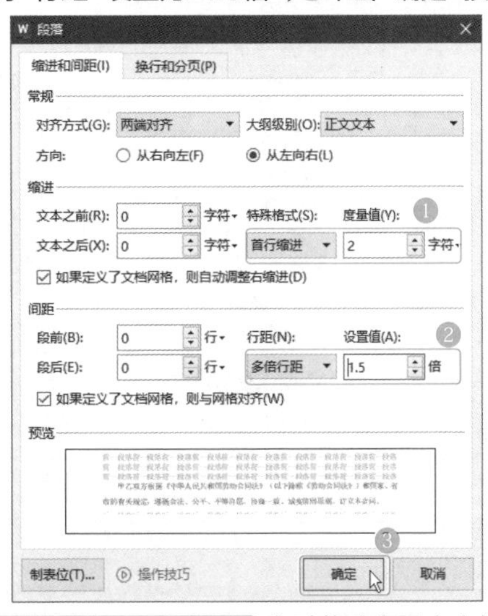

第3步：查看设置效果。此时劳动合同内文的字体和格式设置完毕，效果如下图所示。

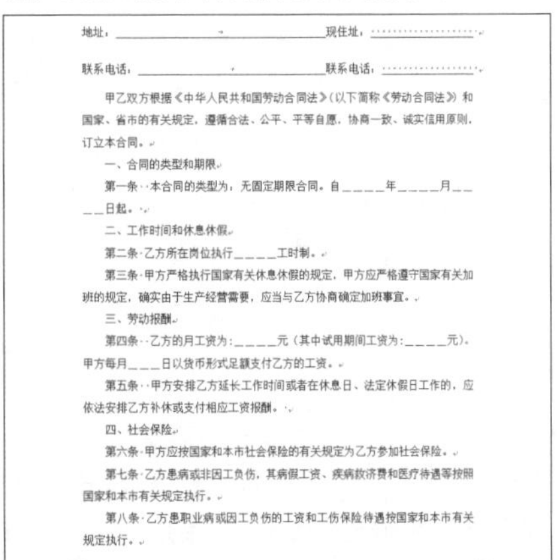

地址：　　现住址：

联系电话：　　联系电话：

甲乙双方根据《中华人民共和国劳动合同法》(以下简称《劳动合同法》)和国家、省市的有关规定，遵循合法、公平、平等自愿，协商一致、诚实信用原则，订立本合同。

一、合同的类型和期限

第一条　本合同的类型为，无固定期限合同。自＿＿＿＿年＿＿＿＿月＿＿＿＿日起。

二、工作时间和休息休假

第二条　乙方所在岗位执行＿＿＿＿工时制。

第三条　甲方严格执行国家有关休息休假的规定，甲方应严格遵守国家有关加班的规定，确实由于生产经营需要，应当与乙方协商确定加班事宜。

三、劳动报酬

第四条　乙方的月工资为：＿＿＿＿元（其中试用期间工资为：＿＿＿＿元）。甲方每月＿＿＿日以货币形式足额支付乙方的工资。

第五条　甲方安排乙方延长工作时间或者在休息日、法定休假日工作的，应依法安排乙方补休或支付相应工资报酬。

四、社会保险

第六条　甲方应按国家和本市社会保险的有关规定为乙方参加社会保险。

第七条　乙方患病或非因工负伤，其病假工资、疾病救济费和医疗待遇等按照国家和本市有关规定执行。

第八条　乙方患职业病或因工负伤的工资和工伤保险待遇按国家和本市有关规定执行。

专家点拨

在WPS文字文档中还可以通过标尺来快速设置不同段落的首行缩进值。方法是选中段落后，拖动界面上方的左缩进标尺，即可完成段落的缩进值。

>>>5．插入和设置表格

在编辑文档的过程中，有时候还会用表格来定位文本列。用户可以直接在WPS中插入表格，输入文本，并隐藏表格框线。

第1步：插入表格。❶将光标定位在文档的结尾位置，单击“插入”选项卡下的“表格”按钮；❷在弹出的下拉菜单中选择1行3列表格，此时即可在文档中插入一个1行3列的表格。

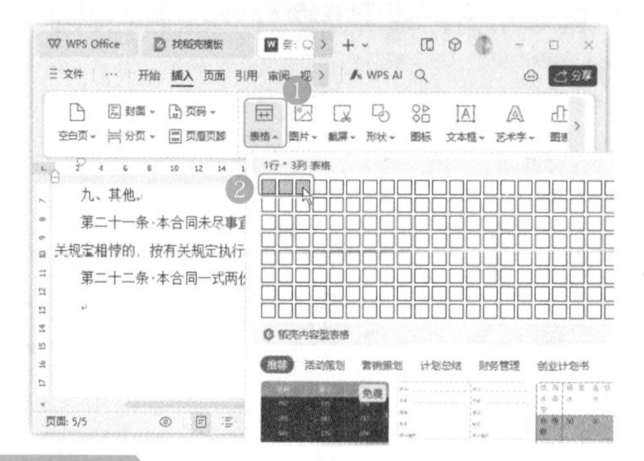

专家点拨

如果需要插入的表格行数、列数较多，可以单击“插入表格”选项，通过输入行数和列数的数值来创建表格。

第2步：输入表格内容。在表格中输入内容，并设置字体和段落格式。

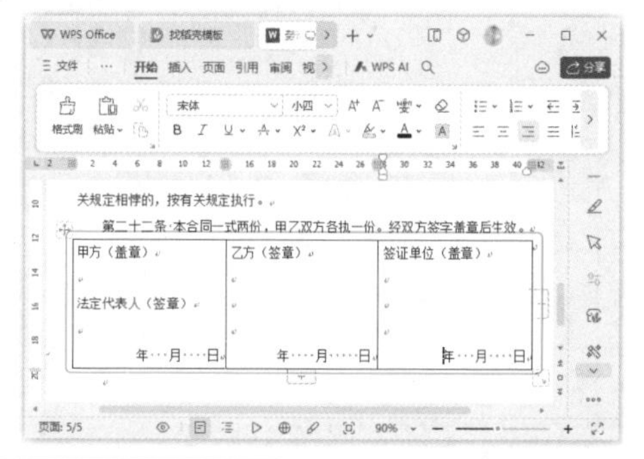

第3步：隐藏表格线。❶选中表格，单击“表格样式”选项卡；❷单击“边框”按钮；❸在弹出的下拉菜单中选择“无框线”选项。此时，表格的实框线就被删除了。

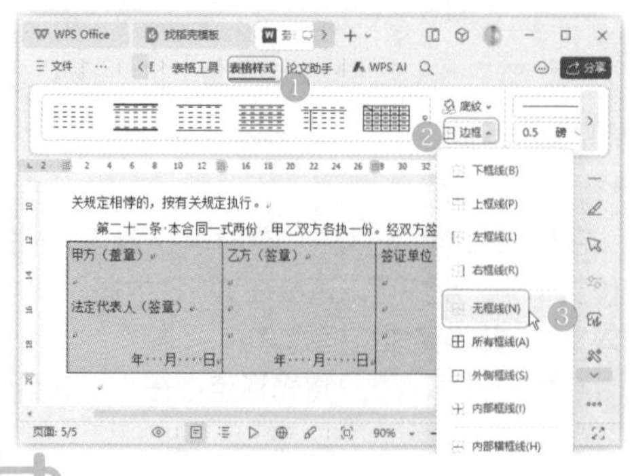

1.1.4 预览劳动合同

在编排完文档后，通常需要对文档排版后的整体效果进行查看，本节将以不同的方式对劳动合同文档进行查看。

>>>1. 在页面视图下预览合同

默认情况下，WPS显示页面视图，在页面视图下可以根据需求调整文档的显示比例，设置护眼模式，以及使用多页显示的方式预览文档。

第1步：单击“显示比例”按钮。在默认的“页面视图下单击“视图”选项卡下的“显示比例”按钮

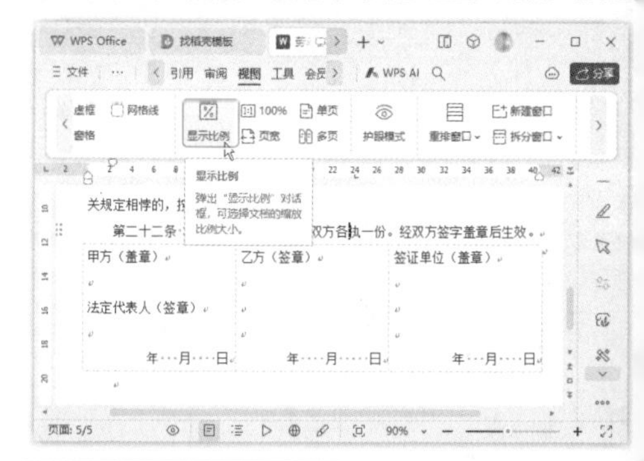

第2步：设置显示比例。❶在“显示比例”对话框中选择75%；❷单击“确定”按钮。此时劳动合同文档的页面显示比例就调整为了75%的比例大小。

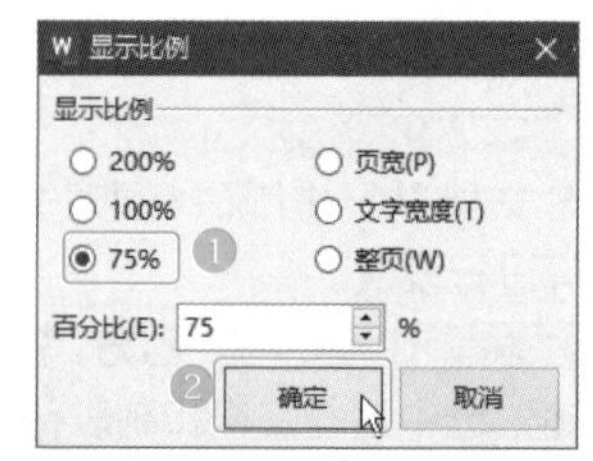

第3步：护眼模式预览。单击“视图”选项卡下的“护眼模式”按钮。

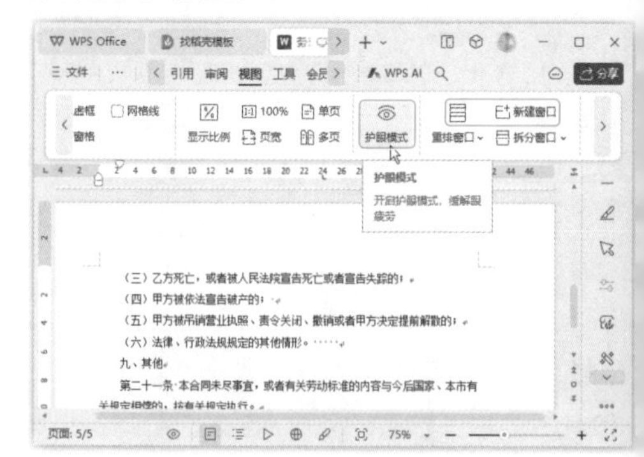

第4步：在护眼模式下预览文档。如下图所示，此时页面颜色变为绿色，在这种护眼模式下预览文档，有助于缓解视觉疲劳。单击“视图”选项卡下的“多页”按钮。

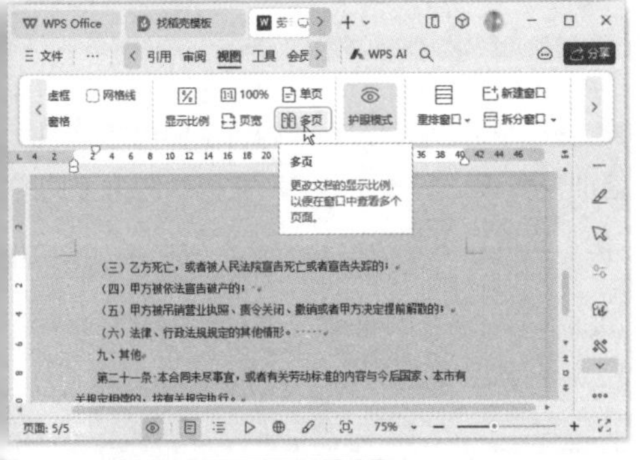

第5步：同时浏览多页文档。如下图所示，此时WPS界面显示了多页文档。

专家点拨

在“多页”模式下预览文档时，调整文档的显示比例，可以调整界面中显示的文档页数。文档的显示比例越小，界面中显示的页数就越多。

>>>2. 使用“导航窗格”

WPS文字提供了可视化的“导航窗格”功能。使用“导航窗格”可以快速查看文档结构和页面缩略图，从而帮助用户快速定位文档位置。

第1步：打开导航窗格。❶ 单击“视图”选项卡下的“导航窗格”按钮，即可调出导航窗格，默认显示在窗口左侧；❷ 在导航窗格中，默认切换到“目录”选项卡，可以浏览文档的目录结构，单击“章节”选项卡，即可查看文档的各页缩览图。在导航窗格中，选择某个标题名或单击某页的缩览图，即可在文档编辑页面切换到对应的标题或缩览图位置。

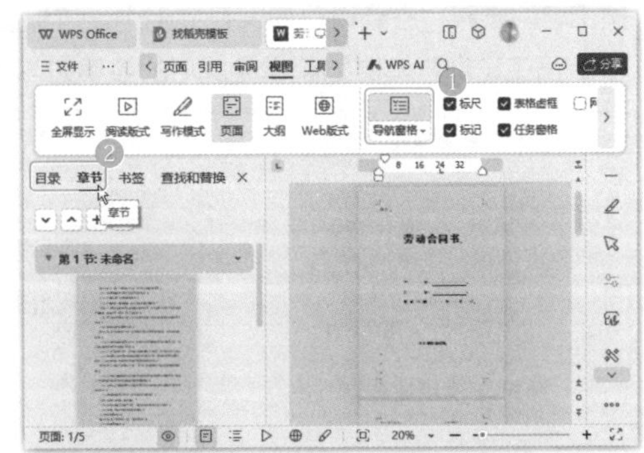

第2步：调整导航窗格。❶ 将鼠标光标移动到导航窗格的边界处，并按下鼠标左键拖动，可以调整窗格的显示宽度；❷ 单击“导航窗格”下拉按钮，可以在弹出的下拉菜单中选择导航窗格的显示位置或隐藏。

1.2 制作“员工培训方案”

※ 案例说明

员工培训方案是公司人才培养过程中重要的方案之一。员工培训方案的内容主要包括培训目的、培训对象、培训课程、培训形式、培训内容及培训预算等。本节在 WPS 文档中编排公司的员工培训方案，主要讲解如何在文档中设置页眉、页码、生成目录等内容。

员工培训方案文档制作完成后的效果如下图所示。

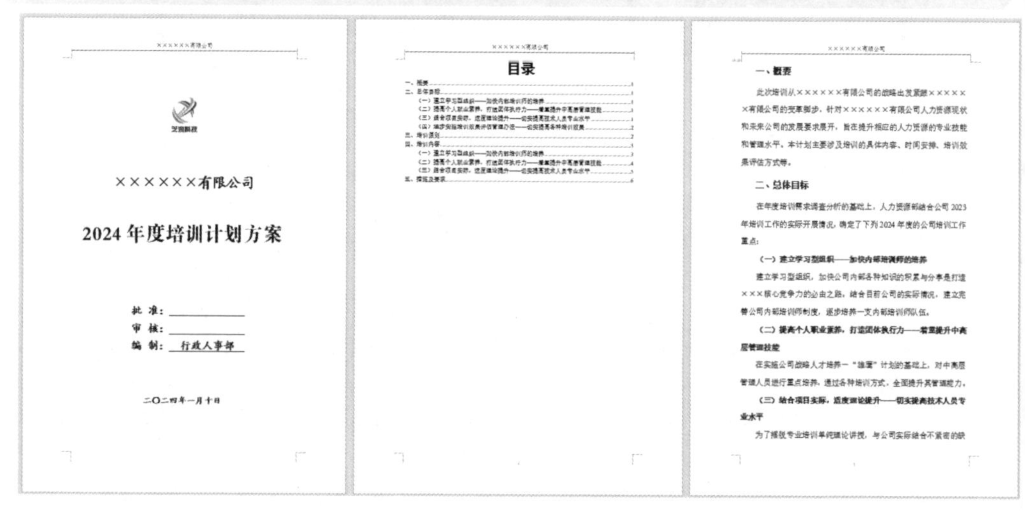

××××××有限公司

××××××有限公司

2024 年度培训计划方案

批 准：________

审 核：________

编 制：行政人事部

二〇二四年一月十日

××××××有限公司

目录

××××××有限公司

一、概要

此次培训从××××××有限公司的战略出发紧跟××××××有限公司的变革脚步，针对××××××有限公司人力资源现状和未来公司的发展要求展开，旨在提升相应的人力资源的专业技能和管理水平。本计划主要涉及培训的具体内容、时间安排、培训效果评估方式等。

二、总体目标

在年度培训需求调查分析的基础上，人力资源部结合公司 2023 年培训工作的实际开展情况，确定了下列 2024 年度的公司培训工作重点：

（一）建立学习型组织——加快内部培训师的培养

建立学习型组织，加快公司内部各种知识的积累与分享是打造×××核心竞争力的必由之路。结合目前公司的实际情况，建立完善公司内部培训师制度，逐步培养一支内部培训师队伍。

（二）提高个人职业素养，打造团体执行力——着重提升中高层管理技能

在实施公司战略人才培养一“雄鹰”计划的基础上，对中高层管理人员进行重点培养，通过各种培训方式，全面提升其管理能力。

（三）结合项目实际，适度理论提升——切实提高技术人员专业水平

为了摆脱专业培训单纯理论讲授，与公司实际结合不紧密的缺

※ 思路解析

员工培训方案是企业内部常用的一种文档，通常由企业内部培训师制作。培训师在制作培训文档时可以考虑在文档中添加企业特有的标志。由于培训文档内容较长，通常需要设置目录，方便阅览。文档完成后，可能需要打印出来给参与培训的员工，此时就要注意打印时的注意事项了。具体操作思路如下图所示。

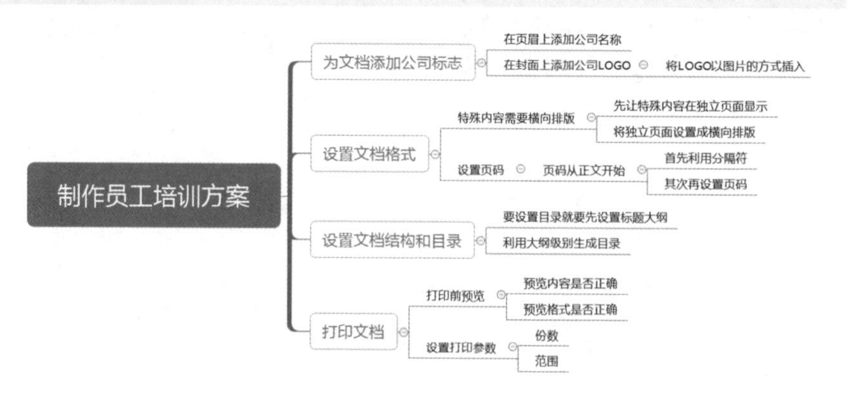

※ 步骤详解

1.2.1 为文档添加公司标志

员工培训方案是企业中的正式文档，在建立好文档后，应该在文档的封面、页眉页脚处添加公司的名称、LOGO等信息，以显示这是专属于某公司的培训方案。

>>>1. 在页眉上添加公司名称

为员工培训方案文档全文插入页眉“××××××有限公司”，字体格式设置为“宋体”，“五号”，具体操作如下。

第1步：双击页眉。打开“素材文件\第1章\员工培训方案.wps”文件。❶在页眉位置双击，此时即可进入页眉页脚设置状态；❷当光标在页眉中闪动时，单击“开始”选项卡下的“居中对齐”按钮，可以将光标移动到页眉中间位置。

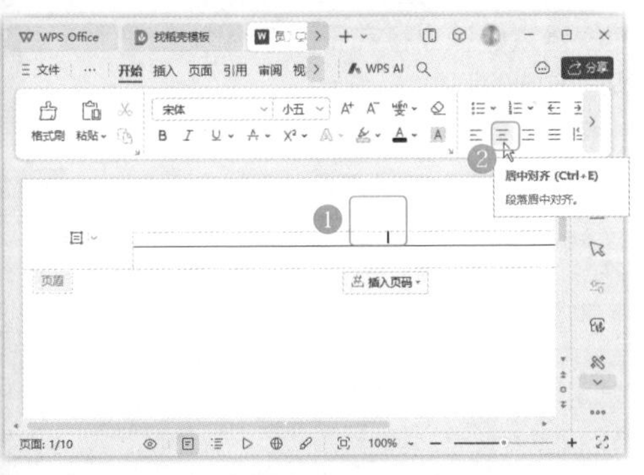

第2步：设置页眉内容。❶输入页眉“××××××有限公司”，并将字体格式设置为“宋体”，“五号”；❷完成页眉文字输入后，单击“页眉页脚”选项卡中的“关闭”按钮，退出页眉编辑状态。

专家点拨

公司特有的文档通常会在页眉处写上公司的名称等信息。另外，在页眉处也可以添加图片类信息作为公司文档的标志。方法是进入页眉编辑状态，然后插入图片到页眉位置。

>>>2. 在封面上添加公司LOGO

公司LOGO是反映企业形象和文化的标志。接下来在员工培训方案文档中插入公司LOGO，然后调整插入图片的大小和位置，具体操作如下。

第1步：单击“图片”按钮。❶单击“插入”选项卡中的“图片”按钮；❷在下拉菜单中选择“来自文件”选项。

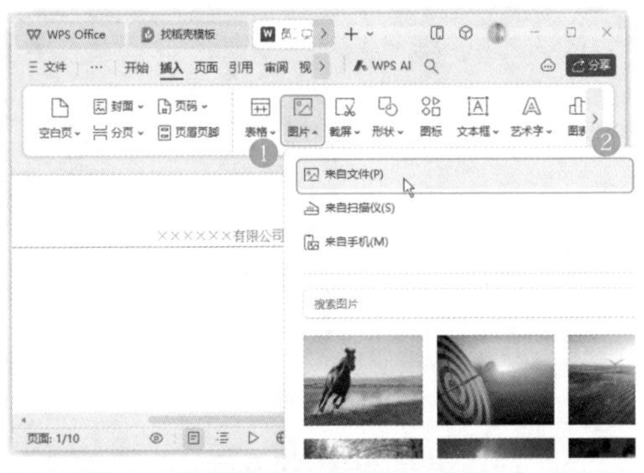

第2步：选择图片。弹出“插入图片”对话框，❶在文件中选择位置“素材文件\第1章\LOGO.png”处的素材文件；❷单击“打开”按钮。

第3步：调整图片所在行的行距。插入图片后，因为原来设置的行距过小无法完整显示插入的图片，所以弹出了对话框，单击“是”按钮，根据图片大小调整行距。

第4步：调整图片大小。❶将鼠标指针移动到图片右下角，当光标变成双向箭头时，按住鼠标左键拖动鼠标，实现图片大小调整；❷完成LOGO插入后，便可以在封面中输入员工培训相关的信息，完成封面制作。

××××××有限公司

2024年度培训计划方案

批 准：

审 核：

编 制：行政人事部

二〇二四年一月十日

1.2.2 设置文档格式

完成员工培训方案的封面设置后，就可以输入正文内容了。正文内容段前段后距离、缩进等格式设置可以参照1.1节。本小节主要讲解排版方向及页码的设置。

>>>1. 设置横向排版

在WPS文档的排版过程中，可能会遇到特别宽的表格，正常的纵向版面不能容纳。此时，可以使用分节符功能在表格的上下分别进行分页，让表格单独存在于一个页面中，然后再设置页面为横向排版。具体操作如下。

第1步：在表格前插入下一页分页符。❶将光标定位在表格前方的插入位置；❷单击“页面”选项卡下“页面设置”组中的“分隔符”按钮；❸在弹出的下拉菜单中选择“下一页分节符”选项。

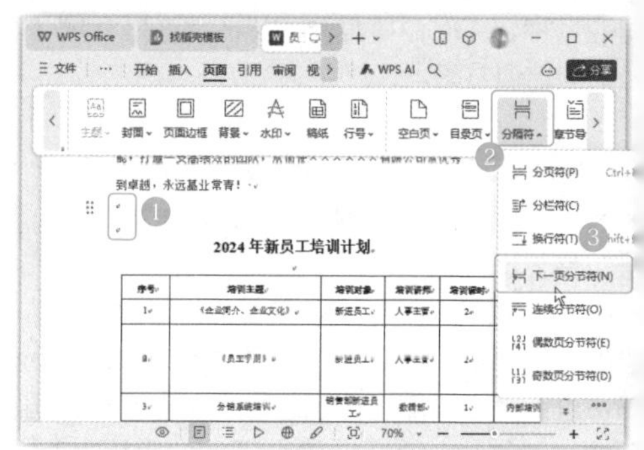

第2步：在表格后插入下一页分页符。按照同样的方法，将光标放在表格后面，插入一个分页符，使表格完整独立存在于一个页面上，方便后面对页面方向的调整。

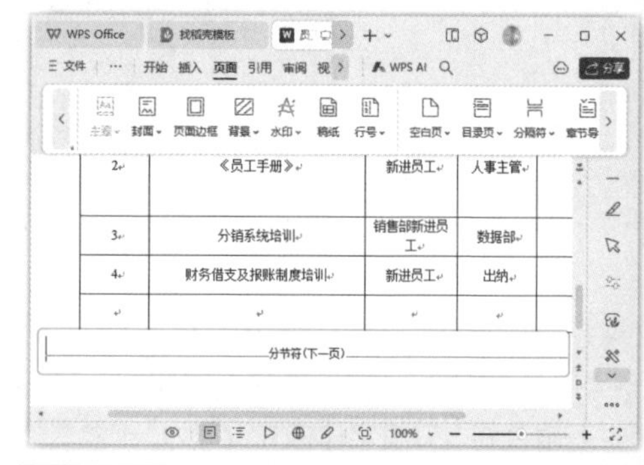

第3步：设置页面方向。将光标定位在表格页的任意位置，❶单击“页面”选项卡；❷单击“页面设置”组中的“纸张方向”按钮；❸在弹出的下拉菜单中选择“横向”选项。

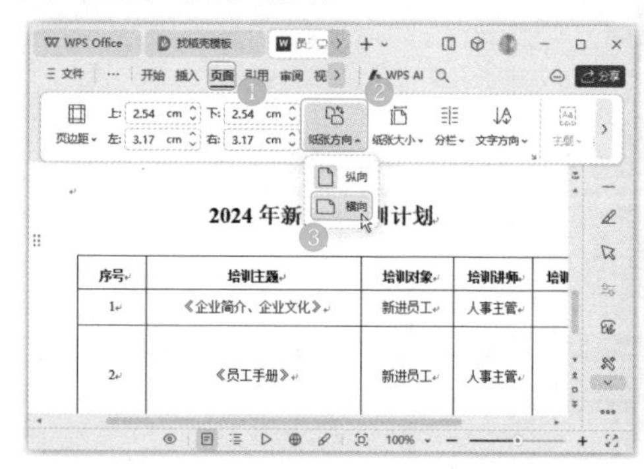

第4步：查看页面效果。 此时，即可看到横向排版效果，表格经过页面方向调整后，可以完整显示在页面中了。

2024年新员工培训计划

序号	培训主题	培训对象	培训讲师	培训课时	培训形式	培训时间	培训考核	备注
1	《企业简介、企业文化》	新进员工	人事主管	2	内部培训	新入职员工达3人后统一组织实施，不足3人则2个月组织一次。	书面考试	
2	《员工手册》	新进员工	人事主管	2	内部培训		书面考试	
3	分销系统培训	销售部新进员工	数据部	1	内部培训	新员工入职三天内进行培训	书面考试	
4	财务借支及报账制度培训	新进员工	出纳	1	内部培训	新进员工一周内培训		

分节符(下一页)

>>>2. 设置页码

为了使WPS文档便于浏览和打印，用户可以在页脚处插入并编辑页码。默认情况下，WPS文档都是从首页开始插入页码的，如果想从文档的正文部分才开始插入页码，需要进行分页设置，利用下一页分页符来隔断页码。具体操作如下。

第1步：插入分页符。 ❶将光标放到不需要设置页码的页面末尾；❷选择“分隔符”下拉菜单中的“下一页分节符”选项。

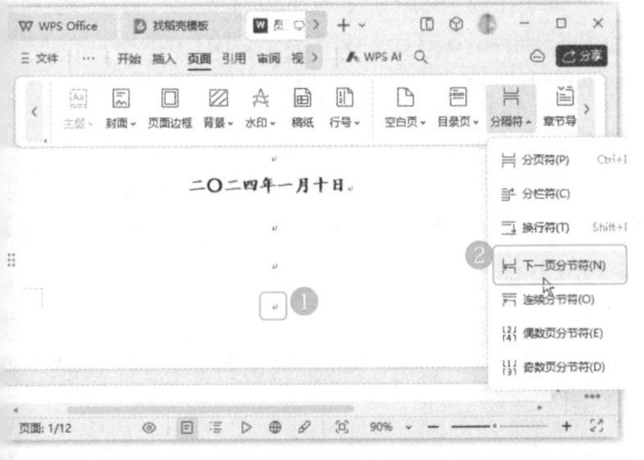

第2步：取消页面链接。 ❶在需要设置页码的页面下方双击，进入页脚设置状态；❷单击“页眉页脚”选项卡下的“同前节”按钮，使该按钮处于不被按下状态。

专家点拨

不同的分隔符有不同的作用，这里介绍几种常用的分隔符：分页符的作用是为特定内容分页；分栏符的作用是让内容在恰当的位置自动分栏，如让某内容出现在下栏顶部；换行符的作用是结束当前行，并让内容在下一个空行继续操作显示。

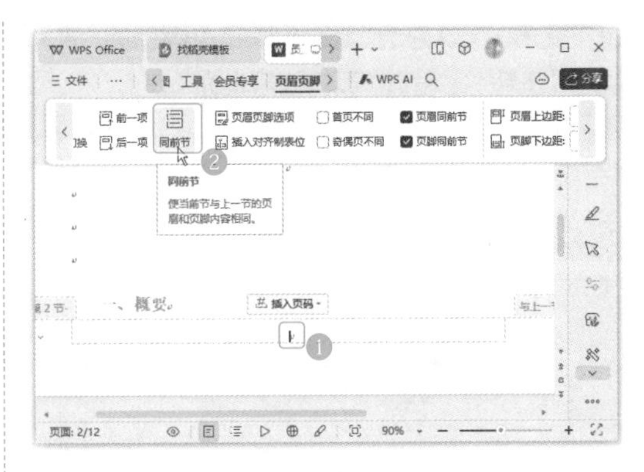

第3步：插入页码。 ❶单击页脚处的“插入页码”按钮；❷设置页码“位置”为“居中”；❸设置页码的“应用范围“为“本节”；❹单击“确定”按钮。

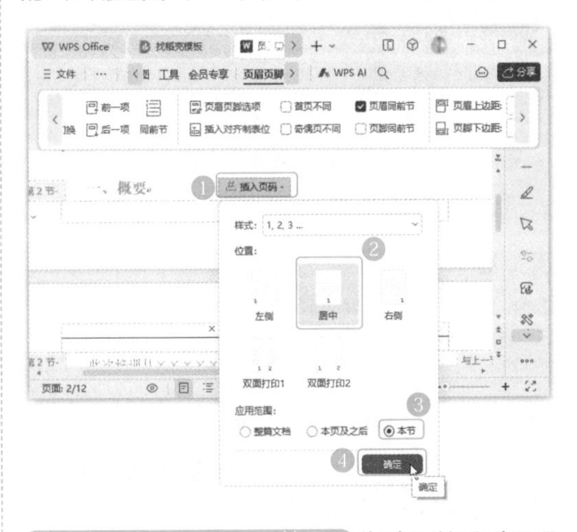

第4步：查看页码设置效果。 此时可以看到页码确实是从正文页开始编号了，但是页面底端插入的页码还是从最开始的页编号的，显示为2。

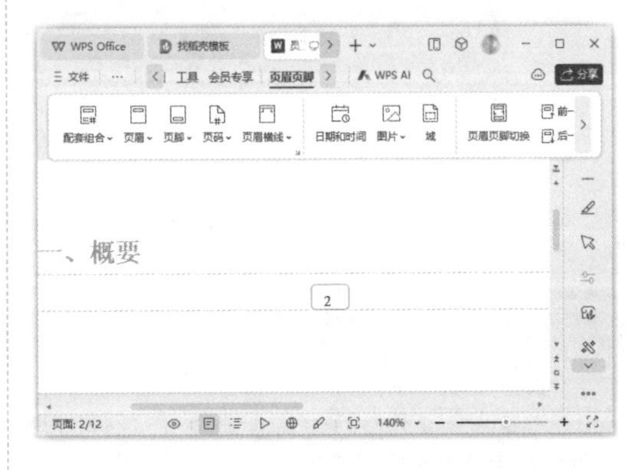

第5步：设置页码编号。❶单击页脚处的“重新编号”按钮；❷设置“页码编号设为”为1。

第6步：查看页码设置效果。可以看到页码从1开始编号了。

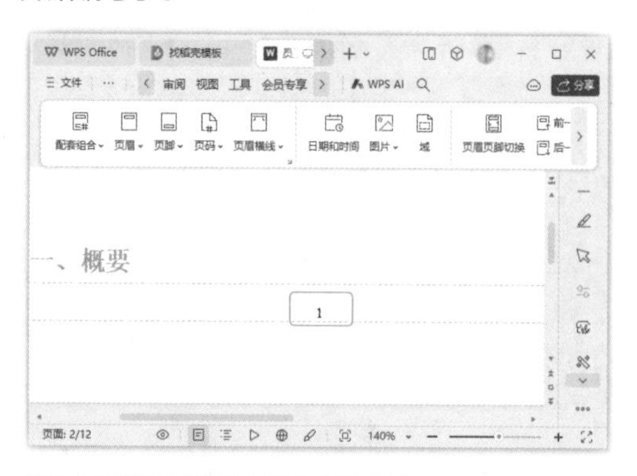

第7步：为下一节设置页码。前面设置页码时只应用于当前页，所以其他节就不会有页码。❶将光标定位到下一节；❷单击“页眉页脚”选项卡下的“同前节”按钮，使该按钮处于按下状态。

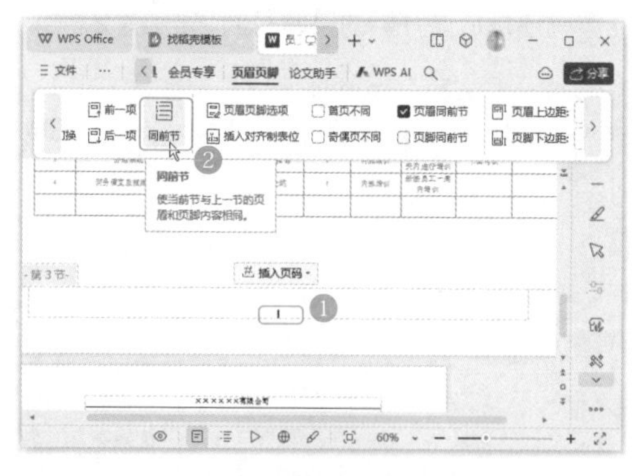

第8步：让页眉页脚效果链接前一节。在弹出的对话框中单击“确定”按钮。

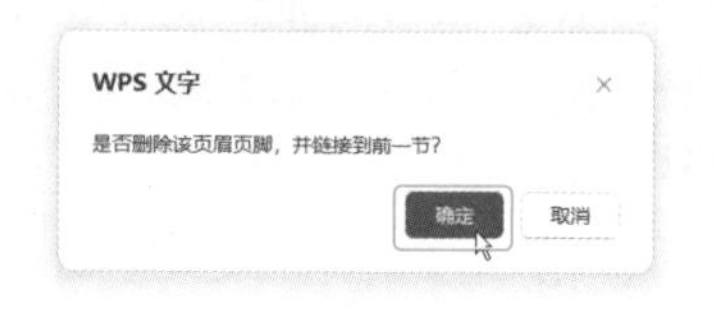

第9步：查看页码设置效果。此时便完成了页面底端的页码设置，可以看到页码会接着上一节继续编号。使用同样的方法为后一节设置页码。

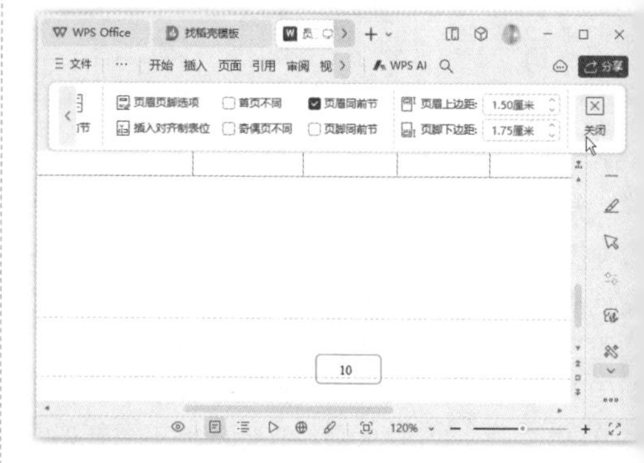

1.2.3 设置文档结构和目录

文档创建完成后，为了便于阅读，用户可以为文档添加一个目录。使用目录可以使文档的结构更加清晰，便于阅读者对整个文档进行定位。

>>>1. 设置标题大纲级别

生成目录之前，先要根据文本的标题样式设置大纲级别，大纲级别设置完毕后即可在文档中插入自动目录。

第1步：打开“段落”对话框。❶选中文档中的第一个标题；❷单击“开始”选项卡下的“段落”对话框启动器按钮。

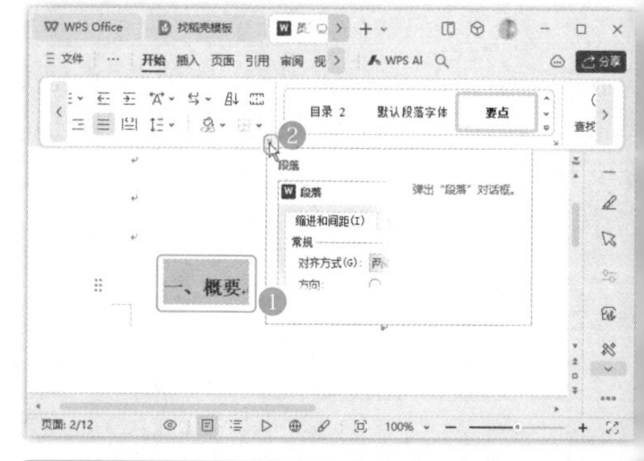

第2步：设置大纲级别。❶在“段落”对话框中设置标题的“大纲级别”为“1级”；❷单击“确定”按钮

第3步：执行“格式刷”命令。❶选中完成大纲级别设置的标题；❷双击“剪贴板”组中的“格式刷”按钮。

第4步：使用“格式刷”。此时光标变成了刷子形状，选中同属于一级大纲的标题，即可将大纲级别格式进行复制。继续为同属于一级大纲的标题复制格式，完成后按Esc键退出“格式刷”工具使用状态。

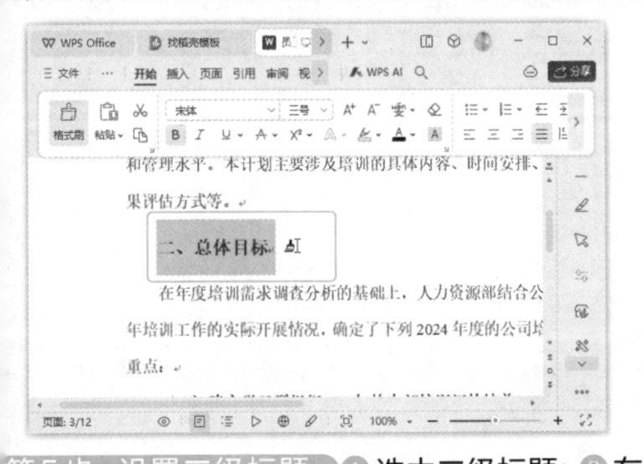

第5步：设置二级标题。❶选中二级标题；❷在打开的“段落”对话框中设置“大纲级别”为“2级”。使用同样的方法，完成文档中所有二级标题的设置。

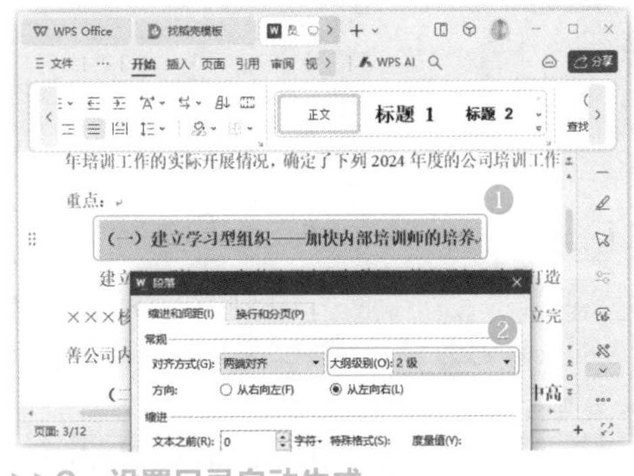

>>>2. 设置目录自动生成

大纲级别设置完毕，接下来就可以生成目录了。生成自动目录的具体操作如下。

第1步：插入分隔符。❶将光标放在正文内容的前方；❷选择“分隔符”下拉菜单中的“下一页分节符”选项。

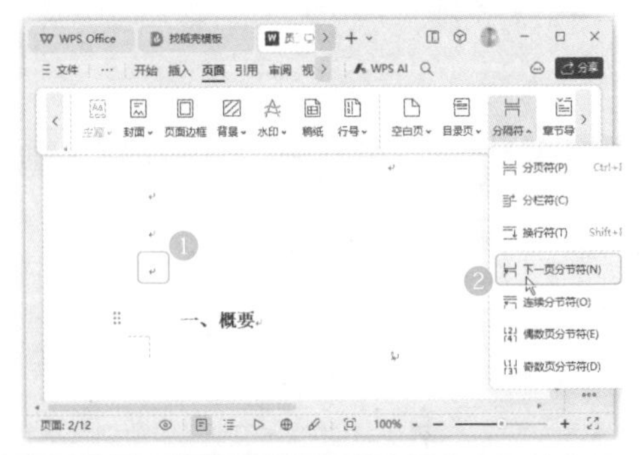

第2步：打开“目录”对话框。❶将光标放在需要生成目录的地方。单击“引用”选项卡下的“目录”按钮；❷选择下拉菜单中的“自定义目录”选项。

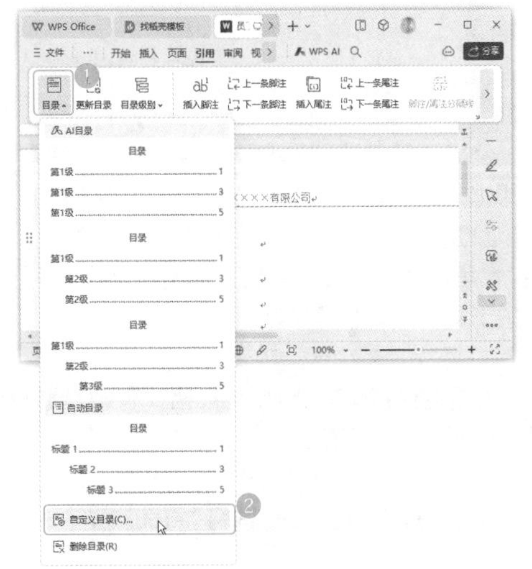

专家点拨

除了插入自定义的目录外，用户还可以根据需要在文档中插入手动目录或自动目录。单击“目录”组中的“目录”按钮，选择手动目录或自动目录，会按照样式自动生成目录。

第3步：设置“目录”对话框。 ❶设置目录的“显示级别”；❷勾选“显示页码”复选框；❸单击“确定”按钮。

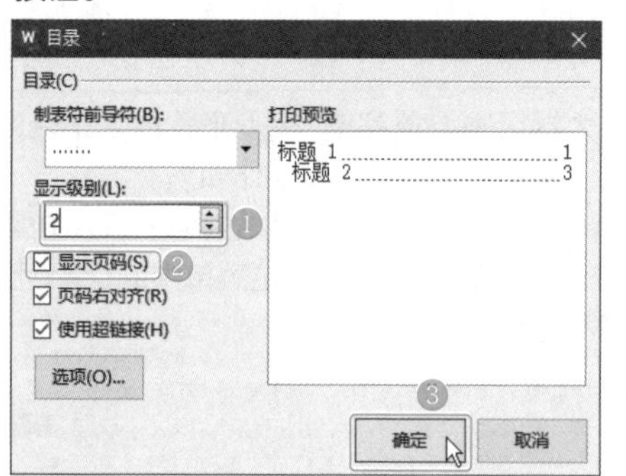

第4步：查看生成的目录。 此时就完成了文档的目录生成，可以为目录页添加上“目录”二字，并且调整“目录”二字的字体和大小。

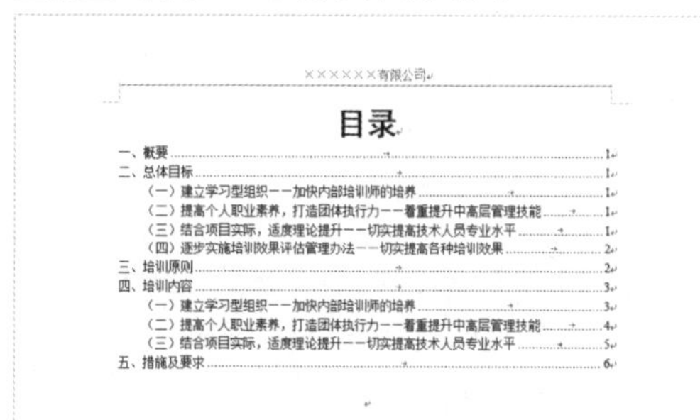

××××××有限公司

目录

一、概要……1
二、总体目标……1
（一）建立学习型组织——加快内部培训师的培养……1
（二）提高个人职业素养，打造团体执行力——着重提升中高层管理技能……1
（三）结合项目实际，适度理论提升——切实提高技术人员专业水平……1
（四）逐步实施培训效果评估管理办法——切实提高各种培训效果……2
三、培训原则……2
四、培训内容……3
（一）建立学习型组织——加快内部培训师的培养……3
（二）提高个人职业素养，打造团体执行力——着重提升中高层管理技能……4
（三）结合项目实际，适度理论提升——切实提高技术人员专业水平……5
五、措施及要求……6

1.2.4 打印文档

公司的员工培训方案制作完成后，往往需要打印出来给领导，或者是发给参与培训计划的员工，让他们知道培训安排。在打印前需要预览文档，也可以根据需要进行打印设置。接下来就讲解关于文档打印的操作。

>>>1. 打印前预览文档

为了避免打印文档时内容、格式有误，最好在打印前对文档进行预览。

第1步：选择“打印预览”选项。 ❶单击“文件”菜单中的“打印”选项；❷选择“打印预览”选项。

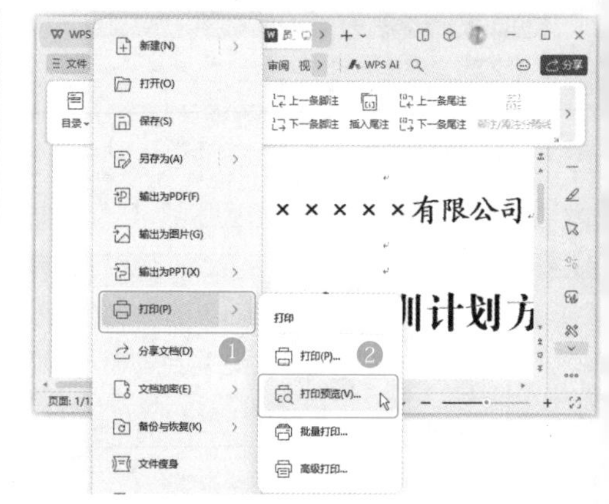

第2步：预览文档。 在打印预览页面中，按住Ctrl键并滚动鼠标，可以放大/缩小页面显示效果，拖动鼠标可滚动预览文档的其他页面。

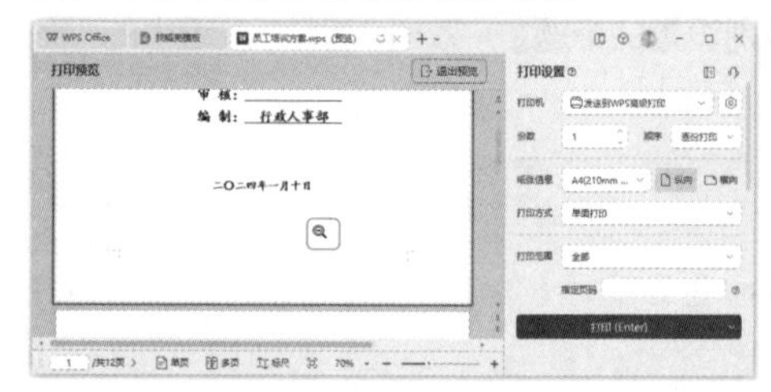

>>>2. 进行打印设置

打印预览确定文档准确无误后，就可以进行打印份数、打印范围等参数的设置了，设置完成后便开始打印文档。

在打印预览界面的右侧提供了打印设置栏❶根据需要设置打印份数，单击“份数”的上/下按钮即可加/减份数；❷设置打印的范围，在“打印范围”下拉列表中可以选择打印所有页面，或者是当前页面，以及自定义设置打印范围；❸当完成打印设置后，单击“打印”按钮，即可开始打印文档。

专家点拨

单击“打印”按钮，选择“打印”选项，也可以进入打印设置页面。

过关练习：制作“公司行政管理手册”

通过前面内容的学习，相信读者已熟悉在WPS中对办公文档内容的编辑与排版技能。为了巩固所学内容，下面以制作“公司行政管理手册”为巩固训练，其效果如下图所示。读者可以结合思路解析自己动手强化练习。

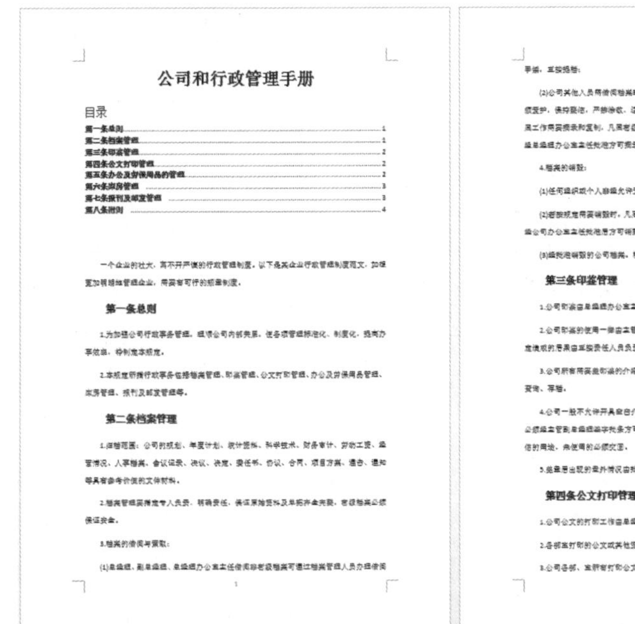

公司和行政管理手册

目录

第一条总则

第二条档案管理

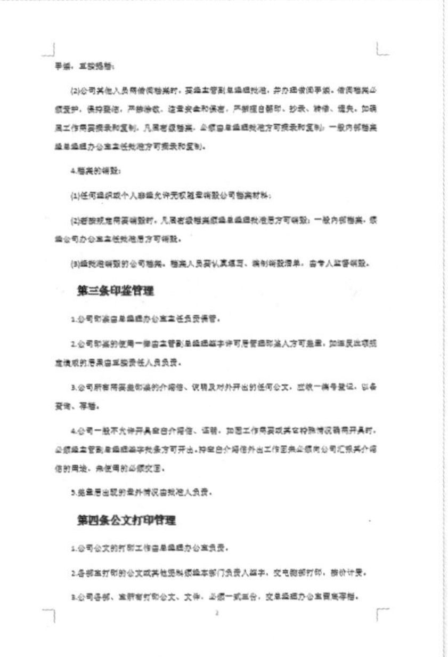

第三条印鉴管理

第四条公文打印管理

※ 思路解析

公司要求行政主管做一份全新的行政管理手册。由于不同公司的行政管理手册在内容上会有相同的地方，因此为了提高效率，可以到网上找一个范本复制利用，此时就要注意粘贴方式和后期格式调整了。其总体制作思路如下图所示。

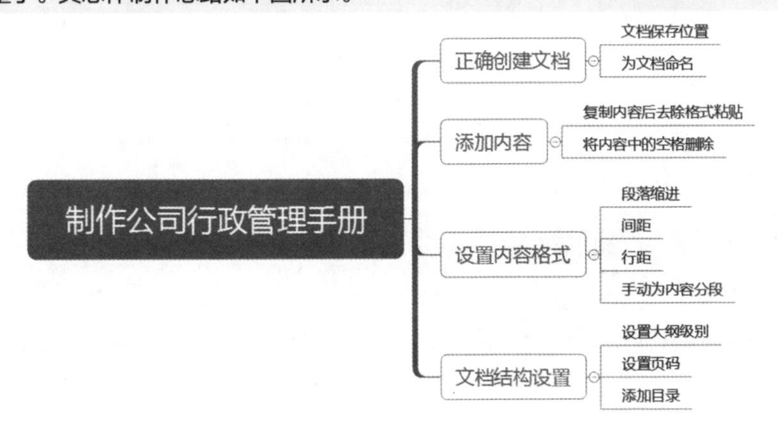

※ 关键步骤

关键步骤1：创建文档。在保存文档的位置创建文档，并正确命名。

关键步骤2：粘贴文字。打开位置："素材文件\第1章\公司行政管理手册.txt"文件，将公司行政管理手册的内容复制后，以"只粘贴文本"的方式将复制的文本粘贴到文档中。

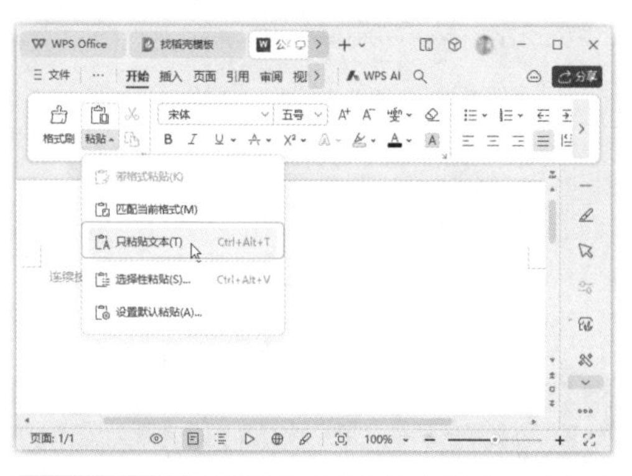

关键步骤3：删除文中空格。将文档中多余的空格使用替换的方式删除。

关键步骤4：设置段落格式。选中文字内容，然后打开"段落"对话框，设置"首行缩进""间距""行距"格式。

关键步骤5：为内容分段。❶此时的文档没有分段，将光标放在需要分段的地方；❷按Enter键手动分段。

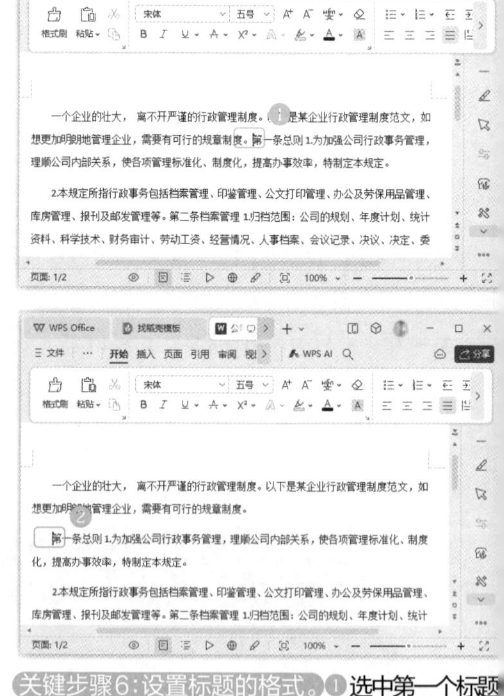

关键步骤6：设置标题的格式。❶选中第一个标题设置其字体格式；❷将其"大纲级别"设置成"1级"

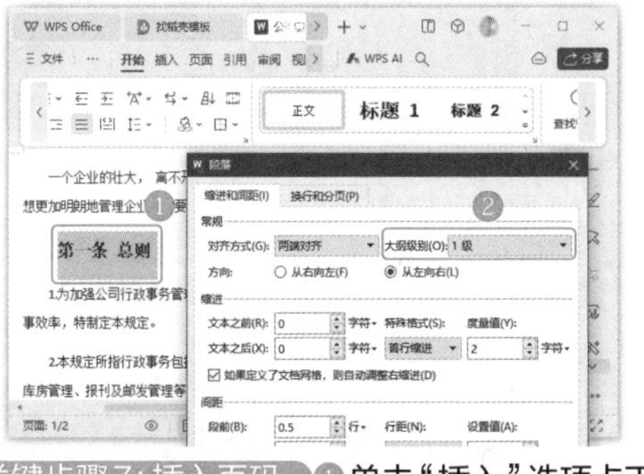

关键步骤7：插入页码。❶单击"插入"选项卡下的"页码"按钮，❷选择"页脚中间"的页码位置。

关键步骤8：添加目录和标题。❶为文档添加标题；❷为文档设置目录。

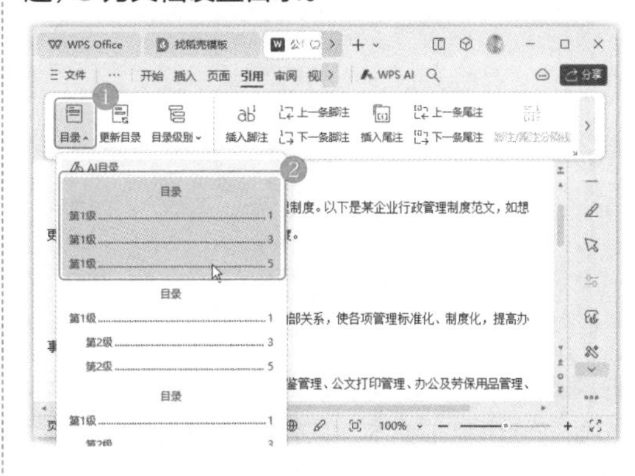

高手秘技与AI智能化办公

扫一扫 看视频

01 使用WPS AI智能生成文章内容

新建文档后，却不知道怎么编写内容，灵感枯竭这种情况经常发生。但当文字拥有了WPS AI，写作就有了强大的辅助工具。

WPS文字的AI功能在起草文章内容方面表现出色。基于自然语言处理技术，用户只需输入主题或关键词，WPS AI就能够深度理解用户的写作意图，并自动生成结构清晰、内容充实的文章。

例如，想撰写一篇关于春节团建活动的通知文件，可以写出需求，让WPS AI来起草文档内容，具体操作如下。

第1步：告诉WPS AI要进行的操作类型。打开WPS Office，❶新建一篇空白文字文档；❷连续两次按Ctrl键唤起WPS AI，在弹出的WPS AI对话框的下拉菜单中选择"通知"选项；❸在级联菜单中选择"活动通知"选项。

专家点拨

单击选项卡最右侧的WPS AI按钮，在显示出的WPS AI任务窗格中选择"内容生成"选项，也可以唤起WPS AI。如果对WPS AI熟悉了，也可以通过直接在WPS AI对话框中输入关键词来起草文章内容。

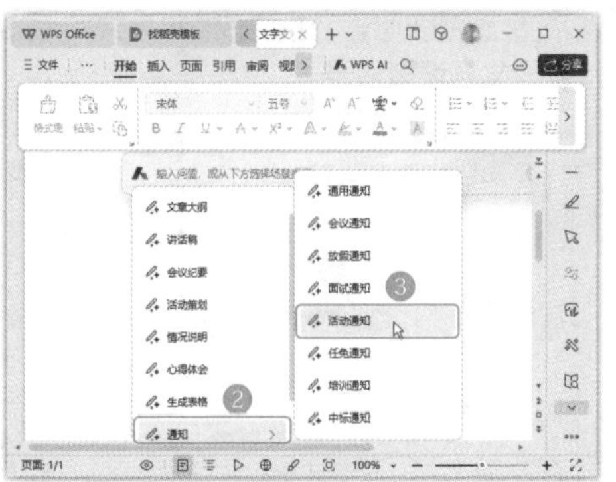

第2步：完善具体指令。 WPS AI自动在WPS AI对话框中显示如下图所示的内容，根据需要在对话框中须进一步确认的部分进行输入或选择，即可快速生成指令。❶这里分别在文本框中输入活动的主题、时间和地点；❷单击“发送”按钮➤。

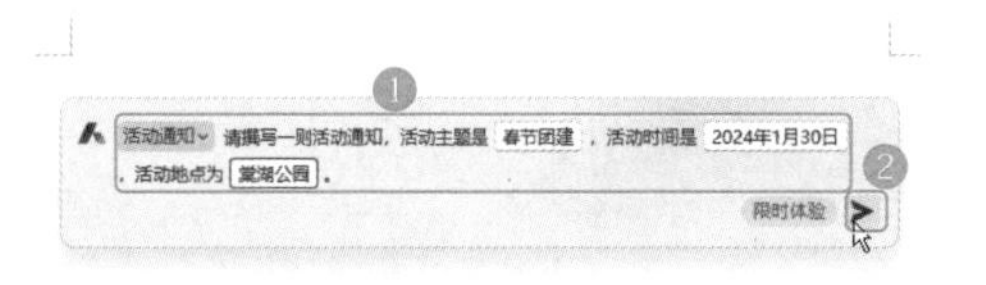

第3步：发送修改指令。 WPS AI接收到用户提问后，会立刻按要求生成内容，如下图所示。等待内容生成完成后，查看有需要补充的地方，❶继续在对话框中输入修改需求；❷单击“发送”按钮➤。

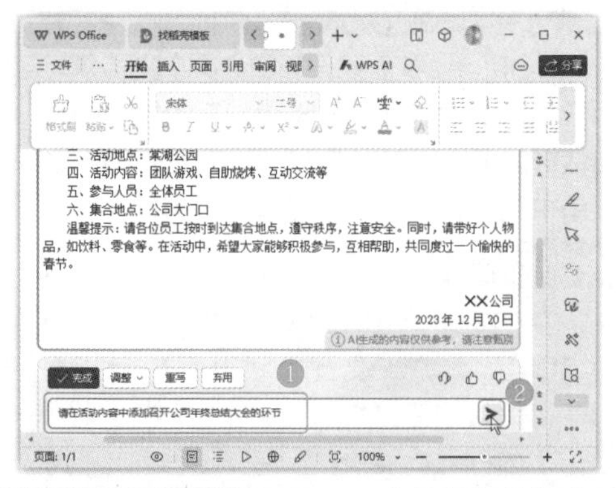

第4步：完成创建。 WPS AI会根据新的指令对答复内容进行修改。直到满意时，单击“完成”按钮即可采用这些内容。

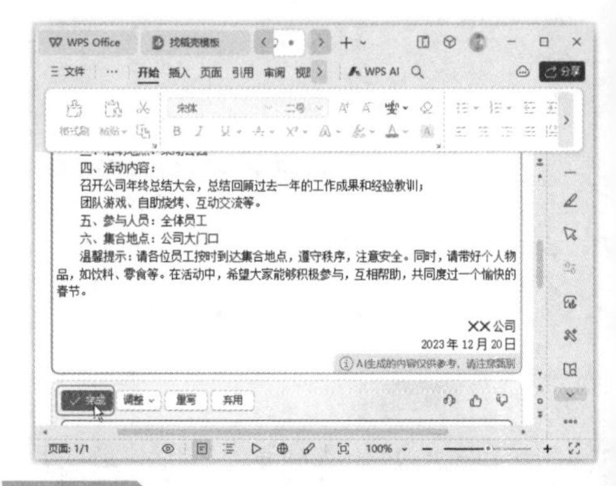

专家点拨

WPS AI的智能写作功能基于深度学习技术，通过对大量文本数据的训练和学习，逐渐掌握了自然语言处理的技巧并不断优化自身的性能。它不仅能够理解用户的指令和需求，还能够根据上下文和语境进行智能推断，生成符合要求的文本内容。这种智能写作的能力，使得WPS AI在处理各种文本任务时，能够达到人类专业水平，甚至超越人类的表现。

第5步：查看生成的内容。 此时所有内容就生成在文档中了，可以像普通文档一样进行编辑加工。

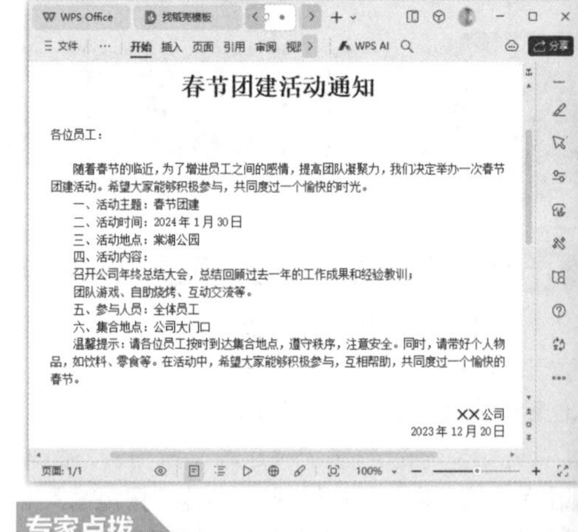
春节团建活动通知

各位员工：

随着春节的临近，为了增进员工之间的感情，提高团队凝聚力，我们决定举办一次春节团建活动。希望大家能够积极参与，共同度过一个愉快的时光。

一、活动主题：春节团建

二、活动时间：2024年1月30日

三、活动地点：棠湖公园

四、活动内容：

召开公司年终总结大会，总结回顾过去一年的工作成果和经验教训；

团队游戏、自助烧烤、互动交流等。

五、参与人员：全体员工

六、集合地点：公司大门口

温馨提示：请各位员工按时到达集合地点，遵守秩序，注意安全。同时，请带好个人物品，如饮料、零食等。在活动中，希望大家能够积极参与，互相帮助，共同度过一个愉快的春节。

XX公司

2023年12月20日

专家点拨

WPS AI生成的内容具有随机性，输入相同的关键词，每次生成的内容也会有所不同。对WPS AI生成的内容大致满意时，可以先采用内容，再手动进行修改，或者直接追问WPS AI，让它对内容进行修改，直到更满意后才采用。

02 页眉中讨厌的横线这样删

在WPS文档中插入页眉后，页眉处可能会出现一条横线。如果不需要这条横线，可以通过设置快速将其删除。

第1步：设置页眉横线效果。打开"素材文件\第1章\页眉横线.wps"文件，❶双击页眉，打开"页眉页脚"选项卡，此时可以看到页眉处有一条横线。单击"页眉横线"按钮；❷选择"无线型"选项。

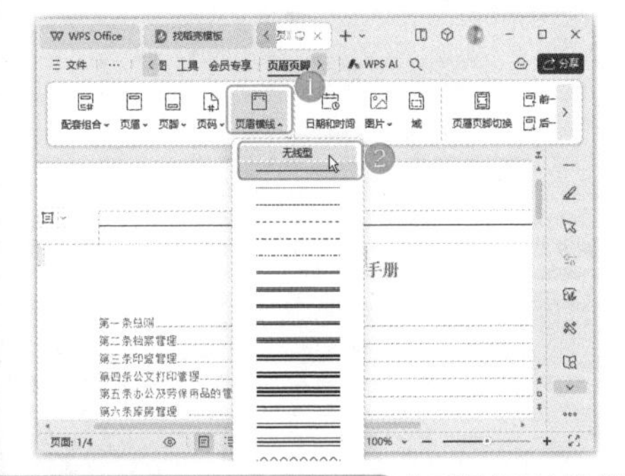

第2步：查看删除横线效果。此时页眉处的横线被成功删除，效果如下图所示。

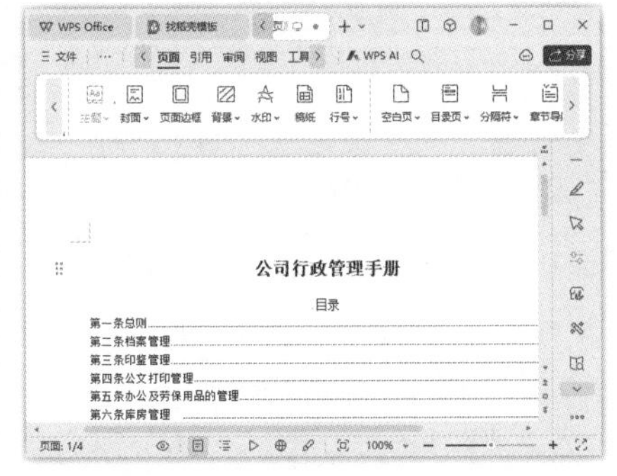

03 工具栏有哪些工具，你说了算

在前面的章节中，讲到过使用"调整宽度"工具调整文字宽度，使用"打印预览"视图模式。有的读者会发现自己的WPS文字软件的工具栏中并没有显示这两个工具。那么读者可以自己进行添加，其他工具的设置方法与此一致，具体操作如下。

第1步：选择"选项"命令。选择"文件"菜单中的"选项"命令。

第2步：新建组。❶在弹出对话框右侧的"自定义功能区"列表框中选中"开始"选项卡；❷单击"新建组"按钮。

第3步：添加功能命令按钮。❶单击"重命名"按钮，将新建的组命名为"常用设置"；❷在"从下列位置选择命令"列表框中选择需要添加的功能命令，如选择"重新开始编号"命令；❸单击"添加"按钮；❹单击"确定"按钮。此时被选择的"重新开始编号"命令就被成功添加到新建的组中。

第4步：查看添加的功能命令。回到WPS文字工作界面中，可以在“开始”选项卡的最右侧看到新添加的功能命令。

第2章 WPS中制作图文混排的办公文档

本章导读

WPS文字可以插入并编辑图片和智能图形。图片可以增强页面的表现力，智能图形可以更清晰地表现思路及流程。这两种元素的存在，不仅可以让WPS制作出简单的文字文档，而且能制作出图文混排的办公文档。

知识要点

- WPS插入智能图形的技巧
- 利用智能图形编辑流程图的技巧
- WPS绘制图形的方法
- 插入图片并调整图片位置的方法
- 掌握图片的裁剪与美化技巧
- 文字、图片、流程图的混合排版

案例展示

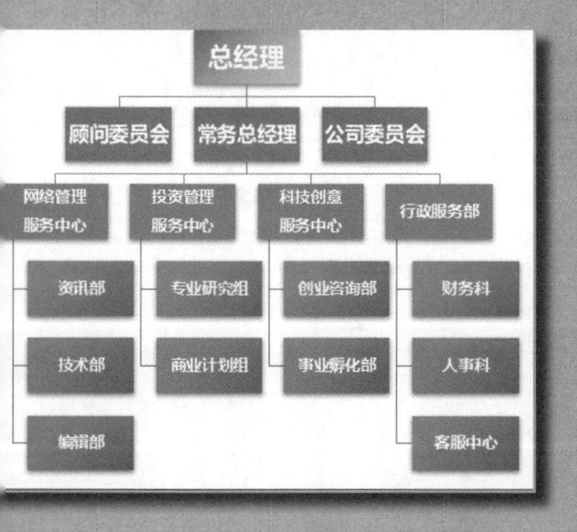

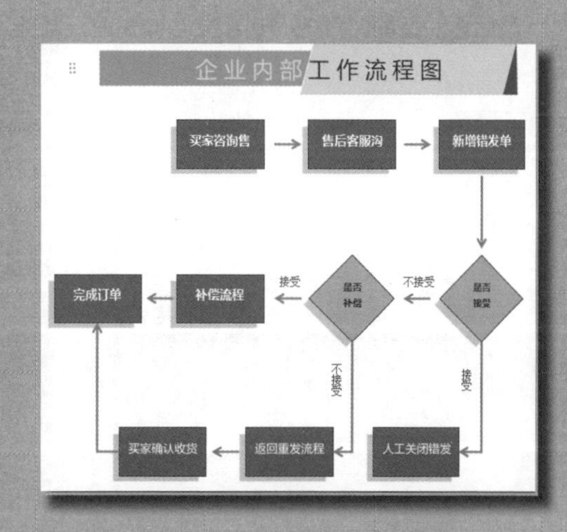

2.1 制作“企业组织结构图”

※ 案例说明

企业组织结构图用于表现企业、机构或系统中的层次关系，在办公中有着广泛的应用，在WPS 文字中为用户提供了用于体现组织结构、关系或流程的图表——智能图形，本节将应用智能图形制作企业组织结构图，为读者讲解智能图形的应用方法。

“企业组织结构图”文档制作完成后的效果如下图所示。

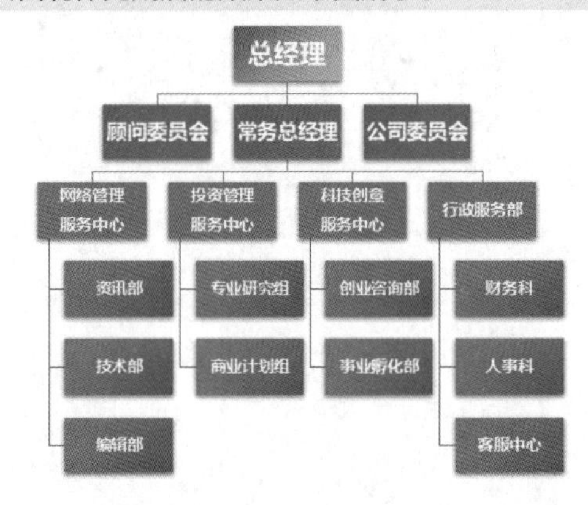

※ 思路解析

由于公司人事变动，公司领导要求行政人事部门制作一份新的企业组织结构图。在制作组织结构图时，行政人事部门的文员首先绘制了一份公司人员层级结构的大体关系图，并根据关系图选择恰当的智能图形模板，模板选择好后，再将模板的结构调整成草图的结构，然后再输入文字，最后再对智能图形的样式和文字样式进行调整。在每个步骤中，需要注意的事项如下图所示。

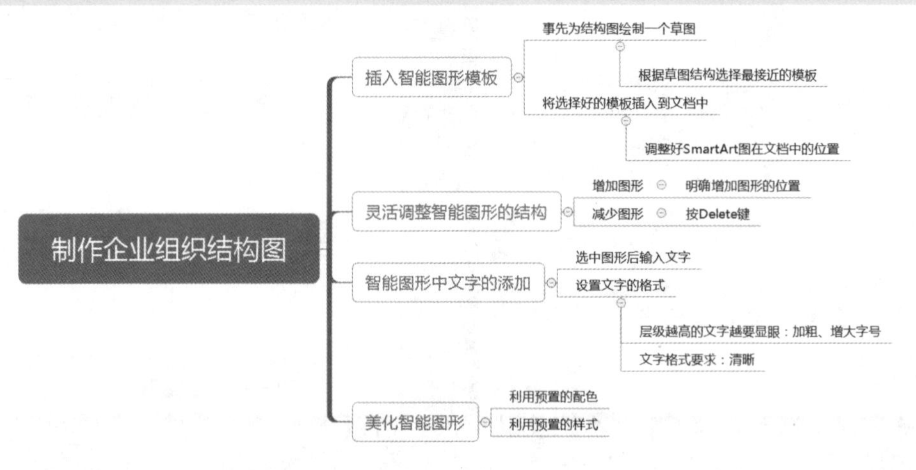

※ 步骤详解

2.1.1 插入智能图形模板

在WPS文字中提供了多种智能图形模板图纟供选择，在制作企业组织结构图时，应根据实际需求来选择，减少后期对结构图的编辑次数。

>>>1. 智能图形模板的选择

智能图形模板的选择要根据组织结构图的内容来进行。

第1步：分析结构图内容。根据公司的组织结构，在草稿纸上绘制一个草图，如下图所示。

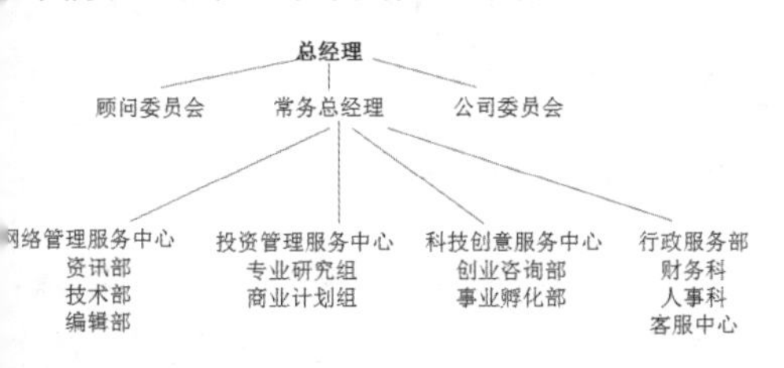

第2步：打开智能图形模板列表。❶创建一个名为"企业组织结构图.docx"的文档；❷单击"插入"选项卡下的"智能图形"按钮。

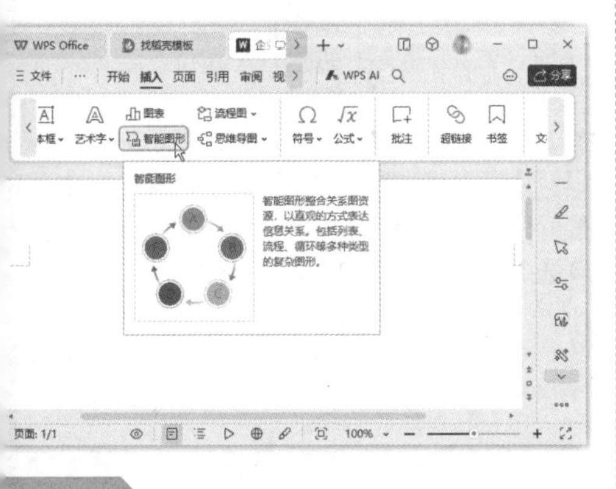

专家点拨

在WPS文字中的默认情况下，新建.wps格式的文档中，选项卡中并没有智能图形功能，只有新建.doc或.docx格式的文档时，选项卡中才会显示出智能图形功能。

第3步：选择智能图形模板。❶在"智能图形"对话框中单击SmartArt选项卡；❷选择"层次结构"模板。

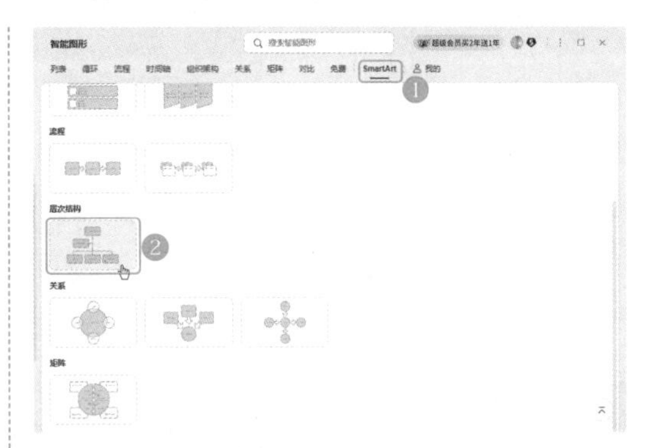

>>>2. 智能图形模板的插入

完成模板选择后，智能图形会在文档中光标闪烁的地方创建一个与模板一模一样的智能图形。此时可以调整智能图形的位置，让图形在页面中居中。

第1步：设置光标位置。为了保证组织结构图在文档中央，需要对插入的图形进行调整，如下图所示，将光标放在智能图形的左边。

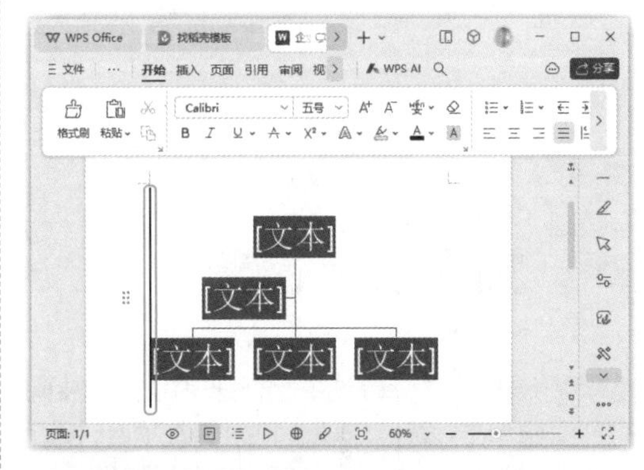

第2步：设置智能图形居中。单击"开始"选项卡下的"居中对齐"按钮，如下图所示，智能图形便自动位于页面中央。

专家点拨

设置智能图形的位置，不仅可以通过光标来调整，还可以选中智能图形后，切换到"设计"选项卡下，单击"对齐"菜单中的"水平居中"选项，可以让智能图形显示在页面的中间位置。

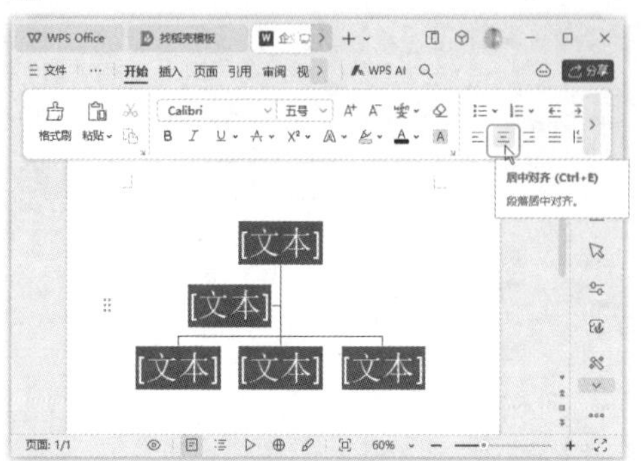

2.1.2 灵活调整智能图形的结构

智能图形的模板并不能完全符合实际需求，此时需要对结构进行调整，如采用增减智能图形的方法。

增加智能图形的结构时，需要对照之前的草图，在恰当的位置添加图形，并选中多余的图形后按Delete键删除。

第1步：删除多余的图形。 选中智能图形中第二排左边的图形，按Delete键将其删除。

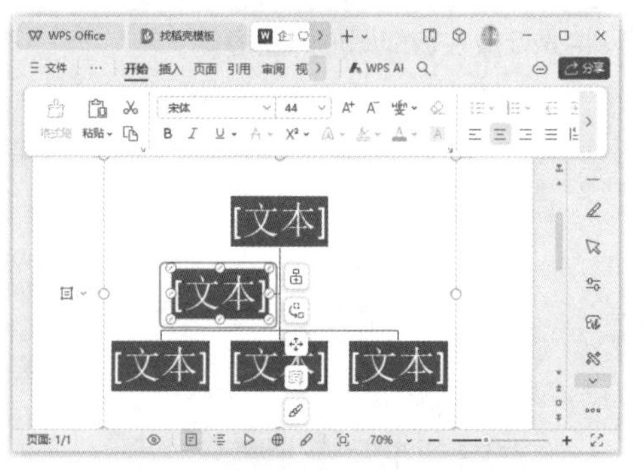

第2步：添加图形。 ❶选中智能图形中第二排中间的图形；❷单击“设计”选项卡下的“添加项目”按钮；❸选择下拉菜单中的“在下方添加项目”选项。

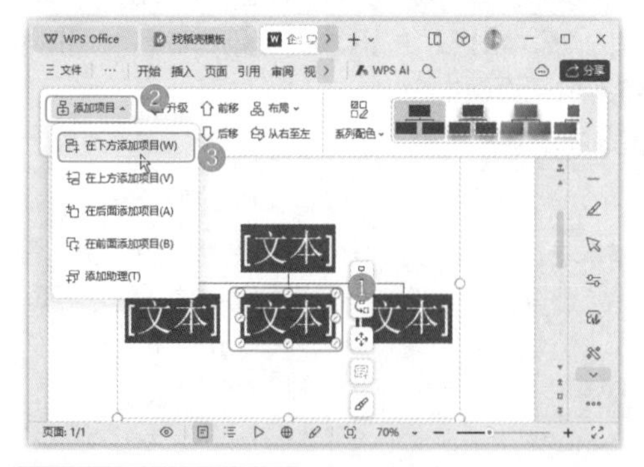

第3步：继续添加图形。 ❶选中刚刚添加的图形；❷单击“设计”选项卡下的“添加项目”按钮；❸选择下拉菜单中的“在后面添加项目”选项。

第4步：完成第三排图形添加。 用同样的方法在第二排中间的图形下方继续添加项目，完成第三排图形添加，效果如下图所示。

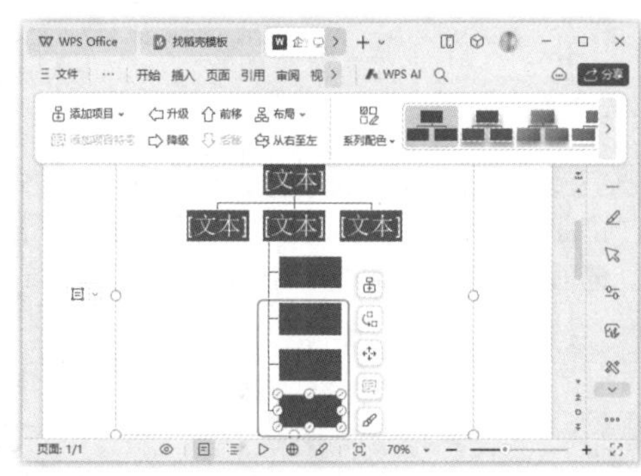

第5步：调整图形布局。 ❶选中第二排中间的图形；❷单击“设计”选项卡下的“布局”按钮；❸选择下拉菜单中的“标准”选项。

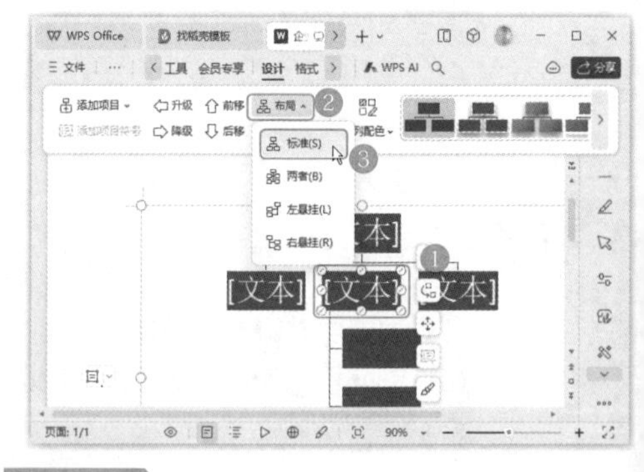

专家点拨

在制作智能图形时，不仅可以增减图形、调整图形的布局，还可以调整图形的级别。选中图形，单击“设计”选项卡下的“升级”或“降级”

按钮，就可以升降图形的级别。例如，将第二排的图形通过降级调整到第三排。

第6步：添加第四排图形。❶选中第三排左边的图形；❷单击“设计”选项卡下的“添加项目”按钮；❸选择下拉菜单中的“在下方添加项目”选项。

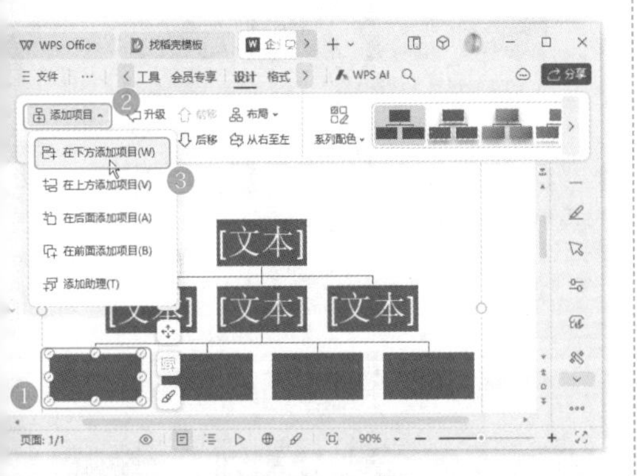

第7步：完成结构框架制作。按照相同的方法，分别选中第三排的图形，在下方添加数量不同的图形，如下图所示。此时便根据草图完成了企业组织结构图的框架制作。

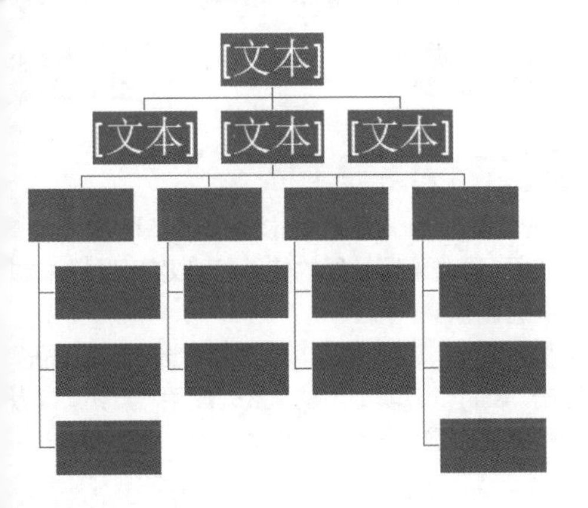

2.1.3 智能图形中文字的添加

完成智能图形结构制作后，就可以开始输入文字了，输入文字时要考虑字体的格式，使其清晰美观。

>>>1. 在智能图形中添加文字

在智能图形中添加文字的方法是，选中具体图形，输入文字即可。

第1步：选中要输入文字的图形。单击要输入文字的图形，表示选中，如下图所示。

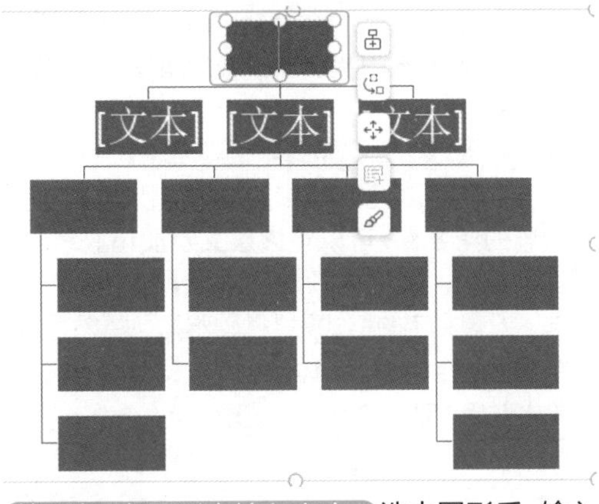

第2步：在图形中输入文字。选中图形后，输入文字即可，如下图所示。

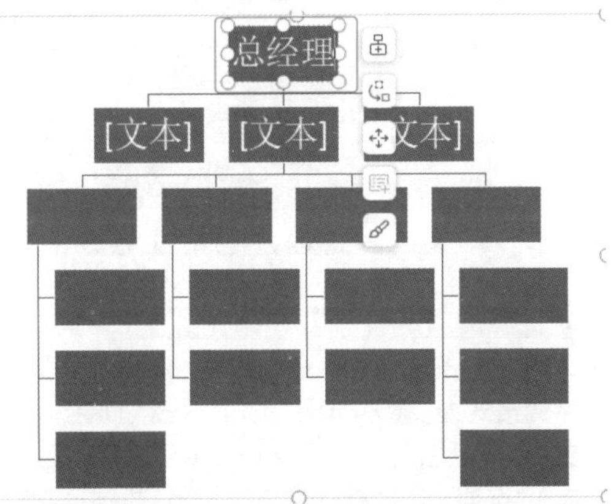

第3步：完成智能图形的文字录入。按照相同的方法完成智能图形结构图中所有图形的文字录入。

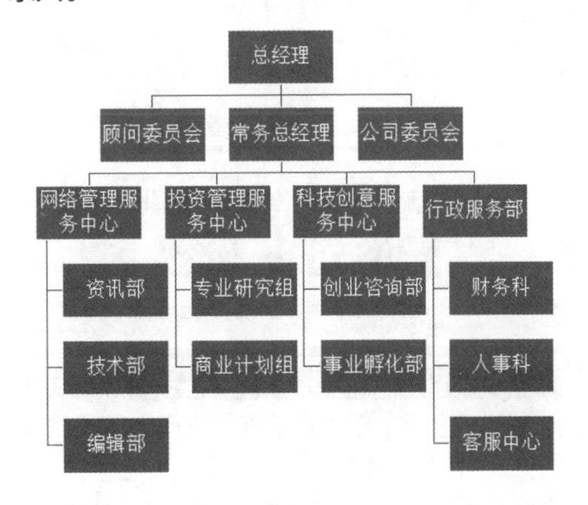

>>>2. 设置智能图形文字的格式

智能图形默认的文字格式是宋体，为了使文字更具表现力，可以为文字设置加粗及改变字体、字号等格式。

第1步：设置第一排图形的字体格式。企业组织结构图中，顶层的图形代表的是高层领导，为了显示领导的重要性，可以将该层文字加粗显示，并且加大字号。❶选中顶层图形；❷在“格式”选项卡下设置文字的格式为“微软雅黑”“18”“B”加粗显示；❸单击“字体颜色”按钮 A -，在下拉菜单中选择“黑色，文本1”选项。

第2步：设置第二排图形的字体格式。❶选中第二排左边的图形；❷在“格式”选项卡下设置文字的格式为“微软雅黑”“14”“B”加粗显示。单击“字体颜色”按钮，在下拉菜单中选择“黑色，文本1”选项。用同样的方法，将第二排图形文字格式都设置为这种格式。

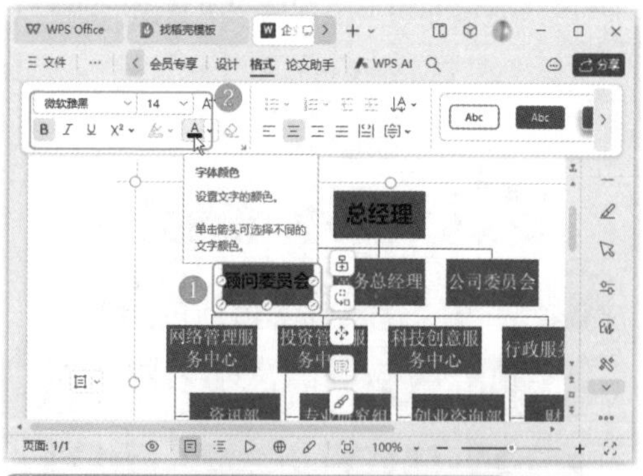

第3步：设置第三排图形的字体格式。❶选中第三排左边的图形；❷在“格式”选项卡下设置文字的格式为“微软雅黑”“11”“B”加粗显示。设置字体颜色为“黑色，文本1”。用同样的方法，完成第三排图形文字格式设置。

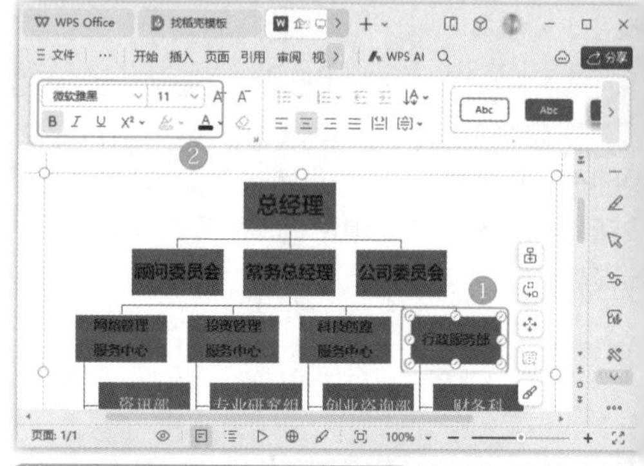

第4步：完成所有字体调整。按照相同的方法对其他图形的字体进行格式调整。

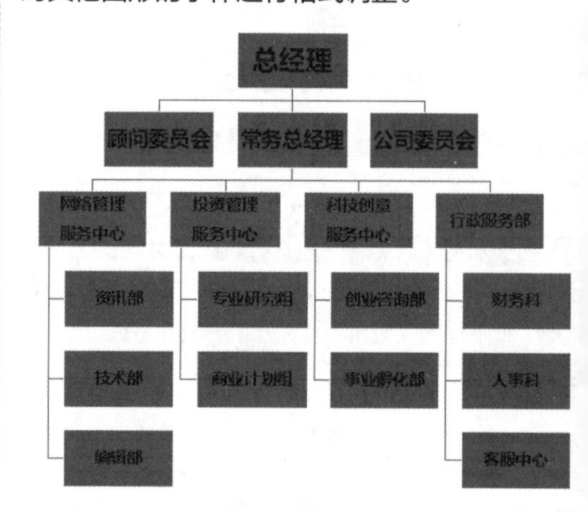

2.1.4 美化智能图形

WPS文字为智能图形提供了多种系统预置的效果，通过预置效果的使用，可以实现图形样式的快速调整。

第1步：使用预置的颜色样式。❶选中智能图形，单击“设计”选项卡下的“系列配色”按钮；❷从颜色样式中选择一种配色。

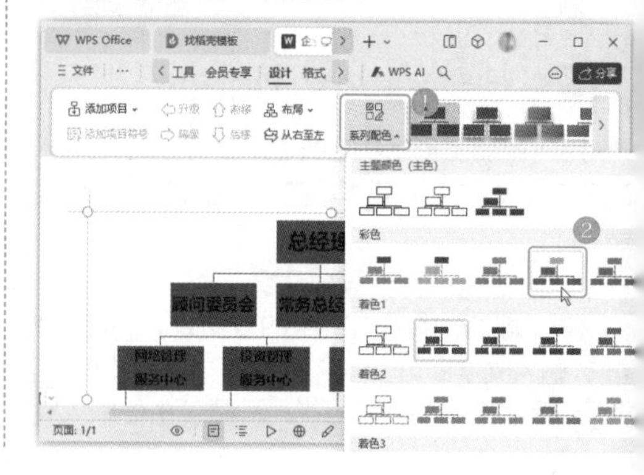

第2步：使用预置的样式。在“设计”选项卡下选择一种样式。

第3步：查看效果。此时就完成了智能图形(组织结构图)的制作，效果如下图所示。

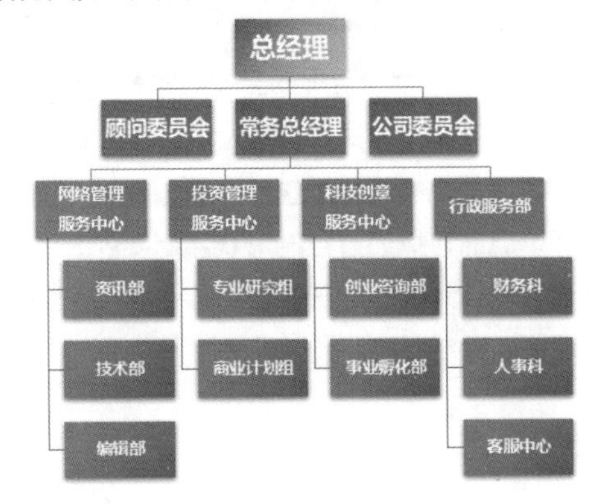

2.2 制作“企业内部工作流程图”

扫一扫 看视频

※ 案例说明

企业内部工作流程图可以帮助企业管理者了解不同部门的工作环节，将多余的环节去除，更改不合理的环节。管理者将修订好的工作流程图发送给工作人员，可以让工作人员清楚自己的工作流程，将管理变得简单便捷，从而提高工作人员的工作效率。

“企业内部工作流程图”文档制作完成后的效果如下图所示。

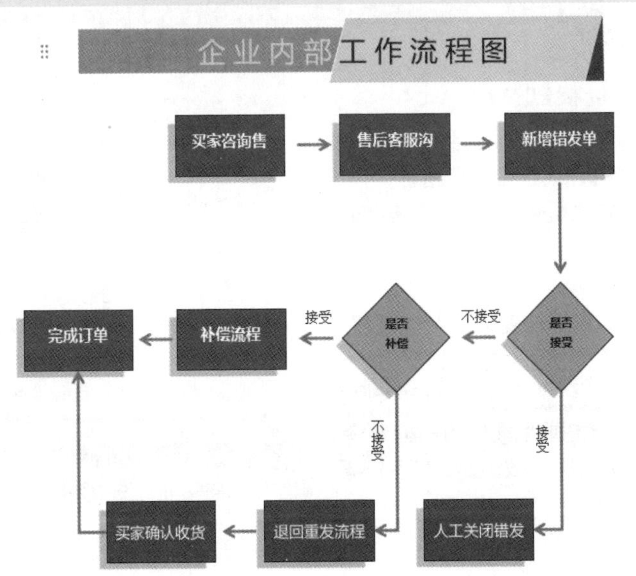

※ 思路解析

企业内部工作流程图与企业组织结构图不同，组织结构图的结构比较单一，通常是由上而下的结构，这种结构可以利用 WPS 文字中的智能图形模板修改制作，提高制作效率。但是不同企业的不同部门有不同的工作方式，其工作流程图的结构十分多样，在智能图形中难以找到合适的模板。此时可以通过绘制形状和箭头的方法，灵活绘制工作流程图。制作者应当根据企业内部工作流程，选择恰当的形状进行绘制，然后调整形状的对齐效果，再在形状中添加文字，最后修饰流程图，完成制作。具体思路如下图所示。

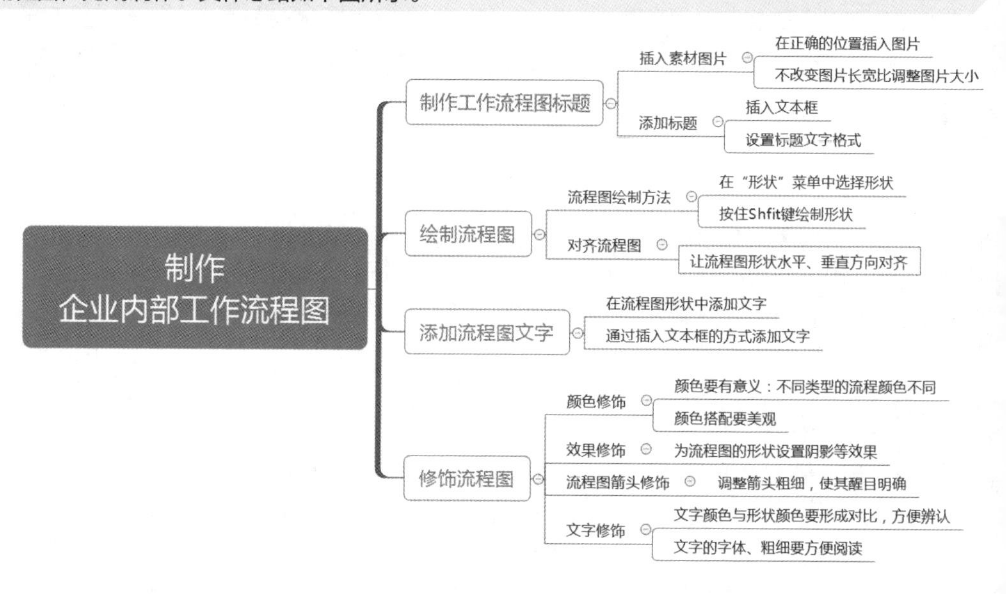

※ 步骤详解

2.2.1 制作工作流程图标题

工作流程图文档应当有一个醒目的标题，既突出主题，又起到修饰作用。在设置标题时，可以通过插入图片素材的方式美化标题，并设置字体格式。

>>>1. 插入素材图片

为了让标题醒目，可以插入素材图片作为标题的背景，插入图片后注意调整图片的大小和位置。

第1步：打开“插入图片”对话框。将光标放到文档正中间的位置，表示要将图片插入到这里，❶单击“插入”选项卡下的“图片”按钮；❷在下拉菜单中选择“来自文件”选项。

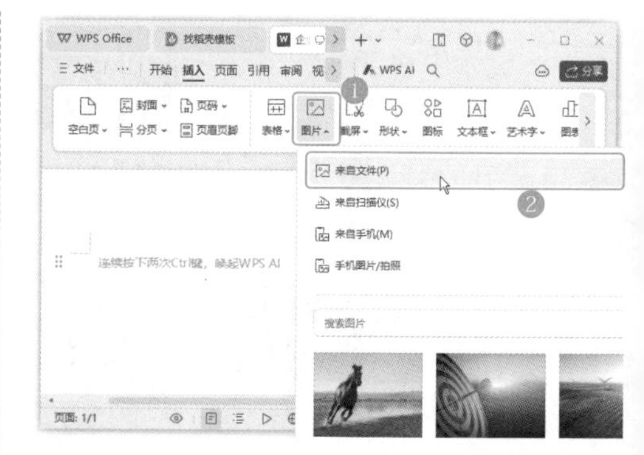

第2步：插入图片。❶选择素材文件“素材文件\第2章\横栏.tif”，选中图片；❷单击“打开”按钮。

第3步：调整插入图片的大小。插入图片后，将光标放到图片右下方，当光标变成倾斜的双箭头时，按住鼠标左键不动缩小图片。

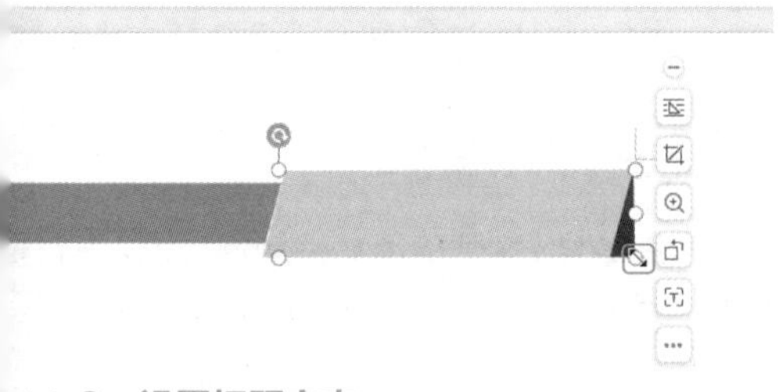

>>>2. 设置标题文本

完成素材背景的制作后，就可以输入标题文本将其置于背景图片之上了。

第1步：插入文本框。完成素材背景制作后，要插入文本框并输入标题文字。❶单击“插入”选项卡下的“文本框”按钮；❷在下拉菜单中选择“横向”选项。

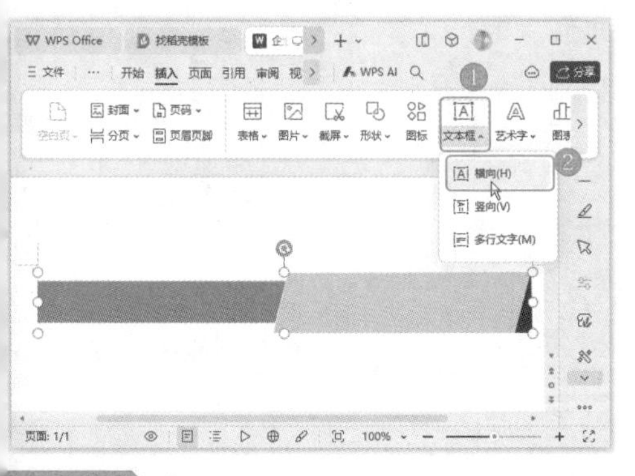

专家点拨

文本框的插入还可以选择“竖向”，这种文本框适用于对诗歌、古文等内容进行排版。竖排文本框输入内容后，读者的阅读顺序是从上往下的。

第2步：设置文本框格式。❶在文本框中输入标题文字；❷选中文本框，单击“绘图工具”选项卡下的“填充”按钮；❸在下拉菜单中选择“无填充颜色”选项。按照同样的方法，设置文本的轮廓为无边框颜色。

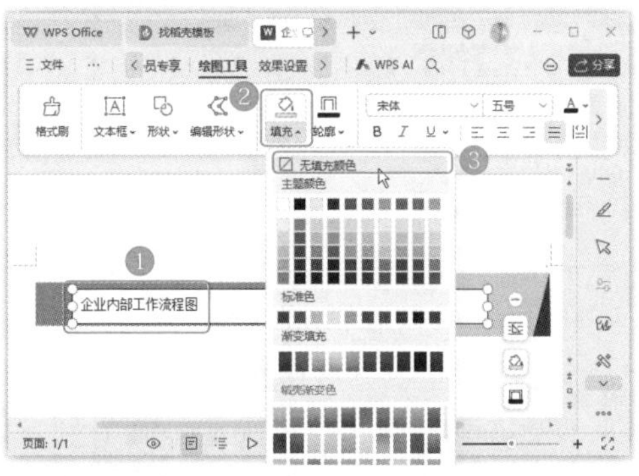

第3步：设置标题格式。设置标题的字体格式和字号，并设置居中对齐。

第4步：打开“字体”对话框。❶选中标题，单击“中文版式”菜单中的“字符缩放”选项；❷在下拉菜单中选择“其他”选项。

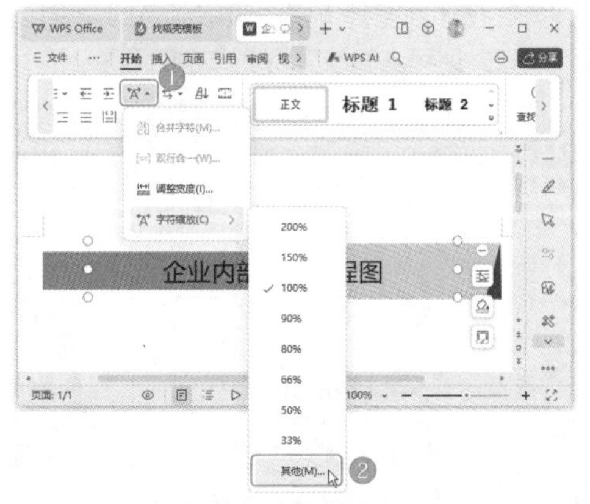

第5步：设置标题的宽度。打开“字体”对话框，设置“间距”为“加宽”，“值”为“0.1厘米”。

第6步：选择“取色器”选项。❶选中标题中“企业内部”4个字；❷单击“字体颜色”按钮；❸在下拉菜单中选择“取色器”选项。

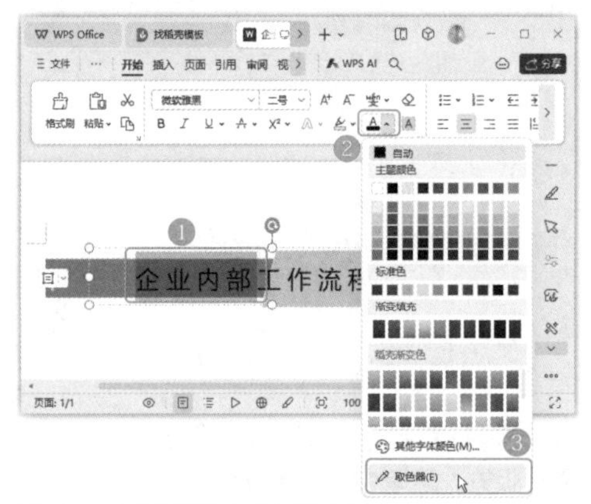

第7步：吸取字体颜色参数。此时光标会变成吸管形状，移动到图片上需要吸取颜色的黄绿色位置上单击，即可立即改变所选文字的颜色。

第8步：调整文本框位置。完成标题文字的制作，调整文本框的位置，效果如下图所示。

2.2.2 绘制流程图

利用WPS文字的形状绘制流程图，主要掌握不同形状的绘制方法，以及形状的对齐调整方法即可。

>>>1. 绘制流程图的基本形状

一张完整的流程图通常由1～2种基本形状构成，不同的形状有不同的含义。如果是相同的形状，可以利用复制的方法来快速完成。具体操作如下。

第1步：选择“矩形”形状。❶单击“插入”选项卡下的“形状”按钮；❷在下拉菜单中选择“矩形”图标。

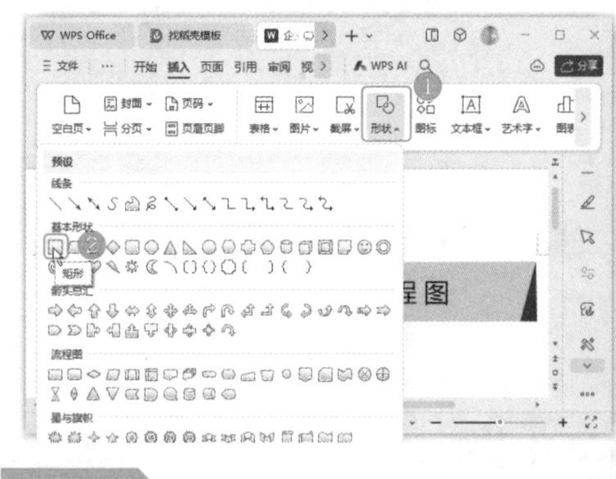

专家点拨

在所需要的形状上右击，选择“锁定绘图模式”可以在界面中连续绘制多个图形。当绘制完成后，按Esc键即可退出绘图状态。

第2步：绘制矩形。在WPS界面中，按住鼠标左键不放，拖动鼠标绘制矩形。

第3步：复制两个矩形。第一个矩形绘制完成后选中矩形，连续两次按组合键Ctrl+C和Ctrl+V，复制另外两个矩形并调整位置，如下图所示。

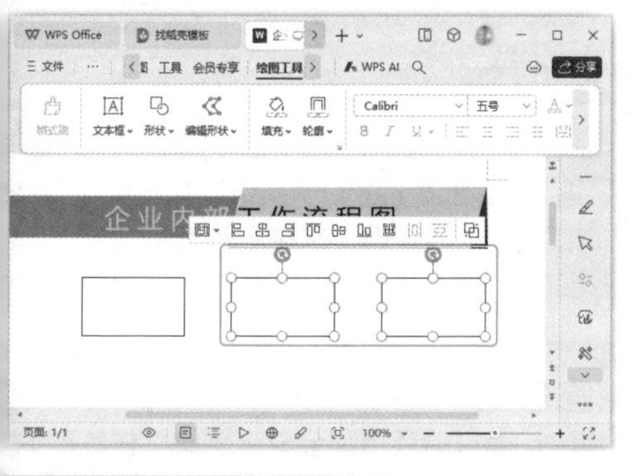

第4步：选择"菱形"形状。❶单击"插入"选项卡下的"形状"按钮；❷在下拉菜单中选择"菱形"图标。

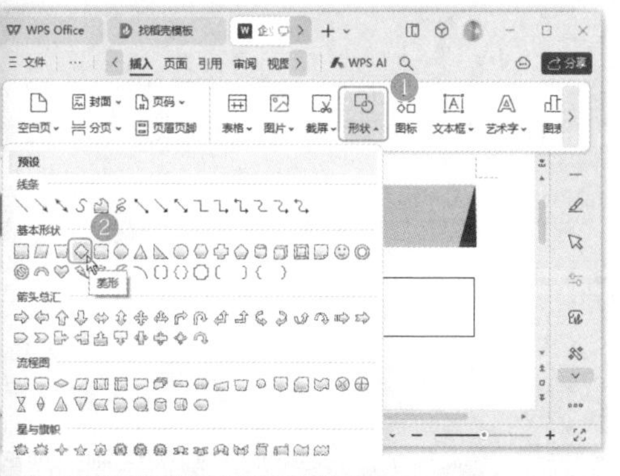

第5步：绘制菱形并复制形状。❶在界面中按住鼠标左键不放，拖动鼠标绘制一个菱形；❷选中菱形后按组合键Ctrl+C和Ctrl+V，复制一个菱形；❸选中矩形，按组合键Ctrl+C和Ctrl+V，复制一个矩形与两个菱形并排。

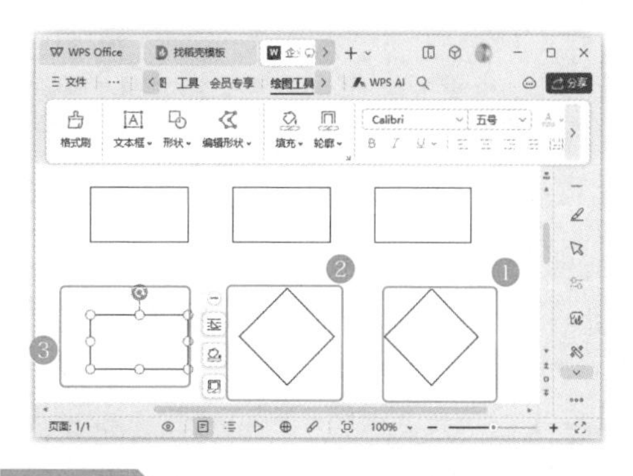

专家答疑

问：绘图时如何保证图形的比例及确定中心位置？

答：在WPS中绘制形状时，按住Ctrl键拖动绘制，可以使鼠标位置作为图形的中心点；按住Shift键拖动进行绘制，则可以绘制出固定宽度比的形状；按住Shift键拖动绘制矩形，则可绘制出正方形；按住Shift键绘制圆形，则可以绘制出正圆形。

第6步：复制矩形。选中矩形，按组合键Ctrl+C和Ctrl+V，复制4个矩形。

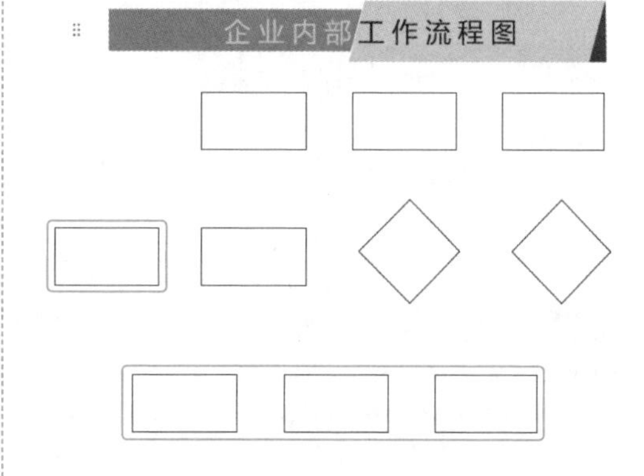

>>>2. 绘制流程图箭头

连接流程图最常用的形状便是箭头，根据流程图的引导方向不同，箭头类型也有所不同。绘制不同的箭头，只需选择不同形状的图标便可开始绘制。

第1步：选择"箭头"形状。❶单击"插入"选项卡下的"形状"按钮；❷在下拉菜单中选择"箭头"图标。

专家点拨

在绘制箭头、线条时，如果需要绘制出水平、垂直或成45° 及其倍数方向的线条，可在绘制时按住Shift键；绘制具有多个转折点的线条可使用“任意多边形”形状，绘制完成后按Esc键可退出线条绘制。

第2步：绘制第一个箭头。为了使箭头保持水平，按住键盘上的Shift键，再按住鼠标左键不放拖动鼠标，绘制箭头。

第3步：绘制其他箭头。按照相同的方法，绘制其他箭头，如下图所示。

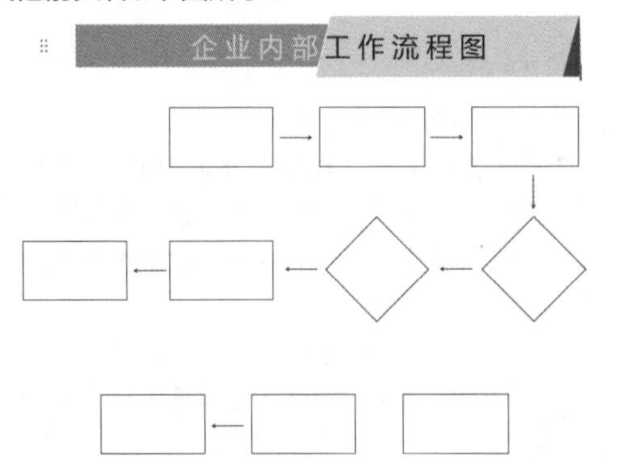

第4步：选择“肘形箭头连接符”。❶单击“插入”选项卡下的“形状”按钮；❷在下拉菜单中选择“肘形箭头连接符”图标。

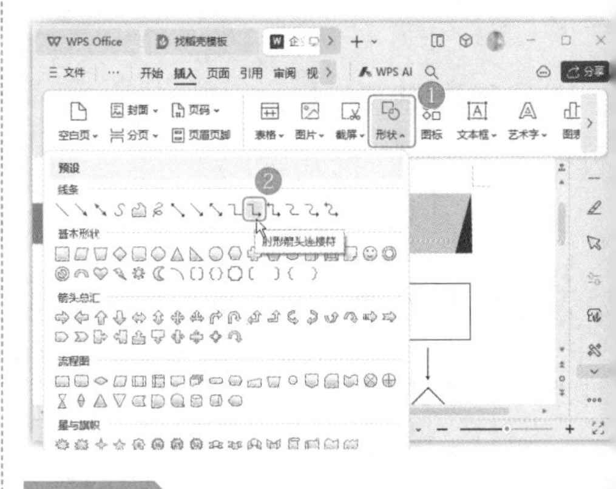

专家点拨

直线也可以变成箭头。选中直线，在“绘图工具”选项卡下的“轮廓”菜单中选择“箭头样式”，再从级联菜单中选择一种箭头样式，就能将直线调整为带箭头的线型。

第5步：绘制第一个肘形箭头。将鼠标光标移动到要绘制第一个肘形箭头形状的起始处，即菱形附近时，菱形的顶点都会显示出来。在菱形下方的顶点上单击，并按住鼠标左键不放，拖动绘制肘形箭头。

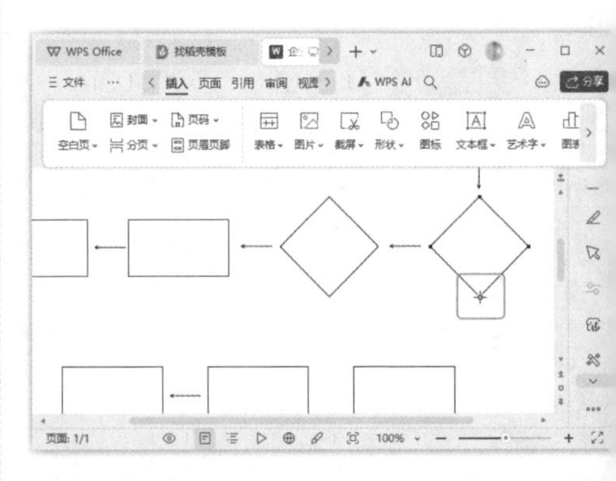

第6步：调整肘形箭头。肘形箭头绘制完成时移向矩形附近，矩形的顶点和中点也会显示出来，方便用户绘制。

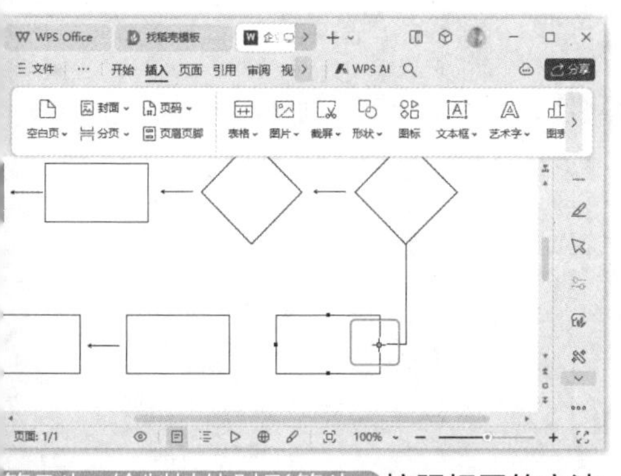

第7步：绘制其他肘形箭头。按照相同的方法，完成其他肘形箭头的绘制。此时便完成了流程图的基本形状绘制，效果如下图所示。

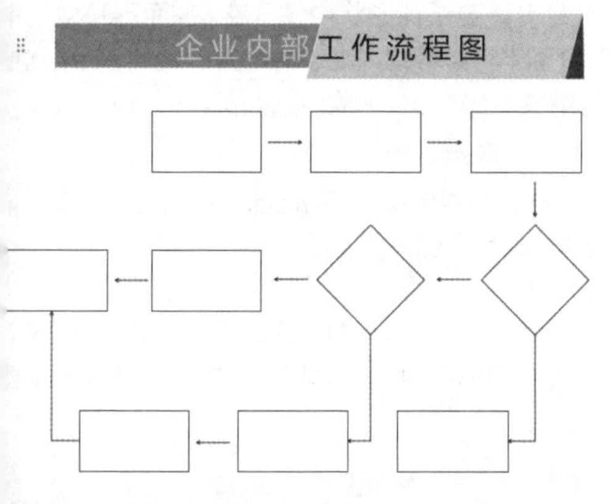

>>3. 调整流程图的对齐方式

手动绘制完成流程图后，往往存在布局上的问题，如形状之间没有对齐，形状之间的距离有问题，需要进行调整，主要用到WPS文字的“对齐”功能。

第1步：将第二排和第三排形状向下移。审视整个流程图，发现彼此间的距离太近，需要拉开距离。按住Ctrl键，选中下面两排的图形，然后按方向键，让这两排图形向下移动。

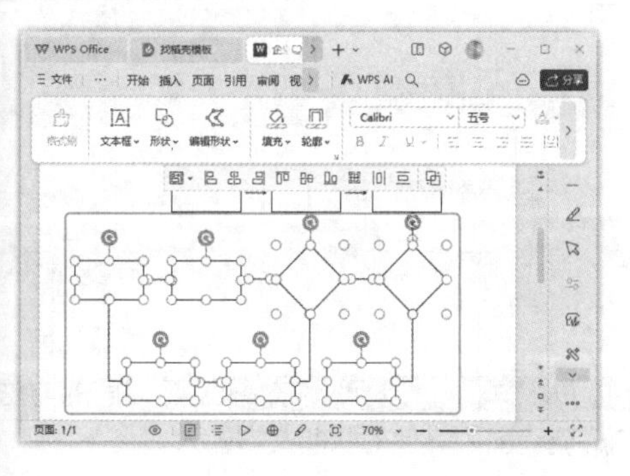

第2步：将第三排形状向下移。按住Ctrl键，选中第三排图形，然后按方向键，让这排图形向下移动。此时便将三排图形之间的距离拉大了。

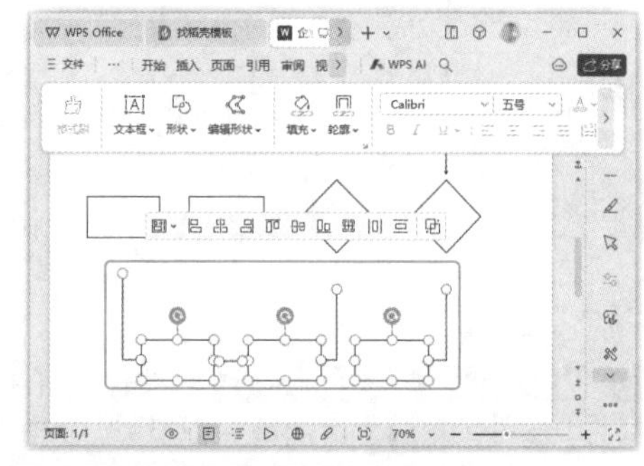

第3步：查看完成距离调整的流程图。完成距离调整的流程图如下图所示。

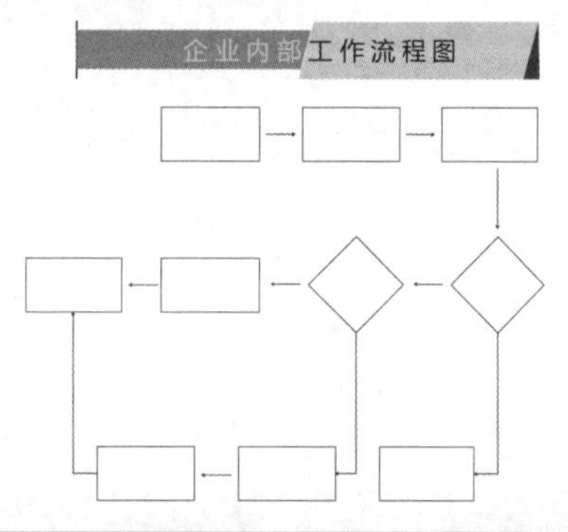

第4步：调整第一排形状为“垂直居中”。❶按住Ctrl键，选中第一排形状；❷单击“绘图工具”选项卡下的“对齐”按钮；❸在下拉菜单中选择“垂直居中”选项。

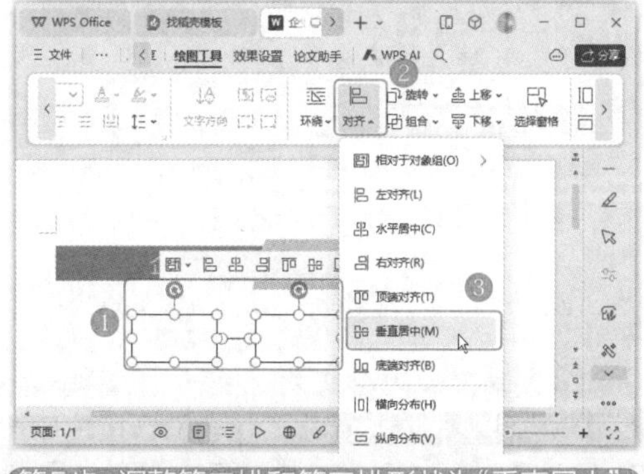

第5步：调整第二排和第三排形状为“垂直居中”。❶按住Ctrl键，选中第二排形状；❷在工具栏中单击“垂直居中”按钮 。按照同样的方法调整第三排形状为“上下居中”。

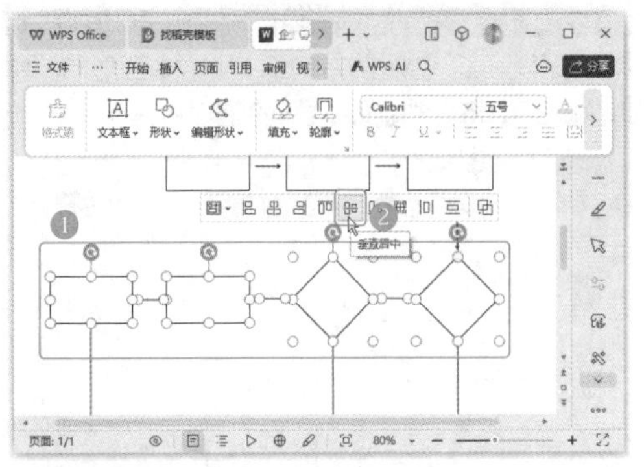

第6步：调整形状为“左对齐”。❶按住Ctrl键，同时选中第一排和第二排的第一个矩形；❷单击“对齐”菜单中的“左对齐”选项。

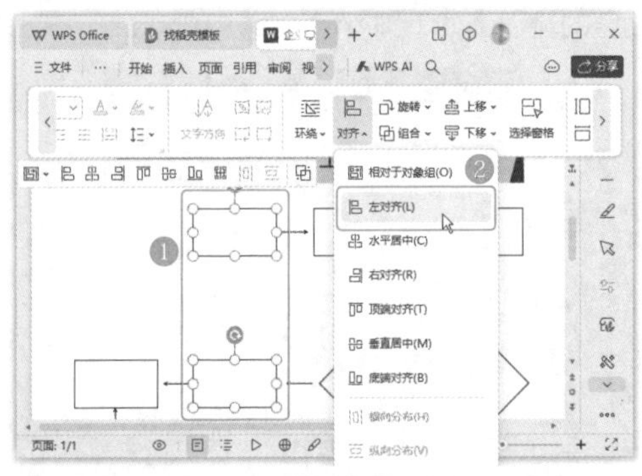

第7步：调整形状为“横向分布”。❶调整第一排最右侧的矩形，尽量和菱形的右顶点对齐。同时选中第一排的三个形状；❷单击“对齐”菜单中的“横向分布”选项，让三个矩形之间的间隔宽度一致。

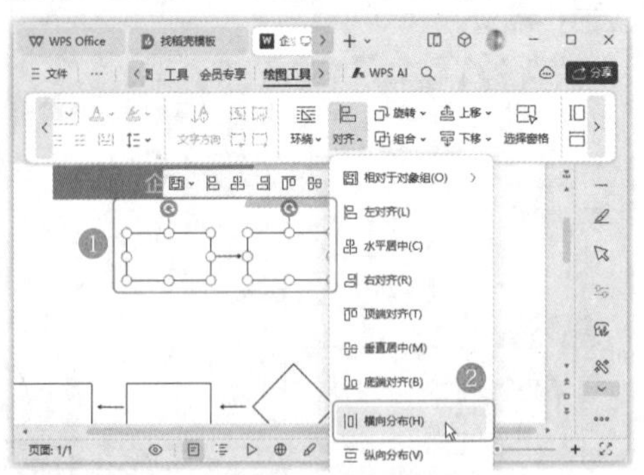

第8步：调整形状为“水平居中”。❶按住Ctrl键，同时选中第一排和第二排的第二个形状；❷单击“对齐”菜单中的“水平居中”选项。用同样的方法让第一排和第二排的第三个形状水平居中对齐。此时便完成了流程图的形状对齐调整。

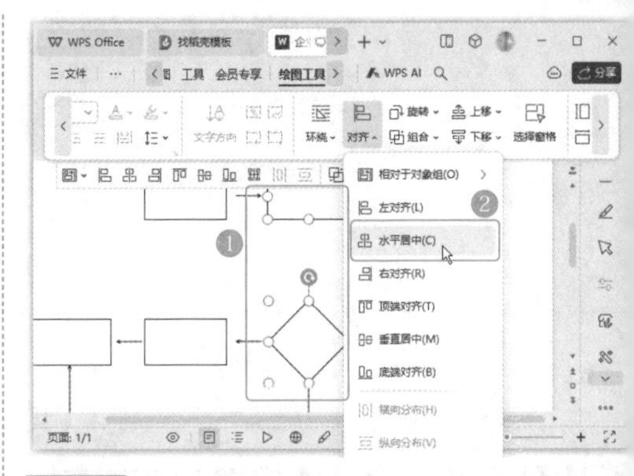

2.2.3 添加流程图文字

手动绘制的流程图是由形状组成的，因此添加文字其实是在形状中输入文本，而不是像智能图形那样，自带输入文字的地方。因此，如果需要为箭头添加文字，则需要绘制文本框。

>>>1. 在形状中添加文字

在形状中添加文字的方法是，将光标置入形状中，就可以输入文字了。

第1步：在第一个形状中输入文字。❶选中左上角的图形并右击，选择“编辑文字”选项，此时就成功在图形中放入了光标；❷在有光标的图形中输入文字。

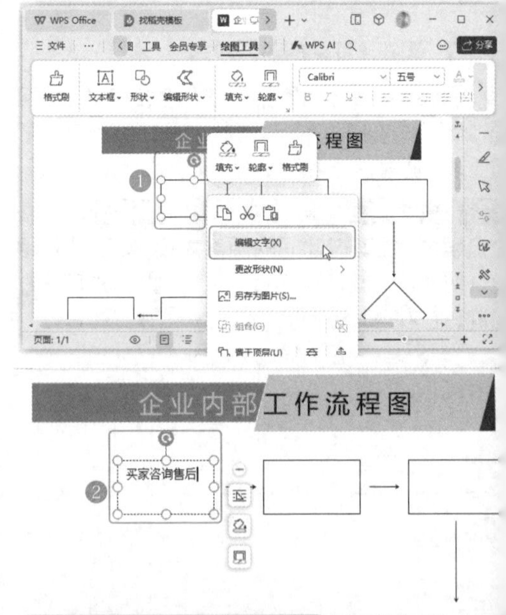

第2步：完成其他文字输入。按照相同的方法完成流程图内其他形状的文字输入。

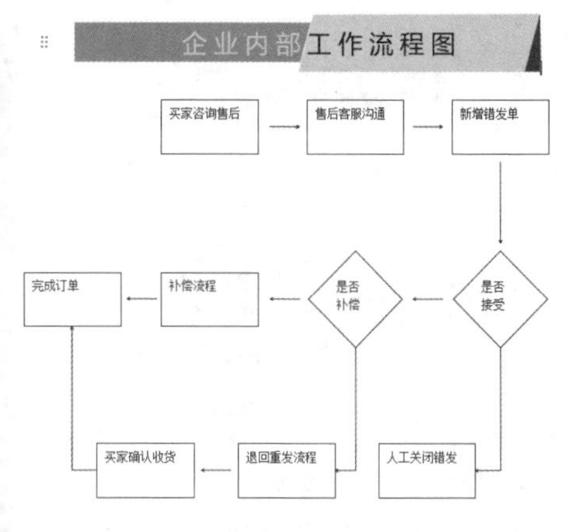

>>2. 为箭头添加文字

为箭头添加文字，需要绘制文本框，根据文字提示方向的不同，可以灵活选择横向和竖向文本框。

第1步：选择文本框类型。❶单击“插入”选项卡下的“文本框”按钮；❷在下拉菜单中选择“横向”选项。

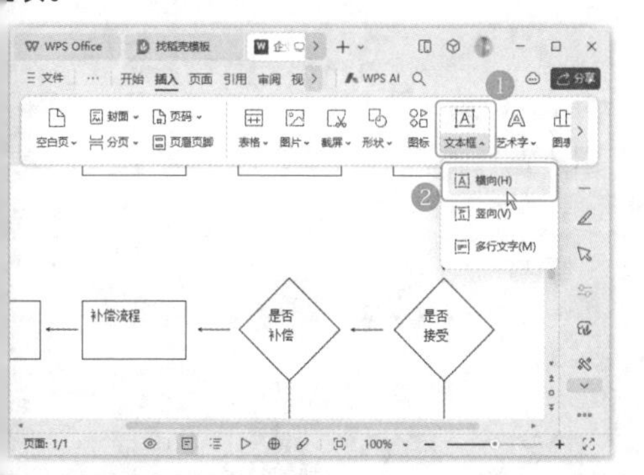

第2步：绘制文本框。按住鼠标左键不放，拖动鼠标绘制文本框。

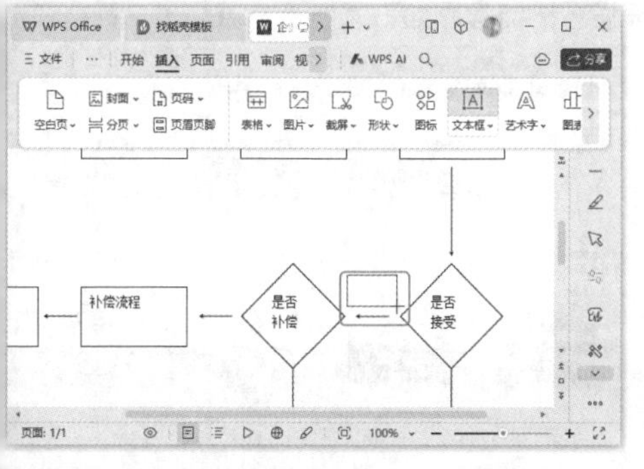

第3步：输入文字并设置文本框格式。❶在文本框中输入文字；❷选中文本框中，单击“绘图工具”选项卡下的“填充”按钮，在下拉菜单中选择“无填充颜色”选项；❸单击“轮廓”按钮；❹在下拉菜单中选择“无边框颜色”选项。

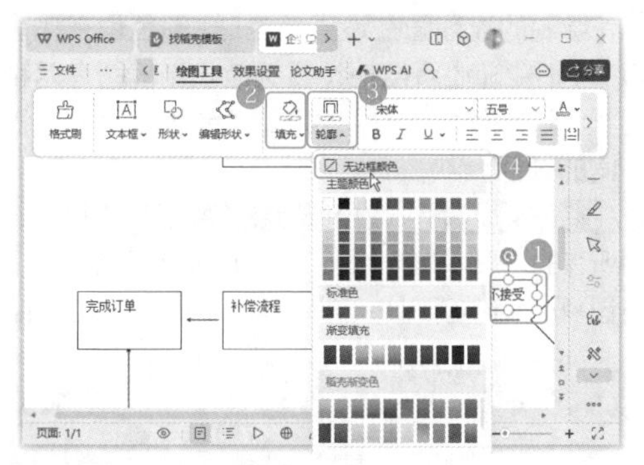

第4步：选择竖排文本框。❶单击“插入”选项卡下的“文本框”按钮；❷在下拉菜单中选择“竖向”选项。

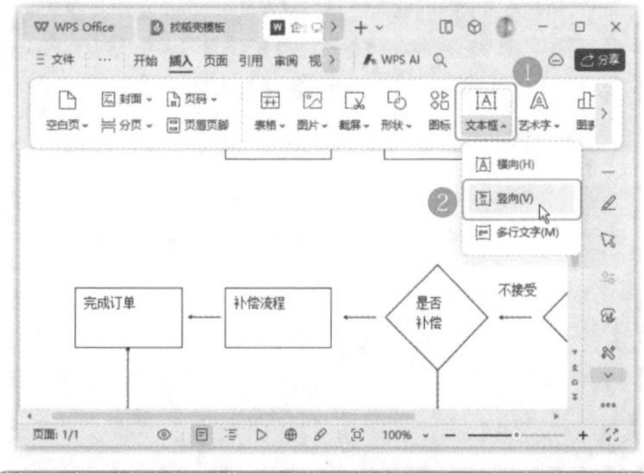

第5步：绘制竖排文本框并输入文字完成格式调整。竖排文本框的绘制方法与横排文本框的绘制方法一致。绘制完成后输入文字，并设置文本框无填充色、无轮廓即可，效果如下图所示。

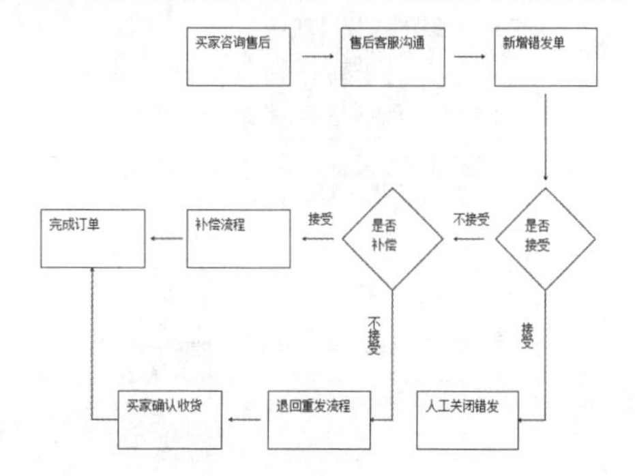

2.2.4 修饰流程图

利用形状绘制的流程图在进行颜色、效果、字体的修饰时，往往不能选择系统预置的样式，而是单独进行调整。

>>>1. 调整流程图的颜色

绘制的流程图在设置颜色时，颜色也有代表意义，不能随心所欲地设置颜色。流程图有两种形状，代表两种流程，那么可以为这两种形状设置不同的颜色。

第1步：打开“颜色”对话框。 ❶按住Ctrl键，选中所有的矩形，单击“绘制工具”选项卡下的“填充”按钮；❷在下拉菜单中选择“其他填充颜色”选项。

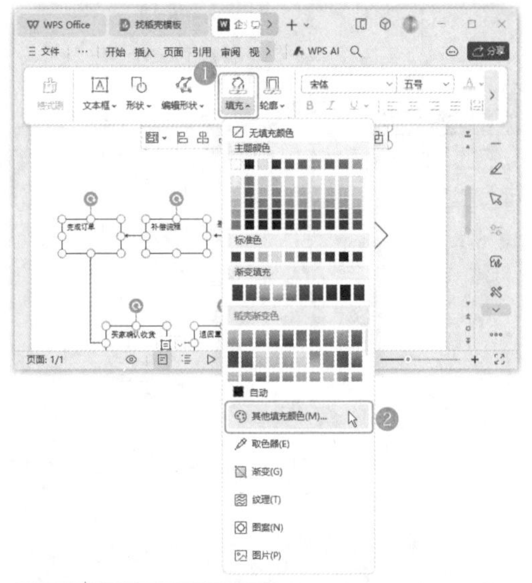

第2步：设置颜色参数。 ❶在打开的“颜色”对话框中设置颜色参数；❷单击“确定”按钮。

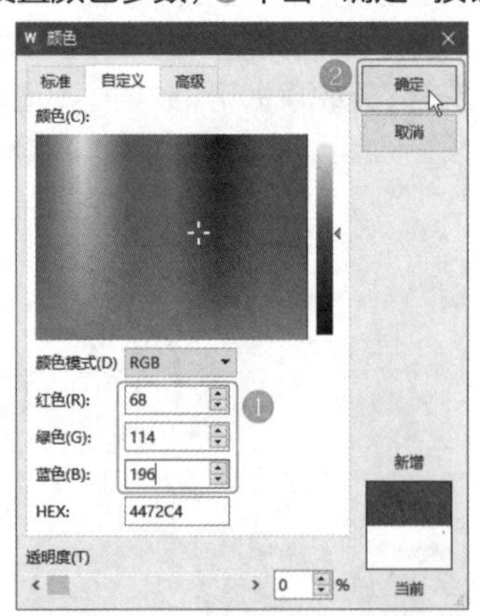

第3步：设置菱形的颜色。 ❶同时选中两个菱形，单击“绘图工具”选项卡下的“填充”按钮；❷选择“浅绿”颜色。

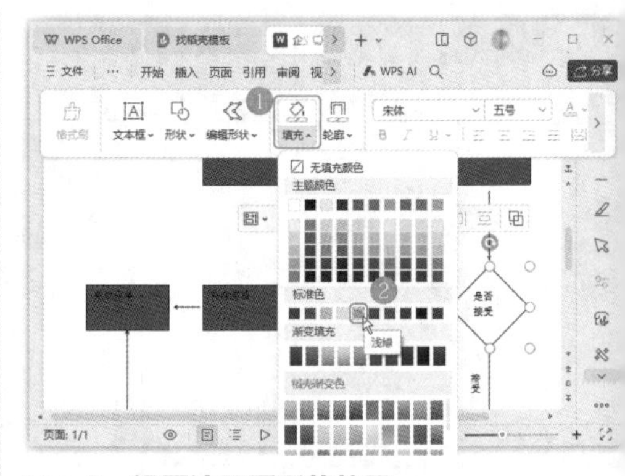

>>>2. 设置流程图形状效果

流程图的颜色设置完成后，可以为形状设置效果。最常用的效果是阴影效果。需要注意的是形状效果不应太多，否则就会画蛇添足。

第1步：设置阴影效果。 ❶按住Ctrl键，选中流程图中的所有形状，单击“效果设置”选项卡下的“阴影效果”按钮；❷在下拉菜单中选择“阴影样式5”。

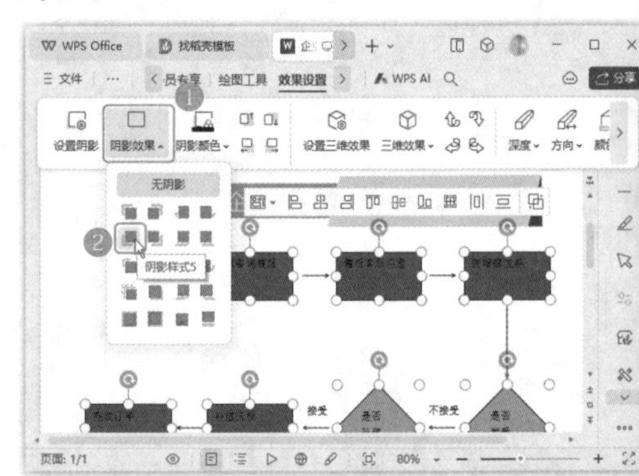

第2步：查看完成设置的流程图。 完成颜色和效果设置的流程图如下图所示。

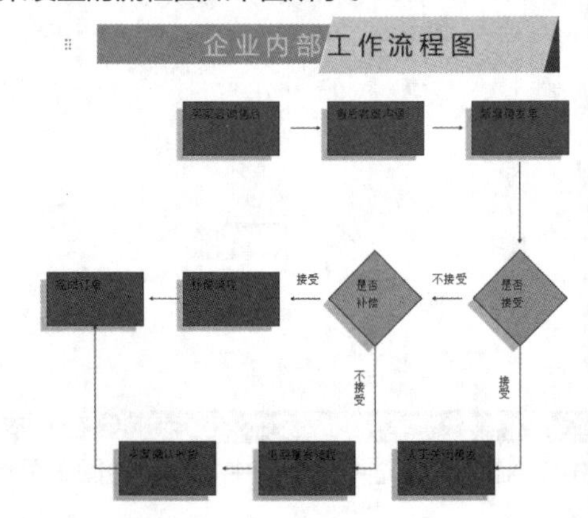

>>3. 设置流程图箭头样式

流程图中的箭头也是重要元素，箭头的设置主要有加粗线条设置和颜色设置。

第1步：设置箭头的粗细。❶按住Ctrl键，选中所有箭头，单击“绘图工具”选项卡下的“轮廓”按钮；❷在下拉菜单中选择“线型”选项；❸选择“2.25磅”选项。

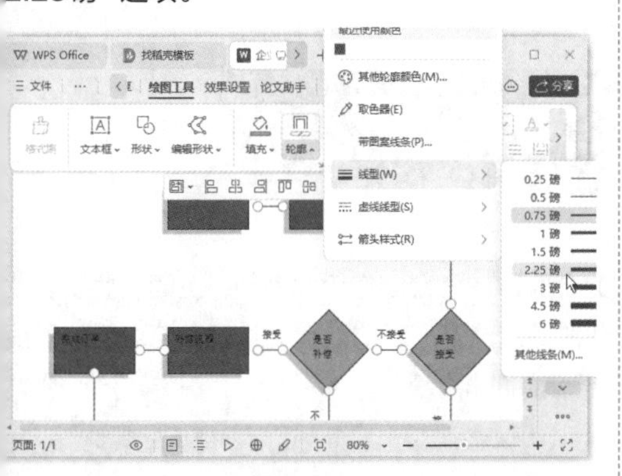

第2步：设置箭头的颜色。❶单击“轮廓”按钮；❷在下拉菜单中选择“矢车菊蓝，着色5”颜色选项。此时便完成了箭头样式的设置。

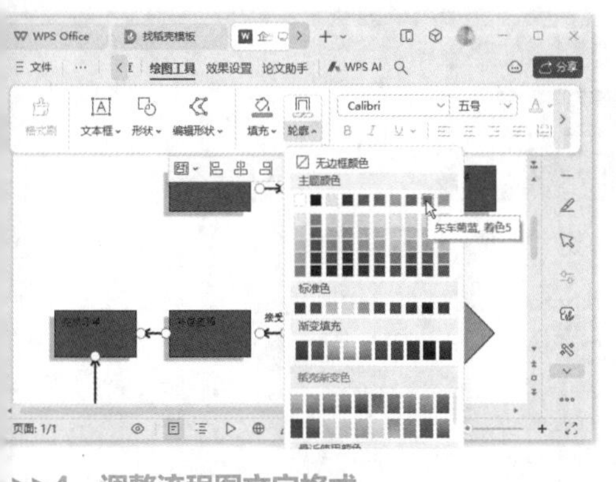

>>4. 调整流程图文字格式

流程不仅要注重形状的样式，文字同样要进行调整。文字的调整要注意两点：颜色是否与背景形状的颜色形成对比，方便辨认；文字的字体、粗细是否方便辨认。

第1步：设置图形形状的文字格式。❶按住Ctrl键，选中所有的图形；❷在“绘图工具”选项卡下的“字体”组中设置文字的字体为“微软雅黑”“小四”字。

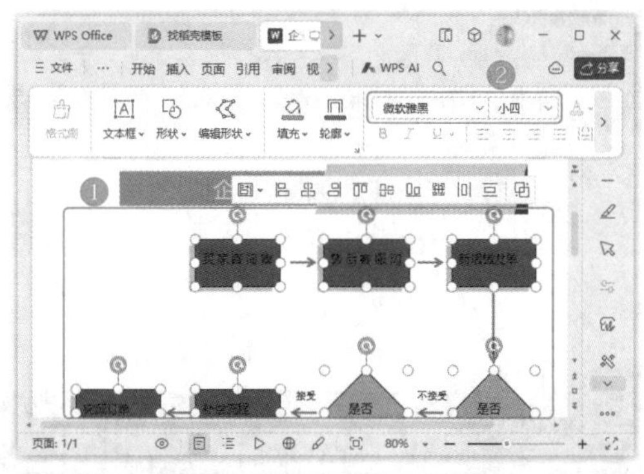

第2步：设置菱形形状的文字格式。❶依次选择各矩形；❷在“绘图工具”选项卡下的“字体”组中设置文字的字体颜色为“白色，背景1”“B”加粗显示，单击“居中对齐”按钮，让文字在形状中居中显示。

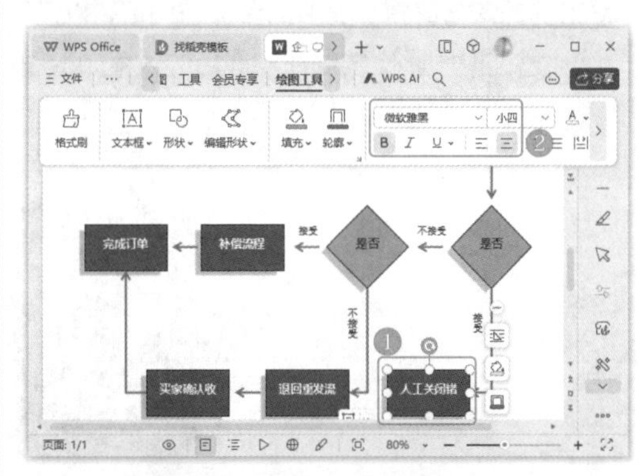

第3步：设置菱形形状的文字格式。❶依次选择各菱形；❷在“绘图工具”选项卡下的“字体”组中设置文字的字体为“小五”“B”加粗显示，单击“居中对齐”按钮，让文字在形状中居中显示。此时流程图的设置便完成了。

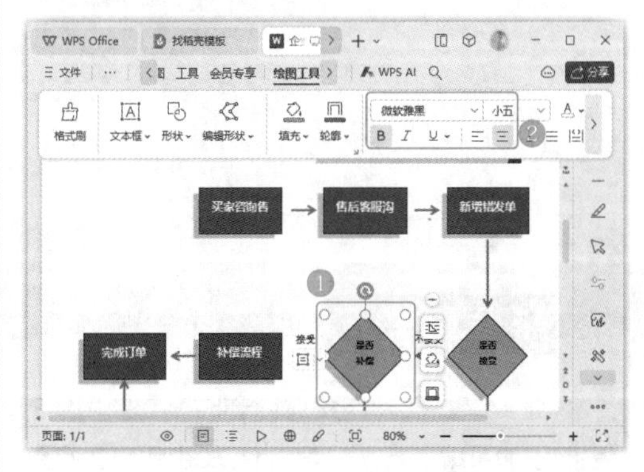

专家答疑

问：使用形状绘制流程图时，形状的选择是否有相应的讲究？

答：有讲究。在绘制流程图时，根据流程的不同，形状的选择也有所不同。例如，矩形代表过程、菱形代表决策。所以在流程图中，有选择分支的地方，通常会用菱形。打开“形状”菜单，将光标放到“流程图”中的形状上，可以看出该形状代表的含义。

过关练习：制作“企业内刊”

为了增强企业凝聚力，传播企业文化，不同的企业中常常会制作企业内刊，上面刊登了企业的最新消息，也能刊登员工的投稿。制作企业内刊时，涉及 WPS 功能有图片插入与编辑、智能图形的插入与编辑、文字的添加与编辑，以及不同元素间的排版等。

“企业内刊”文档制作完成后的效果如下图所示。

●双赠科技有限公司——教会了我做事的思维

双赠家人：李小华

我前段时间抽空看完了《金字塔原理》这本书，最近又在公司内参加了“金字塔思维”的培训，对《金字塔原理》进行了系统梳理的同时又有了比较深刻的掌握和理解。这让我发现了自己之前输出的文档中的很多语病，在不断寻找解决方法的过程中，似乎离着正确答案更近了一步。

金字塔思维用在产品规划、项目汇报、阶段总结等场景，具备非常强的普适性，尤其适合产品经理。

简单来讲，就是任何事都可以总结出一个结论（结论先行），然后这个结论由三至七个分论据支撑，而这些分论据本身又可作为分论点，如此延伸下去，犹如一个金字塔。

※ 思路解析

企业文员在制作企业内刊时，需要用到的元素有图片、文本框、智能图形等，要掌握不同元素的添加及编辑方法。其制作思路如下图所示。

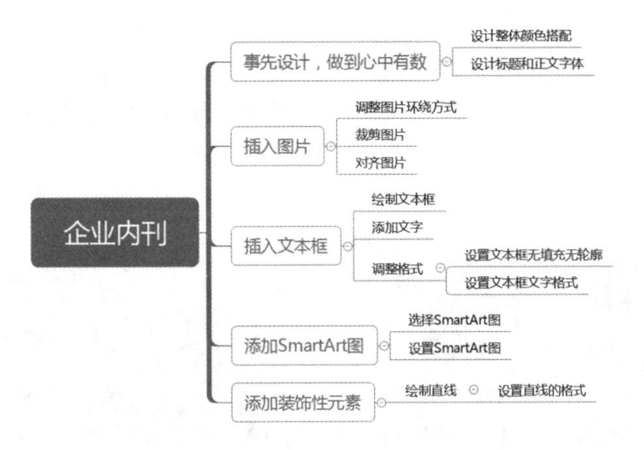

※ 关键步骤

关键步骤1：新建文档并打开“颜色”对话框。 ❶新建一个WPS文档，单击“页面”选项卡下的“背景”按钮；❷在下拉菜单中选择“其他填充颜色”选项。在打开的“颜色”对话框中设置底色的RGB参数为246、243、236。

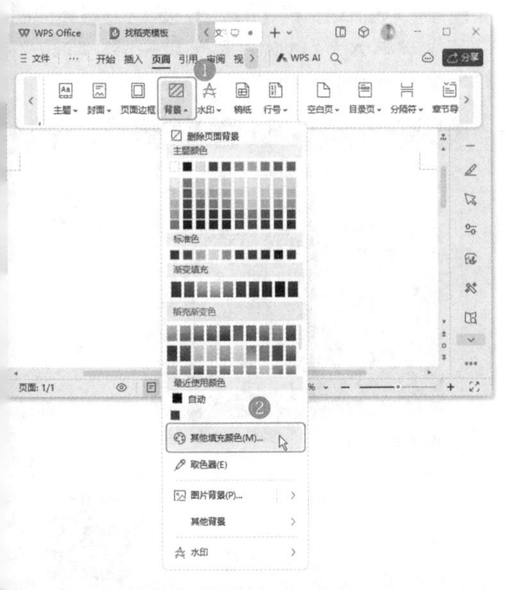

关键步骤2：插入图片。 ❶单击“插入”选项卡下的“图片”按钮，在下拉菜单中选择“本地图片”选项。在打开的“插入图片”对话框中按照路径“素材文件\第2章\图片1.jpg、图片2jpg、图片3.jpg”选择三张图片；❷单击“打开”按钮。

关键步骤3：打开图片“布局”对话框。 ❶选中图片1，单击“图片工具”选项卡下的“环绕”按钮；❷在下拉菜单中选择“浮于文字上方”选项。用同样的方法将插入的另外两张图片也设置为“浮于文字上方”。

关键步骤4：裁剪图片1。 ❶选中图片1，单击“图片工具”选项卡下的“裁剪”按钮；❷单击图片边框上出现的黑色竖线，并按住鼠标左键拖动鼠标，对图片进行裁剪。

关键步骤5：对齐图片。❶按住Ctrl键，同时选中图片1和图片2；❷单击"图片工具"选项卡下"对齐"菜单中的"底端对齐"选项。

关键步骤6：选择"绘制文本框"。单击"插入"选项卡下"文本框"菜单中的"横向"选项。在界面中按住鼠标左键不放拖动鼠标绘制文本框。

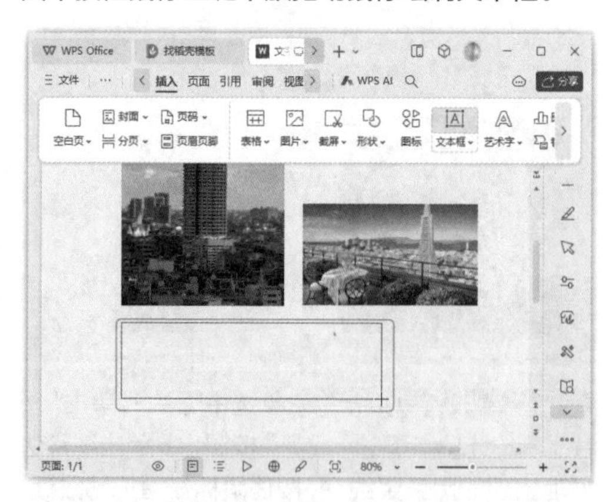

关键步骤7：设置文本框格式。❶在文本框中插入特殊符号并输入文字，选中文本框，单击"绘图工具"选项卡下的"填充"按钮，在下拉菜单中选择"无填充颜色"选项；❷单击"绘图工具"选项卡下的"轮廓"按钮，在下拉菜单中选择"无边框颜色"选项。

关键步骤8：设置文字颜色。❶单击"开始"选项卡下的"字体颜色"按钮，在下拉菜单中选择"其他字体颜色"选项，在"颜色"对话框中设置文字颜色参数；❷单击"确定"按钮。颜色设置完成后调整文字字体为"微软雅黑"，第一排文字为"三号"，第二排文字为"11"。

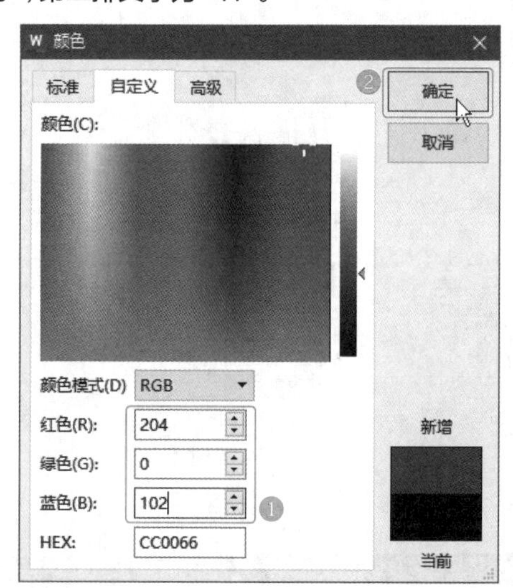

专家点拨

企业内刊讲究整体美观，内刊中的文字、图片、页面底色等色彩搭配都是事先设计过的。在设计文字颜色时，最好不要随心所欲地设置，而

应充分考虑文字设置什么颜色才能与页面颜色相搭配。

关键步骤9：添加第二个文本框。 ❶重新绘制一个文本框，按照路径“素材文件\第2章\企业内训内容.txt”打开记事本文件，将文件中的文字复制粘贴到文本框内；❷选中文本框，设置文本框无填充色且无边框颜色。

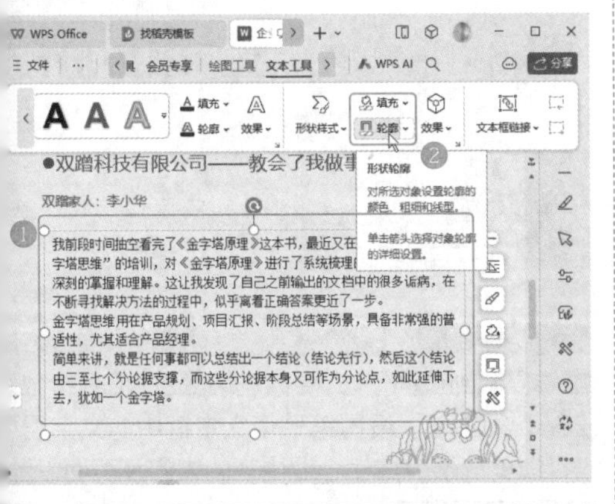

关键步骤10：设置“段落”对话框。 单击“开始”选项卡下“段落”组中的“对话框启动器”按钮，打开“段落”对话框。❶设置缩进值；❷设置段后距离；❸设置行距；❹单击“确定”按钮。

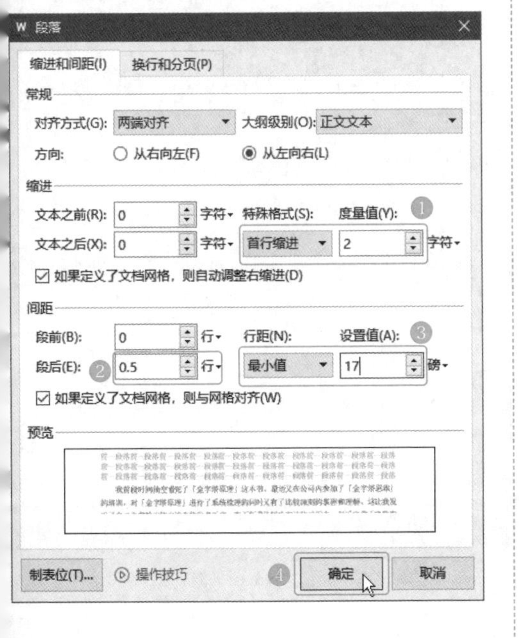

关键步骤11：设置直线格式。 在界面中绘制一条直线；❶设置直线的轮廓颜色，设置直线的“粗细”为“1.5磅”；❷选择直线的线型。

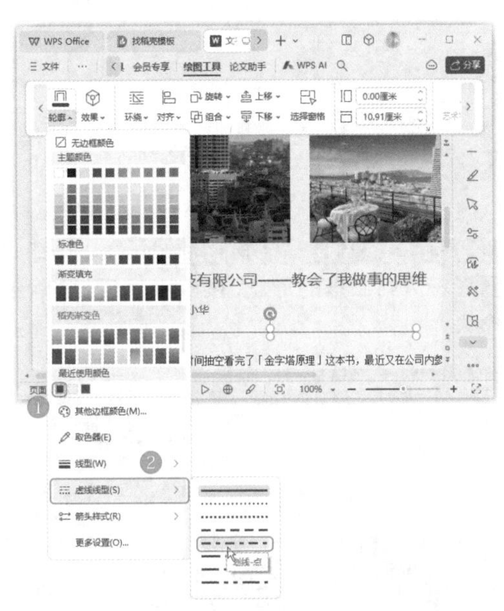

关键步骤12：调整图片3的大小和位置。 ❶设置文本框中的字体为“楷体”“小四”号字；❷调整图片3的大小，并将其移动到右下角恰当的位置。

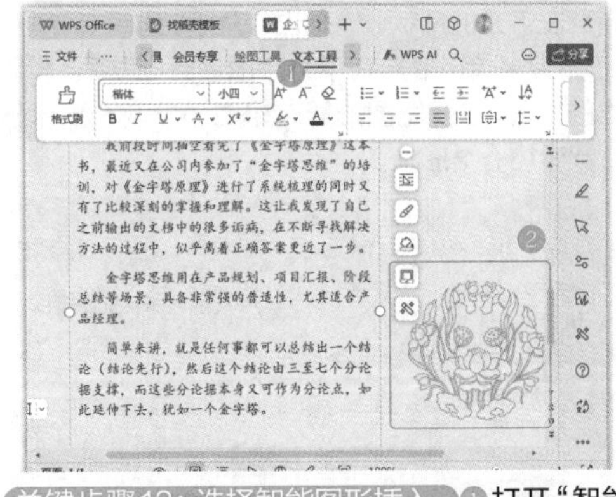

关键步骤13：选择智能图形插入。 ❶打开“智能图形”对话框，选择SmartArt选项卡；❷选择需要的智能图形。选中插入的智能图形，单击“图片工具”选项卡下的“对齐”按钮，在下拉菜单中选择“浮于文字上方”选项，让智能图形的位置浮于文字上方。

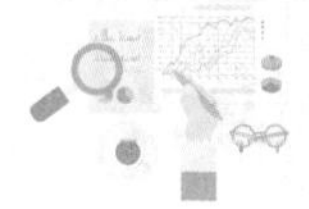

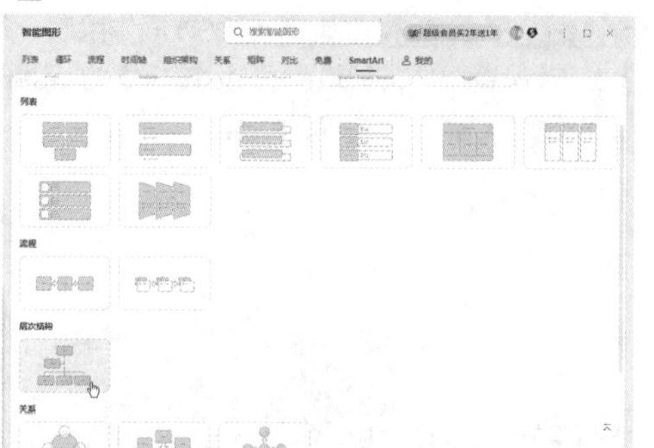

关键步骤14：删除智能图形的形状。 选中智能图形左边第二排的形状，按Delete键，删除该形状。

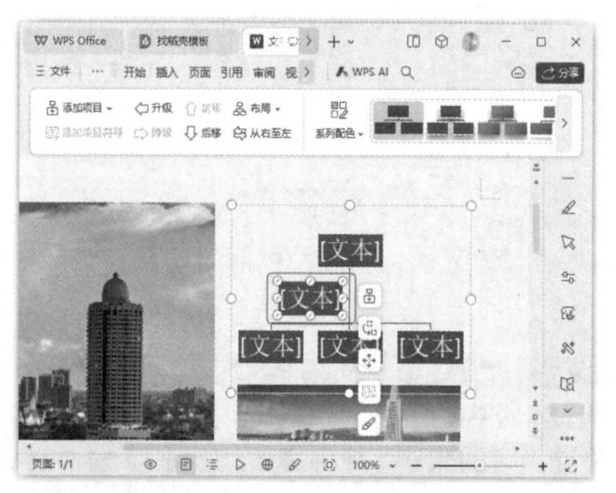

关键步骤15：添加智能图形的形状。 ❶选中智能图形左下方的形状；❷单击“设计”选项卡下“添加项目”菜单中的“在下方添加项目”选项。用同样的方法，在智能图形第二排右边的两个形状下方都添加一个形状。

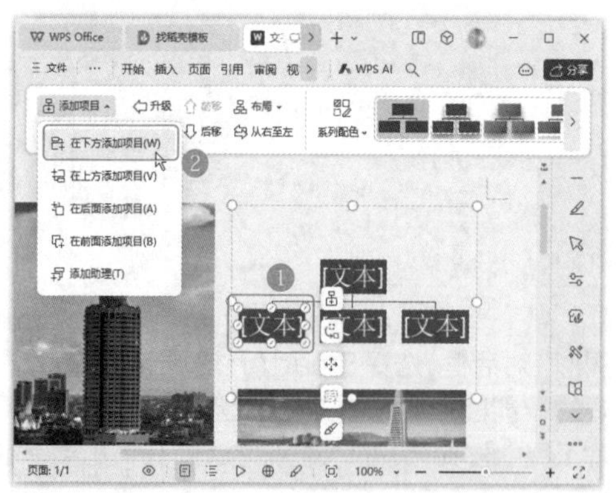

关键步骤16：设置智能图形颜色。 在图中输入文字。❶设置第二排的图形；❷设置图形的填充色为“浅绿，着色4”。用同样的方法，设置第三排图形的填充色为“矢车菊蓝，着色5”。

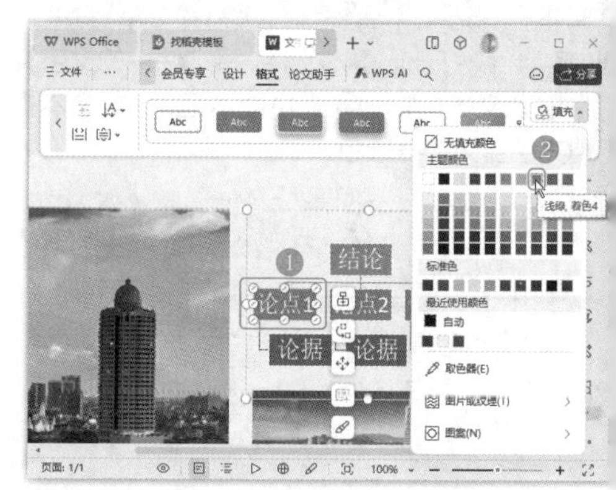

关键步骤17：绘制页面底端虚线。 将页面上方的虚线复制到页面下方，更改轮廓颜色RGB参数为204、102、0。设置第一个文本框中的文字居中对齐，此时便完成了企业内刊的内容及页面设计，效果如下图所示。

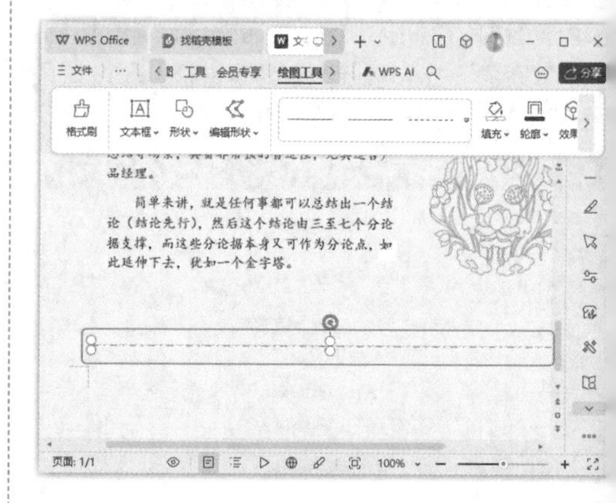

高手秘技与 AI 智能化办公

01 学会编辑流程图、思维导图，提高制图效率

随着科技的不断进步，我们的工作方式也在不断地发生改变。作为一款广受欢迎的办公软件，WPS文字一直在致力于为用户提供更高效、更便捷的办公体验。除了传统的智能图形和流程图制作功能外，WPS文字现已新增线上流程图与思维导图功能，其本质就是一些已经制作好的流程图和思维导图，用户可以在这些图形上进行加工，以便快速完成制图需求。该功能让用户能够更加轻松地整理思绪、规划工作流程，从而提高工作效率。

下面以流程图为例，介绍编辑现有流程图的方法。

第1步：单击“流程图”按钮。新建一个空白文档，在“插入”选项卡中单击“流程图”按钮。

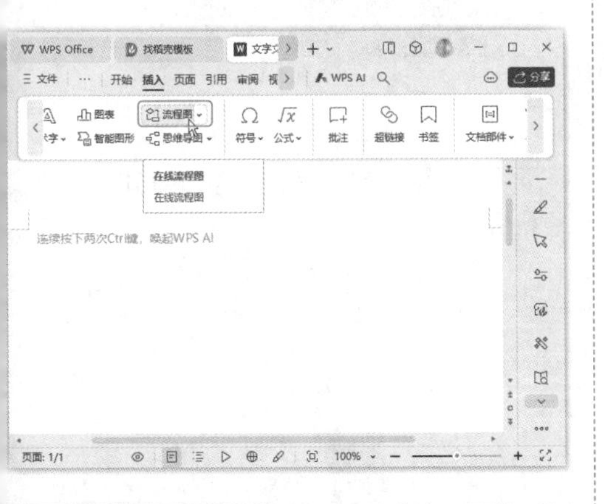

第2步：选择流程图。在打开的“流程图”对话框中可以看到提供了一些热门的流程图效果，用户可以选择与需求类似的流程图进行插入。这里❶单击“项目流程”选项卡；❷在下方选择“项目管理流程”选项。

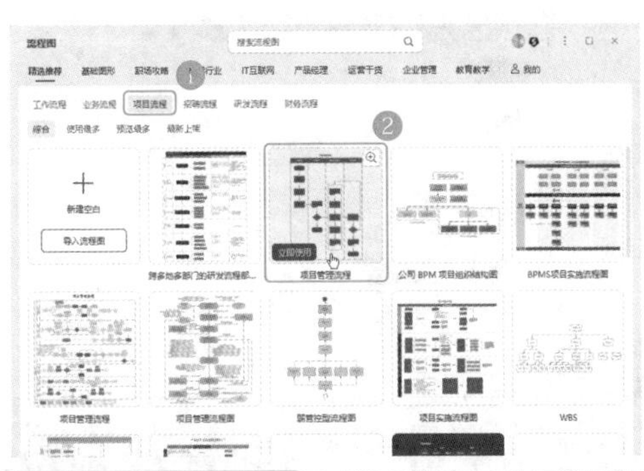

第3步：查看流程图。在弹出的窗口中可以看到所选流程图的放大效果，单击“立即使用”按钮确认使用该流程图。

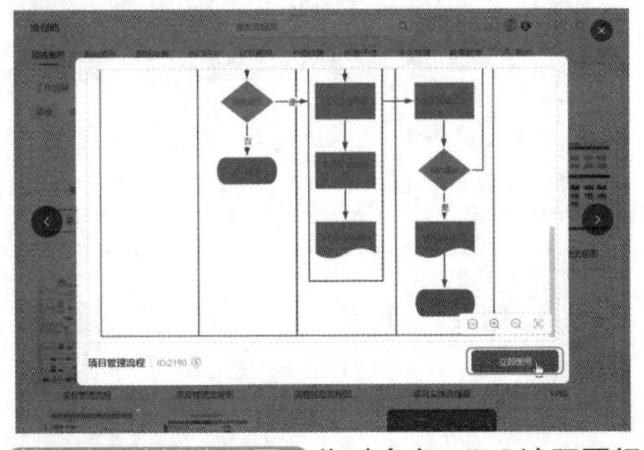

第4步：编辑流程图。此时会在WPS流程图组件中打开刚刚选择的流程图，❶可以进一步对流程图效果进行编辑，如添加、删除流程图中的图形，通过鼠标拖动调整流程图中图形的大小和位置；❷编辑完成后，单击“插入”按钮。

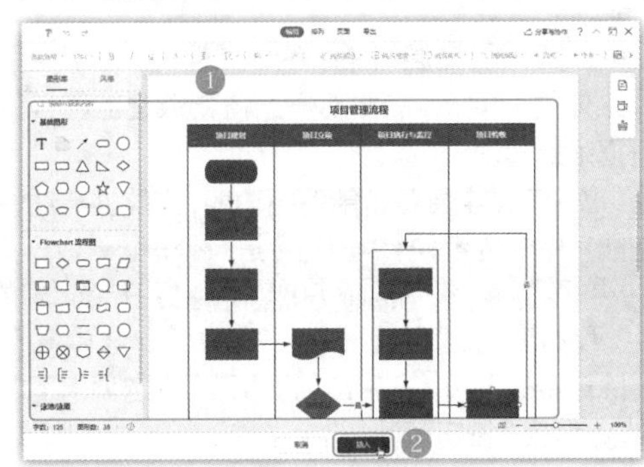

第5步：查看文档中的流程图。此时就将编辑后的流程图插入到了文档中。

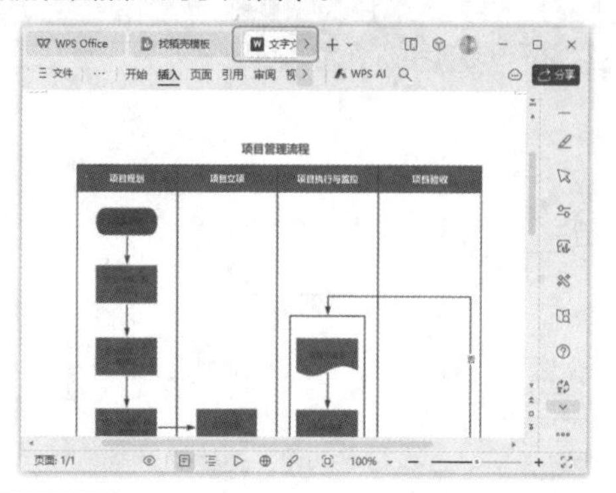

专家点拨

WPS文字中的思维导图功能可以帮助用户创建各种思维导图，包括脑图、概念图、组织结构图等。在“插入”选项卡中单击“思维导图”按钮，然后在打开的“思维导图”对话框中可以看到提供了一些热门的思维导图效果，如下图所示。与流程图的制作方法一样，用户可以选择类似的思维导图进行插入，然后在WPS思维导图组件中通过拖动和放置节点来编辑修改思维导图内容，最后将其插入到文档中。

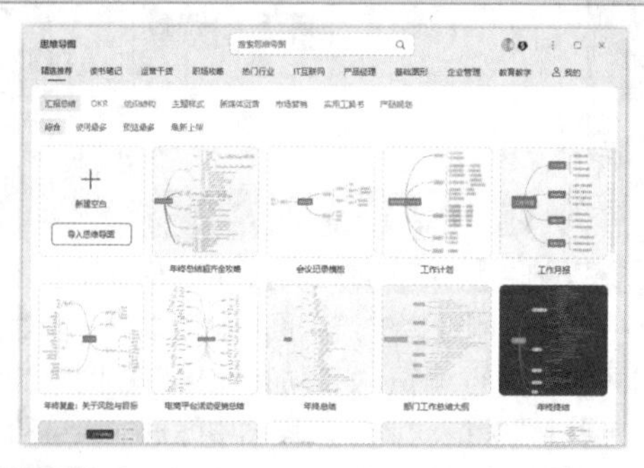

02 学会这招，分分钟完成抠图

在制作图文混排的WPS文档时，为了让图片主体更加突出，需要对一些背景杂乱的图片进行抠除处理。

WPS文字具备智能抠图功能，它能够自动识别图片中的内容，并根据指令进行处理。

第1步：单击“抠除背景”按钮。打开“素材文件\第2章\超越自我.wps”文件。❶选中需要抠除背景的图片；❷单击“图片工具”选项卡下的“抠除背景”按钮。

第2步：自动抠图。在打开的“自动抠图”对话框中自动选择“自动抠图”选项卡，并进行抠图，抠图完成后，单击“完成抠图”按钮即可。

专家点拨

自动抠图可以根据图片自动识别图片中的主体，并将其从背景中分离出来，实现了快速、准确的抠图操作，不过自动抠图功能需要开通WPS会员才能使用。

第3步：查看效果。返回文档中就可以看到抠除背景后的图片效果了。

专家点拨

在“智能抠图”对话框中单击“手动抠图”选项卡，可以通过单击“保留”按钮来选择需要保留的区域，或单击“去除”按钮来选择需要去除的区域。

如果需要对背景色是纯色的图片进行抠图，可以在“抠除背景”下拉菜单中选择“设置透明色”选项，鼠标光标变成形状后，在需要替换为透明色的颜色处单击，即可将图片中的所有该颜色替换为透明色。

03 轻松设置，不再担心文档中的图片变模糊

在进行WPS文档混排时，常常出现完成排版，将文档发送给同事或领导后，文档中的图片变模糊的情况。为了避免这种情况发生，需要对文档的图片压缩参数进行设置，具体操作如下。

第1步：打开“选项”对话框。打开“素材文件\第2章\设置图片保存质量.wps”文件，❶单击“文件”按钮；❷在下拉菜单中选择“选项”选项。

第2步：设置图片大小和质量。❶切换到“常规与保存”选项卡；❷勾选“不压缩文件中的图像”复选框，将“将默认目标输出设置为”设置为220ppi；❸单击“确定”按钮。

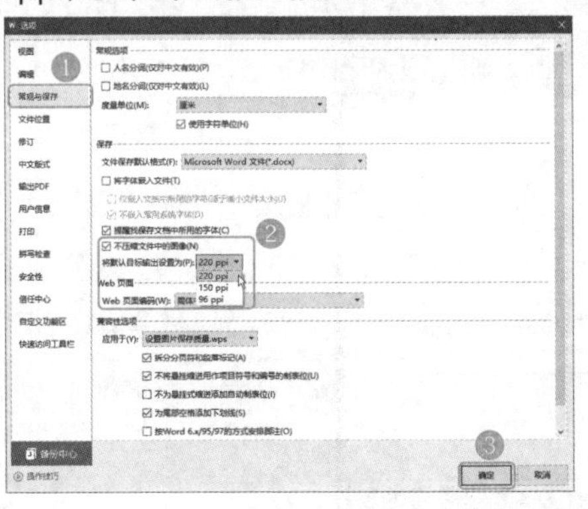

此外，针对低质量或模糊的图片，WPS还提供了图片优化功能。通过应用一系列算法和技术，该功能可以提高图片的质量和清晰度，使其在文档中更加突出和吸引人。这项功能特别适用于需要展示高质量图片的文档或宣传资料。

单击“图片工具”选项卡下的“清晰化”拉按钮，在下拉菜单中提供了两种优化方式。

- 图像清晰化：选择该选项后，在打开的“图像清晰化”窗口中可以通过选择不同的放大倍数来调整清晰度、分辨率等参数，最终优化图片，如下图所示。该功能可以改善图片的清晰度和分辨率，对于修复模糊照片非常有用。

- 文字增强：选择该选项后，在打开的“图像清晰化”窗口中可以通过选择不同的增强方式来优化图片中的文字，如下图所示。该功能主要是针对图片中的文字进行优化，让文字更加清晰易读，对于需要从图片中提取文字的情况非常有帮助。

第3章 WPS中表格文档的创建与编辑

◆本章导读

WPS文字除了可以对文档进行简单地编辑和排版外，还可以自由地添加表格，从而实现各类办公文档表格的制作。表格制作完成后，可以修改表格的布局、添加文字还可以通过公式计算的方式快速而准确地计算出表格数据的总和、平均数等值，能够大大提高办公效率。

◆知识要点

- 快速绘制或插入表格
- 表格布局的灵活更改
- 在表格中添加文字和数据
- 表格的样式、属性设置
- 调整表格中文字的格式
- 利用公式实现表格数据的计算

◆案例展示

员工入职登记表

姓名		性别		年龄		民族		婚姻		
身份证号			户籍住址							
联系方式			现居住址							
教育背景	起止时间		学习机构		学习内容		学历		证书	
最高学历			专业				驾驶证			
语言能力			计算机能力				其他特长			
工作经历	起止时间		工作单位		部门		职位		离职原因	
家庭情况	关系		姓名		年龄		工作单位		联系电话	
自我评价										

员工申明与确认：

1.公司已如实告知本人工作内容、工作地点、工作条件、职业危害、安全生产状况、劳动报酬以及本人要求了解的情况，本人已全部知晓并认可。

2.公司已对本人进行规章制度等方面的培训（包括《员工守则》《安全生产守则》《奖惩条例》《入职与离职管理办法》《考勤与请假管理办法》《薪资管理办法》等公司制定的各项规章制度），本人已全部知晓并认可。

3.本人承诺愿意服从公司工作管理，并遵守公司制定的各项规章制度。

4.本表所填写的本人通信地址为邮寄送达地址，公司向该通信地址寄送的文件或物品，如果发生收件人拒绝签收或其他无法送达的情形的，本人同意从公司寄出之日起视为公司已经送达。

5.本人对《员工入职登记表》上面登记的全部内容皆已知晓，并保证本人所提供以及填写的所有资料均属实。本人充分了解上述资料的真实性是双方订立劳动合同的前提条件，如有弄虚作假或隐瞒的情况，属于严重违反公司规章制度，同意公司有权解除劳动关系或劳动合同，公司因此遭受的损失，本人负有赔偿的义务。

员工签字： 日期： 年 月 日

出差申请单

申报部门		申请人	
出差日期	年 月 日 至 年 月 日 ： 共 天		
出差地区			
出差事由			
交通工具	□飞 机 □火 车 □汽 车 □动 车 □其 他		
申请费用	元（¥ ）		
报销方式	□转 账 □现 金		
部门审核	财务审核	总经理审核	

说明：

1.此申请表作为出差申请、借款、核销必备凭证。

2.如出差途中变更行程计划需及时汇报。

3.出差申请表须在接到申请后48小时内批复。

员工考核制度表

[illegible]	[illegible]	[illegible]	[illegible]	[illegible]	[illegible]	[illegible]
1.	00001	邹磊	95	65	65	65
2.	00002	王文	84	85	41	85
3.	00003	李苗	62	74	52	74
4.	00004	高飞	52	85	85	65
5.	00005	赵阳	41	95	74	85
6.	00006	陈少林	52	84	95	95
7.	00007	王少强	65	74	85	85
8.	00008	张林	85	52	74	74
9.	00009	周文璐	74	65	56	52
10.	000010	罗姗姗	85	42	81	41
11.	000011	张小慧	95	52	56	52
12.	000012	李朝东	74	41	62	62
所有各项考核平均分			72.00	67.83	68.83	69.5
考评成绩评论及处理标准					评价 处理 方案	
					日期	2023

3.1　制作“员工入职登记表”

※ 案例说明

企业在招聘新员工时，往往会让新员工填写一份“员工入职登记表”，新员工需要在表中填写个人主要信息，并贴上自己的照片。此外，员工入职登记表稍微改变一下文字内容，还可以变成“面试人员登记表”，让前来面试的人员填写自己的主要信息，以便面试官了解。

“员工入职登记表”文档制作完成后的效果如下图所示。

员工入职登记表

<table>
<tr><td>姓名</td><td></td><td>性别</td><td></td><td>年龄</td><td></td><td>民族</td><td></td><td>婚姻</td><td></td><td rowspan="3"></td></tr>
<tr><td colspan="2">身份证号</td><td colspan="2"></td><td colspan="2">户籍住址</td><td colspan="4"></td></tr>
<tr><td colspan="2">联系方式</td><td colspan="2"></td><td colspan="2">现居住址</td><td colspan="4"></td></tr>
<tr><td rowspan="4">教育背景</td><td colspan="3">起止时间</td><td colspan="2">学习机构</td><td colspan="2">学习内容</td><td colspan="2">学历</td><td>证书</td></tr>
<tr><td colspan="3"></td><td colspan="2"></td><td colspan="2"></td><td colspan="2"></td><td></td></tr>
<tr><td colspan="3"></td><td colspan="2"></td><td colspan="2"></td><td colspan="2"></td><td></td></tr>
<tr><td colspan="3"></td><td colspan="2"></td><td colspan="2"></td><td colspan="2"></td><td></td></tr>
<tr><td>最高学历</td><td colspan="3"></td><td colspan="2">专业</td><td colspan="2"></td><td colspan="2">驾驶证</td><td></td></tr>
<tr><td>语言能力</td><td colspan="3"></td><td colspan="2">计算机能力</td><td colspan="2"></td><td colspan="2">其他特长</td><td></td></tr>
<tr><td rowspan="4">工作经历</td><td colspan="3">起止时间</td><td colspan="3">工作单位</td><td>部门</td><td>职位</td><td colspan="2">离职原因</td></tr>
<tr><td colspan="3"></td><td colspan="3"></td><td></td><td></td><td colspan="2"></td></tr>
<tr><td colspan="3"></td><td colspan="3"></td><td></td><td></td><td colspan="2"></td></tr>
<tr><td colspan="3"></td><td colspan="3"></td><td></td><td></td><td colspan="2"></td></tr>
<tr><td rowspan="4">家庭情况</td><td colspan="2">关系</td><td colspan="2">姓名</td><td>年龄</td><td colspan="4">工作单位</td><td>联系电话</td></tr>
<tr><td colspan="2"></td><td colspan="2"></td><td></td><td colspan="4"></td><td></td></tr>
<tr><td colspan="2"></td><td colspan="2"></td><td></td><td colspan="4"></td><td></td></tr>
<tr><td colspan="2"></td><td colspan="2"></td><td></td><td colspan="4"></td><td></td></tr>
<tr><td>自我评价</td><td colspan="10"></td></tr>
<tr><td>员工申明与确认</td><td colspan="10">1.公司已如实告知本人工作内容、工作地点、工作条件、职业危害、安全生产状况、劳动报酬以及本人要求了解的情况；本人已全部知晓并认可。
2.公司已对本人进行规章制度等方面的培训（包括《员工守则》《安全生产守则》《奖惩条例》《入职与离职管理办法》《考勤与请假管理办法》《薪资管理办法》等公司制定的各项规章制度），本人已全部知晓并认可。
3.本人承诺愿意服从公司工作管理，并遵守公司制定的各项规章制度。
4.本表所填写的本人通信地址为邮寄送达地址，公司向该通信地址寄送的文件或物品，如果发生收件人拒绝签收或其他无法送达的情形的，本人同意从公司寄出之日起视为公司已经送达。
5.本人对《员工入职登记表》上面登记的全部内容皆已知晓，并保证本人所提供以及填写的所有资料均属实。本人充分了解上述资料的真实性是双方订立劳动合同的前提条件，如有弄虚作假或隐瞒的情况，属于严重违反公司规章制度，同意公司有权解除劳动关系或劳动合同，公司因此遭受的损失，本人负有赔偿的义务。

员工签字：　　　　　　日期：　　　年　　月　　日</td></tr>
</table>

※ 思路解析

企业行政人员在制作员工入职登记表时，可以先对表格的整体框架有个规划，然后在录入文字的过程中进行细调，否则就会出现多次调整都无法达到理想效果的情况，也会降低工作效率。其总体框架如下图所示。

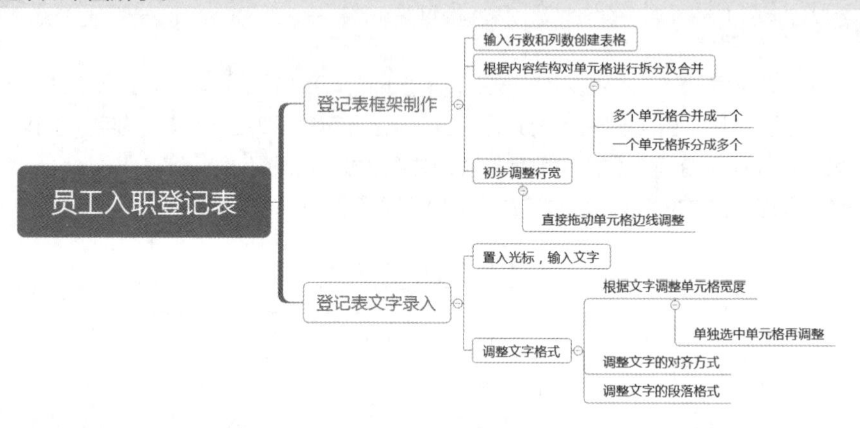

※ 步骤详解

3.1.1 设计员工入职登记表框架

在WPS文字中编排员工入职登记表，可以先根据内容需求，设计好表格框架，方便后续的文字内容填入。

>>>1. 快速创建表格

在WPS文字中创建表格，可以通过输入表格的行数和列数进行创建。

第1步：打开“插入表格”对话框。 ❶创建一个WPS文档，输入文档的标题，并将光标放到标题下面；❷单击“插入”选项卡下的“表格”按钮；❸在下拉菜单中选择“插入表格”选项。

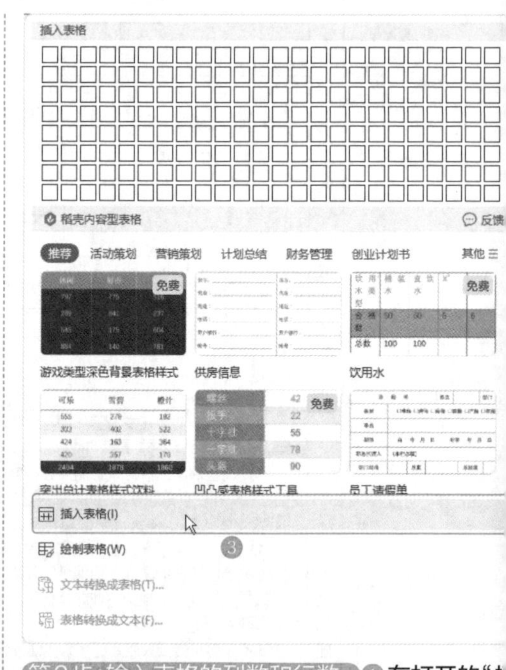

第2步：输入表格的列数和行数。 ❶在打开的“插入表格”对话框中输入列数和行数；❷单击“确定”按钮。

插入表格

表格尺寸

列数(C): 6

行数(R): 12

列宽选择

固定列宽(W): 0.16 厘米

自动列宽(F)

为新表格记忆此尺寸(S)

确定　取消

第3步：查看创建好的表格。完成创建的表格如下图所示，一共有6列12行。

员工入职登记表

专家答疑

问：创建表格时应不应该选择“固定列宽”？

答：为了保证单元格的长宽一致，通常要选择“固定列宽”。在“插入表格”对话框中可以在“列宽选择”操作组中选择表格宽度的调整方式，若选择“固定列宽”，则创建出的表格宽度固定；若选择“自动列宽”，则创建出的表格宽度随单元格内容多少变化。

>>>2. 灵活拆分、合并单元格

创建好的表格，其单元格大小和距离往往是平均分配的，根据员工入职需要登记的信息不同，要对单元格的数量进行调整，此时就需要用到“拆分单元格”和“合并单元格”功能。

第1步：拆分第一行单元格。❶选中第一行左边的5个单元格；❷单击“表格工具”选项卡下的“拆分单元格”按钮。

第2步：设置拆分参数。❶在“拆分单元格”对话框中输入列数和行数；❷单击“确定”按钮。

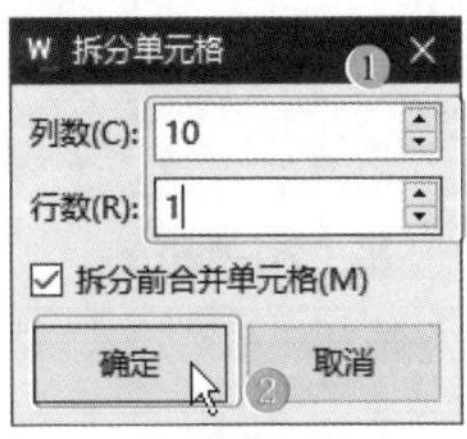

第3步：查看拆分结果。如下图所示，第一行选中的5单元格数量变成了10个。

员工入职登记表

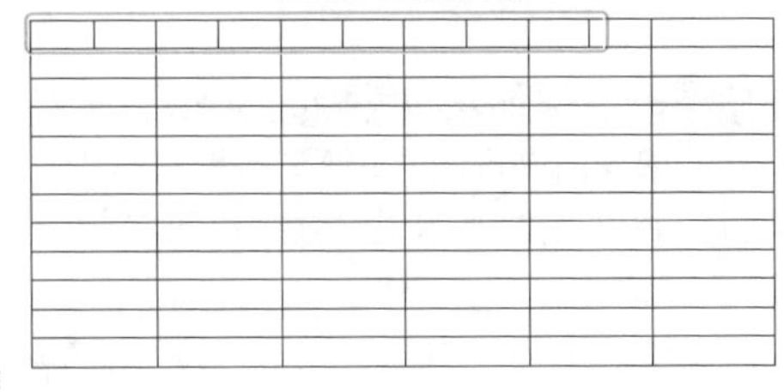

专家点拨

单元格的合并与拆分也可以通过右击打开快捷菜单进行命令选择。方法是：将光标放在单独的单元格中右击，可以在快捷菜单中选择“拆分单元格”命令。选中两个及两个以上的单元格，再右击，可以从快捷菜单中选择“合并单元格”命令。

第4步：合并单元格。❶选中第二行和第三行最左边的两行单元格；❷单击“表格工具”选项卡下的“合并单元格”按钮，将这两个单元格合并成为

一个单元格。

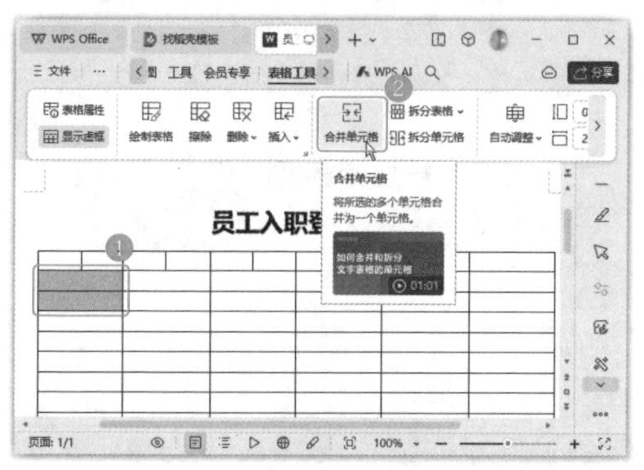

第5步：继续合并单元格。按照相同的方法，将第二行和第三行的单元格再进行合并，将四个单元格合并成为一个。

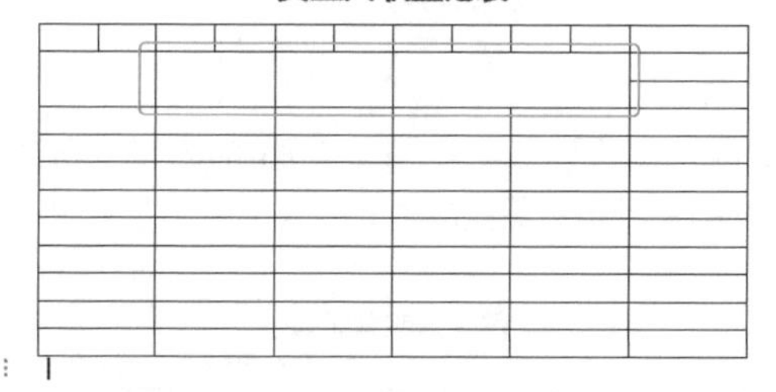

第6步：合并出贴照片的单元格。①对第四行和第五行的单元格进行合并；②选中最右边第一行到第五行的单元格；③单击“合并单元格”按钮。

第7步：拆分填写“教育背景”内容的单元格。①选中需要填写“教育背景”内容的单元格；②单击“拆分单元格”按钮；③在“拆分单元格”对话框中填写列数和行数。

第8步：拆分填写“工作经历”内容的单元格。①选中需要填写“工作经历”内容的单元格；②单击“拆分单元格”按钮；③在“拆分单元格”对话框中填写列数和行数。

第9步：完成表格框架制作。继续利用单元格的拆分及合并功能完成表格制作，其框架如下图所示。

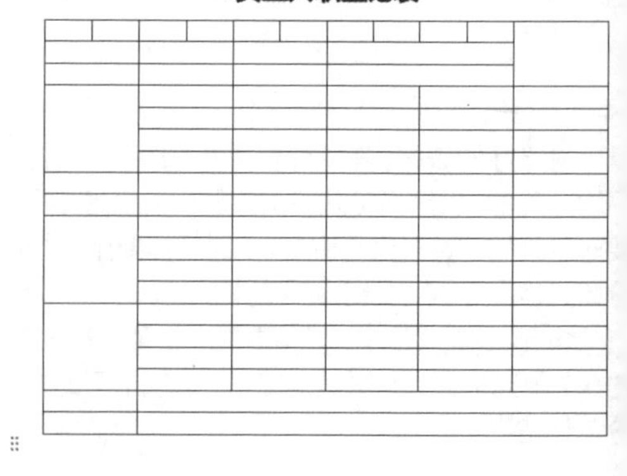

>>3. 调整单元格的行宽

员工入职登记表的框架完成后，需要对单元格的列宽进行微调，以便合理分配同一行单元格的宽度。调整依据是：文字内容较多的单元格需要预留较宽的距离。

第1步：让单元格变窄。在员工入职登记表的下方，登记的是员工家庭情况信息，填写父母姓名的列可以较窄，填写父母工作单位的列可以较宽。选中要调整宽度的单元格，在边框线上按住鼠标左键不放，向左拖动边线。

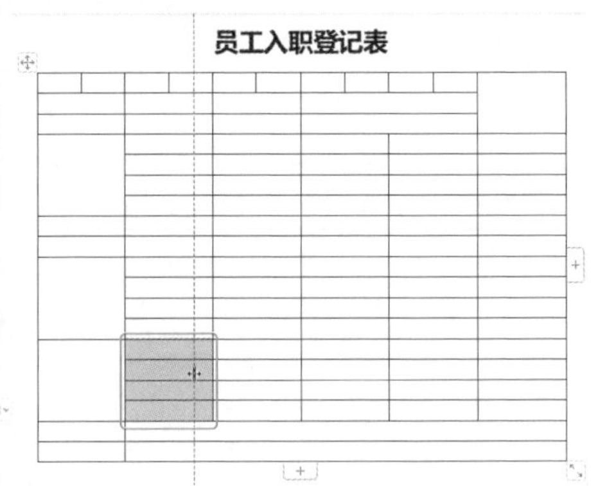

第2步：调整其他单元格宽度。按照同样的方法，调整其他单元格的宽度，最后完成宽度调整的表格如下图所示。

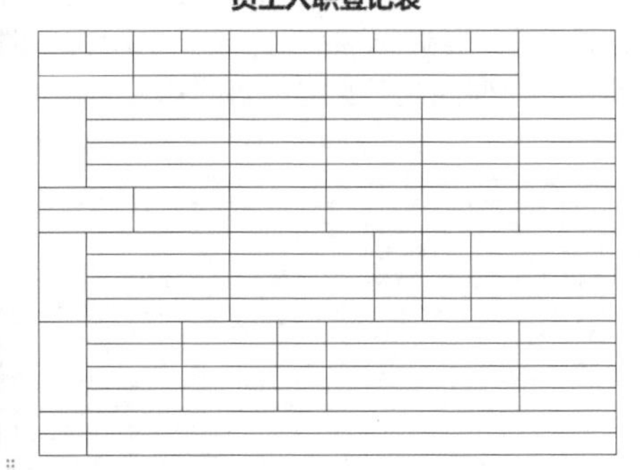

3.1.2 编辑员工入职登记表

完成员工入职登记表的框架制作后，就可以输入表格的文字内容了。在完成内容输入后，要根据需求对文字格式进行调整，使其看起来美观大方。

>>1. 输入表格文字内容

在输入表格文字内容时，需要再次根据内容的多少对单元格的宽度进行调整。调整单独单元格宽度的方法是选中这个单元格后再拖动单元格的边线。

第1步：将光标置入单元格中。将光标置入表格左上角的单元格中，如下图所示。

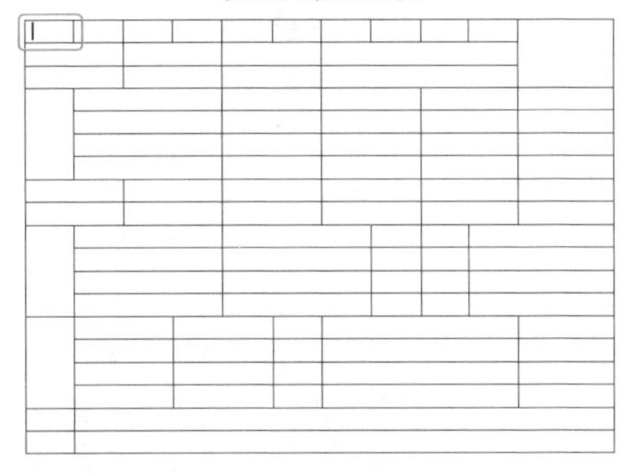

第2步：在单元格中输入文字。输入文字内容，如下图所示。

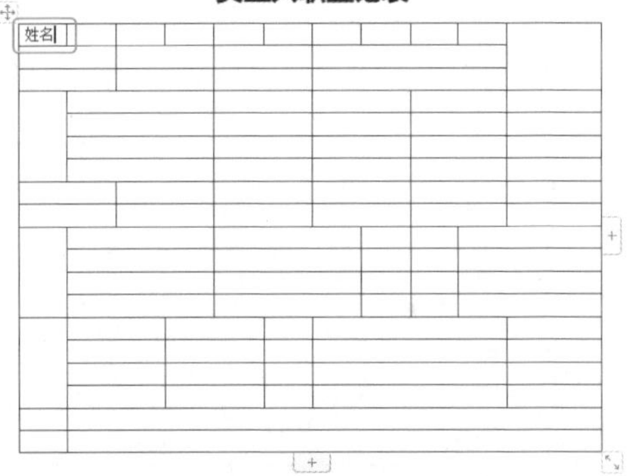

第3步：调整单元格的高度。❶完成前面三排单元格文字输入；❷将光标放在需要调整高度的单元格的下边框线上，直到光标变成双向箭头形状，单击并拖动单元格边线，调整单元格的高度。

员工入职登记表

姓名	性别	年龄	民族	婚姻
身份证号		户籍住址		
联系方式		现居住址		

第4步：选中单独的单元格。❶将光标放在需要调整宽度的单元格左边，直到光标变成黑色的箭头；❷单击选中这个单元格，然后拖动单元格右边的线，调整单元格的宽度。

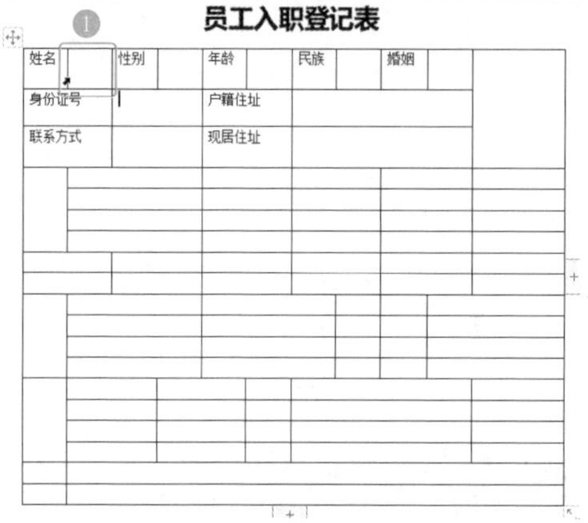

员工入职登记表

姓名		性别		年龄		民族		婚姻		
身份证号		户籍住址								
联系方式		现居住址								

员工入职登记表

姓名		性别		年龄		民族		婚姻		
身份证号		户籍住址								
联系方式		现居住址								

第5步：查看单元格宽度调整结果。单元格调整效果如下图所示。

员工入职登记表

姓名		性别		年龄		民族		婚姻		
身份证号				户籍住址						
联系方式				现居住址						

第6步：继续输入文字内容并调整单元格宽度。按照同样的方法，继续进行文字内容输入，在输入内容的同时，根据内容的多少调整单元格宽度，如下图所示。

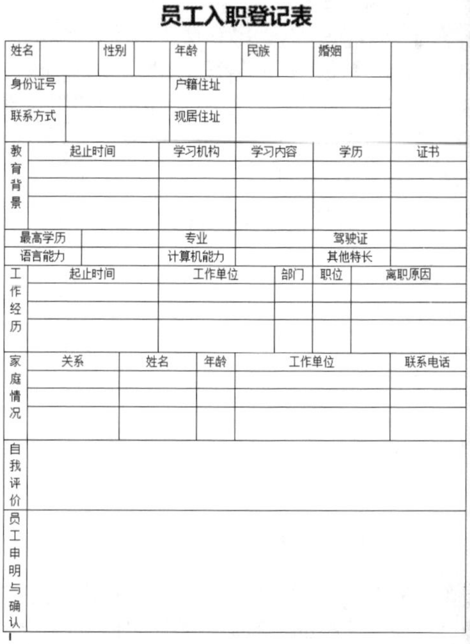

员工入职登记表

姓名		性别		年龄		民族		婚姻		
身份证号			户籍住址							
联系方式			现居住址							
教育背景	起止时间		学习机构		学习内容		学历		证书	
最高学历			专业				驾驶证			
语言能力			计算机能力				其他特长			
工作经历	起止时间		工作单位			部门	职位	离职原因		
家庭情况	关系		姓名	年龄		工作单位			联系电话	
自我评价										
员工申明与确认										

第7步：输入员工申明内容。打开“素材文件\第3章\员工申明与确认.txt”文件，将记事本中的内容复制粘贴到右下方单元格中，如下图所示。此时便完成了文字内容的输入。

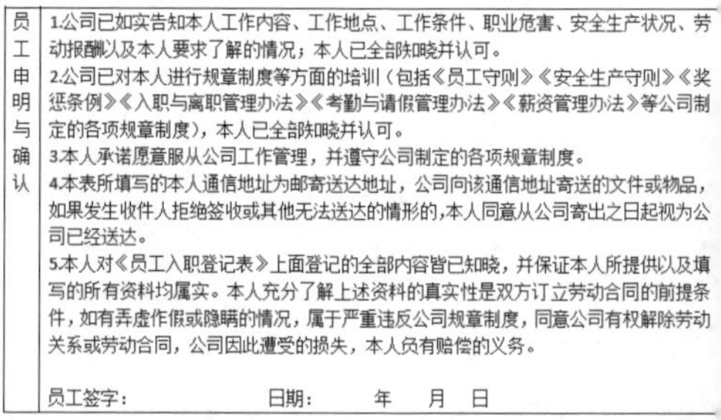

员工申明与确认	1.公司已如实告知本人工作内容、工作地点、工作条件、职业危害、安全生产状况、劳动报酬以及本人要求了解的情况；本人已全部知晓并认可。 2.公司已对本人进行规章制度等方面的培训（包括《员工守则》《安全生产守则》《奖惩条例》《入职与离职管理办法》《考勤与请假管理办法》《薪资管理办法》等公司制定的各项规章制度），本人已全部知晓并认可。 3.本人承诺愿意服从公司工作管理，并遵守公司制定的各项规章制度。 4.本表所填写的本人通信地址为邮寄送达地址，公司向该通信地址寄送的文件或物品，如果发生收件人拒绝签收或其他无法送达的情形的，本人同意从公司寄出之日起视为公司已经送达。 5.本人对《员工入职登记表》上面登记的全部内容皆已知晓，并保证本人所提供以及填写的所有资料均属实。本人充分了解上述资料的真实性是双方订立劳动合同的前提条件，如有弄虚作假或隐瞒的情况，属于严重违反公司规章制度，同意公司有权解除劳动关系或劳动合同，公司因此遭受的损失，本人负有赔偿的义务。 员工签字：　　　　日期：　　年　　月　　日

>>>2. 调整文字的格式

当完成表格的文字内容输入后，需要对文字内容的格式进行调整，使其保持对齐。

第1步：让表格上方的文字居中。❶选中表格上方的文字；❷单击“表格工具”选项卡下“对齐方式”组中的“水平居中”和“垂直”按钮。

第2步：让表格左下方的文字水平居中。❶选中表格左下方的文字；❷单击“表格工具”选项卡下的“水平居中”按钮。

专家点拨

如果只想调整表格单元格文本的“左对齐”“居中对齐”“右对齐”“两端对齐”格式，直接选中文本，单击“开始”选项卡下的对齐选项按钮即可。

需要注意的是，“开始”选项卡下的“居中对齐”只包括水平方向上的居中对齐；而“表格工具”选项卡下的“水平居中”包括垂直和水平方向的居中对齐。

第3步：打开“段落”对话框。❶选中员工申明内容；❷单击“开始”选项卡下的“段落”对话框启动器按钮。

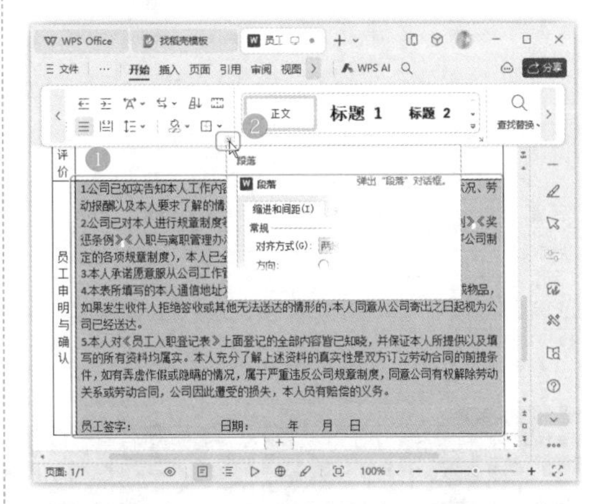

第4步：设置“段落”对话框。❶在打开的“段落”对话框中设置“对齐方式”为“两端对齐”；❷设置缩进方式为“首行缩进”“2字符”；❸单击“确定”按钮。

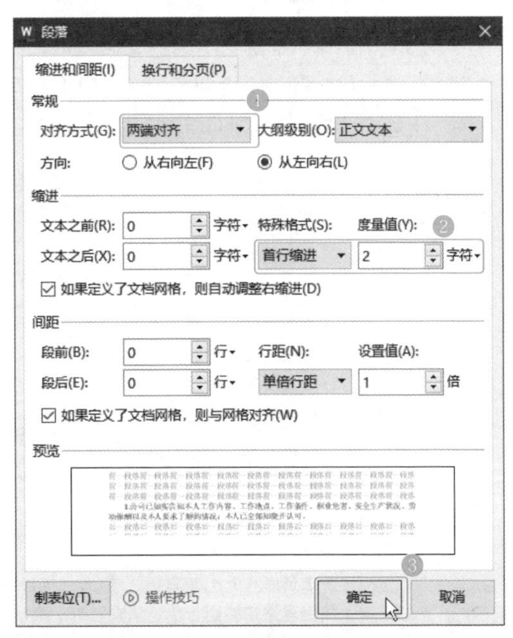

第5步：设置落款段落的对齐方式。❶将文本插入点定位在该单元格的最后一行文字中；❷单击“开始”选项卡下的“右对齐”按钮，如下图所示。此时便完成了员工入职登记表的制作。

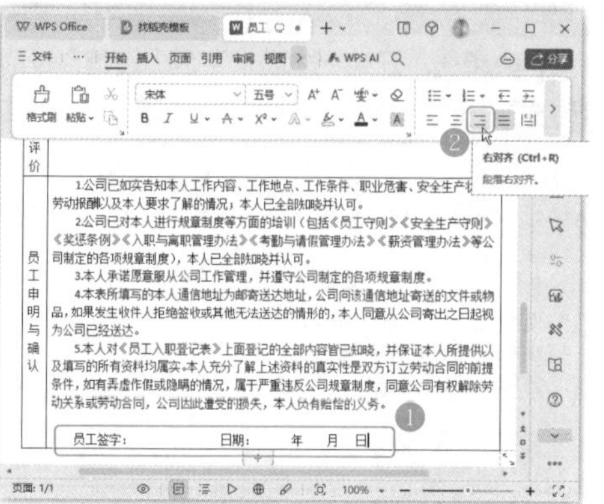

专家点拨

表格里面的文字可以根据需要调整方向。方法是将光标放在单元格中右击，从弹出的快捷菜单中选择“文字方向”，然后在“文字方向”对话框中选择符合需求的文字方向即可。

3.2 制作“出差申请单”

扫一扫 看视频

※ 案例说明

“出差申请单”是企业常用的文档之一，其作用是让需要出差的员工填写，以便报销。“出差申请单”样式比较简单，企业行政人员只需合理布局内容，调整文字格式即可。

“出差申请单”文档制作完成后的效果如下图所示。

出差申请单

申报部门		申请人	
出差日期	年 月 日 至 年 月 日 ： 共 天		
出差地区			
出差事由			
交通工具	□飞 机 □火 车 □汽 车 □动 车 □其 他		
申请费用	元（￥ ）		
报销方式	□转 账 □现 金		
部门审核	财务审核		总经理审核

说明：
1.此申请表作为出差申请、借款、核销必备凭证。
2.如出差途中变更行程计划需及时汇报。
3.出差申请表须在接到申请后 48 小时内批复。

※ 思路解析

行政人员在制作出差申请单时，可以选用手动绘制表格的方式。出差申请单的表格框架比较简单，但是往往不是规则固定的表格布局，如果选用输入行数和列数的方式，往往不容易掌控恰当的行数和列数，因此选用手动绘制表格的方式，再完善文字内容。其制作思路如下图所示。

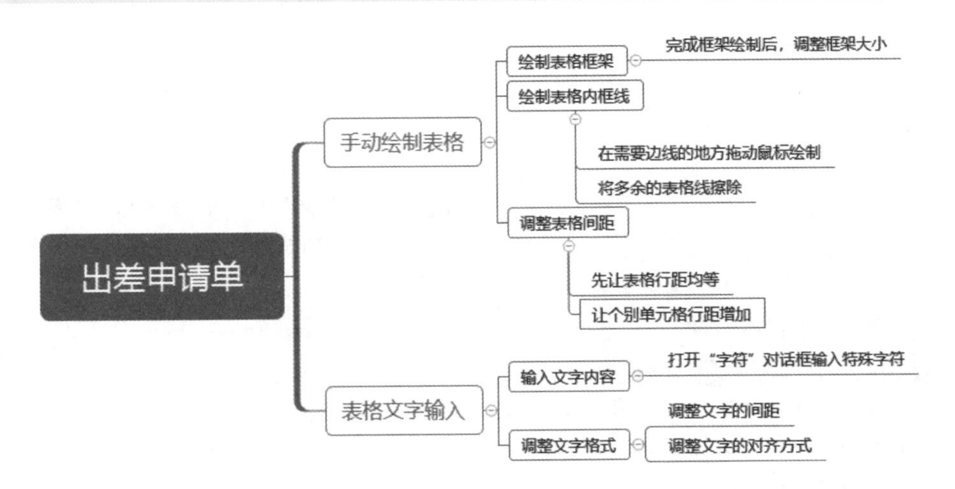

※ 步骤详解

3.2.1 手动绘制表格

在WPS文字中创建表格，还可以手动绘制表格，这种方式适合于结构不固定的表格。

>>>1. 绘制表格框架

手动绘制表格时，只需在有表格线的地方进行绘制即可。

第1步：执行绘制表格命令。❶新建WPS文档，并写好文档标题；❷单击“插入”选项卡下的“表格”按钮；❸选择“绘制表格”选项。

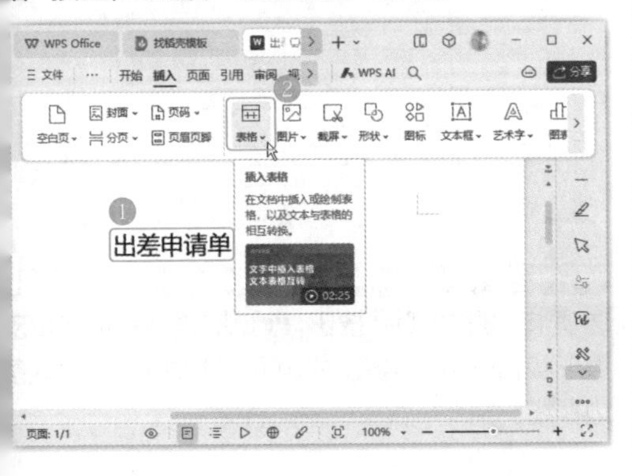

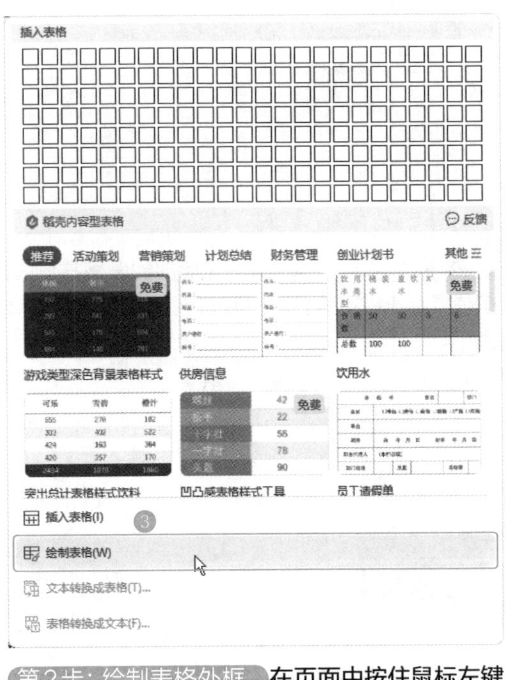

第2步：绘制表格外框。在页面中按住鼠标左键不放，绘制一个“10×2”的表格外框。

专家点拨

在绘制表格的过程中，若绘制的线条有误，需要将相应的线条擦除，则可以使用橡皮擦来擦除表格边线。单击“表格工具”选项卡下的“擦除”按钮，然后在表格中需要擦除边线的地方单击，即可快速擦除不需要的边线。

第3步：退出表格绘制状态。表格外框绘制完成后，需要调整表格整体大小。单击“表格工具”选项卡下的“绘制表格”按钮，退出表格绘制状态。

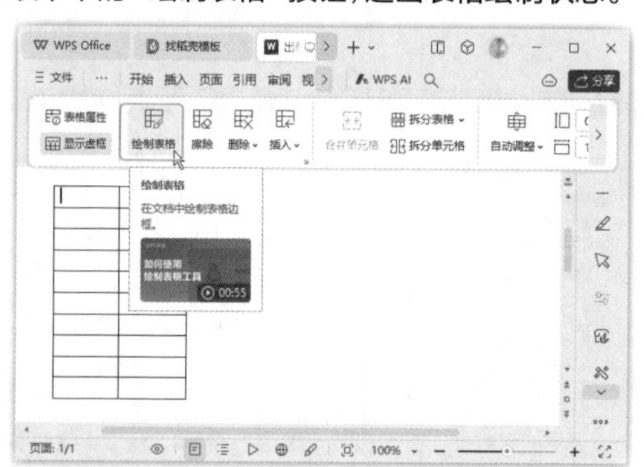

第4步：调整表格大小。将光标放到表格右下角，按住鼠标左键不放，向右拖动鼠标，调整表格整体大小。

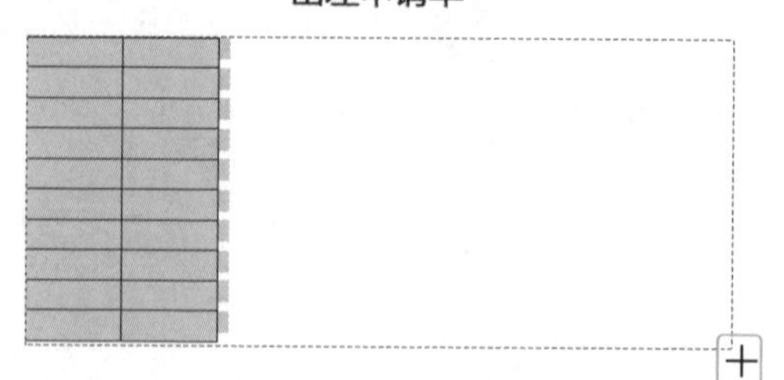

第5步：调整表格边框线位置。将光标放到表格中的边框线上，当光标变成双向箭头时，按住鼠标左键不放，向左拖动鼠标，调整边框线位置。

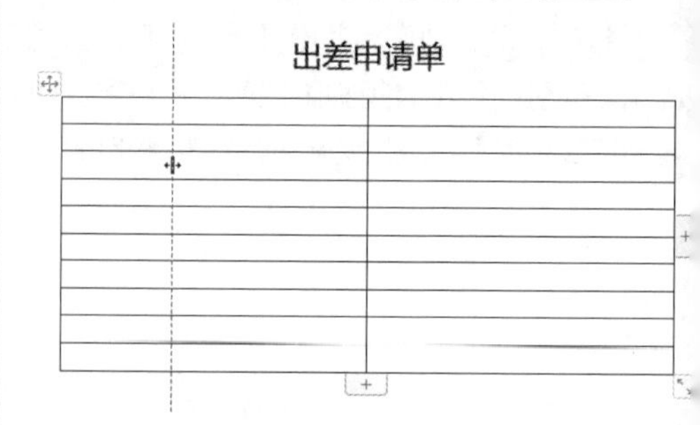

第6步：绘制表格边框线。❶单击“表格工具”选项卡下的“绘制表格”按钮；❷在表格中继续绘制边框线。

第7步：完成边框线绘制。如下图所示，在表格中完成边框线绘制。

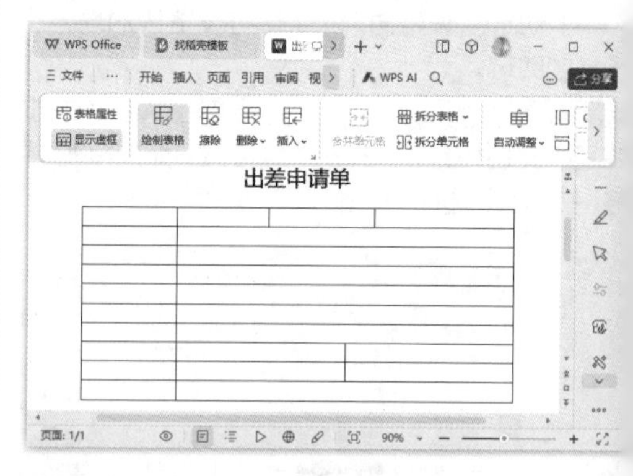

第8步：擦除多余的边框线。❶单击“表格工具”选项卡下的“擦除”按钮；❷此时光标变成了橡皮擦形状，在表格中多余的边框线上单击，擦除这条边框线。

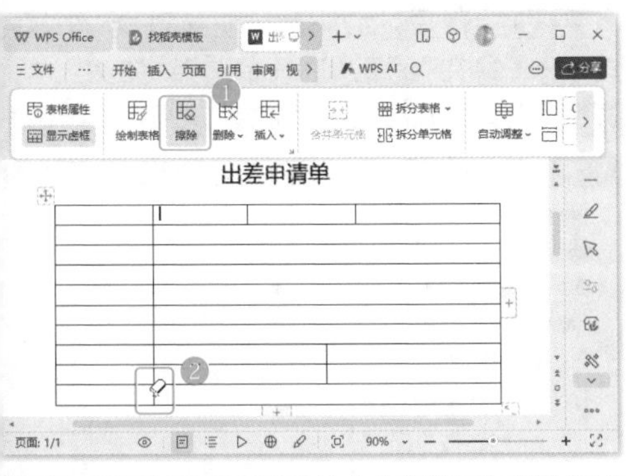

第9步：完成表格绘制。单击“表格工具”选项卡下的“擦除”按钮，退出橡皮擦状态，此时就完成了表格绘制。

>>>2. 调整表格间距

手动绘制的表格往往存在表格间距不均等问题。所以完成表格绘制后，需要对表格的高度进行调整。

第1步：让表格行距相等。❶ 单击表格左上角图标，以便选中整个表格，单击“表格工具”选项卡下的“自动调整”按钮；❷ 选择“平均分布各行”选项。此时表格各行的行高就相等了。

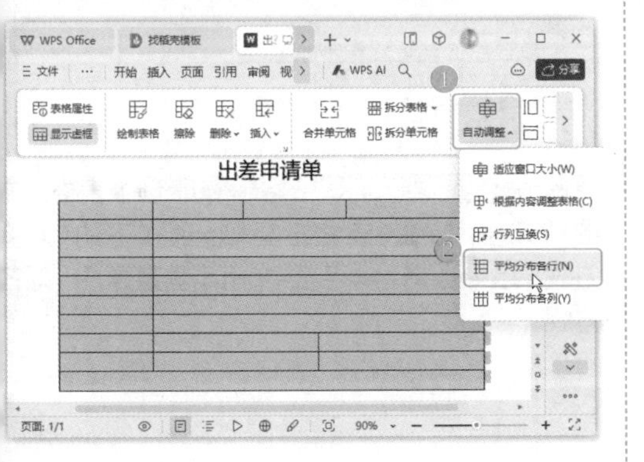

第2步：单独调整行距。在前面的操作中，表格单元格的所有行已经平均分布，现在可以单独调整某一行单元格的行高。将光标放在最后一行单元格下方的线上，当光标变成双向箭头时，按住鼠标左键不放向下拖动鼠标，以增加最后一行的行高。

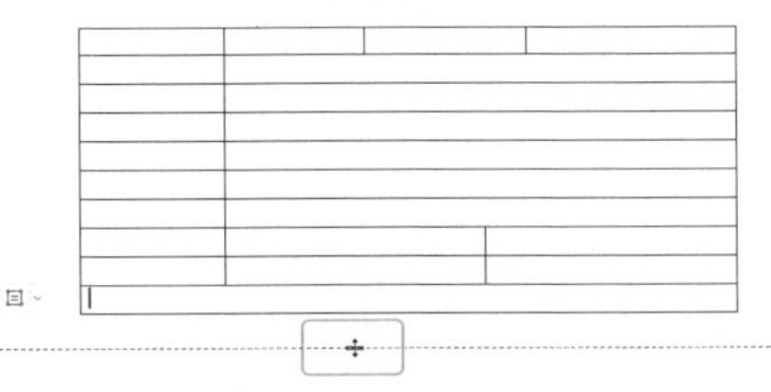

第3步：查看完成的表格。此时便完成了表格的绘制，效果如下图所示。

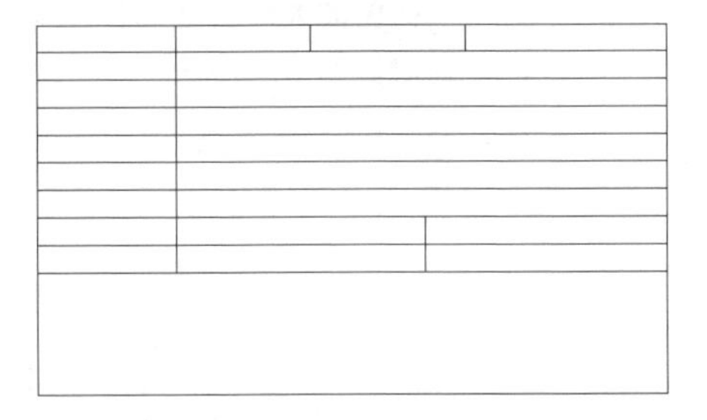

3.2.2 设置表格中的对象格式

当表格框架绘制完成后，就可以在表格中输入内容了。输入内容时，需要注意特殊字符的输入方式。在输入内容后，要对文本格式进行调整。

>>>1. 输入表格内容

在表格中需要输入文字内容和插入符号，其具体操作如下。

第1步：输入文字内容。在表格中插入光标，然后输入文字内容，如下图所示。

出差申请单

申报部门		申请人	
出差日期	年月日至年月日：共天		
出差地区			
出差事由			
交通工具	飞机火车汽车动车其他		
申请费用	元（¥　　　　　）		
报销方式	转账现金		
部门审核	财务审核	总经理审核	
说明： 1.此申请表作为出差申请、借款、核销必备凭证。 2.如出差途中变更行程计划需及时汇报。 3.出差申请表须在接到申请后48小时内批复。			

第2步：选择符号插入。❶单击“插入”选项卡下的“符号”按钮；❷在下拉菜单中选择“自定义符号”栏中的“复选框”选项，将此符号插入到相应的文字前。

第3步：查看完成文字输入的表格。用同样的方法，在表格中相应的位置插入符号，此时表格的文字输入便完成了，其效果如下图所示。

出差申请单

申报部门		申请人	
出差日期	年月日至年月日：共天		
出差地区			
出差事由			
交通工具	□飞机□火车□汽车□动车□其他		
申请费用	元（￥　　　　）		
报销方式	□转账□现金		
部门审核	财务审核	总经理审核	

说明：
1.此申请表作为出差申请、借款、核销必备凭证。
2.如出差途中变更行程计划需及时汇报。
3.出差申请表须在接到申请后 48 小时内批复。

>>>2. 调整内容格式

出差申请单的文字内容不多，但是需要注意文字间距及格式的调整。

第1步：打开“字体”对话框。❶选中“年月日至年月日：共天”文字，❷单击“开始”选项卡下“字体”组中的对话框启动器按钮。

第2步：设置字体间距。❶切换到“字符间距”选项卡；❷在“间距”选项中选择“加宽”选项，调整间距为“0.22厘米”；❸单击“确定”按钮。

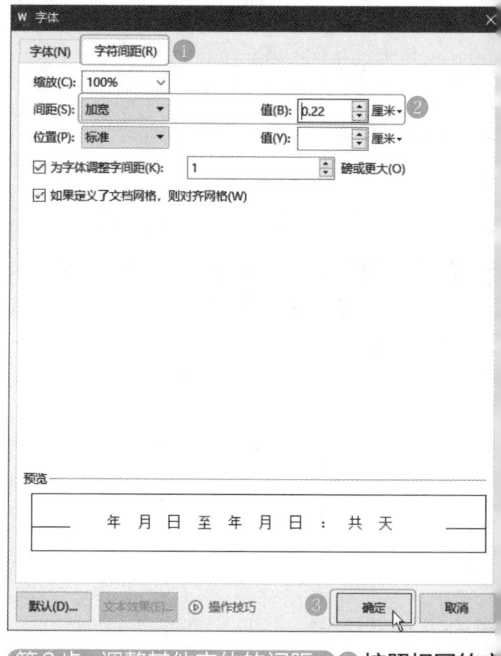

第3步：调整其他字体的间距。❶按照相同的方法，调整“飞机/火车/汽车/动车/其他”文字的间距为“0.11厘米”；❷调整“转账/现金”的间距为“0.1厘米”。

出差申请单

申报部门		申请人	
出差日期	年 月 日 至 年 月 日 ： 共 天		
出差地区			
出差事由			
交通工具	□飞 机 □火 车 □汽 车 □动 车 □其 他		
申请费用	元（￥　　　　）		
报销方式	□转 账 □现 金		
部门审核	财务审核	总经理审核	

说明：
1.此申请表作为出差申请、借款、核销必备凭证。
2.如出差途中变更行程计划需及时汇报。
3.出差申请表须在接到申请后 48 小时内批复。

第4步：调整表格文字的格式。❶选中表格上方的单元格；❷在“表格工具”选项卡下的“对齐方式”组中选择“水平居中”和“垂直居中”对齐方式。

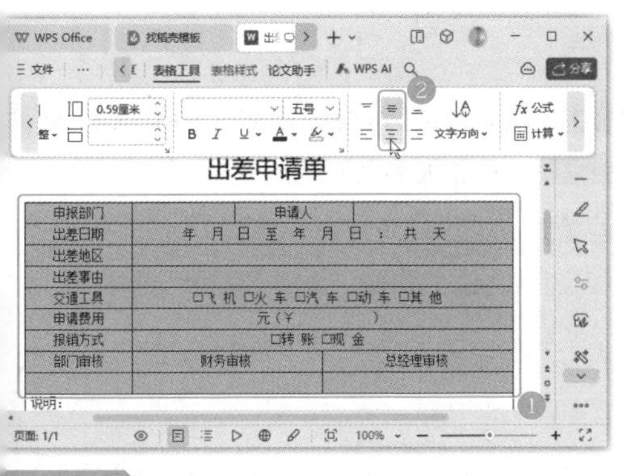

专家点拨

如果每段说明文字的内容都较多，可以设置文字的格式为“首行缩进”，保持正常的段落格式。

第5步：调整说明文字的格式。 ❶选中表格最下方的说明文字；❷在“表格工具”选项卡下的“对齐方式”组中选择“垂直居中”对齐方式。此时便完成了出差申请单的制作。

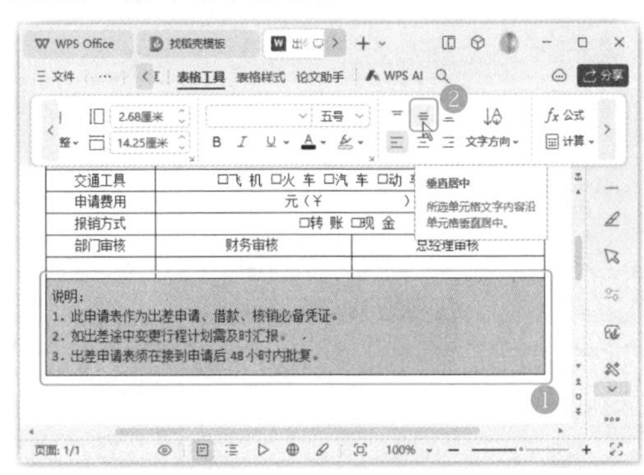

3.3 制作“员工考核制度表”

※ 案例说明

考核制度表是公司管理中十分重要的工具，通过定期的考核，能对比出不同员工不同层面的工作情况。可以说，考核制度表是科学管理员工的工具。

“员工考核制度表”制作完成后的效果如下图所示。

员工考核制度表

编号	工号	姓名	处理能力	协调性	责任感	积极性	总分
1.	00001	邹磊	95	65	65	65	290
2.	00002	王文	84	85	41	85	295
3.	00003	李苗	62	74	52	74	262
4.	00004	高飞	52	85	85	65	287
5.	00005	赵阳	41	95	74	85	295
6.	00006	陈少林	52	84	95	95	326
7.	00007	王少强	65	74	85	85	309
8.	00008	张林	85	52	74	74	285
9.	00009	周文蕊	74	65	56	52	247
10.	000010	罗姗姗	85	42	81	41	249
11.	000011	张小慧	95	52	56	52	255
12.	000012	李朝东	74	41	62	62	239
所有各项考核平均分			72.00	67.83	68.83	69.58	278.25
考评成绩评论及	处理标准			评价处理方案			
						日期	2023 年 12 月 18 日

※ 思路解析

当公司领导安排行政人员、部门管理人员制作员工考核制度表时，需要根据当下员工的人数、工种、业绩分类等情况进行表格布局规划。在制作表格时，思路如下图所示。

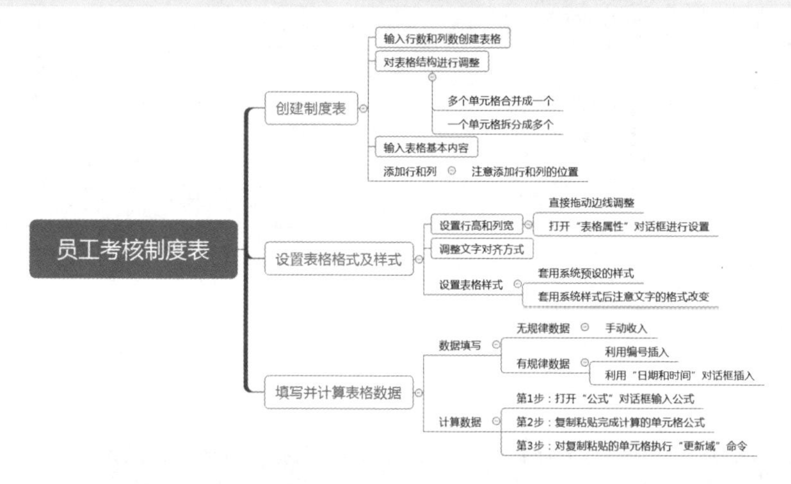

※ 步骤详解

3.3.1 创建员工考核制度表

在WPS文字中创建员工考核制度表，首先需要将表格框架创建完成，然后再输入基本的文字内容，以便进行下一步的格式调整及数据计算。

>>>1. 快速创建规则表格

员工考核制度表格属于比较规范的表格，选用输入行列数的方式创建比较合理。

第1步：输入行列数创建表格。 ❶新建一个WPS文件，并输入文件标题；❷打开“插入表格”对话框，输入列数和行数；❸单击“确定”按钮，完成表格创建。

第2步：查看创建好的表格。 完成创建的表格如下图所示。

>>>2. 合并与拆分单元格

完成表格创建后，需要对表格的单元格进行合并、拆分调整，以符合内容需要。

第1步：合并单元格。 ❶将表格左下角的单元格进行合并；❷选中表格右下角的单元格；❸单击“合并单元格”按钮。

第2步：拆分单元格。❶选中右下角合并的单元格；❷单击“拆分单元格”按钮；❸在“拆分单元格”对话框中输入列数和行数；❹单击“确定”按钮。

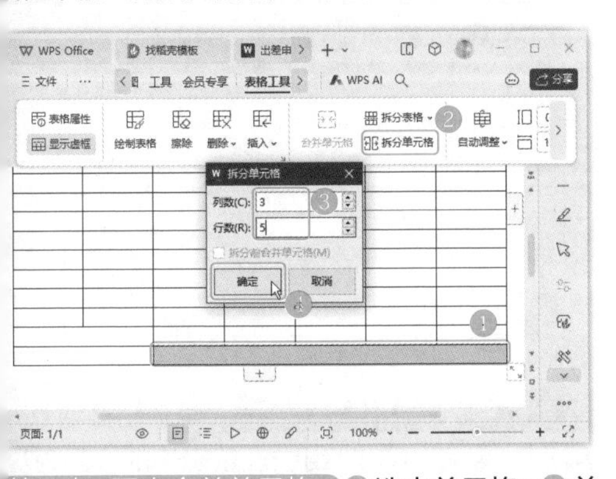

第3步：再次合并单元格。❶选中单元格；❷单击“合并单元格”按钮。此时便完成了表格框架的大体调整。

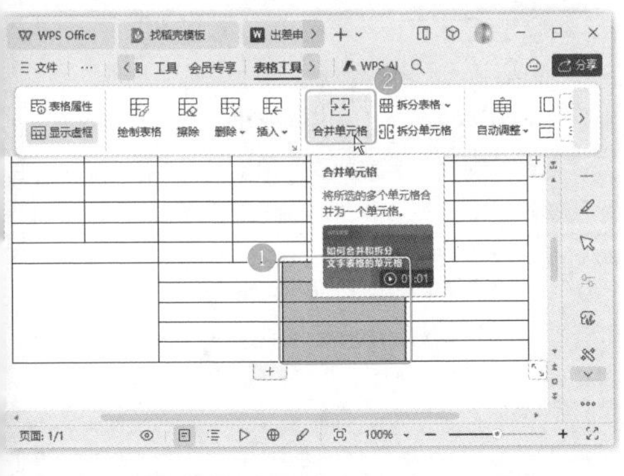

>>>3. 输入表格基本内容

调整完成表格的框架后，可以为表格输入基本文字内容。

在单元格中输入文字内容，如下图所示。

员工考核制度表

编号	姓名	处理能力	协调性	责任感	积极性	总分
所有各项考核平均分						
考评成绩评论及处理标准			评价处理方案			

>>>4. 添加行和列

使用WPS制作表格时，事先设计好的框架在文字输入的过程中，可能会有不合理的地方。此时就需要用到行和列的添加及删除功能。

第1步：在右侧插入列。❶选中表格最左边的一列；❷单击“表格工具”选项卡下的“插入”按钮；❸选择“在右侧插入列”选项。

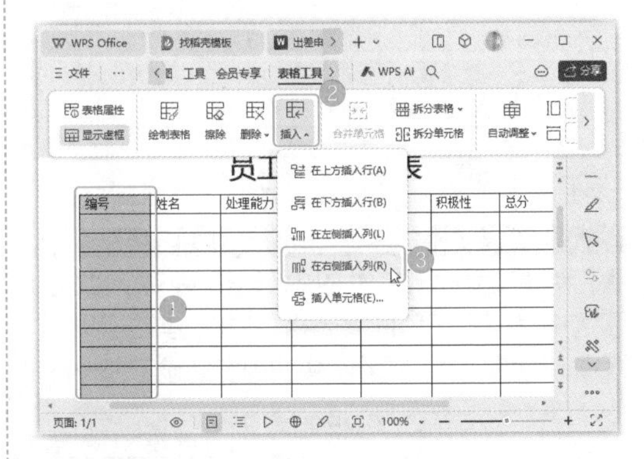

专家点拨

如果想要删除多余的行或列，可以选中该行/列的单元格，右击，在弹出的快捷菜单中选择“删除”选项，再选择“删除行”或“删除列”就能进行多余行或列的删除操作了。

第2步：输入插入列的标题。为新插入的一列单元格输入标题“工号”二字。

员工考核制度表

编号	工号	姓名	处理能力	协调性	责任感	积极性	总分
所有各项考核平均分							
考评成绩评论及处理标准				评价处理方案			

第3步：在下方插入列。❶将光标放到最后一行任意单元格内；❷单击“表格工具”选项卡下的“插入”按钮，在下拉菜单中选择“在下方插入行”选项。

第4步：合并单元格并输入文字，调整边框线。❶合并最后一行左边的单元格，并输入文字；❷选中表格右下角的单元格，并拖动其左侧的边框线，移动位置，让单元格中的内容能显示为一行。

员工考核制度表

编号	工号	姓名	处理能力	协调性	责任感	积极性	总分
所有各项考核平均分							
考评成绩评论及处理标准				评价处理方案			
日期							2024 年 1 月 12 日

3.3.2 设置表格的格式和样式

员工考核制度表完成后，需要对格式进行调整，完成格式调整后还要对样式进行调整。两者的目的皆在保证表格的美观性。

>>>1. 设置行高和列宽

员工考核制度表需要根据文字内容进行高和列宽的设置。设置方法有拖动表格线及输入指定高度两种。

第1步：打开“表格属性”对话框。❶单击表格左上方十字箭头符号，表示选中整张表格；❷单击“表格工具”选项卡下的“表格属性”按钮。

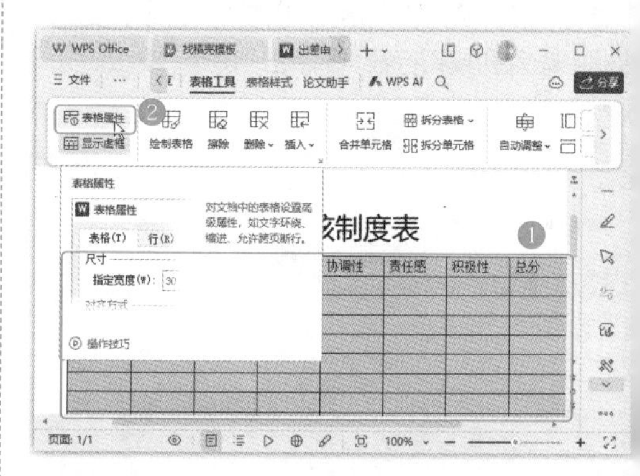

第2步：设置“表格属性”对话框。❶切换到“行选项卡；❷在“尺寸”组中设置表格的行高为“厘米”；❸单击“确定”按钮。

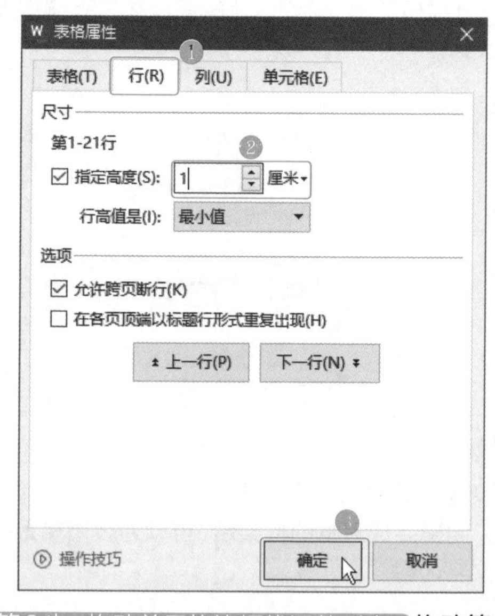

第3步：拖动单元格边框线调整列宽。拖动第一

刂单元格的边框线，缩小列宽。

第4步：单独调整单元格的列宽。单独选中单元名，调整列宽，如下图所示。

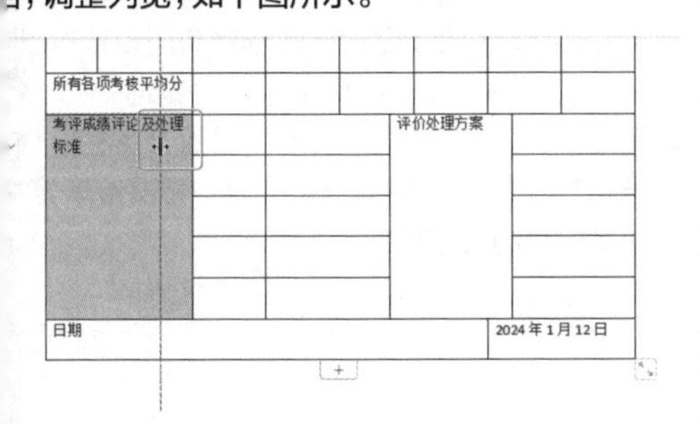

>>2. 调整文字对齐方式

完成单元格调整后，需要调整文字的对齐方式。

第1步：让文字居中显示。选中整张表格，单击“表格工具”选项卡下“对齐方式”组中的“水平居中”口“垂直居中”按钮。

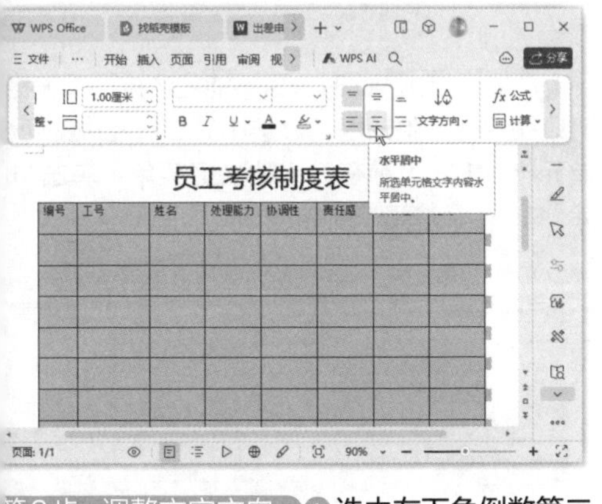

第2步：调整文字方向。❶选中左下角倒数第二个单元格文字；❷单击“表格工具”选项卡下的文字方向”按钮，选择“垂直方向从左往右”选项，让横向文字变成竖向。

第3步：调整文字间距。❶保持选中改变了方向的文字，打开“字体”对话框；❷在“字符间距”选项卡下设置文字间距为“加宽”“0.05厘米”。

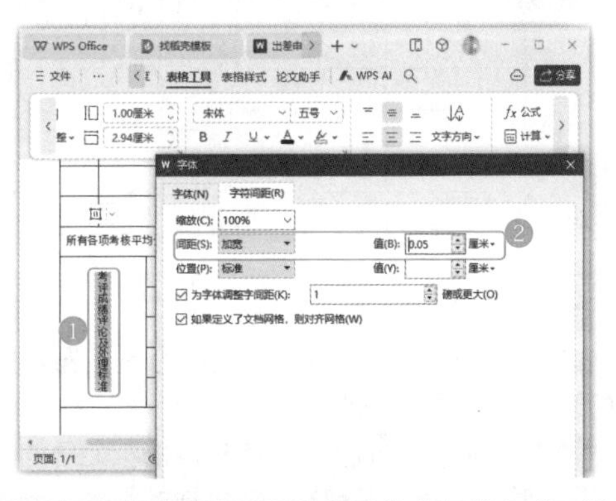

第4步：设置文字右对齐。❶将光标放在“日期”单元格中；❷单击“表格工具”选项卡下“对齐方式”组中的“右对齐”按钮。

第5步：查看完成设置的表格。此时表格文字已完成设置，效果如下图所示。

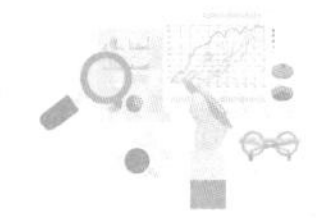

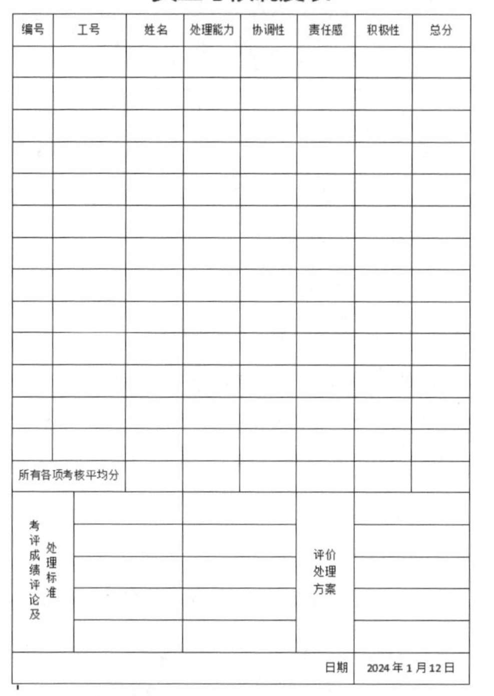

员工考核制度表

编号	工号	姓名	处理能力	协调性	责任感	积极性	总分
所有各项考核平均分							
考评成绩评论及处理标准				评价处理方案			
					日期	2024年1月12日	

>>>3. 设置表格样式

在完成表格格式调整后，可以为其设置样式效果，使表格更加美观。

第1步：打开样式列表。❶单击表格左上角的图标选中整张表格；❷单击“表格样式”选项卡下“表格样式”的下拉按钮。

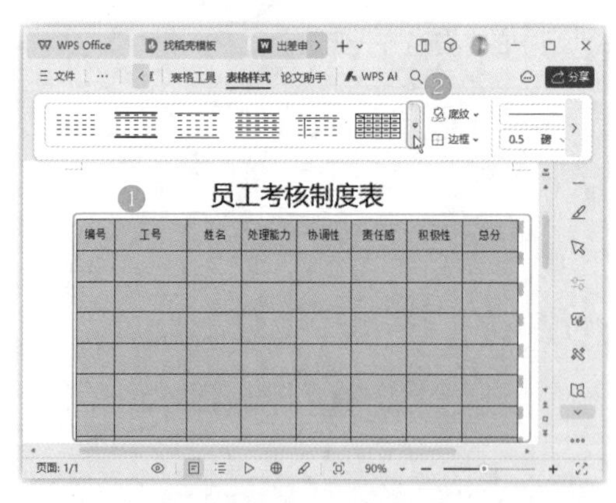

第2步：选择样式。❶在下拉菜单中选择要采用的表格主题颜色，如绿色；❷在“底纹填充”栏中设置填充方式为“首行”“隔行”；❸选择需要的“网格表2-粗边框”选项。

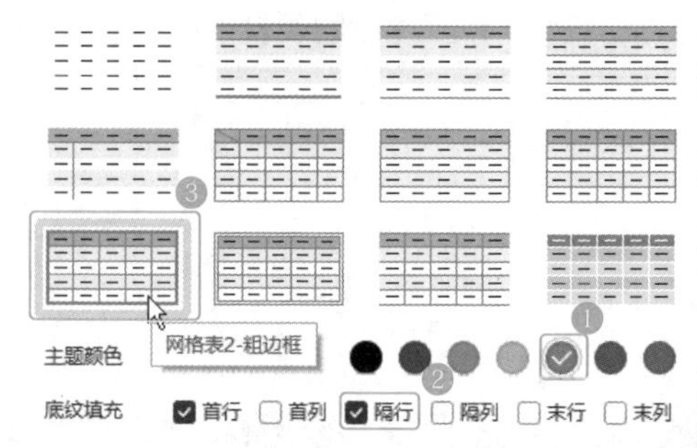

第3步：设置文字格式。套用WPS预设的表格样式后，字体格式会根据样式选择有所改变，此时可根据需要再调整一下文字格式。❶选中第一行单元格；❷在“开始”选项卡下设置文字的字体、字号和加粗格式。用同样的方法，可设置表格中其他单元格的文字格式。

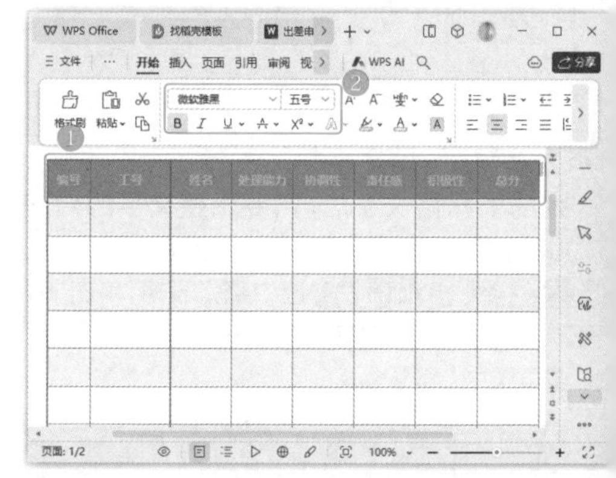

第4步：删除行。此时一页不能完全排列下表格，可以删除一行单元格。❶选中第二行左边的两个单元格并右击；❷在弹出的快捷菜单中单击“删除”按钮；❸选择“删除行”选项。

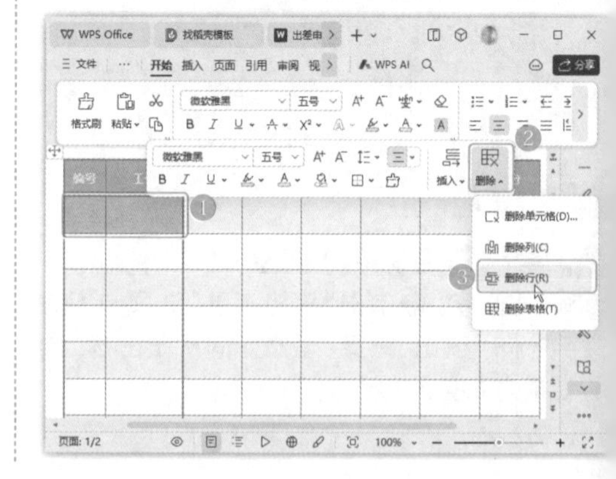

3.3.3 填写并计算表格数据

员工考核制度表中常常需要输入员工编号等内容，这些有规律的内容都可以利用WPS文字功能智能地输入。在WPS文字文档中，在“表格工具”选项卡下提供了“公式”功能，用户可以借助WPS文字提供的数学公式运算功能对表格中的数据进行数学运算，包括加、减、乘、除及求和、求平均值等常见运算。

>>>1. 填写表格数据

员工考核制度表中有的数据没有规律且需要手动填写。

如下图所示，将需要手动填写的数据输入到表格中。

编号	工号	姓名	处理能力	协调性	责任感	积极性	总分
		邹磊	95	65	65	65	
		王文	84	85	41	85	
		李苗	62	74	52	74	
		高飞	52	85	85	65	
		赵阳	41	95	74	85	
		陈少林	52	84	95	95	
		王少强	65	74	85	85	
		张林	85	52	74	74	
		周文蕊	74	65	56	52	
		罗姗姗	85	42	81	41	
		张小慧	95	52	56	52	
		李朝东	74	41	62	62	

>>>2. 快速插入编号

表格中的员工编号及工号通常是有规律的数据，此时可以通过插入编号的方法自动填入。

第1步：为“编号”列插入编号。❶选中需要插入编号的单元格区域；❷单击“开始”选项卡下“编号”的下拉按钮；❸从下拉菜单中选择要使用的编号样式。此时便自动完成了这一列编号的填充。

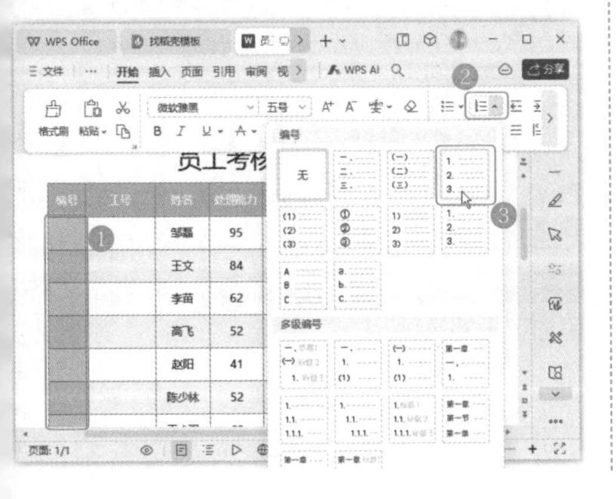

第2步：打开“项目符号和编号”对话框。员工的工号往往比较长，需要重新定义编号样式。❶选中需要添加工号的单元格区域；❷单击“编号”的下拉按钮；❸在下拉菜单中选择“自定义编号”选项。

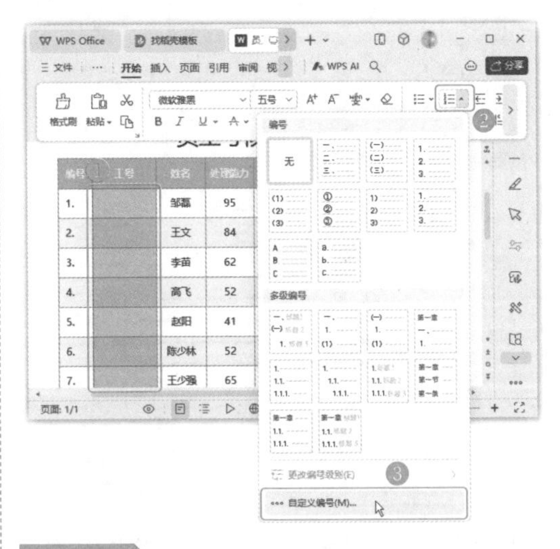

专家点拨

利用“编号”只能添加从数字1开始递增的编号，类似于22478、62479的编号便无法添加。

第3步：打开“自定义编号列表”对话框。❶在打开的“项目符号和编号”对话框中选择一种编号样式；❷单击“自定义”按钮。

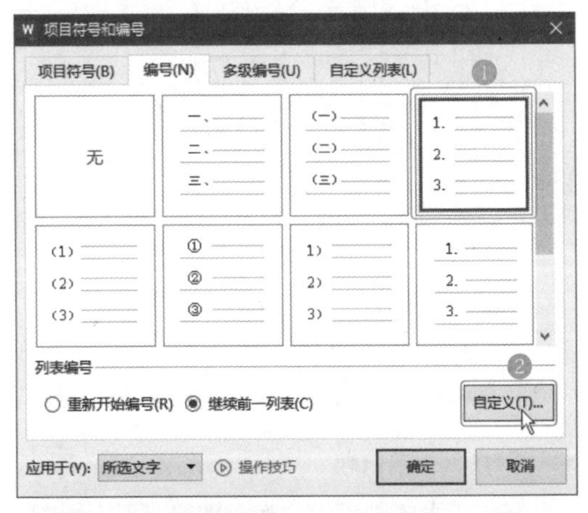

第4步：定义编号样式。❶在打开的“自定义编号列表”对话框中输入编号格式为0000；❷在编号样式中选择“1,2,3,…”样式，此时编号格

式中会自动添加一个“①”符号；③ 单击“确定”按钮。

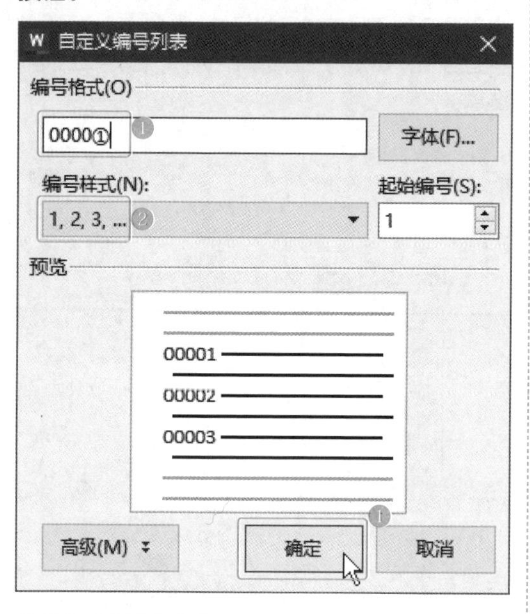

第5步：查看效果。此时就完成了表格自动编号的添加，效果如下图所示。

员工考核制度表

编号	工号	姓名	处理能力	协调性	责任感	积极性	总分
1.	00001	邹磊	95	65	65	65	
2.	00002	王文	84	85	41	85	
3.	00003	李苗	62	74	52	74	
4.	00004	高飞	52	85	85	65	
5.	00005	赵阳	41	95	74	85	
6.	00006	陈少林	52	84	95	95	
7.	00007	王少强	65	74	85	85	
8.	00008	张林	85	52	74	74	
9.	00009	周文蕊	74	65	56	52	
10.	000010	罗姗姗	85	42	81	41	
11.	000011	张小慧	95	52	56	52	
12.	000012	李朝东	74	41	62	62	

>>>3.插入当前日期

在员工考核制度表中有日期栏，可以通过插入日期的方式来添加当前日期。

第1步：搜索“日期和时间”功能。① 选择作为示例的日期数据；② 单击“插入”选项卡下的“文件部件”按钮；③ 在下拉菜单中选择“日期”选项。

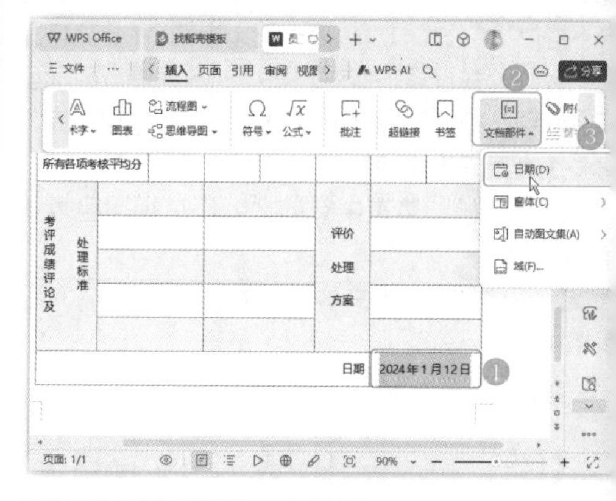

第2步：选择日期格式插入。① 选择一种日期格式；② 单击“确定”按钮，便能成功添加日期。

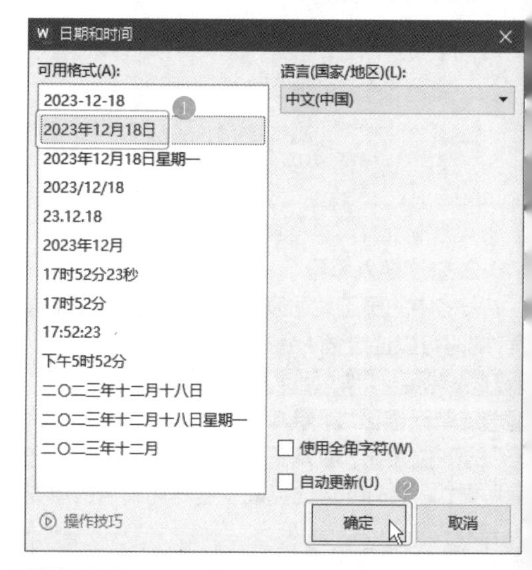

专家点拨

勾选“日期和时间”对话框中的“自动更新”复选框，可以在每次打开文档时，自动更新其中的日期数据。

第3步：查看结果。如下图所示，成功在表格中添加了日期。

所有各项考核平均分						
考评成绩评论及	处理标准			评价处理方案		
				日期	2023 年 12 月 18 日	

>>4. 自动计算得分

员工考核制度表中往往需要计算员工各项表现的总分及平均分，此时可以利用WPS中的公式进行计算。

第1步：打开"公式"对话框。 ❶将光标放在第一个需要计算"总分"的单元格中；❷单击"表格工具"选项卡下的"公式"按钮。

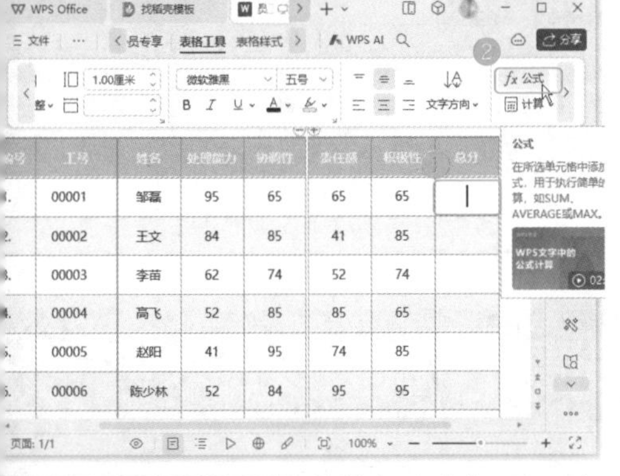

第2步：输入公式求和。 ❶输入公式"=SUM(LEFT)"；❷单击"确定"按钮。此时选中的单元格就会自动计算左边单元格中的数字之和。

第3步：复制粘贴公式。 选择"总分"列中第一行单元格中的公式结果，按Ctrl+C组合键复制该公式；❶选择该列下方的单元格，按Ctrl+V组合键将复制的公式粘贴于下方的单元格中；❷选中第二行复制的公式并右击，在弹出的快捷菜单中选择"更新域"选项，即可重新计算第二行的总分。

第4步：完成总分计算。 用同样方法，将复制到其他单元格中的公式进行更新域操作，完成所有总分的计算。

员工考核制度表

编号	工号	姓名	处理能力	协调性	责任感	积极性	总分
1.	00001	邹磊	95	65	65	65	290
2.	00002	王文	84	85	41	85	295
3.	00003	李苗	62	74	52	74	262
4.	00004	高飞	52	85	85	65	287
5.	00005	赵阳	41	95	74	85	295
6.	00006	陈少林	52	84	95	95	326
7.	00007	王少强	65	74	85	85	309
8.	00008	张林	85	52	74	74	285
9.	00009	周文蕊	74	65	56	52	247
10.	000010	罗姗姗	85	42	81	41	249
11.	000011	张小慧	95	52	56	52	255
12.	000012	李朝东	74	41	62	62	239

专家点拨

选中需要更新的公式，按F9键，也能实现更新域的作用。

第 5 步：计算平均分。❶将光标置入需要计算平均分的第一个单元格中；❷单击“公式”按钮；❸输入公式“=AVERAGE(ABOVE)”，设置“数字格式”为“0.00”；❹单击“确定”按钮。

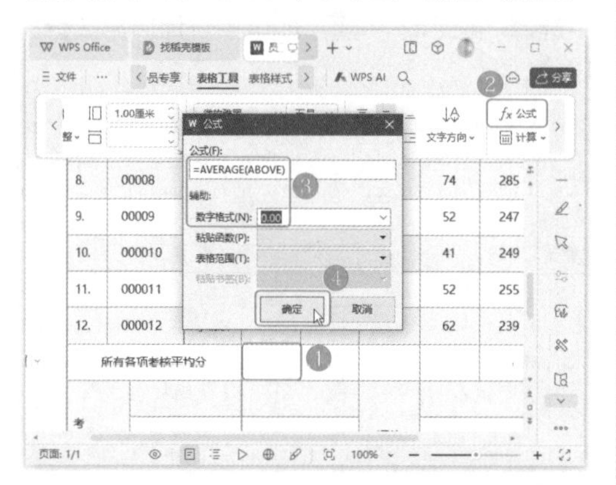

第 6 步：复制粘贴并更新平均分公式。将第一个单元格中的平均分公式复制到后面的单元格中，并更新公式的域，完成平均分计算，效果如下图所示。

员工考核制度表

编号	工号	姓名	处理能力	协调性	责任感	积极性	总分
1.	00001	邹磊	95	65	65	65	290
2.	00002	王文	84	85	41	85	295
3.	00003	李苗	62	74	52	74	262
4.	00004	高飞	52	85	85	65	287
5.	00005	赵阳	41	95	74	85	295
6.	00006	陈少林	52	84	95	95	326
7.	00007	工少强	65	74	85	85	309
8.	00008	张林	85	52	74	74	285
9.	00009	周文芸	74	65	56	52	247
10.	000010	罗姗姗	85	42	81	41	249
11.	000011	张小慧	95	52	56	52	255
12.	000012	李朝东	74	41	62	62	239
所有各项考核平均分			72.00	67.83	68.83	69.58	278.25

专家点拨

使用公式计算平均分时，最好提前设置好数字格式，否则计算的结果很可能包含多位小数甚至是循环小数，导致单元格的宽度增大，进而改变表格的呈现效果。

过关练习：制作“人员晋升、调岗核定表”

通过前面内容的学习，相信读者已熟悉在 WPS 文字中创建表格、编辑表格、计算表格数据的方法了。为了巩固所学内容，下面制作“人员晋升、调岗核定表”以继续巩固本章知识要点，效果如下图所示。读者可以结合分析思路自己动手强化练习。

2024 年岗位晋升人员资质核定表

<table>
<tr><th rowspan="3">姓名</th><th colspan="4">教育情况</th><th colspan="3">晋升前</th><th colspan="3">晋升后</th><th colspan="6">考核评分</th></tr>
<tr><th rowspan="2">学历</th><th rowspan="2">专业</th><th rowspan="2">毕业时间</th><th rowspan="2">职称</th><th rowspan="2">职务级别</th><th rowspan="2">月薪（元）</th><th rowspan="2">聘任日期</th><th rowspan="2">职务级别</th><th rowspan="2">月薪（元）</th><th rowspan="2">晋升日期</th><th rowspan="2">处理能力</th><th rowspan="2">工作效率</th><th rowspan="2">表达能力</th><th rowspan="2">专业技能</th><th colspan="2">评分计算</th></tr>
<tr><th>平均分</th><th>总分</th></tr>
<tr><td>张强</td><td>本科</td><td>市场营销</td><td>2018.6</td><td>组长</td><td>五级</td><td>6000</td><td>2020.1</td><td>四级</td><td>7000</td><td>2024.1</td><td>85</td><td>57</td><td>95</td><td>68</td><td>76.25</td><td>305</td></tr>
<tr><td>刘宏</td><td>硕士</td><td>通信技术</td><td>2017.6</td><td>助理</td><td>三级</td><td>8000</td><td>2021.2</td><td>二级</td><td>9000</td><td>2024.7</td><td>67</td><td>81</td><td>84</td><td>95</td><td>81.75</td><td>327</td></tr>
<tr><td>赵丽</td><td>专科</td><td>市场营销</td><td>2020.6</td><td>部长</td><td>四级</td><td>7000</td><td>2020.9</td><td>三级</td><td>7500</td><td>2024.7</td><td>81</td><td>62</td><td>75</td><td>85</td><td>75.75</td><td>303</td></tr>
<tr><td>罗秋</td><td>本科</td><td>工商管理</td><td>2018.6</td><td>组长</td><td>五级</td><td>5500</td><td>2019.4</td><td>四级</td><td>6000</td><td>2024.3</td><td>90</td><td>52</td><td>62</td><td>65</td><td>67.25</td><td>269</td></tr>
<tr><td>周发</td><td>本科</td><td>酒店管理</td><td>2017.6</td><td>组员</td><td>六级</td><td>5500</td><td>2018.4</td><td>五级</td><td>6500</td><td>2024.3</td><td>67</td><td>68</td><td>51</td><td>84</td><td>67.5</td><td>270</td></tr>
<tr><td colspan="4">部门主管意见
签字：
年 月 日</td><td colspan="4">人力资源部意见
签字：
年 月 日</td><td colspan="4">行政总监意见
签字：
年 月 日</td><td colspan="5">片区领导意见
签字：
年 月 日</td></tr>
</table>

※ 思路解析

在企业中，常常出现人员晋升、岗位调动的情况，为了准确评估企业人员是否具备足够的资质晋升、调动岗位，需要对其进行测评。测评过后通常会有一张核定表，由企业不同领导再次签字、评估。以保证人员的每一次晋升、调岗都是合理且公平公正的。那么企业行政人员在制作核定表时，就需要根据核定人员的数量、核定项目规划好表格的大体行列数，然后再通过调整布局、添加文字数据、美化表格等完成核定表。其制作流程及思路如下。

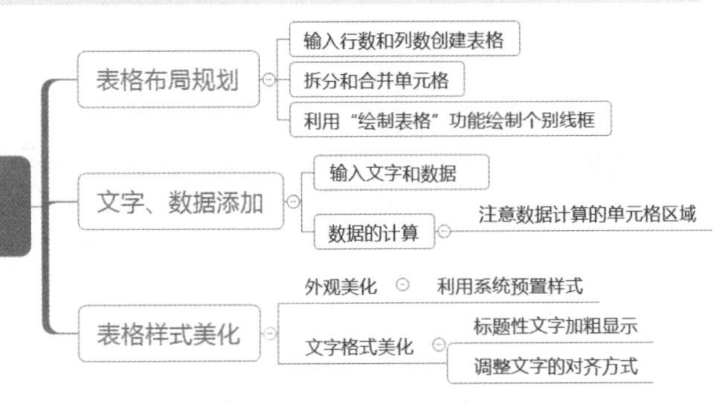

※ 关键步骤

关键步骤1：新建并调整文档，插入表格。❶新建一个WPS文档，并输入标题，单击“页面”选项卡下的“纸张方向”按钮，在下拉菜单中选择“横向”选项；❷打开“插入表格”对话框，输入“列数”和“行数”；❸单击“确定”按钮。

关键步骤2：调整表格行距。将光标放在表格最后一行下方的边框线上，当光标变成双向箭头时，按住鼠标左键不放，往下拖动，增加表格最后一行的高度，然后单击表格左上方的符号，选中整张表格后右击，单击“表格工具”选项卡下的“自动调整”按钮，在下拉菜单中选择“平均分布各行”选项。

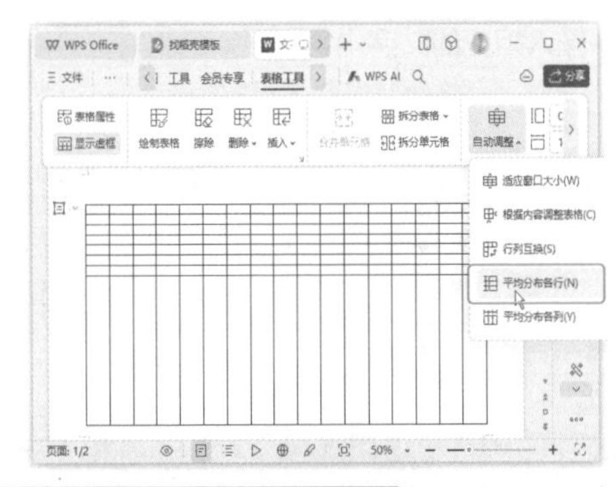

关键步骤3：合并表格单元格。如下图所示，在表格中进行单元格合并。

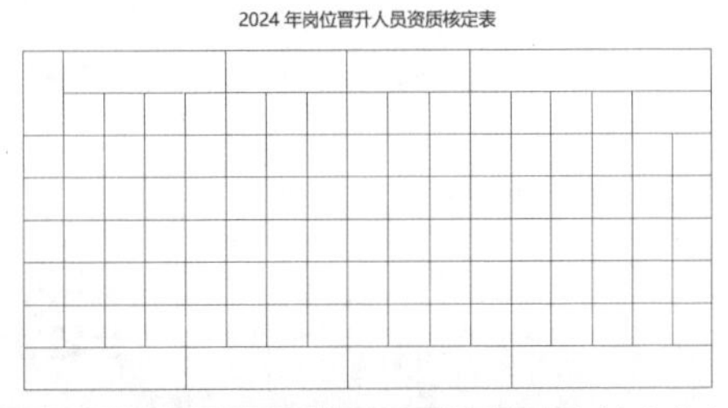

关键步骤4：单击“绘制表格”按钮。单击“表格工具”选项卡下的“绘制表格”按钮。

关键步骤5：绘制横线和竖线。在右上角合并的单元格中绘制一条横线和竖线，此时就完成了表格的布局调整。

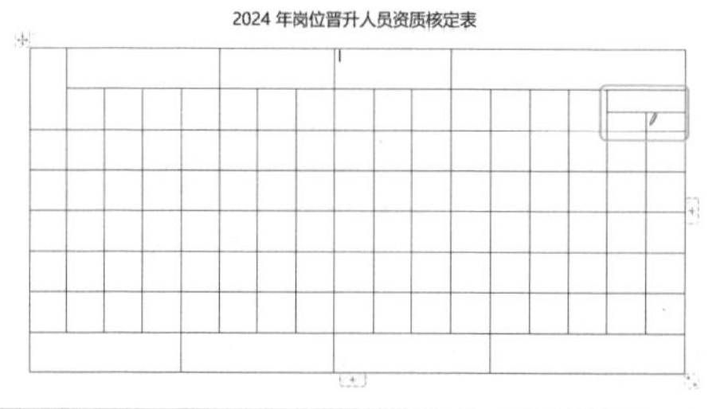

关键步骤6：输入表格文字。如下图所示，在表格中输入相应的文字内容。

2024 年岗位晋升人员资质核定表

姓名	教育情况				晋升前			晋升后			考核评分					
	学历	专业	毕业时间	职称	职务级别	月薪（元）	聘任日期	职务级别	月薪（元）	晋升日期	处理能力	工作效率	表达能力	专业技能	评分计算	
															平均分	总分
张强	本科	市场营销	2018.6	组长	五级	6000	2020.1	四级	7000	2024.1	85	57	95	68		
刘宏	硕士	通信技术	2017.6	助理	三级	8000	2021.2	二级	9000	2024.7	67	81	84	95		
赵丽	专科	市场营销	2020.6	部长	四级	7000	2020.9	三级	7500	2024.7	81	62	75	85		
罗秋	本科	工商管理	2018.6	组长	五级	5500	2019.4	四级	6000	2024.3	90	52	62	65		
周发	本科	酒店管理	2017.6	组员	六级	5500	2018.4	五级	6500	2024.3	67	68	51	84		
部门主管意见 签字： 年月日				人力资源部意见 签字： 年月日				行政总监意见 签字： 年月日				片区领导意见 签字： 年月日				

关键步骤7：打开“公式”对话框。①将光标放到第一个需要计算平均分的单元格中；②单击“表格工具”选项卡下的“公式”按钮。

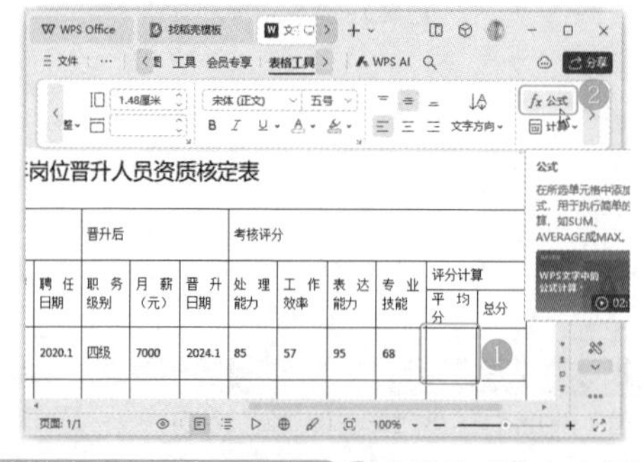

关键步骤8：输入公式。①在“公式”文本框中输入公式“=AVERAGE(L4:O4)”；②设置“数字格式”为“0.00”；③单击“确定”按钮。

关键步骤9：计算第二项平均分。①按照同样的方法，选中第二个平均分单元格，打开“公式”对话框，输入公式；②单击“确定”按钮。剩下的平均分单元格计算方式相同，只不过公式中的数字依次是6、7、8。

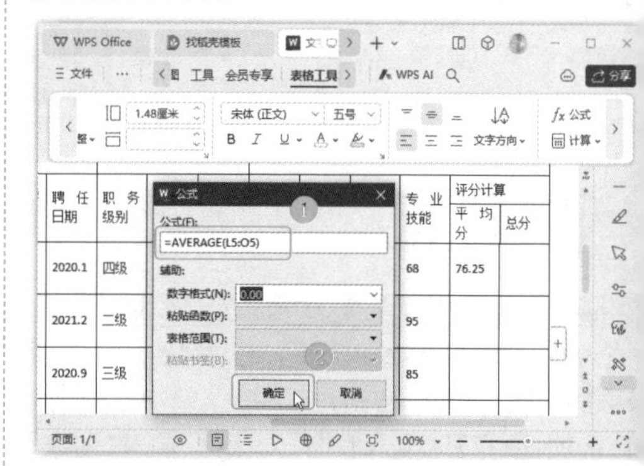

关键步骤10：计算第一个总分。①将光标放到第一个需要计算总分的单元格中；②打开“公式”对话框，并输入公式“=SUM(L4:O4)”；③单击“确定”按钮。

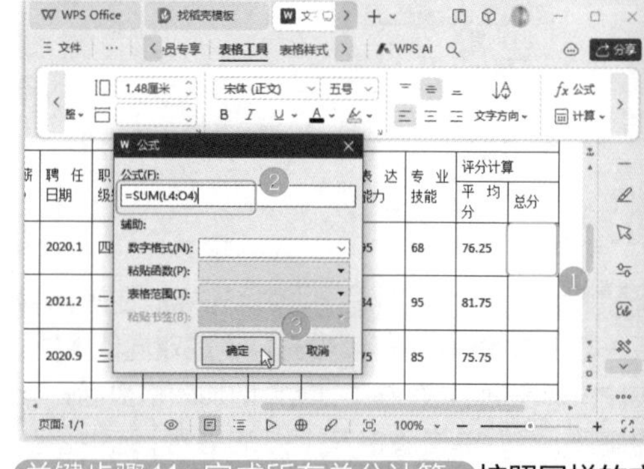

关键步骤11：完成所有总分计算。按照同样的方法完成所有总分单元格的计算。剩下的总分单元格计算方式相同，只不过公式中的数字依次是5、6、7、8。

2024 年岗位晋升人员资质核定表

姓名	教育情况				晋升前			晋升后			考核评分					
	学历	专业	毕业时间	职称	职务级别	月薪（元）	聘任日期	职务级别	月薪（元）	晋升日期	处理能力	工作效率	表达能力	专业技能	评分计算	
															平均分	总分
张强	本科	市场营销	2018.6	组长	五级	6000	2020.1	四级	7000	2024.1	85	57	95	68	76.25	305
刘宏	硕士	通信技术	2017.6	助理	三级	8000	2021.2	二级	9000	2024.7	67	81	84	95	81.75	327
赵丽	专科	市场营销	2020.6	部长	四级	7000	2020.9	三级	7500	2024.7	81	62	75	85	75.75	303
罗秋	本科	工商管理	2018.6	组长	五级	5500	2019.4	四级	6000	2024.3	90	52	62	65	67.25	269
周发	本科	酒店管理	2017.6	组员	六级	5500	2018.4	五级	6500	2024.3	67	68	51	84	67.5	270
部门主管意见 签字： 年月日				人力资源部意见 签字： 年月日				行政总监意见 签字： 年月日				片区领导意见 签字： 年月日				

关键步骤12：选择表格样式。单击表格左上方的按钮，选中整张表格，单击“表格样式”的下拉按钮。在样式表格中设置主题颜色、底纹填充方式，并选择一种样式。

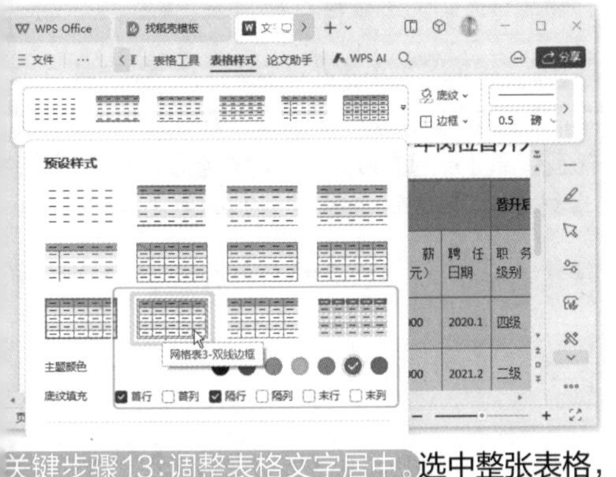

关键步骤13：调整表格文字居中。选中整张表格，单击“表格工具”选项卡下“对齐方式”组中的“水平居中”和“垂直居中”按钮，让表格中的文字居中显示。

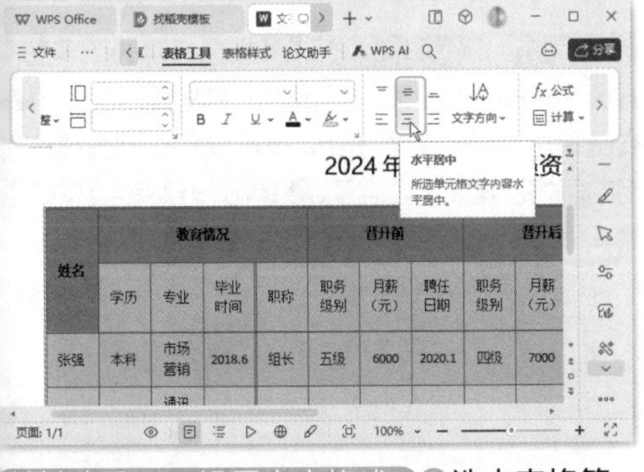

关键步骤14：设置文字格式。❶选中表格第一行文字；❷在“开始”选项卡下设置文字的字体、字号和加粗显示格式。用同样的方法，调整表格中其他的文字格式。

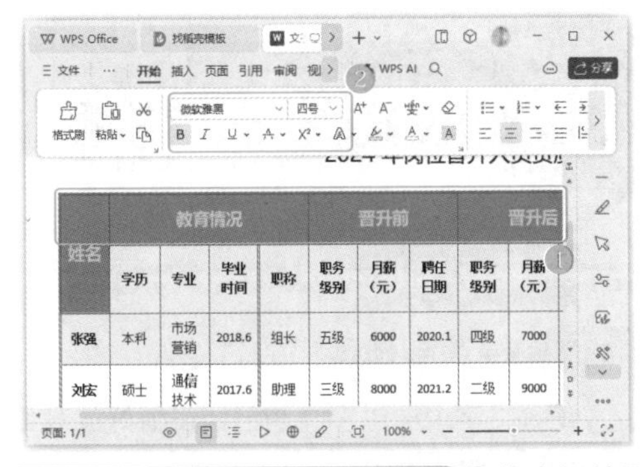

关键步骤15：调整文字左对齐。❶将光标放到左下方单元格第一排文字的左边；❷单击“开始”选项卡下的“左对齐”按钮。按照同样的方法，调整完这一行第一排文字的对齐格式。

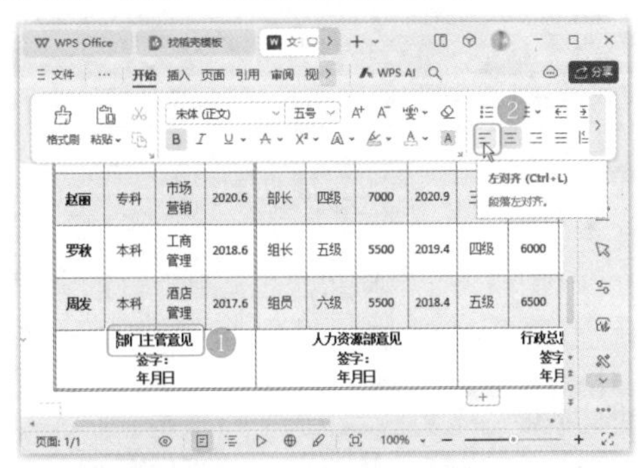

关键步骤16：调整字体间距。❶按住Ctrl键，同时选中表格最后一行下方“年月日”文字，打开“字体”对话框，设置“间距”为“加宽”，值为“0.3厘米”；❷单击“确定”按钮。此时便完成了晋升人员资质核定表的制作。

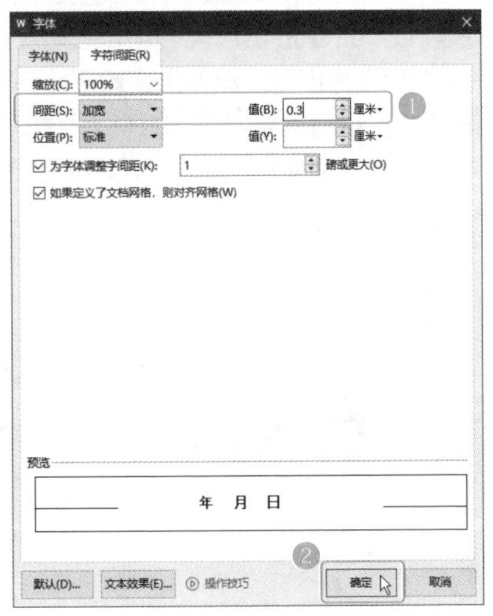

高手秘技与 AI 智能化办公

※ 案例说明

01 快速制作表格的方法

WPS文字中提供了一些已经设置好的表格模板以供用户选择使用。

在“插入”选项卡下单击“表格”按钮，在下拉菜单中的“稻壳内容型表格”栏中选择表格模板，即可生成对应的包含内容的表格，如下图所示。

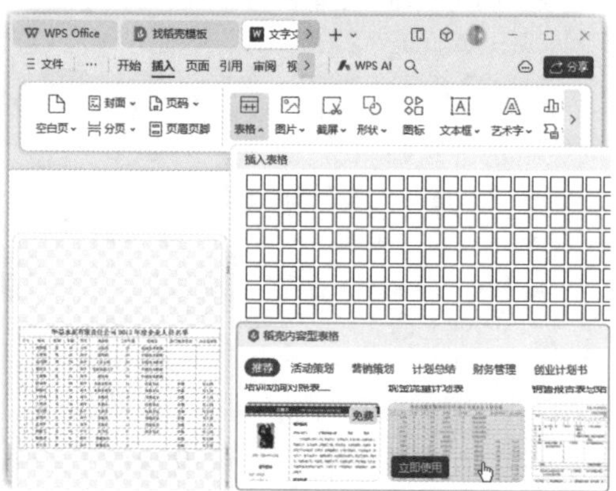

此外，如果需要将一些纸质的表格或者图片形式的表格重新整理成电子版本可以编辑的表格，可以先扫描获得图片形式的内容，然后让WPS文字智能识别并提取出图片中的文字，实现快速转写，让图片中的信息能够被自己轻松编辑和使用。识别表格内容的具体操作如下。

第1步：单击“图片转文字”按钮。 在WPS文字中，单击“会员专享”选项卡下的“图片转文字”按钮。

专家点拨

如果需要对文档中的某张图片进行提取文字的操作，可以在选择图片后，单击“图片工具”选项卡下的“图片转换”下拉按钮，在下拉菜单中选择“图片转文字”选项，然后在打开的“图片转文字”窗口中进行操作。

第2步：选择要转换的图片。 打开“图片转文字”对话框，单击上方的“+”按钮，并在打开的对话框中选择要打开的图片文件，这里选择打开素材文件“素材文件\第3章\产品核算明细表.png”。

第3步：设置转换后的效果。 ❶在打开的新界面下方选择转换后的效果，这里选择“带格式表格”；❷在右侧单击“预览效果”按钮，就可以预览到智能识别出的表格及其文本内容了；❸单击“开始转换”按钮。

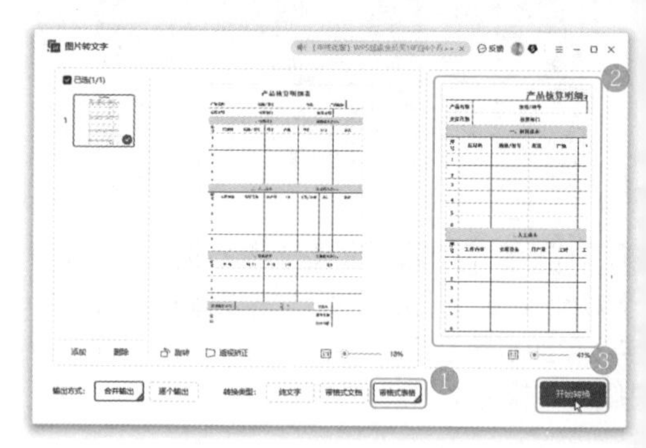

第4步：设置转换文件的保存位置。在弹出的对话框中，❶设置转换后文件的名称和要保存的位置；❷单击“确定”按钮。

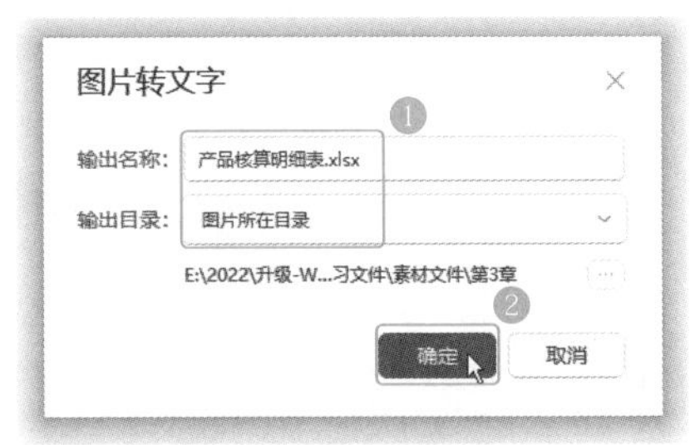

第5步：打开转换后的文件。稍后会弹出“转换成功”提示对话框，单击“打开文件”按钮。

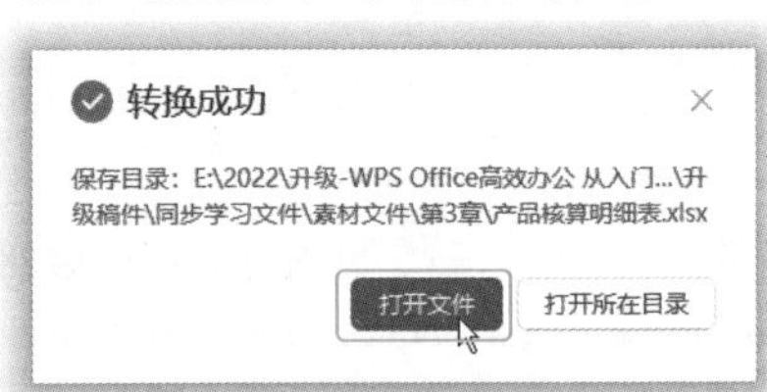

第6步：查看转换效果。在WPS表格中可以看到转换后的表格效果，如果有部分内容转换出错，需要手动进行更改。总体来说，该功能对于图片中的特定元素，如表格等，也能够精准提取，甚至连单元格中的颜色、单元格合并等信息都保留到位，极大地提升了对信息的处理效率。

专家点拨

WPS文字还可以对手写内容进行转换，需要注意的是，只能识别清晰的手写文字，如果手写文字模糊或混乱，识别效果可能会受到影响。同时，对于一些特殊的手写字体或手写风格，WPS AI可能无法完全准确地进行识别。

02 原来WPS也可以只计算部分单元格的数据

在WPS文档中插入表格，涉及公式计算时，自然没有WPS表格灵活方便，例如只想计算部分单元格的数值时，不知该如何输入公式。其实在WPS表格中，WPS表格中的单元格一样，也是通过行列编号来定位单元格数据的，行号从1、2、3开始，列号从A、B、C开始，只要找到对应单元格的行列编号，就可以计算部分单元格的数值了。

寻找WPS文字表格单元格的编号，可以根据隐藏的行列编号进行推测，也可以将表格复制到WPS表格中更方便地寻找。下面就来看看如何利用WPS表格找到WPS文字表格对应的编号及计算方法。

第1步：复制WPS表格中的数据。打开素材文件“素材文件\第3章\公式计算.wps”，❶按住鼠标左键，拖动选中WPS表格中的数据；❷右击，选择“复制”选项。

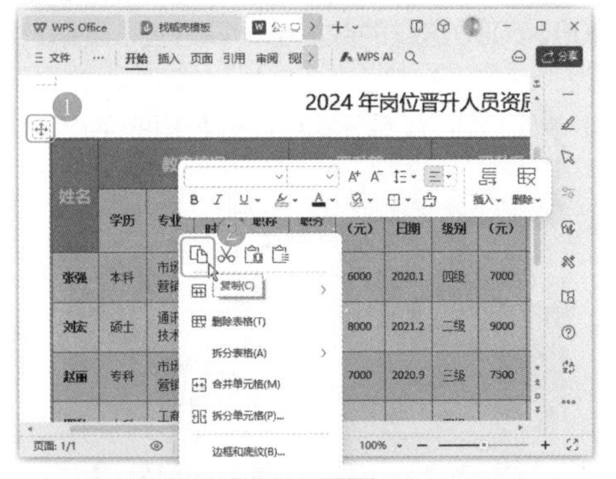

第2步：新建WPS表格文件。❶单击顶部的“+”按钮；❷在下拉菜单中选择“表格”选项，新建一个WPS表格文档。

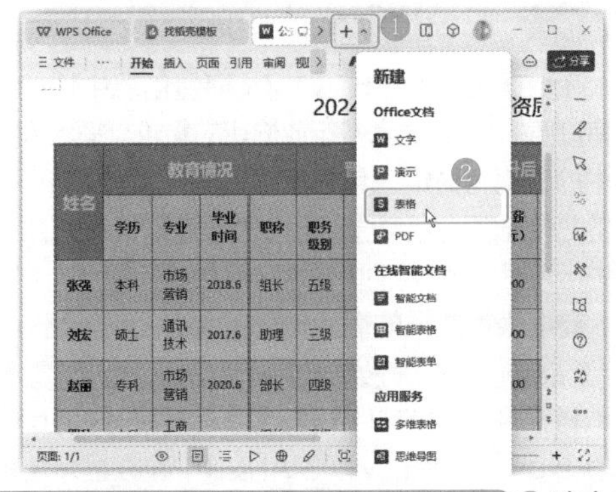

第3步：找到数据所在单元格的编号。❶选中左

上角的单元格，按下粘贴组合键Ctrl+V，表格数据便会粘贴到WPS表格中。在WPS表格中定位单元格的编号十分方便，如下图所示，需要定位“处理能力”下方单元格的编号。②选中这个单元格。③可以看到单元格的列和行编号为L4。同样的道理，可以轻易定位“工作效率”和“表达能力”单元格的编号分别是M4和N4。

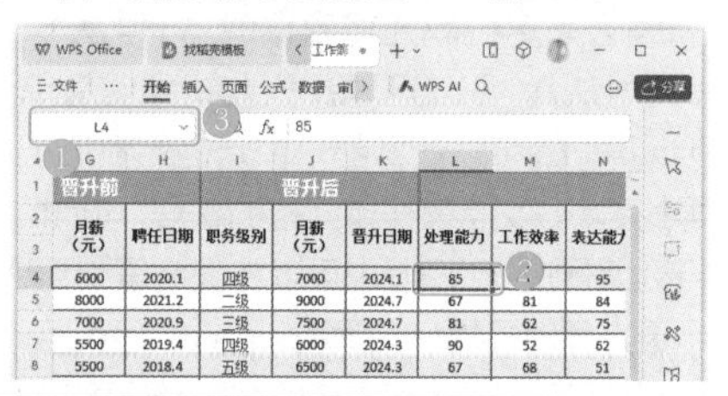

第4步：在WPS中进行公式计算。在WPS中直接打开公式时，通常计算的是这一行/列的左边/上边的所有单元格数据。因此在下图中，要想计算第一行平均分，就不能利用默认的公式“=AVERAGE(LEFT)”，否则会将左边诸如6000、7000这样的数据都计算进去。正确的公式为“=AVERAGE(L4:O4)”，表示计算从L4这个单元格到O4单元格中所有数据的平均数。

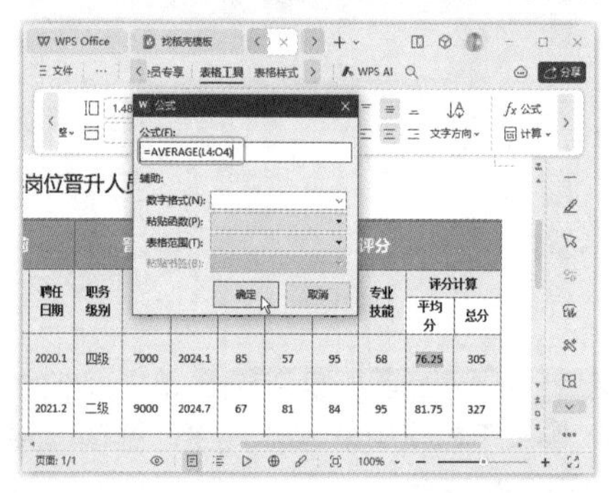

03 快速提取表格中的数据信息

在数据爆炸的时代，如何从海量信息中快速提取有价值的内容，成为各行业迫切的需求。插入到文档中的表格有时候也包含了很多信息。使用WPS AI的表格数据分析功能，可以快速提取信息并用文字进行表述，帮助我们更快地了解数据的重点内容。

提取表格数据的重点信息的具体操作如下。

第1步：选择WPS AI中的“文档阅读”选项。打开素材文件“结果文件\第3章\人员晋升、调岗核定表.wps”，①单击WPS AI按钮；②在显示出的WPS AI任务窗格中选择“文档阅读”选项。

专家点拨

通过使用WPS AI，用户还可以轻松地提炼出大量文本中的关键信息，并以摘要或列表的形式呈现出来。

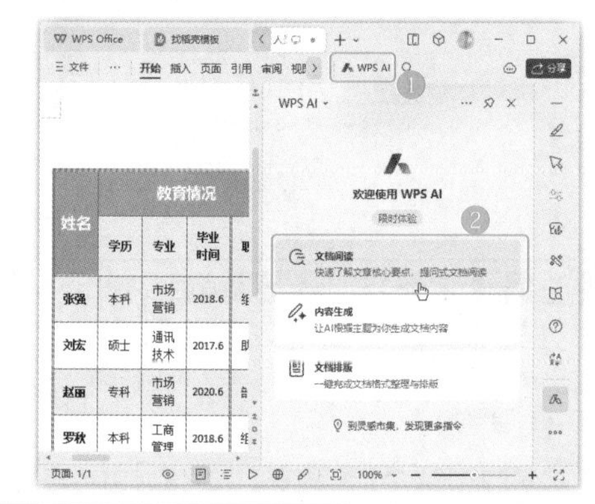

第2步：向WPS AI提问。在新界面中底部的对话框中，①输入要向WPS AI提问的内容，这里输入“请分析文档中的表格数据，并进行总结”，②单击“发送”按钮➤。

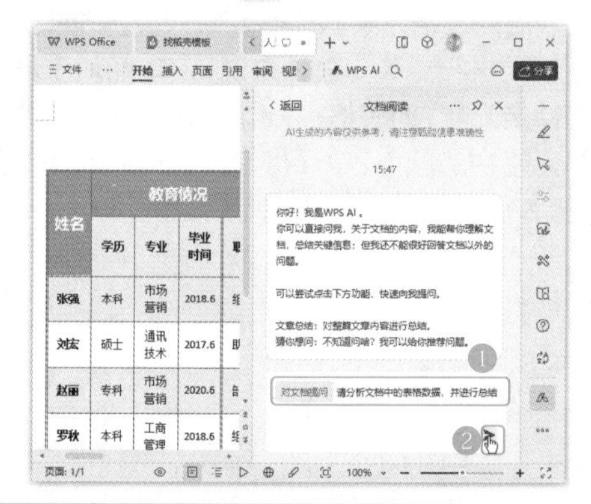

第3步：查看提取的表格数据信息。WPS AI便会给出当前文档中表格数据的内容总结。

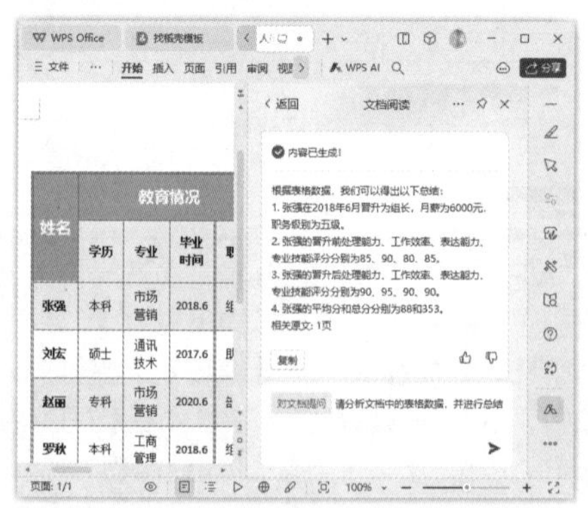

第4章 WPS中文档样式与模板的应用

◆本章导读

WPS文字提供了强大的模板及样式编辑功能。利用这些功能可以大大提高WPS文档的编辑效率，并且能编辑出版式美观大方的文档。本章节内容将介绍如何下载、制作模板，如何应用、修改、编辑样式。

◆知识要点

- 套用系统内置的样式
- 利用样式窗格编辑样式
- 为文档中不同的内容应用样式
- 下载和编辑模板
- 自定义设置模板
- 利用模板快速编辑文档

◆案例展示

公司：×××有限公司
汇报人：财务部王强
汇报时间：2023年12月25日
联系电话：88888888

年度总结报告

【2023年业绩喜人，新的一年让我们起航，踏上新的征程！】

2024年公司薪酬制度

目录

一、目的

二、制订的基本原则

三、适用范围　在公司服务期间的所有员工。

一、财务核算和财务管理工作

（1）工作效率的提高

（2）日常工作严谨认真

4.1 制作“年度总结报告”

扫一扫 看视

※ 案例说明

“年度总结报告”是企业常用文档之一。如果报告中文字内容较多，通常选用WPS文档制作而不选择WPS演示。使用WPS文档制作年度总结报告，制作者要注意报告的美观度，利用简单的修饰性元素进行装饰。其次要学会利用WPS文字的样式功能快速实现文档格式的调整。

“年度总结报告”文档制作完成后的效果如下图所示。

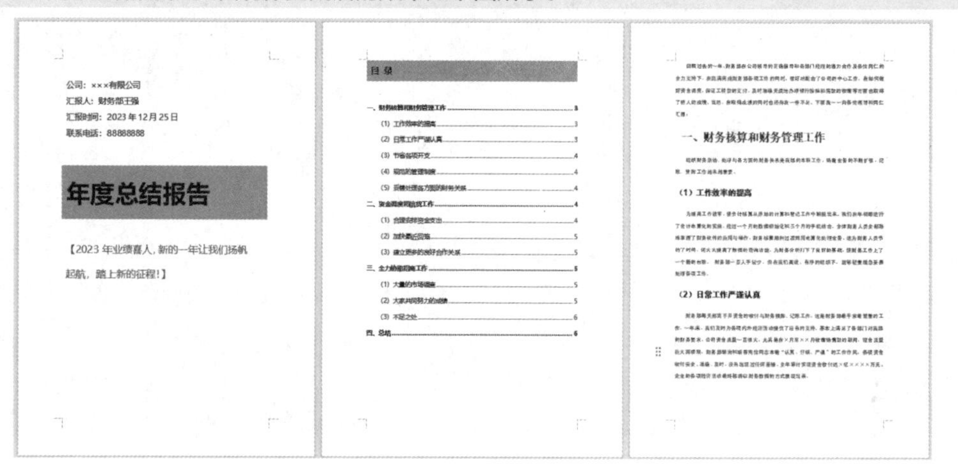

公司：×××有限公司
汇报人：财务部王强
汇报时间：2023年12月25日
联系电话：88888888

年度总结报告

【2023年业绩喜人，新的一年让我们扬帆起航，踏上新的征程！】

目 录

一、财务核算和财务管理工作 3
(1) 工作效率的提高 3
(2) 日常工作严谨认真 3
(3) 节省各项开支 4
(4) 规范的管理制度 4
(5) 妥善处理各方面的财务关系 4
二、资金筹集和融资工作 4
(1) 合理的财务资金支出 4
(2) 加快票证回笼 5
(3) 建立更多的良好合作关系 5
三、全力助推招商工作 5
(1) 大量的市场调查 5
(2) 大家共同努力的成绩 5
(3) 不足之处 6
四、总结 6

一、财务核算和财务管理工作

(1) 工作效率的提高

(2) 日常工作严谨认真

※ 思路解析

企业的行政人员、不同部门的工作人员在年终时，都可能需要制作年度总结报告。使用WPS 制作的报告中文字较多，如果不利用样式进行调整，文档页面的内容看起来就会十分杂乱。因此，制作者要使用系统预置样式进行初步调整，再灵活调整细节样式，最后考虑报告整体的美观性，完成封面和目录的添加。其制作思路如下图所示。

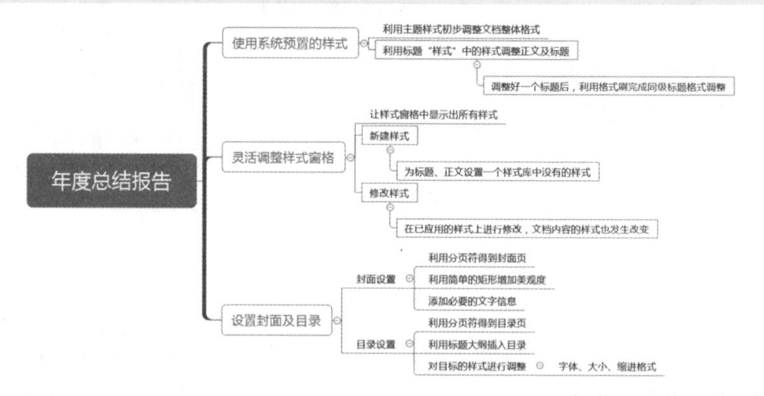

※ 步骤详解

4.1.1 套用系统内置样式

WPS文字系统自带了一个样式库，在制作年度总结报告时，可以快速应用样式库中的样式来设置段落、标题等格式。

>>>1. 应用主题样式

WPS文字版本拥有自带的主题，主题包括字体、字体颜色和图形对象的效果设置。应用主题可以快速调整文档的基本样式。

第1步：新建一个WPS文档，暂时不保存文档。 打开“素材文件\第4章\年度总结报告素材.wps”文件，按Ctrl+A组合键全选文本内容，按Ctrl+C组合键复制所选内容到新建的文档中。❶单击“页面”选项卡下的“主题”按钮；❷在下拉菜单中选择“主题”子菜单中的主题样式“元素”。

第2步：查看效果并保存文档。 此时文档就可以应用选择的主题样式了，效果如下图所示。将文档保存并命名为“年度总结报告.docx”。

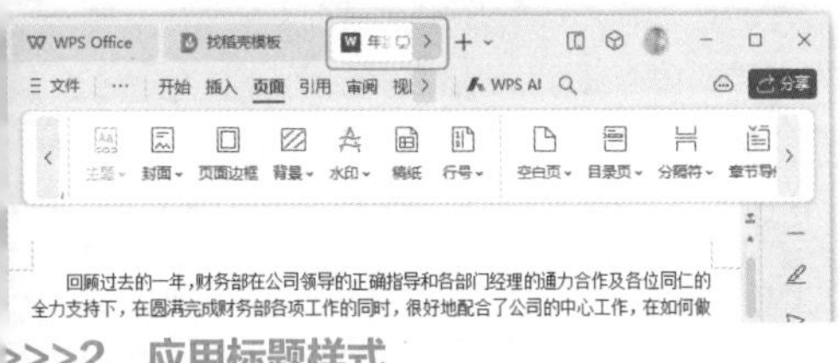

>>>2. 应用标题样式

在WPS文字中，提供了标题和正文的样式。所提供的样式已经对文字的字体、大小和大纲级别进行了设置。在为一个标题应用样式后，可用格式刷为其他标题应用样式。

第1步：打开样式列表。 ❶选中第一个一级标题；❷单击“开始”选项卡下的样式列表按钮 ▾。

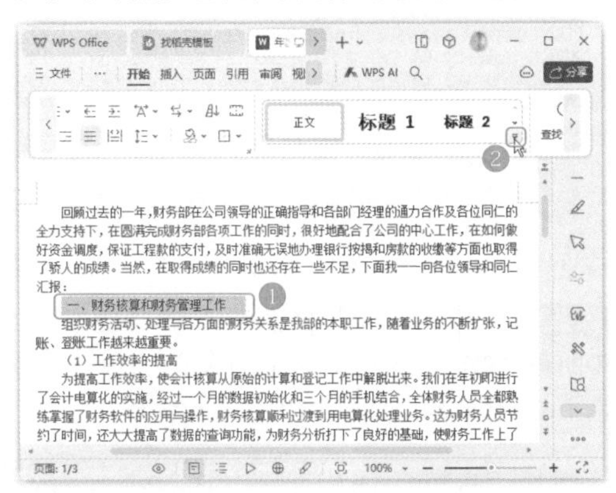

第2步：选择标题样式。 在样式列表中选择一种标题样式，如选择“标题2”样式。此时选中的标题就应用上了这种样式。

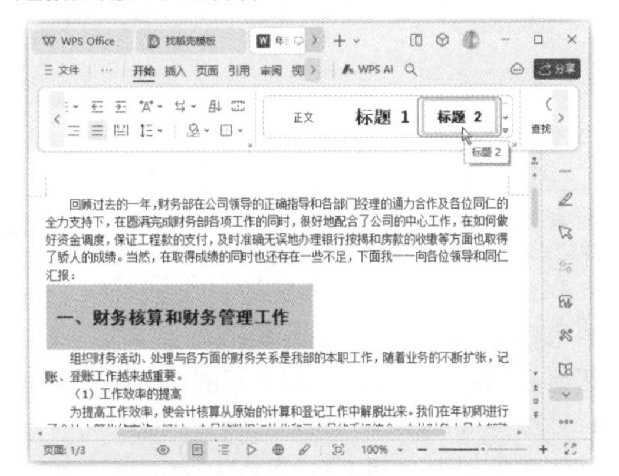

第3步：双击格式刷。 ❶选中设置了样式的标题；❷双击“开始”选项卡下的“格式刷”按钮。

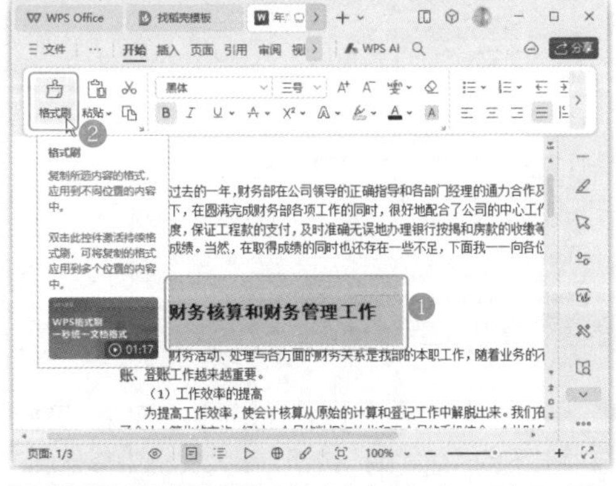

第4步：复制样式。 此时光标变成了刷子形状，

用格式刷为第二个一级标题复制样式。

在过去的一年中，财务部相继出台了关于财产管理、合同签定、费用控制等方面的规章制度。为完善公司各项内部管理制度，建设财务管理内外环境尽了我们应尽的职责。

（5）妥善处理各方面的财务关系

财务部除要认真负责地处理公司内部财务关系外，为达成本单位的任务，还要妥善处理外部各方面的财务关系。与外部建立并保持良好的联系。本年度财务部友好妥善地处理了各单位的往来款项的收支。同时与银行建立了优良的银企关系、与税务机构建立了良好的税企关系，全面处理了保险公司遗留资产的往来手续，并圆满完成了对统计、工商等各部门有关资料的申报。

二、资金调度和信贷工作

资金对于企业来说，就如“血液”对于人体一样重要。

（1）合理安排资金支出

今年工程建设全面铺开，各经营管理机构逐步建立，新员工不断加盟。资金需求日益增加。尤其在×-×月份项目未能取得任何经济收益的情况下，公司承受了巨大的资金压力。

第5步：完成一级标题的样式复制。❶完成文档中所有一级标题的样式复制；❷单击“开始”选项卡下的“格式刷”按钮，退出格式刷状态。

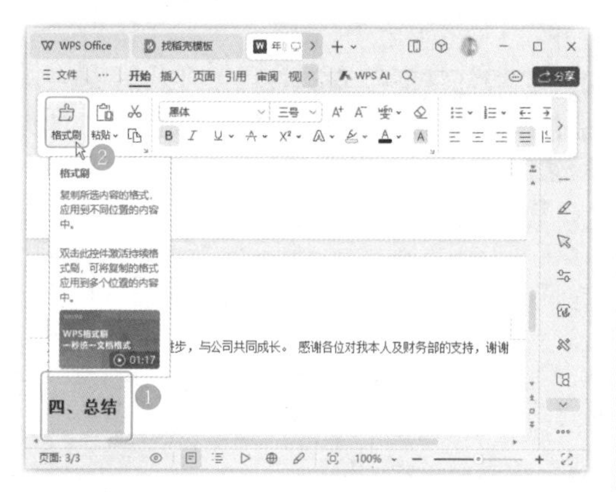

第6步：为二级标题设置样式。❶选中第一个二级标题；❷在“开始”选项卡下的样式中选择一种标题样式，如选择“标题3”样式。

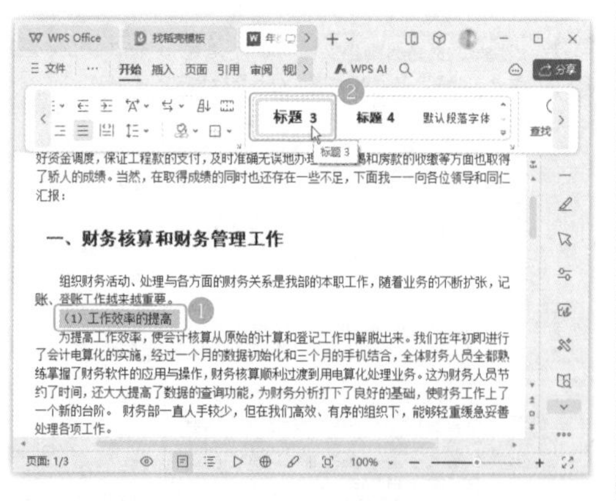

第7步：使用格式刷复制样式。❶双击“开始”选项卡下的“格式刷”按钮；❷为文档中其他的二级标题复制样式。

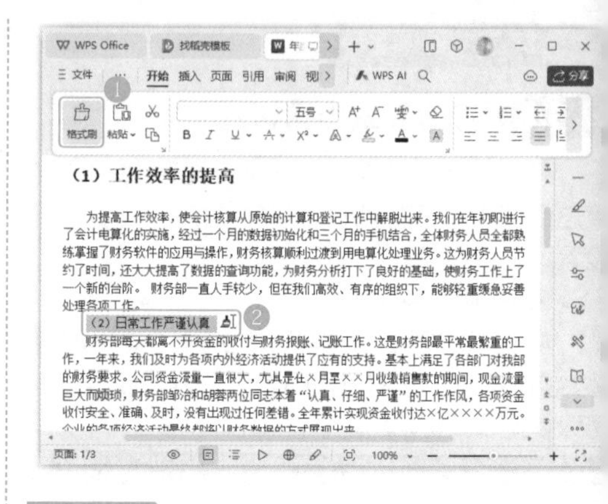

专家点拨

在设置标题样式时，如果不想后期使用格式刷统一样式。可以按住Ctrl键，分别选中所有相同级别的标题后，再选择样式，可以一次性设置所有选中标题的样式。

4.1.2 灵活使用样式窗格

WPS文字所提供的样式种类比较少，可能无法满足文档的标题或正文样式需求。此时可以新建样式或修改样式。

>>>1. 新建样式

在设置文档样式时，可以为正文或标题设置样式。完成样式设置后，只需选中文档中的内容应用样式即可。下面以设置正文样式为例讲解样式新建方法。

第1步：新建样式。❶将光标定位在正文段落中单击“开始”选项卡下的样式列表按钮 ⩡；❷在下拉菜单中选择“新建样式”选项。

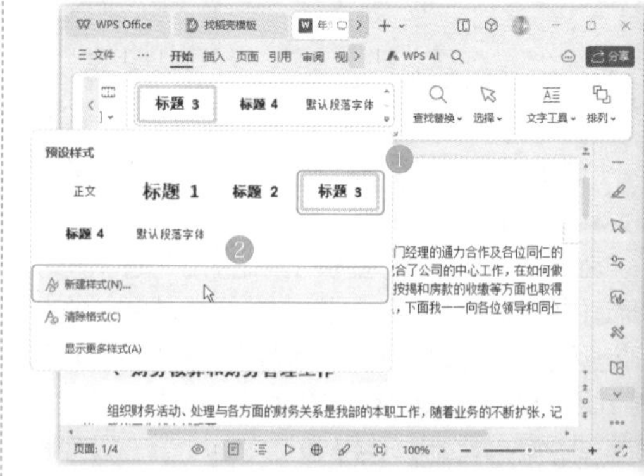

第2步：打开“段落”对话框。❶在“新建样式”对话框中，输入样式的名称“正文样式”；❷单击“格式”按钮；❸选择“段落”选项。

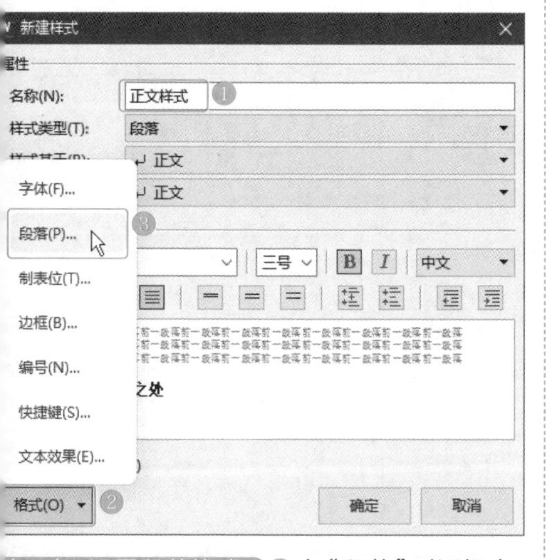

第3步：设置段落格式。❶在“段落”对话框中，设置正文的缩进值；❷设置间距；❸单击“确定”按钮。

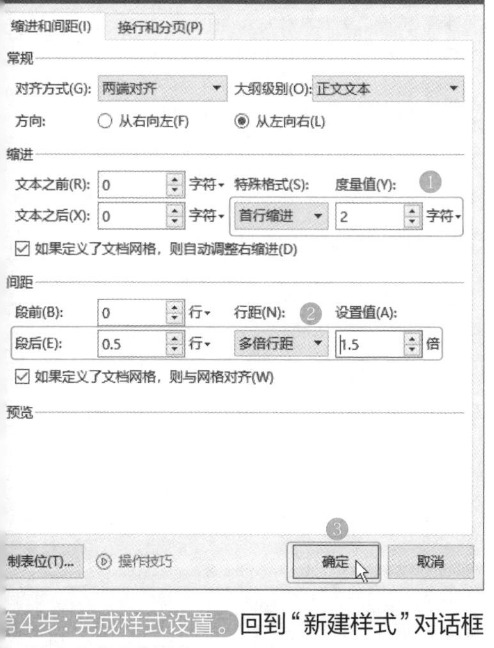

第4步：完成样式设置。回到“新建样式”对话框中，单击“确定”按钮。

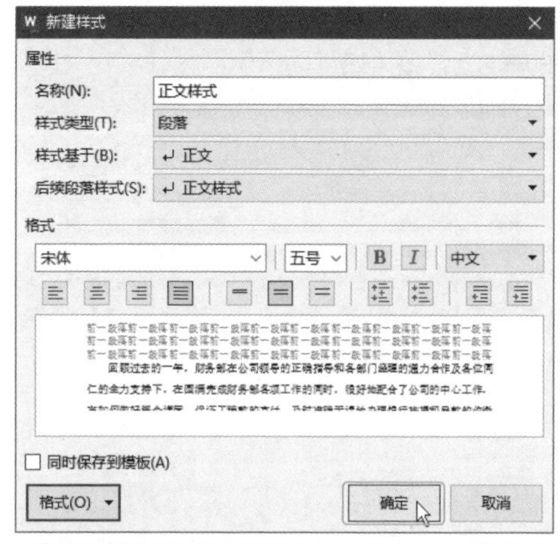

第5步：为正文应用样式。❶完成了正文样式设置后，选中第一段正文；❷在样式列表中选择上面步骤中设置好的“正文样式”。此时选中的内容就应用上了这种样式。

第6步：为其他内容应用样式。❶用同样的方法，选中文档中的其他正文部分；❷选择样式列表中的“正文样式”。

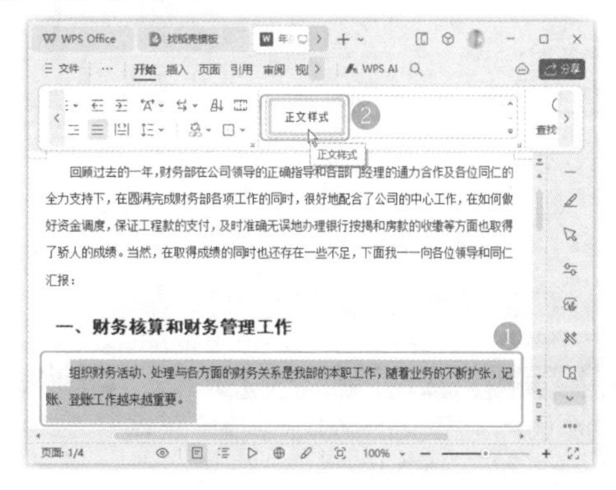

第7步：完成正文样式设置。为所有正文选择新建的样式后，效果如下图所示。

（3）不足之处

时光飞逝，今年的工作转瞬即为历史。一年中，财务部有很多应做而未做、应做好而未做好的工作，比如在资产实物性管理的建章建卡上，在各项经营费用的控制上，在规范财务核算程序、统一财务管理表格上，在及时准确地向公司领导汇报财务数据，实施财务分析等方面都相当欠缺。在财务工作中我们也发现公司的基础管理工作比较薄弱；日常成本费用支出比较随意；公司对员工工作要么没有很明确严格具体科学的要求，要么就是执行乏力；也有一些员工在工作中不能站在公司的立场和利益上，等等。这些应该是××××年财务管理要重点思考和解决的主题，也是每一位长天人如何提高自我、服务企业所要思考和改进的必修课。作为财务人员，我们在公司加强管理、规范经济行为、提高企业竞争力等方面还应尽更大的义务与责任。我们将不断地总结和反省，不断地鞭策自己，加强学习，以适应时代和企业的发展，与各位共同进步，与公司共同成长。感谢各位对我本人及财务部的支持，谢谢大家！

四、总结

总之，在领导的正确带领下，在公司董事会的大力支持下，通过会计基础工作达标和财务管理年活动的开展、会计基础知识和会计技能大奖赛的举行，我们公司的财务管理工作和会计核算水平上了一个新的台阶，会计人员整体素质和业务水平有了较大幅度的提高，有效地推动了企业发展，所有这些成绩的取得，是与各级领导的大力支持分不开的。同时，我们也存在一定的不足，基层店面的基础工作还有待加强，电算化水平还有待进一步提高。在今后的工作中，我们一定会倍加努力，争取取得更好的成绩，回报企业，回报各级领导的关心。谢谢！

>>>2. 修改样式

使用样式来设置文档格式的一大好处是，可以快速调整文档格式。例如，不满意文档的标题格式，可以直接对样式进行修改。完成修改后，文档中应用了这种样式的标题格式也会发生改变。

第1步：打开“修改样式”对话框。在样式列表中找到事先设置好的“正文样式”，右击，选择“修改样式”选项。

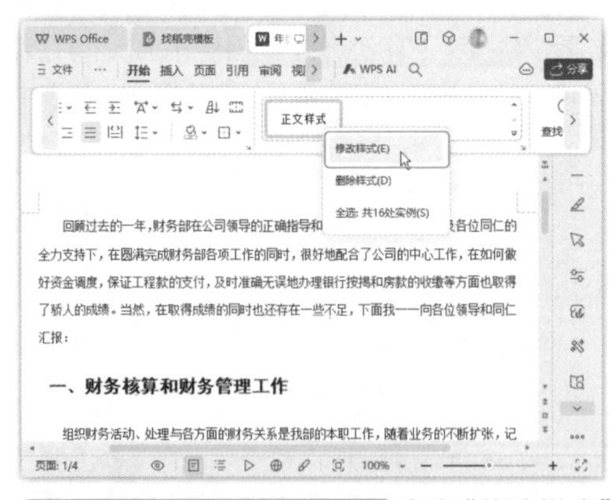

第2步：打开“段落”对话框。❶在“修改样式”对话框中，将正文的字体调整为“黑体”；❷单击“格式”按钮；❸选择“段落”选项。

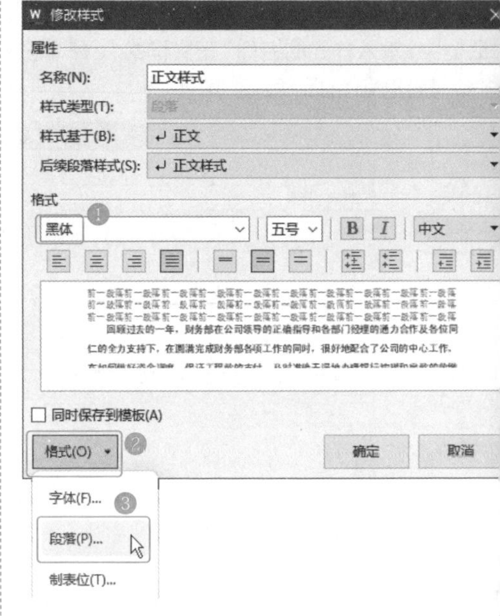

第3步：修改段落格式。❶在“段落”对话框中，将段前间距调整为“0.5行”；❷单击“确定”按钮。

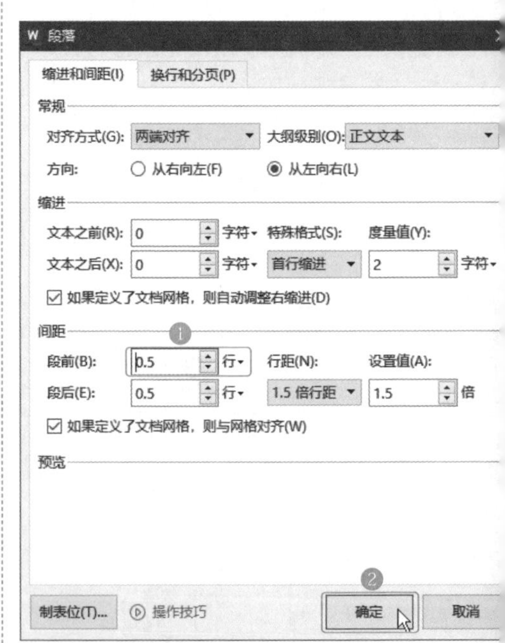

第4步：确定样式修改。回到“修改样式”对话框中，单击“确定”按钮，确定样式的修改。

第5步：查看样式修改效果。回到正文中，可以发现所有正文样式均发生了改变。

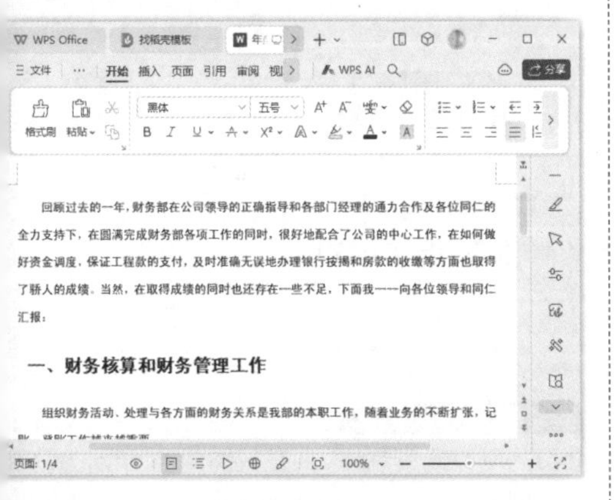

4.1.3 设置封面及目录样式

WPS文字中系统自带的样式主要针对内容文本，但是企业的年度总结报告通常需要有一个大气美观的封面和一定样式的目录，这时就需要用户自己进行样式的设置。

>>>1. 封面样式设置

年度总结报告的封面显示了这是一份什么样的文档，以及文档的制作人等相关信息。只需添加简单的矩形，就可以让封面的美观效果提高一个档次。

第1步：插入分页符。将光标放到文档最开始的位置，单击“页面”选项卡下的“分隔符”按钮，在下拉菜单中选择“分页符”选项。

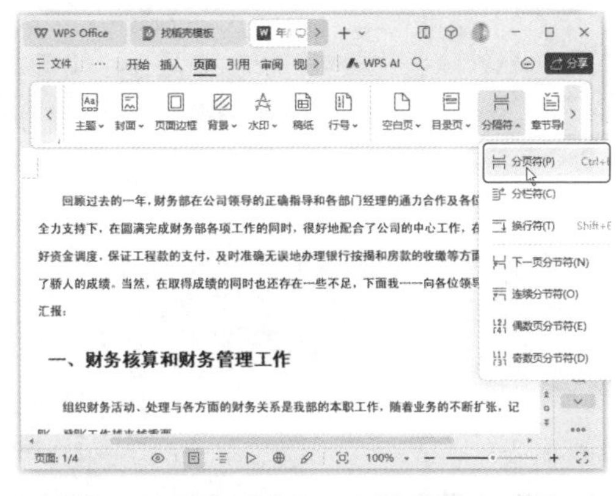

第2步：在新的页面中绘制矩形。❶在新的页面中绘制一个矩形；❷设置矩形的大小参数。

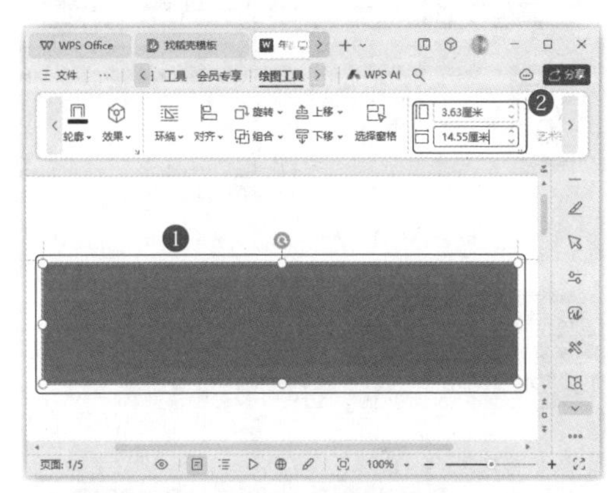

第3步：设置矩形填充色。❶单击“绘图工具”选项卡下的“填充”按钮；❷选择矩形的填充色。

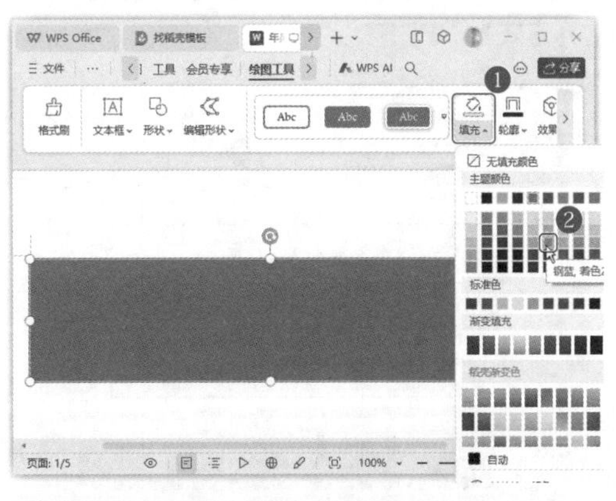

第4步：设置矩形的轮廓颜色。❶单击“绘图工具”选项卡下的“轮廓”按钮；❷选择“无边框颜色”选项。

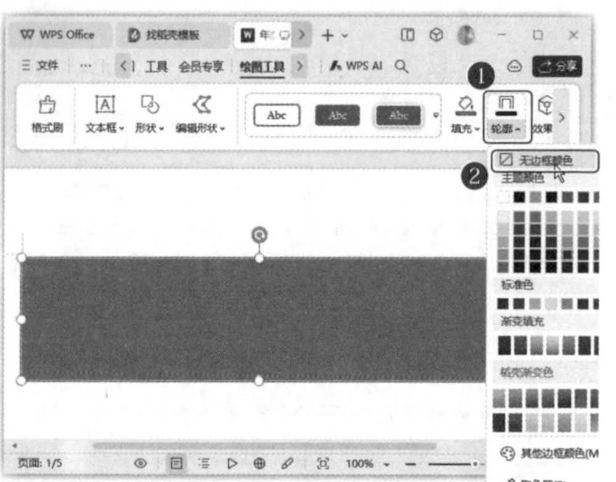

第5步：添加文字。❶在矩形框中输入文字；❷设置文字的字体为“微软雅黑”，字号为48号、“加粗”“黑色”；❸设置文字对齐方式为“左对齐”。

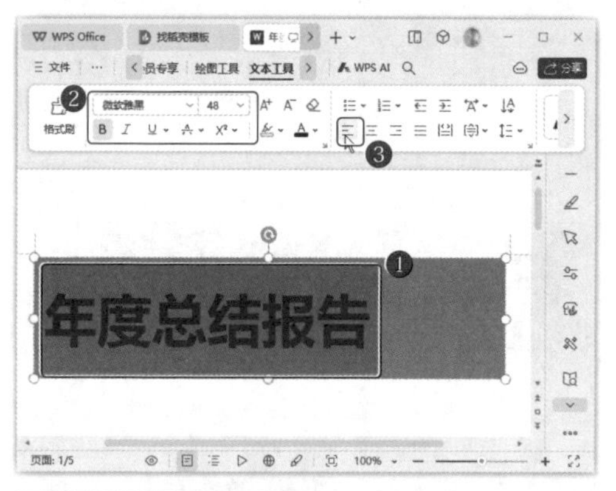

第6步：添加上方文字。❶下移矩形，在页面上方绘制一个文本框，并输入文字；❷设置文字的字体为“微软雅黑”，字号为“三号”；❸设置文字对齐方式为“左对齐”。

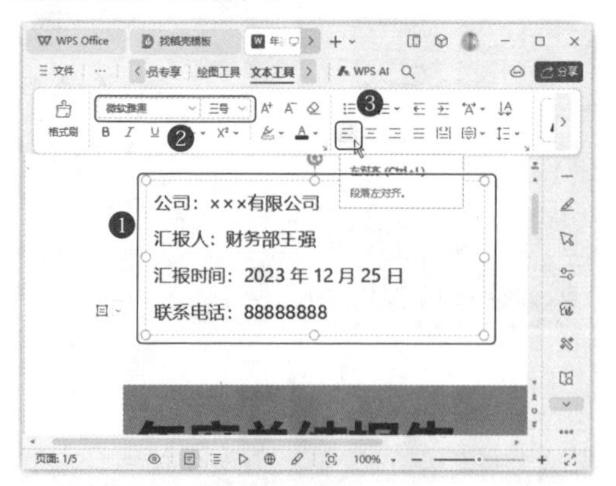

第7步：设置文本框的轮廓。❶单击“文本工具”选项卡下的“轮廓”按钮；❷选择“无边框颜色”选项。

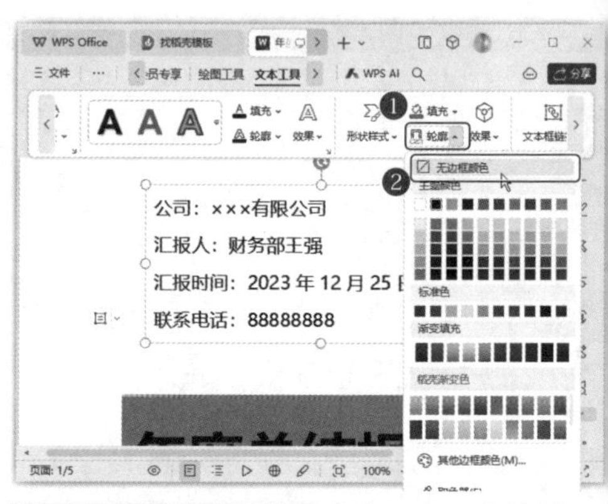

第8步：添加下方文字。❶在页面下方绘制一个文本框；❷设置文字为“微软雅黑”，字号为20号；❸设置文字对齐方式为“左对齐”；❹单击字体颜色按钮，打开菜单选择文字颜色。

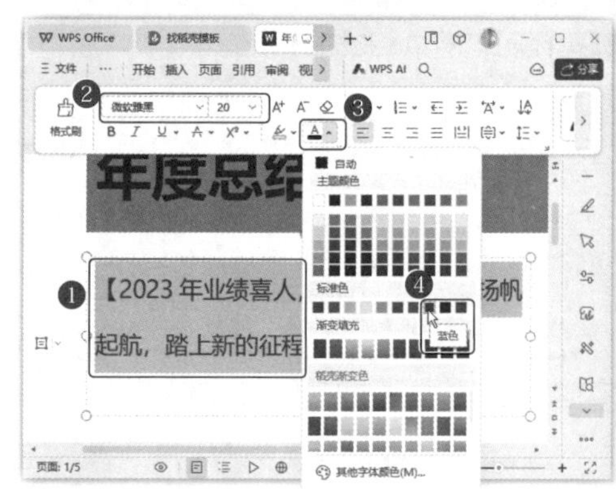

第9步：调整位置。在前面步骤中已经完成了封面页的所有元素制作，现在只需调整元素位置，就可实现如下图所示的封面效果。

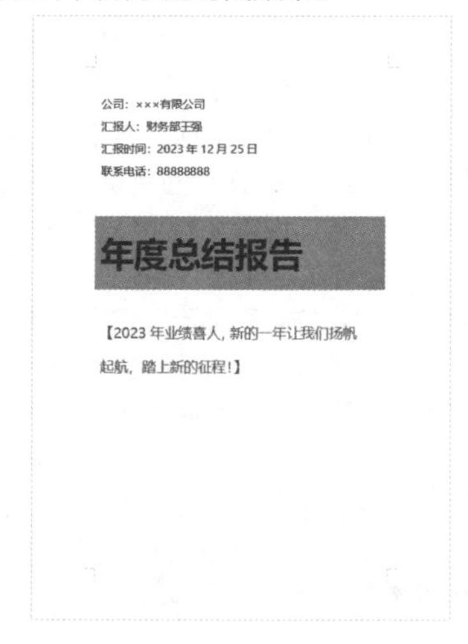

>>2. 目录样式设置

根据文档中设置的标题大纲级别，可以添加目录。添加目录后，需要对目录样式进行调整，以符合审美。

第1步：调整一级标题大纲级别。正确生成目录的前提是，标题的大纲级别正确。现在需要调整文档中标题的大纲级别。❶选中第一个一级标题；❷单击"开始"选项卡下"段落"对话框的启动器按钮。

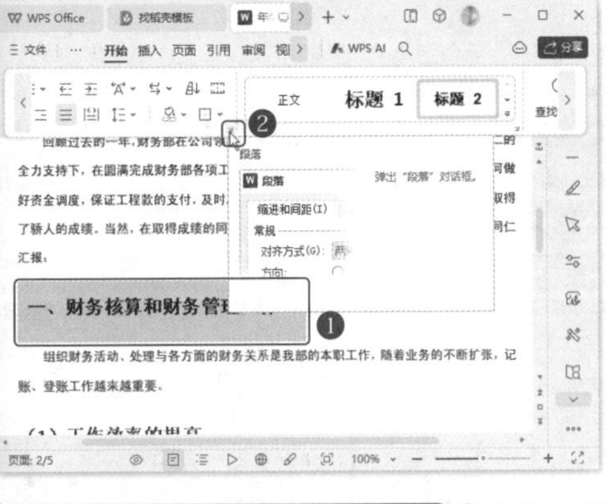

第2步：设置一级标题大纲级别。❶在打开的"段落"对话框中，设置标题的大纲级别为"1级"；❷单击"确定"按钮。用同样的方法，完成文档中所有一级标题的大纲级别设置。

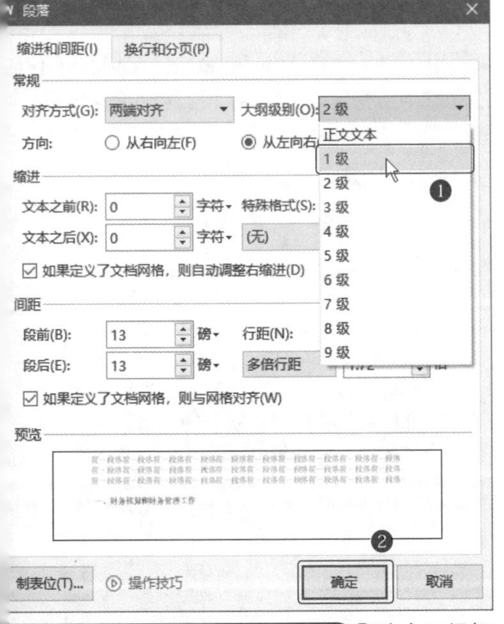

第3步：设置二级标题大纲级别。❶选中二级标题；❷在"段落"对话框中，设置标题的大纲级别为"2级"。用同样的方法，完成所有二级标题的大纲级别设置。

第4步：插入分页符。将光标放到正文内容最开始的位置，单击"页面"选项卡下的"分隔符"按钮，选择"分页符"选项。此时能插入一张新的页面作为目录页。

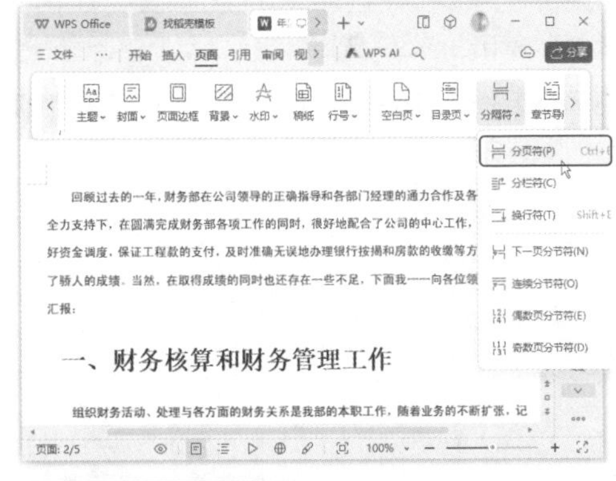

第5步：绘制矩形。❶在目录页上方绘制一个矩形；❷设置矩形的颜色与封面页的矩形颜色一致，并调整矩形的大小。

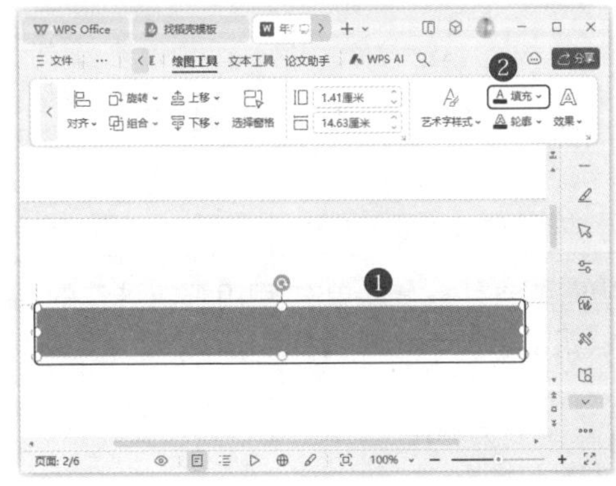

第6步：输入“目录”二字。 ❶在矩形框中输入“目录”二字；❷设置文字的字体为“微软雅黑”，字号为“小二”，字体“加粗”，文字对齐方式为“左对齐”；❸单击“字体”对话框的启动器按钮。

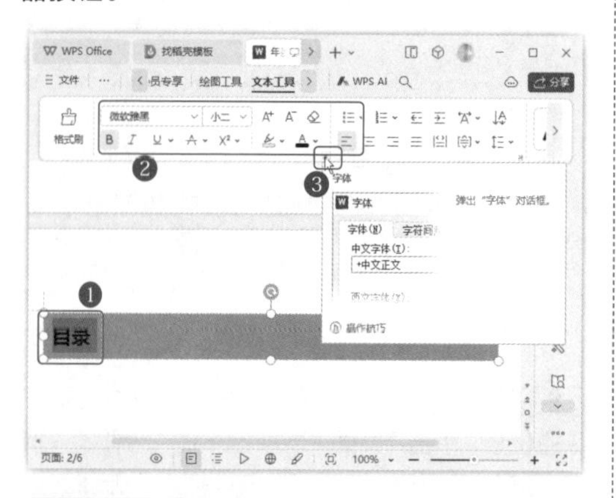

第7步：设置文字间距。 ❶在“字体”对话框中，切换到“字符间距”选项卡，设置间距为“0.15厘米”；❷单击“确定”按钮。

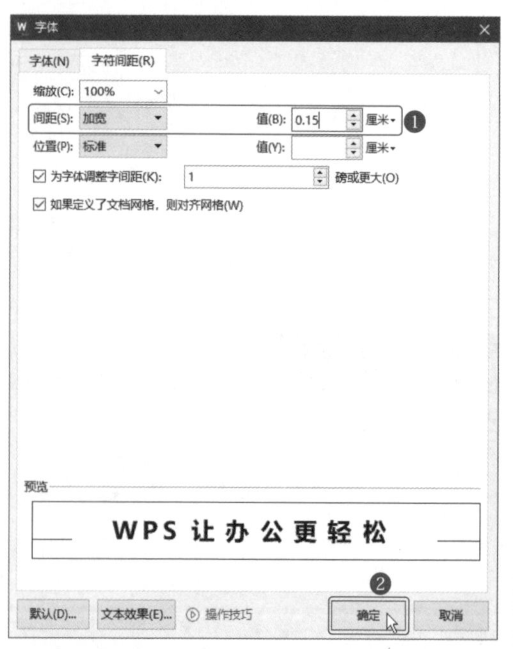

第8步：插入目录。 ❶单击“引用”选项卡下的“目录”按钮；❷选择一种目录样式。

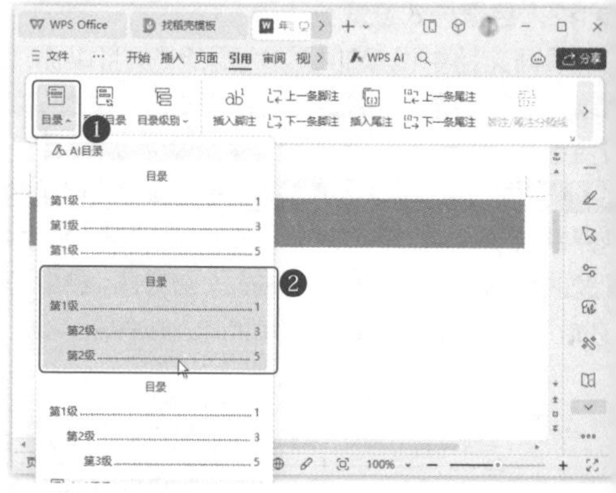

第9步：确认生成目录。 查看系统生成的目录内容，如果觉得满意，就单击“完成”按钮，将其插入到文档中。

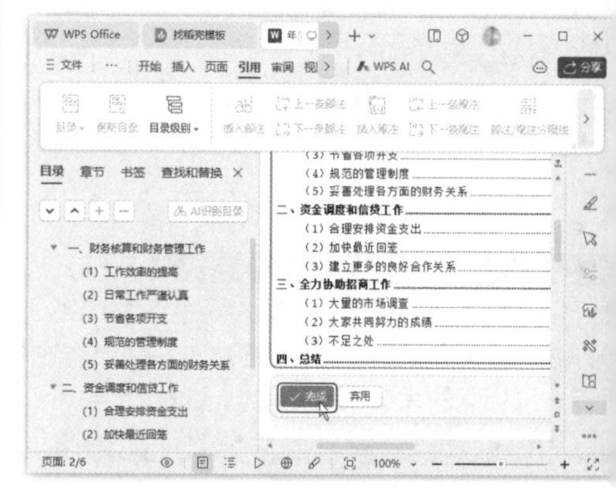

第10步：调整目录格式。 ❶按住鼠标左键不放拖动选中所有目录内容；❷设置目录的字体为“微软雅黑”，字号为“小四”，字体“加粗”。

第11步：调整二级目录格式。 ❶选中二级标题目录；❷在“开始”选项卡下单击“加粗”按钮 B ，取消二级目录的加粗格式。用同样的方法，取消所有二级目录的加粗格式。

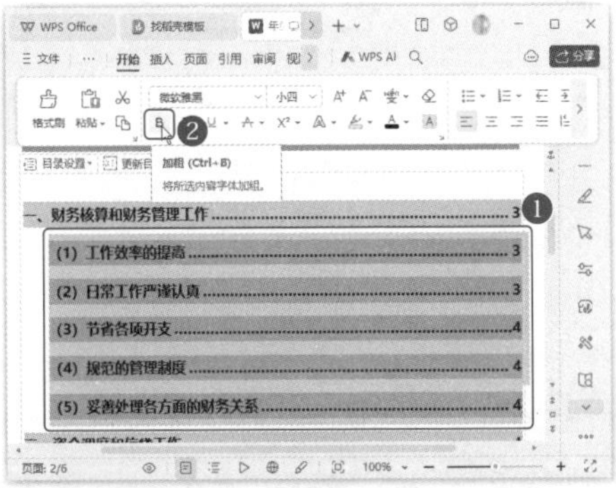

第12步：删除多余的“目录”文字。 将光标放到“目录”两个字的后面，按Backspace键，删除这两个字。

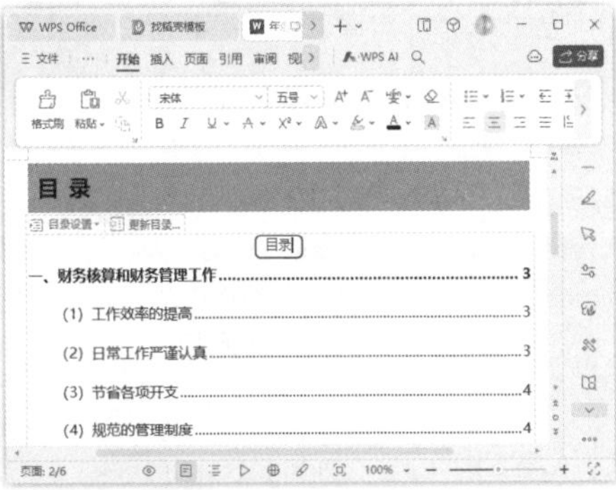

第13步：查看目录效果。 完成设置的目录页效果如下图所示。

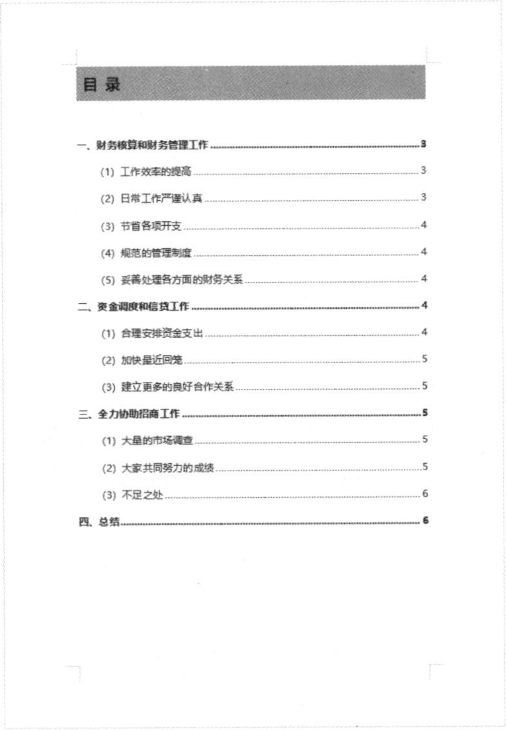

4.2 制作和使用“公司薪酬制度”模板

扫一扫 看视频

※ 案例说明

公司人力资源部会根据市场情况、公司成本、人员数量等因素来制定公司薪酬制度。因此，公司薪酬制度会随着市场行情的波动而变化。那么企业人力资源部人员可以制作一份薪资文档模板，当需要制定新的薪酬制度时，直接利用模板即可。

“公司薪酬制度”文档制作完成后的效果如下图所示。

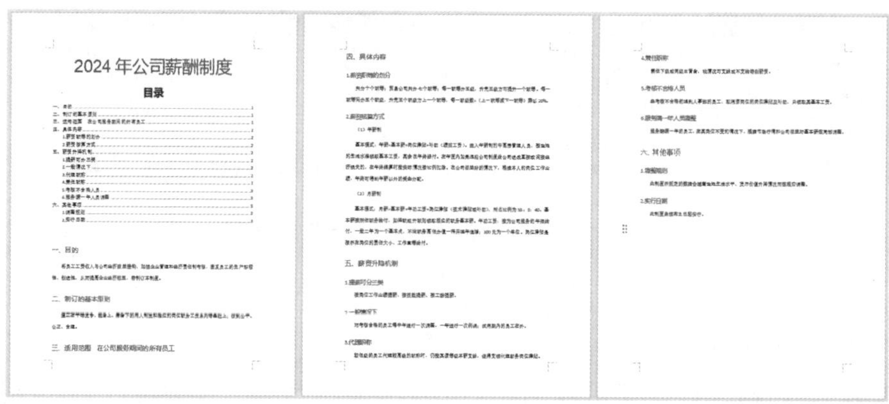

※ 思路解析

新的一年到来了，公司人力资源部要制定新的薪酬制度。为了避免在样式上反复修改，人力资源部的工作人员可制作一个模板，再利用模板完成薪酬制度文档的制作。其制作思路如下图所示。

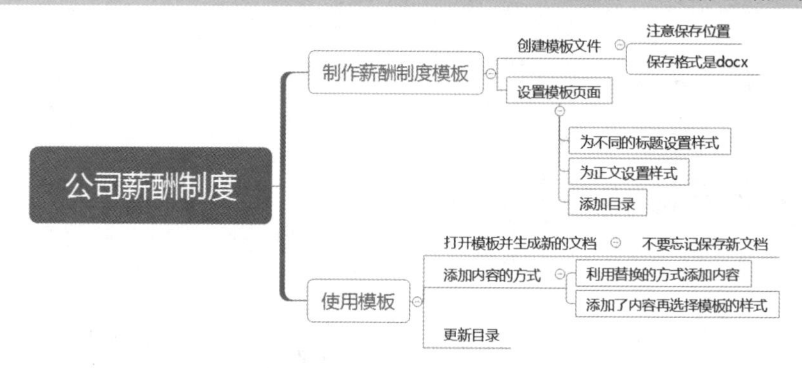

※ 步骤详解

4.2.1 制作薪酬制度模板

除了利用系统内置的样式，用户也可以自己设计模板。在模板中主要需要设计标题、正文的样式，下一次直接打开模板输入内容即可，免去了调整样式的过程。

>>>1. 创建模板文件

WPS文字创建的模板文件后缀是.wpt，创建成功后需要正确保存文件格式。

第1步:打开“另存为”对话框。❶新建一个文件，单击“文件”按钮，选择菜单中的“另存为”选项；❷选择子菜单中的“WPS文字模板文件(*.wpt)”选项。

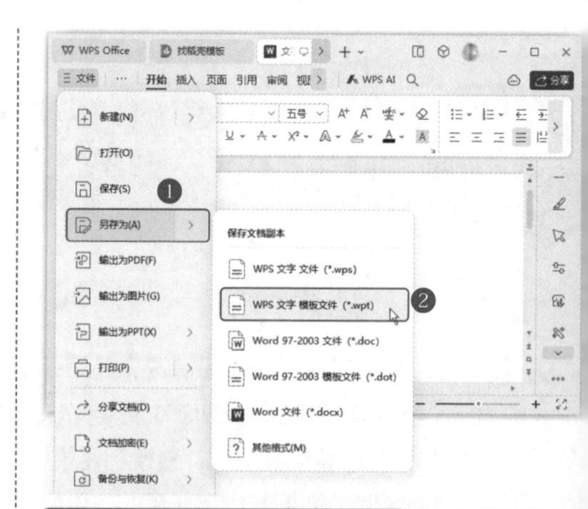

第2步：正确保存模板文件。❶在“另存为”对话框中选择正确的位置保存模板文件；❷输

入模板文件名称并选择将文件保存为“WPS文字模板文件(*.wpt)”类型；❸ 单击“保存”按钮。

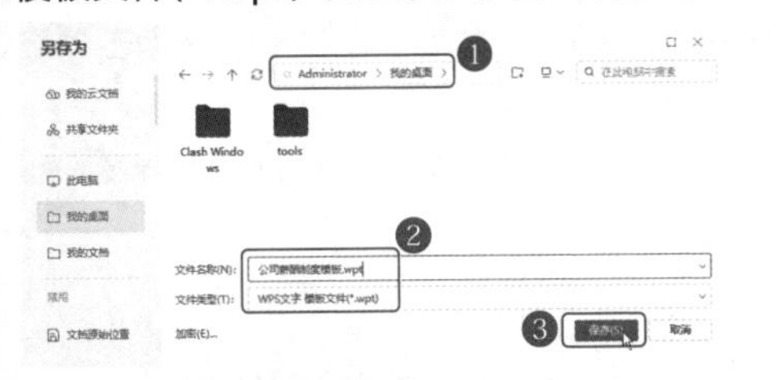

>>>2. 设置模板页面样式

模板创建成功后，就可以开始设置模板的样式了。

第1步：为文档标题新建样式。❶ 单击“开始”选项卡下的样式列表按钮 ；❷ 在下拉菜单中选择“新建样式”选项。

第2步：打开“字体”对话框。❶ 在“新建样式”对话框中输入样式的名称为“文档标题样式”；❷ 单击“格式”按钮；❸ 选择“字体”选项。

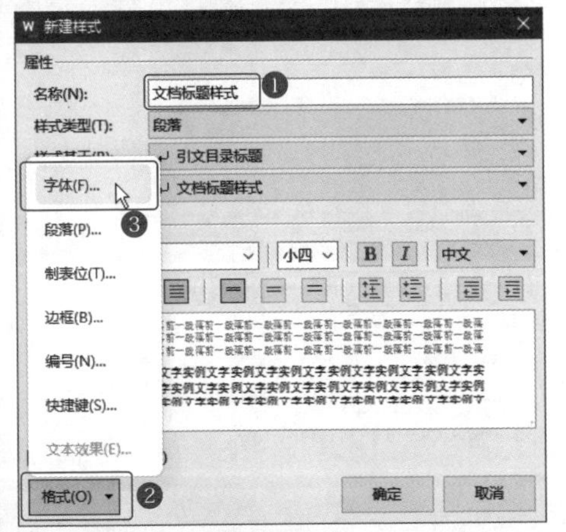

第3步：设置字体格式。❶ 在“字体”对话框中，选择字体为“微软雅黑”，字号为“小初”；❷ 选择颜色为“深红”色；❸ 单击“确定”按钮。

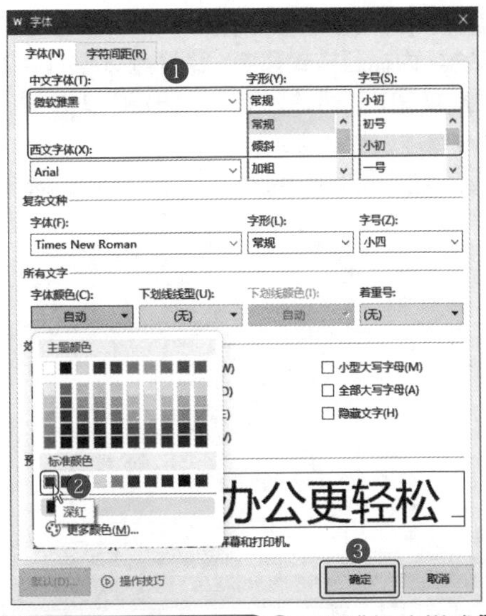

第4步：确定样式设置。❶ 回到“新建样式”对话框中，单击“居中”按钮；❷ 单击“确定”按钮。

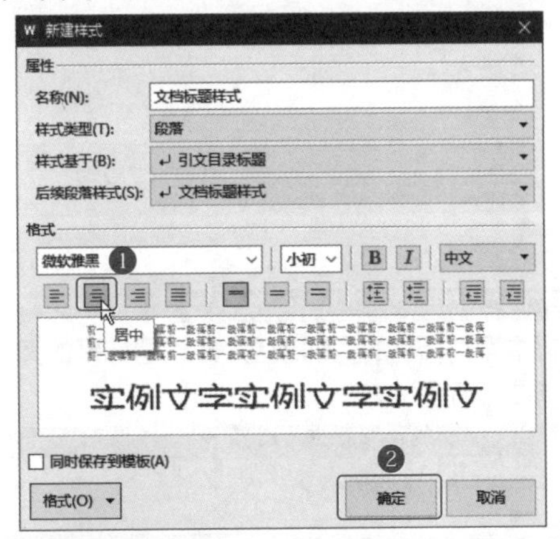

第5步：输入标题。❶ 在文档中输入标题文字“文档标题”四个字；❷ 选中标题文字，应用上面步骤中设置好的样式。

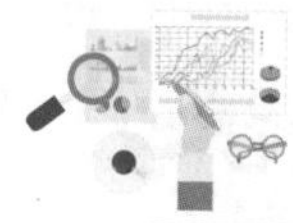

第6步：设置1级标题样式。❶打开“新建样式”对话框，为标题样式命名；❷设置标题的字体和字号；❸单击“两端对齐”按钮；❹单击“格式”按钮，选择“段落”选项。

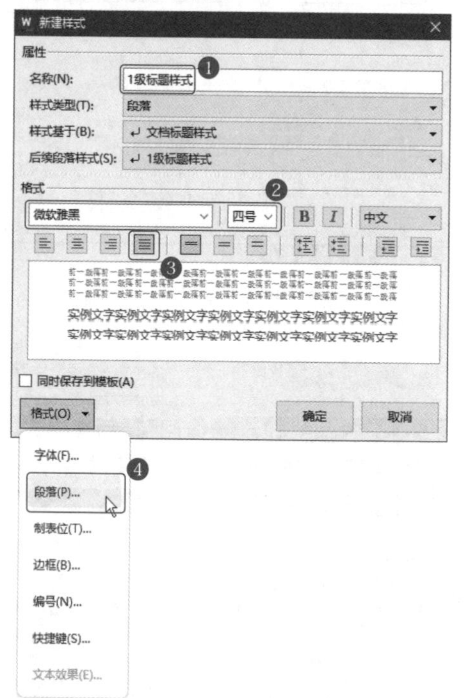

第7步：设置1级标题段落格式。❶在“段落”对话框中设置标题的大纲级别；❷设置标题的间距，❸单击“确定”按钮。

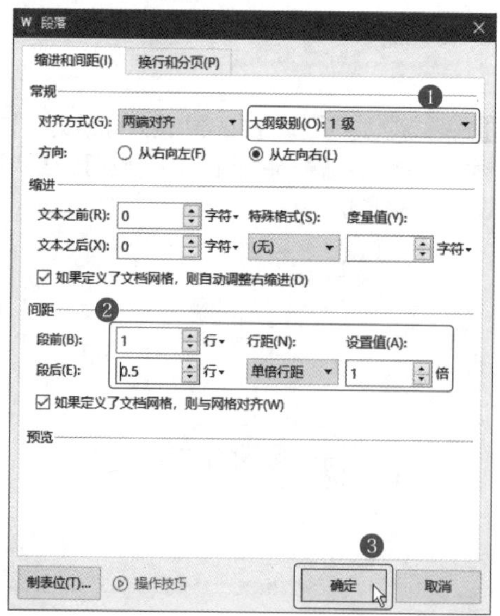

第8步：设置2级标题样式。❶打开“新建样式对话框，为2级标题样式命名；❷设置标题的字体和字号；❸单击“两端对齐”按钮；❹单击“格式按钮，选择“段落”选项。

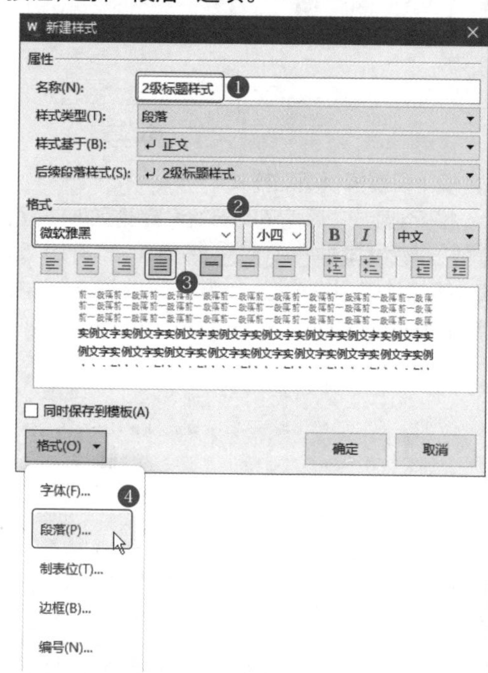

第9步：设置2级标题段落格式。❶在“段落对话框中设置标题的大纲级别；❷设置标题的间距；❸单击“确定”按钮。

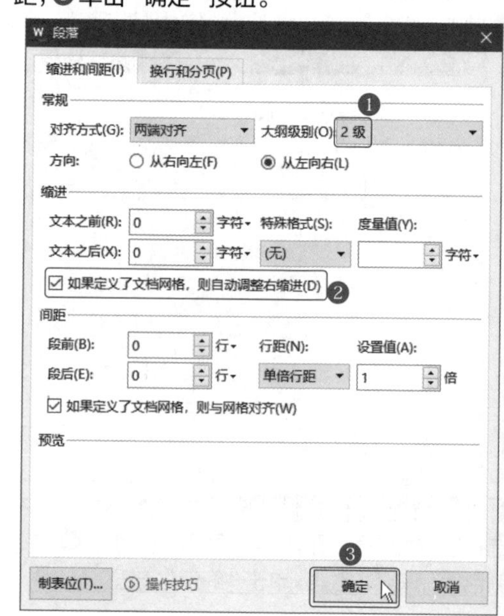

第10步：设置2级标题字体格式。❶在“字体”对话框中设置标题的字体颜色为“深红”色；❷单击“确定”按钮。

第11步：设置正文样式。❶打开“新建样式”对话框，为正文样式命名；❷设置正文的字体和字号；❸单击“两端对齐”按钮；❹单击“格式”按钮，选择“字体”选项。

第12步：设置正文字体颜色。❶在“字体”对话框中设置正文的字体颜色为“黑色，文本1”；❷单击“确定”按钮。

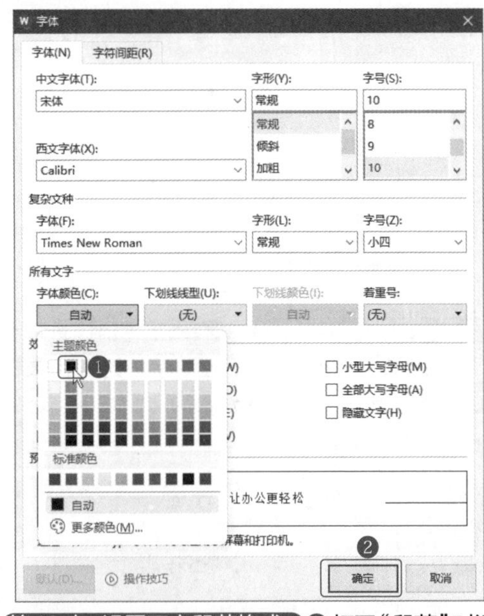

第13步：设置正文段落格式。❶打开“段落”对话框，设置正文的缩进和间距；❷单击“确定”按钮。

第14步：输入文字应用样式。在文档中输入文字“1级标题”并应用“1级标题样式”；输入文字“2级标题”并应用“2级标题样式”；输入文字“正文正文”并应用“正文样式”。

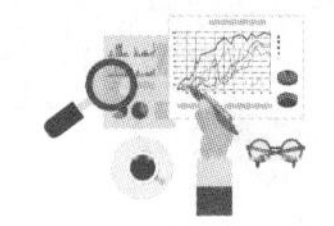

第15步：选择目录样式。❶单击"引用"选项卡下的"目录"按钮；❷在下拉菜单中选择目录样式，如这里选择"自动目录"。

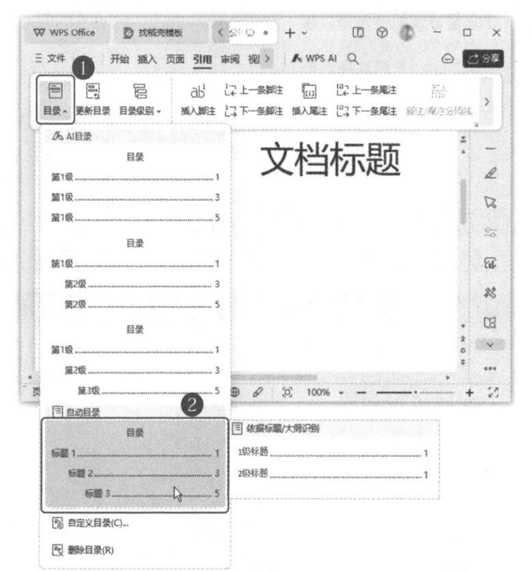

第16步：设置目录格式。❶选中目录；❷设置目录的文字格式为"微软雅黑""五号""加粗"。

第17步：设置"目录"字体格式。❶选中"目录"二字；❷设置文字格式为"微软雅黑""二号""加粗"。此时便完成了模板的制作。

4.2.2 使用薪酬制度模板

利用事先创建好的模板，可以添加文档内容，内容的样式与模板一致。内容添加完成后，只需更新目录，目录便会与现有文档一致。

>>>1. 使用模板新建文件

直接打开保存的模板文件，会自动新建一份文档，此时要先对文档进行保存再进行内容的输入，避免文档内容丢失。

第1步：打开模板文件。打开模板文件所在的文件夹，双击该文件，便能利用模板文件新建一个文档。

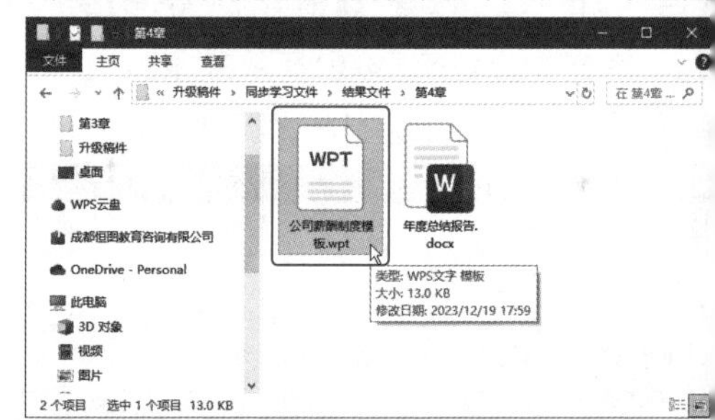

第2步：保存新文档。根据模板文件创建新文件后，单击快速访问工具栏中的"保存"按钮。

第3步：选择位置保存文件。❶选择恰当的文件位置；❷输入新的文档名；❸单击“保存”按钮。

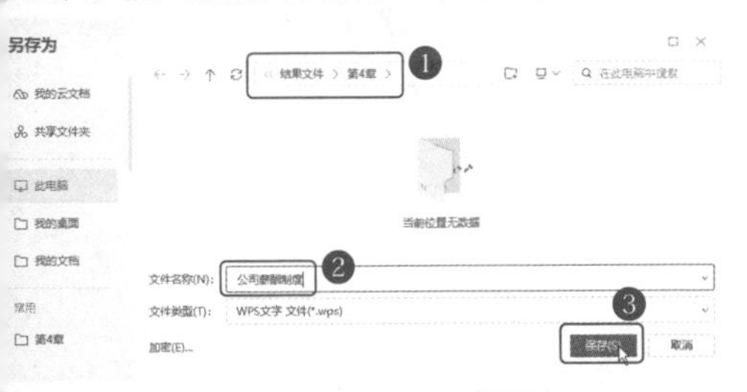

第4步：查看利用模板生成的文档。利用模板生成的文档如下图所示，其样式与模板一致。

文档标题

目录

1 级标题 1

2 级标题 1

1 级标题

正文正文

2 级标题

正文正文

>>>2. 在新文档中使用样式

利用模板生成新文档后，可以在其中添加内容，并更新目录，快速形成新的文档。

第1步：复制1级目标。按照路径“素材文件\第4章\公司薪酬制度内容.txt”，打开记事本文件，选中第一个1级标题，并按Ctrl+C组合键复制该内容。

公司薪酬制度内容.txt - 记事本

文件(F) 编辑(E) 格式(O) 查看(V) 帮助(H)

一、目的
将员工工资收入与公司经济效益挂钩，加强企业管理和经济责任制考核，激发员工的生产积极性、创造性，从而提高企业经济效益，特制订本制度。
二、制订的基本原则
建立在平等竞争、能者上、庸者下的用人制度和相应的岗位职务工资系列等基础上，做到公平、公正、合理。
三、适用范围 在公司服务期间的所有员工。
四、具体内容
1.薪资职等的划分
共分十个职等；贸易公司共分七个职等；每一职等分五级，升完五级方可提升一个职等。每一职等间分五个职级，升完五个职级方上一个职等，每一职级数=（上一职等减下一职等）乘以20%。
2.薪资核算方式
（1）年薪制
基本模式：年薪=基本薪+岗位津贴+补助（绩效工资）。进入年薪制的中高层管理人员，按当地的生活水准领取基本工资，其余在年终结付。在年度内如果违犯公司制度给公司造成直接或间接经济损失的，在年终结算时按实际情 况按比例扣除。在公司效益好的情况下，根据本人的岗位工作业绩，年终可得到年薪以外的奖金分配。
（2）月薪制
基本模式：月薪=基本薪+年功工资+岗位津贴（技术津贴或补助），所占比例为55：5：40。基本薪按所任职务给付，如降职或升职则领取相应的职务基本薪。年功工资：按为公司服务的年限给付，一般二年为一个基本点，不论职务高低分值一样并逐年递增。

第1行，第7列　100%　Windows (CRLF)　ANSI

第2步：替换1级标题。将光标放到文档中的1级标题的后面，按Ctrl+V组合键，粘贴所复制的文字，然后删除原有的1级标题文字。

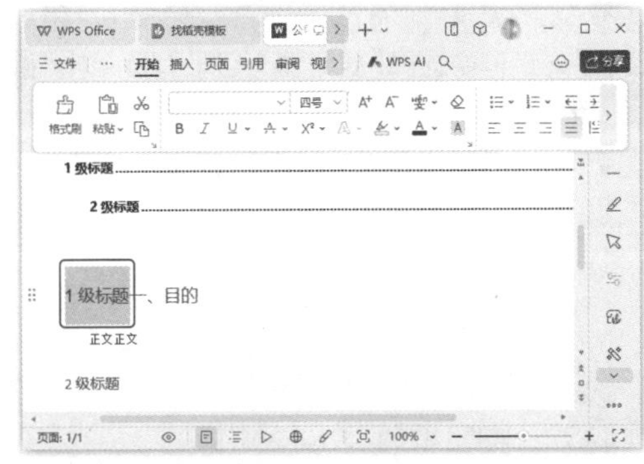

第3步：替换正文内容。用相同的方法复制正文内容和其他标题内容到文档中并应用相应的标题或正文样式。

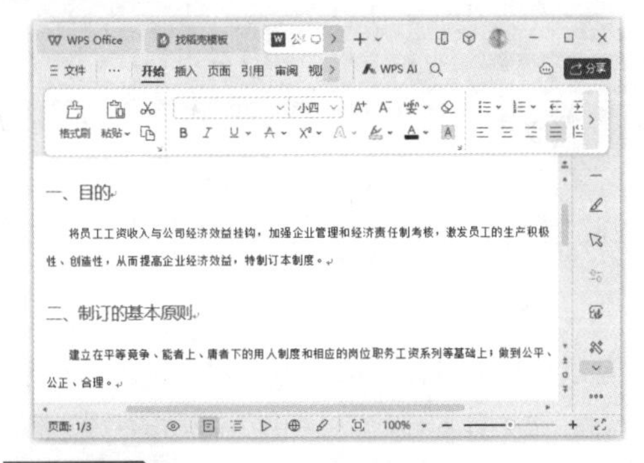

专家答疑

问：除了替换文字的方法外，还有没有更快捷的方法设置样式？

答：有。直接将所有标题和正文复制到文档中，然后选中标题，应用设置好的“1级标题样式”和“2级标题样式”。选中正文，应用“正文样式”。

第4步：单击“更新目录”按钮。❶选中目录；❷单击“引用”选项卡下的“更新目录”按钮。

第5步：设置“更新目录”对话框。❶ 在“更新目录”对话框中选择“更新整个目录”；❷ 单击“确定”按钮。

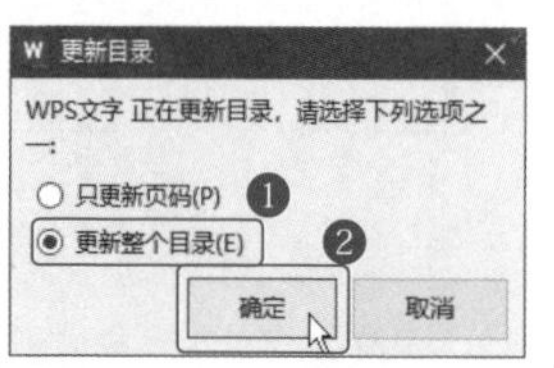

第6步：修改标题。目录更新后，修改文档中的标题内容，此时便完成了文档制作。

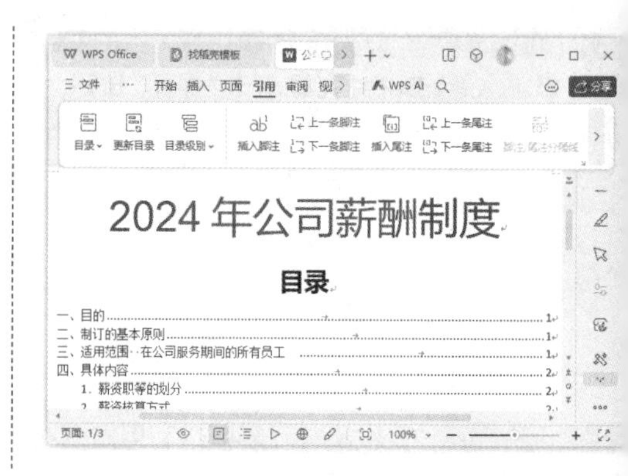

4.3 使用模板制作“营销计划书”

扫一扫 看视频

※ 案例说明

“营销计划书”是企业销售部门常用的一种文档，每当销售任务告一段落就要拟订新的计划书。营销计划书的内容通常包括封面、目录、内容。内容至少要包括对市场的调查及营销计划。

“营销计划书”文档制作完成后的效果如下图所示。

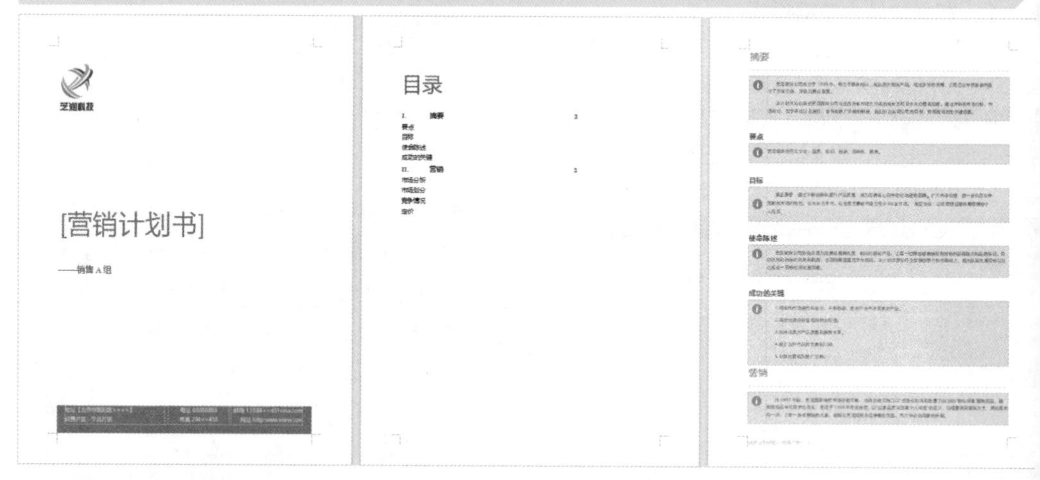

※ 思路解析

用 WPS 做计划书，对于没有排版功底的人来说比较费力。这种情况下可以在不同的网站中下载模板，利用这些模板快速完成计划书的制作。利用模板制作计划书，大体步骤是对模板的基本内容进行删减，然后添加自己需要的内容。其制作思路如下图所示。

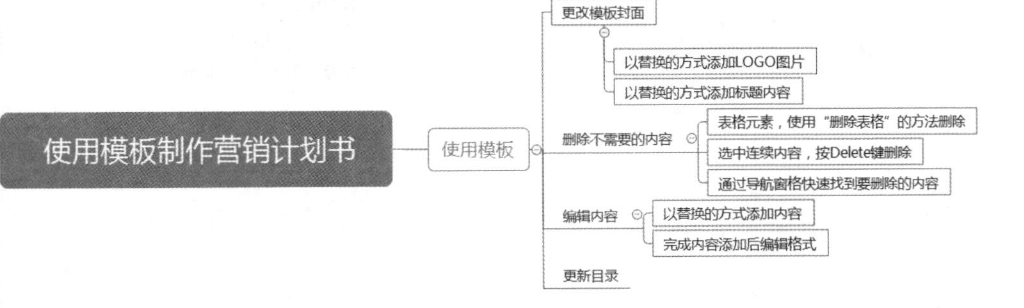

※ 步骤详解

4.3.1 更改模板封面内容

通过不同的渠道下载模板后，可以对里面的内容进行录入、删减，让文档符合实际需求。通常下载的模板中，封面会涉及文档标题、LOGO图片的替换等操作。

第1步：另存为文档。❶按照路径打开“素材文件\第4章\模板.wps”文件，单击“文件”按钮，选择菜单中的“另存为”选项；❷选择子菜单中的“WPS文字文件(*.wps)”选项。

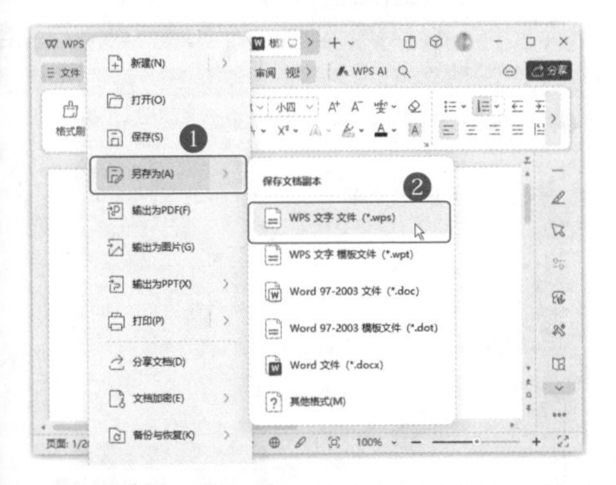

第2步：保存文档。❶在打开的“另存为”对话框中选择文档的保存位置；❷输入文档名称；❸单击“保存”按钮。

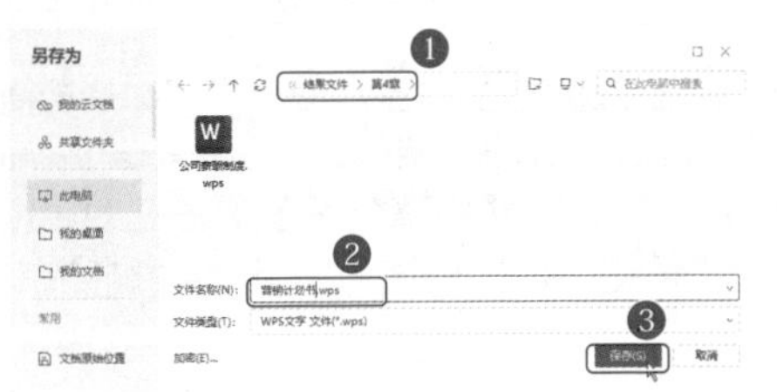

第3步：替换图片。选中第一页中的LOGO图片，右击，在弹出的快捷菜单中选择“更改图片”选项。

第4步：插入图片。❶按照路径找到“素材文件\第4章\LOGO.png”图片；❷单击“打开”按钮。

第5步：查看图片替换效果。此时文档中原来的LOGO被成功替换，但是效果没有显示完整。❶选择图片，在“图片工具”选项卡下单击“重设样式”按钮；❷在下拉菜单中选择“重设图片和大小”选项。

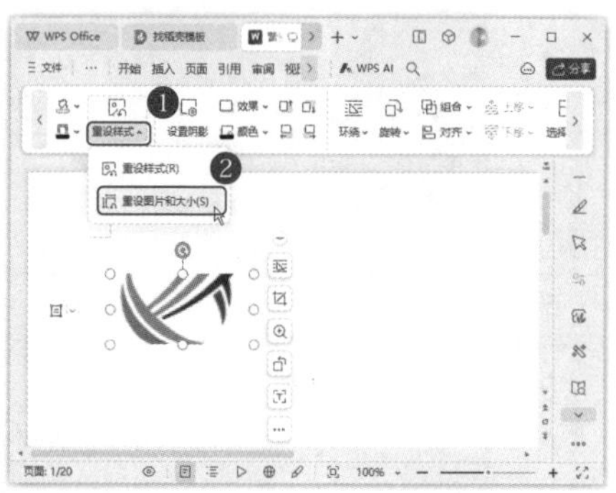

专家点拨

在使用模板制作文档时，使用“更改图片”的方法插入新的图片，优点是可以不改变模板中原始图片的位置等格式，也能保证插入图片的长宽比例不变。如果删除原始图片再插入新图片，可能会破坏模板中的图文排版。

第6步：替换标题内容。选中标题文本框，将光标放到文本框中，删除原有标题，输入新的标题文字。

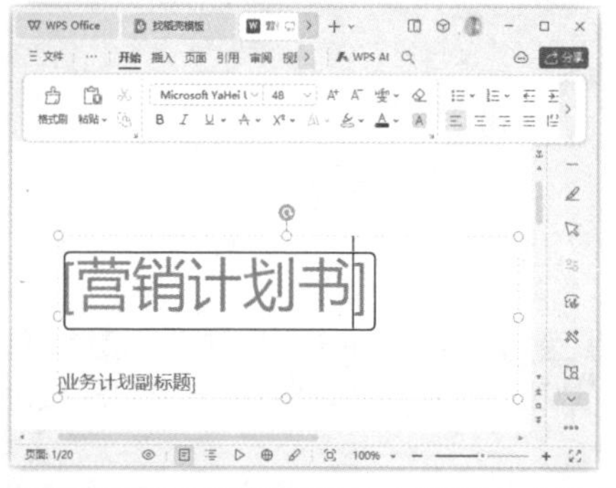

第7步：输入副标题内容。用同样的方法将光标放到副标题文本框中，删除原有的副标题，输入新的副标题文字。

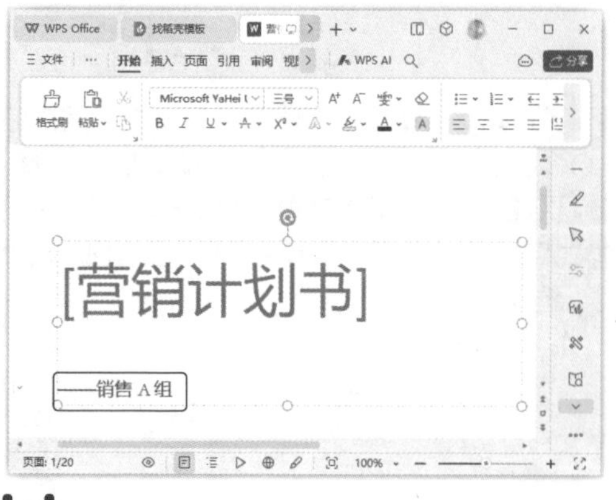

第8步：输入下方的信息。将光标放到页面下方红色的形状中，删除原有内容，输入新的内容。此时便完成了封面页内容的编辑。

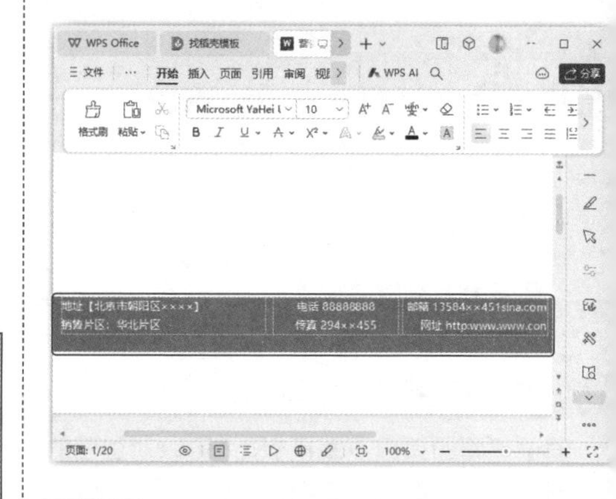

4.3.2 删除模板中不需要的内容

下载的模板中，内容页与封面页不一样，内容常常会有不需要的内容，此时需要进行删除。如果模板中内容太多，可以通过导航窗格快速找到需要删除的内容。

第1步：通过导航窗格定位内容。❶选择“视图”选项卡下的“导航窗格”选项，打开导航窗格；❷在导航窗格中单击“章节”选项卡，查看不同的章节；❸选择第2节最后一页文档。

第2步：删除文档中的表格。❶此时页面跳转到第2节最后一页的文档中，文档中有一个“启用成本费用”表格，选中整个表格，单击工具栏中的“删除”按钮；❷在下拉菜单中选择“删除表格”选项。

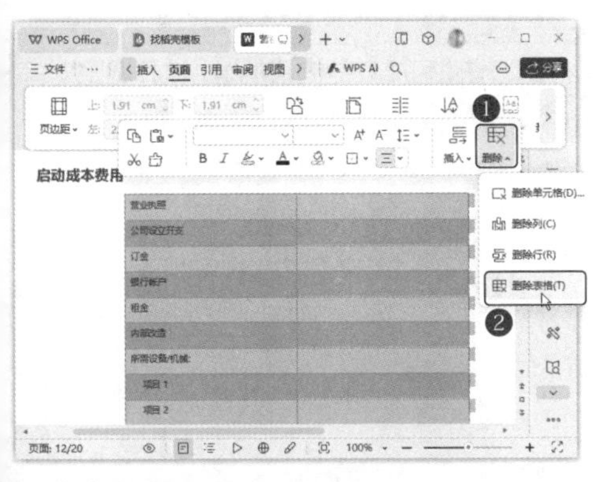

第3步：选中“企业描述”内容。现在需要一次性删除文档中所有的“企业描述”内容。如下图所示，从“企业描述”文字开始，拖动选中后面的所有内容。

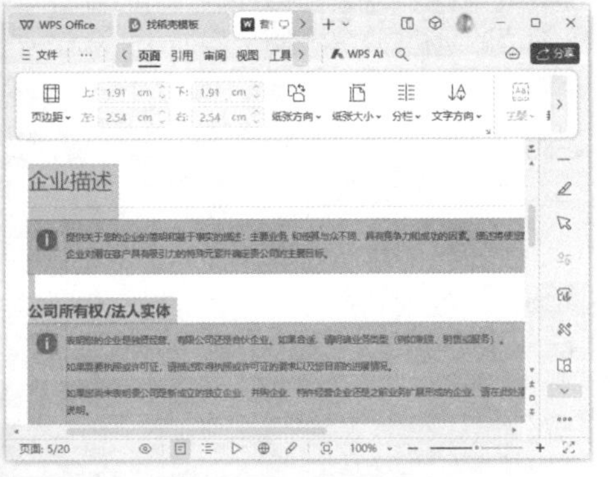

第4步：删除“企业描述”内容。当选中所有的“企业描述”内容后，按Delete键，即可删除选中的所有内容。用同样的方法，根据实际需要将文档中所有不需要的内容删除。

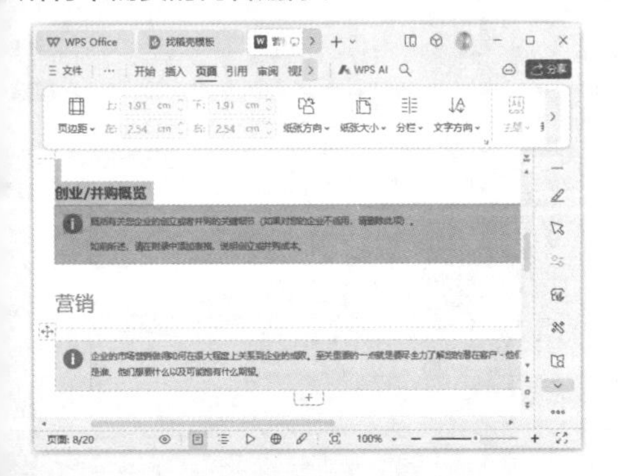

4.3.3 编辑替换模板内容

当不需要的内容删除完成后，就可以针对留下的内容进行编辑替换，以完成符合需求的营销计划书。

第1步：复制“摘要”文本。按照路径打开“素材文件\第4章\营销计划书内容.wps”文件，选中“摘要”下方的文字，右击，单击快捷菜单中的“复制”按钮。

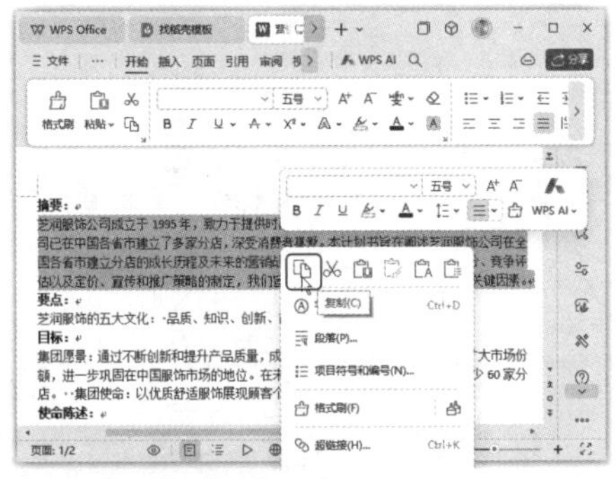

第2步：替换“摘要”文本。选中模板中的“摘要”内容，按Ctrl+V组合键粘贴替换内容。

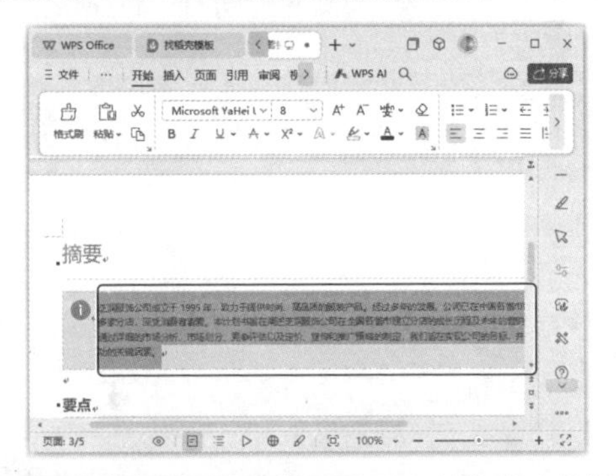

第3步：打开“段落”对话框。选中替换成功的“摘要”文字，单击“开始”选项卡下的“段落”对话框启动器按钮。

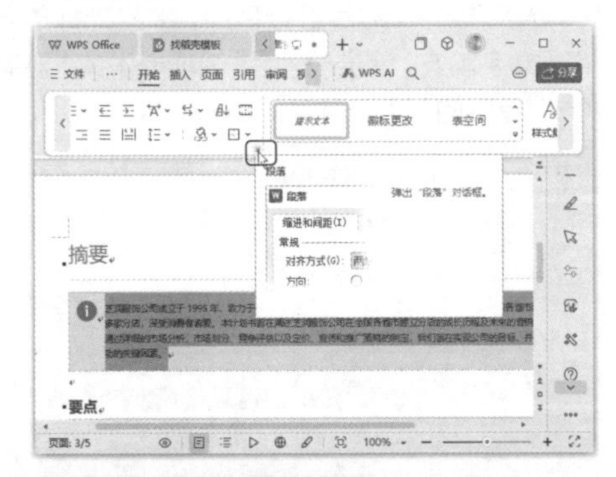

第4步：设置段落格式。❶在打开的“段落”对话框中，设置段落的缩进格式；❷设置段落的行距；❸单击“确定”按钮。

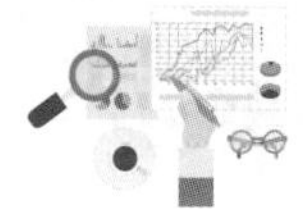

第5步：查看效果。此时就完成了摘要文字的段落格式设置。根据段落内容进行适当分段，效果如下图所示。

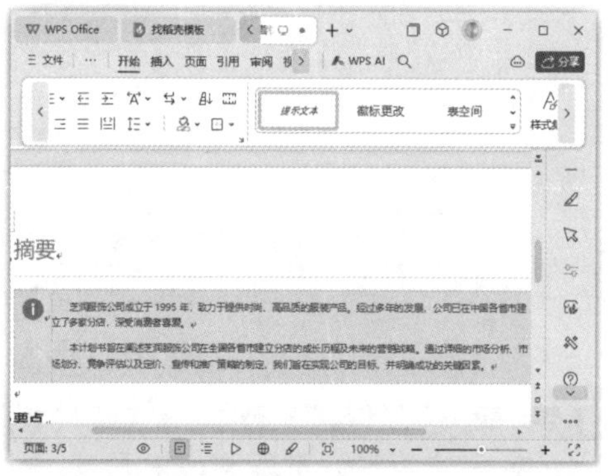

第6步：替换"要点"内容。❶按照同样的方法，复制"要点"文字，然后进行替换；❷将光标放到"要点"文字前方，单击"开始"选项卡下的"对齐方式"菜单中的"两端对齐"按钮。

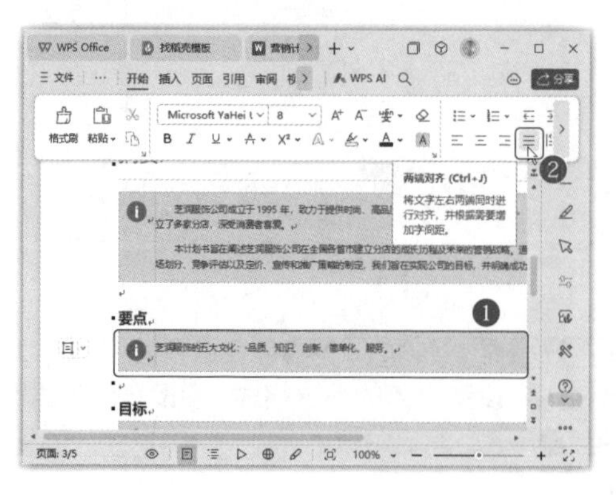

第7步：完成其他内容的替换及格式调整。按照同样的方法，完成其他内容的替换，并调整对齐格式，效果如下图所示。

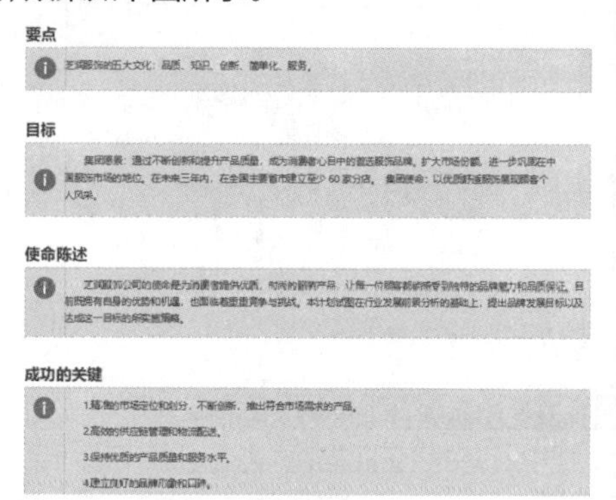

第8步：删除多余内容。完成内容替换后，选择附录后面的所有内容并删除。

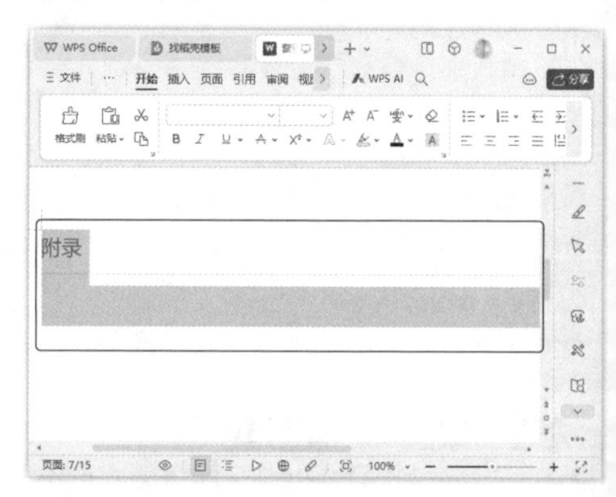

第9步：更新目录。❶选择"目录"；❷单击"引用"选项卡下的"更新目录"按钮。

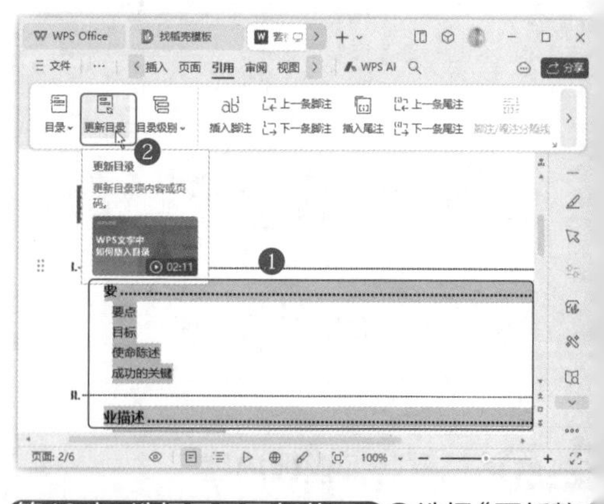

第10步：选择目录更新范围。❶选择"更新整个目录"选项；❷单击"确定"按钮。

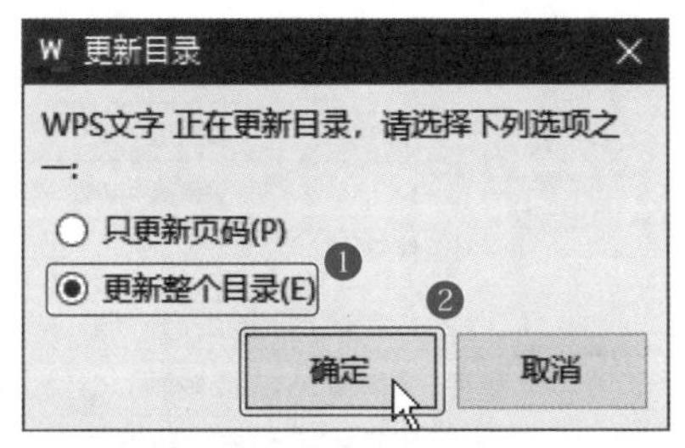

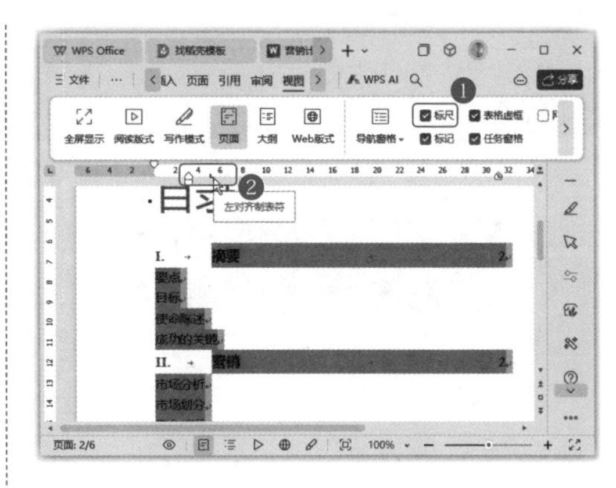

第11步：查看完成更新的目录。完成目录更新后，还不是很满意，❶ 勾选“视图”选项卡下的“标尺”复选框，显示出标尺；❷ 选择目录内容，拖动鼠标调整标尺中的标记，调整目录后的显示效果如下图所示，此时便完成了营销计划书的制作。

过关练习：制作“公司财产管理制度”

通过前面内容的学习，相信读者已熟悉如何使用 WPS 模板文件以及如何应用样式功能。为了巩固所学内容，下面制作“公司财产管理制度”以巩固训练，其效果如下图所示。读者可以结合分析思路自己动手强化练习。

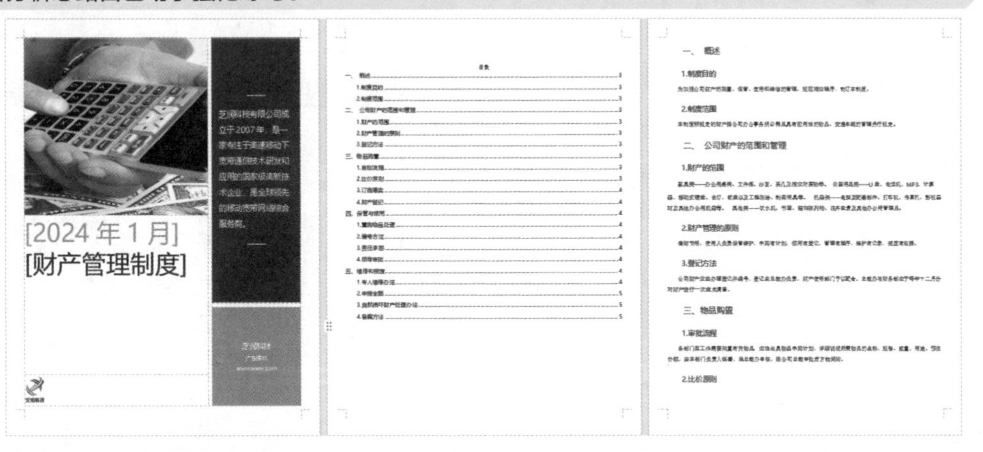

※ 思路解析

公司财产管理制度可能随着时期的不同而不同，公司管理人员可以设置一个模板，在需要的时候直接调用并编辑。自行设置的模板在样式美观上可能有所欠缺，所以可以将本章前面的知识融合起来，下载网络中的模板，修改模板成为新的模板，然后在这个新模板中添加编辑内容。其制作思路如下图所示。

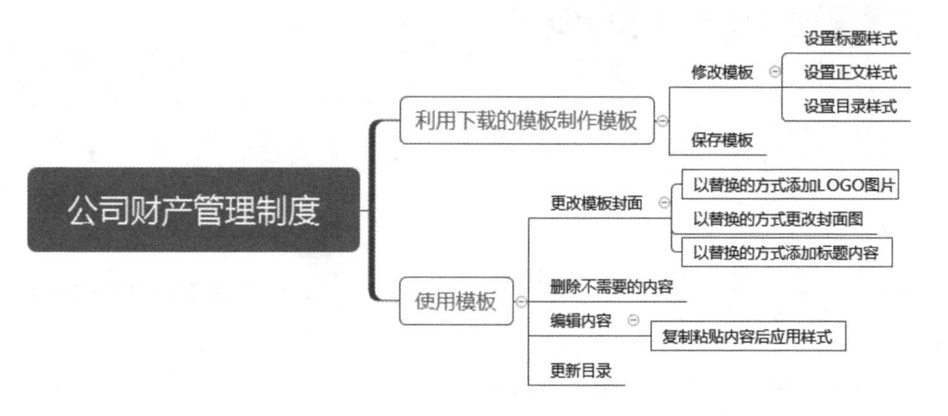

※ 关键步骤

关键步骤1：保存模板。 按照路径打开“素材文件\第4章\公司财产管理制度下载模版.wps”文件，选择“文件”菜单中的“另存为”选项，打开“另存为”对话框。❶选择文档的保存位置；❷输入文件名称，选择“WPS文字模板文件(*.wpt)”文件类型；❸单击“保存”按钮。

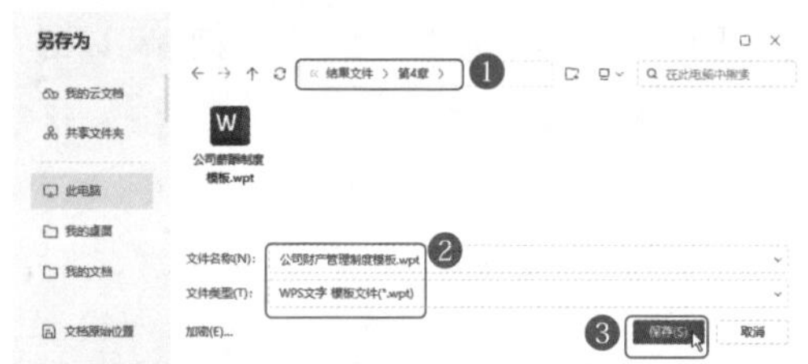

关键步骤2：在模板中添加分页符。 模板中只有一页，需要添加新的页面。❶将光标放到模板内容页面最下方；❷单击“页面”选项卡下的“分隔符”按钮，在下拉菜单中选择“分页符”选项。

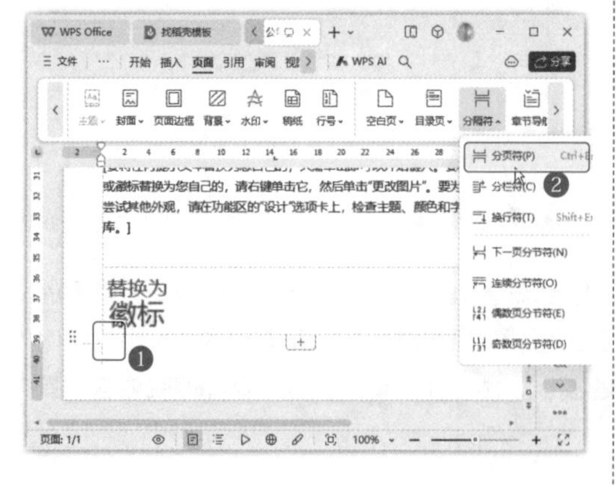

关键步骤3：新建1级标题样式。 ❶打开“新建样式”对话框，输入名称；❷设置1级标题的字体和字号；❸在“格式”下拉菜单中选择“段落”选项。

专家点拨

在“新建样式”对话框中勾选“同时保存到模板”复选框，可以将样式设置内容保存到模板文件中，在确定新建该样式时会弹出对话框进行提示。

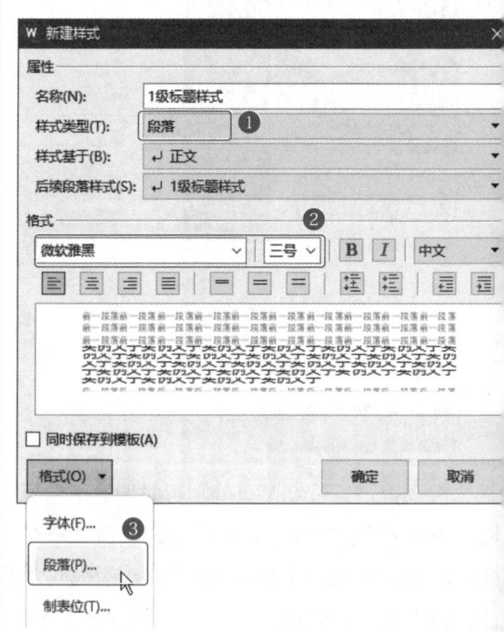

关键步骤4：设置1级标题段落格式。❶在“段落”对话框中设置1级标题的大纲级别；❷设置缩进格式；❸设置间距；❹单击“确定”按钮。

关键步骤5：输入1级标题。❶在页面中输入“1级标题”文字；❷选择上面步骤中设置好的1级标题样式。

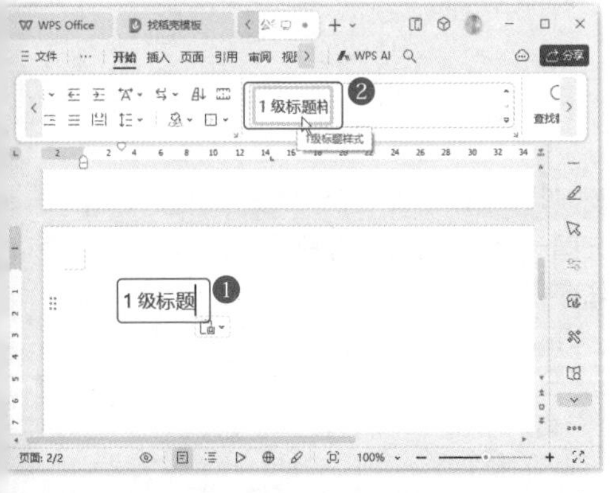

关键步骤6：新建2级标题样式。❶打开“新建样式”对话框，输入名称；❷设置2级标题的字体和字号；❸在“格式”下拉菜单中选择“段落”选项。

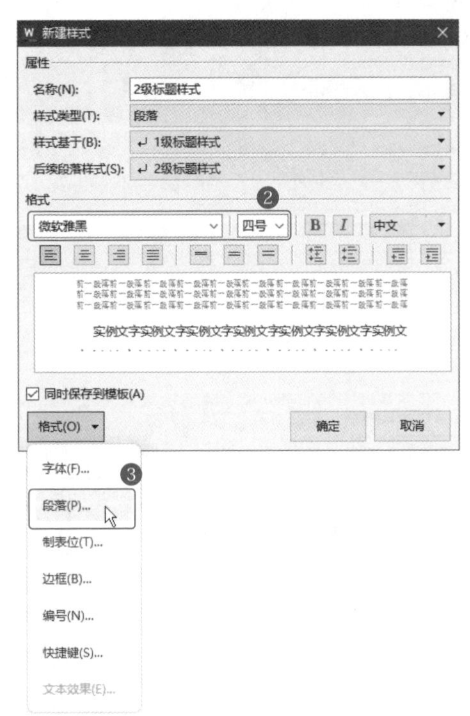

关键步骤7：设置2级标题段落格式。❶在“段落”对话框中设置2级标题的大纲级别；❷设置缩进格式；❸设置间距；❹单击“确定”按钮。

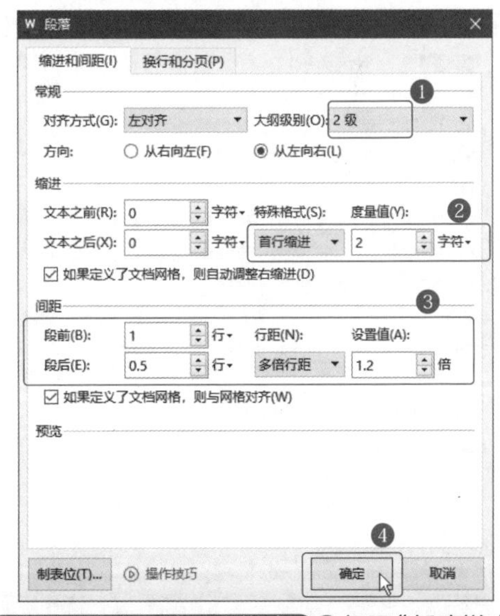

关键步骤8：新建正文样式。❶打开“新建样式”对话框，输入名称；❷设置正文的字体和字号；❸在“格式”下拉菜单中选择“段落”选项。

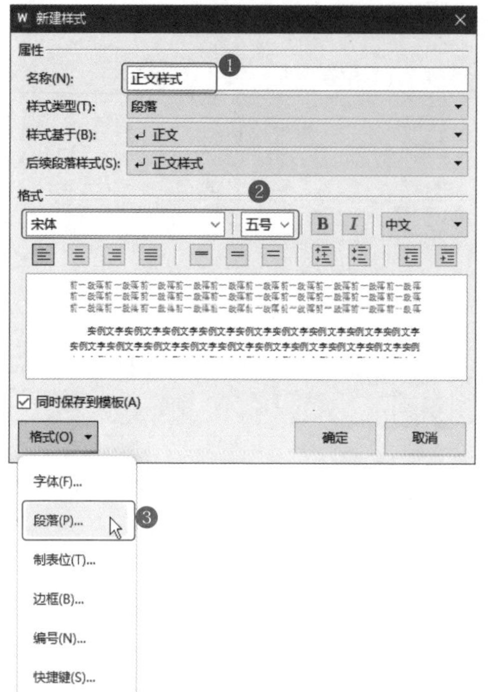

关键步骤9：设置正文的段落格式。❶在“段落”对话框中设置正文的大纲级别；❷设置缩进格式；❸设置间距；❹单击“确定”按钮。

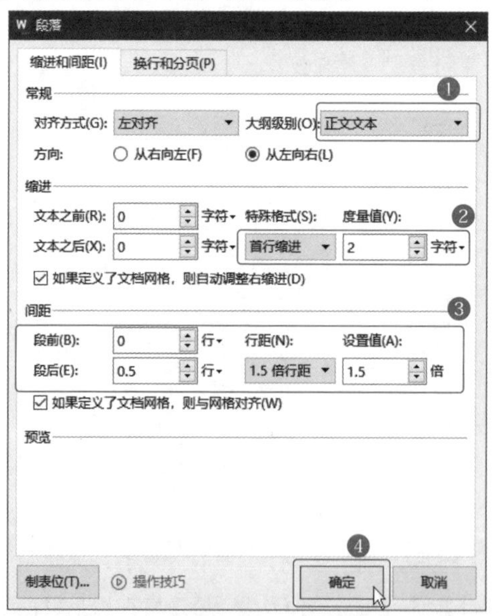

关键步骤10：输入2级标题和正文。在页面中输入“2级标题”和“正文正文”字样，并选择相应的样式。

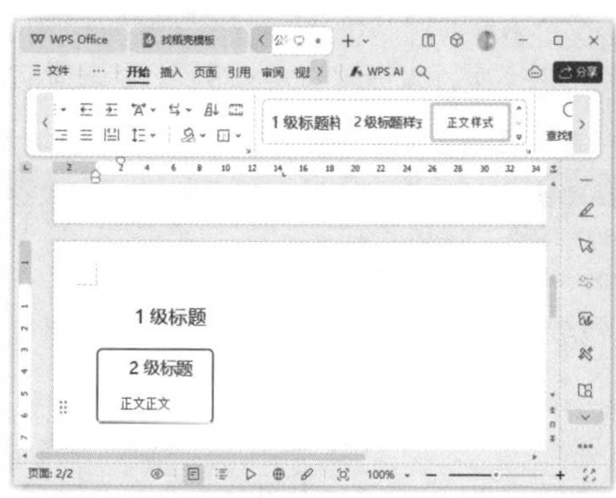

关键步骤11：插入目录。在“目录”下拉菜单中选择“自动目录”选项，插入目录。此时就完成了模板修改，保存并关闭文档。

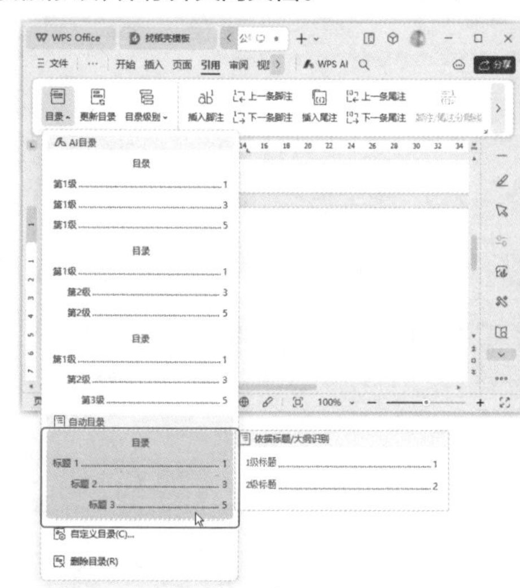

关键步骤12：让内容新起一页。此时内容与目录在同一页，在正文内容前放上光标，插入分页符让内容新起一页。

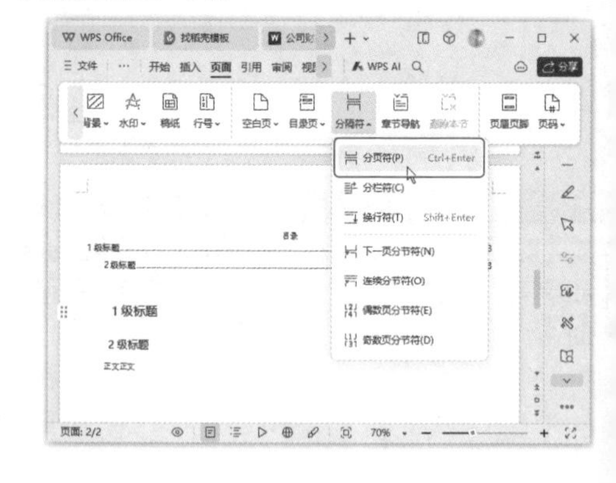

关键步骤13：打开保存的模板并再次保存。 打开上面步骤中制作完成的模板，打开“另存为”对话框。❶选择文档的保存位置；❷输入文件名称，选择文档的保存格式为“WPS文字文件(*.wps)”类型；❸单击“保存”按钮。

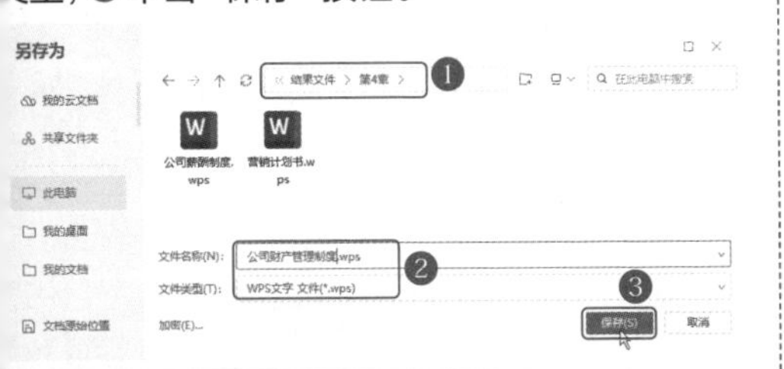

关键步骤14：替换和删除内容。 ❶输入日期，再输入文档标题“财产管理制度”；❷选中下方的文字，按Delete键删除。

关键步骤15：更换图片。 右击左下角的“替换为徽标”文字，在弹出的快捷菜单中选择“更改图片”选项。按照路径“素材文件\第4章\LOGO.png”选择图片，单击“插入”按钮。插入后再重设图片大小并调整到合适大小。

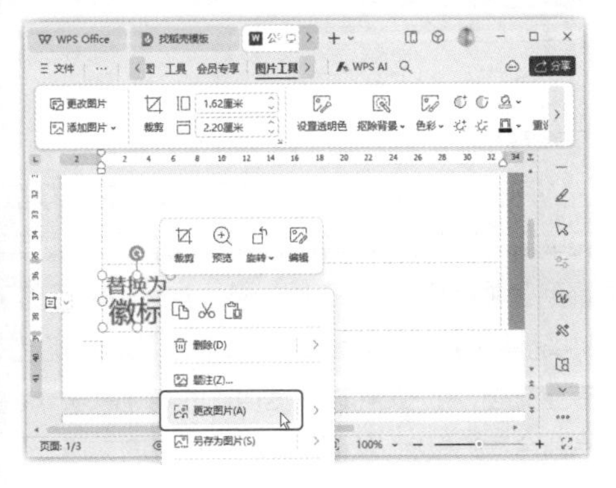

关键步骤16：复制粘贴文本。 按照路径“素材文件\第4章\公司财产管理制度内容.wps”打开文档，选中“公司介绍”内容进行复制。将复制的文本粘贴到右边的位置处。再在下方黄色色块中输入相关信息。

关键步骤17：替换封面图片。 右击封面图片，在弹出的快捷菜单中选择“更改图片”选项。按照路径“素材文件\第4章\图片1.jpg”选择图片，并单击“打开”按钮。此时便完成了封面页的设计。

关键步骤18：输入1级标题。 选中文档中的1级标题，输入新的1级标题名称。

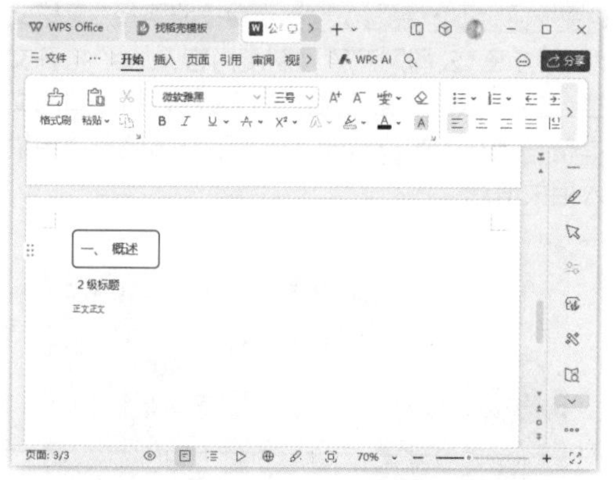

关键步骤19：复制内容并设置样式。按照路径“素材文件\第4章\公司财产管理制度内容.wps”复制除了第一个1级标题外的所有内容，粘贴到文档中。调整文档中内容的样式，如选中正文，应用正文样式。

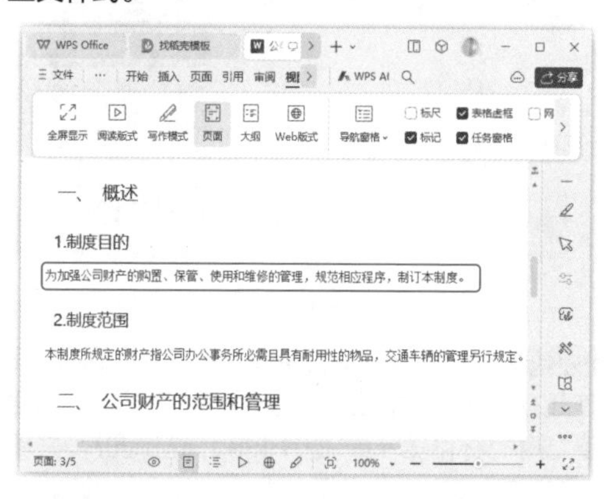

关键步骤20：更新目录。单击“引用”选项卡下的“更新目录”按钮，更新目录。此时便完成了公司财产管理制度文档的制作。

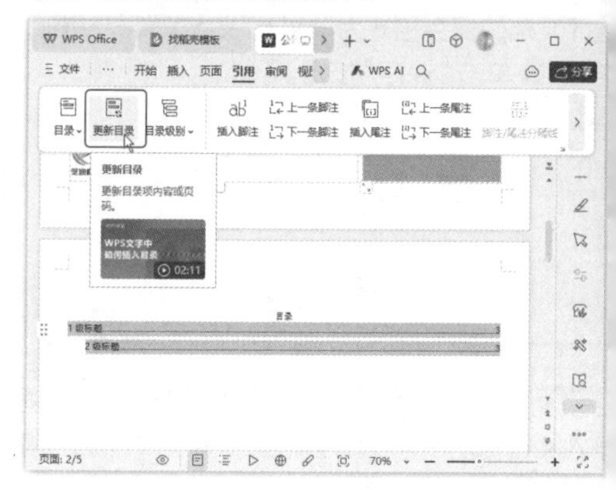

高手秘技与 AI 智能化办公

01 用好稻壳模板资源，让办公工作智能简单化

选择合适的模板是快速创建文档的关键步骤。模板是文档的蓝图，它能够为我们提供一个清晰的结构和统一的样式，使我们在编辑内容时更加高效、便捷。通过使用模板，我们可以节省大量时间，避免重复劳动，同时还能保证文档的专业性和美观度。

WPS Office为用户提供了大量的文档模板，只要单击“来稻壳 找模板”选项卡，就可以在该页面中看到各种模板了，如下图所示。这些模板涵盖了各种类型和用途，无论是商务函、报告、简历，还是其他专业文档，用户都可以根据自己的实际需求，从中选择最合适的模板，从而快速生成规范的文档。

在该页面的左侧可以根据要创建的文档类型来选择模板，也可以在右侧系统推荐的类型中选择模板，还可以在上方的搜索框中输入关键字来查找模板。

例如，要创建人事行政管理方面的文档，具体操作方法如下。

第1步：筛选模板。❶单击“来稻壳　找模板”选项卡；❷在左侧选择“文字”选项；❸在上方的“场景”栏中选择“人事行政管理”选项；❹在下方筛选后的模板列表中查看并选择需要使用的模板。

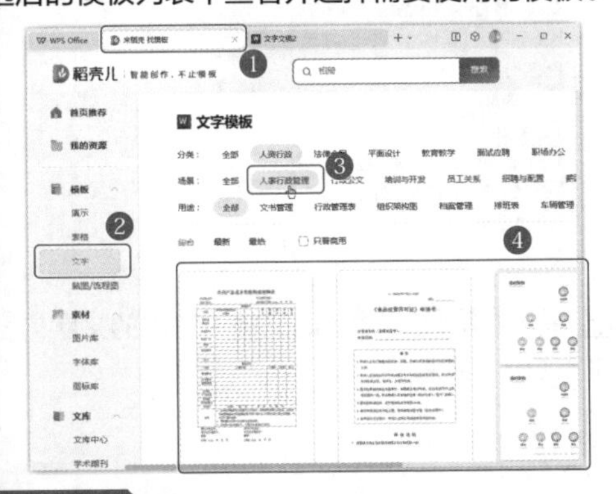

专家点拨

也可以在上方的搜索框中输入“人事行政管理”，单击“搜索”按钮进行查找。

第2步：下载模板。在新界面中可以查看到该模板的预览效果，单击右侧的“立即下载”按钮，下载后就会自动根据该模板创建一个新文档。

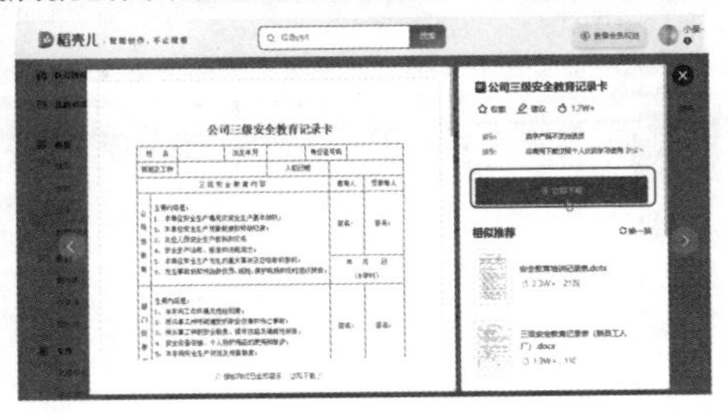

专家点拨

稻壳儿素材库中除了有文档模板、表格模板、演示模板外，还提供了图标库、图片库、云字体，以及在线简历制作、在线合同制作、图片海报设计、脑图制作等。

02 智能排版文档内容，效率大大提升

如果文档内容已经输入完成，可以使用WPS AI的智能排版功能，该功能能够自动识别文档内容，并根据内容推荐合适的排版风格，让文档更加整齐、美观。通过AI的帮助，可以在短时间内实现高效的文档排版，进一步提升工作效率。

下面举例介绍智能排版的具体操作步骤。

第1步：在WPS AI中选择“文档排版”选项。按照路径打开“素材文件\第4章\仓库租赁协议.wps”文件。❶单击WPS AI按钮；❷在显示出的WPS AI任务窗格中选择“文档排版”选项。

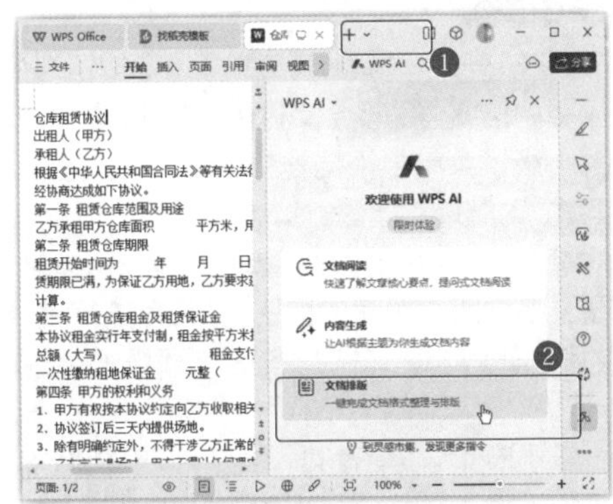

第2步：选择要采用的排版类型选项。在任务窗格中便显示出系统推荐的排版类型选项，根据文档内容和缩览图效果选择合适的排版选项，这里将鼠标光标移动到要选择的“合同协议”选项上，单击显示出的“开始排版”按钮。

第3步：应用智能排版效果。稍后，WPS AI就会依照选择的排版效果对文档内容进行排版，完成后如果觉得满意就单击“确定”按钮采用；如果不是特别满意可以换其他排版效果，也可以在采用后进行微调。

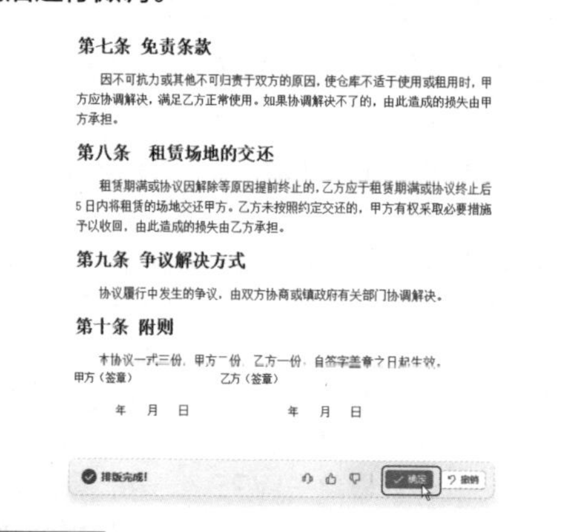
第七条 免责条款

因不可抗力或其他不可归责于双方的原因，使仓库不适于使用或租用时，甲方应协调解决，满足乙方正常使用。如果协调解决不了的，由此造成的损失由甲方承担。

第八条 租赁场地的交还

租赁期满或协议因解除等原因提前终止的，乙方应于租赁期满或协议终止后5日内将租赁的场地交还甲方。乙方未按照约定交还的，甲方有权采取必要措施予以收回，由此造成的损失由乙方承担。

第九条 争议解决方式

协议履行中发生的争议，由双方协商或镇政府有关部门协调解决。

第十条 附则

本协议一式三份，甲方一份，乙方一份，自签字盖章之日起生效。

甲方（签章） 乙方（签章）

年 月 日 年 月 日

专家点拨

单击“开始”选项卡下的“排版”按钮，在下拉菜单中选择“智能全文排版”选项，可以在弹出的下级子菜单中根据文档内容选择适合的排版方式，对整篇文档进行排版。

如果选择“智能段落整理”选项，可以自动调整文档中所选段落的格式，如段落的缩进、行距、段间距等，使文档的段落布局更加合理和统一。

如果选择“段落重排”选项，可以重新排列文档中的段落顺序，实现段落顺序的灵活调整和修改。这项功能在编辑长文档或需要频繁修改文档结构时特别实用，它可以帮助用户更高效地组织和编辑文本内容。

03 一项实用的文字格式删除技巧

将文字复制并粘贴到WPS文档中，文字可能会是自由格式，导致粘贴到文档中的文字格式奇怪且不方便调整。此时可以利用一键清除格式的技巧，将格式清除后再重新设置。

第1步：打开“样式和格式”窗格。按照路径打开“素材文件\第4章\格式删除.wps”文件。单击“开始”选项卡下的“样式和格式”对话框启动器按钮。

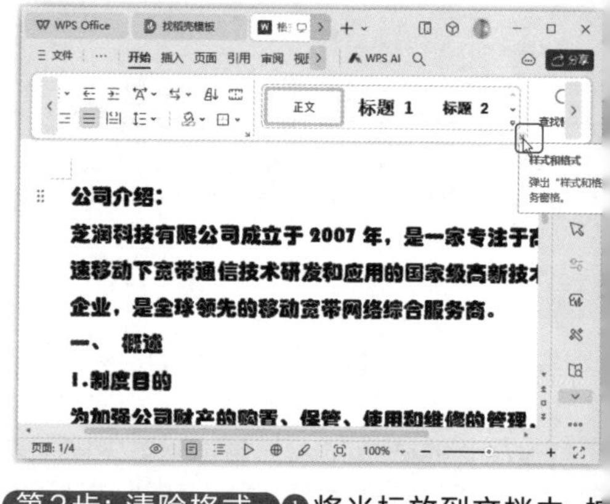

第2步：清除格式。❶将光标放到文档中，按Ctrl+A组合键，选中文档中的所有内容；❷单击“样式和格式”窗格中的“清除格式”按钮。

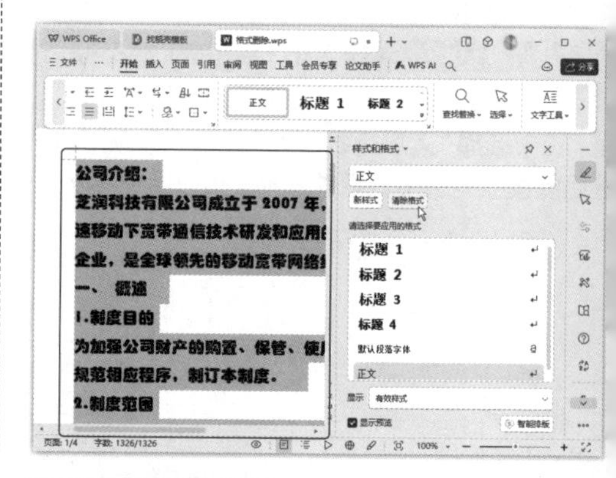

第3步：查看效果。此时文档中选中的文字内容的格式被全部清除。

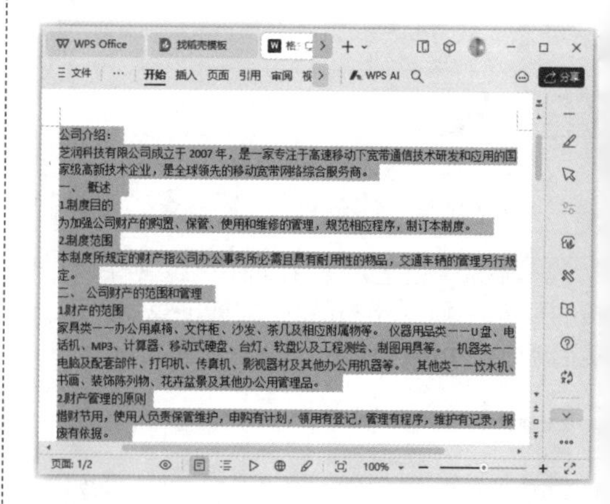

第5章 WPS办公文档的修订、邮件合并及高级处理

◆本章导读

WPS文字除了简单的文档编辑功能，还可以利用审阅功能，对他人的文档进行修订、添加批注。如果公司或企业想要批量制作邀请函，也可以利用WPS的“编写和插入域”功能来快速实现。不仅如此，WPS还可以添加控件制作调查问卷。

◆知识要点

- ■修订文档功能
- ■为文档添加批注
- ■插入合并域功能
- ■单选按钮、复选框控件的添加
- ■组合框及文本控件的添加
- ■控件属性的更改

◆案例展示

邀请函

——国际商务节

尊敬的王强女士/先生：

兹定于二零二四年七月二十日上午九时于 北京极
2024年 商贸创意 国际商务节，会期三天。届时将有
与经济合作洽谈等活动。

您到会场后的联系人、座次如下：

联系人：小刘

联系电话：13888××6127

座次：1大厅2排12号座位

芝润科技

诚邀您

参与问卷调查

尊敬的顾客：

您好！为了进一步了解目前消费者对大润发超市产品和服务等的满意情况，我们的市场营销小组将展开公众对大润发超市顾客满意度的抽样调查，以此为芝润提供相关资料，以便不断提高服务水平，为您提供更优质的服务。在此，我们将进行无记名调查，请您放心填写。希望能您在百忙之中如实填写此表，提出宝贵意见。

调查项目	调查填写 如无特别说明，填写时请在相应的选项上打“√”号即可，谢谢您的参与！
基本情况	
您的年龄是	○20岁以下 ○20~39岁 ○40~59岁 ○60岁及以上
您的月收入水平是	○1500元以下 ○1500~2999元 ○3000~5999元 ○6000元及以上
您的职业类型是	○工人 ○公务员 ○文教人员 ○企业人员 ○退休人员 ○学生 ○其他
调查内容	
您对本公司产品的购买频率是	○一周一次 ○两周一次 ○一月一次 ○更少频率
与同类产品相比，您对本公司产品满意吗	○很满意 ○满意 ○一般 ○不满意
您认为本公司产品的优点是哪些（可多选）	□外观好看 □质量好 □耐用 □使用方便 □智能化
当您对服务提出投诉或建议时，公司客服的处理方式（文字填写）	
其他调查项目	
您对公司产品或服务有哪些建议或意见？（文字填写）	
请为本公司写一句宣传语（文字填写）	

5.1 审阅“员工绩效考核制度”

扫一扫 看视

※ 案例说明

“员工绩效考核制度”是公司行政管理人员制作的一种文档。文档制作完成后，需要提交给上级领导，让领导确认内容是否无误。领导在查看员工绩效考核制度时，可以进入修订状态修改自己认为不对的地方；也可以添加批注，对不明白或者需要更改的地方进行注释，当文档制作人员收到反馈后，可以回复批注进行解释或修改。

进行修订和添加批注的“员工绩效考核制度”文档如下图所示。

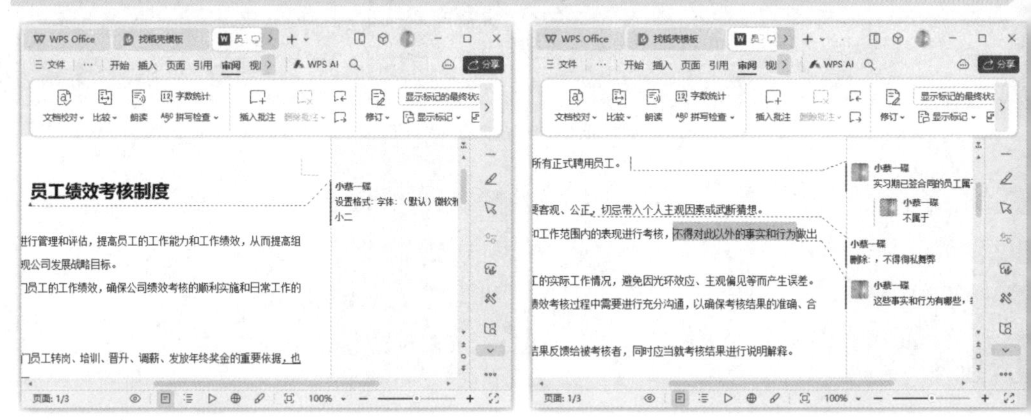

※ 思路解析

对员工绩效考核制度进行修订和批注的目的和方式是有所区别的。修订文档是直接在原内容上进行更改，只不过更改过的地方会添加标记，文档制作者可以选择接受或拒绝修订；而批注的目的相当于注释，对文档有误或有疑问的地方添加修改意见或疑问。其制作思路如下图所示。

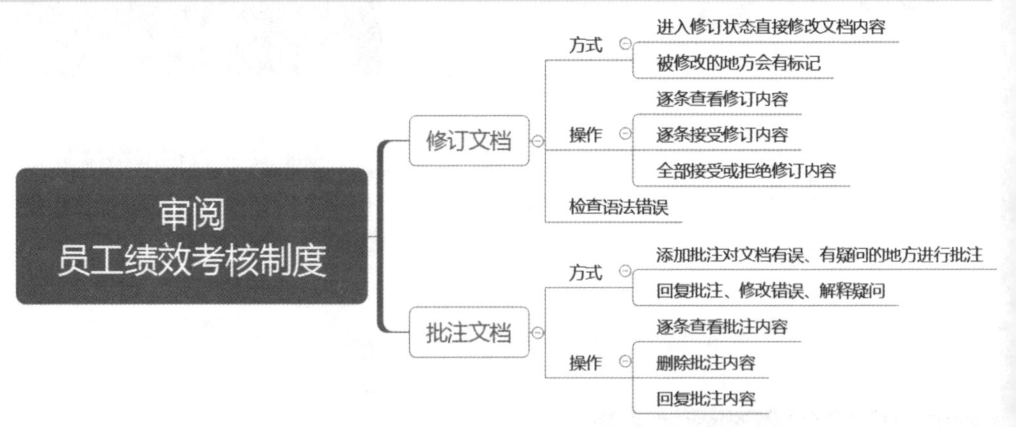

※ 步骤详解

5.1.1 修订考核制度

文档完成后，通常需要提交给领导或相关人员审阅，领导在审阅文件时，可以使用WPS文字中的修订功能，在文档中根据自己的修改意见进行修订，同时将修改过的地方添加上标记，以便让文档原作者检查、改进。

>>>1. 拼写和语法检查

在编写文档时，偶尔可能会因为一时疏忽或误操作，导致文章中出现一些错别字或词语甚至语法错误，利用WPS中的拼写和语法检查可以快速找出和解决这些错误。

第1步：执行拼写检查命令。 按照路径“素材文件\第5章\员工绩效考核制度.wps”打开素材文件；❶切换到“审阅”选项卡；❷选择“拼写检查”选项。

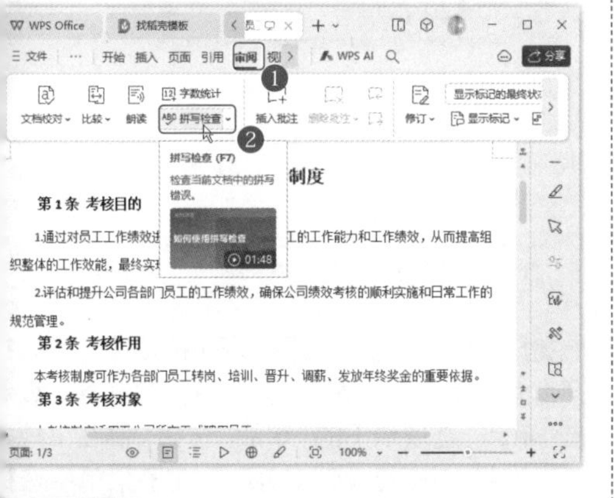

专家点拨

拼写和语法检查不仅可以在“审阅”选项卡下利用“拼写检查”功能检查，还可以打开文档的语法检查功能。方法是选择“文件”菜单中的“选项”选项，在“选项”对话框的“拼写检查”选项卡中选择需要检查的拼写项目。文档中有拼写和语法错误的内容下方会出现波浪线等标记。

第2步：完成拼写检查。 此时在文档中会进行拼写检查，完成文档检查后会显示“拼写检查已经完成。”的字样，单击“确定”按钮。

>>>2. 在修订状态下修改文档

在审阅文档时，审阅者可以进入修订状态，对文档进行格式修改、内容的删除或添加。所有进行过操作的地方都会被标记，文档原作者可以根据标记来决定接受或拒绝修订。

第1步：进入修改状态。 单击“审阅”选项卡下的“修订”按钮。

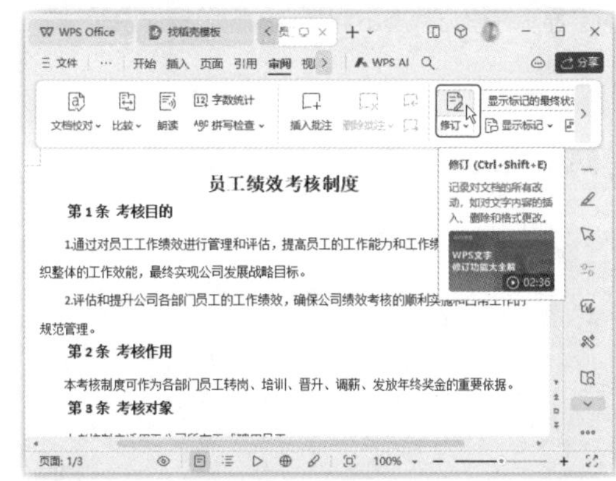

第2步：修改标题格式。 ❶进入修订状态后，选中标题；❷在“开始”选项卡下修改标题的字体、字号；❸此时在页面右边就出现了修订标记。

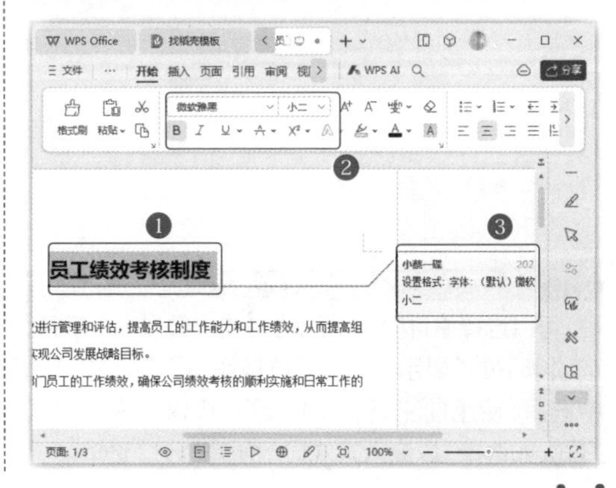

第3步：添加内容。将光标定位到“第2条”内容下，在这句话末尾的句号前输入需要补充修改的文字内容。此时修改补充的文字下方有一条横线。

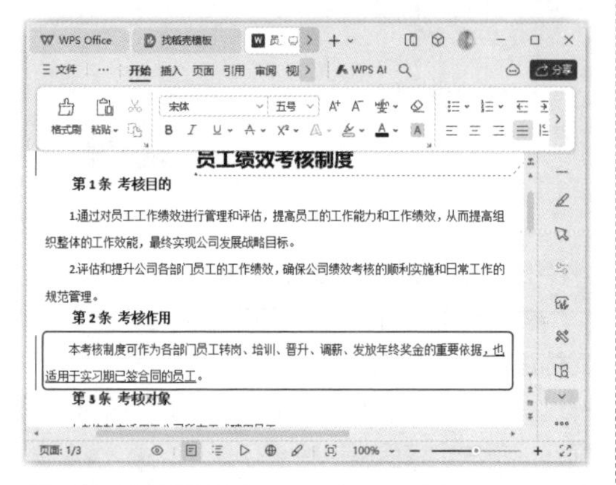

第4步：删除内容。❶将光标定位到“第4条”下方“公正，”后面，按Delete键，删除多余的内容；❷此时会显示在修订状态下对文字的删除操作说明。

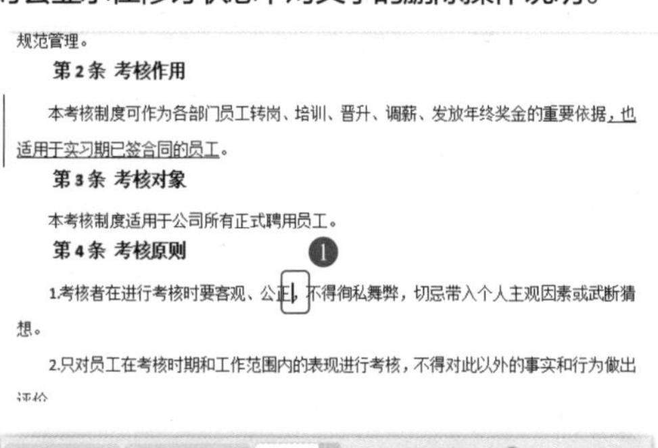

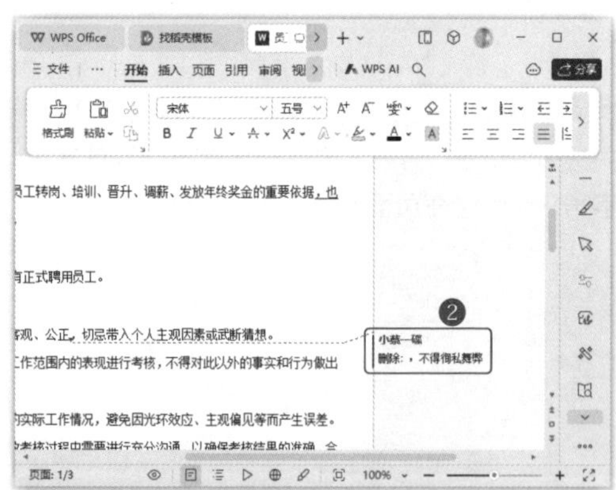

第5步：改变修订内容显示方式。对文档进行修订后，可以选择修订内容显示的方式。❶单击“审阅”选项卡下的“显示标记”下拉按钮；❷在下拉菜单中选择“使用批注框”选项；❸选择修订内容显示方式，如选择“以嵌入方式显示所有修订”选项。

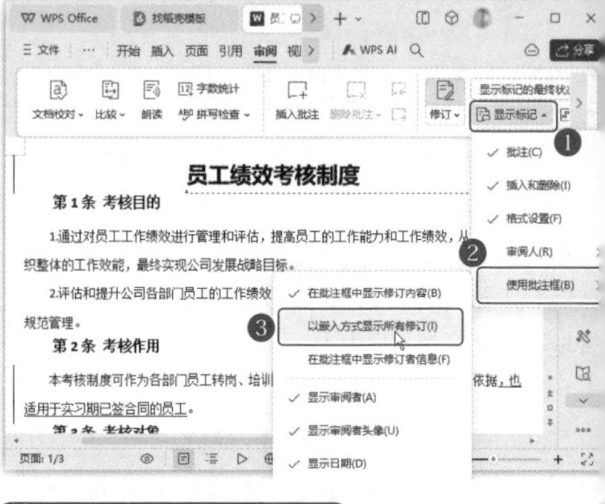

第6步：查看修订的内容。页面右边的批注框消失不见了，有关修订操作直接显示在文档中，并用不同的修订标记表示。

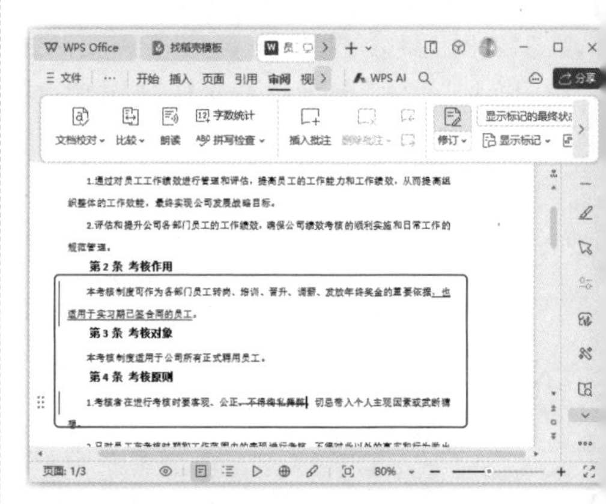

第7步：设置审阅窗格。修订后的文档，可以打开审阅窗格，里面显示了有关审阅的信息。❶单击“审阅”选项卡下的“审阅”按钮；❷在下拉菜单中选择“审阅窗格”选项，并在子菜单中选择“垂直审阅窗格”选项。

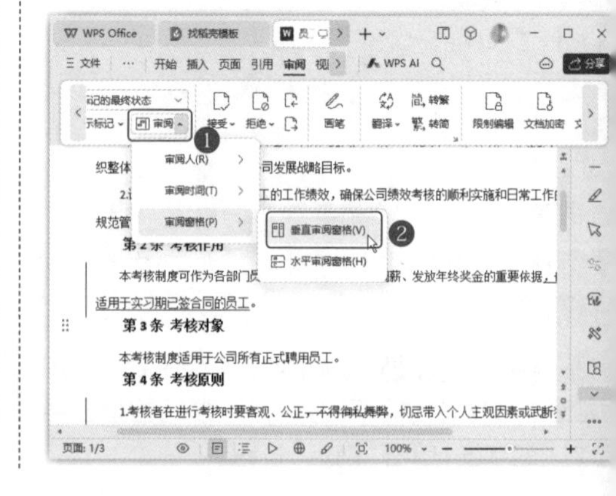

第8步：查看审阅窗格。此时在页面左边出现了垂直的审阅窗格，可以在这里看到有关修订的信息，如下图所示。

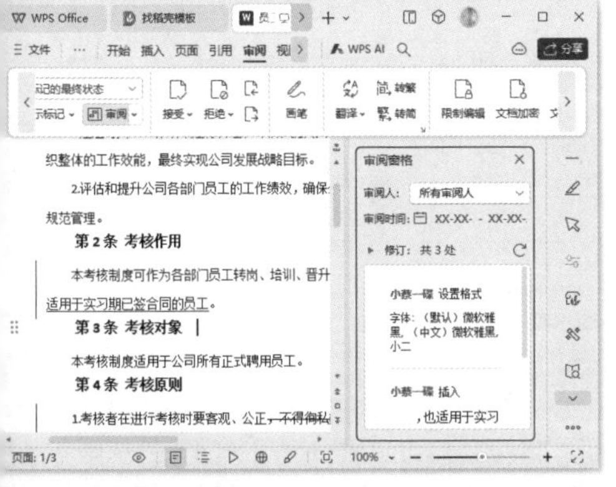

第9步：退出修订。单击“审阅”选项卡下的“修订”按钮，可以退出修订状态。

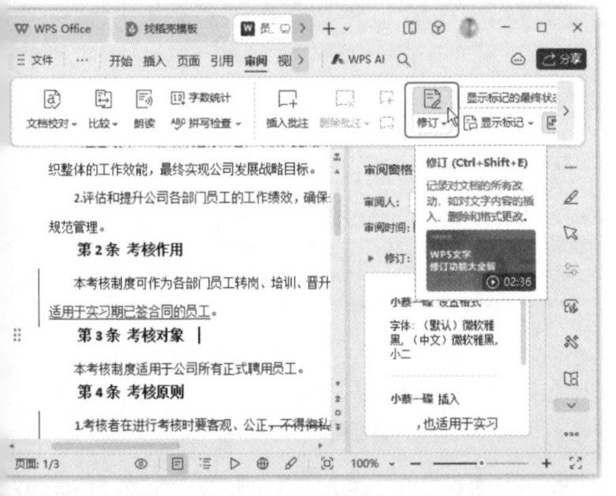

第10步：逐条查看修订。当完成文档修订退出修订状态后，可以单击“审阅”选项卡下“更改”组中的“下一条修订”按钮，逐条查看有过修订的内容。

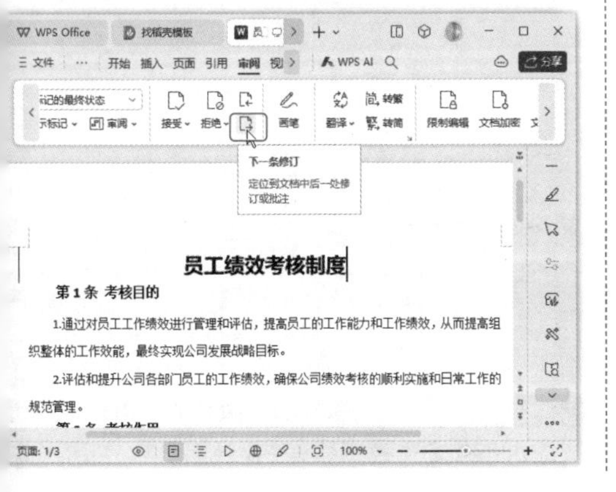

第11步：接受修订。如果认同别人对文档的修改，可以接受修订。❶单击“审阅”选项卡下的“接受”下拉按钮；❷在下拉菜单中选择“接受对文档所做的所有修订”选项。

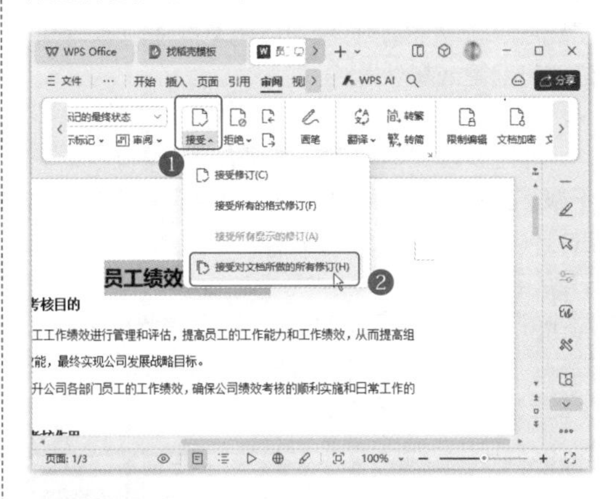

专家答疑

问：可以接受或拒绝单独一条修订内容吗？

答：可以。接受和拒绝修订都可以单独进行，根据每一条修订的情况，选择接受或拒绝这条修订。方法是选中特定的修订内容，在“接受”下拉菜单中选择“接受修订”选项，或者是在“拒绝”下拉菜单中选择“拒绝所选修订”选项。

第12步：拒绝修订。如果不认同别人对文档的修订，可以拒绝修订。❶单击“审阅”选项卡下的“拒绝”下拉按钮；❷在下拉菜单中选择“拒绝对文档所做的所有修订”选项。

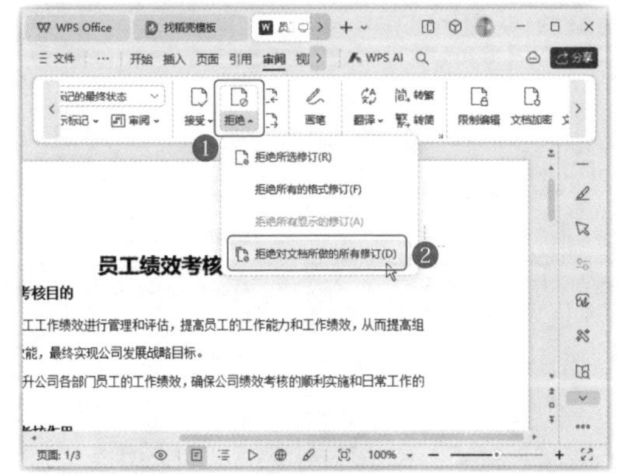

5.1.2 批注考核制度

修订是进入修订状态在文档中对内容进行更改，而批注是为有问题的内容添加修改意见或提出疑问，并非直接修改内容。当别人对文档添加了批注后，文档的原作者可以浏览批注内容，对批注进行回复或删除批注。

>>>1. 添加批注

批注是在文档内容以外添加的一种注释，它不属于文章内容，通常用于多个用户对文档内容进行修订和审阅时附加说明文字信息，添加批注的操作方法如下。

第1步：单击"插入批注"按钮。❶将光标放到文档中需要添加批注的地方；❷单击"审阅"选项卡下的"插入批注"按钮。

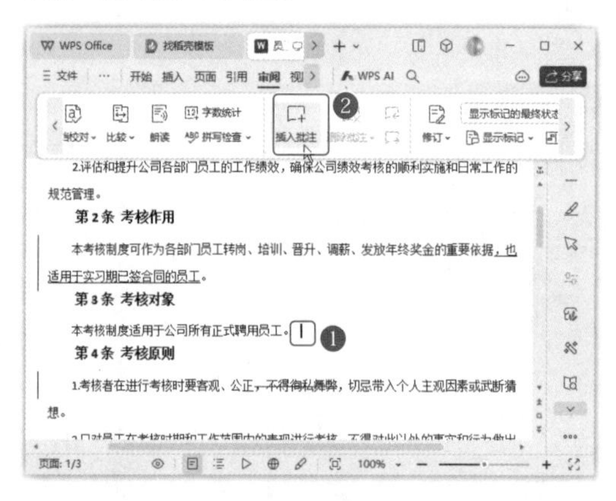

第2步：更改批注显示方式。此时并没有看见批注框，是因为此前我们设置批注显示为嵌入式了。❶单击"审阅"选项卡下的"显示标记"下拉按钮；❷选择"使用批注框"选项；❸选择级联菜单中的"在批注框中显示修订内容"选项。

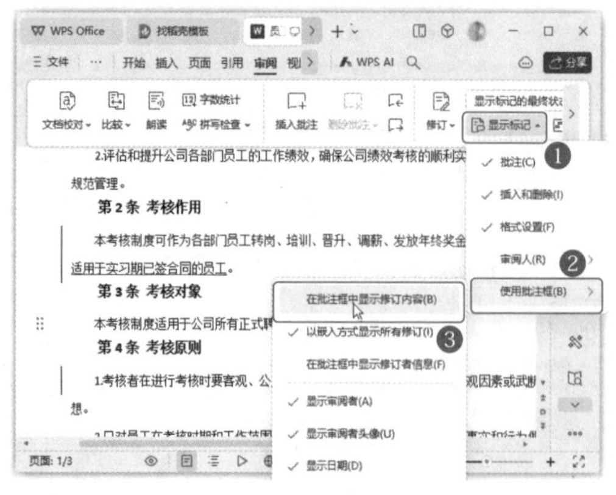

第3步：输入批注内容。出现了批注窗格，在批注窗格中输入批注内容，如下图所示。

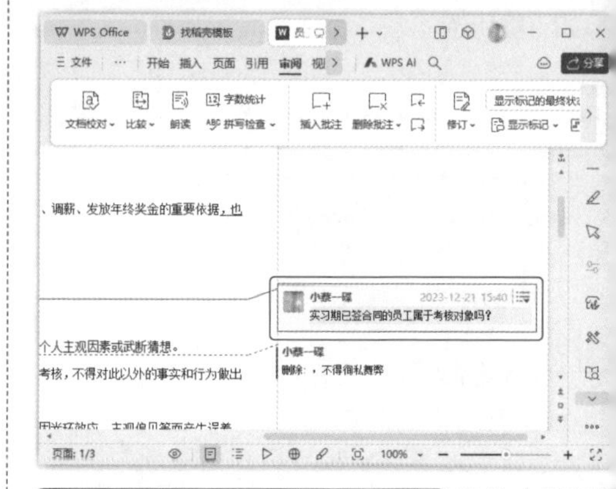

第4步：为特定的内容添加批注。❶选中要添加批注的特定内容；❷单击"审阅"选项卡下的"插入批注"按钮。

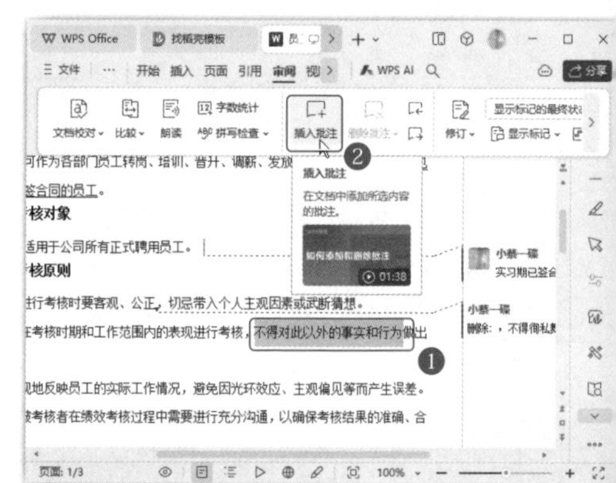

第5步：输入批注。在右边新出现的批注窗格中输入批注内容。

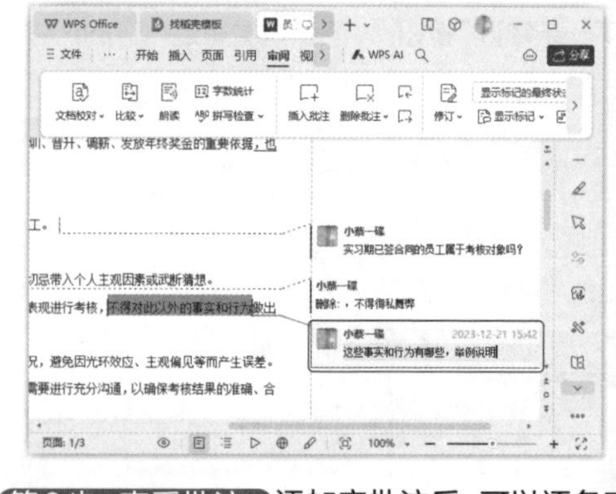

第6步：查看批注。添加完批注后，可以逐条查看添加的批注，看内容是否准确无误。如下图所

示，单击“审阅”选项卡下的批注窗格中的“下一条批注”按钮。

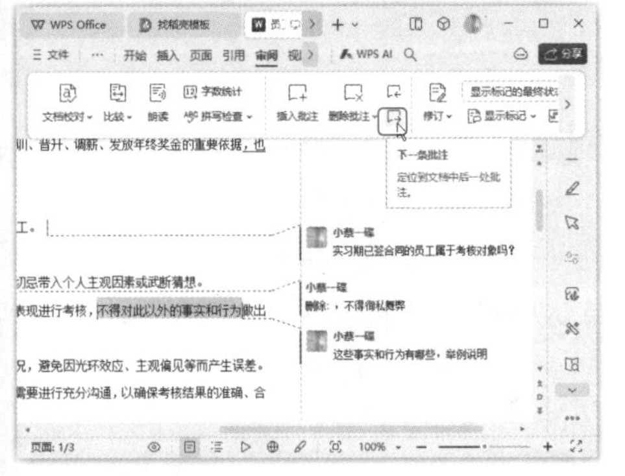

>>>2. 回复批注

当文档原作者看到别人对自己的文档添加的批注时，可以对批注进行回复。回复的内容是针对批注问题或修改意见作出的答复。

第1步：执行回复批注命令。将光标放到要回复的批注上，单击右上角的“编辑批注”按钮，在下拉菜单中选择“答复”选项。

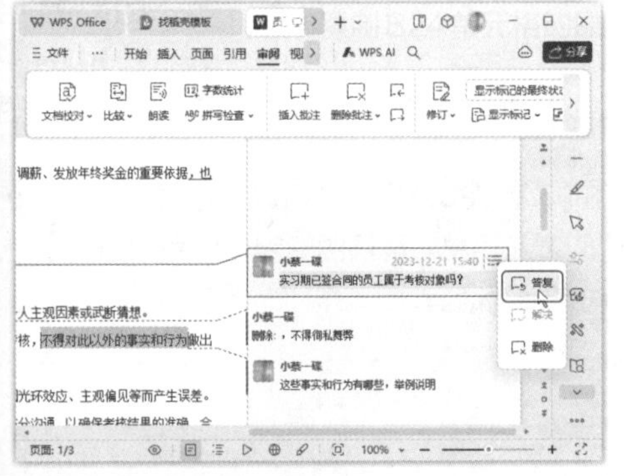

第2步：输入回复内容。此时会在批注下方出现回复窗格，输入回复内容即可。

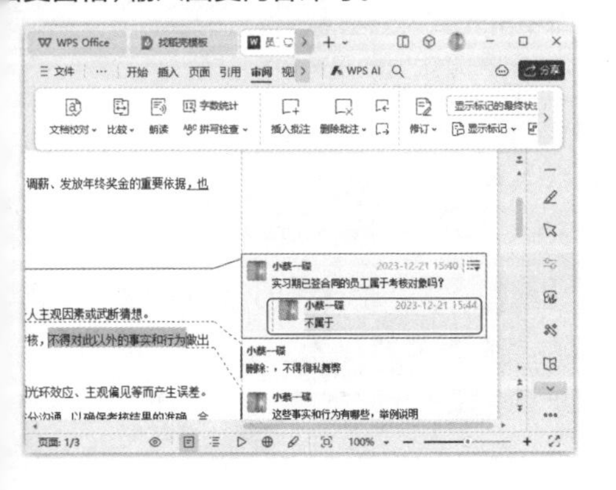

>>>3. 删除批注

作者在查看别人对自己的文档添加的批注时，如果不认同某条批注，或是因为某批注是多余的，可以对其进行删除。方法如下图所示。❶选中需要删除的批注；❷选择“审阅”选项卡下的“删除批注”下拉菜单中的“删除批注”选项。

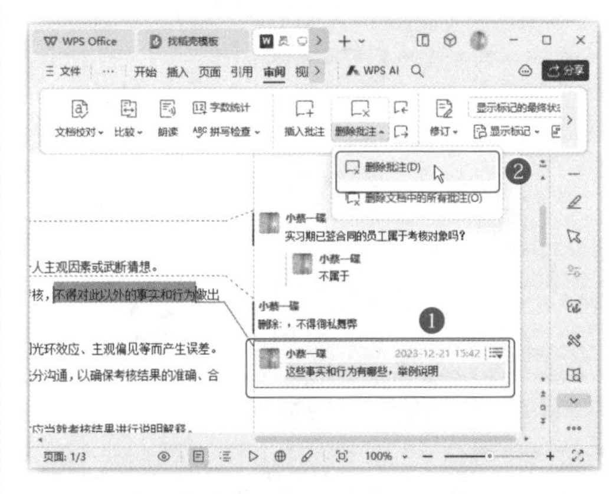

>>>4. 修改批注显示方式

WPS文字提供了三种批注显示方式，分别是在批注框显示批注、以嵌入方式显示批注和在“审阅窗格”中显示批注，用户可以根据需要进行选择。

第1步：更改批注显示方式。❶单击“审阅”选项卡下的“显示标记”下拉按钮；❷选择“使用批注框”选项；❸选择级联菜单中的“以嵌入方式显示所有修订”选项。

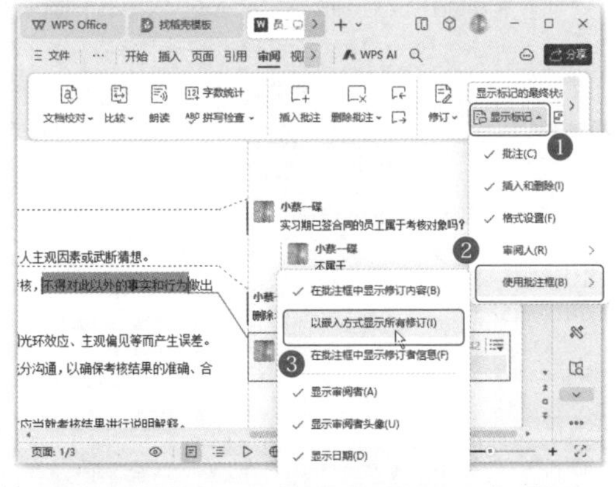

第2步：查看修改显示方式的批注。批注窗格关闭后，批注以嵌入的方式显示。如下图所示，将光标放到有批注的文字上，会显示出一个嵌入的批注框，批注框中显示了批注的具体内容。

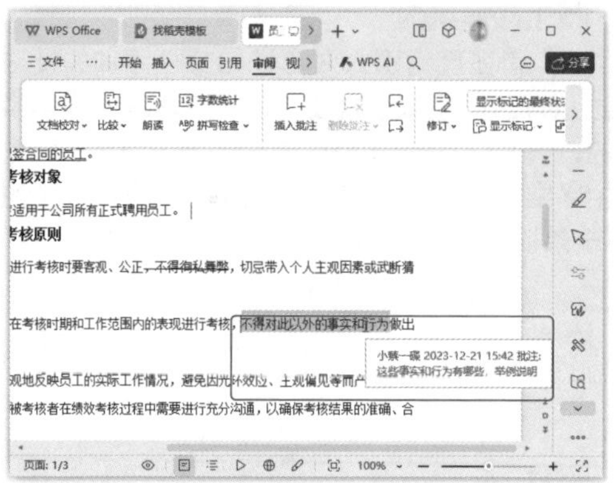

专家答疑

问：不同的批注显示方式有什么不同的作用？

答：不同批注的显示方式决定了批注和修订是否显示以及以何种方式显示。

(1) 在批注框中显示修订内容：批注框中只会显示修订内容，而不显示批注内容。

(2) 以嵌入方式显示所有修订：批注框不显示任何内容，当把光标悬停在增加批注的原始文字的括号上方时，屏幕上才会显示批注的详细信息。

(3) 仅在批注框中显示批注者信息：批注框中只会显示批注者信息而不显示修订内容。

5.2 制作“邀请函”

扫一扫 看视频

※ 案例说明

在公司或企业中，邀请函是常用的文档。邀请函可以发送给客户、合作伙伴、内部员工。邀请函的内容通常包括邀请的目的、时间、地点及邀请的客户信息。邀请函的制作要考虑到美观的问题，不能随便在 WPS 文档中不讲究格式地写上一句邀请的话语。

“邀请函”文档制作完成后的效果如下图所示。

※ 思路解析

公司人事或项目经理在制作邀请函时，为了提高效率，需要考虑数据导入问题。因为邀请函的背景及基本内容是一致的，不同的只是受邀客户这类的个人信息。所以在制作邀请函时，应当先制作一个模板，再将客户信息放在 WPS 表格中，批量将客户信息导入到 WPS 文档中快速生成多张邀请函。其制作思路如下图所示。

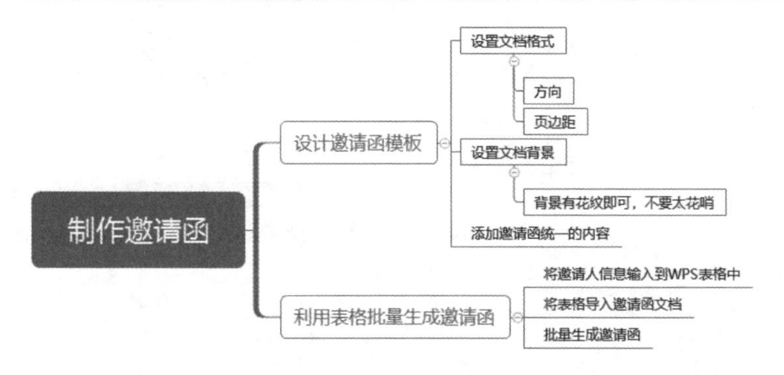

※ 步骤详解

5.2.1 设计邀请函模板

邀请函面向的是多位客户群体，因为邀请函中除了客户的个人信息外，其他信息都是统一的，可以事先将这些统一的信息制作完成，方便后面导入客户个人信息。

>>>1. 设计邀请函页面格式

邀请函的功能相当于请帖，既要保证内容的准确性又要保证页面的美观度。因此，在页面格式上，需要根据邀请函的内容调整页面方向。

第1步：调整页面方向。新建一个WPS文档，命名并保存。选择“页面”选项卡下的“纸张方向”下拉菜单中的“横向”选项。

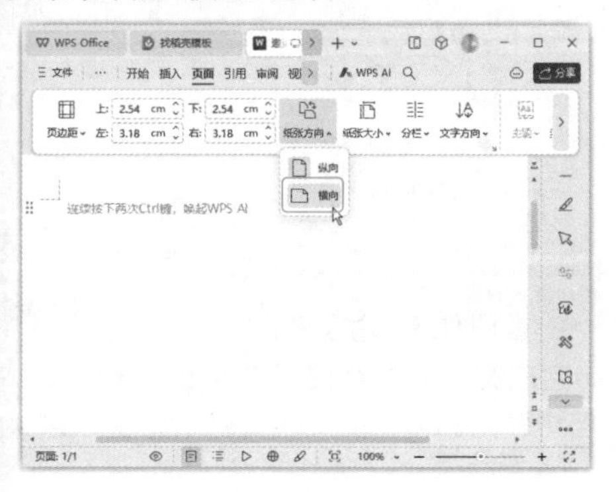

第2步：设置页边距。打开“页面设置”对话框。❶设置页边距的距离；❷单击“确定”按钮。

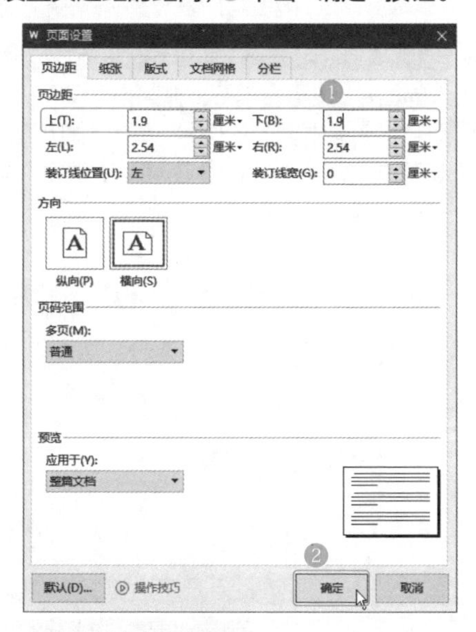

>>>2. 设计邀请函背景

完成邀请函的页面调整后，需要在页面中添加背景图案，以保证美观度。

第1步：插入背景图片。❶ 按照路径"素材文件\第5章\图片1.png"找到图片；❷ 单击"打开"按钮。

第2步：调整图片大小。❶ 选中图片；❷ 在"图片工具"选项卡下设置图片的高度和宽度参数。

第3步：复制图片并打开"布局"对话框。❶ 选中插入的图片，按组合键Ctrl+C和Ctrl+V，复制一张图片；❷ 选中复制的图片，单击"图片工具"选项卡下的"旋转"按钮；❸ 连续两次选择"向右旋转90°"选项。

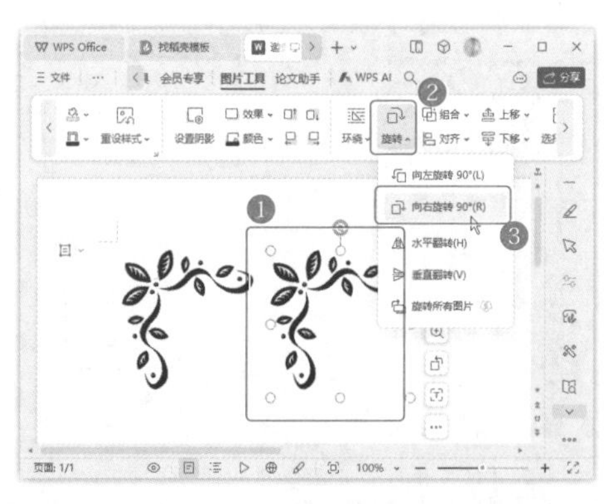

第4步：设置图片环绕方式。❶ 选中完成旋转调整的图片，单击"图片工具"选项卡下的"环绕"按钮；❷ 选择"四周型环绕"方式。

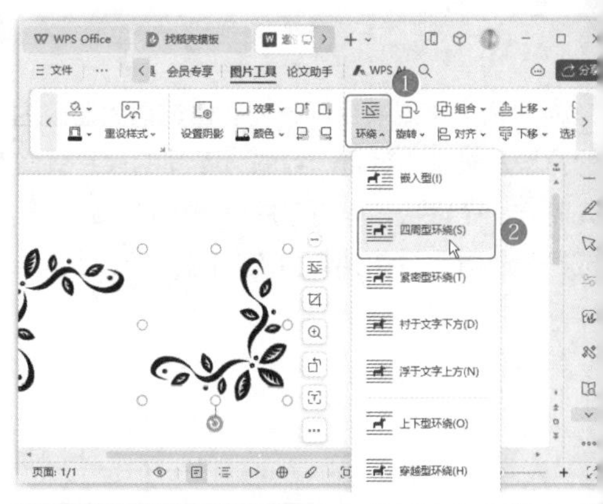

第5步：调整图片位置。完成图片的环绕方式调整后，选中图片，将图片移动到页面的右下方。

第6步：设置图片位置。❶ 选中页面左上方的图片；❷ 将该图片的环绕方式也调整为"四周型环绕"方式。

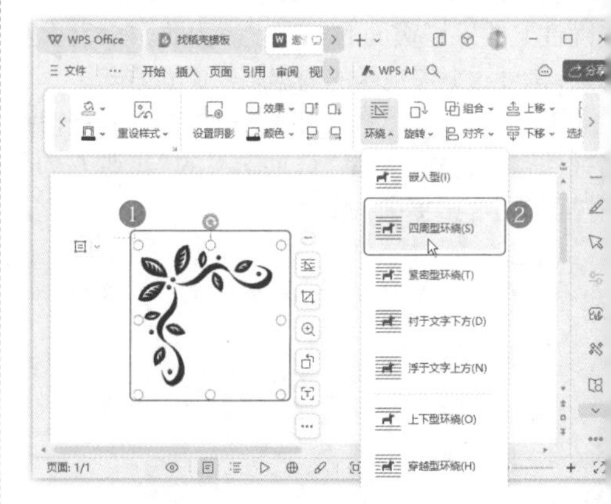

>>>3. 设计邀请函内容格式

完成邀请函的页面及背景格式设置后，在文档中输入邀请函的文字内容。为了让邀请

有文艺内涵，可以设置文字的字体为“华文新”。邀请函文字内容的格式设置方法这里不再述。

邀请函

——国际商务节

尊敬的女士/先生：

兹定于二零二四年七月二十日上午九时于 北京极地 商贸中心8楼举办2024年 商贸创意 国际商务节，会期三天。届时将有商务与文化交流、投资与经济合作洽谈等活动。

您到会场后的联系人、座次如下：

联系人：

联系电话：

座次：

诚意邀请单位：

北京机评科技有限公司

.2.2 制作并导入数据表

当邀请函模板完成后，就可以将客户的信息据录入到WPS表格中，并利用导入功能，批量成邀请函制作。

>>1. 制作表格

打开WPS表格，录入客户信息及针对不同客会有不同的信息，效果如下图所示。WPS表格数据录入方法会在第6章进行讲解，这里可以照路径“素材文件\第5章\邀请客户信息表.et”开表格。

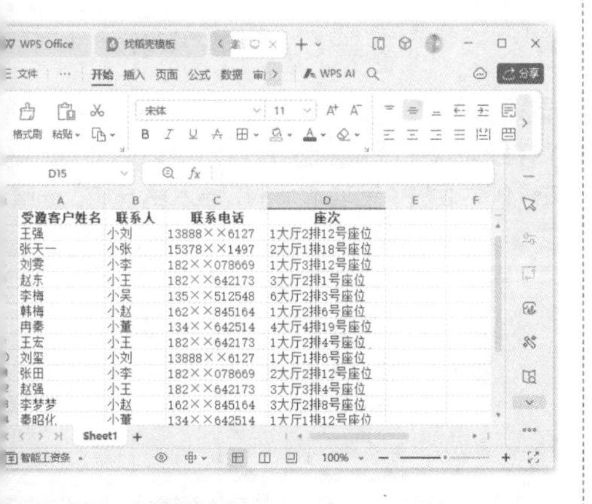

受邀客户姓名	联系人	联系电话	座次
王强	小刘	13888××6127	1大厅2排12号座位
张天一	小张	15378××1497	2大厅1排18号座位
刘雯	小李	182××078669	1大厅3排12号座位
赵东	小王	182××642173	3大厅2排1号座位
李梅	小吴	135××512548	6大厅2排3号座位
韩梅	小赵	162××845164	1大厅2排6号座位
冉秦	小董	134××642514	4大厅4排19号座位
王宏	小王	182××642173	1大厅2排4号座位
刘玺	小刘	13888××6127	1大厅1排6号座位
张田	小李	182××078669	2大厅2排12号座位
赵强	小王	182××642173	3大厅3排4号座位
李梦梦	小赵	162××845164	3大厅2排8号座位
秦昭化	小董	134××642514	1大厅1排12号座位

>>2. 导入表格数据

完成客户信息的录入后，就可以将表格导入WPS邀请函文档中了。

第1步：打开“邮件合并”功能。❶在WPS功能搜索文本框中输入“邮件”；❷选择“邮件合并”选项；❸选择其后的“邮件”选项。

第2步：打开数据源。单击“邮件合并”选项卡下的“打开数据源”按钮，选择“打开数据源”选项。

第3步：选择表格。❶在打开的“选取数据源”对话框中选择“素材文件\第5章\邀请客户信息表.et”文件；❷单击“打开”按钮。

第4步：成功打开数据源。此时“收件人”“插入合并域”等按钮不再是灰色状态，说明成功打开了数据源。

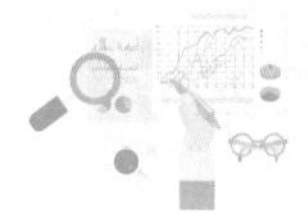

>>>3.插入合并域

当把数据表格导入到邀请函模板文档中后，需要将表格中各项数据以域的方式插入到邀请函中相应的位置，方便后面批量生成邀请函。

第1步：插入“受邀客户姓名”。❶将光标定位在需要插入客户姓名的地方；❷单击“邮件合并”选项卡下的“插入合并域”按钮。

第2步：选择需要插入的域。❶在“插入域”对话框中选择“受邀客户姓名”选项；❷单击“插入”按钮，即可将这个域插入到邀请函中。

第3步：插入“联系人”。完成客户姓名的插入后

❶将光标定位到需要插入联系人的地方；❷单

“邮件合并”选项卡下的“插入合并域”按钮。

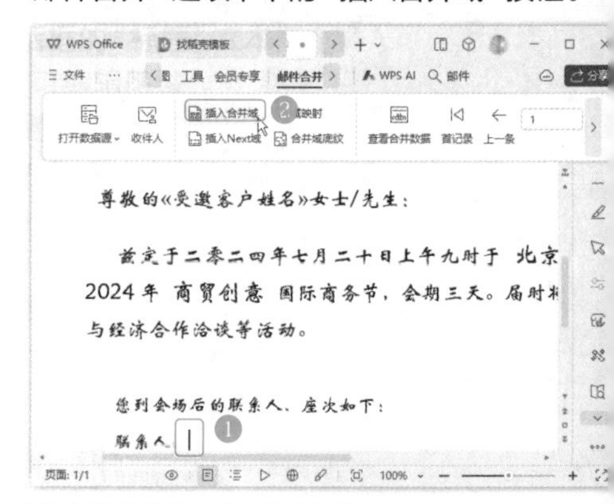

第4步：选择需要插入的域。❶在“插入域”

话框中选择“联系人”选项；❷单击“插入”按

即可将这个域插入到邀请函中。

第5步：插入“联系电话”。完成联系人插入后

❶将光标定位到需要插入联系电话的地方；❷

击“邮件合并”选项卡下的“插入合并域”按钮。

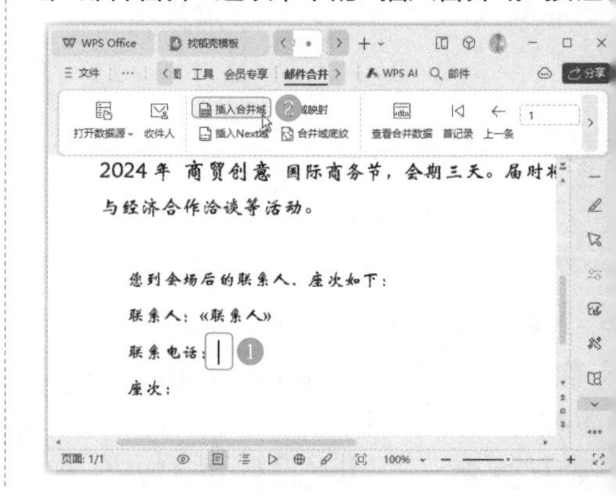

第6步：选择需要插入的域。❶在“插入域”对框中选择“联系电话”选项；❷单击“插入”按，即可将这个域插入到邀请函中。

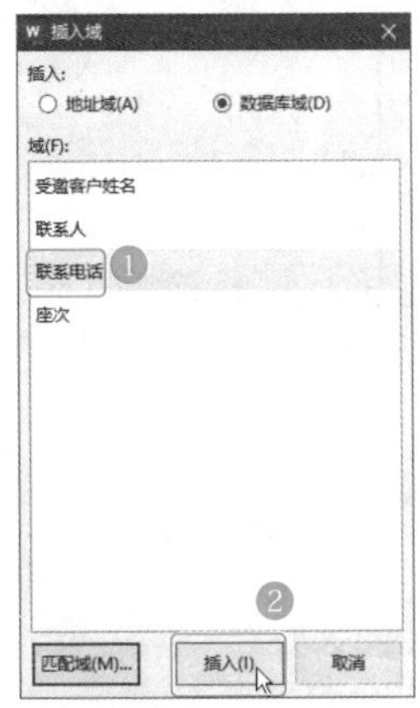

第7步：插入“座次”。完成联系电话插入后，将光标定位到需要插入座次的地方；❷单击“邮合并”选项卡下的“插入合并域”按钮。

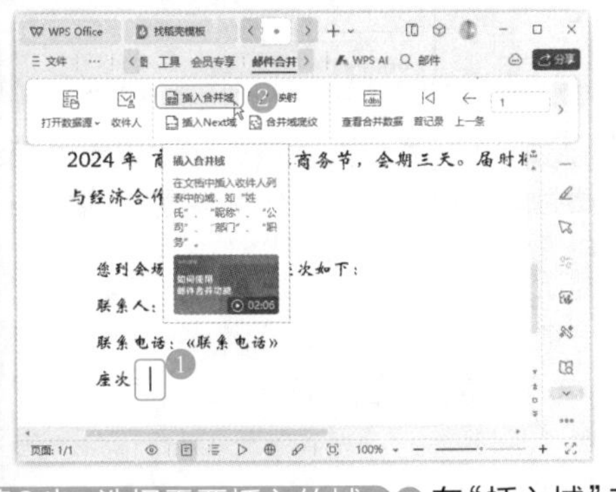

第8步：选择需要插入的域。❶在“插入域”对框中选择“座次”选项；❷单击“插入”按钮，可将这个域插入到邀请函中。

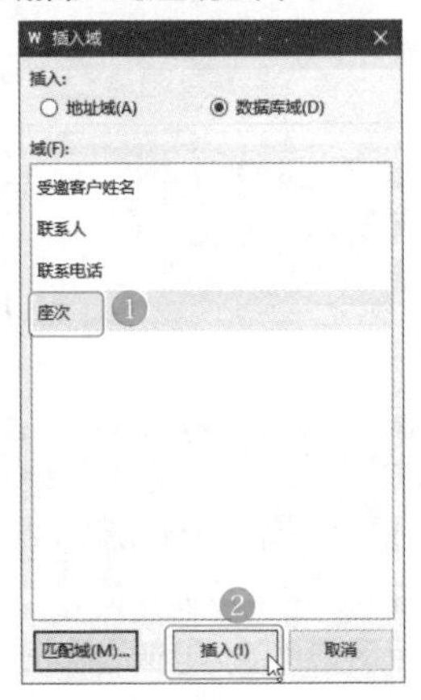

第9步：查看插入效果。此时便完成了邀请函中客户信息及其他个人信息的插入，效果如下图所示。

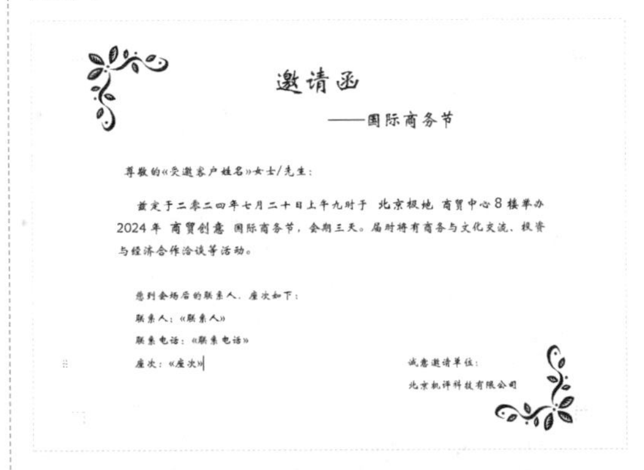

邀请函

——国际商务节

尊敬的«受邀客户姓名»女士/先生：

兹定于二零二四年七月二十日上午九时于 北京极地 商贸中心8楼举办2024年 商贸创意 国际商务节，会期三天。届时将有商务与文化交流、投资与经济合作洽谈等活动。

您到会场后的联系人、座次如下：

联系人：«联系人»

联系电话：«联系电话»

座次：«座次»

诚意邀请单位：

北京机评科技有限公司

第10步：查看合并数据。单击“邮件合并”选项卡下的“查看合并数据”按钮，以便查看客户信息插入效果。

第11步：查看预览结果。此时可以看到客户信息表格中的内容自动插入到邀请函的相应位置，效果如下图所示。

邀请函

——国际商务节

尊敬的王强女士/先生：

兹定于二零二四年七月二十日上午九时于 北京极地 商贸中心8楼举办2024年 商贸创意 国际商务节，会期三天。届时将有商务与文化交流、投资与经济合作洽谈等活动。

您到会场后的联系人、座次如下：

联系人：小刘

联系电话：13888××6127

座次：1大厅2排12号座位

诚意邀请单位：

北京机评科技有限公司

第12步：查看下一条邀请函信息。单击“邮件合并”选项卡下的“下一条”按钮，可以继续浏览生成其他邀请函结果。

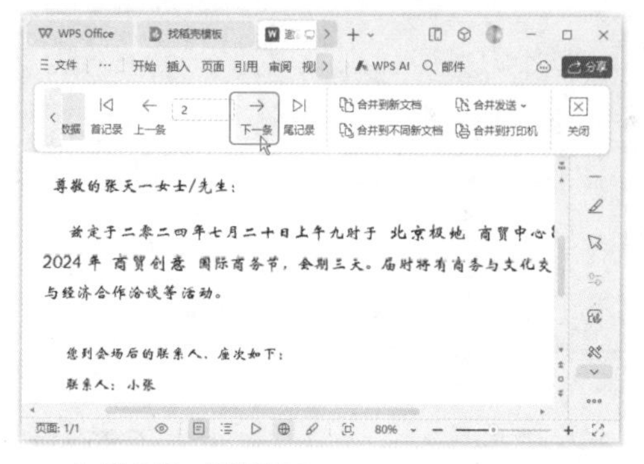

>>>4. 批量生成邀请函

完成邀请函设计后，可以批量生成邀请函，将WPS表格中所有客户的邀请函一次性制作出来。

第1步：执行“合并到新文档”命令。单击“邮件合并”选项卡下的“合并到新文档”按钮。

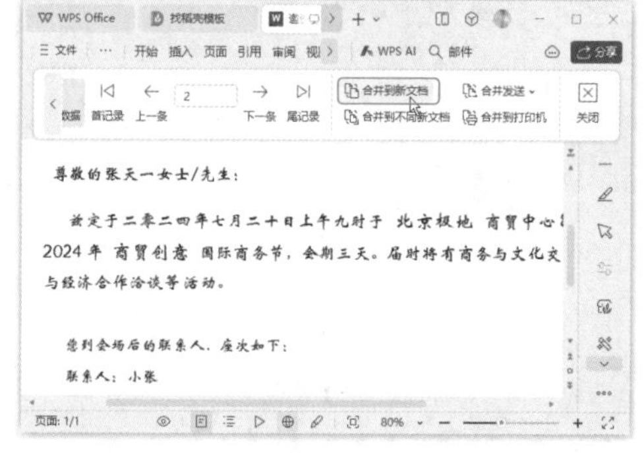

第2步：选择要合并的记录。❶这里选择“全部”，表示要将WPS表格中所有记录的客户信息都生成邀请函；❷单击“确定”按钮。

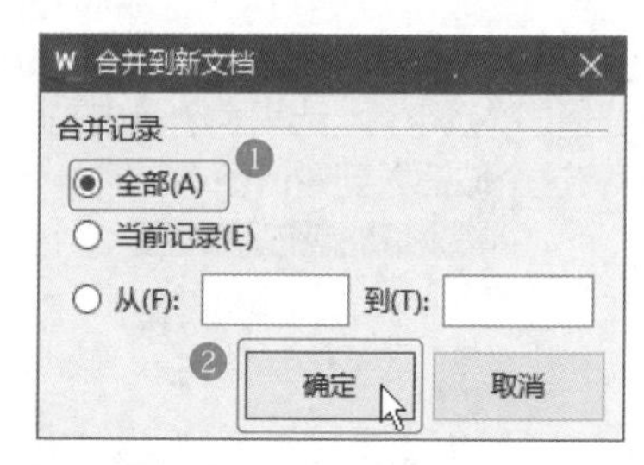

第3步：查看生成的邀请函。此时生成了一个新的文档，文档中包含了WPS表格中13位客户的邀请函。

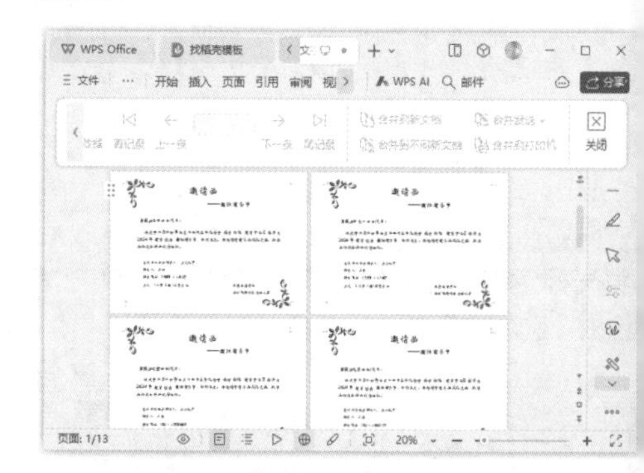

第4步：保存邀请函。❶按Ctrl+S组合键，保存批量生成的邀请函，选择保存位置；❷输入文件名称；❸单击“保存”按钮。

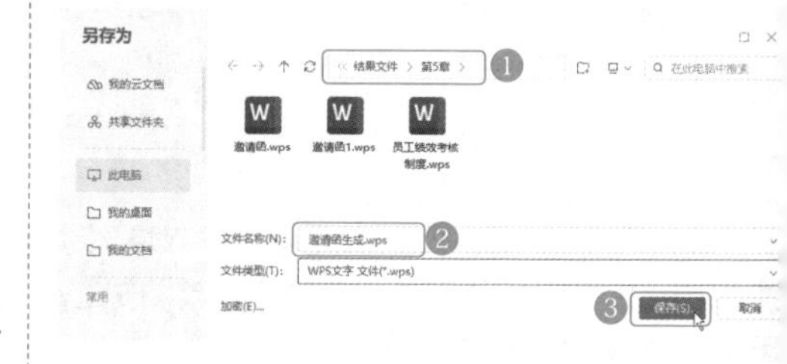

5.3 制作“问卷调查表”

扫一扫 看视频

※ 案例说明

“问卷调查表”是一种以问题形式记录内容的文档，调查问卷需要有一个明确的调查主题，并从主题出发设计问题。被调查者可以通过填写文字或选择选项的方式来完成调查问卷。利用WPS制作调查问卷时，需要用到控件功能。

“问卷调查表”文档制作完成后的效果如下图所示。

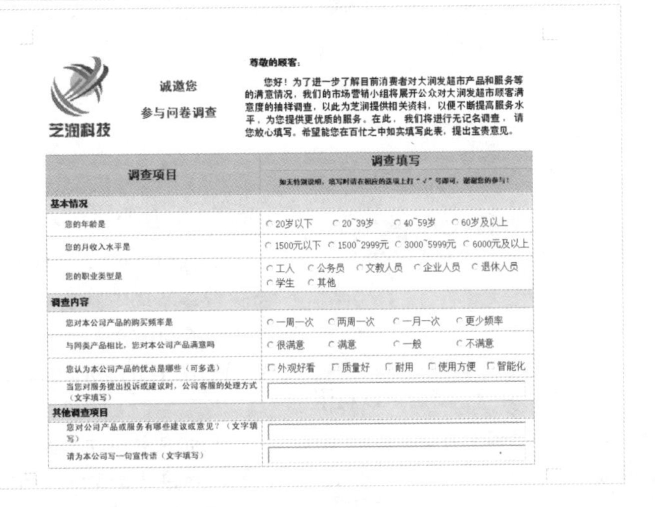

芝润科技

诚邀您

参与问卷调查

尊敬的顾客：

您好！为了进一步了解目前消费者对大润发超市产品和服务等的满意情况，我们的市场营销小组将展开公众对大润发超市顾客满意度的抽样调查，以此为芝润提供相关资料，以便不断提高服务水平，为您提供更优质的服务。在此，我们将进行无记名调查，请您放心填写。希望能您在百忙之中如实填写此表，提出宝贵意见。

调查项目	调查填写 如无特别说明，填写时请在相应的选项上打“√”号即可，谢谢您的参与！
基本情况	
您的年龄是	○20岁以下　○20~39岁　○40~59岁　○60岁及以上
您的月收入水平是	○1500元以下　○1500~2999元　○3000~5999元　○6000元及以上
您的职业类型是	○工人　○公务员　○文教人员　○企业人员　○退休人员 ○学生　○其他
调查内容	
您对本公司产品的购买频率是	○一周一次　○两周一次　○一月一次　○更少频率
与同类产品相比，您对本公司产品满意吗	○很满意　○满意　○一般　○不满意
您认为本公司产品的优点是哪些（可多选）	□外观好看　□质量好　□耐用　□使用方便　□智能化
当您对服务提出投诉或建议时，公司客服的处理方式（文字填写）	
其他调查项目	
您对公司产品或服务有哪些建议或意见？（文字填写）	
请为本公司写一句宣传语（文字填写）	

※ 思路解析

当企业需要通过调查问卷来发现问题、改进产品或服务时，就需要向消费者发送调查问卷。在制作调查问卷时，问卷的问题可以直接在WPS中输入，但是问卷的选项及回答就需要利用控件功能。所以问卷制作者首先应该确定WPS中有“开发工具”选项卡，然后再根据问卷的需求，按照一定的方法添加不同类型的控件。其制作思路如下图所示。

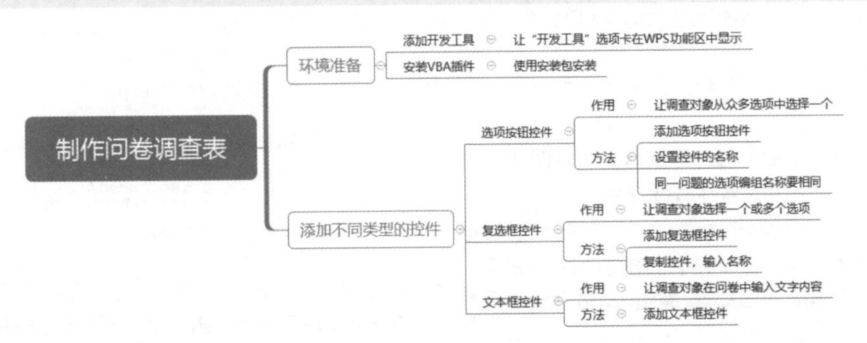

※ 步骤详解

5.3.1 设置控件安装环境

在WPS中为了保证控件安装顺利进行，需要在选项卡中调出“开发工具”。在WPS中，无法使用宏功能，因此无法编辑控件属性，所以事先要进行VBA插件安装。

>>>1. 显示出“开发工具”选项卡

如果WPS系统中不显示“开发工具”选项卡。如果想要添加控件，需要将该选项卡显示到功能区中，方可使用其功能。

第1步：打开“WPS选项”对话框。按照路径“素材文件\第5章\问卷调查表.wps”打开素材文件。单击“工具”选项卡下的“开发工具”按钮。

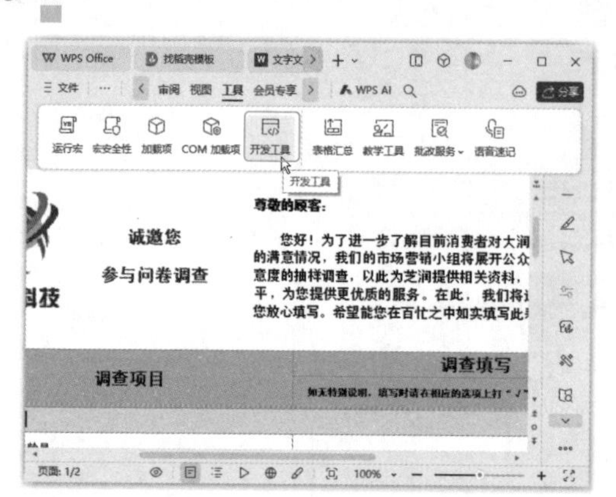

第2步：查看“开发工具”选项卡。此时“开发工具”选项卡便被显示到WPS中了，随后可以利用该选项卡下的功能制作调查问卷。

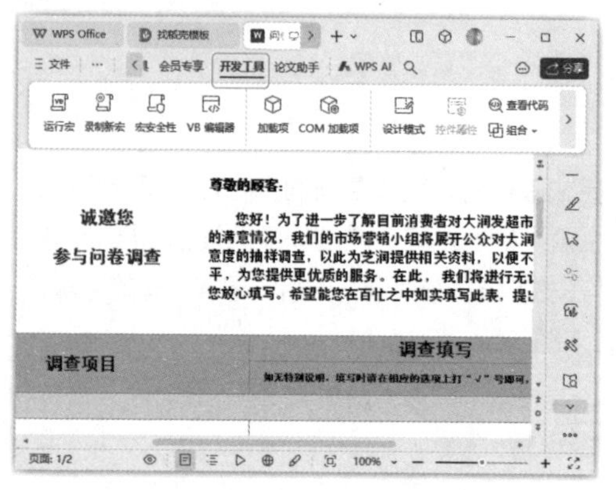

>>>2. 安装VBA插件

宏功能可以在WPS中处理复杂操作，下面可以使用素材文件中的插件进行安装。

第1步：安装插件。按照路径找到“素材文件\第5章\vba6chs.msi”文件，双击文件开始安装。

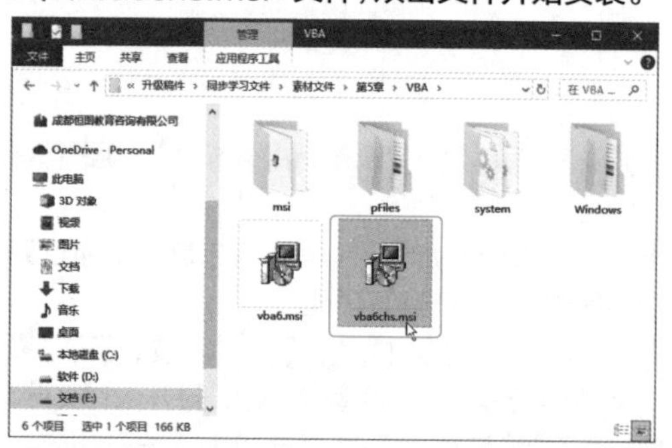

第2步：完成安装。当出现Install has completed successfully字样时就表示插件安装完成，单击OK按钮即可。

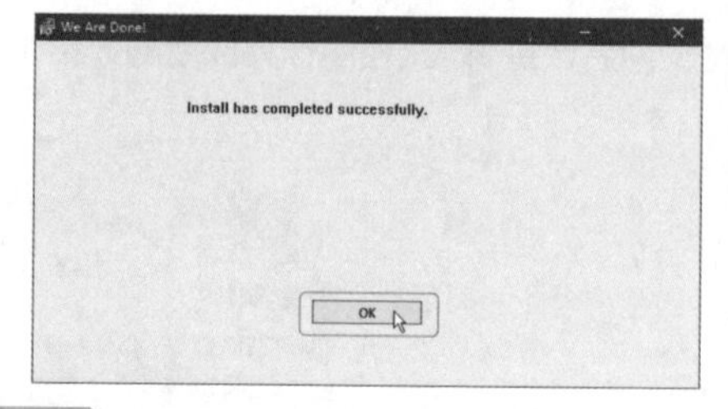

5.3.2 在调查表中添加控件

利用“开发工具”选项卡下的控件功能，可以为调查表添加不同功能的控件，常用的控件有选项按钮控件、复选框控件、组合框控件及文本控件，不同控件的添加和编辑方法不同。

>>>1. 添加选项按钮控件

选项按钮控件是调查表最常用的控件之一，它的作用是让调查对象可以从多个选项中选择一个选项。设置技巧是，要将同一问题的多个选项编辑到一个组中。

第1步：选择控件。❶单击“开发工具”选项卡下的“旧式工具”按钮；❷在下拉菜单中选择“选项按钮”选项。

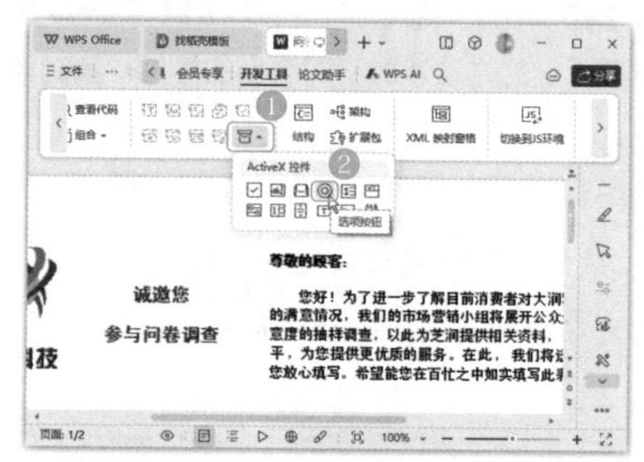

第2步：进入控件编辑状态。在“您的年龄是”右边的单元格中按住鼠标左键不放进行绘制，就会出现一个控件，单击“开发工具”选项卡下的“控件属性”按钮。

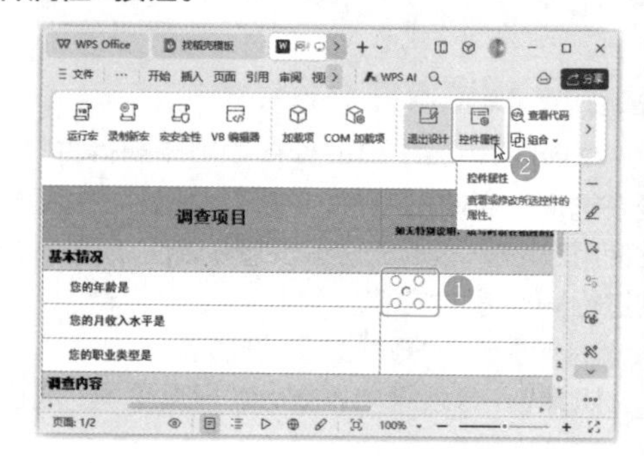

第3步：编辑控件属性。 ❶打开“属性”对话框，在Caption后面的文本框中输入选项的文字“20岁以下”；❷在GroupName后面的文本框中输入编组名称group1。

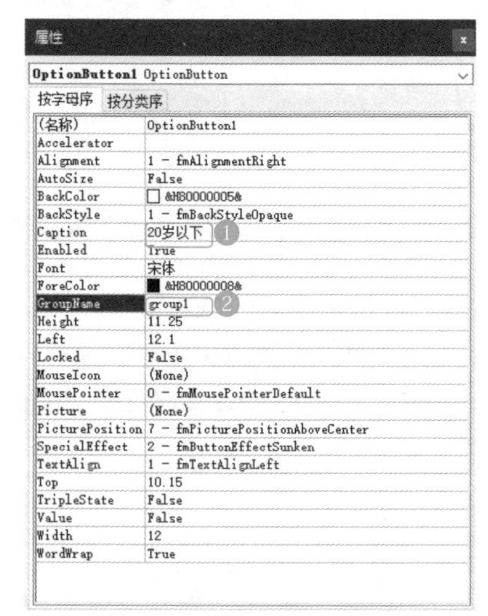

属性

OptionButton1 OptionButton

按字母序　按分类序

(名称)	OptionButton1
Accelerator	
Alignment	1 - fmAlignmentRight
AutoSize	False
BackColor	&H80000005&
BackStyle	1 - fmBackStyleOpaque
Caption	20岁以下 ❶
Enabled	True
Font	宋体
ForeColor	&H80000008&
GroupName	group1 ❷
Height	11.25
Left	12.1
Locked	False
MouseIcon	(None)
MousePointer	0 - fmMousePointerDefault
Picture	(None)
PicturePosition	7 - fmPicturePositionAboveCenter
SpecialEffect	2 - fmButtonEffectSunken
TextAlign	1 - fmTextAlignLeft
Top	10.15
TripleState	False
Value	False
Width	12
WordWrap	True

第4步：查看控件完成效果。 完成“属性”对话框设置后，返回界面，拖动调整选项按钮的宽度，可以看到第一个选项按钮控件的效果。

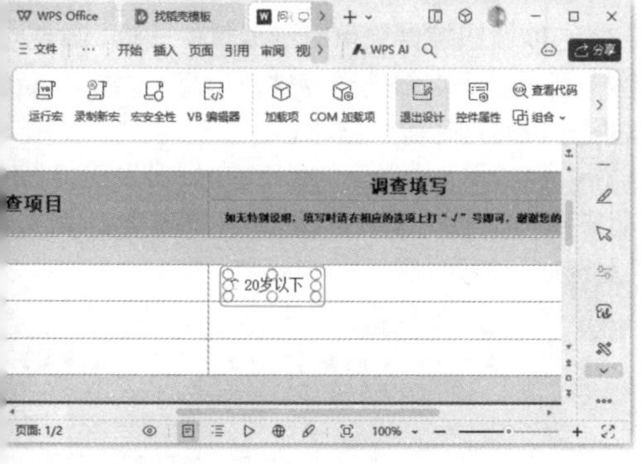

第5步：添加第二个选项。 同一问题下会有多个选项，此时编辑第二个选项，该选项按钮的分组要保持与上一选项的分组相同。❶在以上选项按钮“20岁以下”后面添加一个选项按钮控件，打开“属性”对话框，在Caption后面的文本框中输入“20~39岁”；❷在GroupName后面的文本框中输入group1。

属性

OptionButton2 OptionButton

按字母序　按分类序

(名称)	OptionButton2
Accelerator	
Alignment	1 - fmAlignmentRight
AutoSize	False
BackColor	&H80000005&
BackStyle	1 - fmBackStyleOpaque
Caption	20~39岁 ❶
Enabled	True
Font	宋体
ForeColor	&H80000008&
GroupName	group1 ❷
Height	17.25
Left	95.4
Locked	False
MouseIcon	(None)
MousePointer	0 - fmMousePointerDefault
Picture	(None)
PicturePosition	7 - fmPicturePositionAboveCenter
SpecialEffect	2 - fmButtonEffectSunken
TextAlign	1 - fmTextAlignLeft
Top	7.65
TripleState	False
Value	False
Width	70.5
WordWrap	True

第6步：完成第一个问题的其他选项控件添加。 按照同样的方法，完成这个问题的其他选项按钮控件的添加，这些控件的Caption名称不同，但是GroupName都是group1，保证它们在一个组中。

调查项目	调查填写 如无特别说明，填写时请在相应的选项上打“√”号即可，谢谢您的参与！
基本情况	
您的年龄是	○20岁以下　○20~39岁　○40~59岁　○60岁及以上
您的月收入水平是	
您的职业类型是	
调查内容	
您对本公司产品的购买频率是	
与同类产品相比，您对本公司产品满意吗	
您认为本公司产品的优点是哪些（可多选）	
当您对服务提出投诉或建议时，公司客服的处理方式（文字填写）	
其他调查项目	
您对公司产品或服务有哪些建议或意见？（文字填写）	
请为本公司写一句宣传语（文字填写）	

第7步：添加第二个问题的第一个选项按钮。 ❶将光标放到调查问卷第二个问题“您的月收入水平是”后面的文本框中，插入一个选项控件按钮，打开“属性”对话框，在Caption后面的文本框中输入“1500元以下”；❷在GroupName后面的文本框中输入group2。

属性

OptionButton5 OptionButton

按字母序 按分类序

(名称)	OptionButton5
Accelerator	
Alignment	1 - fmAlignmentRight
AutoSize	False
BackColor	&H80000005&
BackStyle	1 - fmBackStyleOpaque
Caption	1500元以下 ❶
Enabled	True
Font	宋体
ForeColor	&H80000008&
GroupName	group2 ❷
Height	17.25
Left	0.9
Locked	False
MouseIcon	(None)
MousePointer	0 - fmMousePointerDefault
Picture	(None)
PicturePosition	7 - fmPicturePositionAboveCenter
SpecialEffect	2 - fmButtonEffectSunken
TextAlign	1 - fmTextAlignLeft
Top	5.8
TripleState	False
Value	False
Width	70.5
WordWrap	True

专家点拨

属性即对象的某些特性，不同的控件具有不同的属性，各属性分别代表它的一种特性，当属性值不同，则控件的外观或功能会不同，如在选项按钮控件上的Caption属性，用于设置控件上显示的标签文字内容。

第8步：查看选项按钮效果。第二个问题的第一个选项按钮完成后，效果如下图所示。

调查项目	调查填写 如无特别说明，填写时请在相应的选项上打"√"号即可，谢谢您的参与！
基本情况	
您的年龄是	○20岁以下 ○20~39岁 ○40~59岁 ○60岁及以上
您的月收入水平是	○1500元以下
您的职业类型是	
调查内容	
您对本公司产品的购买频率是	
与同类产品相比，您对本公司产品满意吗	
您认为本公司产品的优点是哪些（可多选）	
当您对服务提出投诉或建议时，公司客服的处理方式（文字填写）	
其他调查项目	
您对公司产品或服务有哪些建议或意见？（文字填写）	
请为本公司写一句宣传语（文字填写）	

第9步：完成第二个问题的选项按钮设置。按照同样的方法，为第二个问题添加选项按钮控件，注意GroupName内容都为group2。为了单元格中能放下所有选项内容，可以调整表格中第一列的宽度。

调查项目	调查填写 如无特别说明，填写时请在相应的选项上打"√"号即可，谢谢您的参与！
基本情况	
您的年龄是	○20岁以下 ○20~39岁 ○40~59岁 ○60岁及以上
您的月收入水平是	○1500元以下 ○1500~2999元 ○3000~5999元 ○6000元及以上
您的职业类型是	
调查内容	
您对本公司产品的购买频率是	
与同类产品相比，您对本公司产品满意吗	
您认为本公司产品的优点是哪些（可多选）	
当您对服务提出投诉或建议时，公司客服的处理方式（文字填写）	
其他调查项目	
您对公司产品或服务有哪些建议或意见？（文字填写）	
请为本公司写一句宣传语（文字填写）	

第10步：完成调查问卷的所有选项按钮添加。按照相同的方法完成第二个问题及其他问题的选项按钮添加，不同问题的GroupName依次是group3、group4、group5，效果如下图所示。

调查项目	调查填写 如无特别说明，填写时请在相应的选项上打"√"号即可，谢谢您的参与！
基本情况	
您的年龄是	○20岁以下 ○20~39岁 ○40~59岁 ○60岁及以上
您的月收入水平是	○1500元以下 ○1500~2999元 ○3000~5999元 ○6000元及以上
您的职业类型是	○工人 ○公务员 ○文教人员 ○企业人员 ○退休人员 ○学生 ○其他
调查内容	
您对本公司产品的购买频率是	○一周一次 ○两周一次 ○一月一次 ○更少频率
与同类产品相比，您对本公司产品满意吗	○很满意 ○满意 ○一般 ○不满意
您认为本公司产品的优点是哪些（可多选）	
当您对服务提出投诉或建议时，公司客服的处理方式（文字填写）	
其他调查项目	
您对公司产品或服务有哪些建议或意见？（文字填写）	
请为本公司写一句宣传语（文字填写）	

>>>2.添加复选框控件

选项按钮控件只可以选择其中一项，调查问卷中还可以添加复选框控件，让调查对象可以针对同一问题选择多个选项。

第1步：添加复选框控件。❶单击"开发工具"选项卡下的"旧式工具"按钮；❷在下拉菜单中选择"复选框"选项。

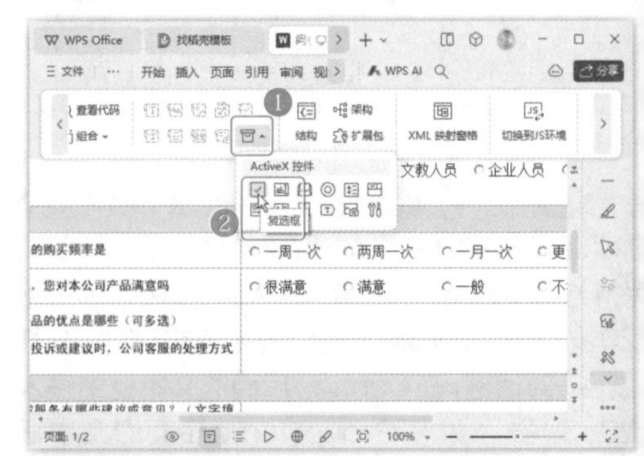

第2步：添加复选框控件。在"您认为本公司产品的优点是哪些(可多选)"右边的单元格中绘制一个复选框控件。

第3步：进入属性编辑状态。❶选中添加的复选框控件；❷单击“开发工具”选项卡下的“控件属性”按钮。

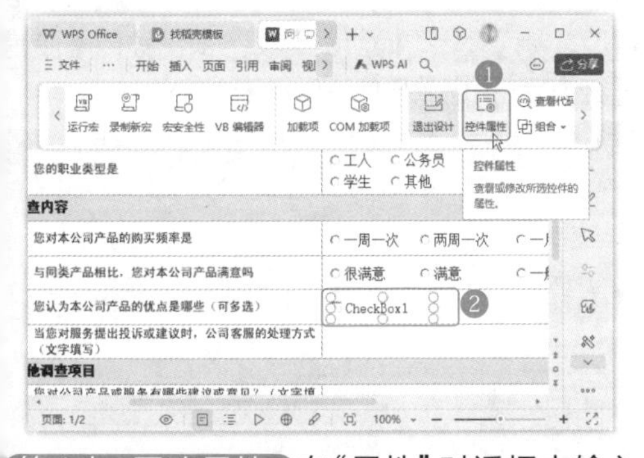

第4步：更改属性。在“属性”对话框中输入Caption的名称为“外观好看”。

属性

CheckBox1 CheckBox

按字母序　按分类序

(名称)	CheckBox1
Accelerator	
Alignment	1 - fmAlignmentRight
AutoSize	False
BackColor	&H80000005&
BackStyle	1 - fmBackStyleOpaque
Caption	外观好看
Enabled	True
Font	宋体
ForeColor	&H80000008&
GroupName	
Height	18
Left	2.1
Locked	False
MouseIcon	(None)
MousePointer	0 - fmMousePointerDefault
Picture	(None)
PicturePosition	7 - fmPicturePositionAboveCenter
SpecialEffect	2 - fmButtonEffectSunken
TextAlign	1 - fmTextAlignLeft
Top	6.35
TripleState	False
Value	False
Width	89.25
WordWrap	True

第5步：更改属性。用同样的方法添加复选框控件，并设置按钮的名称为“质量好”。

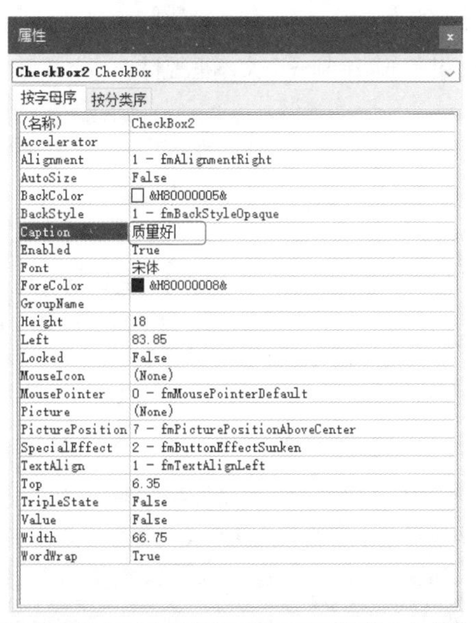

属性

CheckBox2 CheckBox

按字母序　按分类序

(名称)	CheckBox2
Accelerator	
Alignment	1 - fmAlignmentRight
AutoSize	False
BackColor	&H80000005&
BackStyle	1 - fmBackStyleOpaque
Caption	质量好
Enabled	True
Font	宋体
ForeColor	&H80000008&
GroupName	
Height	18
Left	83.85
Locked	False
MouseIcon	(None)
MousePointer	0 - fmMousePointerDefault
Picture	(None)
PicturePosition	7 - fmPicturePositionAboveCenter
SpecialEffect	2 - fmButtonEffectSunken
TextAlign	1 - fmTextAlignLeft
Top	6.35
TripleState	False
Value	False
Width	66.75
WordWrap	True

第6步：在复选框控件后面添加文字。在复选框控件后面添加描述这个选项的文字，效果如下图所示。

调查项目	调查填写 如无特别说明，填写时请在相应的选项上打“√”号即可，谢谢您的参与！
基本情况	
您的年龄是	○20岁以下　○20~39岁　○40~59岁　○60岁及以上
您的月收入水平是	○1500元以下　○1500~2999元　○3000~5999元　○6000元及以上
您的职业类型是	○工人　○公务员　○文教人员　○企业人员　○退休人员　○学生　○其他
调查内容	
您对本公司产品的购买频率是	○一周一次　○两周一次　○一月一次　○更少频率
与同类产品相比，您对本公司产品满意吗	○很满意　○满意　○一般　○不满意
您认为本公司产品的优点是哪些（可多选）	□外观好看　□质量好　□耐用　□使用方便　□智能化
当您对服务提出投诉或建议时，公司客服的处理方式（文字填写）	
其他调查项目	
您对公司产品或服务有哪些建议或意见？（文字填写）	
请为本公司写一句宣传语（文字填写）	

>>>3.添加文本框控件

在调查问卷中，有需要让调查对象输入文字填写的内容，此时可以通过添加文本框控件来实现。

第1步：选择文本框控件。在“旧式工具”下拉菜单中选择“文本框”选项。

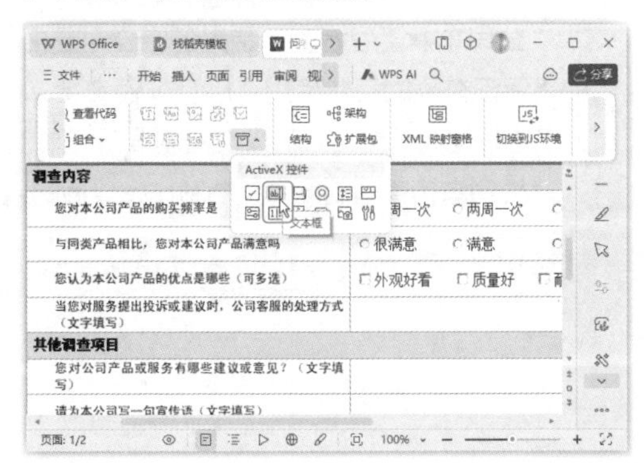

第2步：绘制文本框控件。 在调查问卷中按住鼠标左键不放，绘制一个文本框控件。

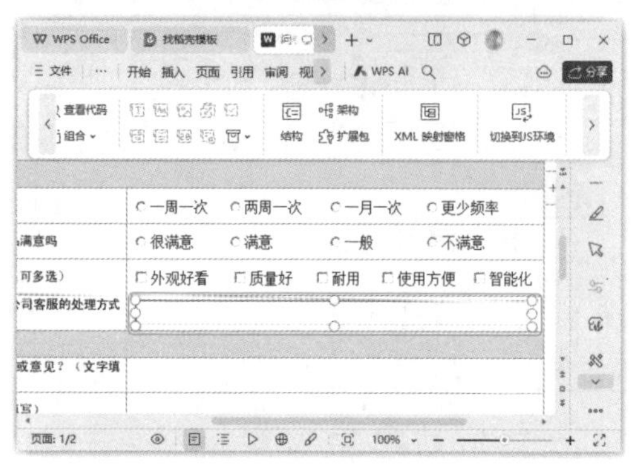

第3步：再添加两个文本控件。 按照同样的方法，在调查问卷中添加另外两个文本框控件。

调查项目	调查填写 如无特别说明，填写时请在相应的选项上打"√"号即可，谢谢您的参与！
基本情况	
您的年龄是	○20岁以下 ○20~39岁 ○40~59岁 ○60岁及以上
您的月收入水平是	○1500元以下 ○1500~2999元 ○3000~5999元 ○6000元及以上
您的职业类型是	○工人 ○公务员 ○文教人员 ○企业人员 ○退休人员 ○学生 ○其他
调查内容	
您对本公司产品的购买频率是	○一周一次 ○两周一次 ○一月一次 ○更少频率
与同类产品相比，您对本公司产品满意吗	○很满意 ○满意 ○一般 ○不满意
您认为本公司产品的优点是哪些（可多选）	□外观好看 □质量好 □耐用 □使用方便 □智能化
当您对服务提出投诉或建议时，公司客服的处理方式（文字填写）	
其他调查项目	
您对公司产品或服务有哪些建议或意见？（文字填写）	
请为本公司写一句宣传语（文字填写）	

第4步：退出控件设计模式。 到了这一步，便完成了调查问卷的控件添加。单击“开发工具”选项卡下的“退出设计”按钮，退出控件的添加编辑状态。

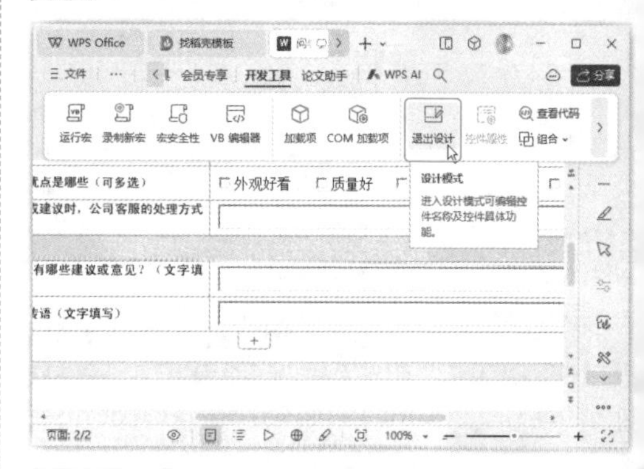

第5步：查看完成的调查问卷。 退出控件添加编辑状态后，页面效果如下图所示。

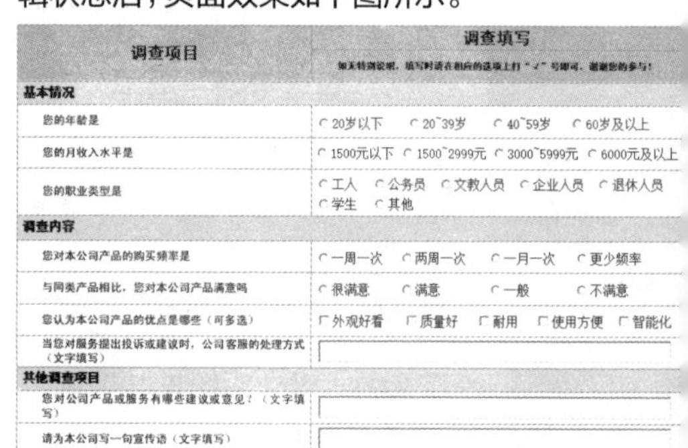

调查项目	调查填写 如无特别说明，填写时请在相应的选项上打"√"号即可，谢谢您的参与！
基本情况	
您的年龄是	○20岁以下 ○20~39岁 ○40~59岁 ○60岁及以上
您的月收入水平是	○1500元以下 ○1500~2999元 ○3000~5999元 ○6000元及以上
您的职业类型是	○工人 ○公务员 ○文教人员 ○企业人员 ○退休人员 ○学生 ○其他
调查内容	
您对本公司产品的购买频率是	○一周一次 ○两周一次 ○一月一次 ○更少频率
与同类产品相比，您对本公司产品满意吗	○很满意 ○满意 ○一般 ○不满意
您认为本公司产品的优点是哪些（可多选）	□外观好看 □质量好 □耐用 □使用方便 □智能化
当您对服务提出投诉或建议时，公司客服的处理方式（文字填写）	
其他调查项目	
您对公司产品或服务有哪些建议或意见？（文字填写）	
请为本公司写一句宣传语（文字填写）	

过关练习：制作“公司车辆管理制度”

“公司车辆管理制度”是为了使公司或企业的车辆管理统一化、制度化而使用的内部文档。目的是保证车辆的正常使用，以及车辆安全。随着企业的发展，车辆管理制度需要进行更新，此时为了更好地完善制度，可以在新制度后面附上调查问卷表，征集员工的意见。

“公司车辆管理制度”文档制作完成后的效果如下图所示。

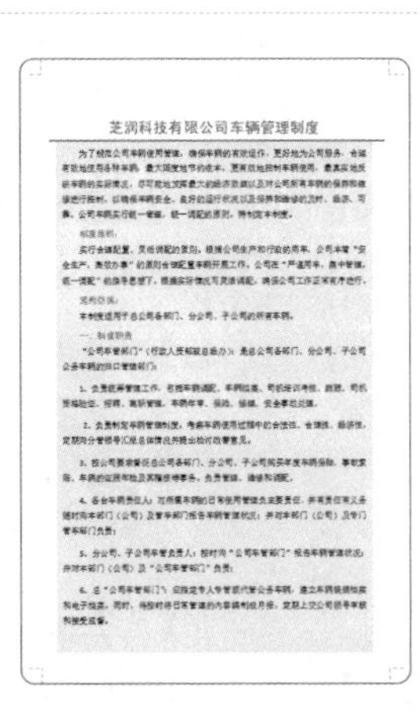

芝润科技有限公司车辆管理制度

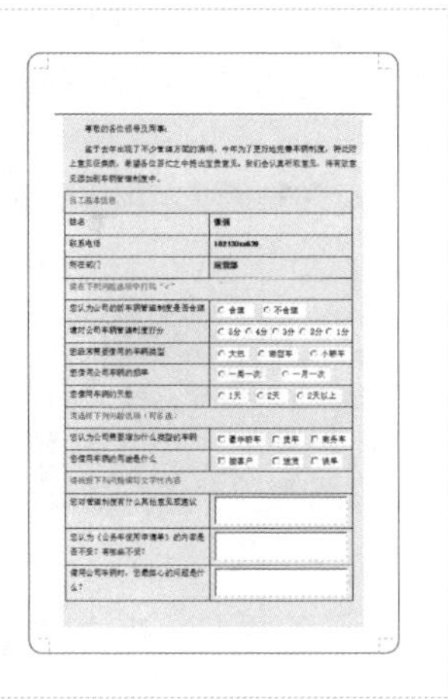

※ 思路解析

当公司管理人员接收到拟定车辆管理制度的命令时，需要打开 WPS 文档，拟定一个初步的管理制度，并将该制度返回给领导审阅，让领导提出修改意见。文档完成修改后，为了保证制度的完善，根据公司具体情况，可以附加上调查问卷，让使用车辆的员工提出自己的意见。其制作思路如下图所示。

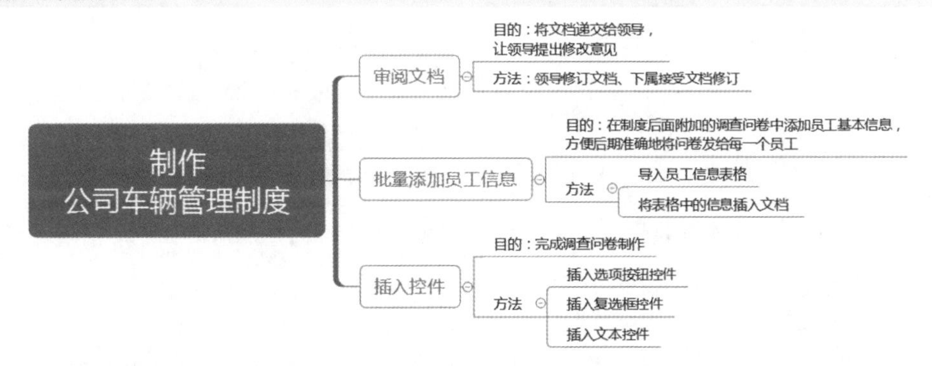

※ 关键步骤

关键步骤1：进入修订模式添加文本框。按照路径“素材文件\第5章\公司车辆管理制度.wps”打开素材文件，单击“审阅”选项卡下的“修订”按钮，进入修订状态。❶在封面页下方绘制一个文本框，输入文字；❷设置文字的字体、字号及对齐方式。

关键步骤2:设置文字颜色。❶选中文字,打开“颜色”对话框,设置文字的颜色参数;❷单击“确定”按钮。

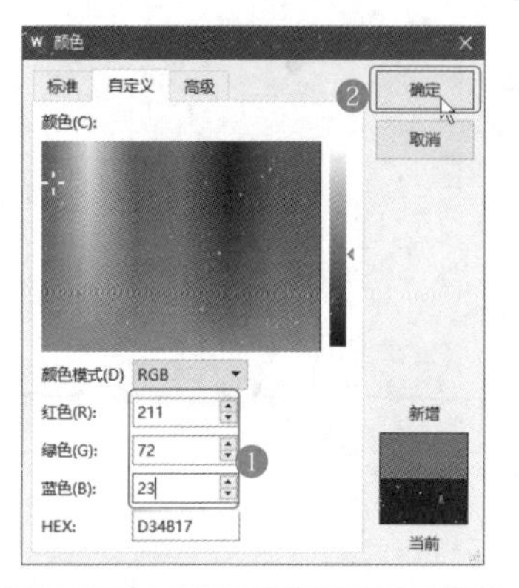

关键步骤3:在文本框中输入其他文字。❶在文本框中输入第二排和第三排文字;❷设置文字的字体和大小;❸设置文字的颜色。

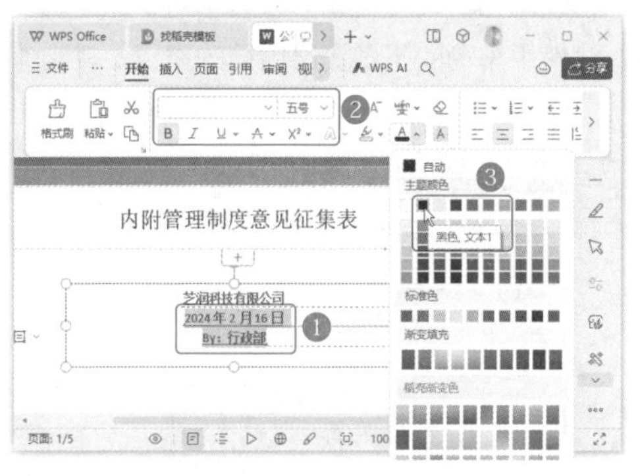

关键步骤4:设置文本框格式。设置文本框为“无填充颜色”格式及“无边框颜色”格式。

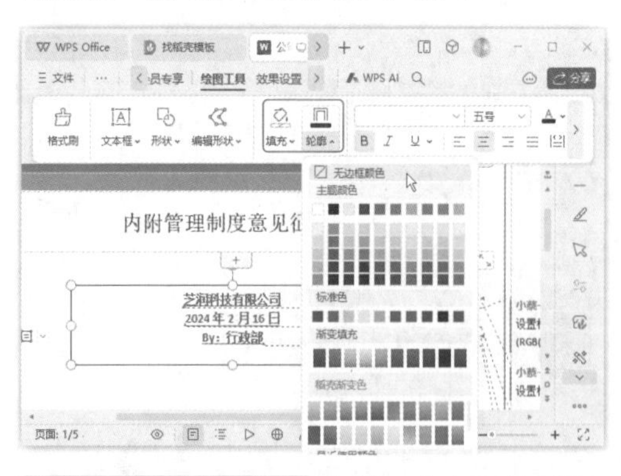

关键步骤5:添加文字。在第一个大标题中添加“车辆”二字。

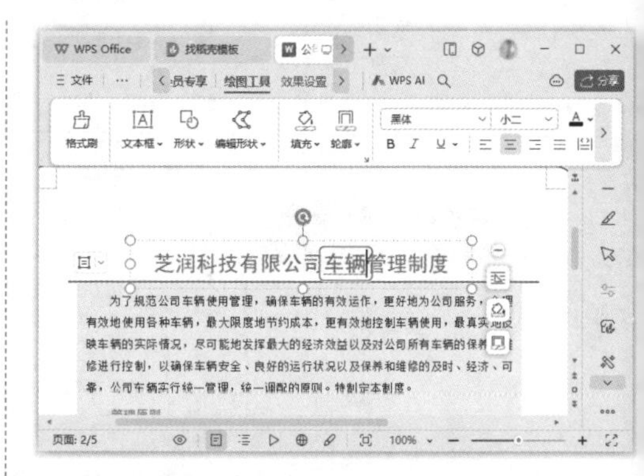

关键步骤6:修改标点符号。将光标置于句号前,按Delete键,将该句号删除,输入逗号“,”。

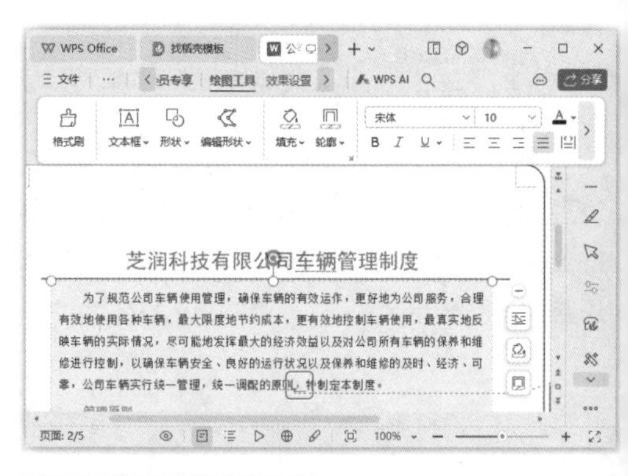

关键步骤7:更改文字。将第一个小标题中的“管理”二字删除,输入“制度”二字。

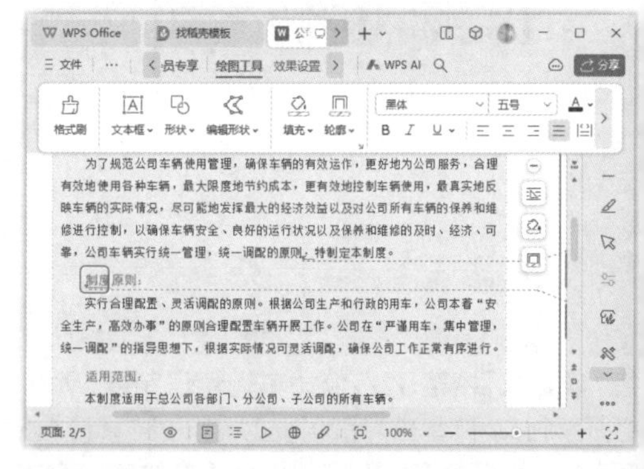

关键步骤8:退出修订状态并接受修订,查看完成修订后的文档。单击“修订”按钮退出修订状态后再选择“接受对文档所做的所有修订”选项,此时就完成了文档错误内容的修订,修订效果如下图所示。

关键步骤9：导入表格。 ❶选择“邮件合并”选项卡下的“打开数据源”选项；❷按照路径“素材文件\第5章\公司车辆管理制度员工信息.et”选择素材表格；❸单击“打开”按钮。随后再确定选择的工作表，完成表格导入。

关键步骤10：插入表格信息。 利用“插入合并域”功能插入表格中的信息，效果如下图所示。

关键步骤11：调整文字格式。 ❶选中插入的三行文字，调整文字的字体为“黑体”“10号”“黑色”“加粗”；❷单击“邮件合并”选项卡下的“查看合并数据”按钮，效果如下图所示。

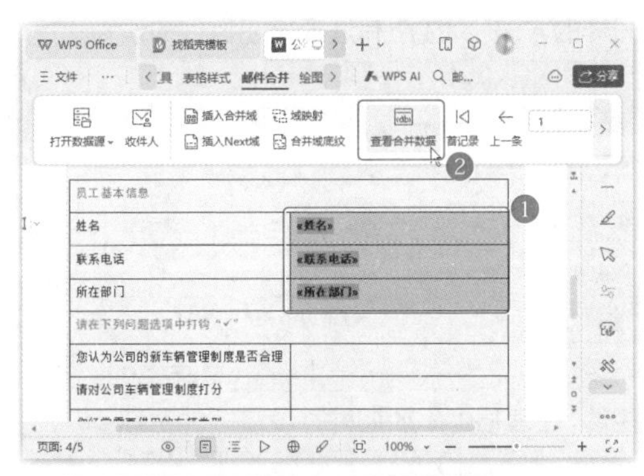

关键步骤12：插入并剪切选项按钮。 选择“开发工具”选项卡下的“选项按钮”控件。

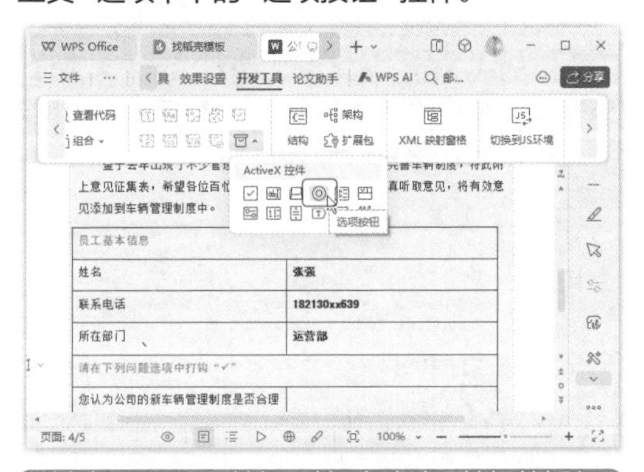

关键步骤13：设置按钮属性，完成选项按钮的插入。 拖动鼠标绘制第一个选项按钮，打开“属性”对话框，在Caption后面的文本框中输入“合理”，在GroupName后面的文本框中输入group1。

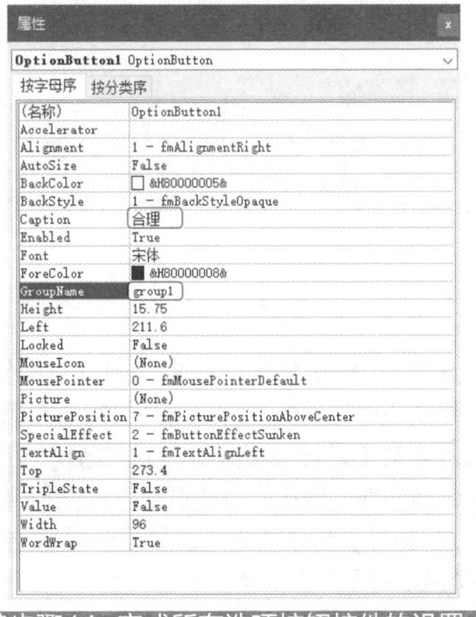
属性

OptionButton1 OptionButton

按字母序　按分类序

(名称)	OptionButton1
Accelerator	
Alignment	1 - fmAlignmentRight
AutoSize	False
BackColor	&H80000005&
BackStyle	1 - fmBackStyleOpaque
Caption	合理
Enabled	True
Font	宋体
ForeColor	&H80000008&
GroupName	group1
Height	15.75
Left	211.6
Locked	False
MouseIcon	(None)
MousePointer	0 - fmMousePointerDefault
Picture	(None)
PicturePosition	7 - fmPicturePositionAboveCenter
SpecialEffect	2 - fmButtonEffectSunken
TextAlign	1 - fmTextAlignLeft
Top	273.4
TripleState	False
Value	False
Width	96
WordWrap	True

关键步骤14：完成所有选项按钮控件的设置。 用

同样的方法，完成所有选项按钮控件的设置。

请在下列问题选项中打钩"✓"	
您认为公司的新车辆管理制度是否合理	○合理 ○不合理
请对公司车辆管理制度打分	○5分 ○4分 ○3分 ○2分 ○1分
您经常需要借用的车辆类型	○大巴 ○微型车 ○小轿车
您借用公司车辆的频率	○一周一次 ○一月一次
您借用车辆的天数	○1天 ○2天 ○2天以上

关键步骤15：添加复选框按钮。选择"复选框"控件，在表格中添加控件并设置控件名称。

请选择下列问题选项（可多选）	
您认为公司需要增加什么类型的车辆	□豪华轿车 □货车 □商务车
您借用车辆的用途是什么	□接客户 □送货 □谈单

关键步骤16：完成控件添加。❶选择"文本框"控件，在表格中绘制文本框控件；❷单击"退出设计"按钮，退出控件设计模式。

关键步骤17：查看完成控件按钮添加的文档。此时文档中的控件完成添加，效果如下图所示。同时，也完成了车辆管理制度文档的制作。

请在下列问题选项中打钩"✓"	
您认为公司的新车辆管理制度是否合理	○合理 ○不合理
请对公司车辆管理制度打分	○5分 ○4分 ○3分 ○2分 ○1分
您经常需要借用的车辆类型	○大巴 ○微型车 ○小轿车
您借用公司车辆的频率	○一周一次 ○一月一次
您借用车辆的天数	○1天 ○2天 ○2天以上
请选择下列问题选项（可多选）	
您认为公司需要增加什么类型的车辆	□豪华轿车 □货车 □商务车
您借用车辆的用途是什么	□接客户 □送货 □谈单
请根据下列问题填写文字性内容	
您对管理制度有什么其他意见或建议	
您认为《公务车使用申请单》的内容是否不妥？有哪些不妥？	
借用公司车辆时，您最担心的问题是什么？	

高手秘技与 AI 智能化办公

01 使用 WPS AI 智能优化文档内容

WPS AI能根据用户的指示对文章的结构、用词和语法进行优化。它运用先进的自然语言处理技术对文章进行深度分析，并根据用户的指示对不合适的部分进行修改和调整。这使得文章更加专业、流畅，无论是从内容质量还是表达方式上，都能达到用户的期望。

例如，要让通知文档的内容改用更活泼的方式来展示，具体操作步骤如下。

第1步：选择"润色"选项。按照路径"素材文件\第5章\春节团建活动通知.wps"打开文件，❶在文章末尾连续两次按Ctrl键唤起WPS AI；❷在弹出的WPS AI对话框的下拉菜单中选择"润色"选项；❸在弹出的下级子菜单中选择要采用的描写风格，这里选择"更活泼(全文)"选项。

第2步：优化全文效果。WPS AI收到指令后，就开始创作，改变原有故事内容中的遣词造句和整描写风格，内容优化完成后的效果如下图所示。

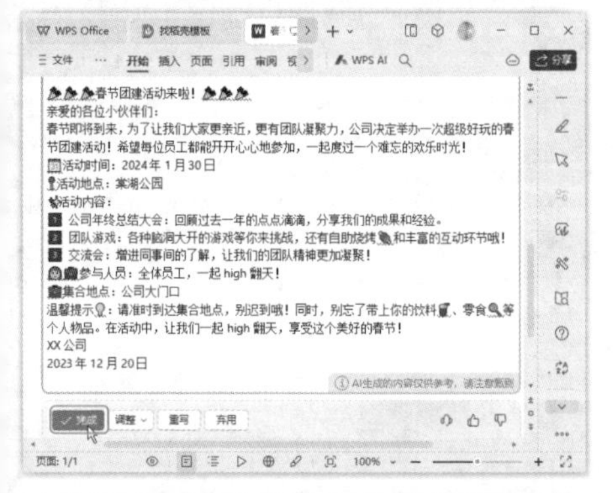

如果只需对文章中的部分内容进行优化，可先选择这部分内容，然后在弹出的工具栏中单WPS AI按钮，再在弹出的下拉菜单中选择相的选项，如选择“润色－更正式”选项。WPS 收到指令后，就会对所选内容部分进行优化。

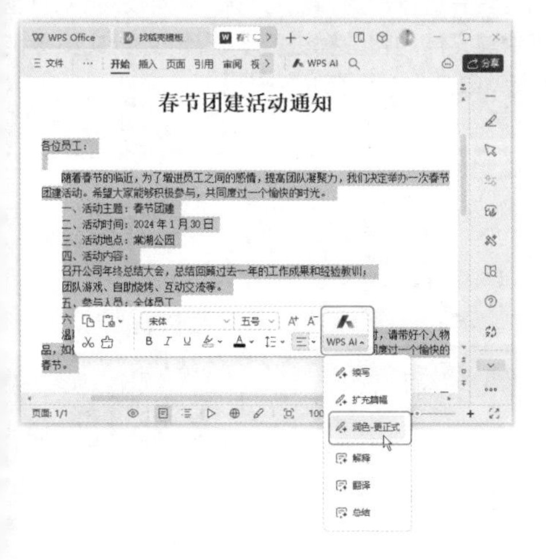

02 进行全文分析，发现文章潜在问题

WPS AI的分析全文功能可以对整个文本进行全面的分析，包括文本结构、内容质量、语言表达等。它能够自动识别文本中的关键信息，并提供相应的建议和指导，帮助用户更好地组织和表达自己的思想。

在分析全文时，WPS AI会从多个角度对文本进行评估。

首先，它会分析文本的结构，包括段落、句子和用词等。通过这种方式，WPS AI能够确定文本的逻辑性和连贯性，并识别出任何可能存在的问题。如果发现文本结构不够清晰或存在逻辑问题，WPS AI会提供相应的建议和指导，帮助用户改进文本的结构和组织方式。

其次，WPS AI会分析文本的内容质量。它会根据文本的主题、论点、论据等进行分析，以确定文本的实质性和价值。如果发现文本存在论点不明确、论据不充分等问题，WPS AI会提供相应的建议和指导，帮助用户提高文本的质量和说服力。

最后，WPS AI还会分析文本的语言表达。它会检查文本中的语法、拼写、标点等，以确保文本的准确性和流畅性。如果发现文本存在语言问题，WPS AI会提供相应的建议和指导，帮助用户进行修正和改进。

通过这些全面的分析，WPS AI可以帮助用户更好地理解和改进他们的文本。对文档进行全面分析的具体操作步骤如下。

第1步：选择“文档阅读”选项。按照路径“素材文件\第5章\竞聘经理岗位报告.wps”打开文件。❶单击WPS AI按钮；❷在显示出的WPS AI任务窗格中选择“文档阅读”选项。

第2步：对文档内容进行总结。在新界面中单击

“文章总结:对整篇文章内容进行总结。”超级链接。

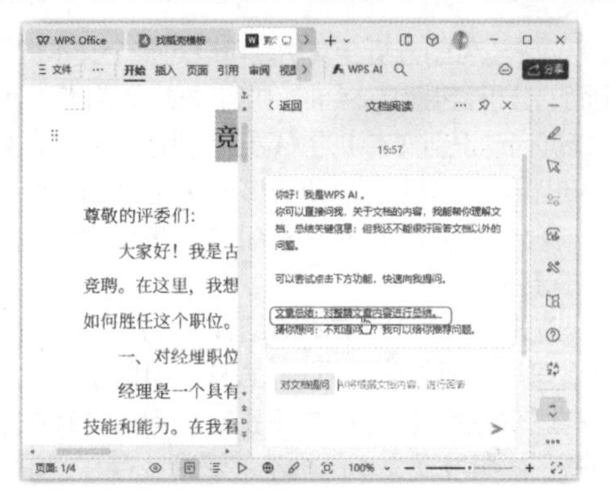

第3步:输入“全文分析”指令。稍后,WPS AI便会给出当前文档的内容总结,效果如下图所示。❶在下方的“对文档提问”文本框中输入“全文分析”;❷单击“发送”按钮➤。

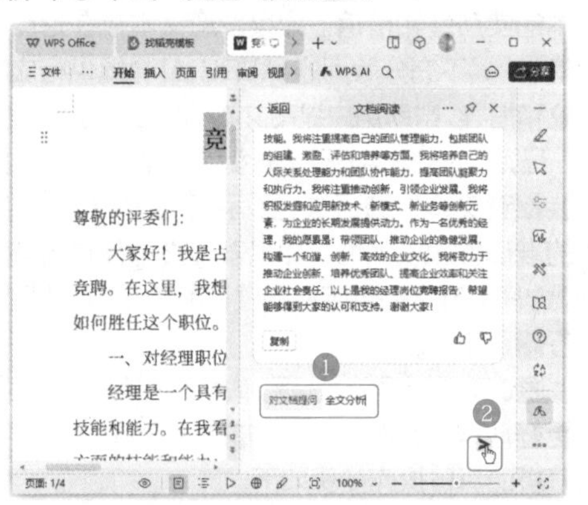

第4步:查看全文分析结果。稍后便会看到WPS AI根据全文内容做出的分析,并给出了重点内容及相关原文页码,单击页码超级链接即可跳转对应详情页,并标注出引用内容部分。

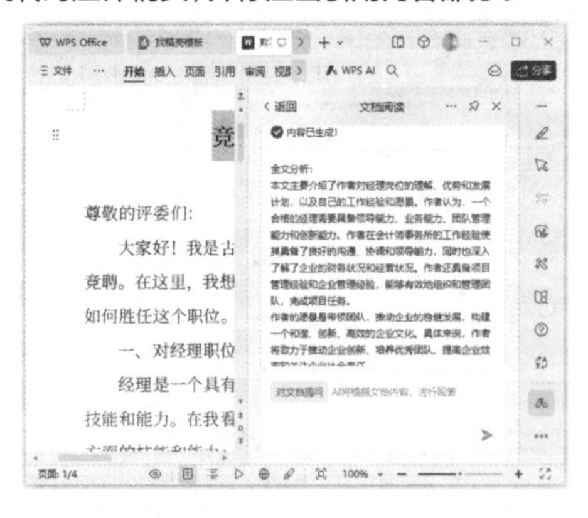

03 开启智能文档校对,提高文章质量

制作的文档有可能存在一些错误,所以,文档校对是写作过程中一个重要的环节。在过去,文档校对通常需要人工进行,但随着人工智能技术的发展,现在可以使用WPS文字提供的文档校对功能来帮助作者检查并纠正文章中的错误和不足之处,提高文章的质量和可读性。

下面详细讲解“文档校对”的具体操作方法。

第1步:选择“文档校对”选项。按照路径“素材文件\第5章\智能家居行业分析报告.docx”打开文件。❶单击“审阅”选项卡下的“文档校对”按钮;❷在下拉菜单中选择“文档校对”选项。

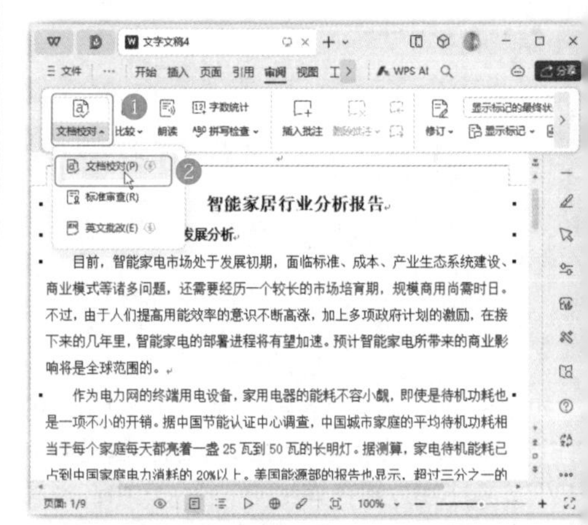

第2步:单击“立即校对”按钮。系统开始扫描文档内容并进行校对,然后打开“文档校对”对话框,其中对文档内容数据进行了统计,如全文页数、字数等,单击“立即校对”按钮。

3步：单击“开始修改文档”按钮。在新页面中显示出校对结果，其中包括错误数量和错误类，单击“开始修改文档”按钮。

专家点拨

WPS AI能够根据作者的写作风格和习惯进行智能化的校对，从而提供更加个性化和人性化的服务。因此，对于经常需要处理大量文档的工作者来说，文档校对功能是一个非常实用的工具。

4步：单击“替换”按钮。文档窗口界面的右显示了“文档校对”任务窗格，其中列出了出错数量，可以单击不同的选项卡单独对字词问题、点问题进行修改，也可以对修改记录进行统计。下方的列表框中依次审查每一项问题，并作出否修改的判断即可。这里先来看检查到的第一错误，下面给出了修改原因和建议，确认需要修，所以单击“替换”按钮。

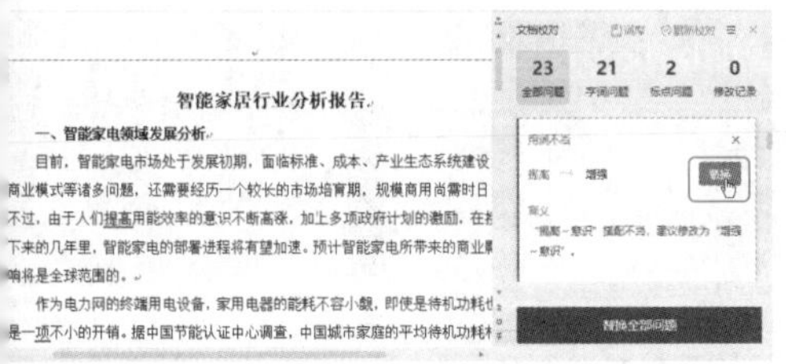

第5步：采用校对建议。经过上步操作后，系统立刻会将原文中的“提高”修改为建议的内容“增强”，同时取消显示第一条问题。根据需要对第二条问题进行判断，这里确认采用修改建议，单击“替换”按钮，将“项”替换为“笔”。

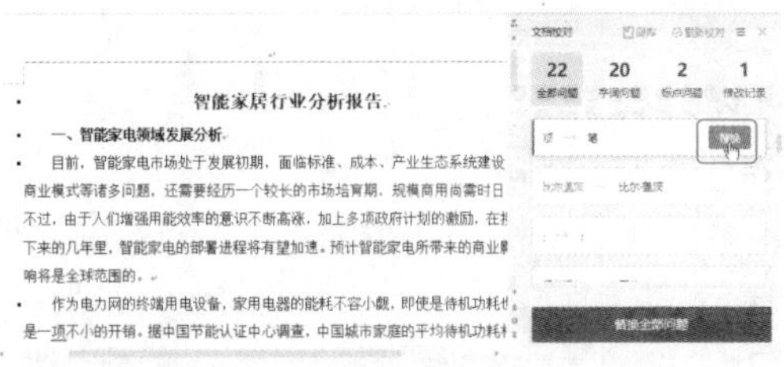

第6步：忽略校对建议。使用相同的方法依次审查每一项问题，并作出是否修改的判断。在这个过程中选择列表框中的各问题项，会自动跳转到错误段落，出错的内容也用颜色下划线标明了，很容易找到出错位置。如果遇到不需要修改的问题，可以单击“忽略”按钮。

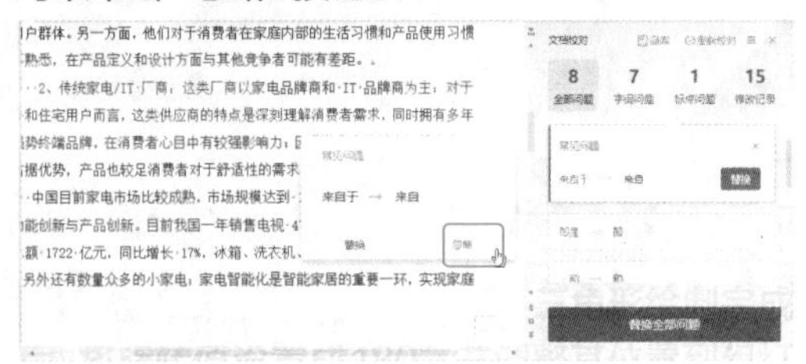

专家点拨

文档校对功能极大地减少了我们在编辑文档时可能出现的错误，让我们可以更加专注于内容创作。

第6章 WPS电子表格编辑与数据计算

◆本章导读

WPS表格是一款功能强大的电子表格软件。它不仅具有表格编辑功能，还可在表格中进行公式计算。本章以制作公司员工档案表、制作员工考评成绩表和制作打印员工工资表为例，介绍WPS表格编辑与公式计算的操作技巧。

◆知识要点

- ■工作簿和工作表的创建方法
- ■数据录入方法
- ■使用公式计算数据
- ■表格的样式调整方法
- ■表格中文字格式设置
- ■表格打印设置方法

◆案例展示

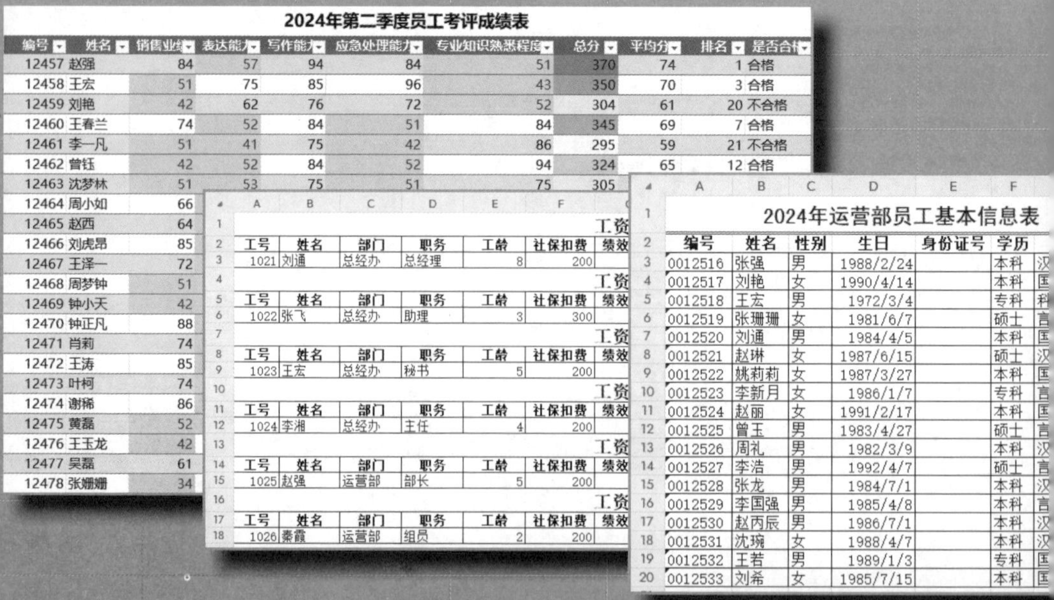

2024年第二季度员工考评成绩表

编号	姓名	销售业绩	表达能力	写作能力	应急处理能力	专业知识熟悉程度	总分	平均分	排名	是否合格
12457	赵强	84	57	94	84	51	370	74	1	合格
12458	王宏	51	75	85	96	43	350	70	3	合格
12459	刘艳	42	62	76	72	52	304	61	20	不合格
12460	王春兰	74	52	84	51	84	345	69	7	合格
12461	李一凡	51	41	75	42	86	295	59	21	不合格
12462	曾钰	42	52	84	52	94	324	65	12	合格
12463	沈梦林	51	53	75	51	75	305			
12464	周小如	66								
12465	赵西	64								
12466	刘虎昂	85								
12467	王泽一	72								
12468	周梦钟	51								
12469	钟小天	42								
12470	钟正凡	88								
12471	肖莉	74								
12472	王涛	85								
12473	叶柯	74								
12474	谢稀	86								
12475	黄磊	52								
12476	王玉龙	42								
12477	吴磊	61								
12478	张姗姗	34								

	A	B	C	D	E	F	G
1							工资
2	工号	姓名	部门	职务	工龄	社保扣费	绩效
3	1021	刘通	总经办	总经理	8	200	
4							工资
5	工号	姓名	部门	职务	工龄	社保扣费	绩效
6	1022	张飞	总经办	助理	3	300	
7							工资
8	工号	姓名	部门	职务	工龄	社保扣费	绩效
9	1023	王宏	总经办	秘书	5	200	
10							工资
11	工号	姓名	部门	职务	工龄	社保扣费	绩效
12	1024	李湘	总经办	主任	4	200	
13							工资
14	工号	姓名	部门	职务	工龄	社保扣费	绩效
15	1025	赵强	运营部	部长	5	200	
16							工资
17	工号	姓名	部门	职务	工龄	社保扣费	绩效
18	1026	秦霞	运营部	组员	2	200	

	A	B	C	D	E	F	G
1	2024年运营部员工基本信息表						
2	编号	姓名	性别	生日	身份证号	学历	
3	0012516	张强	男	1988/2/24		本科	汉
4	0012517	刘艳	女	1990/4/14		本科	国
5	0012518	王宏	男	1972/3/4		专科	科
6	0012519	张珊珊	女	1981/6/7		硕士	言
7	0012520	刘通	男	1984/4/5		本科	国
8	0012521	赵琳	女	1987/6/15		硕士	汉
9	0012522	姚莉莉	女	1987/3/27		本科	国
10	0012523	李新月	女	1986/1/7		专科	言
11	0012524	赵丽	女	1991/2/17		本科	国
12	0012525	曾玉	男	1983/4/27		硕士	言
13	0012526	周礼	男	1982/3/9		本科	汉
14	0012527	李浩	男	1992/4/7		硕士	言
15	0012528	张龙	男	1984/7/1		本科	汉
16	0012529	李国强	男	1985/4/8		本科	言
17	0012530	赵丙辰	男	1986/7/1		本科	汉
18	0012531	沈琬	女	1988/4/7		本科	汉
19	0012532	王若	男	1989/1/3		专科	国
20	0012533	刘希	女	1985/7/15		本科	国

6.1 制作“公司员工档案表”

※ 案例说明

公司员工档案表是公司行政人事部常用的一种 WPS 表格文档。因为 WPS 表格文档可以存储很多数据类信息，因此在录入员工信息时通常会选择 WPS 表格而不是 WPS 文字。员工档案表中包括员工的编号、姓名、性别、生日、身份证号等一系列员工基本的个人信息。

“公司员工档案表”文档制作完成后的效果如下图所示。

	A	B	C	D	E	F	G
1	2024年运营部员工基本信息表						
2	编号	姓名	性别	生日	身份证号	学历	专业
3	0012516	张强	男	1988/2/24		本科	汉语言文学
4	0012517	刘艳	女	1990/4/14		本科	国际文化贸易
5	0012518	王宏	男	1972/3/4		专科	科学技术哲学
6	0012519	张珊珊	女	1981/6/7		硕士	言语听觉科学
7	0012520	刘通	男	1984/4/5		本科	国际文化贸易
8	0012521	赵琳	女	1987/6/15		硕士	汉语言文学
9	0012522	姚莉莉	女	1987/3/27		本科	国际文化贸易
10	0012523	李新月	女	1986/1/7		专科	言语听觉科学
11	0012524	赵丽	女	1991/2/17		本科	国际文化贸易
12	0012525	曾玉	男	1983/4/27		硕士	言语听觉科学
13	0012526	周礼	男	1982/3/9		本科	汉语言文学
14	0012527	李浩	男	1992/4/7		硕士	言语听觉科学
15	0012528	张龙	男	1984/7/1		本科	汉语言文学
16	0012529	李国强	男	1985/4/8		本科	言语听觉科学
17	0012530	赵丙辰	男	1986/7/1		本科	汉语言文学
18	0012531	沈琬	女	1988/4/7		本科	汉语言文学
19	0012532	王若	男	1989/1/3		专科	国际文化贸易
20	0012533	刘希	女	1985/7/15		本科	国际文化贸易

※ 思路解析

公司行政人员在制作员工档案表时，首先要正确创建 WPS 表格文件，并在文件中设置好工作表的名称，然后开始录入数据。在录入数据时要根据数据类型的不同，选择相应的录入方法。最后再对工作表的美观性进行调整。其制作思路如下图所示。

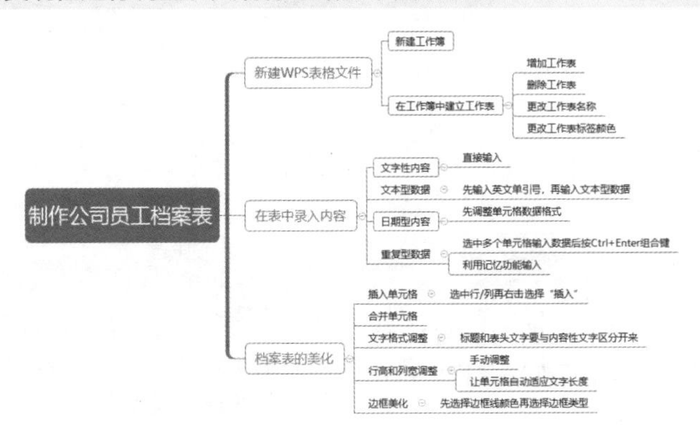

※ 步骤详解

6.1.1 新建公司员工信息表文件

在办公应用中,常常有大量的数据信息需要进行存储和处理,通常可以应用WPS表格进行数据存储,如公司员工的资料信息,可以使用WPS表格进行存储。存储的第一步便是新建一个WPS表格文件。

>>>1. 新建WPS表格文件

WPS表格文件的创建步骤是,新建工作簿后选择恰当的位置,并命名保存。

第1步:新建工作簿。启动WPS Office,❶单击"新建"按钮右侧的下拉按钮;❷在下拉菜单中选择"表格"选项。

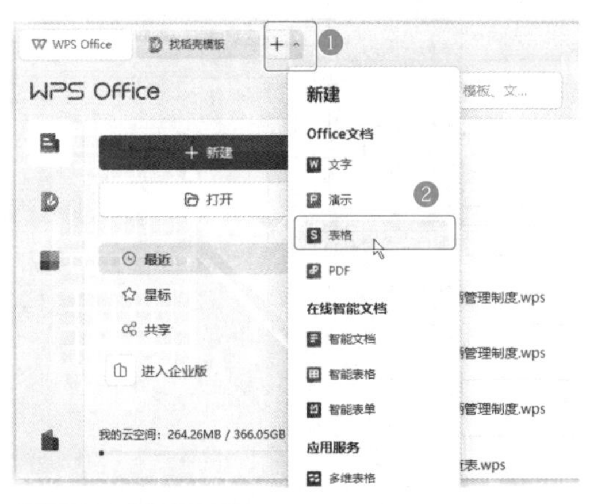

第2步:保存工作簿。在新建的文档中,单击"开始"选项卡下的"保存"按钮。

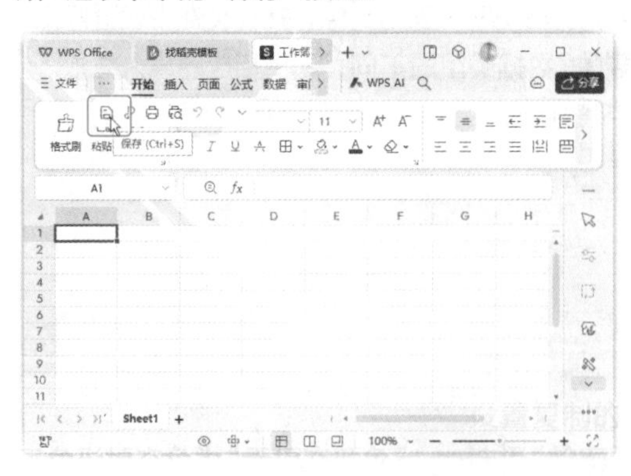

第3步:保存工作簿。❶在打开的"另存为"对话框中选择保存位置;❷输入工作簿名称;❸单击"保存"按钮。

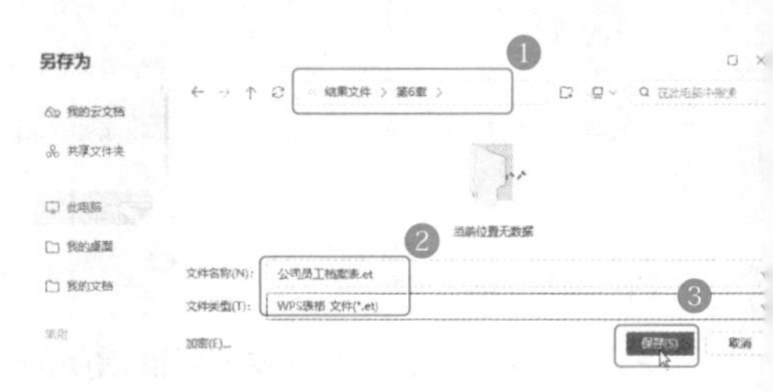

第4步:查看保存的工作簿。保存成功的工作簿如下图所示,文件名称已进行了更改。

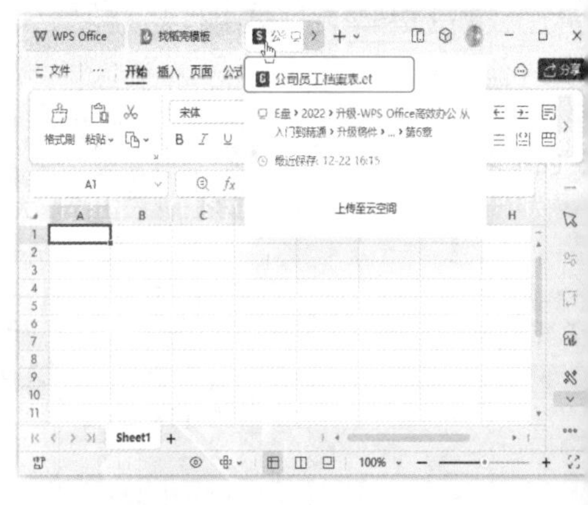

>>>2. 重命名工作表名称

一个WPS表格文件可以称之为"工作簿",一个工作簿中可以有多张工作表,为了区分这些工作表,可以对其进行重命名。

第1步:执行"重命名"命令。右击工作表名称,在弹出的快捷菜单中选择"重命名"选项。

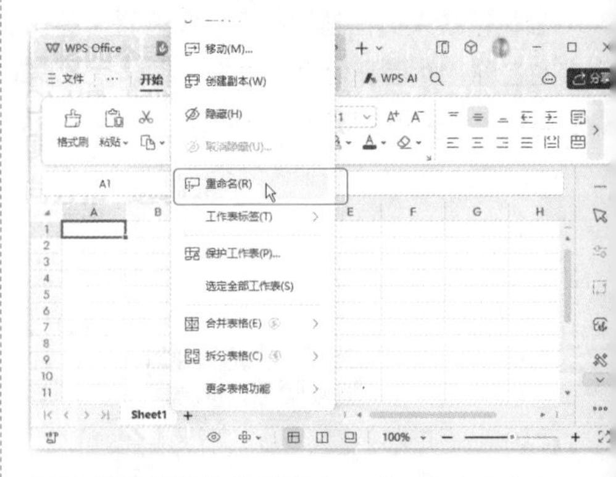

第2步:输入新名称。执行"重命名"命令后,输入新的工作表名称,结果如下图所示。便完成了工作表的重命名操作。

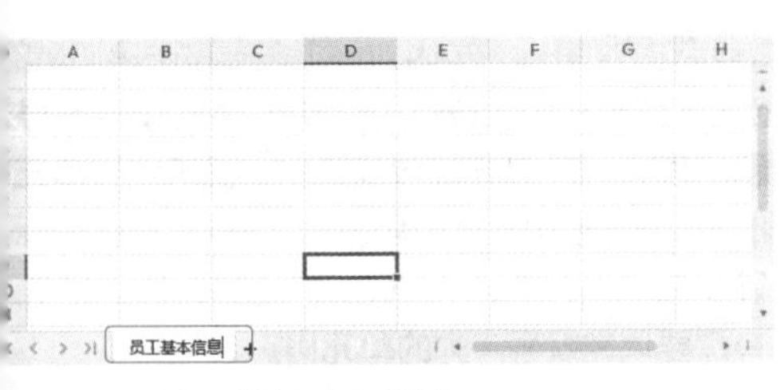

>>>3．工作表的新建与删除

一个WPS工作簿中可以有多张工作表，用户可以自由添加需要的工作表，或者是将多余的工作表删除。

第1步：新建工作表。 单击WPS界面下方的“新建工作表”加号按钮，此时就能新建一张工作表。

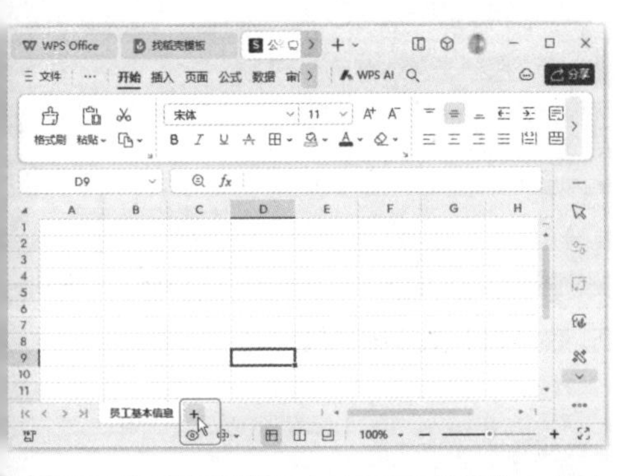

第2步：删除工作表。 右击需要删除的工作表，在弹出的快捷菜单中选择“删除”选项，即可删除工作表。

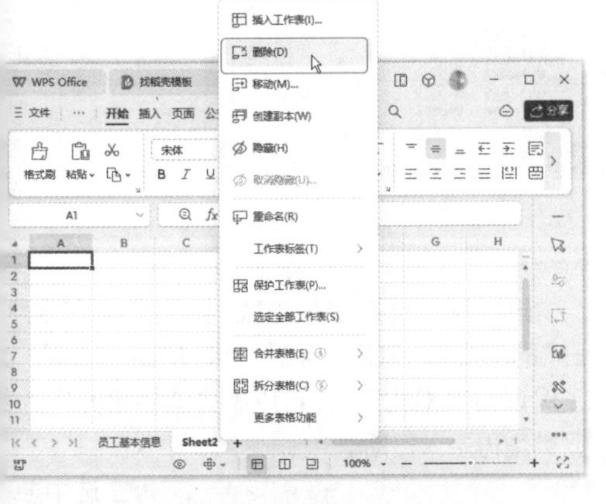

>>>4．更改工作表标签颜色

当一个工作簿中的工作表太多时，可以更改工作表的标签颜色，以示区分。

第1步：选择颜色。 ❶ 右击需要更改标签颜色的工作表，在弹出的快捷菜单中选择“工作表标签”选项；❷ 在级联菜单中选择“标签颜色”选项；❸ 在颜色级联菜单中选择一种标签颜色。

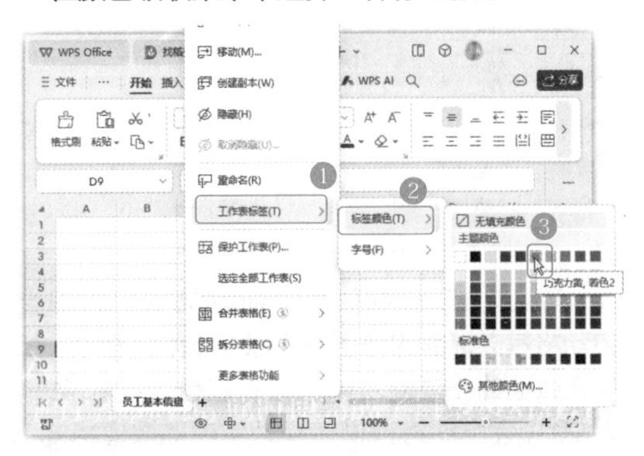

第2步：查看标签颜色设置效果。 此时工作表的标签颜色便成功设置，效果如下图所示。

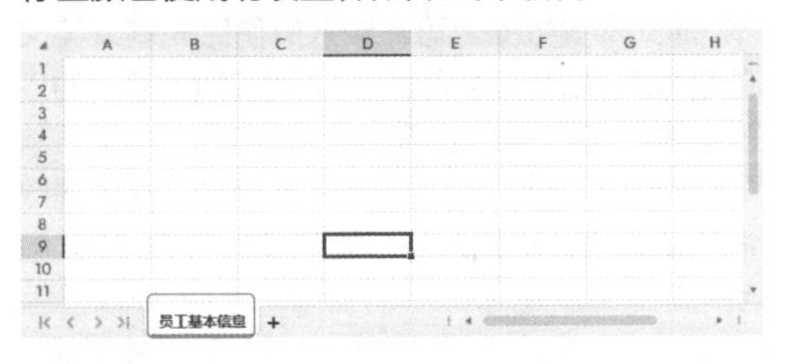

6.1.2 录入员工基本信息表内容

当WPS表格文件及里面的工作表创建完成后，就可以在工作表中录入需要的信息了。在录入信息时，需要注意区分信息的类型及规律，以科学、正确的方式录入信息。

>>>1．录入文本内容

文本型信息是WPS表格中最常见的一种信息，不需要事先设置数据类型就能输入。

第1步：输入第一个单元格中的文本内容。 将光标放到左上角的第一个单元格中，输入文字。

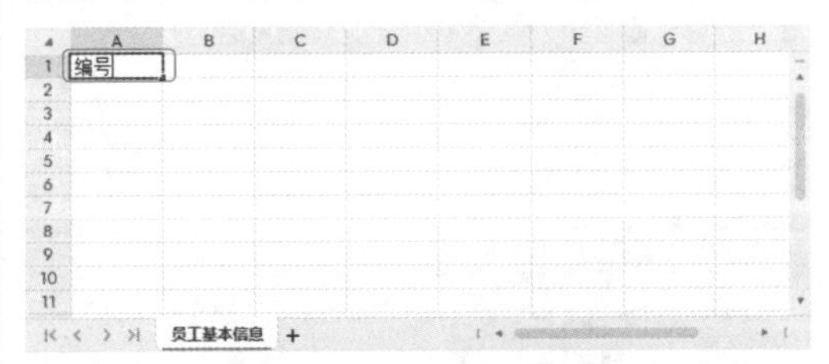

第2步：完成其他文本信息的输入。 按照同样的方法，完成工作表中其他文本内容的输入，效果如

下图所示。

	A	B	C	D	E	F	G	H
1	编号	姓名	性别	生日	学历	专业		
2		张强						
3		刘艳						
4		王宏						
5		张珊珊						
6		刘通						
7		赵琳						
8		姚莉莉						
9		李新月						
10		赵丽						
11		曾玉						
12		周礼						
13		李浩						
14		张龙						
15		李国强						

员工基本信息

>>>2. 录入文本型数据

在WPS表格中要输入数值内容时，WPS会自动将其以标准的数值格式保存于单元格中。如果在数值的左边输入0，则0将被自动省略，如输入001，会自动将该值转换为常规的数值格式1；再如输入小数.009，会自动转换为0.009。若要使数字保持输入时的格式，需要将数值转换为文本，即文本型数据。可在输入数值时先输入英文单引号(')，如本例中需要在“工号”列中输入的工号格式为00*，操作步骤如下。

第1步：输入英文单引号。 在需要输入文本型数据的单元格中将输入法切换到英文状态，输入单引号“'”。

	A	B	C	D	E	F	G	H
1	编号	姓名	性别	生日	学历	专业		
2	'	张强						
3		刘艳						
4		王宏						
5		张珊珊						
6		刘通						
7		赵琳						
8		姚莉莉						
9		李新月						
10		赵丽						
11		曾玉						

员工基本信息

第2步：输入数据。 在英文单引号后面紧接着输入员工的编号数据。

	A	B	C	D	E	F	G	H
1	编号	姓名	性别	生日	学历	专业		
2	'0012516	张强						
3		刘艳						
4		王宏						
5		张珊珊						
6		刘通						
7		赵琳						
8		姚莉莉						
9		李新月						
10		赵丽						
11		曾玉						

员工基本信息

专家点拨

如果录入数据后，数据显示不完整，或显示“####”字样，说明单元格需要增加列宽。

第3步：填充序列。 因为员工编号是顺序递增的所以可以利用“填充序列”功能完成其他编号容的填充。❶将光标放到第一个员工编号单元的右下方，当鼠标变成黑色十字形时，按住鼠标键不放，往下拖动；❷直到拖动的区域覆盖完有需要填充编号序列的单元格。

	A	B	C	D	E	F	G	H
1	编号	姓名	性别	生日	学历	专业		
2	0012516	张强						
3		刘艳						
4		王宏						
5		张珊珊						
6		刘通						
7		赵琳						
8		姚莉莉						
9		李新月						
10		赵丽						
11		曾玉						

	A	B	C	D	E	F	G	H
11		曾玉						
12		周礼						
13		李浩						
14		张龙						
15		李国强						
16		赵丙辰						
17		沈琬						
18		王若						
19		刘希						
20		0012533						
21								

员工基本信息

第4步：查看编号填充结果。 此时编号列完成充，效果如下图所示。

	A	B	C	D	E	F	G
1	编号	姓名	性别	生日	学历	专业	
2	0012516	张强					
3	0012517	刘艳					
4	0012518	王宏					
5	0012519	张珊珊					
6	0012520	刘通					
7	0012521	赵琳					
8	0012522	姚莉莉					
9	0012523	李新月					
10	0012524	赵丽					
11	0012525	曾玉					
12	0012526	周礼					
13	0012527	李浩					
14	0012528	张龙					
15	0012529	李国强					
16	0012530	赵丙辰					
17	0012531	沈琬					
18	0012532	王若					
19	0012533	刘希					
20							
21							

>>>3. 录入日期型数据

日期型数据有多种形式，如“2024年3月日”的形式有“2024/3/1”“24-Mar-1”等。了保证日期格式正确，可以事先选择单元格的据类型再录入日期。

第1步：打开“单元格格式”对话框。 ❶选中要入日期数据的单元格；❷单击“开始”选项卡下的“单元格格式：数字”对话框启动器按钮↘。

第2步：选择日期数据类型。❶在“数字”选项卡下的“分类”列表框中选择“日期”选项；❷在“类型”列表框中选择日期数据的类型；❸单击“确定”按钮。

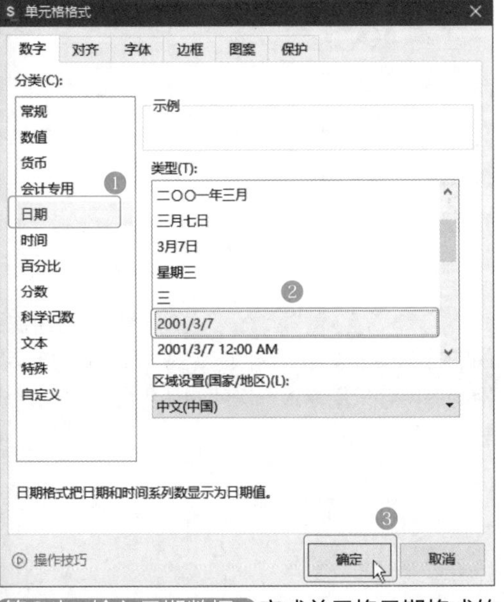

第3步：输入日期数据。完成单元格日期格式的设置后，输入日期数据即可，效果如下图所示。

	A	B	C	D	E	F	G
1	编号	姓名	性别	生日	学历	专业	
2	0012516	张强		1988/2/24			
3	0012517	刘艳		1990/4/14			
4	0012518	王宏		1972/3/4			
5	0012519	张珊珊		1981/6/7			
6	0012520	刘通		1984/4/5			
7	0012521	赵琳		1987/6/15			
8	0012522	姚莉莉		1987/3/27			
9	0012523	李新月		1986/1/7			
10	0012524	赵丽		1991/2/17			
11	0012525	曾王		1983/4/27			
12	0012526	周礼		1982/3/9			
13	0012527	李浩		1992/4/7			
14	0012528	张龙		1984/7/1			
15	0012529	李国强		1985/4/8			
16	0012530	赵丙辰		1986/7/1			
17	0012531	沈琬		1988/4/7			
18	0012532	王若		1989/1/3			
19	0012533	刘希		1985/7/15			
20							

专家点拨

录入日期型数据并不一定必须事先选择单元格数据类型，默认情况下，WPS表格单元格的数据类型是“常规”，这种类型输入文本及普通数据都没有问题。如果录入时间后，发现格式不对，再选中单元格并打开“单元格格式”对话框调整数据类型，单元格中的数据便能正常显示。

>>>4．在多个单元格中同时输入数据

在输入表格数据时，若某些单元格中需要输入相同的数据，此时可同时输入，方法是同时选择需要相同数据的多个单元格，输入数据后按Ctrl+Enter组合键即可。

第1步：选中要输入相同数据的单元格。按住Ctrl键，选中要输入数据“男”的单元格，如下图所示。

	A	B	C	D	E	F	G
1	编号	姓名	性别	生日	学历	专业	
2	0012516	张强		1988/2/24			
3	0012517	刘艳		1990/4/14			
4	0012518	王宏		1972/3/4			
5	0012519	张珊珊		1981/6/7			
6	0012520	刘通		1984/4/5			
7	0012521	赵琳		1987/6/15			
8	0012522	姚莉莉		1987/3/27			
9	0012523	李新月		1986/1/7			
10	0012524	赵丽		1991/2/17			
11	0012525	曾王		1983/4/27			
12	0012526	周礼		1982/3/9			
13	0012527	李浩		1992/4/7			
14	0012528	张龙		1984/7/1			
15	0012529	李国强		1985/4/8			
16	0012530	赵丙辰		1986/7/1			
17	0012531	沈琬		1988/4/7			
18	0012532	王若		1989/1/3			
19	0012533	刘希		1985/7/15			
20							

第2步：输入数据。选中这些单元格后，直接输入数据“男”。

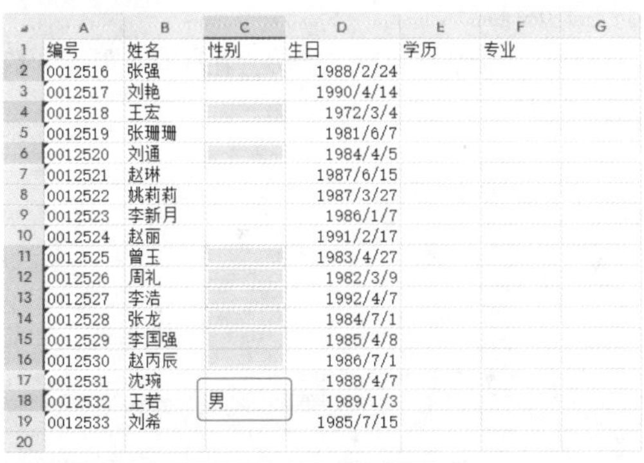

	A	B	C	D	E	F	G
1	编号	姓名	性别	生日	学历	专业	
2	0012516	张强		1988/2/24			
3	0012517	刘艳		1990/4/14			
4	0012518	王宏		1972/3/4			
5	0012519	张珊珊		1981/6/7			
6	0012520	刘通		1984/4/5			
7	0012521	赵琳		1987/6/15			
8	0012522	姚莉莉		1987/3/27			
9	0012523	李新月		1986/1/7			
10	0012524	赵丽		1991/2/17			
11	0012525	曾王		1983/4/27			
12	0012526	周礼		1982/3/9			
13	0012527	李浩		1992/4/7			
14	0012528	张龙		1984/7/1			
15	0012529	李国强		1985/4/8			
16	0012530	赵丙辰		1986/7/1			
17	0012531	沈琬		1988/4/7			
18	0012532	王若	男	1989/1/3			
19	0012533	刘希		1985/7/15			
20							

第3步：按Ctrl+Enter组合键。按Ctrl+Enter组合键，此时选中的单元格中便自动填充上输入的数据“男”。

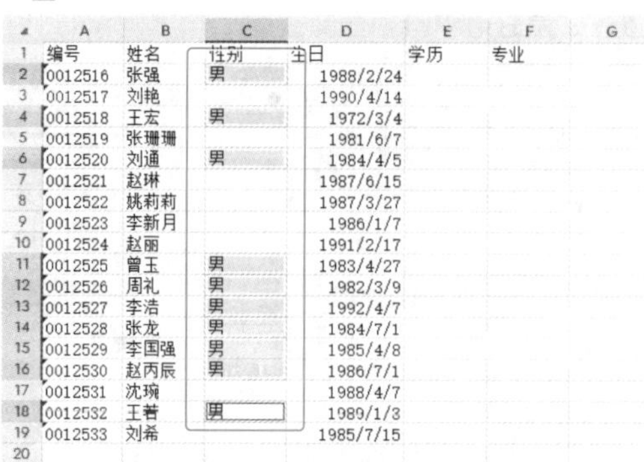

编号	姓名	性别	生日	学历	专业
0012516	张强	男	1988/2/24		
0012517	刘艳		1990/4/14		
0012518	王宏	男	1972/3/4		
0012519	张珊珊		1981/6/7		
0012520	刘通	男	1984/4/5		
0012521	赵琳		1987/6/15		
0012522	姚莉莉		1987/3/27		
0012523	李新月		1986/1/7		
0012524	赵丽		1991/2/17		
0012525	曾玉	男	1983/4/27		
0012526	周礼	男	1982/3/9		
0012527	李浩	男	1992/4/7		
0012528	张龙	男	1984/7/1		
0012529	李国强	男	1985/4/8		
0012530	赵丙辰	男	1986/7/1		
0012531	沈琬		1988/4/7		
0012532	王若	男	1989/1/3		
0012533	刘希		1985/7/15		

第4步：完成数据“女”的输入。按照相同的方法输入“女”数据内容。

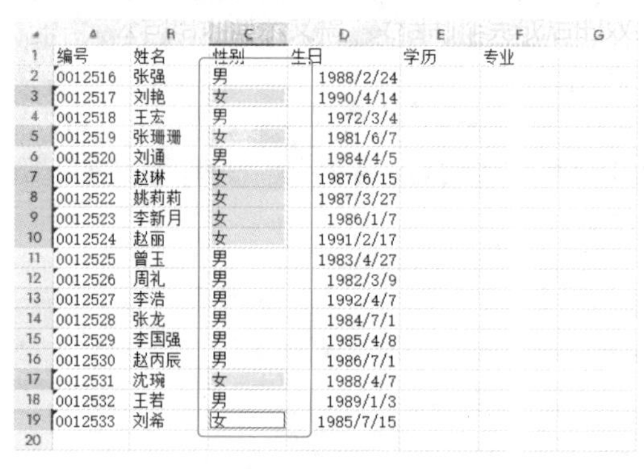

编号	姓名	性别	生日	学历	专业
0012516	张强	男	1988/2/24		
0012517	刘艳	女	1990/4/14		
0012518	王宏	男	1972/3/4		
0012519	张珊珊	女	1981/6/7		
0012520	刘通	男	1984/4/5		
0012521	赵琳	女	1987/6/15		
0012522	姚莉莉	女	1987/3/27		
0012523	李新月	女	1986/1/7		
0012524	赵丽	女	1991/2/17		
0012525	曾玉	男	1983/4/27		
0012526	周礼	男	1982/3/9		
0012527	李浩	男	1992/4/7		
0012528	张龙	男	1984/7/1		
0012529	李国强	男	1985/4/8		
0012530	赵丙辰	男	1986/7/1		
0012531	沈琬	女	1988/4/7		
0012532	王若	男	1989/1/3		
0012533	刘希	女	1985/7/15		

>>>5. 应用记忆功能输入数据

在录入数据内容时，如果要输入的数据已在其他单元格中存在，可借助WPS表格中的记忆功能快速输入数据。输入该数据的开头部分，若该数据已在其他单元格中存在，此时将自动引用已有的数据。如果需要引用该数据则按Enter键；如果不需要引用该数据则直接输入其后的内容。

第1步：输入数据。在“学历”下方输入第一个数据“本科”。

编号	姓名	性别	生日	学历	专业
0012516	张强	男	1988/2/24	本科	
0012517	刘艳	女	1990/4/14		
0012518	王宏	男	1972/3/4		
0012519	张珊珊	女	1981/6/7		
0012520	刘通	男	1984/4/5		
0012521	赵琳	女	1987/6/15		
0012522	姚莉莉	女	1987/3/27		
0012523	李新月	女	1986/1/7		
0012524	赵丽	女	1991/2/17		
0012525	曾玉	男	1983/4/27		
0012526	周礼	男	1982/3/9		
0012527	李浩	男	1992/4/7		
0012528	张龙	男	1984/7/1		
0012529	李国强	男	1985/4/8		
0012530	赵丙辰	男	1986/7/1		
0012531	沈琬	女	1988/4/7		
0012532	王若	男	1989/1/3		
0012533	刘希	女	1985/7/15		

专家点拨

当输入的数据与前面的内容相同但又与后面的内容不同时，则不会出现提示。例如，表格中已有数据“电子商务”和“电子技术”两个内容，此时在新单元格中输入“电子”两字，因为表格无法确定将引用哪一个数据，所以此时不会显示提示。

第2步：利用记忆功能输入相同数据。在第二个单元格中输入“本”字，此时单元格后面自动出现了“科”字，按Enter键即可完成这个单元格的输入。

编号	姓名	性别	生日	学历	专业
0012516	张强	男	1988/2/24	本科	
0012517	刘艳	女	1990/4/14	本科	
0012518	王宏	男	1972/3/4		
0012519	张珊珊	女	1981/6/7		
0012520	刘通	男	1984/4/5		
0012521	赵琳	女	1987/6/15		
0012522	姚莉莉	女	1987/3/27		
0012523	李新月	女	1986/1/7		
0012524	赵丽	女	1991/2/17		
0012525	曾玉	男	1983/4/27		
0012526	周礼	男	1982/3/9		
0012527	李浩	男	1992/4/7		
0012528	张龙	男	1984/7/1		
0012529	李国强	男	1985/4/8		
0012530	赵丙辰	男	1986/7/1		
0012531	沈琬	女	1988/4/7		
0012532	王若	男	1989/1/3		
0012533	刘希	女	1985/7/15		

第3步：利用记忆功能输入其他数据内容。用相同的方法，完成“学历”和“专业”列数据的输入，相同的内容只用输入一次就能使用记忆功能完成重复内容的输入。

编号	姓名	性别	生日	学历	专业
0012516	张强	男	1988/2/24	本科	
0012517	刘艳	女	1990/4/14	本科	
0012518	王宏	男	1972/3/4	专科	
0012519	张珊珊	女	1981/6/7	硕士	
0012520	刘通	男	1984/4/5	本科	
0012521	赵琳	女	1987/6/15	硕士	
0012522	姚莉莉	女	1987/3/27	本科	
0012523	李新月	女	1986/1/7	专科	
0012524	赵丽	女	1991/2/17	本科	
0012525	曾玉	男	1983/4/27	硕士	
0012526	周礼	男	1982/3/9	本科	
0012527	李浩	男	1992/4/7	硕士	
0012528	张龙	男	1984/7/1	本科	
0012529	李国强	男	1985/4/8	本科	
0012530	赵丙辰	男	1986/7/1	本科	
0012531	沈琬	女	1988/4/7	本科	
0012532	王若	男	1989/1/3	专科	
0012533	刘希	女	1985/7/15	本科	

6.1.3 单元格的编辑与美化

在工作表中输入数据后，可能需要对单元格进行编辑，如插入新的单元格、合并单元格，更改单元格的行高和列宽。同时也需要一些美化功能，

如设置单元格的边框线。

>>>1. 插入单元格

在工作表中输入数据后，当审视数据时，可能发现有遗漏的数据项，此时可以通过插入单元格功能来实现数据的新增。

第1步：选中数据列。将光标放到数据列上方，当光标变成黑色箭头时，单击选中这一列数据。

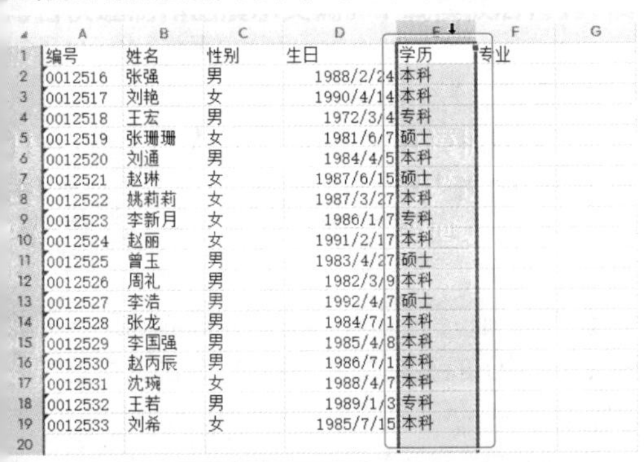

第2步：执行“插入”命令。❶选中数据列后，右击，在弹出的快捷菜单中选择“在左侧插入列”选项；❷此时选中的数据列左侧便新建了一列空白数据列。

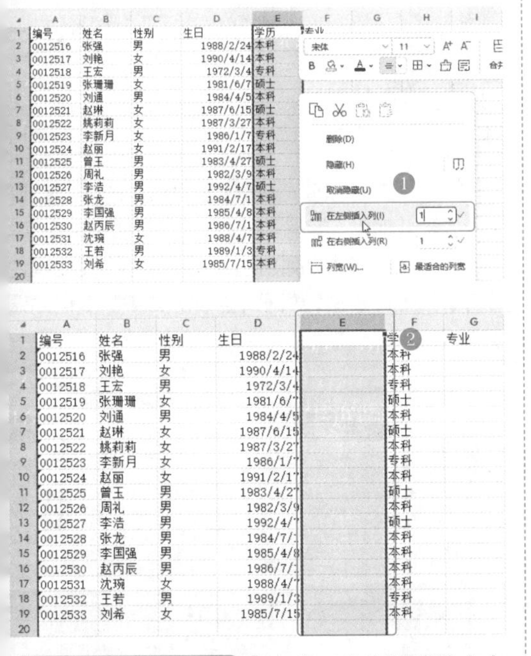

第3步：选中数据行。❶在上一步中新建的空白数据列中输入“身份证号”内容；❷将光标放到第一行左边第一个单元格左边，当光标变成黑色箭头时，单击选中第一行单元格；❸右击，在弹出的快捷菜单中选择“在上方插入行”选项，表示在第一行上方新建一行数据行，这一行将作为标题行。

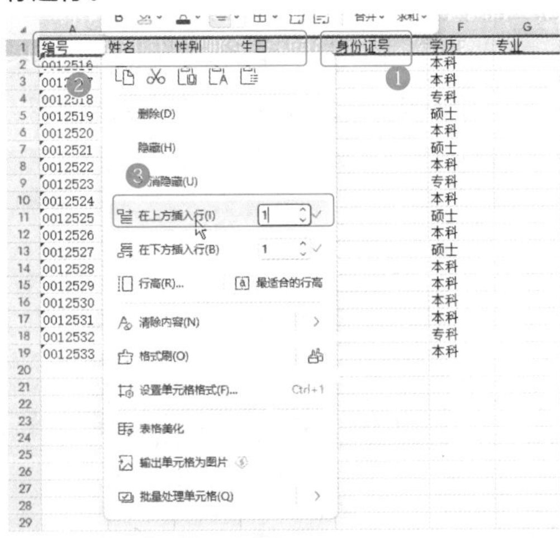

第4步：合并单元格。❶拖动鼠标，选中新建行的单元格，单击“开始”选项卡下的“合并及居中”按钮；❷在下拉菜单中选择“合并居中”选项。

第5步：完善表格信息。合并单元格后，输入标题及其他员工专业信息，效果如下图所示。

	A	B	C	D	E	F	G
1	2024年运营部员工基本信息表						
2	编号	姓名	性别	生日	身份证号	学历	专业
3	0012516	张强	男	1988/2/24		本科	汉语言文学
4	0012517	刘艳	女	1990/4/14		本科	国际文化贸易
5	0012518	王宏	男	1972/3/4		专科	科学技术哲学
6	0012519	张珊珊	女	1981/6/7		硕士	言语听觉科学
7	0012520	刘通	男	1984/4/5		本科	国际文化贸易
8	0012521	赵琳	女	1987/6/15		硕士	汉语言文学
9	0012522	姚莉莉	女	1987/3/27		本科	国际文化贸易
10	0012523	李新月	女	1986/1/7		专科	言语听觉科学
11	0012524	赵丽	女	1991/2/17		本科	国际文化贸易
12	0012525	曾玉	男	1983/4/27		硕士	言语听觉科学
13	0012526	周礼	男	1982/3/9		本科	汉语言文学
14	0012527	李浩	男	1992/4/7		硕士	言语听觉科学
15	0012528	张龙	男	1984/7/1		本科	汉语言文学
16	0012529	李国强	男	1985/4/8		本科	言语听觉科学
17	0012530	赵丙辰	男	1986/7/1		本科	汉语言文学
18	0012531	沈琬	女	1988/4/7		本科	汉语言文学
19	0012532	王若	男	1989/1/3		专科	国际文化贸易
20	0012533	刘希	女	1985/7/15		本科	国际文化贸易
21							

>>>2. 设置文字格式

完成单元格的调整及文字输入后，可以设置单元格的文字格式。通常情况下，工作表的文字格式不需要太复杂，只需设置标题及表头文字的格式即可。

第1步：设置标题格式。❶选中标题单元格；❷在“开始”选项卡下设置选择标题文字的字体、字号。

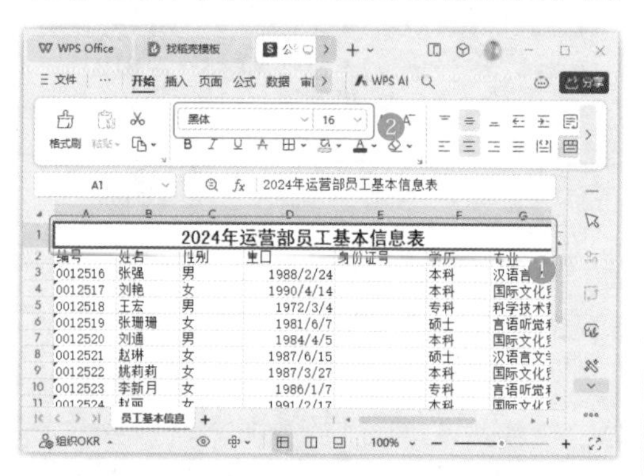

第2步：设置表头文字格式。❶选中表头文字；❷在“字体”组中设置表头文字的字体和字号；❸单击“水平居中”按钮。

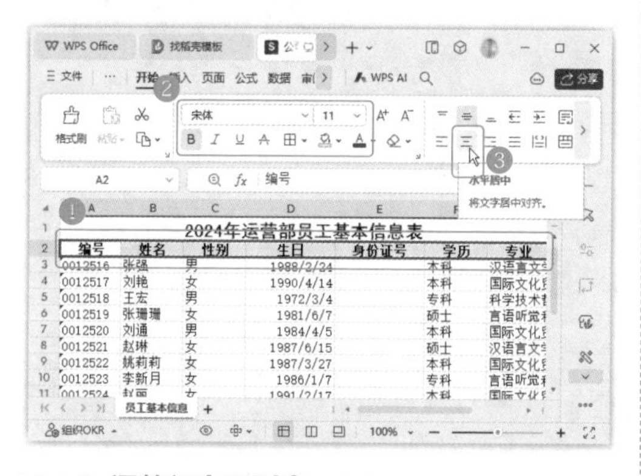

>>>3. 调整行高和列宽

完成文字输入及格式调整后，需要审视单元格中的文字是否显示完整，单元格的行高和列宽是否与文字匹配。可以通过拖动的方式调整单元格大小，也可以让单元格自动匹配文字的长度。

专家点拨

若要设置行高或列宽为具体的数据，可选中数据行或数据列，右击，在弹出的快捷菜单中选择“行高”或“列宽”选项，然后在对话框中输入行高或列宽的具体数值，最后单击“确定”按钮即可。

第1步：用拖动的方式调整标题的行高。将光标放到标题行下方的边框线上，当光标变成黑色双向箭头时，按住鼠标左键不放，向下拖动鼠标，增加第一行的行高。

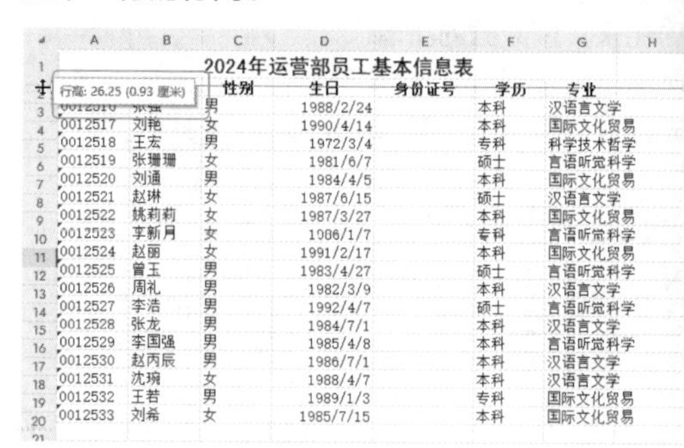

2024年运营部员工基本信息表

编号	姓名	性别	生日	身份证号	学历	专业
0012516	张强	男	1988/2/24		本科	汉语言文学
0012517	刘艳	女	1990/4/14		本科	国际文化贸易
0012518	王宏	男	1972/3/4		专科	科学技术哲学
0012519	张珊珊	女	1981/6/7		硕士	言语听觉科学
0012520	刘通	男	1984/4/5		本科	国际文化贸易
0012521	赵琳	女	1987/6/15		硕士	汉语言文学
0012522	姚莉莉	女	1987/3/27		本科	国际文化贸易
0012523	李新月	女	1986/1/7		专科	言语听觉科学
0012524	赵丽	女	1991/2/17		本科	国际文化贸易
0012525	曾玉	男	1983/4/27		硕士	言语听觉科学
0012526	周礼	男	1982/3/9		本科	汉语言文学
0012527	李浩	男	1992/4/7		硕士	言语听觉科学
0012528	张龙	男	1984/7/1		本科	汉语言文学
0012529	李国强	男	1985/4/8		本科	言语听觉科学
0012530	赵丙辰	男	1986/7/1		本科	汉语言文学
0012531	沈琬	女	1988/4/7		本科	汉语言文学
0012532	王若	男	1989/1/3		专科	国际文化贸易
0012533	刘希	女	1985/7/15		本科	国际文化贸易

第2步：选中第一列数据。将光标放到第一列数据上方，当光标变成黑色箭头时，单击选中这一列数据。

第3步：调整数据列宽。按住Shift键，选中“专业”列数据，此时从“编号”到“专业”列都被选中了。将光标放到“专业”列右边线上，当光标变成黑色十字箭头时，双击，数据列会根据文字宽度自动调整列宽。

第4步：查看行高和列宽调整效果。完成行高和

列宽调整的数据表如下图所示。

	A	B	C	D	E	F	G
1	2024年运营部员工基本信息表						
2	编号	姓名	性别	生日	身份证号	学历	专业
3	0012516	张强	男	1988/2/24		本科	汉语言文学
4	0012517	刘艳	女	1990/4/14		本科	国际文化贸易
5	0012518	王宏	男	1972/3/4		专科	科学技术哲学
6	0012519	张珊珊	女	1981/6/7		硕士	言语听觉科学
7	0012520	刘通	男	1984/4/5		本科	国际文化贸易
8	0012521	赵琳	女	1987/6/15		硕士	汉语言文学
9	0012522	姚莉莉	女	1987/3/27		本科	国际文化贸易
10	0012523	李新月	女	1986/1/7		专科	言语听觉科学
11	0012524	赵丽	女	1991/2/17		本科	国际文化贸易
12	0012525	曾玉	男	1983/4/27		硕士	言语听觉科学
13	0012526	周礼	男	1982/3/9		本科	汉语言文学
14	0012527	李浩	男	1992/4/7		硕士	言语听觉科学
15	0012528	张龙	男	1984/7/1		本科	汉语言文学
16	0012529	李国强	男	1985/4/8		本科	言语听觉科学
17	0012530	赵丙辰	男	1986/7/1		本科	汉语言文学
18	0012531	沈琬	女	1988/4/7		本科	汉语言文学
19	0012532	王若	男	1989/1/3		专科	国际文化贸易
20	0012533	刘希	女	1985/7/15		本科	国际文化贸易
21							

>>>4.添加边框

工作表的数据区域只占据了工作表的一部分，为了突出或美化数据区域，可以为这个区域添加边框，其操作步骤是选择边框颜色然后再选择边框类型。

第1步：选择边框颜色。❶单击“开始”选项卡下的“边框”下拉按钮；❷在下拉菜单中选择“线条颜色”选项；❸在颜色级联菜单中选择一种颜色。

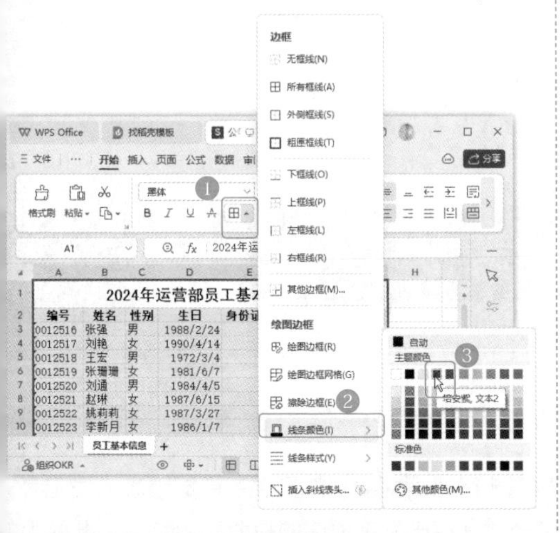

第2步：选择绘制边框命令。❶单击“边框”的下拉按钮；❷在下拉菜单中选择“绘图边框”选项。

第3步：绘制边框。此时鼠标光标变成铅笔形状，拖动鼠标在需要添加边框的单元格边界处滑动，即可为对应的区域绘制外边框，可以看到采用了刚设置的线条颜色。

	A	B	C	D	E	F	G
1	2024年运营部员工基本信息表						
2	编号	姓名	性别	生日	身份证号	学历	专业
3	0012516	张强	男	1988/2/24		本科	汉语言文学
4	0012517	刘艳	女	1990/4/14		本科	国际文化贸易
5	0012518	王宏	男	1972/3/4		专科	科学技术哲学
6	0012519	张珊珊	女	1981/6/7		硕士	言语听觉科学
7	0012520	刘通	男	1984/4/5		本科	国际文化贸易
8	0012521	赵琳	女	1987/6/15		硕士	汉语言文学
9	0012522	姚莉莉	女	1987/3/27		本科	国际文化贸易
10	0012523	李新月	女	1986/1/7		专科	言语听觉科学
11	0012524	赵丽	女	1991/2/17		本科	国际文化贸易
12	0012525	曾玉	男	1983/4/27		硕士	言语听觉科学
13	0012526	周礼	男	1982/3/9		本科	汉语言文学
14	0012527	李浩	男	1992/4/7		硕士	言语听觉科学
15	0012528	张龙	男	1984/7/1		本科	汉语言文学
16	0012529	李国强	男	1985/4/8		本科	言语听觉科学
17	0012530	赵丙辰	男	1986/7/1		本科	汉语言文学
18	0012531	沈琬	女	1988/4/7		本科	汉语言文学
19	0012532	王若	男	1989/1/3		专科	国际文化贸易
20	0012533	刘希	女	1985/7/15		本科	国际文化贸易
21							

第4步：选择边框类型。❶单击“边框”的下拉按钮；❷在下拉菜单中选择“线条样式”选项；❸在样式级联菜单中选择一种线条样式。

第 5 步：绘制边框。继续拖动鼠标，在需要添加边框的单元格边界处滑动，即可为对应的区域绘制外边框，可以看到采用了刚设置的线条样式。

专家点拨

通过绘制边框的方式，可以灵活调整边框的颜色、线条类型和绘制区域等，适合制作个性的表格效果。如果绘制错了，也可以在"边框"下拉菜单中选择"擦除边框"命令进行删除。

2024年运营部员工基本信息表

编号	姓名	性别	生日	身份证号	学历	专业
0012516	张强	男	1988/2/24		本科	汉语言文学
0012517	刘艳	女	1990/4/14		本科	国际文化贸易
0012518	王宏	男	1972/3/4		专科	科学技术哲学
0012519	张珊珊	女	1981/6/7		硕士	言语听觉科学
0012520	刘通	男	1984/4/5		本科	国际文化贸易
0012521	赵琳	女	1987/6/15		硕士	汉语言文学
0012522	姚莉莉	女	1987/3/27		本科	国际文化贸易
0012523	李新月	女	1986/1/7		专科	言语听觉科学
0012524	赵丽	女	1991/2/17		本科	国际文化贸易
0012525	曾玉	男	1983/4/27		硕士	言语听觉科学
0012526	周礼	男	1982/3/9		本科	汉语言文学
0012527	李浩	男	1992/4/7		硕士	言语听觉科学
0012528	张龙	男	1984/7/1		本科	汉语言文学
0012529	李国强	男	1985/4/8		本科	言语听觉科学
0012530	赵丙辰	男	1986/7/1		本科	汉语言文学
0012531	沈琬	女	1988/4/7		本科	汉语言文学
0012532	王若	男	1989/1/3		专科	国际文化贸易
0012533	刘希	女	1985/7/15		本科	国际文化贸易

第 6 步：选择边框类型。❶选中要添加边框的数据区域，单击"边框"的下拉按钮；❷选择"所有框线"选项。

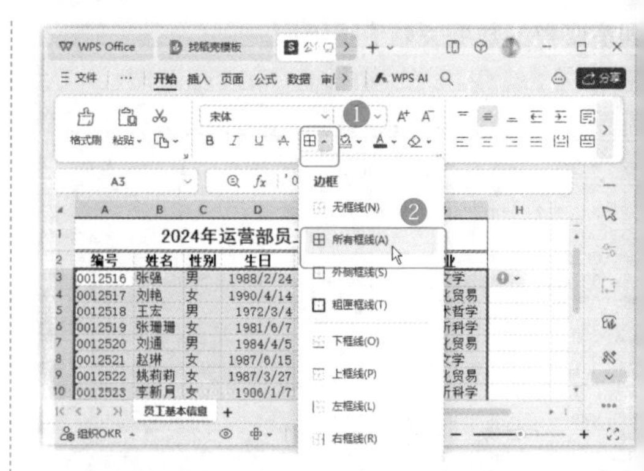

第 7 步：查看效果。此时便成功为数据区域添加了内外侧框线，效果如下图所示。

2024年运营部员工基本信息表

编号	姓名	性别	生日	身份证号	学历	专业
0012516	张强	男	1988/2/24		本科	汉语言文学
0012517	刘艳	女	1990/4/14		本科	国际文化贸易
0012518	王宏	男	1972/3/4		专科	科学技术哲学
0012519	张珊珊	女	1981/6/7		硕士	言语听觉科学
0012520	刘通	男	1984/4/5		本科	国际文化贸易
0012521	赵琳	女	1987/6/15		硕士	汉语言文学
0012522	姚莉莉	女	1987/3/27		本科	国际文化贸易
0012523	李新月	女	1986/1/7		专科	言语听觉科学
0012524	赵丽	女	1991/2/17		本科	国际文化贸易
0012525	曾玉	男	1983/4/27		硕士	言语听觉科学
0012526	周礼	男	1982/3/9		本科	汉语言文学
0012527	李浩	男	1992/4/7		硕士	言语听觉科学
0012528	张龙	男	1984/7/1		本科	汉语言文学
0012529	李国强	男	1985/4/8		本科	言语听觉科学
0012530	赵丙辰	男	1986/7/1		本科	汉语言文学
0012531	沈琬	女	1988/4/7		本科	汉语言文学
0012532	王若	男	1989/1/3		专科	国际文化贸易
0012533	刘希	女	1985/7/15		本科	国际文化贸易

6.2 制作"员工考评成绩表"

扫一扫 看视频

※ 案例说明

为了考查员工在岗位上各方面的能力，公司每隔一段时间便会制作员工考评成绩表。员工考评成绩表除了简单地录入员工成绩外，还需要利用公式计算出员工成绩的总分和平均分。此外为了一目了然地对比出不同员工的优秀程度，需要对员工成绩进行筛选、格式化显示。

"员工考评成绩表"文档制作完成后的效果如下图所示。

2024年第二季度员工考评成绩表										
编号	姓名	销售业绩	表达能力	写作能力	应急处理能力	专业知识熟悉程度	总分	平均分	排名	是否合格
12457	赵强	84	57	94	84	51	370	74	1	合格
12458	王宏	51	75	85	96	43	350	70	3	合格
12459	刘艳	42	62	76	72	52	304	61	20	不合格
12460	王春兰	74	52	84	51	84	345	69	7	合格
12461	李一凡	51	41	75	42	86	295	59	21	不合格
12462	曾钰	42	52	84	52	94	324	65	12	合格
12463	沈梦林	51	53	75	51	75	305	61	19	不合格
12464	周小如	66	54	86	42	84	332	66	11	合格
12465	赵西	64	52	84	62	86	348	70	5	合格
12466	刘虎昂	85	57	72	51	94	359	72	2	合格
12467	王泽一	72	58	84	42	85	341	68	9	合格
12468	周梦钟	51	59	85	51	76	322	64	13	合格
12469	钟小天	42	54	86	42	84	308	62	17	不合格
12470	钟正凡	88	56	84	53	62	343	69	8	合格
12471	肖莉	74	51	85	62	42	314	63	14	不合格
12472	王涛	85	42	74	51	41	293	59	22	不合格
12473	叶桐	74	53	86	42	53	308	62	17	不合格
12474	谢稀	86	54	84	84	42	350	70	3	合格
12475	黄磊	52	58	74	86	41	311	62	15	不合格
12476	王玉龙	42	95	74	84	52	347	69	6	合格
12477	吴磊	61	75	77	72	54	339	68	10	合格
12478	张姗姗	34	84	55	75	62	310	62	16	不合格

※ 思路解析

公司主管人员在需要制作下属员工考评成绩时，首先需要获取到不同员工不同考核指标的具体分数，然后将分数录入到表格中，再选择不同的函数对分数进行计算，设置条件格式显示，让公司其他领导可以更加方便地查看不同员工的考评成绩。其制作思路如下图所示。

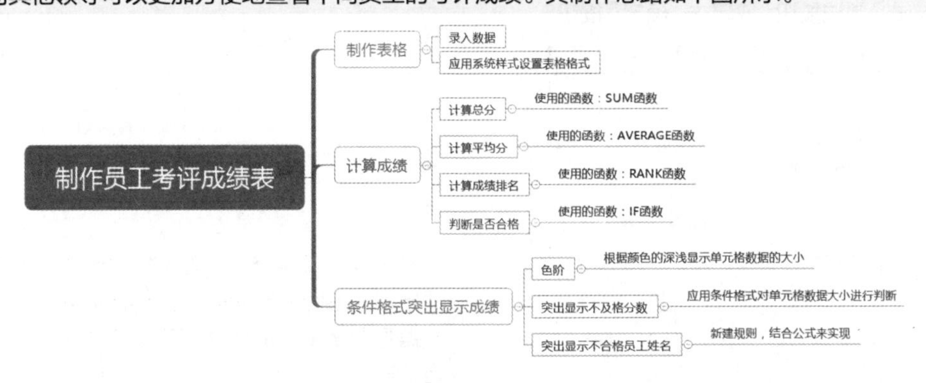

※ 步骤详解

6.2.1 制作员工考评成绩表

制作员工考评成绩表，首先需要录入基本数据并设置好表格格式，方便后期数据的计算与分析。

>>>1. 录入数据

新建一个名为“员工考评成绩表.et”的WPS表格文件。选中单元格，录入员工的编号、姓名等数据，并且合并第一行单元格后输入标题，至于需要计算的数据暂且不用录入，后期利用公式功能计算即可。数据录入效果如下图所示。

2024年第二季度员工考评成绩表										
编号	姓名	销售业绩	表达能力	写作能力	应急处理能力	专业知识熟悉程度	总分	平均分	排名	是否合格
12457	赵强	84	57	94	84	51				
12458	王宏	51	75	85	96	43				
12459	刘艳	42	62	76	72	52				
12460	王春兰	74	52	84	51	84				
12461	李一凡	51	41	75	42	86				
12462	曾钰	42	52	84	52	94				
12463	沈梦林	51	53	75	51	75				
12464	周小如	66	54	86	42	84				
12465	赵西	64	52	84	62	86				
12466	刘虎昂	85	57	72	51	94				
12467	王泽一	72	58	84	42	85				
12468	周梦钟	51	59	85	51	76				
12469	钟小天	42	54	86	42	84				
12470	钟正凡	88	56	84	53	62				
12471	肖莉	74	51	85	62	42				
12472	王涛	85	42	74	51	41				
12473	叶桐	74	53	86	42	53				
12474	谢稀	86	54	84	84	42				
12475	黄磊	52	58	74	86	41				
12476	王玉龙	42	95	74	84	52				
12477	吴磊	61	75	77	72	54				
12478	张姗姗	34	84	55	75	62				

>>>2. 设置表格样式

表格数据录入完成后，可以利用系统预设的

标题格式、单元格样式快速美化表格。其具体操作如下。

第1步：选择表格格式。❶单击“开始”选项卡下的“套用表格样式”按钮；❷选择一种主题颜色；❸选择一种表格样式。

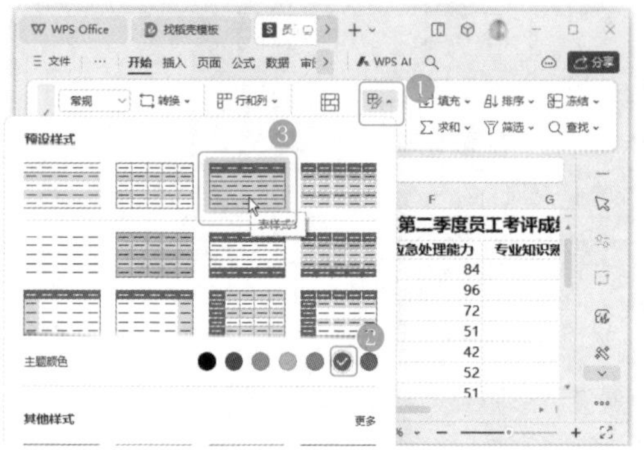

第2步：选择样式套用区域。❶此时会弹出“套用表格样式”对话框，将“表数据的来源”改为“=$A$2:$K$24”；❷选中“转换成表格，并套用表格样式”单选按钮；❸单击“确定”按钮。

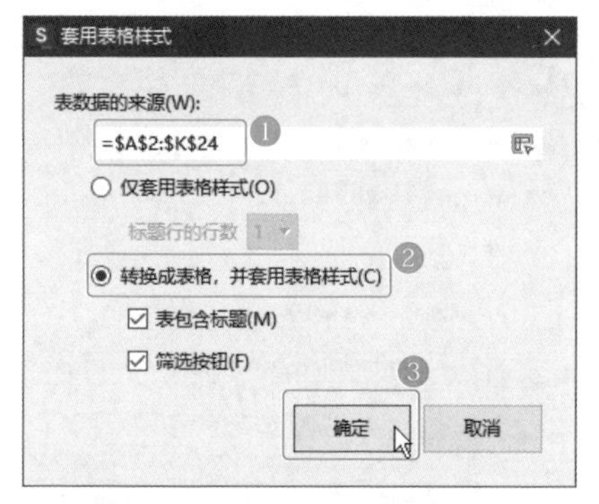

第3步：查看完成样式设置的效果。完成样式设置的效果如下图所示，表格套用了样式中的字体、颜色，并且在第一行数据单元格中添加了一个筛选按钮。

2024年第二季度员工考评成绩表

编号	姓名	销售业绩	表达能	写作能	应急处理能	专业知识熟悉程度	总分	平均分	排名	是否合
12457	赵强	84	57	94	84	51				
12458	王宏	51	75	85	96	43				
12459	刘艳	42	62	76	72	52				
12460	王春兰	74	52	84	51	84				
12461	李一凡	51	41	75	42	86				
12462	曾钰	42	52	84	52	94				
12463	沈梦林	51	53	75	51	75				
12464	周小如	66	54	86	42	84				
12465	赵西	64	52	84	62	86				
12466	刘虎昂	85	57	72	51	94				
12467	王泽一	72	58	84	42	85				
12468	周梦钟	51	59	85	51	76				
12469	钟小天	42	54	86	42	84				
12470	钟正凡	88	56	84	53	62				
12471	肖莉	74	51	85	62	42				
12472	王涛	85	42	74	51	41				
12473	叶柯	74	53	86	42	53				
12474	谢稀	86	54	84	84	42				
12475	黄磊	52	58	74	86	41				
12476	王玉龙	42	95	74	84	52				
12477	吴磊	61	75	77	72	54				
12478	张姗姗	34	84	55	75	62				

6.2.2 计算考评成绩

表格的基本数据录入完成后，涉及计算的数据内容可以通过WPS表格的公式功能自动计算录入，只需知道常用公式的使用方法即可完成数据计算。

>>>1. 计算总分

计算总分用到的是求和公式，这是WPS表格常用的公式之一。求和函数的语法是SUM(number1,number2,...)，如果将逗号“，”换成冒号“:”表示计算从A单元格到B单元格的数据之和。

第1步：选择“求和”函数。❶选中“总分”下面的第一个单元格，表示要将求和结果放在这里；❷单击“公式”选项卡下的“求和”按钮。

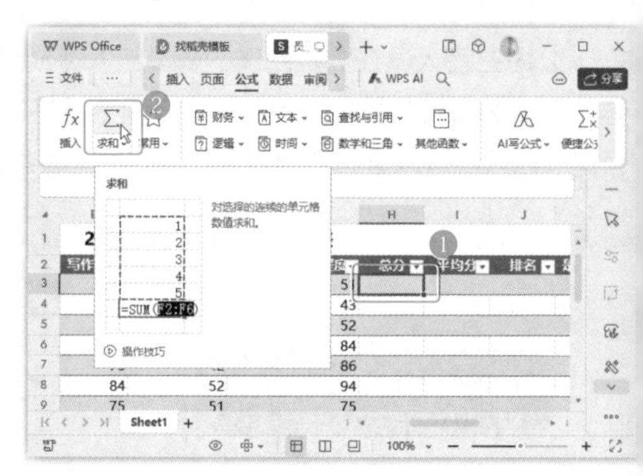

第2步：确定求和公式。执行求和命令后，会自动出现如下图所示的公式，只要确定虚线框中的数据是需要求和的数据即可按Enter键，表示确定公式。

第3步：复制公式。完成第一个单元格的求和计算后，将光标放到单元格右下角，按住鼠标左键不放，往下拖动，复制公式。

2024年第二季度员工考评成绩表

编号	姓名	销售业绩	表达能力	写作能力	应急处理能力	专业知识熟悉程度	总分	平均分	排名	是否合格
12457	赵强	84	57	94	84	51	370			
12458	王宏	51	75	85	96	43				
12459	刘艳	42	62	76	72	52				
12460	王春兰	74	52	84	51	84				
12461	李一凡	51	41	75	42	86				
12462	曾钰	42	52	84	52	94				
12463	沈梦林	51	53	75	51	75				
12464	周小如	66	54	86	42	84				
12465	赵西	64	52	84	62	86				
12466	刘虎昂	85	57	72	51	94				
12467	王泽一	72	58	84	42	85				
12468	周梦钟	51	59	85	51	76				
12469	钟小天	42	54	86	42	84				
12470	钟正凡	88	56	84	53	62				
12471	肖莉	74	51	85	62	42				
12472	王涛	85	42	74	51	41				
12473	叶柯	74	53	86	42	53				
12474	谢扬	86	54	84	84	42				
12475	黄磊	52	58	74	86	41				
12476	王玉龙	42	95	74	84	52				
12477	吴磊	61	75	77	72	54				
12478	张姗姗	34	84	55	75	62				

第4步：查看数据计算结果。完成公式的复制后，“总分”列剩下的单元格也会被自动计算求和，效果如下图所示。

2024年第二季度员工考评成绩表

编号	姓名	销售业绩	表达能力	写作能力	应急处理能力	专业知识熟悉程度	总分	平均分	排名	是否合格
12457	赵强	84	57	94	84	51	370			
12458	王宏	51	75	85	96	43	350			
12459	刘艳	42	62	76	72	52	304			
12460	王春兰	74	52	84	51	84	345			
12461	李一凡	51	41	75	42	86	295			
12462	曾钰	42	52	84	52	94	324			
12463	沈梦林	51	53	75	51	75	305			
12464	周小如	66	54	86	42	84	332			
12465	赵西	64	52	84	62	86	348			
12466	刘虎昂	85	57	72	51	94	359			
12467	王泽一	72	58	84	42	85	341			
12468	周梦钟	51	59	85	51	76	322			
12469	钟小天	42	54	86	42	84	308			
12470	钟正凡	88	56	84	53	62	343			
12471	肖莉	74	51	85	62	42	314			
12472	王涛	85	42	74	51	41	293			
12473	叶柯	74	53	86	42	53	308			
12474	谢扬	86	54	84	84	42	350			
12475	黄磊	52	58	74	86	41	311			
12476	王玉龙	42	95	74	84	52	347			
12477	吴磊	61	75	77	72	54	339			
12478	张姗姗	34	84	55	75	62	310			

专家点拨

在使用WPS表格函数公式之前，首先应该明白单元格的命名定位方法。在WPS表格中，每一个单元格都有独一无二的编号，其编号是由横向的字母加纵向的数字组成的，如B5表示B列5行的单元格。因此在进行函数计算时，只要通过单元格编号来说明需要计算的数据单元格范围即可。例如，“SUM(B5:M3)”表示计算B5单元格到M3单元格中所有的数据之和；“SUM(B5,M3)”表示计算B5单元格和M3单元格的数据之和。

>>>2.计算平均分

平均值的计算公式语法是AVERAGE(Number1,Number2,...)。只需选择平均值公式确定数据范围即可。

第1步：选择“平均值”公式。①选择“平均分”下面的第一个单元格；②选择“求和”下拉菜单中的“平均值”选项。

第2步：确定函数并设置计算结果小数位数。在上一步中，确定平均分的数据计算范围为“C3:G3”单元格后按Enter键即可完成平均分计算，然后将平均分公式复制到下面的单元格中。由于平均分小数位数较多，需要进行设置。①选中完成计算的平均分列数据，单击“单元格格式：数字”的对话框启动器按钮；②在打开的“单元格格式”对话框中选择“数字”选项卡，设置“小数位数”为0；③单击“确定”按钮。

第3步：查看完成计算的平均分。此时表格中的员工平均分完成计算，并且没有小数位数，效果如下图所示。

2024年第二季度员工考评成绩表

编号	姓名	销售业绩	表达能力	写作能力	应急处理能力	专业知识熟悉程度	总分	平均分	排名	是否合格
12457	赵强	84	57	94	84	51	370	74		
12458	王宏	51	75	85	96	43	350	70		
12459	刘艳	42	62	76	72	52	304	61		
12460	王春兰	74	52	84	51	84	345	69		
12461	李一凡	51	41	75	42	86	295	59		
12462	曾钰	42	52	84	52	94	324	65		
12463	沈梦林	51	53	75	51	75	305	61		
12464	周小如	66	54	86	42	84	332	66		
12465	赵西	64	52	84	62	86	348	70		
12466	刘虎昂	85	57	72	51	94	359	72		
12467	王泽一	72	58	84	42	85	341	68		
12468	周梦钟	51	59	85	51	76	322	64		
12469	钟小天	42	54	86	42	84	308	62		
12470	钟正凡	88	56	84	53	62	343	69		
12471	肖莉	74	51	85	62	42	314	63		
12472	王涛	85	42	74	51	41	293	59		
12473	叶柯	74	53	86	42	53	308	62		
12474	谢扬	86	54	84	84	42	350	70		
12475	黄磊	52	58	74	86	41	311	62		
12476	王玉龙	42	95	74	84	52	347	69		
12477	吴磊	61	75	77	72	54	339	68		
12478	张姗姗	34	84	55	75	62	310	62		

>>>3.计算成绩排名

员工考评成绩表中可以统计出不同员工的成绩排名，需要用到的函数是Rank函数。该函数的使

用语法是RANK(Number,Ref,Order)，其中，参数Number表示需要找到排位的数字；Ref参数表示对数字列表数组或对数字列表的引用；Order参数为一个数字，指明排位的方式，Order为0或者省略代表降序排列，Order不为0则为升序排列。

第1步：输入函数。在本例中，员工是按照总分的大小进行排名的，因此RANK函数中会涉及总分单元格的定位。如下图所示，将输入法切换到英文输入状态下，在第一个“排名”单元格中输入函数“=RANK(H3,H$3:H$24)”，该公式表示计算H3单元格数据在H3到H24单元格数据中的排名。

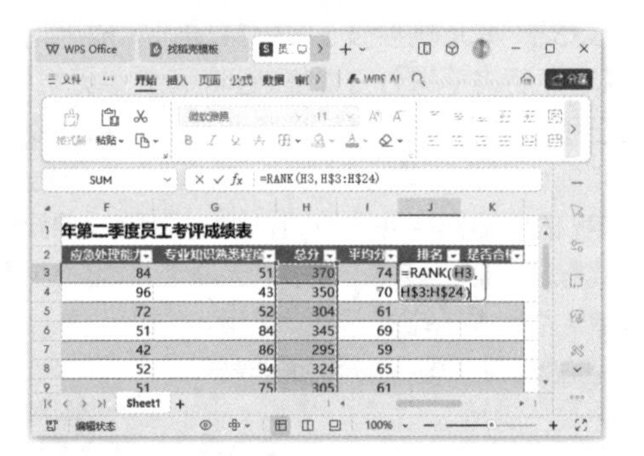

第2步：完成排名计算。在上一步骤中，输入公式后按Enter键完成公式计算，然后复制公式到后面的单元格中，结果如下图所示。

2024年第二季度员工考评成绩表

编号	姓名	销售业绩	表达能力	写作能力	应急处理能力	专业知识熟悉程度	总分	平均分	排名	是否合格
12457	赵刚	84	57	94	84	51	370	74	1	
12458	王宏	51	75	85	96	43	350	70	3	
12459	刘艳	42	62	76	72	52	304	61	20	
12460	王春兰	74	52	84	51	84	345	69	7	
12461	李一凡	51	41	75	42	86	295	59	21	
12462	曾钰	42	52	84	52	94	324	65	12	
12463	沈梦林	51	53	75	51	75	305	61	19	
12464	周小如	66	54	86	42	84	332	66	11	
12465	赵西	64	52	84	62	86	348	70	5	
12466	刘虎昂	85	57	72	51	94	359	72	2	
12467	王序一	72	58	84	42	85	341	68	9	
12468	周梦钟	51	59	85	51	76	322	64	13	
12469	钟小天	42	54	86	42	84	308	62	17	
12470	钟正凡	88	56	84	53	62	343	69	8	
12471	肖莉	74	51	85	62	42	314	63	14	
12472	王涛	85	42	74	51	41	293	59	22	
12473	叶柯	74	53	86	42	53	308	62	17	
12474	谢楠	86	54	84	84	42	350	70	3	
12475	黄磊	52	58	74	86	41	311	62	15	
12476	王玉龙	42	95	74	84	52	347	69	6	
12477	吴磊	61	75	77	72	54	339	68	10	
12478	张姗姗	34	84	55	75	62	310	62	16	

>>>4.判断是否合格

员工考评成绩表中常常会附上一列以显示该员工成绩是否合格。使用到的函数是IF函数，该函数的语法是IF(logical_test,valueiftrue,valueiffalse)。其作用是判断数据的逻辑真假。在本例中，如果逻辑是真的，就返回“合格”文字；如果逻辑是假的，则返回“不合格”文字，以此来判断员工成绩的合格与否。

第1步：打开“插入函数”对话框。❶选中“是否合格”下面的第一个单元格；❷选择“求和”下拉菜单中的“其他函数”选项。

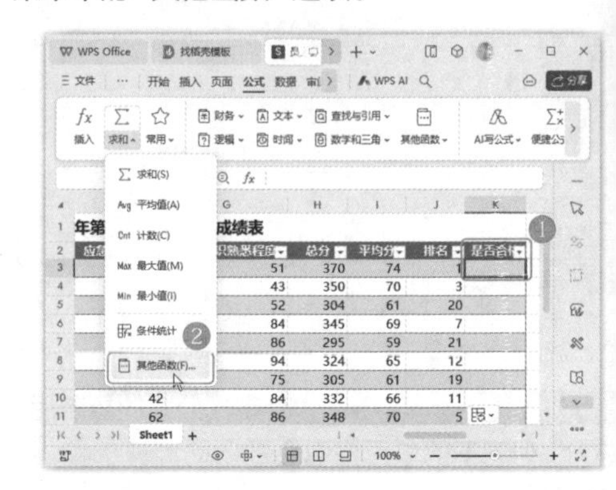

第2步：选择函数。❶在打开的“插入函数”对话框中选择IF函数；❷单击“确定”按钮。

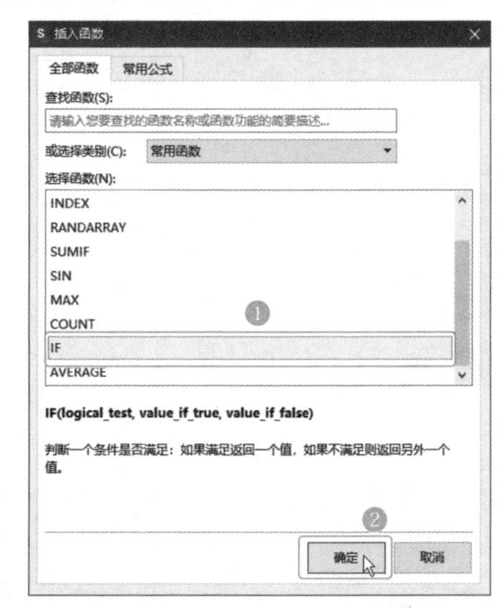

第3步：设置函数参数。❶在打开的“函数参数”对话框中输入“h3>=320”，其表示h3单元格中的总分数如果大于等于320分就是逻辑真，否则就是逻辑假，并且输入逻辑真假对应返回的文字；❷单击“确定”按钮。

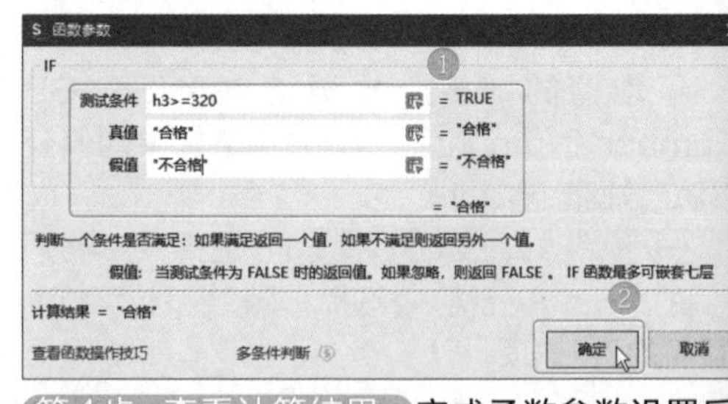

第4步：查看计算结果。完成函数参数设置后

复制公式到下面的单元格中，此时表格中的成绩是否合格的判断就完成了，效果如下图所示。

2024年第二季度员工考评成绩表

编号	姓名	销售业绩	表达能力	写作能力	应急处理能力	专业知识熟悉程度	总分	平均分	排名	是否合格
12457	赵强	84	57	94	84	51	370	74	1	合格
12458	王宏	51	75	85	96	43	350	70	3	合格
12459	刘艳	42	62	76	72	52	304	61	20	不合格
12460	王春兰	74	52	84	51	84	345	69	7	合格
12461	李一凡	51	41	75	42	86	295	59	21	不合格
12462	曾钰	42	52	84	52	94	324	65	12	合格
12463	沈梦林	51	53	75	51	75	305	61	19	不合格
12464	周小如	66	54	86	42	84	332	66	11	合格
12465	赵西	64	52	84	62	86	348	70	5	合格
12466	刘虎昂	85	57	72	51	94	359	72	2	合格
12467	王泽一	72	58	84	42	85	341	68	9	合格
12468	周梦钟	51	59	85	51	76	322	64	13	合格
12469	钟小天	42	54	86	42	84	308	62	17	不合格
12470	钟正凡	88	56	84	53	62	343	69	8	合格
12471	肖莉	74	51	85	62	42	314	63	14	不合格
12472	王涛	85	42	74	51	41	293	59	22	不合格
12473	叶柯	74	53	86	42	53	308	62	17	不合格
12474	谢栖	86	54	84	84	42	350	70	3	合格
12475	黄磊	52	58	74	86	41	311	62	15	不合格
12476	王玉龙	42	95	74	84	52	347	69	6	合格
12477	吴磊	61	75	77	72	54	339	68	10	合格
12478	张姗姗	34	84	55	75	62	310	62	16	不合格

6.2.3 应用条件格式突出显示数据

WPS表格具备条件格式功能。所谓条件格式，是指当指定条件为真时，WPS表格自动应用于单元格的格式。例如，应用单元格底纹或字体颜色。如果想为某些符合条件的单元格应用某种特殊格式，使用条件格式功能比较容易实现。

>>>1. 应用色阶显示总分

条件格式中有色阶功能，其原理是应用颜色的深浅来显示数据的大小。颜色越深表示数据越大，颜色越浅表示数据最小，这样做的好处是，让数据更直观。

第1步：选择色阶颜色。❶选中“总分”数据列，单击“开始”选项卡下的“条件格式”下拉按钮；❷在下拉菜单中选择“色阶”选项；❸在级联菜单中选择一种色阶颜色。

第2步：查看色阶应用效果。为“总分”列应用色阶条件格式的效果如下图所示，不用细看总分数据的大小，从颜色的深浅就可以快速对比出不同的考评总成绩大小。

2024年第二季度员工考评成绩表

编号	姓名	销售业绩	表达能力	写作能力	应急处理能力	专业知识熟悉程度	总分	平均分	排名	是否合格
12457	赵强	84	57	94	84	51	370	74	1	合格
12458	王宏	51	75	85	96	43	350	70	3	合格
12459	刘艳	42	62	76	72	52	304	61	20	不合格
12460	王春兰	74	52	84	51	84	345	69	7	合格
12461	李一凡	51	41	75	42	86	295	59	21	不合格
12462	曾钰	42	52	84	52	94	324	65	12	合格
12463	沈梦林	51	53	75	51	75	305	61	19	不合格
12464	周小如	66	54	86	42	84	332	66	11	合格
12465	赵西	64	52	84	62	86	348	70	5	合格
12466	刘虎昂	85	57	72	51	94	359	72	2	合格
12467	王泽一	72	58	84	42	85	341	68	9	合格
12468	周梦钟	51	59	85	51	76	322	64	13	合格
12469	钟小天	42	54	86	42	84	308	62	17	不合格
12470	钟正凡	88	56	84	53	62	343	69	8	合格
12471	肖莉	74	51	85	62	42	314	63	14	不合格
12472	王涛	85	42	74	51	41	293	59	22	不合格
12473	叶柯	74	53	86	42	53	308	62	17	不合格
12474	谢栖	86	54	84	84	42	350	70	3	合格
12475	黄磊	52	58	74	86	41	311	62	15	不合格
12476	王玉龙	42	95	74	84	52	347	69	6	合格
12477	吴磊	61	75	77	72	54	339	68	10	合格
12478	张姗姗	34	84	55	75	62	310	62	16	不合格

>>>2. 突出显示不及格分数

如果想要突出显示考评不及格的分数，也可以通过条件格式设置来实现。在条件格式中，可以通过单元格的数据大小突出显示大于某个数的单元格、小于某个数的单元格等。

第1步：选择条件格式。❶选中表格中“销售业绩”到“专业知识熟悉程度”所有列的数据，选择“开始”选项卡下的“条件格式”下拉菜单中的“突出显示单元格规则”选项；❷选择“小于”选项。

第2步：设置“小于”对话框。❶在打开的“小于”对话框中输入60，表示突出显示小于60分的单元格；❷单击“确定”按钮。

第3步：查看条件格式设置效果。此时选中的数据中，小于60分的单元格都被突出显示了，单元格底色为浅红色。

2024年第二季度员工考评成绩表

编号	姓名	销售业绩	表达能力	写作能力	应急处理能力	专业知识熟悉程度	总分	平均分	排名	是否合格
12457	赵强	84	57	94	84	51	370	74	1	合格
12458	王宏	51	75	85	96	43	350	70	3	合格
12459	刘艳	42	62	76	72	52	304	61	20	不合格
12460	王春兰	74	52	84	51	84	345	69	7	合格
12461	李一凡	51	41	75	42	86	295	59	21	不合格
12462	曾钰	42	52	84	52	94	324	65	12	合格
12463	沈梦林	51	53	75	51	75	305	61	19	不合格
12464	周小如	66	54	86	42	84	332	66	11	合格
12465	赵西	64	52	84	62	86	348	70	5	合格
12466	刘虎昂	85	57	72	51	94	359	72	2	合格
12467	王泽一	72	58	84	42	85	341	68	9	合格
12468	周梦钟	51	59	85	51	76	322	64	13	合格
12469	钟小天	42	54	86	42	84	308	62	17	不合格
12470	钟正凡	88	56	84	53	62	343	69	8	合格
12471	肖莉	74	51	85	62	42	314	63	14	不合格
12472	王涛	85	42	74	51	41	293	59	22	不合格
12473	叶柯	74	53	86	42	53	308	62	17	不合格
12474	谢晞	86	54	84	84	42	350	70	3	合格
12475	黄磊	52	58	74	86	41	311	62	15	不合格
12476	王玉龙	42	95	74	84	52	347	69	6	合格
12477	吴磊	61	75	77	72	54	339	68	10	合格
12478	张姗姗	34	84	55	75	62	310	62	16	不合格

>>>3.突出显示不合格员工姓名

条件格式可以结合公式实现更多的设置效果。方法是新建规则，可以通过公式完成规则的建立。

第1步：打开“新建格式规则”对话框。❶单击“开始”选项卡下的“条件格式”按钮；❷在“条件格式”下拉菜单中选择“新建规则”选项。

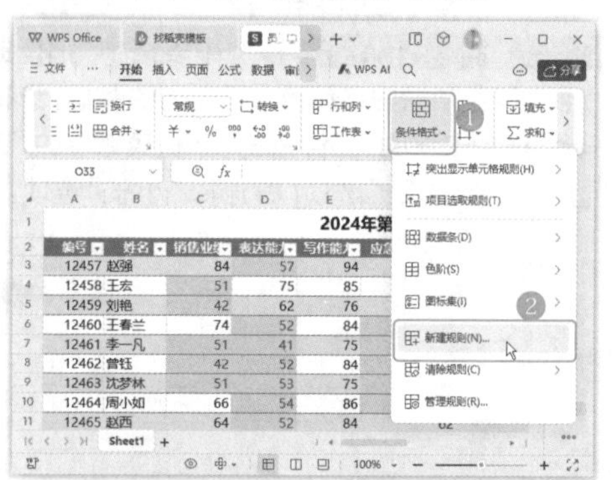

第2步：设置新规则。❶在打开的“新建格式规则”对话框中选择规则类型；❷输入格式规则，该规则表示如果k3单元格中的数值是“不合格”，那么该员工的姓名要突出显示；❸单击“确定”按钮。

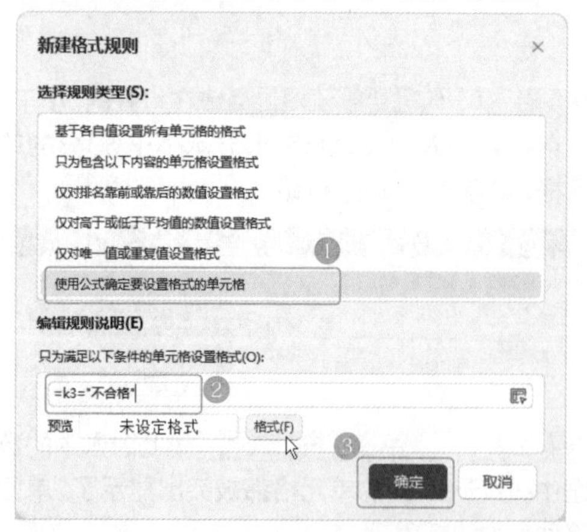

第3步：设置突出显示格式。❶在打开的“单元格格式”对话框中切换到“字体”选项卡，选择文字颜色为红色；❷单击“确定”按钮。

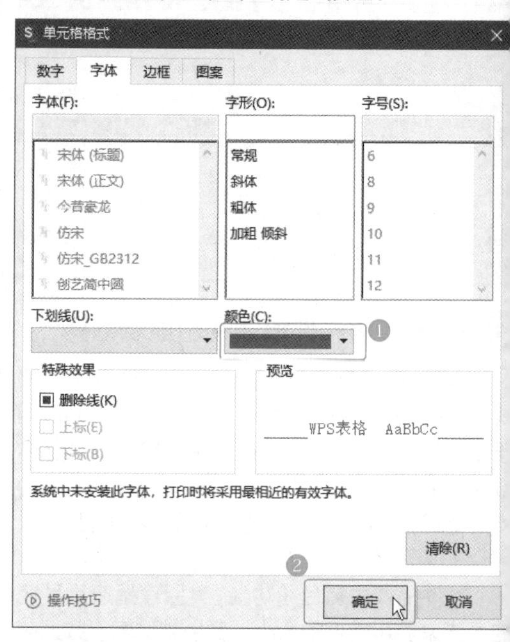

第4步：确定新建的格式。返回“新建格式规则”对话框，确定设置的格式，单击“确定”按钮。

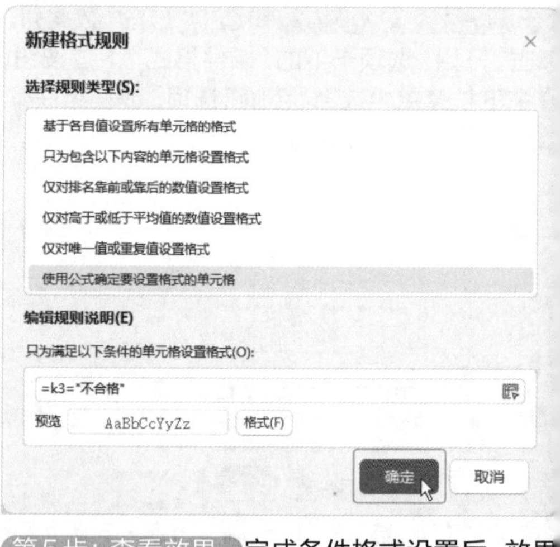

第5步：查看效果。完成条件格式设置后，效果如下图所示，不合格的员工姓名被标成了红色。

2024年第二季度员工考评成绩表

编号	姓名	销售业	表达能	写作能	应急处理能	专业知识熟悉程	总分	平均分	排名	是否合
12457	赵强	84	57	94	84	51	370	74	1	合格
12458	王宏	51	75	85	96	43	350	70	3	合格
12459	刘艳	42	62	76	72	52	304	61	20	不合格
12460	王春兰	74	52	84	51	84	345	69	7	合格
12461	李一凡	51	41	75	42	86	295	59	21	不合格
12462	曾钰	42	52	84	52	94	324	65	12	合格
12463	沈梦林	51	53	75	51	75	305	61	19	不合格
12464	周小如	66	54	86	42	84	332	66	11	合格
12465	赵西	64	52	84	62	86	348	70	5	合格
12466	刘虎昂	85	57	72	51	94	359	72	2	合格
12467	王泽一	72	58	84	42	85	341	68	9	合格
12468	周梦钟	51	59	85	51	76	322	64	13	合格
12469	钟小天	42	54	86	42	84	308	62	17	不合格
12470	钟正凡	88	56	84	53	62	343	69	8	合格
12471	肖莉	74	51	85	62	42	314	63	14	不合格
12472	王涛	85	42	74	51	41	293	59	22	不合格
12473	叶柯	74	53	86	42	53	308	62	17	不合格
12474	谢瑛	86	54	84	84	42	350	70	3	合格
12475	黄磊	52	58	74	86	41	311	62	15	不合格
12476	王玉龙	42	95	74	84	52	347	69	6	合格
12477	吴磊	61	75	77	72	54	339	68	10	合格
12478	张媚媚	34	84	55	75	62	310	62	16	不合格

专家答疑

问：应用条件格式时，如果对建立好的规则不满意，可以更改吗？

答：可以。应用条件格式对单元格数据更改显示状态后，如果不满意规则设置，可以更改规则。方法是选择“条件格式”下拉菜单中的“管理规则”选项，打开“条件格式管理规则”对话框，选择表格中建立的规则并进行更改。可以更改规则所适用的单元格区域，也可以更改值在真假状态下的显示方式。

6.3 制作并打印“员工工资表”

扫一扫 看视频

※ 案例说明

工资表是按单位、部门、员工工龄等考核指标制作的表格，每个月一张。通常情况下，工资表完成后，需要打印出来发放到员工手里。但是员工之间的工资信息是保密的，所以工资表需要制作成工资条，打印后进行裁剪发放。

“员工工资表”文档制作完成后的效果如下图所示。

	A	B	C	D	E	F	G	H	I	J	K	L
1	工资条											
2	工号	姓名	部门	职务	工龄	社保扣费	绩效评分	基本工资	工龄工资	绩效奖金	岗位津贴	实发工资
3	1021	刘通	总经办	总经理	8	200	85	1500	800	1000	1500	4600
4	工资条											
5	工号	姓名	部门	职务	工龄	社保扣费	绩效评分	基本工资	工龄工资	绩效奖金	岗位津贴	实发工资
6	1022	张飞	总经办	助理	3	300	68	1500	300	680	1000	3180
7	工资条											
8	工号	姓名	部门	职务	工龄	社保扣费	绩效评分	基本工资	工龄工资	绩效奖金	岗位津贴	实发工资
9	1023	王宏	总经办	秘书	5	200	84	1500	500	1000	500	3300
10	工资条											
11	工号	姓名	部门	职务	工龄	社保扣费	绩效评分	基本工资	工龄工资	绩效奖金	岗位津贴	实发工资
12	1024	李湘	总经办	主任	4	200	75	1500	400	750	600	3050
13	工资条											
14	工号	姓名	部门	职务	工龄	社保扣费	绩效评分	基本工资	工龄工资	绩效奖金	岗位津贴	实发工资
15	1025	赵强	运营部	部长	5	200	85	1500	500	1000	300	3100
16	工资条											
17	工号	姓名	部门	职务	工龄	社保扣费	绩效评分	基本工资	工龄工资	绩效奖金	岗位津贴	实发工资
18	1026	秦霞	运营部	组员	2	200	95	1500	100	1000	200	2600
19	工资条											
20	工号	姓名	部门	职务	工龄	社保扣费	绩效评分	基本工资	工龄工资	绩效奖金	岗位津贴	实发工资
21	1027	赵璐	运营部	组员	3	200	84	1500	300	1000	200	2800

※ 思路解析

员工工资表中涉及工龄工资、绩效奖金等类型的数据都是可以通过公式进行计算的。所以公司财务在制作工资表时，利用函数计算，既方便又避免算错。但是需要根据不同的计算数据使用不同的公式。在计算完成后，将工资表制作成工资条方便打印。其制作思路如下图所示。

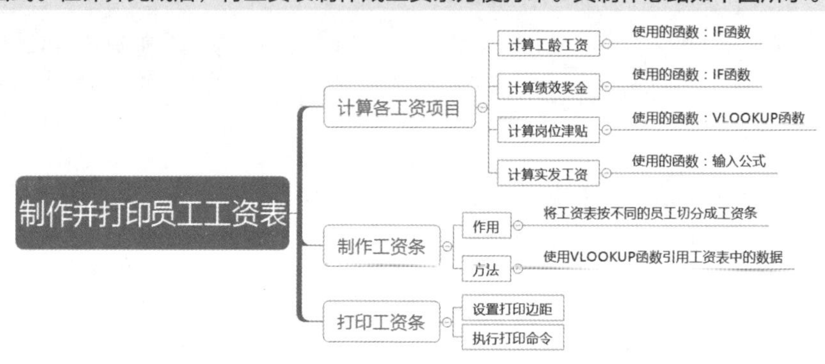

※ 步骤详解

6.3.1 应用公式计算员工工资

员工工资表中除了基本工资、社保扣费这类费用外，如绩效奖金、实发工资都可以通过公式计算出来，利用公式计算各工资，既方便又不容易出错。

>>>1. 计算员工工龄工资

在不同的企业中，员工工龄工资的计算方法不同，例如本例中，超过3年的员工，每多一年增加100元，小于3年的员工则只增加50元。需要用到的函数是IF函数，具体操作如下。

第1步：打开“插入函数”对话框。按照路径“素材文件\第6章\员工工资表.et”打开素材文件，❶单击“工龄工资”下面的第一个单元格；❷单击“公式”选项卡下的“插入”按钮。

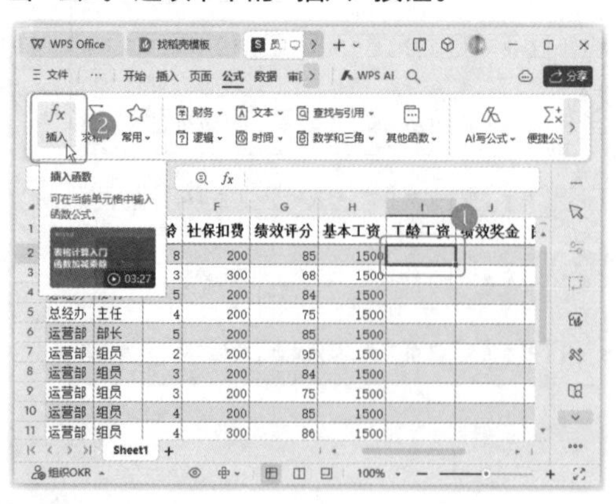

第2步：选择函数。❶在打开的“插入函数”对话框中选择函数类型为“常用函数”；❷选择IF函数；❸单击“确定”按钮。

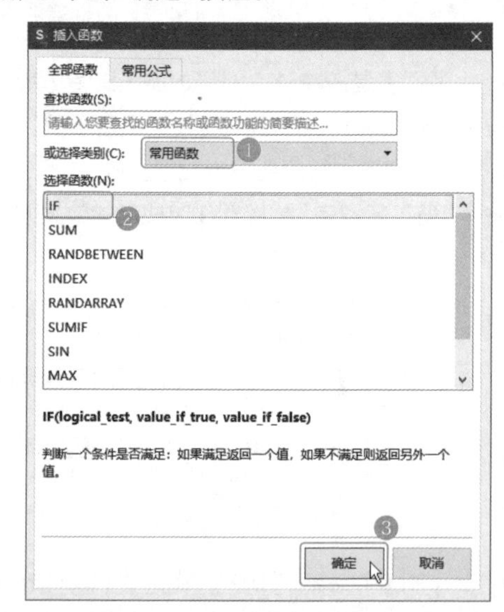

第3步：设置函数参数。❶在打开的“函数参数”对话框中设置函数参数。该参数表达的意思是如果e2单元格的数值小于3，则返回该单元格数值乘以50的数据，如果大于3，则返回该单元格数值乘以100的数据；❷单击“确定”按钮。

函数参数

IF

测试条件 e2<3 = FALSE

真值 e2*50 = 400

假值 e2*100 = 800

= 800

判断一个条件是否满足：如果满足返回一个值，如果不满足则返回另外一个值。

假值：当测试条件为 FALSE 时的返回值。如果忽略，则返回 FALSE 。IF 函数最多可嵌套七层

计算结果 = 800

查看函数操作技巧　多条件判断　确定　取消

第4步：复制公式。在上一步中输入公式后，将光标放到单元格右下方，当光标变成黑色十字形时，按住鼠标左键不放往下拖动鼠标，直到覆盖完所有需要计算工龄工资的单元格。

工号	姓名	部门	职务	工龄	社保扣费	绩效评分	基本工资	工龄工资	绩效奖金	岗位津贴	实发工资
1021	刘通	总经办	总经理	8	200	85	1500	800			
1022	张飞	总经办	助理	3	300	68	1500				
1023	王宏	总经办	秘书	5	200	84	1500				
1024	李湘	总经办	主任	4	200	75	1500				
1025	赵强	运营部	部长	5	200	85	1500				
1026	秦霞	运营部	组员	2	200	95	1500				
1027	赵璐	运营部	组员	3	200	84	1500				
1028	王帆	运营部	组员	3	200	75	1500				
1029	赵奇	运营部	组员	4	200	85	1500				
1030	张慧	运营部	组员	4	300	86	1500				
1031	李达海	运营部	组员	5	300	85	1500				
1032	吴小李	技术部	部长	5	300	84	1500				
1033	陈天	技术部	设计师	6	300	75	1500				
1034	罗飞	技术部	设计师	5	200	85	1500				
1035	刘明	技术部	设计师	3	300	96	1500	+			

第5步：查看工龄工资计算结果。复制完公式后，就完成了工龄工资的计算结果，效果如下图所示。

工号	姓名	部门	职务	工龄	社保扣费	绩效评分	基本工资	工龄工资	绩效奖金	岗位津贴	实发工资
1021	刘通	总经办	总经理	8	200	85	1500	800			
1022	张飞	总经办	助理	3	300	68	1500	300			
1023	王宏	总经办	秘书	5	200	84	1500	500			
1024	李湘	总经办	主任	4	200	75	1500	400			
1025	赵强	运营部	部长	5	200	85	1500	500			
1026	秦霞	运营部	组员	2	200	95	1500	100			
1027	赵璐	运营部	组员	3	200	84	1500	300			
1028	王帆	运营部	组员	3	200	75	1500	300			
1029	赵奇	运营部	组员	4	200	85	1500	400			
1030	张慧	运营部	组员	4	300	86	1500	400			
1031	李达海	运营部	组员	5	300	85	1500	500			
1032	吴小李	技术部	部长	5	300	84	1500	500			
1033	陈天	技术部	设计师	6	300	75	1500	600			
1034	罗飞	技术部	设计师	5	200	85	1500	500			
1035	刘明	技术部	设计师	3	300	96	1500	300			

>>>2.计算员工绩效奖金

通常员工的绩效资金将根据该月的绩效考核成绩或业务量等计算得出。例如本例中，绩效奖金与绩效评分成绩相关，且其计算方式为：60分以下者无绩效奖金，60 ~ 80分者则以每分10元计算，80分以上者绩效资金为1000元，具体操作如下。

第1步：选择函数。❶选中“绩效奖金”下面的第一个单元格；❷打开“插入函数”对话框，选择IF函数；❸单击“确定”按钮。

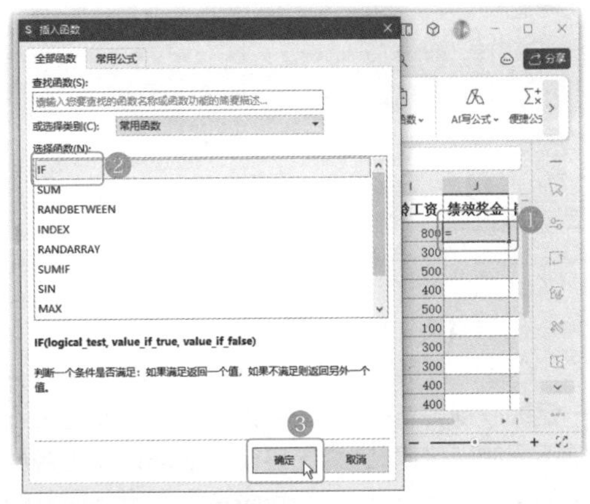

第2步：设置函数参数。❶在打开的“函数参数”对话框中输入参数值。其中“g2<60”表示判断g2单元格的数据是否小于60。如果小于60，则返回0；如果大于60，则再判断是否大于80来返回值。“if(g2<80,g2乘以10,1000)”表示的是，如果g2单元格的值小于80，则返回g2单元格数值乘以10的结果，否则就返回1000；❷单击“确定”按钮。

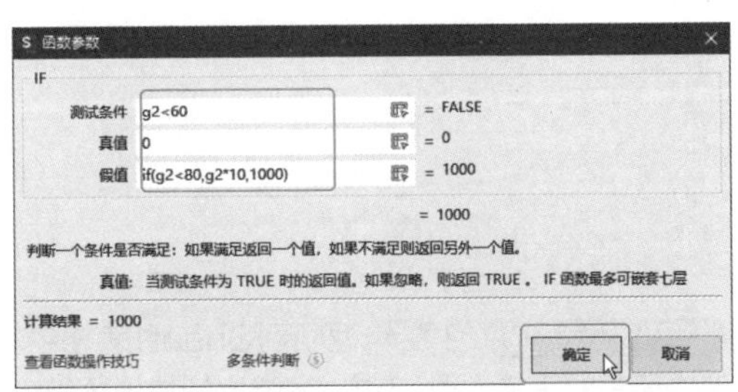

第3步：复制公式。完成第一个单元格数据计算后，拖动鼠标复制公式。

J2　=IF(G2<60, 0, IF(G2<80, G2*10, 1000))

工号	姓名	部门	职务	工龄	社保扣费	绩效评分	基本工资	工龄工资	绩效奖金	岗位津贴	实发工资
1021	刘通	总经办	总经理	8	200	85	1500	800	1000		
1022	张飞	总经办	助理	3	300	68	1500	300			
1023	王宏	总经办	秘书	5	200	84	1500	500			
1024	李湘	总经办	主任	4	200	75	1500	400			
1025	赵强	运营部	部长	5	200	85	1500	500			
1026	秦霞	运营部	组员	2	200	95	1500	100			
1027	赵璐	运营部	组员	3	200	84	1500	300			
1028	王帆	运营部	组员	3	200	75	1500	300			
1029	赵奇	运营部	组员	4	200	85	1500	400			
1030	张慧	运营部	组员	4	300	86	1500	400			
1031	李达海	运营部	组员	5	300	85	1500	500			
1032	吴小李	技术部	部长	5	300	84	1500	500			
1033	陈天	技术部	设计师	6	300	75	1500	600			
1034	罗飞	技术部	设计师	5	200	85	1500	500			
1035	刘明	技术部	设计师	3	300	96	1500	300	+		

第4步：查看绩效奖金计算结果。完成绩效奖金计算的结果如下图所示。

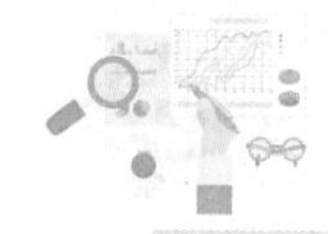

	A	B	C	D	E	F	G	H	I	J	K	L
1	工号	姓名	部门	职务	工龄	社保扣费	绩效评分	基本工资	工龄工资	绩效奖金	岗位津贴	实发工资
2	1021	刘通	总经办	总经理	8	200	85	1500	800	1000		
3	1022	张飞	总经办	助理	3	300	68	1500	300	680		
4	1023	王宏	总经办	秘书	5	200	84	1500	500	1000		
5	1024	李湘	总经办	主任	4	200	75	1500	400	750		
6	1025	赵强	运营部	部长	5	200	85	1500	500	1000		
7	1026	秦霞	运营部	组员	2	200	95	1500	100	1000		
8	1027	赵璐	运营部	组员	3	200	84	1500	300	1000		
9	1028	王帆	运营部	组员	3	200	75	1500	300	750		
10	1029	赵奇	运营部	组员	4	200	85	1500	400	1000		
11	1030	张慧	运营部	组员	4	300	86	1500	400	1000		
12	1031	李达海	运营部	组员	5	300	85	1500	500	1000		
13	1032	吴小李	技术部	部长	5	300	84	1500	500	1000		
14	1033	陈天	技术部	设计师	6	300	75	1500	600	750		
15	1034	罗飞	技术部	设计师	5	200	85	1500	500	1000		
16	1035	刘明	技术部	设计师	3	300	96	1500	300	1000		

>>>3.计算员工岗位津贴

企业中各员工所在岗位不同，则其工资应有一定的差别，故许多企业中为不同的工作岗位设置不同的岗位津贴，为更方便快速地计算出各员工的岗位津贴，可在新工作表中列举出各职务的岗位津贴标准，然后利用查询函数，以各条数据中的“职务”数据为查询条件，从岗位津贴表中查询出相应的数据。具体操作如下。

第1步：新建工作表。①新建一张“岗位津贴标准表”；②在新工作表中输入岗位津贴标准表的表头字段内容。

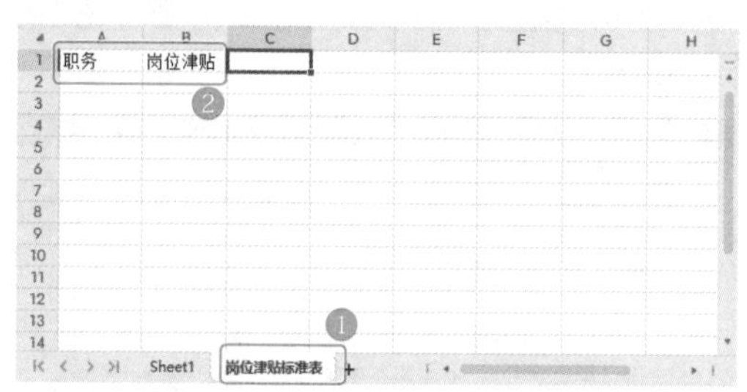

第2步：复制职务内容。返回到Sheet1表格中，选中所有的职务类型，右击，在弹出的快捷菜单中选择“复制”选项。

第3步：粘贴职务内容并执行“删除重复项”命令。①将复制的职务信息粘贴到“职务”字段下面；②选中A列内容，单击“数据”选项卡下的“重复项”按钮；③在下拉菜单中选择“删除重复项”选项。

第4步：设置“删除重复项警告”对话框。①在打开的“删除重复项警告”对话框中选中“当前选定区域”单选按钮；②单击“删除重复项”按钮。

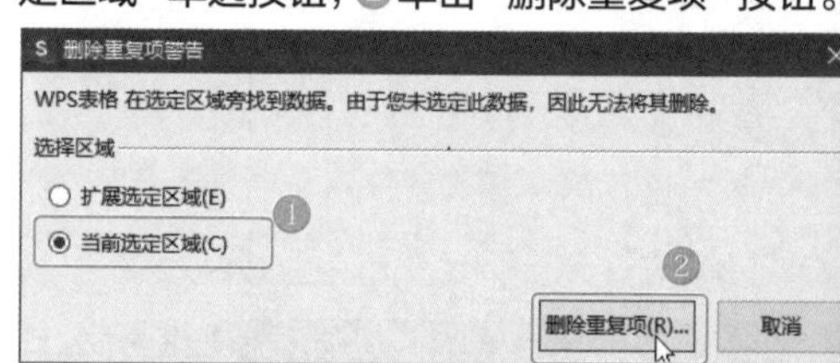

第5步：确定删除重复项。①此时会打开“删除重复项”对话框，取消勾选“数据包含标题”复选框；②单击“删除重复项”按钮。

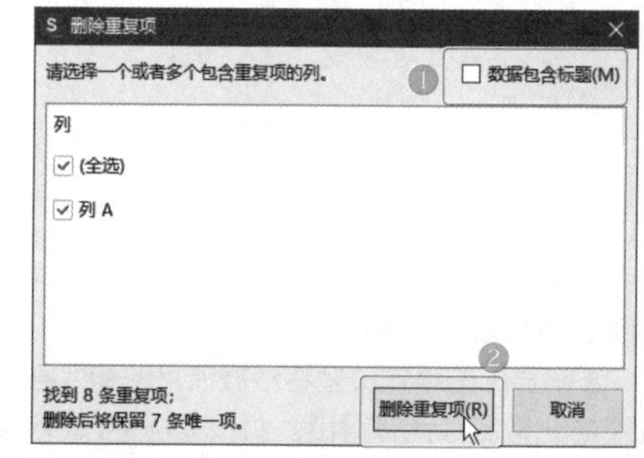

第6步：确定删除的重复项。执行“删除重复项”命令后，弹出“WPS表格”对话框并显示删除的数据数量，单击“确定”按钮。

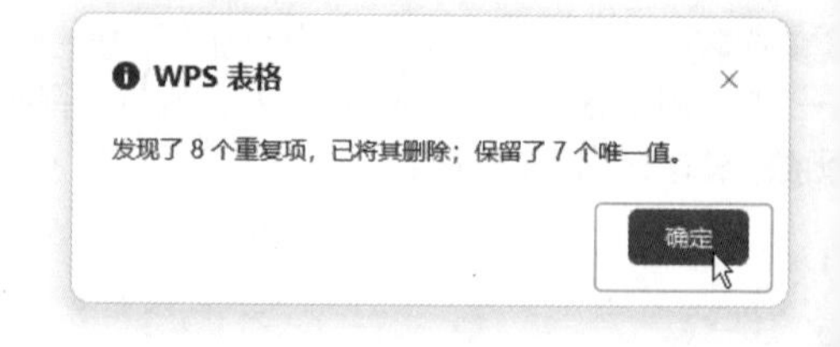

第7步：输入岗位津贴。此时表格中的职务重复项便被删除了，输入公司不同岗位的津贴数值，如下图所示。

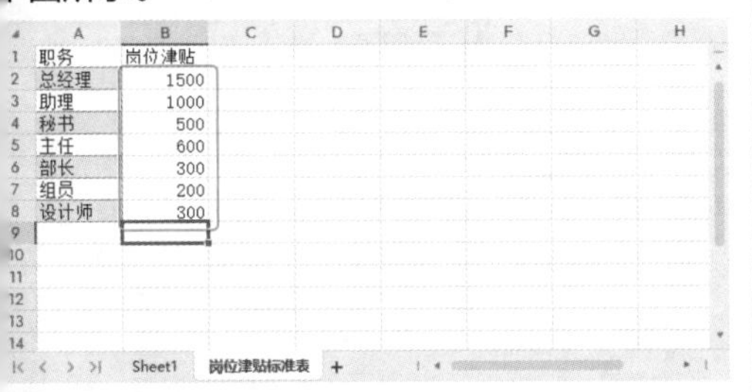

职务	岗位津贴
总经理	1500
助理	1000
秘书	500
主任	600
部长	300
组员	200
设计师	300

第8步：选择函数。❶返回到Sheet1工作表中，选中“岗位津贴”下面的第一个单元格；❷打开“插入函数”对话框，选择“查找与引用”函数类型；❸选择VLOOKUP函数；❹单击“确定”按钮。

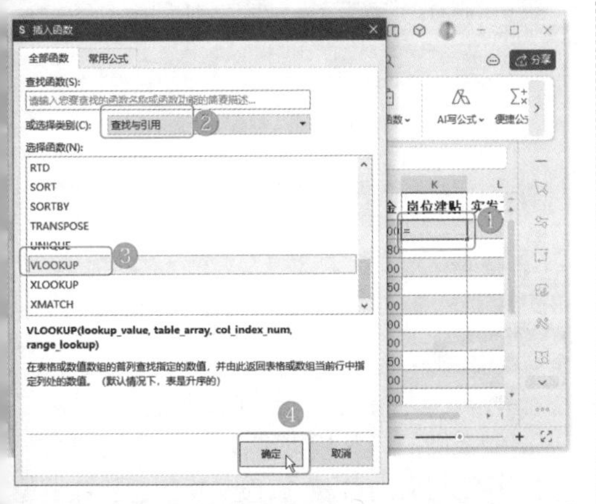

第9步：设置函数参数。❶在打开的“函数参数”对话框中输入如下图所示的参数内容。其中D2表示查找目标单元格；“岗位津贴标准表！$A$2:$B$8”表示查看目标范围是岗位津贴标准表中A2单元格到B8单元格的区域；2表示将该区域第二列的数据返回，而第二列正好就是“岗位津贴”列。❷单击“确定”按钮。

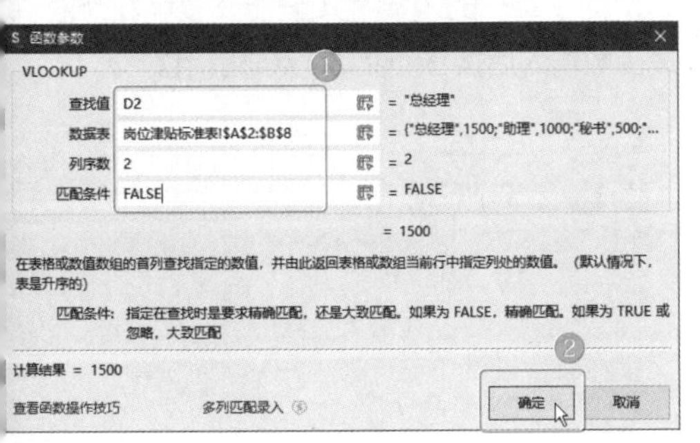

专家点拨

使用VLOOKUP函数时，一定要确定查找范围，否则WPS表格不能进行准确查找。给出查找范围后，第二个参数要符合查找范围才不会出错。例如本例中，要在“岗位津贴表”的A2到B8单元格中查找第二列内容，如果第二个参数是3，即查看第三列内容就会出错，因为超出了查找范围。

第10步：完成津贴计算。完成第一个单元格的津贴计算后，复制公式，完成津贴计算。

工号	姓名	部门	职务	工龄	社保扣费	绩效评分	基本工资	工龄工资	绩效奖金	岗位津贴	实发工资
1021	刘通	总经办	总经理	8	200	85	1500	800	1000	1500	
1022	张飞	总经办	助理	3	300	68	1500	300	680	1000	
1023	王宏	总经办	秘书	5	200	84	1500	500	1000	500	
1024	李湘	总经办	主任	4	200	75	1500	400	750	600	
1025	赵强	运营部	部长	5	200	85	1500	500	1000	300	
1026	秦霞	运营部	组员	2	200	95	1500	100	1000	200	
1027	赵璐	运营部	组员	3	200	84	1500	300	1000	200	
1028	王帆	运营部	组员	3	200	75	1500	300	750	200	
1029	赵奇	运营部	组员	4	200	85	1500	400	1000	200	
1030	张慧	运营部	组员	4	300	86	1500	400	1000	200	
1031	李达海	运营部	组员	5	300	85	1500	500	1000	200	
1032	吴小李	技术部	部长	5	300	84	1500	500	1000	300	
1033	陈天	技术部	设计师	6	300	75	1500	600	750	300	
1034	罗飞	技术部	设计师	5	200	85	1500	500	1000	300	
1035	刘明	技术部	设计师	3	300	96	1500	300	1000	300	

>>>4.计算员工实发工资

当其他类型的工资都计算完成后，可以计算实发工资数据。其方法是，用所有该发的工资减去该扣的工资，等于实发工资。

第1步：输入公式。在“实发工资”第一个单元格中输入如下图所示的公式，该公式表示用H2单元格到K2单元格的数据之和减去F2单元格的数据。完成公式输入后，按Enter键表示确定输入公式。

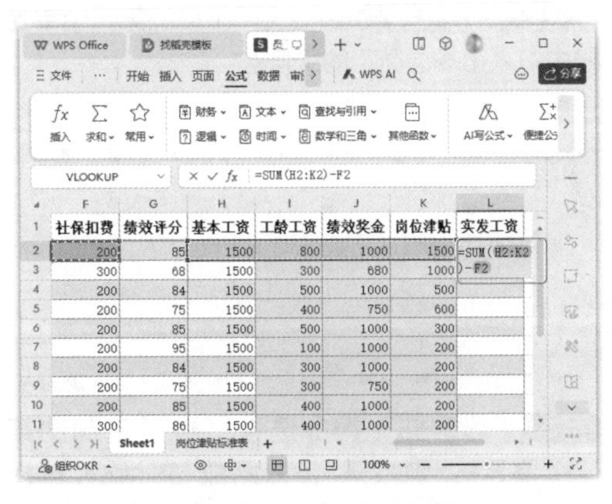

第2步：完成实发工资计算。完成第一个单元格

的工资计算后，复制公式，完成其他工资的计算，效果如下图所示。

工号	姓名	部门	职务	工龄	社保扣费	绩效评分	基本工资	工龄工资	绩效奖金	岗位津贴	实发工资
1021	刘通	总经办	总经理	8	200	85	1500	800	1000	1500	4600
1022	张飞	总经办	助理	3	300	68	1500	300	680	1000	3180
1023	王宏	总经办	秘书	5	200	84	1500	500	1000	500	3300
1024	李湘	总经办	主任	4	200	75	1500	400	750	600	3050
1025	赵强	运营部	部长	5	200	85	1500	500	1000	300	3100
1026	秦霞	运营部	组员	2	200	95	1500	100	1000	200	2600
1027	赵璐	运营部	组员	3	200	84	1500	300	1000	200	2800
1028	王帆	运营部	组员	3	200	75	1500	300	750	200	2550
1029	赵奇	运营部	组员	4	200	85	1500	400	1000	200	2900
1030	张慧	运营部	组员	4	300	86	1500	400	1000	200	2800
1031	李达海	运营部	组员	5	300	85	1500	500	1000	200	2900
1032	吴小李	技术部	部长	5	300	84	1500	500	1000	300	3000
1033	陈天	技术部	设计师	6	300	75	1500	600	750	300	2850
1034	罗飞	技术部	设计师	5	200	85	1500	500	1000	300	3100
1035	刘明	技术部	设计师	3	300	96	1500	300	1000	300	2800

6.3.2 制作工资条

单位行政人员完成工资表制作后，需要将其制作成工资条，方便后期打印。工资条的制作需要用到VLOOKUP函数，具体操作方法如下。

第1步：新建工资条工作表。 ❶新建一张“工资条”工作表；❷在表中输入标题和工资条中该有的项目信息。

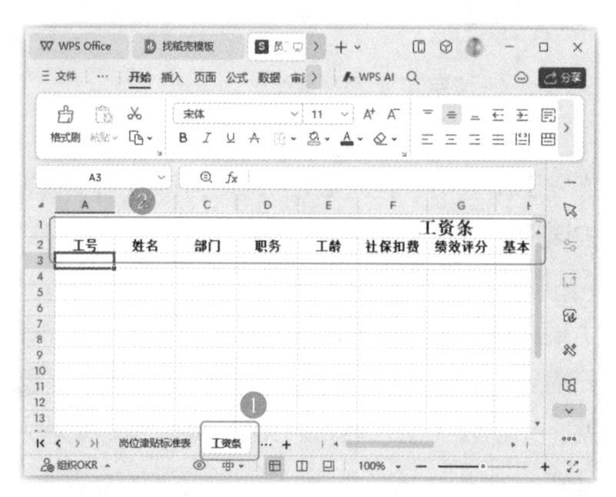

第2步：输入工号。 在“工号”下面的第一个单元格中输入第一位员工的工号。

第3步：选择函数。 ❶选中“姓名”下面的第一个单元格；❷打开“插入函数”对话框，选择VLOOKUP函数；❸单击“确定”按钮。

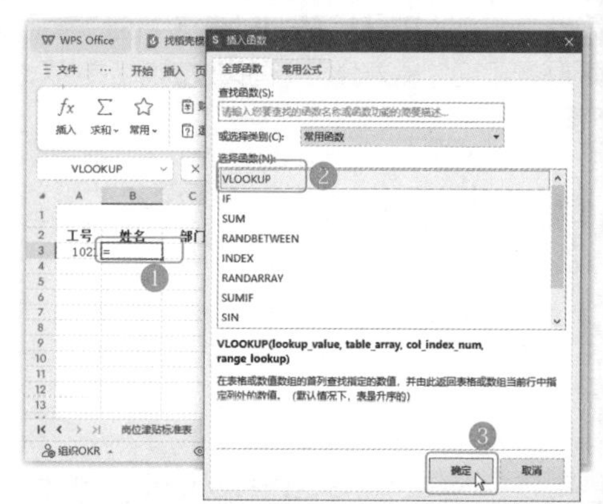

第4步：设置函数参数。 ❶在打开的“函数参数”对话框中设置参数，该参数表示从表1范围中引用A3单元格对应的第二列数据；❷单击“确定”按钮

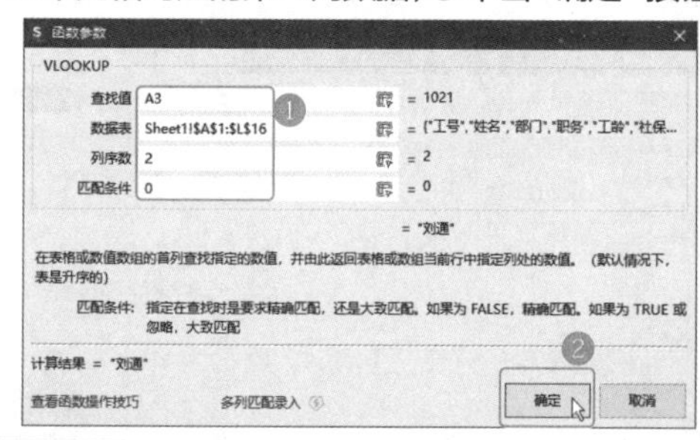

专家点拨

使用VLOOKUP函数时，最后的参数0表示精确查找，1表示模糊查找。精确查找表示一定要找到对应的数据，如果没找到返回错误值而模糊查找如果没有找到对应的数据，则返回一个相似的数据。

第5步：输入函数引用“部门”。 VLOOKUP函数还可以直接输入，不用打开“函数参数”对话框在“部门”下面的第一个单元格输入函数“=VLOOKUP(A3,Sheet1!$A$1:$L$16,3,0)”，表示引用Sheet1中A3单元格对应的第三列数据，完成函数输入后按Enter键，完成引用。

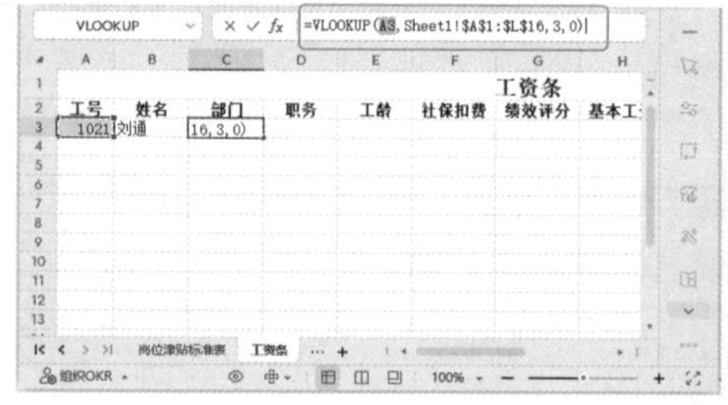

第6步：输入函数引用“职务”。按照相同的方法，输入函数进行引用，只不过将列数改为4，如下图所示。

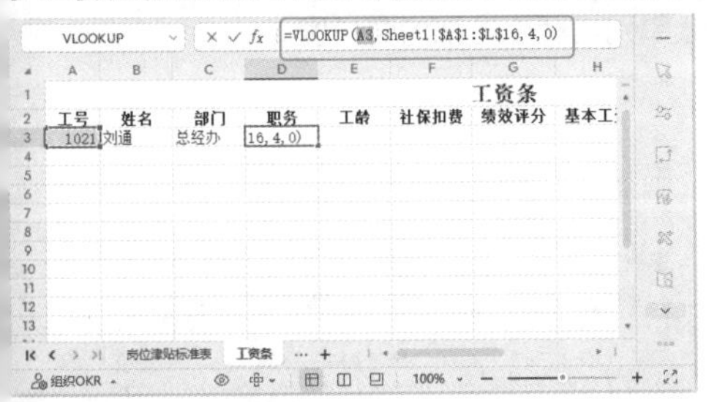

第7步：完成引用。利用引用函数完成所有工资项目的引用，注意对应的列数，如“实发工资”的引用单元格列是12。

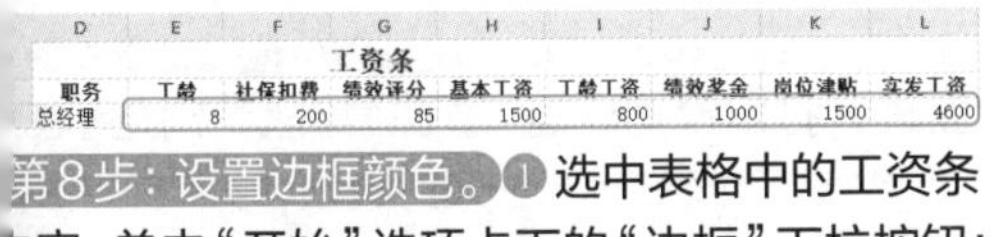

工资条

职务	工龄	社保扣费	绩效评分	基本工资	工龄工资	绩效奖金	岗位津贴	实发工资
总经理	8	200	85	1500	800	1000	1500	4600

第8步：设置边框颜色。❶选中表格中的工资条内容，单击“开始”选项卡下的“边框”下拉按钮；❷在下拉菜单中选择“线条颜色”选项；❸选择“黑色，文本1”颜色。

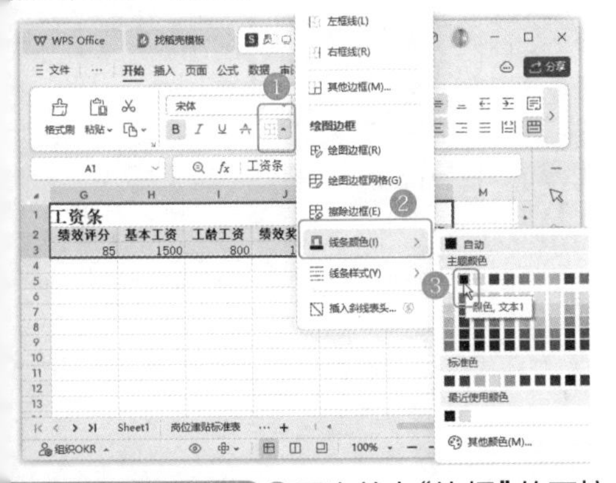

第9步：选择边框。❶再次单击“边框”的下拉按钮；❷在下拉菜单中选择“所有框线”选项。

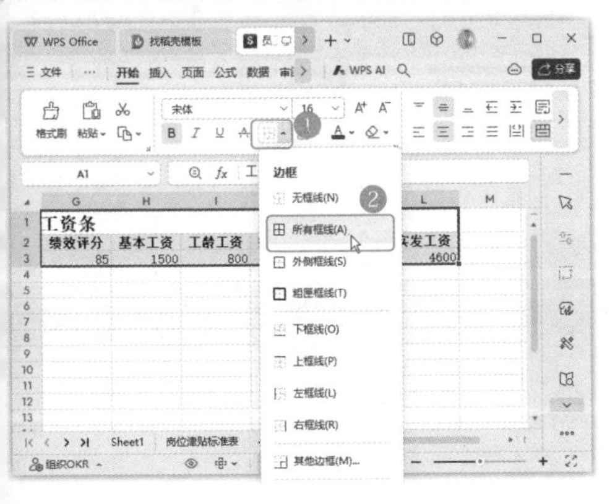

第10步：复制工资条。当工资条添加了边框线后，选中工资条内容，将光标放到单元格右下角，当光标变成黑色十字形时，按住鼠标不放往下拖动鼠标，进行工资条复制。

第11步：查看完成的工资条。完成复制的工资条如下图所示。

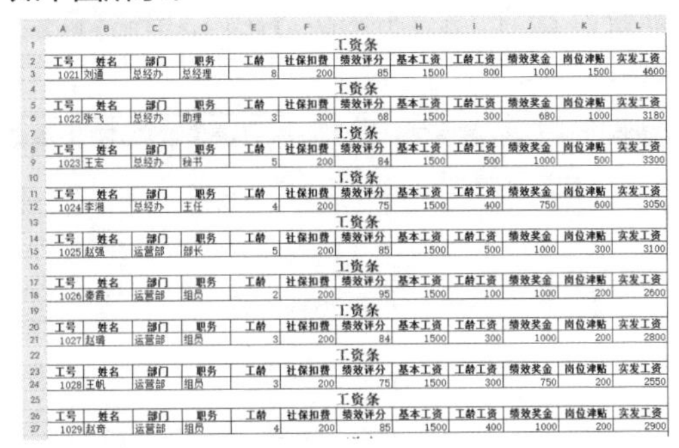

工号	姓名	部门	职务	工龄	社保扣费	绩效评分	基本工资	工龄工资	绩效奖金	岗位津贴	实发工资
1021	刘通	总经办	总经理	8	200	85	1500	800	1000	1500	4600
工号	姓名	部门	职务	工龄	社保扣费	绩效评分	基本工资	工龄工资	绩效奖金	岗位津贴	实发工资
1022	张飞	总经办	助理	3	300	68	1500	300	680	1000	3180
工号	姓名	部门	职务	工龄	社保扣费	绩效评分	基本工资	工龄工资	绩效奖金	岗位津贴	实发工资
1023	王宏	总经办	秘书	5	200	84	1500	500	1000	500	3300
工号	姓名	部门	职务	工龄	社保扣费	绩效评分	基本工资	工龄工资	绩效奖金	岗位津贴	实发工资
1024	李湘	总经办	主任	4	200	75	1500	400	750	600	3050
工号	姓名	部门	职务	工龄	社保扣费	绩效评分	基本工资	工龄工资	绩效奖金	岗位津贴	实发工资
1025	赵强	运营部	部长	5	200	85	1500	500	1000	300	3100
工号	姓名	部门	职务	工龄	社保扣费	绩效评分	基本工资	工龄工资	绩效奖金	岗位津贴	实发工资
1026	秦霞	运营部	组员	2	200	95	1500	100	1000	200	2600
工号	姓名	部门	职务	工龄	社保扣费	绩效评分	基本工资	工龄工资	绩效奖金	岗位津贴	实发工资
1027	赵璐	运营部	组员	3	200	84	1500	300	1000	200	2800
工号	姓名	部门	职务	工龄	社保扣费	绩效评分	基本工资	工龄工资	绩效奖金	岗位津贴	实发工资
1028	王帆	运营部	组员	3	200	75	1500	300	750	200	2550
工号	姓名	部门	职务	工龄	社保扣费	绩效评分	基本工资	工龄工资	绩效奖金	岗位津贴	实发工资
1029	赵奇	运营部	组员	4	200	85	1500	400	1000	200	2900

6.3.3 打印员工工资条

当完成工资条制作后，公司的财务人员需要将工资条打印出来，再进行裁剪，然后发给对应的公司同事。打印工资条前需要进行打印预览，确定无误后再进行打印。

第1步：打开打印预览。❶单击“文件”按钮；❷选择“打印”选项；❸选择“打印预览”选项。

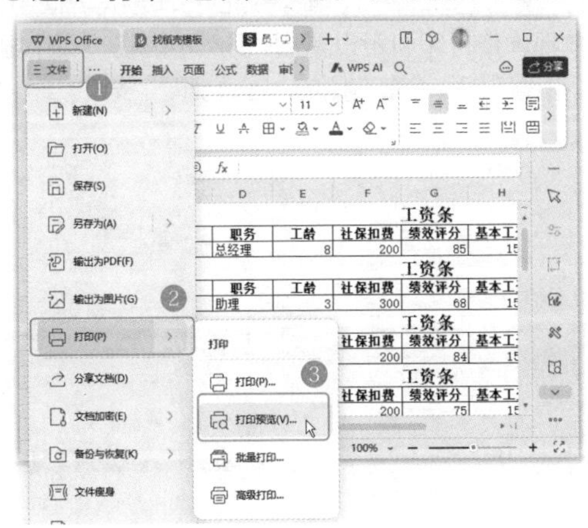

第2步：打开"页面设置"对话框。在打印预览界面中单击右侧的"页眉页脚"按钮。

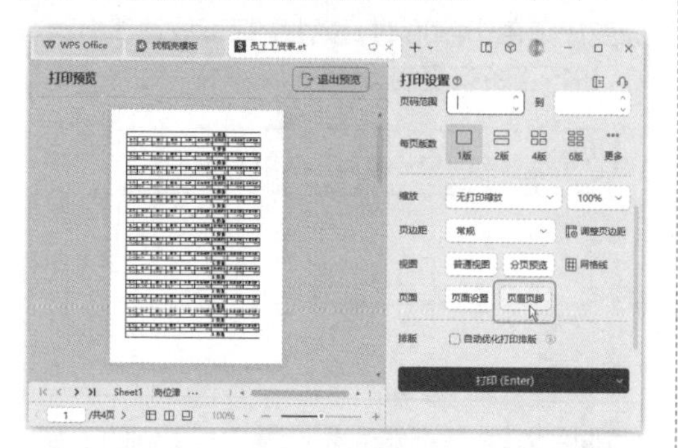

第3步：调整边距。❶切换到"页边距"选项卡；❷设置上、下、左、右的页边距；❸单击"确定"按钮。

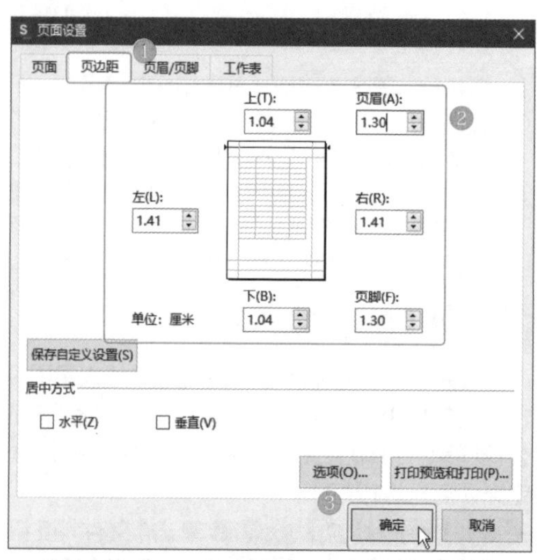

第4步：切换到普通视图。返回打印预览界面中，发现调整打印边距设置后，仍然不能在一页中显示所有内容，单击右侧的"普通视图"按钮。

第5步：调整单元格宽度。切换到普通视图下选择所有包含数据的列，在任意列标签之间双击让单元格宽度适配内容长度。

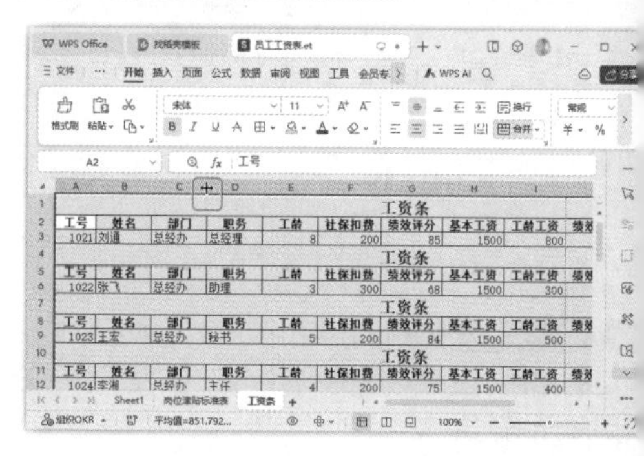

第6步：设置缩放打印并执行"打印"命令。重新进入打印预览界面，❶在"缩放"下拉列表中选择"将工作表打印在一页"选项；❷单击"打印"按钮，即可开始打印工资条。

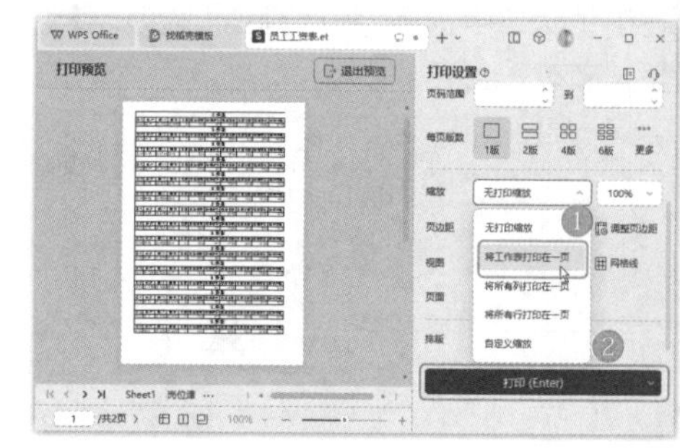

过关练习：制作“员工 KPI 绩效表”

通过前面内容的学习，相信读者已经掌握 WPS 表格的数据录入方法、表格样式修改及常用函数的运用。下面将以“员工 KPI 绩效表”为例，综合本章节前面的内容进行综合讲解。“员工 KPI 绩效表”完成后的效果如下图所示。

员工信息			销售业务KPI（销售额/销售目标）*100			出勤KPI 迟到和早退扣2分/次，旷工扣5分/次，事假1分/次				
生名	部门	岗位	销售额	岗位销售额目标	销售KPI得分	迟到/早退次数	旷工次数	事假次数	出勤KPI得分	总分
强	运营部	部长	58124	50000	116.25	4	1	3	4	120.25
梦	销售部	组长	52142	30000	173.81	5	0	0	10	183.81
沙	运营部	组员	12145	15000	80.97	4	0	2	10	90.97
丽	销售部	组员	8547	15000	56.98	2	0	1	15	71.98
栋	运营部	部长	32645	50000	65.29	0	0	0	20	85.29
鱼	销售部	组员	6245	15000	41.63	5	0	0	10	51.63
天	运营部	组员	2415	15000	16.10	0	1	0	15	31.10
蒙	运营部	部长	42518	50000	85.04	4	0	1	11	96.04
繁	运营部	组员	21574	15000	143.83	7	1	0	1	144.83
琦	销售部	组员	32648	15000	217.65	0	0	0	20	237.65
巧	销售部	组长	42154	30000	140.51	4	0	1	11	151.51
莎	运营部	组员	8547	15000	56.98	5	1	0	5	61.98
琦	运营部	组长	10245	30000	34.15	2	1	1	10	44.15
宏	销售部	组员	10214	15000	68.09	0	2	0	10	78.09
丽	运营部	组员	13624	15000	90.83	0	0	1	19	109.83
钰	运营部	组员	21542	15000	143.61	0	0	0	20	163.61
均分					95.73				11.94	107.67

※ 思路解析

员工 KPI 绩效表的制作既涉及基础数据的录入，又涉及绩效数据的计算。在制作该表格时，首先应该将基础数据录入到表格中，然后再套用样式进行表格修饰。将基础数据录入完成后，需要根据基础数据计算出各 KPI 项目以及总分和平均分。其制作思路如下。

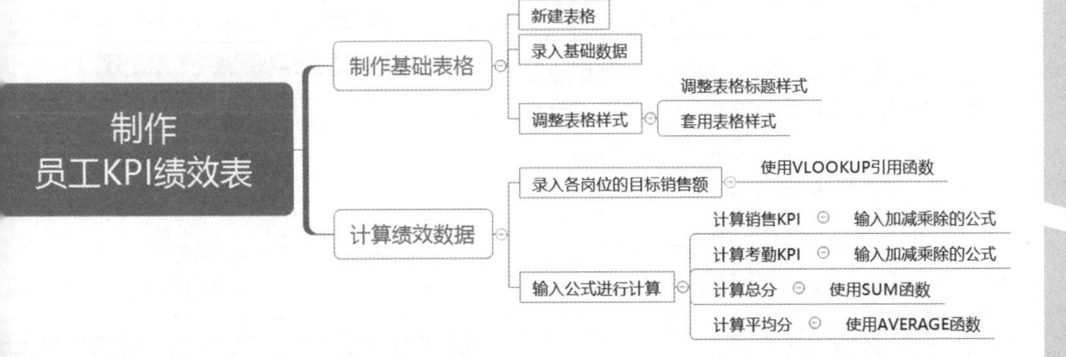

※ 关键步骤

关键步骤1:新建表格填入基础数据并合并单元格。新建WPS表格，并命名保存，填入基础数据信息。❶选中第一行的前三个单元格；❷选择“开始”选项卡下的“合并”菜单中的“合并居中”选项。

关键步骤2：调整合并单元格格式。在合并单元格中输入内容。选中第一行单元格，按住鼠标左键不放，往下拖动鼠标增加单元格高度。

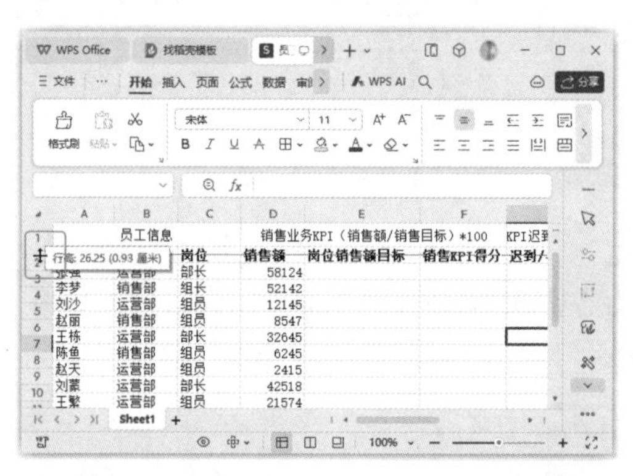

关键步骤3：为单元格的文字分行。将光标放置在单元格中需要分行的文字中间，按Alt+Enter组合键将文字分行。按照同样的方法，将第一行第三个合并单元格文字分行。

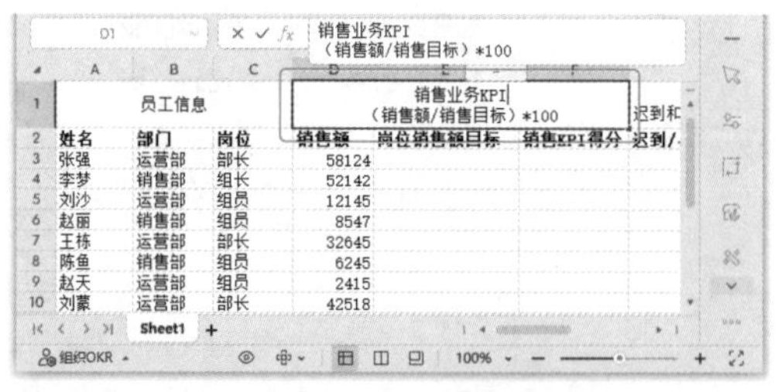

关键步骤4：调整单元格宽度。选中表格中有内容的单元格列，将光标放到任意两个列标签之间的边线上，双击，让单元格的列宽度实现自动调整。

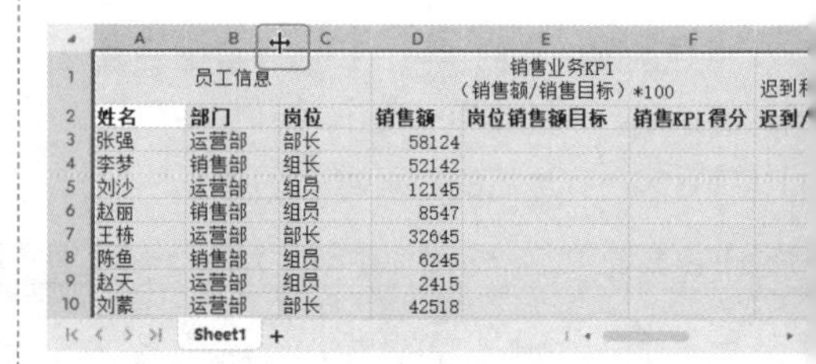

关键步骤5：设置样式。❶单击“开始”选项卡下的“套用表格样式”按钮；❷在下拉菜单中选择一种主题颜色和表格样式。

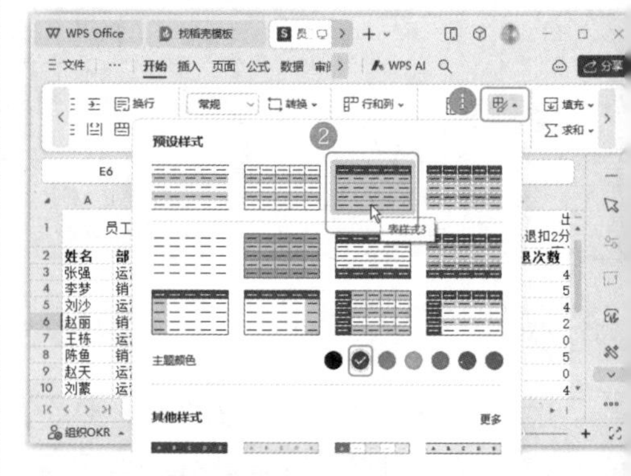

关键步骤6:设置样式参数。❶在“套用表格样式”对话框中修改数据源为“=$A$2:$K$19”；❷选择“仅套用表格样式”选项；❸单击“确定”按钮。

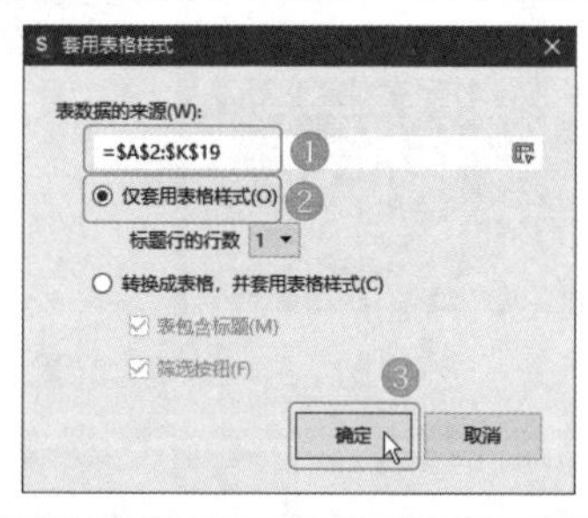

关键步骤7：设置第一行颜色及文字格式。选中第一行单元格，单击“填充颜色”的下拉按钮，选择“钢蓝，着色1”。设置文字大小为14号并加粗显示，颜色为“白色，背景1”。

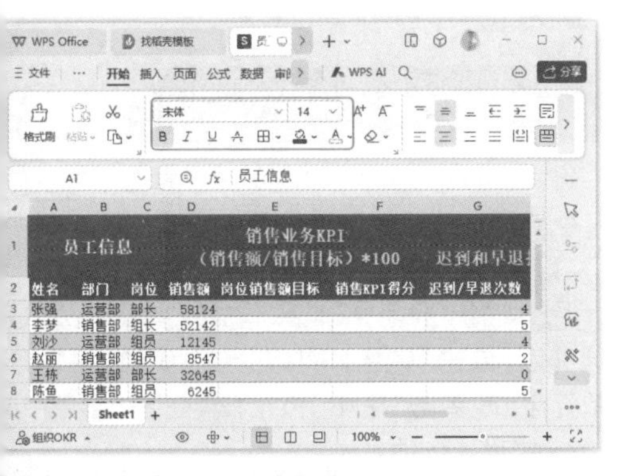

关键步骤8：设置边框。❶选中表格中有内容的单元格区域，单击“边框”的下拉按钮；❷在下拉菜单中选择“所有框线”选项。

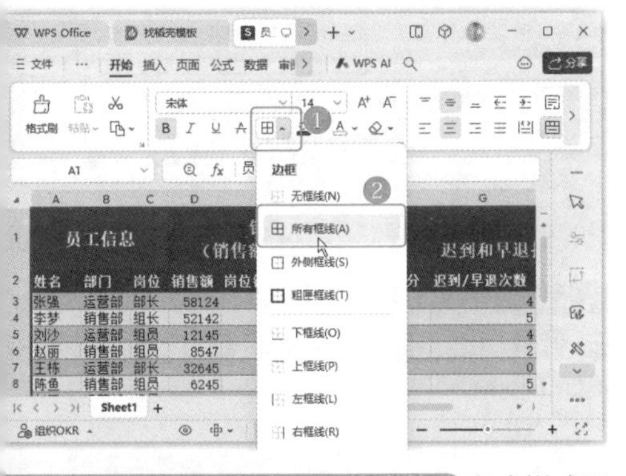

关键步骤9：查看完成设置的表格。完成样式设置的KPI表格如下图所示。

员工信息			销售业务KPI（销售额/销售目标）*100			出勤KPI 迟到和早退扣2分/次，旷工扣5分/次，事假1分/次				
姓名	部门	岗位	销售额	岗位销售额目标	销售KPI得分	迟到/早退次数	旷工次数	事假次数	出勤KPI得分	总分
张强	运营部	部长	58124			4	1	3		
李梦	销售部	组长	52142			5	0	0		
刘沙	运营部	组员	12145			4	0	2		
赵丽	销售部	组员	8547			2	0	1		
王栋	运营部	部长	32645			0	0	0		
陈鱼	销售部	组员	6245			5	0	0		
赵天	运营部	组员	2415			0	1	0		
刘蕙	运营部	部长	42518			4	0	1		
王繁	运营部	组员	21574			7	1	0		
曾琦	销售部	组员	32648			0	0	0		
赵巧	销售部	组长	42154			4	0	1		
李莎	运营部	组员	8547			5	1	0		
刘琦	运营部	组长	10245			2	1	1		
王宏	销售部	组员	10214			0	2	0		
陈丽	运营部	组员	13624			0	0	1		
郑钰	运营部	组员	21542			0	0	0		
平均分										

关键步骤10：新建表。❶新建一张“岗位销售额目标标准”工作表；❷在表中输入岗位及对应的销售额目标。

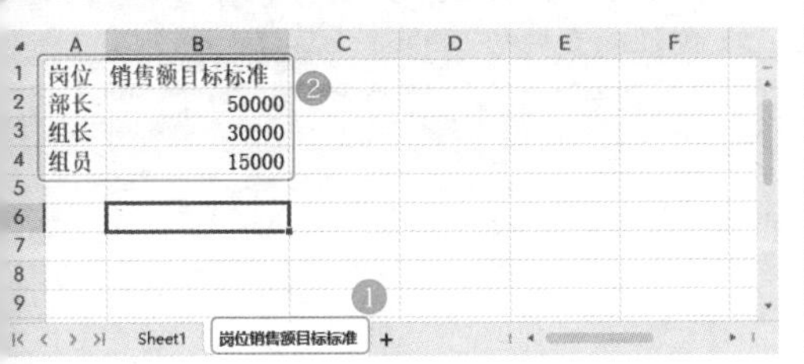

关键步骤11：打开“插入函数”对话框。❶单击Sheet1中“岗位销售额目标”下面的第一个单元格；❷单击“公式”选项卡下的“插入”按钮。

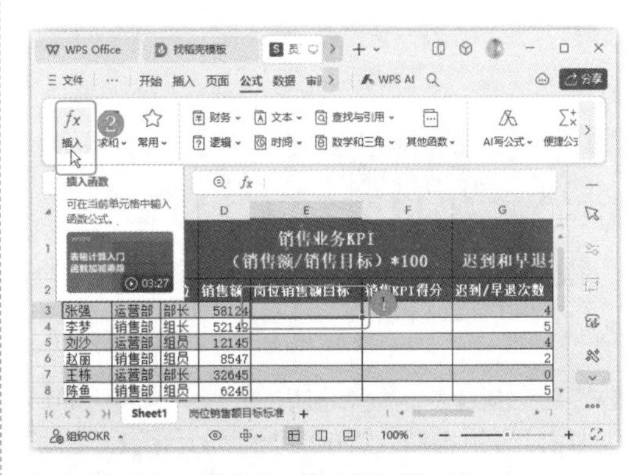

关键步骤12：选择函数并设置参数。在打开的“插入函数”对话框中选择VLOOKUP函数。❶在“函数参数”对话框中设置参数；❷单击“确定”按钮。

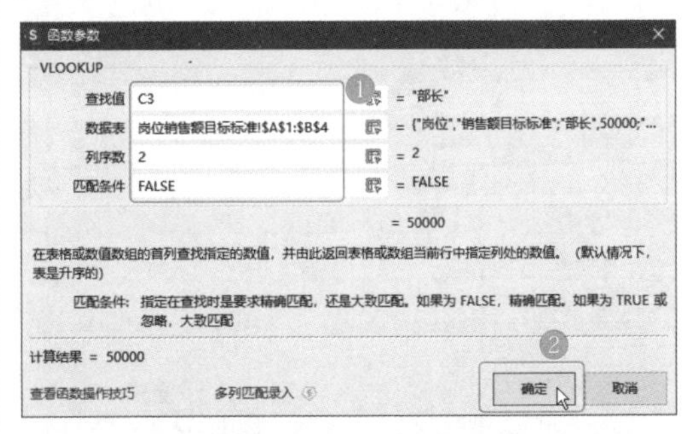

关键步骤13：完成岗位销售额目标数据引用。完成公式函数参数设置后，❶复制公式到下面的单元格中，完成岗位销售额目标数据引用；❷单击出现的“自动填充选项”按钮，在下拉列表中选择“不带格式填充”选项。

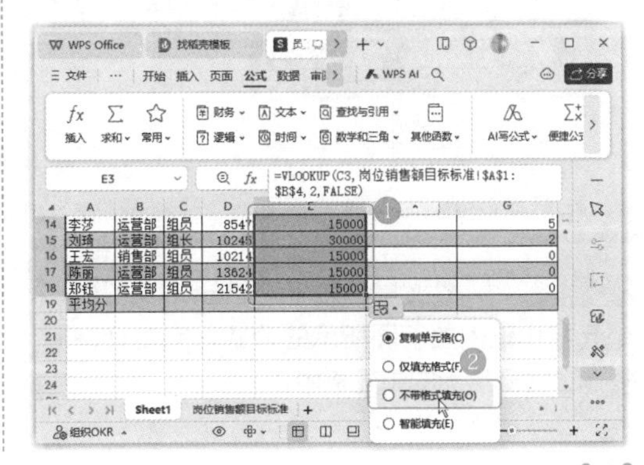

关键步骤14：输入公式计算销售KPI。在"销售KPI得分"下面的第一个单元格中输入如图所示的公式。公式输入后按Enter键便完成数值的计算。

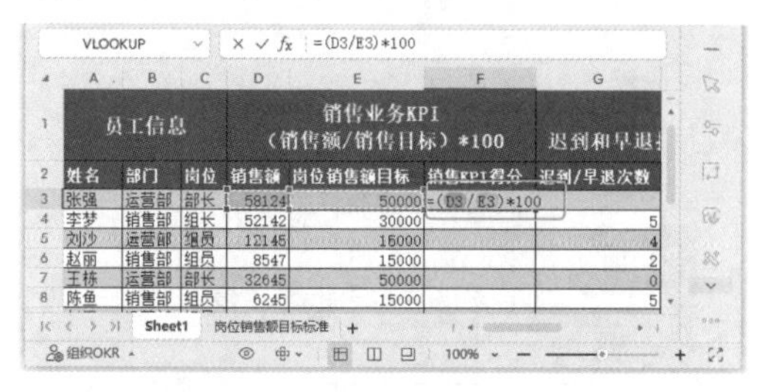

关键步骤15：调整单元格格式。❶完成"销售KPI得分"的计算后，选中这一列单元格，打开"单元格格式"对话框；❷选择"数值"分类；❸设置"小数位数"为2；❹单击"确定"按钮。

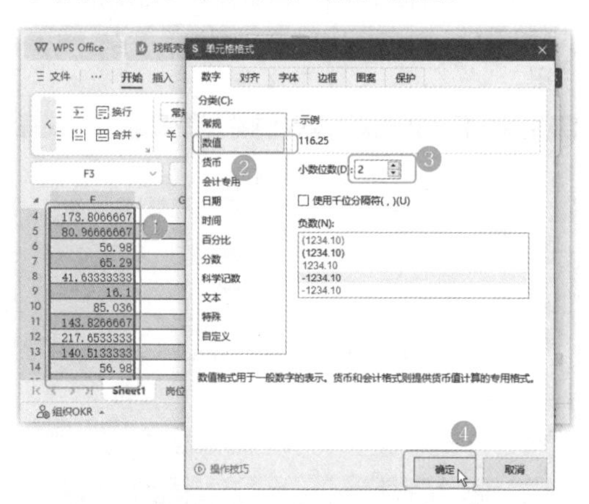

关键步骤16：计算出勤KPI得分。在"出勤KPI得分"的第一个单元格中输入如下图所示的公式。完成计算后，复制公式到后面的单元格中。

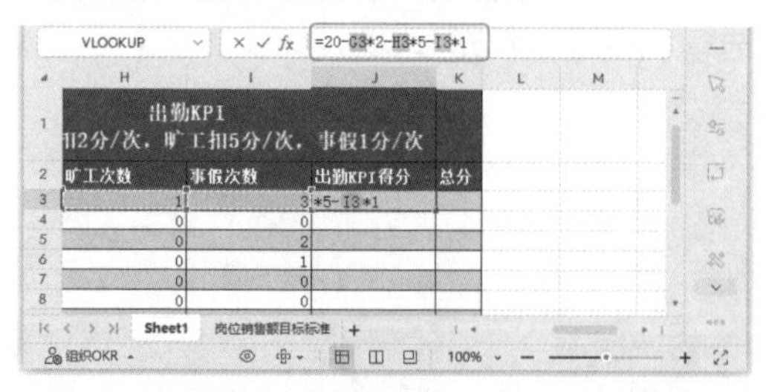

关键步骤17：计算总分。在"总分"列的第一个单元格中输入如下图所示的公式。完成计算后，复制公式到后面的单元格中。

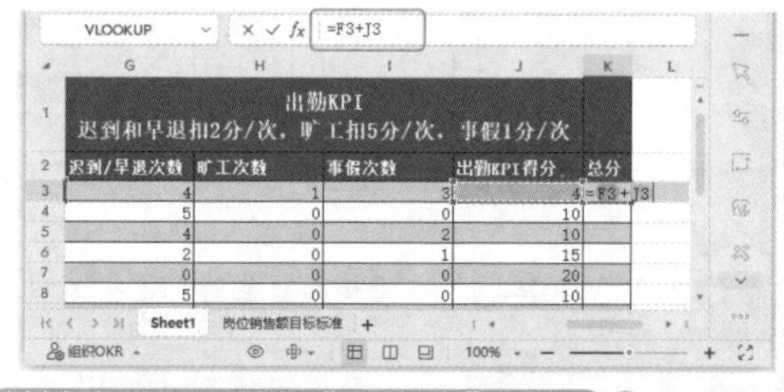

关键步骤18：选择"平均值"公式。❶完成总分计算后，单击"销售KPI得分"对应的"平均分"单元格；❷单击"求和"按钮；❸在下拉菜单中选择"平均值"选项。

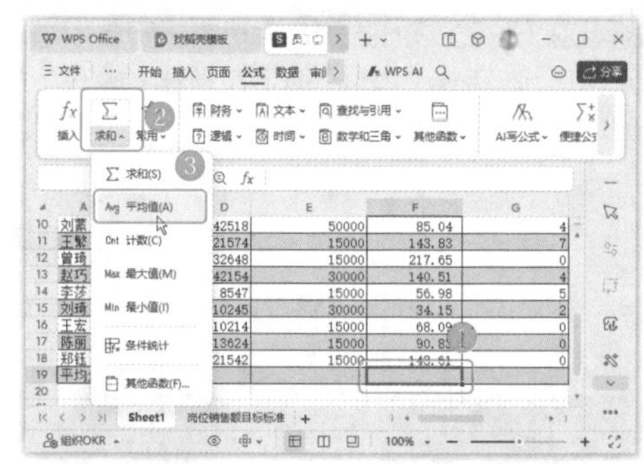

关键步骤19：完成KPI表格制作。按照同样的方法，计算"出勤KPI得分"和"总分"的平均分，效果如下图所示。

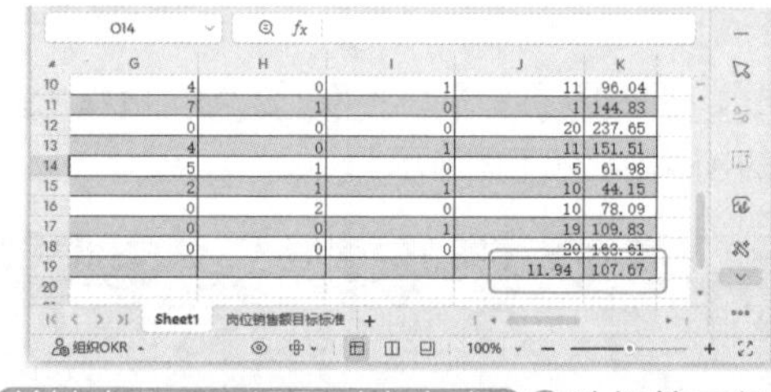

关键步骤20：设置对齐方式。❶选择第二行中的标题单元格；❷单击"水平居中"按钮。

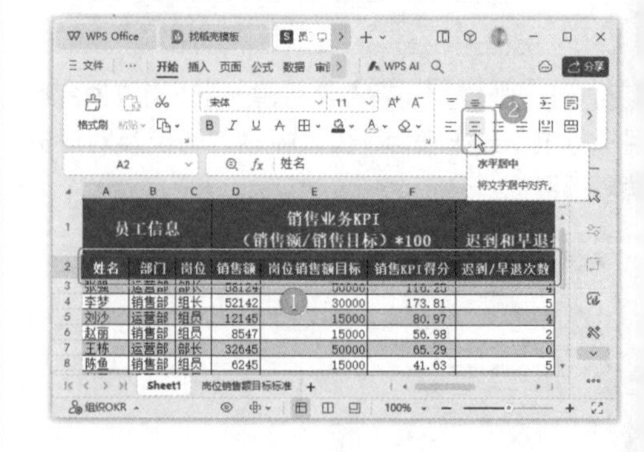

高手秘技与 AI 智能化办公

01 学会正确粘贴数据，效率提高不止一点点

为了提高工作效率，在制作WPS表格时，常常将数据复制修改后快速完成新的表格。此时需要掌握复制、粘贴的技巧；否则粘贴出来的数据可能与预期不符。

如下图所示，直接将左边的由公式计算出来的数据选中，按Ctrl+C组合键复制，再到右边的单元格中按Ctrl+V组合键粘贴，结果为0，这是因为粘贴方式没有选对。

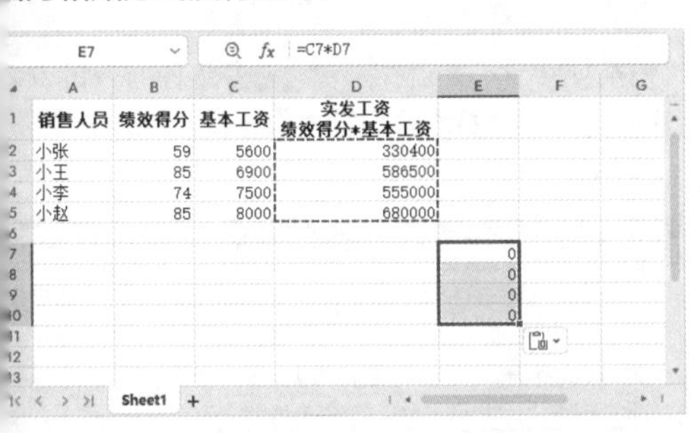

	A	B	C	D	E
1	销售人员	绩效得分	基本工资	实发工资 绩效得分*基本工资	
2	小张	59	5600	330400	
3	小王	85	6900	586500	
4	小李	74	7500	555000	
5	小赵	85	8000	680000	
7					0
8					0
9					0
10					0

WPS的粘贴方式可以保持原格式粘贴，也可以只粘贴数值，还可以转置粘贴，具体操作如下。

第1步：复制数据。 按照路径“素材文件\第6章\复制粘贴数据.et”打开素材文件。选中要粘贴的数据，按Ctrl+C组合键复制，复制后的区域会有虚线环绕。

	A	B	C	D
1	销售人员	绩效得分	基本工资	实发工资 绩效得分*基本工资
2	小张	59	5600	330400
3	小王	85	6900	586500
4	小李	74	7500	555000
5	小赵	85	8000	680000

第2步：选择性粘贴数据。 ❶选中需要粘贴数据的单元格；❷单击“开始”选项卡下“粘贴”的下拉按钮；❸在下拉菜单中选择“值”选项。

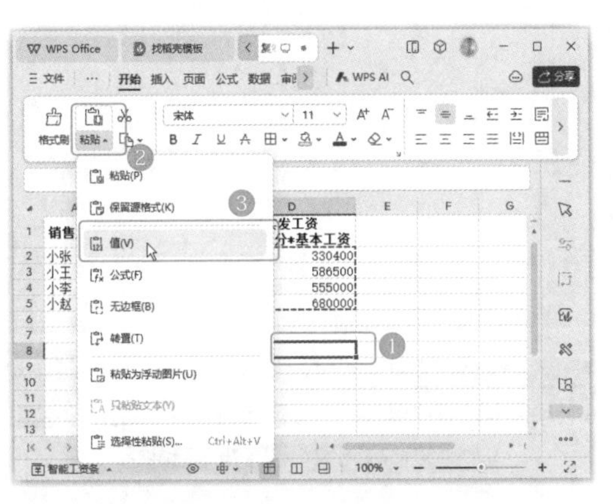

第3步：查看结果。 如下图所示，复制带公式的数据后，成功粘贴为数值，在公式编辑框中可以看到并没有复制公式，只复制了值。

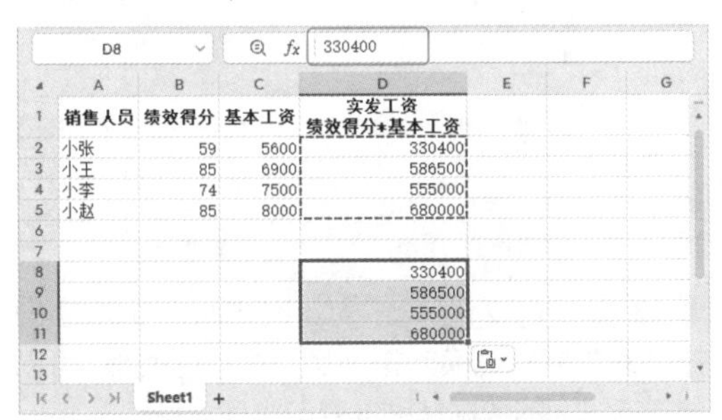

	A	B	C	D
1	销售人员	绩效得分	基本工资	实发工资 绩效得分*基本工资
2	小张	59	5600	330400
3	小王	85	6900	586500
4	小李	74	7500	555000
5	小赵	85	8000	680000
8				330400
9				586500
10				555000
11				680000

第4步：复制数据。 在粘贴WPS数据时，有时不仅需要粘贴数据的值，还需要将数据换一个方向粘贴，如将竖向排列的数据粘贴成横向排列。选中需要换方向粘贴的数据并复制。

	A	B	C	D
1	销售人员	绩效得分	基本工资	实发工资 绩效得分*基本工资
2	小张	59	5600	330400
3	小王	85	6900	586500
4	小李	74	7500	555000
5	小赵	85	8000	680000
8				330400
9				586500
10				555000
11				680000

第5步：打开“选择性粘贴”对话框。 ❶选择粘贴数据要保存的第一个单元格；❷单击“粘贴”的

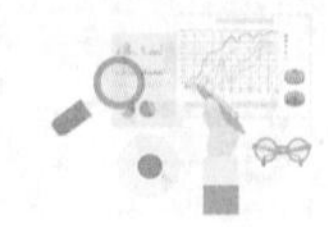

下拉按钮；③在下拉菜单中选择“选择性粘贴”选项。

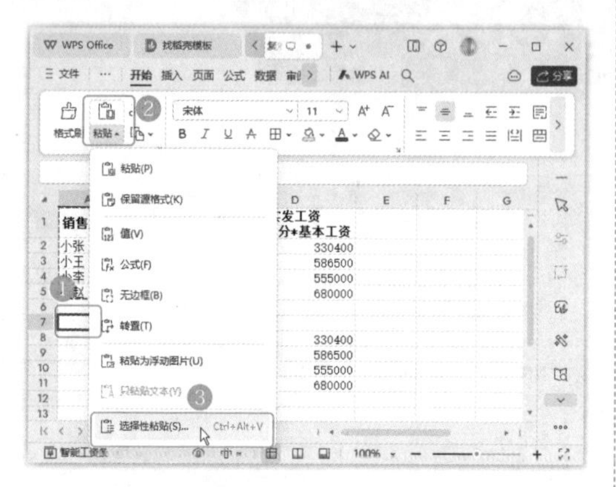

第6步：选择粘贴选项。①在打开的“选择性粘贴”对话框中选择“转置”选项；②单击“确定”按钮。

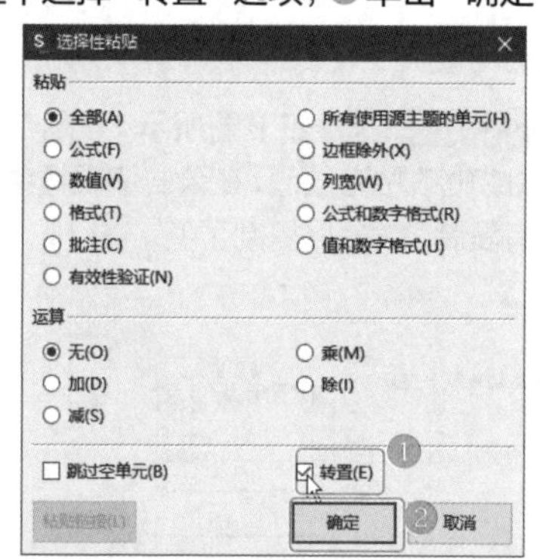

第7步：查看粘贴结果。如下图所示，原本竖向排列的数据变成横向排列了。同样的道理，可以将横向排列的数据粘贴成竖向排列。

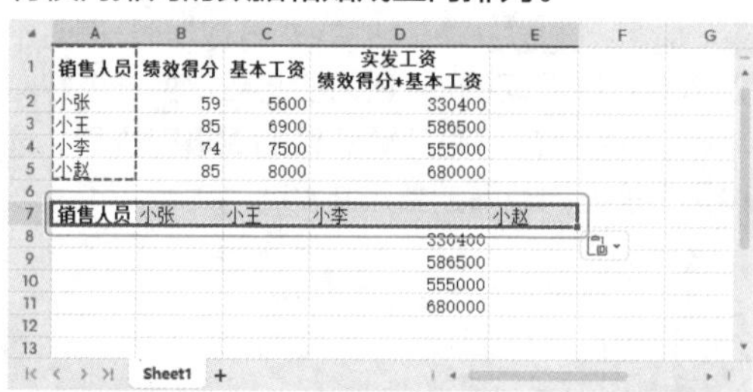

	A	B	C	D	E
1	销售人员	绩效得分	基本工资	实发工资 绩效得分*基本工资	
2	小张	59	5600	330400	
3	小王	85	6900	586500	
4	小李	74	7500	555000	
5	小赵	85	8000	680000	
6					
7	销售人员	小张	小王	小李	小赵
8				330400	
9				586500	
10				555000	
11				680000	

02 一个技巧将单列数据瞬间拆分成多列

在编辑WPS数据时，常常会出现这样的情况：要将一列数据分成几列，或者将一列数据中的某些数据提取出来。如销售统计表中的销售地数据，需要单独将省份数据提取出来进行分析，具体操作如下。

第1步：单击“分列”命令。按照路径“素材文件\第6章\拆分列.et”打开素材文件。①选中“销售地”列；②单击“数据”选项卡下的“分列”按钮。

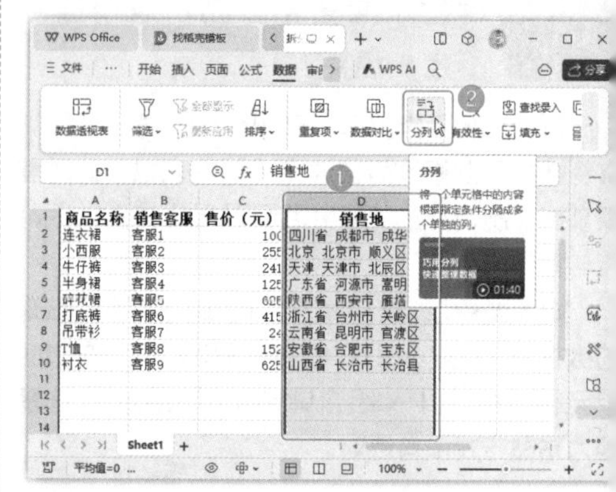

第2步：设置分列向导第1步。①在打开的文本分列向导中选择“分隔符号”选项；②单击“下一步”按钮。

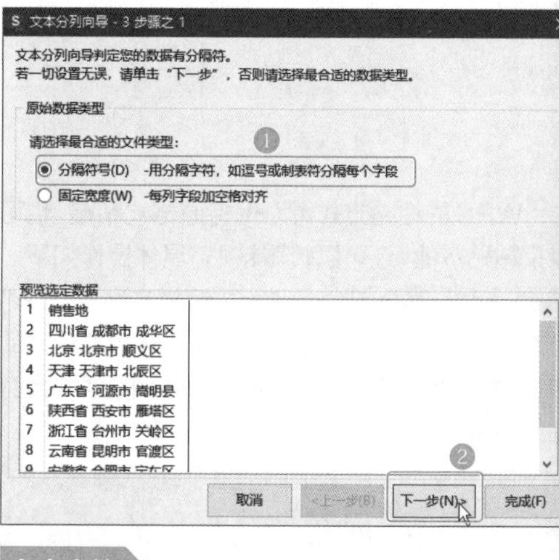

专家点拨

分列方式还可以选择为“固定宽度”，将一列单元格中的数据按照固定的字符宽度拆分成多列。

第3步：设置分列向导第2步。①在文本分列向导第2步中选择“空格”为分隔符号；②单击“下一步”按钮。

第4步：完成分列。在文本分列向导第3步中单击"完成"按钮。

第5步：查看分列效果。如下图所示，销售地数据便被分成省份、城市、具体地区。在第1行中输入不同地区的名称"城市""片区"，即可方便后期查看省份销量、城市销量、片区销量了。

商品名称	销售客服	售价（元）	销售地	城市	片区
连衣裙	客服1	100	四川省	成都市	成华区
小西服	客服2	255	北京	北京市	顺义区
牛仔裤	客服3	241	天津	天津市	北辰区
半身裙	客服4	125	广东省	河源市	嵩明县
碎花裙	客服5	625	陕西省	西安市	雁塔区
打底裤	客服6	415	浙江省	台州市	关岭区
吊带衫	客服7	24	云南省	昆明市	官渡区
T恤	客服8	152	安徽省	合肥市	宝东区
衬衣	客服9	625	山西省	长治市	长治县

03 不会函数也没关系，WPS AI来帮忙

WPS表格的函数功能非常强大，能快速计算不同需求的数据。然而，要记住那么多的函数用法并手动编写函数不仅耗时，还容易出错。现在有了WPS AI的表格数据函数编写助手，这些问题便迎刃而解！

WPS AI通过强大的AI技术，能够智能识别表格中的数据，并根据用户需求自动推荐合适的函数。无论是基本的求和、平均值计算，还是复杂的条件筛选，WPS AI都能轻松搞定。

使用WPS AI的表格数据函数编写助手来编写函数的具体操作步骤如下。

第1步：调出WPS AI的表格数据函数编写助手。按照路径"素材文件\第6章\函数计算.et"打开素材文件。❶如下图所示，需要统计发出多少奖品，在D2单元格中输入"="；❷单击右侧出现的 按钮。

第2步：向WPS AI提出输入函数需求指令。❶在展开的对话框中输入使用函数的需求；❷单击"发送"按钮。

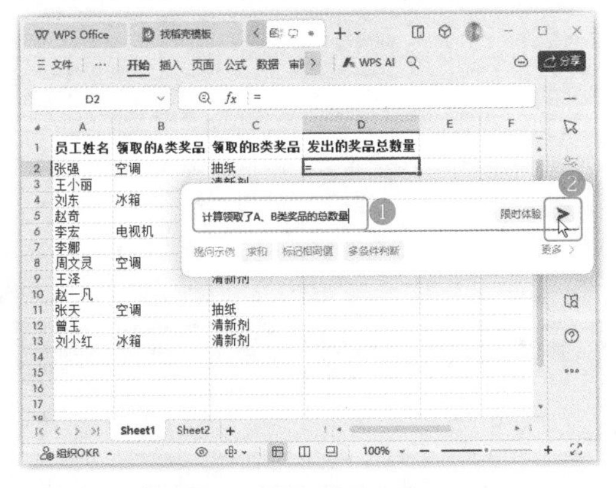

第3步：单击"重新提问"按钮。稍后可以看到

系统返回的答复，这里给出的函数并不是需要的，所以单击“重新提问”按钮。

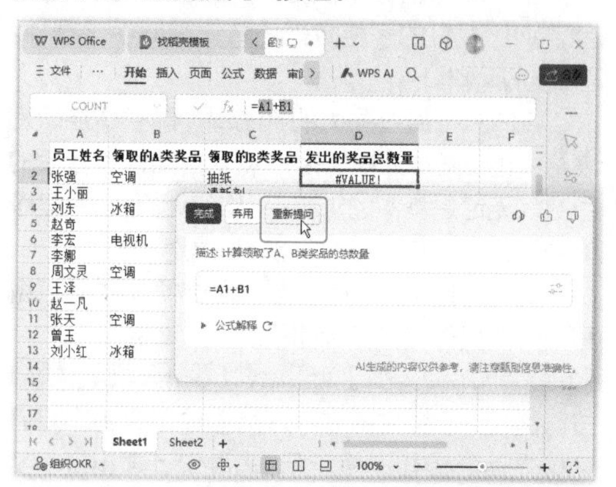

第4步：重新提问。思考如何提问才能让WPS AI不误解自己的函数需求，发现只需统计单元格区域中有多少个有内容的单元格即可。❶在展开的对话框中重新输入使用函数的需求；❷单击“发送”按钮➤。

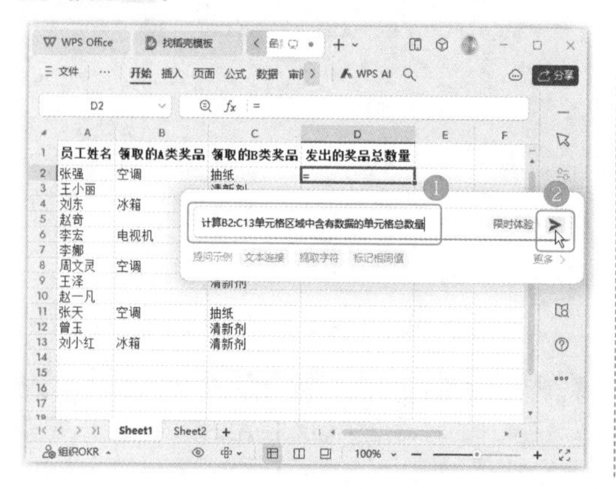

第5步：采用提供的函数。此时就看到了计算结果，显示一共发出了14份奖品。并且在对话框中显示了该函数的公式解释，可以单击超级链接进行查看。这里直接单击“完成”按钮，将函数运用到单元格中。

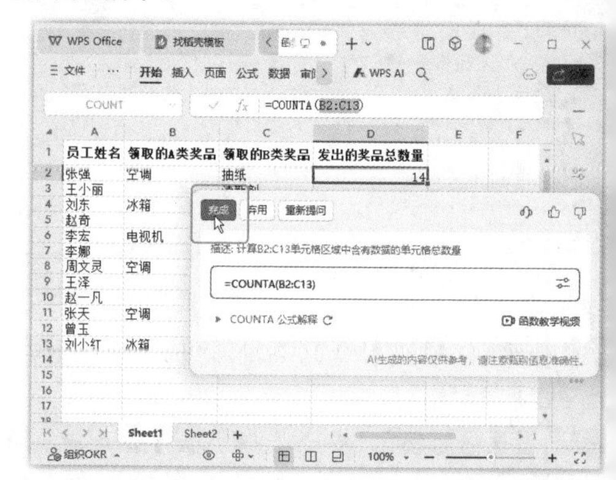

第6步：查看运用函数的结果。返回表格中，可以看到在D2单元格中已经使用了WPS AI推荐的函数，并计算出了结果。

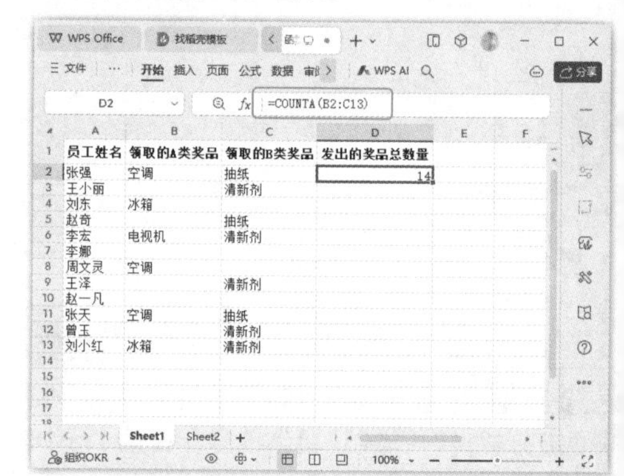

第7章 WPS电子表格的排序、筛选与汇总

本章导读

在对表格数据进行查看和分析时，常常需要将表格中的数据按一定顺序进行排列，或列举出符合条件的数据，以及对数据进行分类。利用WPS表格可以轻松完成这些操作，本章将为读者介绍如何应用WPS表格对表格数据进行排序、筛选以及分类汇总。

知识要点

- WPS表格数据的排序操作
- 复杂排序的应用
- 简单的数据筛选功能
- 自定义筛选数据的操作
- 分类汇总的使用技巧
- 合并计算数据的方法

案例展示

	A	B	C	D	E	F	G	H	I
1	工	姓	所属部	系数	销售奖（元	客户关系维护奖（元	工作效率奖（元	应发奖金（系数*奖金	领奖金日
2	0125	王宏	销售部	0.8	1245	425	450	1696	2024/3/19
3	0134	周梦	销售部	0.8	1245	0	954	1759.2	2024/3/4
4	0135	王惠	销售部	0.6	2451	326	657	2060.4	2024/4/3
5	0126	刘丽	销售部	0.7	2541	325	610	2433.2	2024/1/3
6	0129	刘伟	销售部	0.7	2642	512			
7	0124	张强	销售部	1	1245	765			
8	0136	陈月	销售部	0.7	2635	215			
9	0127	李华	销售部	0.9	3264	512			
10	0130	张天	运营部	0.6	5124	254			
11	0132	路钏	运营部	0.7	5261	124			
12	0137	曾宇	运营部	0.8	4154	421			
13	0131	赵东	运营部	0.8	5124	125			
14	0133	王泽	运营部	0.9	4251	111			
15	0128	赵丽	运营部	1	5124	421			

	A	B	C	D	E	F	
1	物品名称	规格型号	单位	原始数量	本月进货量	本月出库量	月末
13	3M防尘口罩		个	100	100	97	103
14	3M防酸面罩		个	55	45	30	70
22							
23			物品名称	月末结存量	物品名称	本月出库量	
24			长筒雨鞋	<20	3M*	>10	
25			工作服	<10			

	A	B	C	D	E	F	G
1	姓名	部门	产品A销量	产品B销量	产品C销量	月份	销售额
2	周时	销售1组	55	51	5	1月	17432
3	刘飞	销售1组	62	42	25	1月	19213
4	李云	销售1组	42	22	15	1月	11323
5	肖骁	销售2组	85	42	41	1月	23975
6	赵西	销售3组	44	41	9	1月	14744
7						1月 汇总	86687
8	任姗	销售1组	42	4	52	2月	13004
9	刘萌	销售2组	65	42	4	2月	16348
10	李林	销售2组	62	5	42	2月	13751
11	赵强	销售3组	74	62	26	2月	24928
12	王丽	销售3组	99	53	42	2月	27941
13						2月 汇总	95972
14	刘萌	销售1组	101	42	95	3月	33761
15	黄亮	销售1组	51	5	15	3月	8552
16	陈明	销售1组	12	23	5	3月	6970
17	李涛	销售3组	74	51	12	3月	20427
18	杜明	销售3组	74	51	11	3月	20276
19	高飞	销售3组	51	41	42	3月	20441
20						3月 汇总	110427
21	张虹	销售2组	85	62	51	4月	29825
22	吴蒙	销售2组	42	52	26	4月	19494
23	杨桃	销售2组	53	10	52	4月	15428
24	赵丽	销售3组	51	9	36	4月	12591
25	王敏	销售3组	52	8	41	4月	13231
26						4月 汇总	90569
27						总计	383655

7.1 排序分析“业绩奖金表”

扫一扫 看视频

※ 案例说明

不同的公司有不同的奖励机制，每隔一定的时间，财务部就需要对公司发出的奖金进行统计。业绩奖金表应该包括领取奖金的员工姓名等基本信息，还有奖金类型等相关信息。当业绩奖金表完成后，需要根据需求进行排序，方便领导查看。

“业绩奖金表”的排序效果如下图所示。

	A	B	C	D	E	F	G	H	I
1	工	姓	所属部门	系数	销售奖（元	客户关系维护奖（元）	工作效率奖（元	应发奖金（系数*奖金）	领奖金日
2	0125	王宏	销售部	0.8	1245	425	450	1696	2024/3/1
3	0134	周梦	销售部	0.8	1245	0	954	1759.2	2024/3/
4	0135	王惠	销售部	0.6	2451	326	657	2060.4	2024/4/
5	0126	刘丽	销售部	0.7	2541	325	610	2433.2	2024/1/
6	0129	刘伟	销售部	0.7	2642	512	325	2435.3	2024/6/
7	0124	张强	销售部	1	1245	765	500	2510	2024/3/1
8	0136	陈月	销售部	0.7	2635	215	845	2586.5	2024/3/
9	0127	李华	销售部	0.9	3264	512	241	3615.3	2024/12/
10	0130	张天	运营部	0.6	5124	254	451	3497.4	2024/5/
11	0132	路钏	运营部	0.7	5261	124	425	4067	2024/1/
12	0137	曾宇	运营部	0.8	4154	421	624	4159.2	2024/4/
13	0131	赵东	运营部	0.8	5124	125	256	4404	2024/6/
14	0133	王泽	运营部	0.9	4251	111	845	4686.3	2024/2/
15	0128	赵丽	运营部	1	5124	421	521	6066	2024/6/

※ 思路解析

排序业绩奖金表需要根据实际需求来进行，如按照某类奖金的大小进行排序、按照应发奖金的大小进行排序。这时就需要用到简单的排序操作。如果排序比较复杂，如先按照某类奖金的大小进行排序，再按照应发奖金大小进行排序，就需要用到自定义排序功能。WPS 的简单排序及自定义排序的操作思路如下图所示。

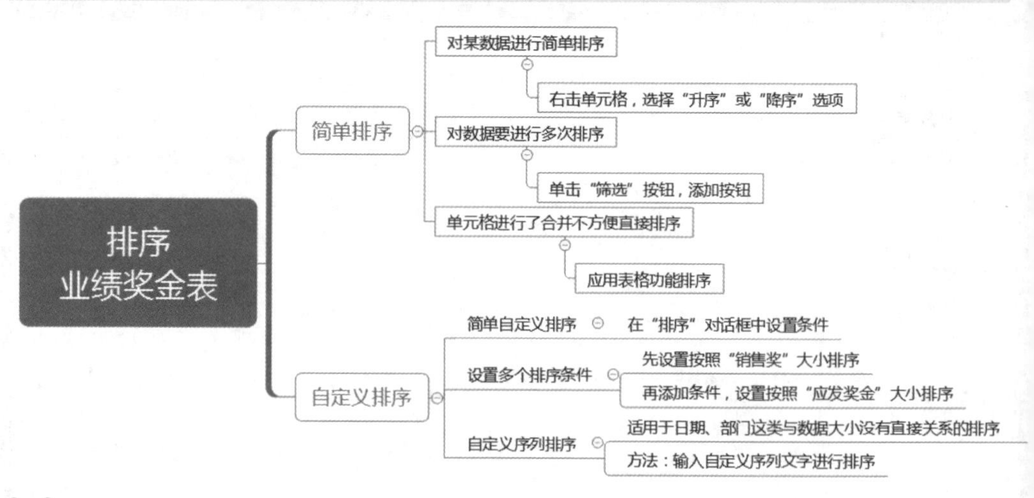

※ 步骤详解

7.1.1 对业绩进行简单排序

WPS最基本的功能就是对数据进行排序，方法是使用“升序”或“降序”功能，也可以为数据添加排序按钮。

>>1. 对某列数据升序或降序排序

当需要对WPS数据清单的某列数据进行简单排序时，可以利用“升序”和“降序”功能。

第1步：降序操作。按照路径“素材文件\第7章\业绩奖金表.et”打开素材文件。❶ 在“系数”单元格上右击；❷ 在弹出的快捷菜单中选择“排序”选项；❸ 选择“降序”选项。

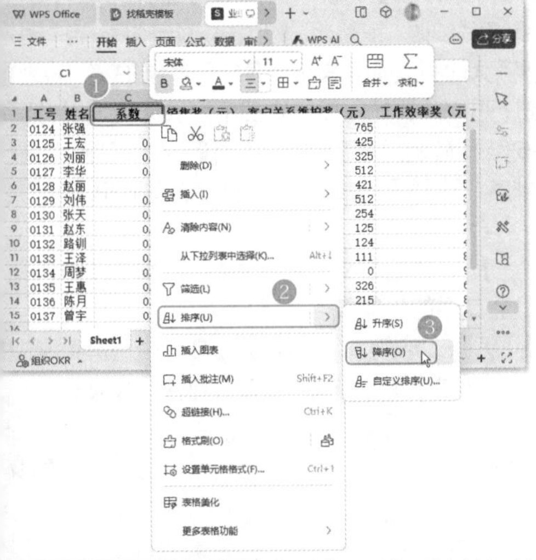

第2步：查看排序结果。此时“系数”列的数据就变为降序排序。如果需要对这列数据或其他列数据进行升序排序，选择“升序”即可。

	A	B	C	D	E
1	工号	姓名	系数	销售奖（元）	客户关系维护奖（元）
2	0124	张强	1	1245	765
3	0128	赵丽	1	5124	421
4	0127	李华	0.9	3264	512
5	0133	王泽	0.9	4251	111
6	0125	王宏	0.8	1245	425
7	0131	赵东	0.8	5124	125
8	0134	周梦	0.8	1245	0
9	0137	曾宇	0.8	4154	421
10	0126	刘丽	0.7	2541	325
11	0129	刘伟	0.7	2642	512
12	0132	路钏	0.7	5261	124
13	0136	陈月	0.7	2635	215
14	0130	张天	0.6	5124	254
15	0135	王惠	0.6	2451	326

>>2. 添加按钮进行排序

如果需要对WPS表格中的数据多次进行排序查看，为了方便操作可以添加按钮，通过按钮菜单来快速操作。

第1步：选择“筛选”选项。❶ 单击“开始”选项卡下的“筛选”按钮；❷ 在下拉菜单中选择“筛选”选项。

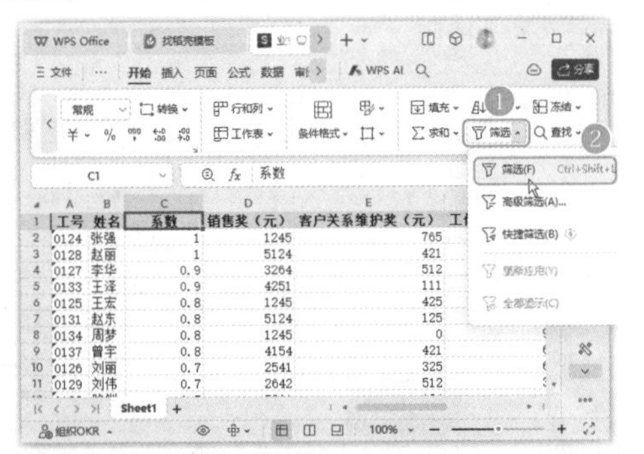

第2步：通过按钮执行排序操作。❶ 此时可以看到表格的第一行出现了 ▾ 按钮，单击“销售奖(元)”单元格中的 ▾ 按钮；❷ 在下拉菜单中选择“升序”选项。

第3步：查看排序结果。此时“销售奖(元)”列的数据就进行了升序排序。如果要对其他列的数据进行排序操作，也可以单击该列的按钮。

	A	B	C	D	E
1	工号	姓名	系数	销售奖（元	客户关系维护奖（元）
2	0124	张强	1	1245	765
3	0125	王宏	0.8	1245	425
4	0134	周梦	0.8	1245	0
5	0135	王惠	0.6	2451	326
6	0126	刘丽	0.7	2541	325
7	0136	陈月	0.7	2635	215
8	0129	刘伟	0.7	2642	512
9	0127	李华	0.9	3264	512
10	0137	曾宇	0.8	4154	421
11	0133	王泽	0.9	4251	111
12	0128	赵丽	1	5124	421
13	0131	赵东	0.8	5124	125
14	0130	张天	0.6	5124	254
15	0132	路钏	0.7	5261	124

>>>3. 应用表格筛选功能快速排序

在表格对象中将自动启动筛选功能，此时利用列标题下拉菜单中的排序命令即可快速对表格数据进行排序。

第1步：单击“表格”按钮。单击“插入”选项卡下的“表格”按钮。

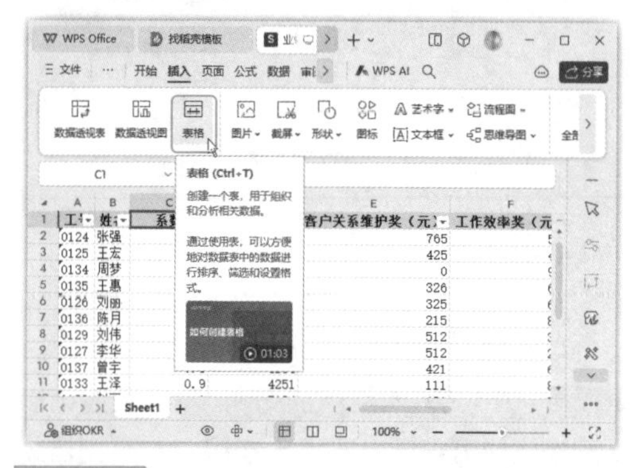

专家答疑

问：表格筛选功能排序与添加排序按钮排序有什么区别吗？

答：有区别。将数据插入表格再进行排序操作，并不是多此一举。如果WPS表格中前面几行单元格进行了合并操作，如合并成为标题行，此时就无法再对合并单元格的数据列进行排序操作。如果单独将需要排序的数据插入表格，就可以进行排序。

第2步：设定表格区域。❶在弹出的“创建表”对话框中设定表格数据区域，这里将WPS表格中所有的数据都设定为需要排序的区域，选择“表包含标题”选项；❷单击“确定”按钮。

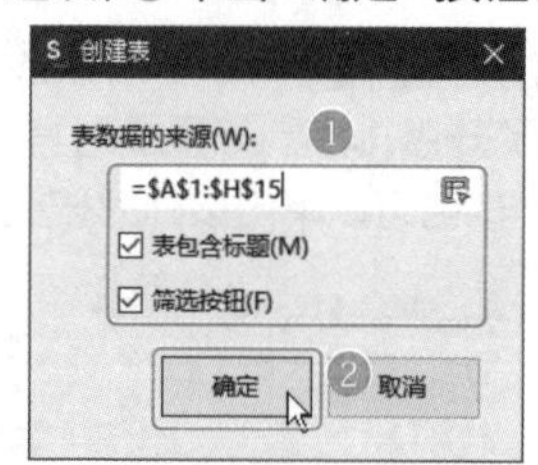

第3步：进行排序操作。❶此时表格对象添加了自动筛选功能，单击表格中数据列的按钮；❷在下拉菜单中选择“降序”选项，即可实现数据列的排序操作。

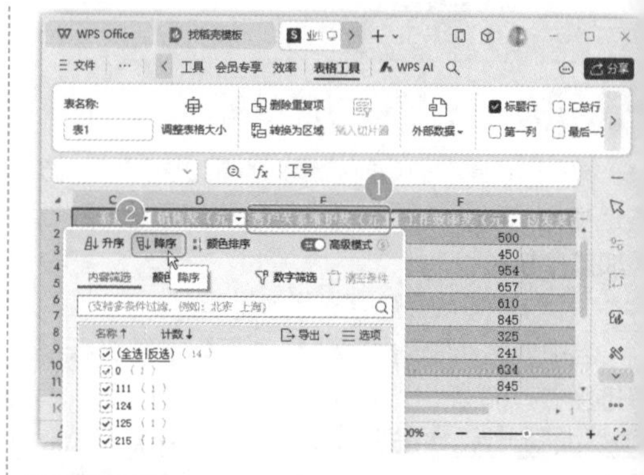

7.1.2 对业绩进行自定义排序

WPS表格数据排序除了简单的升序、降序排序外，还涉及更为复杂的排序，如需要将员工的业绩奖金按照“销售奖”的大小进行排序，当“销售奖”大小相同时再按照“客户关系维护奖”的大小进行排序；又如排序的方式不是数据的大小，而是按照没有明显顺序关系的字段，如部门名称进行排序。这类操作都需要用到自定义排序功能。

>>>1. 简单的自定义排序

简单的自定义排序只需打开“排序”对话框设置其中的排序条件即可。

第1步：打开“排序”对话框。❶单击“排序”按钮❷在下拉菜单中选择“自定义排序”选项。

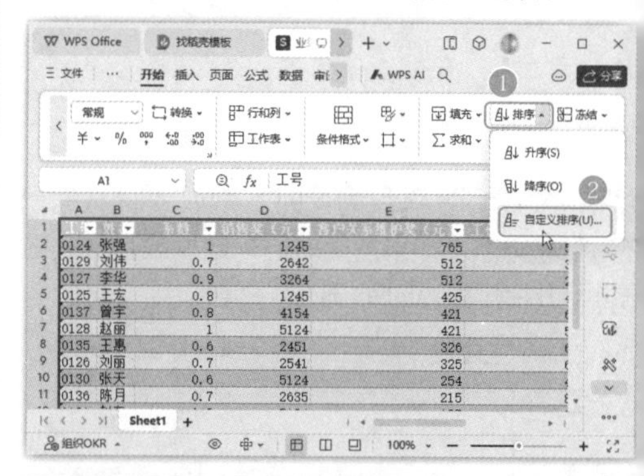

第2步：设置“排序”对话框。❶在打开的“排序”对话框中设置排序条件；❷单击“确定”按钮。

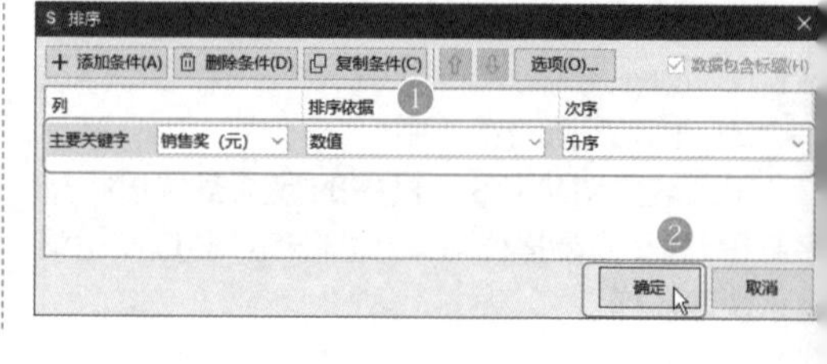

第3步：查看排序结果。此时WPS表格的“销售奖(元)”列的数据就被升序排序了。

A	B	C	D	E	F	G	H
0124	张强	1	1245	765	500	2510	2024/3/14
0125	王宏	0.8	1245	425	450	1696	2024/3/19
0134	周梦	0.8	1245	0	954	1759.2	2024/3/4
0135	王惠	0.6	2451	326	657	2060.4	2024/4/3
0126	刘丽	0.7	2541	325	610	2433.2	2024/1/3
0136	陈月	0.7	2635	215	845	2586.5	2024/3/5
0129	刘伟	0.7	2642	512	325	2435.3	2024/6/4
0127	李华	0.9	3264	512	241	3615.3	2024/12/4
0137	曾宇	0.8	4154	421	624	4159.2	2024/4/2
0133	王泽	0.9	4251	111	845	4686.3	2024/2/4
0128	赵丽	1	5124	421	521	6066	2024/6/1
0130	张天	0.6	5124	254	451	3497.4	2024/5/4
0131	赵东	0.8	5124	125	256	4404	2024/6/7
0132	路钏	0.7	5261	124	425	4067	2024/1/1

专家点拨

在“排序”对话框中设置“主要关键字”，即选择数据列的名称，如要对“销售奖(元)”数据列进行排序就选择这一列。“排序依据”除了选择以数据大小(数值)为依据，还可以选择“单元格颜色”“字体颜色”“单元格图标”为依据进行排序。

>>>2. 设置多个排序条件

自定义排序可以设置多个排序条件进行排序。只需在“排序”对话框中添加排序条件即可。

第1步：添加条件。打开“排序”对话框，单击“添加条件”按钮。

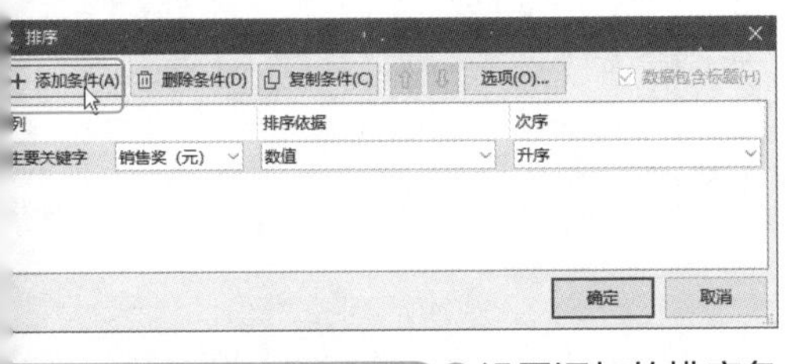

第2步：设置添加的条件。❶设置添加的排序条件；❷单击“确定”按钮。

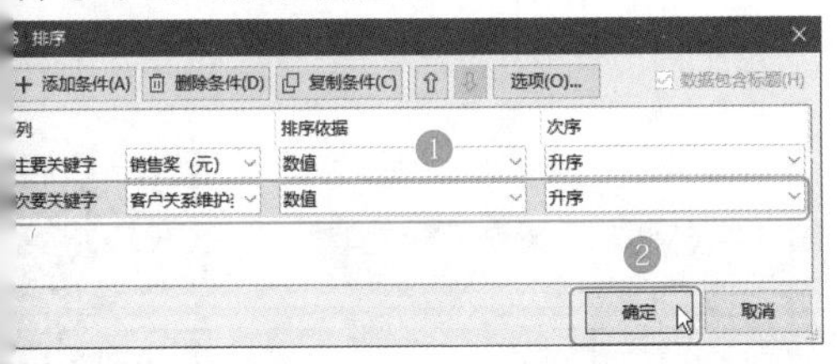

第3步：查看排序结果。如下图所示，此时表格中的数据便按照“销售奖(元)”数据列的值进行升序排序，“销售奖(元)”数据列值相同的情况下，便按照“客户关系维护奖(元)”的数值大小进行升序排序。

A	B	C	D	E	F	G	H
0134	周梦	0.8	1245	0	954	1759.2	2024/3/4
0125	王宏	0.8	1245	425	450	1696	2024/3/19
0124	张强	1	1245	765	500	2510	2024/3/14
0135	王惠	0.6	2451	326	657	2060.4	2024/4/3
0126	刘丽	0.7	2541	325	610	2433.2	2024/1/3
0136	陈月	0.7	2635	215	845	2586.5	2024/3/5
0129	刘伟	0.7	2642	512	325	2435.3	2024/6/4
0127	李华	0.9	3264	512	241	3615.3	2024/12/4
0137	曾宇	0.8	4154	421	624	4159.2	2024/4/2
0133	王泽	0.9	4251	111	845	4686.3	2024/2/4
0131	赵东	0.8	5124	125	256	4404	2024/6/7
0130	张天	0.6	5124	254	451	3497.4	2024/5/4
0128	赵丽	1	5124	421	521	6066	2024/6/1
0132	路钏	0.7	5261	124	425	4067	2024/1/1

>>>3. 自定义序列排序

如果不是按照数据的大小排序，而是按照月份、部门这种与数据没有直接关系的序列排序，就需要重新定义序列进行排序。

第1步：打开“排序”对话框。❶在WPS表中添加一列“所属部门”数据列；❷单击“排序”按钮，选择“自定义排序”选项。

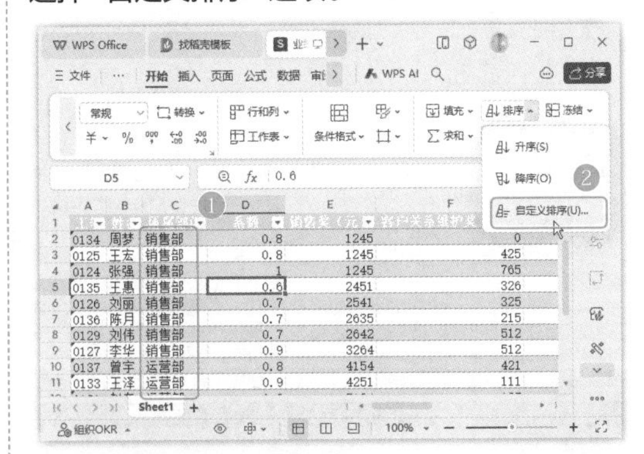

第2步：删除排序条件。因为上面步骤中对表格进行了排序，所以“排序”对话框中会保留之前的排序选项。❶在“排序”对话框中选中“次要关键字”；❷单击“删除条件”按钮。

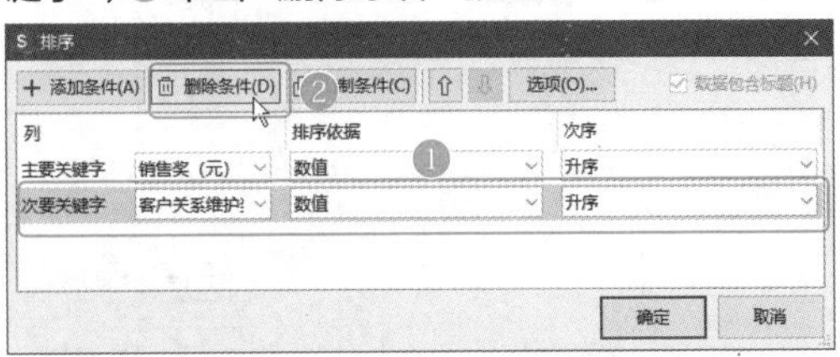

第3步：打开“自定义序列”对话框。❶在“排序”对话框中选择好排序的关键字；❷单击“次序”按钮；❸在下拉菜单中选择“自定义序列”选项。

专家点拨

WPS表格数据排序不一定要按照“列”数据进行排序，还可以按照“行”数据进行排序。方法是单击“排序”对话框中的“选项”按钮，在“方向”下面勾选“按行排序”。同样的，在“选项”对话框中还可以选择“字母排序”“笔画排序”的方式。

第4步：输入序列。❶ 在“输入序列”文本框中输入“销售部,运营部”，中间用英文逗号隔开；❷ 单击“添加”按钮；❸ 此时新序列就被添加到“次序”条件了，单击“确定”按钮。

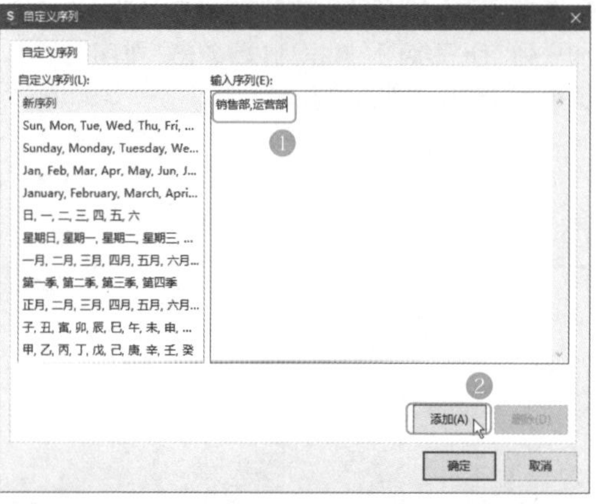

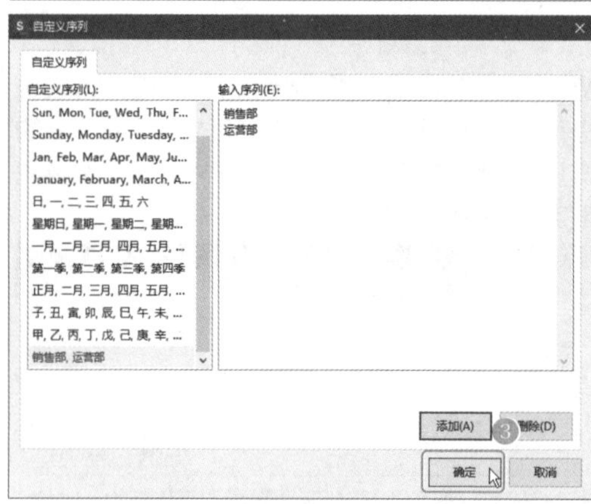

第5步：添加条件。返回“排序”对话框中，单击“添加条件”按钮。

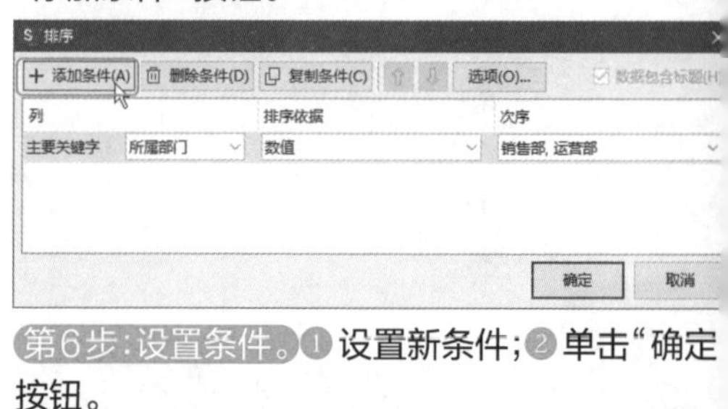

第6步：设置条件。❶ 设置新条件；❷ 单击“确定”按钮。

第7步：查看排序结果。此时表格中的数据就按照“销售部”“运营部”两个部门的“应发奖金(系数*奖金)”数据大小进行升序排序了。

A	B	C	D	E	F	G	H	I
0125	王宏	销售部	0.8	1245	425	450	1696	2024/3/
0134	周梦	销售部	0.8	1245	0	954	1759.2	2024/3
0135	王惠	销售部	0.6	2451	326	657	2060.4	2024/4
0126	刘丽	销售部	0.7	2541	325	610	2433.2	2024/1
0129	刘伟	销售部	0.7	2642	512	325	2435.3	2024/6
0124	张强	销售部	1	1245	765	500	2510	2024/3/
0136	陈月	销售部	0.7	2635	215	845	2586.5	2024/3
0127	李华	销售部	0.9	3264	512	241	3615.3	2024/12
0130	张天	运营部	0.6	5124	254	451	3497.4	2024/5
0132	路钊	运营部	0.7	5261	124	425	4067	2024/1
0137	曾宇	运营部	0.8	4154	421	624	4159.2	2024/4
0131	赵东	运营部	0.8	5124	125	256	4404	2024/6
0133	王泽	运营部	0.9	4251	111	845	4686.3	2024/2
0128	赵丽	运营部	1	5124	421	521	6066	2024/6

7.2 筛选分析“库存管理清单”

扫一扫 看视频

※ 案例说明

“库存管理清单”是公司管理商品进货与销售的统计表，表中应该包含商品的名称、规格、原始数量与进货量等基本的数据信息。通常情况下，公司的商品数量较多，面对库存管理清单中密密麻麻的数据需要进行筛选才能快速找出所需要的商品数据。

“库存管理清单”筛选后的效果如下图所示。

	A	B	C	D	E	F	G	H
1	物品名称	规格型号	单位	原始数量	本月进货量	本月出库量	月末结存量	利润
13	3M防尘口罩		个	100	100	97	103	10
14	3M防酸面罩		个	55	45	30	70	12
22								
23			物品名称	月末结存量	物品名称	本月出库量		
24			长筒雨鞋	<20	3M*	>10		
25			工作服	<10				

※ 思路解析

面对库存管理清单中的众多数据，要根据需求进行筛选快速找到需要的数据，则需要掌握WPS表格的筛选功能。如果只是进行简单的筛选，如筛选出大于某个数或小于某个数的数据，那么使用简单筛选功能即可；如果要筛选出符合某条件的数据，就需要用到自定义筛选或高级筛选功能了。其思路如下图所示。

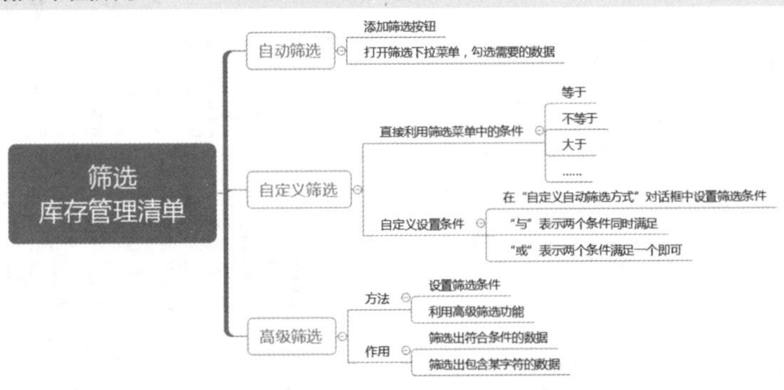

※ 步骤详解

7.2.1 自动筛选

自动筛选是WPS表格中一个易于操作且经常使用的实用技巧。自动筛选通常是按简单的条件进行筛选，筛选时将不满足条件的数据暂时隐藏起来，只显示符合条件的数据。

第1步：添加筛选按钮。按照路径“素材文件\第7章\库存管理清单.et”打开素材文件。❶单击“开始”选项卡下的“筛选”按钮；❷在下拉菜单中选择“筛选”选项。

第2步：设置筛选条件。此时工作表进入筛选状态，各标题字段的右侧出现一个下拉按钮。❶单击“物品名称”旁边的筛选按钮；❷在下拉列表中取消勾选“全选”选项；❸勾选“工作服”选项；❹单击“确定”按钮。

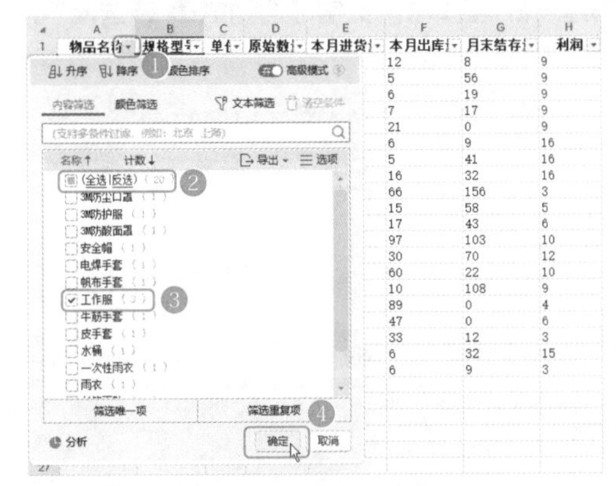

第3步：查看筛选结果。此时所有与“工作服”相关的数据便被筛选出来，效果如下图所示。

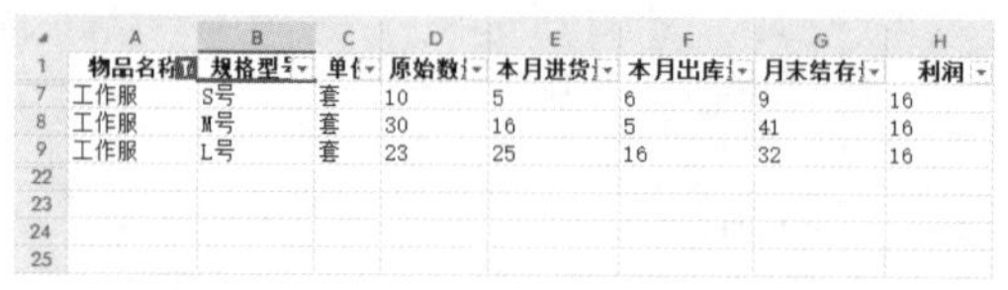

	物品名称	规格型	单	原始数	本月进货	本月出库	月末结存	利润
7	工作服	S号	套	10	5	6	9	16
8	工作服	M号	套	30	16	5	41	16
9	工作服	L号	套	23	25	16	32	16

第4步：全部显示。完成筛选后，❶单击“开始”选项卡下的“筛选”按钮；❷在下拉菜单中选择“全部显示”选项，即可清除筛选，显示出所有的数据。

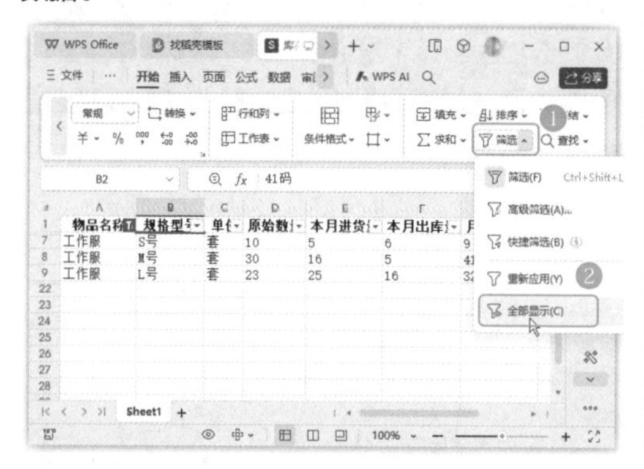

7.2.2 自定义筛选

自定义筛选是指通过定义筛选条件查询符合条件的数据记录。在WPS表格中，自定义筛选可以筛选出等于、大于、小于某个数的数据，还可以通过“或”“与”这样的逻辑用语筛选数据。

>>>1. 筛选小于或等于某个数的数据

筛选小于或等于某个数的数据只需设置好数据大小，即可完成筛选。

第1步：选择条件。❶单击“原始数量”单元格的筛选按钮；❷单击“数字筛选”按钮；❸选择“小于或等于”选项。

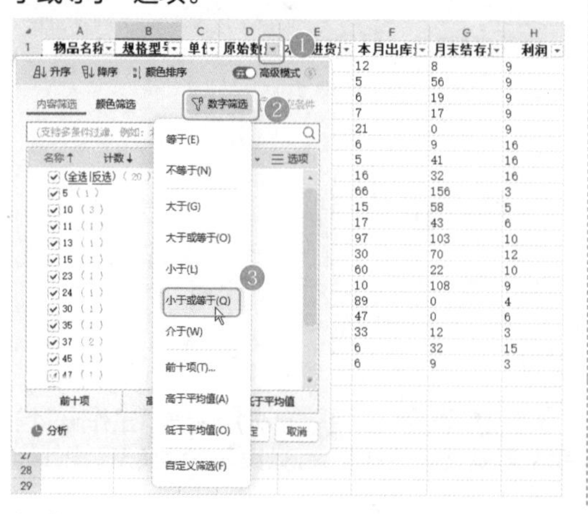

第2步：设置“自定义自动筛选方式”对话框。❶在打开的“自定义自动筛选方式”对话框中填入数量10；❷单击“确定”按钮。

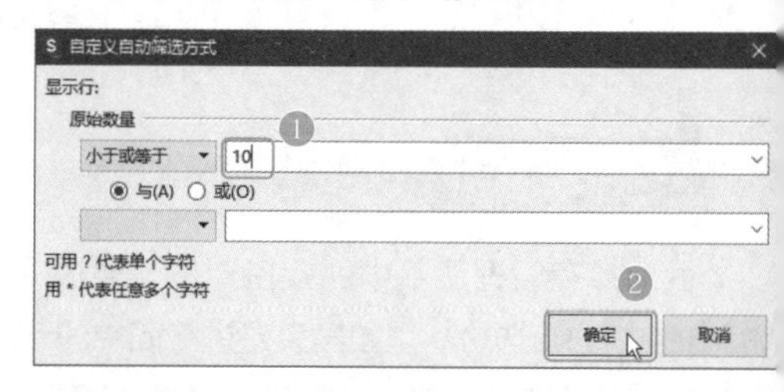

第3步：查看筛选结果。此时WPS表格中所有原始数量小于或等于10的物品便被筛选了出来。

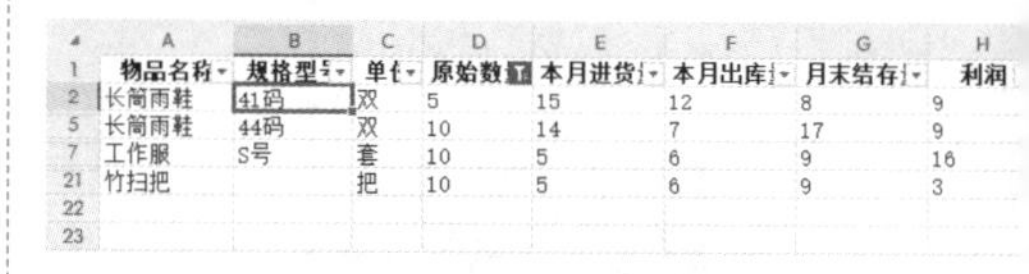

	物品名称	规格型	单	原始数	本月进货	本月出库	月末结存	利润
2	长筒雨鞋	41码	双	5	15	12	8	9
5	长筒雨鞋	44码	双	10	14	7	17	9
7	工作服	S号	套	10	5	6	9	16
21	竹扫把		把	10	5	6	9	3

>>>2. 自定义筛选条件

WPS表格筛选除了直接选择“等于”“不等于”这类条件外，还可以自定义筛选条件。

第1步：打开“自定义自动筛选方式”对话框。清除上面步骤中的筛选，显示出全部数据。❶单击“原始数量”单元格的筛选按钮；❷单击“数字筛选”按钮；❸选择“自定义筛选”选项。

第2步：设置“自定义自动筛选方式”对话框。❶在打开的“自定义自动筛选方式”对话框中设置“小于或等于”数量为10，选择“或”，设置“大于或等于”数量为50，表示筛选出小于或等于10以及大于或等于50的数据；❷单击“确定”按钮。

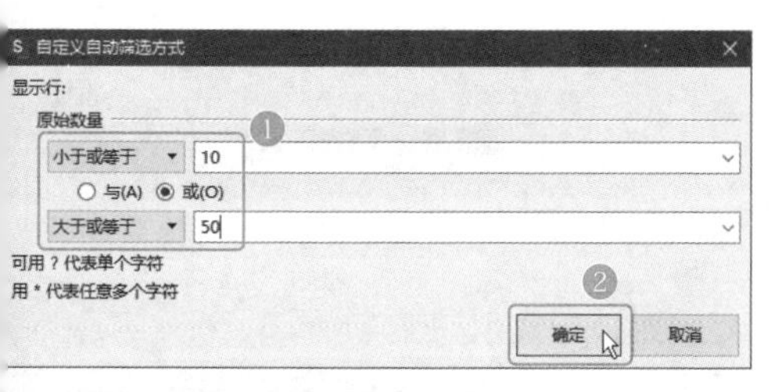

第3步：查看筛选结果。如下图所示，原始数量小于或等于10以及大于或等于50的数据便被筛选出来了。这样的筛选可以快速查看某类数据中较小值以及较大值数据分别是哪些。

物品名称	规格型号	单位	原始数量	本月进货量	本月出库量	月末结存量	利润
长筒雨鞋	41码	双	5	15	12	8	9
长筒雨鞋	44码	双	10	14	7	17	9
工作服	S号	套	10	5	6	9	16
帆布手套		双	165	57	66	156	3
3M防尘口罩		个	100	100	97	103	10
3M防酸面罩		个	55	45	30	70	12
雨衣		件	67	51	10	108	9
一次性雨衣		件	55	34	89	0	4
竹扫把		把	10	5	6	9	3

7.2.3 高级筛选

在数据筛选过程中可能会遇到许多复杂的筛选条件，此时可以利用WPS表格的高级筛选功能。使用高级筛选功能，其筛选的结果可显示在原数据表格中，也可以显示在新的位置。

>>1. 将符合条件的物品筛选出来

事先在WPS表格中设置筛选条件，然后再利用高级筛选功能筛选出符合条件的数据。

第1步：输入筛选条件。清除上面步骤中的筛选，显示出全部数据。在WPS表格空白的地方输入筛选条件，如下图所示，图中的筛选条件表示需要筛选出月末结存量小于20的长筒雨鞋和月末结存量小于10的工作服。

A	B	C	D	E	F	G
雨衣		件	67	51	10	108
一次性雨衣		件	55	34	89	0
电焊手套		双	37	10	47	0
水桶		个	45	0	33	12
3M防护服		件	15	23	6	32
竹扫把		把	10	5	6	9
		物品名称	月末结存量			
		长筒雨鞋	<20			
		工作服	<10			

第2步：打开"高级筛选"对话框。选择"开始"选项卡下"筛选"菜单中的"高级筛选"选项。

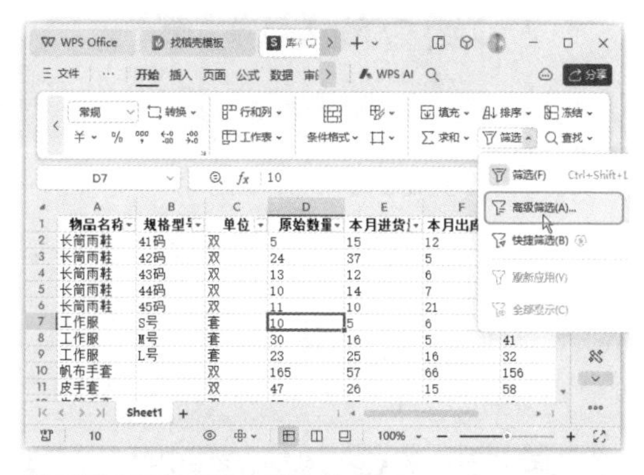

第3步：单击折叠按钮。❶打开"高级筛选"对话框，确定"列表区域"选中了表中的所有数据区域；❷单击"条件区域"的折叠按钮。

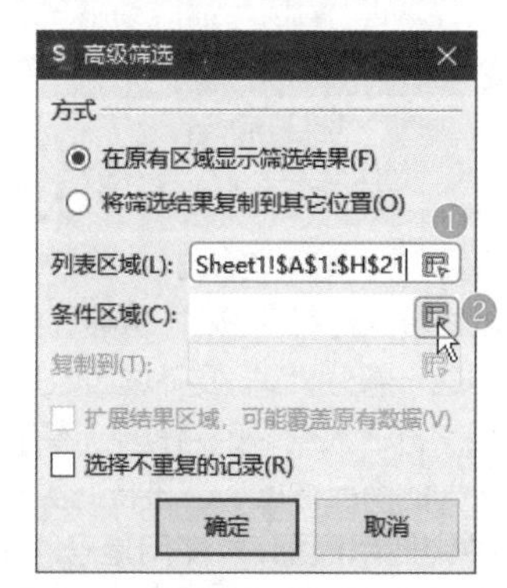

第4步：选择条件区域范围。❶按住鼠标左键不放，拖动鼠标选择事先输入的条件区域；❷单击折叠对话框中的展开按钮。

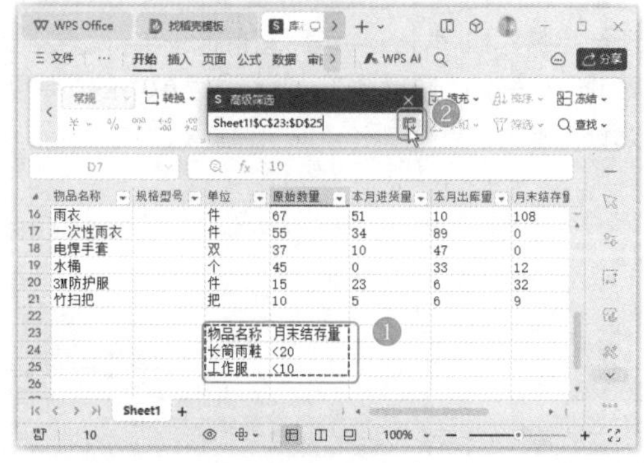

第5步：确定高级筛选设置。单击"高级筛选"对话框中的"确定"按钮。

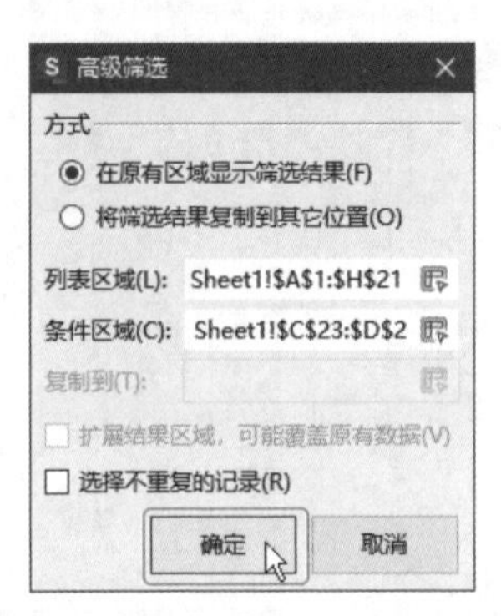

第6步：查看筛选结果。 此时表格中月末结存量小于20的长筒雨鞋及月末结存量小于10的工作服数据便被筛选出来了。

	A	B	C	D	E	F	G	H
1	物品名称	规格型号	单位	原始数量	本月进货量	本月出库量	月末结存量	利润
2	长筒雨鞋	41码	双	5	15	12	8	9
4	长筒雨鞋	43码	双	13	12	6	19	9
5	长筒雨鞋	44码	双	10	14	7	17	9
6	长筒雨鞋	45码	双	11	10	21	0	9
7	工作服	S号	套	10	5	6	9	16
22								
23			物品名称	月末结存量				
24			长筒雨鞋	<20				
25			工作服	<10				

>>>2. 根据不完整数据筛选

在对表格数据进行筛选时，若筛选条件为某一类数据值中的一部分，即需要筛选出数据值中包含某个或一组字符的数据，如要筛选出库存清单中名称带3M字样的商品数据。在进行此类筛选时，可在筛选条件中使用通配符，使用星号(*)代替任意多个字符，使用问号(？)代替任意一个字符。

第1步：设置筛选条件。 ❶清除上面步骤中的筛选，显示出全部数据。在WPS表格中空白的地方输入筛选条件，这里的筛选条件中“3M*”表示商品名称以3M开头且后面有若干字符的商品；❷选择“开始”选项卡下“筛选”菜单中的“高级筛选”选项。

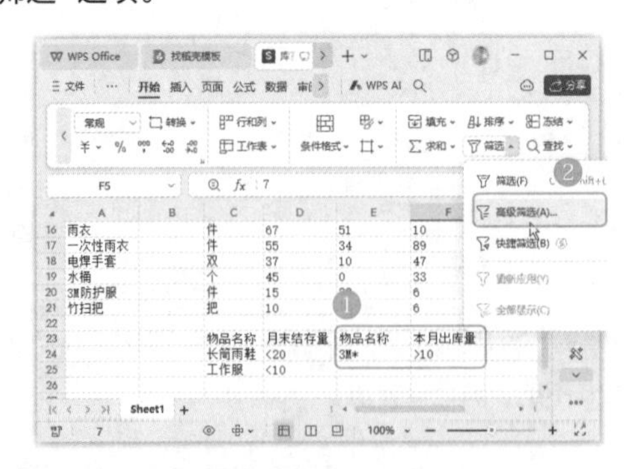

第2步：选择条件区域。 按住鼠标左键不放，拖动选择条件区域。

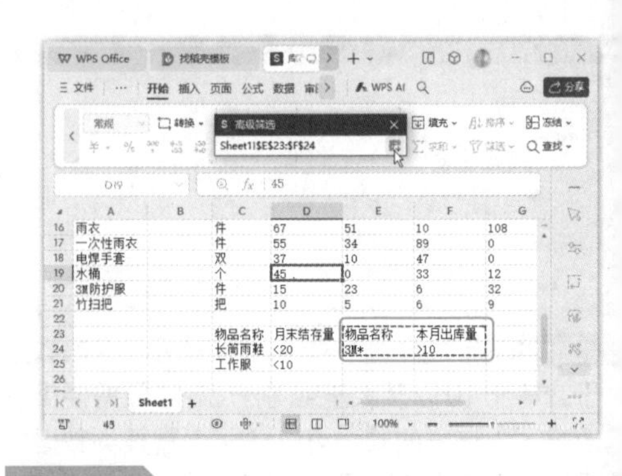

专家点拨

条件由字段名称和条件表达式组成，首先在空白单元格中输入要作为筛选条件的字段名称该字段名称必须与进行筛选的列表区域中的列标题名称完全相同，然后在其下方的单元格中输入条件表达式，即以比较运算符开头，若要以完全匹配的数值或字符串为筛选条件，则可以省略“=”。若有多个筛选条件，可将多个筛选条件并排

第3步：确定高级筛选条件。 单击“高级筛选”对话框中的“确定”按钮。

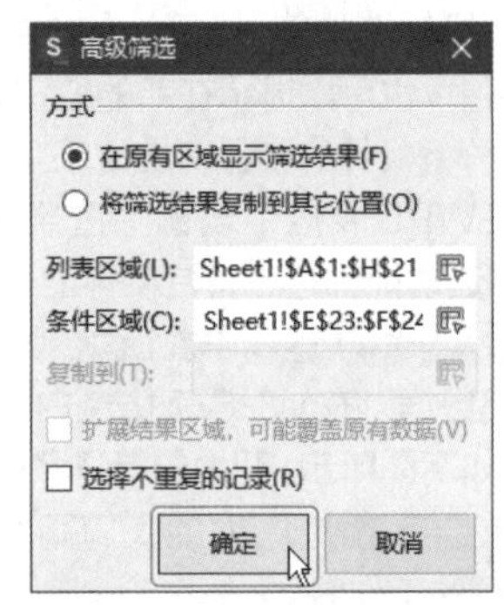

第4步：查看筛选结果。 此时表格中所有名称带3M且本月出库量大于10的商品数据便被筛选出来了，效果如下图所示。

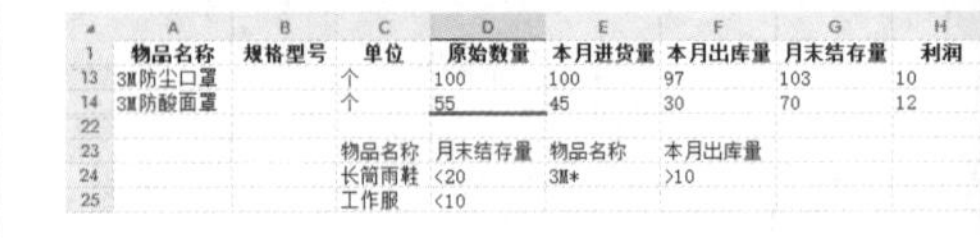

	A	B	C	D	E	F	G	H
1	物品名称	规格型号	单位	原始数量	本月进货量	本月出库量	月末结存量	利润
13	3M防尘口罩		个	100	100	97	103	10
14	3M防酸面罩		个	55	45	30	70	12
22								
23			物品名称	月末结存量	物品名称	本月出库量		
24			长筒雨鞋	<20	3M*	>10		
25			工作服	<10				

7.3 汇总分析“销售业绩表”

※ 案例说明

“销售业绩表”是企业销售部门为了方便统计不同销售组、不同销售人员在不同日期下销售不同商品的业绩数据表。在统计数据时，企业往往按照部门、日期、销售员为分类依据进行数据统计。到月底、年终等时间节点时，可以将数据统计表根据新的标准进行分类并汇总数据，方便分析。如本案例中的销售业绩表，可以按照部门业绩进行汇总，也可以按照销售日期进行汇总，还可以进行合并计算。

“销售业绩表”汇总后的效果如下图所示。

	A	B	C	D	E	F	G
1	姓名	部门	产品A销量	产品B销量	产品C销量	月份	销售额
2	周时	销售1组	55	51	5	1月	17432
3	刘萌	销售1组	101	42	95	3月	33761
4	刘飞	销售1组	62	42	25	1月	19213
5	李云	销售1组	42	22	15	1月	11323
6	任姗	销售1组	42	4	52	2月	13004
7	黄亮	销售1组	51	5	15	3月	8552
8	陈明	销售1组	12	23	5	3月	6970
9	刘萌	销售2组	65	42	4	2月	16348
10	肖骁	销售2组	85	42	41	1月	23975
11	张虹	销售2组	85	62	51	4月	29825
12	吴蒙	销售2组	42	52	26	4月	19494
13	杨桃	销售2组	53	10	52	4月	15428
14	李林	销售2组	62	5	42	2月	13751
15	赵强	销售3组	74	62	26	2月	24928
16	李涛	销售3组	74	51	12	3月	20427
17	王丽	销售3组	99	53	42	2月	27941
18	杜明	销售3组	74	51	11	3月	20276
19	高飞	销售3组	51	41	42	3月	20441
20	赵丽	销售3组	51	9	36	4月	12591
21	王敏	销售3组	52	8	41	4月	13231
22	赵西	销售3组	44	41	9	1月	14744

	A	B	C	D	E	F	G
1	姓名	部门	产品A销量	产品B销量	产品C销量	月份	销售额
2	周时	销售1组	55	51	5	1月	17432
3	刘飞	销售1组	62	42	25	1月	19213
4	李云	销售1组	42	22	15	1月	11323
5	肖骁	销售2组	85	42	41	1月	23975
6	赵西	销售3组	44	41	9	1月	14744
7						1月 汇总	86687
8	任姗	销售1组	42	4	52	2月	13004
9	刘萌	销售2组	65	42	4	2月	16348
10	李林	销售2组	62	5	42	2月	13751
11	赵强	销售3组	74	62	26	2月	24928
12	王丽	销售3组	99	53	42	2月	27941
13						2月 汇总	95972
14	刘萌	销售1组	101	42	95	3月	33761
15	黄亮	销售1组	51	5	15	3月	8552
16	陈明	销售1组	12	23	5	3月	6970
17	李涛	销售3组	74	51	12	3月	20427
18	杜明	销售3组	74	51	11	3月	20276
19	高飞	销售3组	51	41	42	3月	20441
20						3月 汇总	110427
21	张虹	销售2组	85	62	51	4月	29825
22	吴蒙	销售2组	42	52	26	4月	19494
23	杨桃	销售2组	53	10	52	4月	15428
24	赵丽	销售3组	51	9	36	4月	12591
25	王敏	销售3组	52	8	41	4月	13231
26						4月 汇总	90569
27						总计	383655

※ 思路解析

面对销售业绩表，需要进行正确的分类汇总，才能进行有效的数据分析。在分析汇总数据前，应当根据分析的目的选择汇总方式。例如，分析的目的是对比不同部门的销售业绩，那么汇总自然以“部门”为依据；又如，分析的目的是将不同工作表中不同月份的产品销量工作表进行数据统计，此时就要利用“合并计算”功能。其具体思路如下图所示。

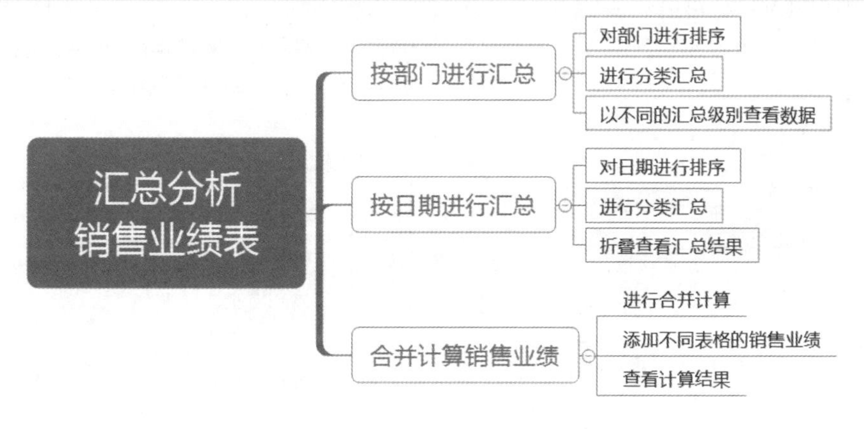

※ 步骤详解

7.3.1 按部门进行汇总

在销售业绩表中，有多个部门的业绩统计，为了方便对比各部门的销售业绩，可以按部门进行汇总。

第1步：对部门进行排序。由于销售业绩表中相同部门的数据没有排列在一起，为了方便后期汇总，这里需要对部门进行排序。按照路径“素材文件\第7章\销售业绩表.et”打开素材文件。❶单击“部门”单元格；❷选择“排序”菜单中的“自定义排序”选项。

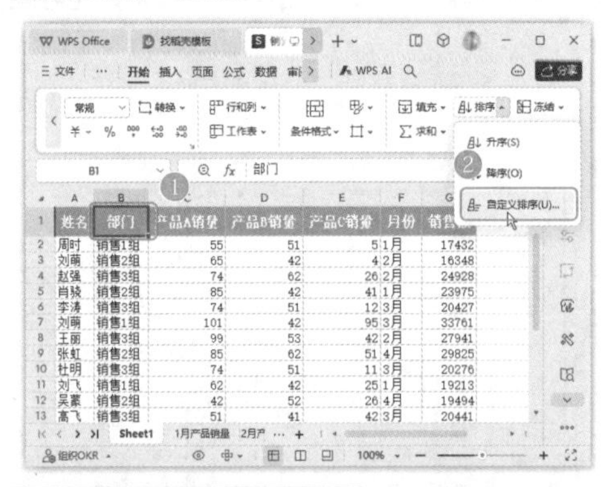

第2步：设置“排序”对话框。❶在打开的“排序”对话框中设置排序条件；❷单击“确定”按钮。

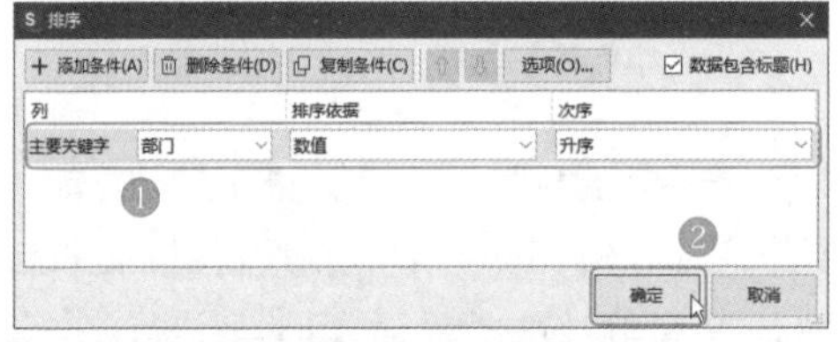

第3步：打开“分类汇总”对话框。单击“数据”选项卡下的“分类汇总”按钮。

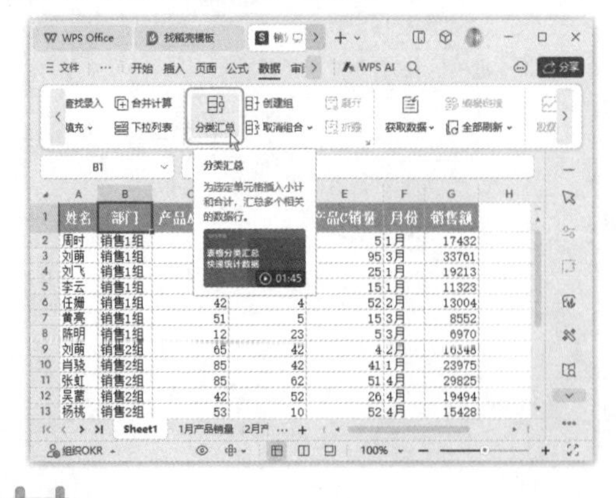

第4步：设置“分类汇总”对话框。❶在打开的“分类汇总”对话框中设置“分类字段”为“部门”，设置“汇总方式”为“求和”；❷设置“选定汇总项”为“销售额”；❸单击“确定”按钮。

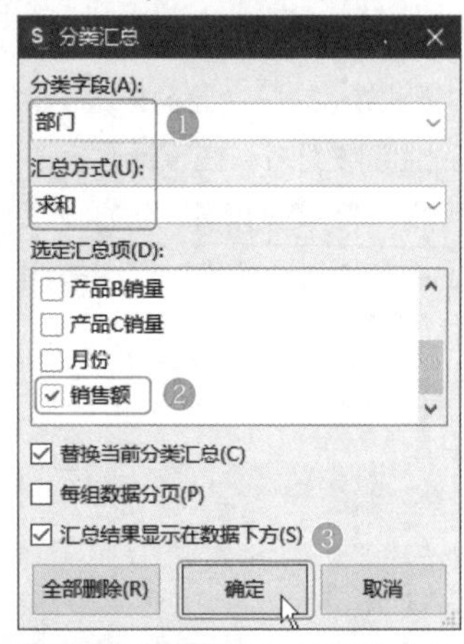

第5步：查看汇总效果。此时表格中的数据就按照不同部门的销售额进行了汇总。

	姓名	部门	产品A销量	产品B销量	产品C销量	月份	销售额
2	周时	销售1组	55	51	5	1月	17432
3	刘萌	销售1组	101	42	95	3月	33761
4	刘飞	销售1组	62	42	25	1月	19213
5	李云	销售1组	42	22	15	1月	11323
6	任姗	销售1组	42	4	52	2月	13004
7	黄亮	销售1组	51	5	15	3月	8552
8	陈明	销售1组	12	23	5	3月	6970
9		销售1组 汇总					110255
10	刘萌	销售2组	65	42	4	2月	16348
11	肖骁	销售2组	85	42	41	1月	23975
12	张虹	销售2组	85	62	51	4月	29825
13	吴蒙	销售2组	42	52	26	4月	19494
14	杨桃	销售2组	53	10	52	4月	15428
15	李林	销售2组	62	5	42	2月	13751
16		销售2组 汇总					118821
17	赵强	销售3组	74	62	26	2月	24928
18	李涛	销售3组	74	51	12	3月	20427
19	王丽	销售3组	99	53	42	2月	27941
20	杜明	销售3组	74	51	11	3月	20276
21	高飞	销售3组	51	41	42	3月	20441
22	赵丽	销售3组	51	9	36	4月	12591
23	王毅	销售3组	52	8	41	4月	13231
24	赵西	销售3组	44	41	9	1月	14744
25		销售3组 汇总					154579
26		总计					383655

第6步：查看二级汇总。单击汇总区域左上角的数字按钮2，此时即可查看第2级汇总结果，如下图所示。

	姓名	部门	产品A销量	产品B销量	产品C销量	月份	销售额
9		销售1组 汇总					110255
16		销售2组 汇总					118821
25		销售3组 汇总					154579
26		总计					383655

第7步：再次执行分类汇总命令。销售额汇总查看后，可以退出分类汇总状态，查看原始数据或者进行其他类别的汇总。如下图所示，单击“数据”选项卡下的“分类汇总”按钮。

第8步：删除汇总。在打开的“分类汇总”对话框中单击“全部删除”按钮，即可删除之前的汇总统计。

第9步：查看原始数据。删除分类汇总后，表格恢复原始数据的样子，如下图所示。

	A	B	C	D	E	F	G
1	姓名	部门	产品A销量	产品B销量	产品C销量	月份	销售额
2	周时	销售1组	55	51	5	1月	17432
3	刘萌	销售1组	101	42	95	3月	33761
4	刘飞	销售1组	62	42	25	1月	19213
5	李云	销售1组	42	22	15	1月	11323
6	任姗	销售1组	42	4	52	2月	13004
7	黄亮	销售1组	51	5	15	3月	8552
8	陈明	销售1组	12	23	5	3月	6970
9	刘萌	销售2组	65	42	4	2月	16348
10	肖骁	销售2组	85	42	41	1月	23975
11	张虹	销售2组	85	62	51	4月	29825
12	吴蒙	销售2组	42	52	26	4月	19494
13	杨桃	销售2组	53	10	52	4月	15428
14	李林	销售2组	62	5	42	2月	13751
15	赵强	销售3组	74	62	26	2月	24928
16	李涛	销售3组	74	51	12	3月	20427
17	王丽	销售3组	99	53	42	2月	27941
18	杜明	销售3组	74	51	11	3月	20276
19	高飞	销售3组	51	41	42	3月	20441
20	赵丽	销售3组	51	9	36	4月	12591
21	王敏	销售3组	52	8	41	4月	13231
22	赵西	销售3组	44	41	9	1月	14744

7.3.2 按销售日期进行汇总

对销售业绩按照部门进行汇总是一种汇总方式，还可以按照销售月份进行汇总，查看不同月份下的销售额大小。

第1步：对月份进行排序。❶ 单击“月份”单元格；❷ 选择“数据”选项卡下“排序”菜单中的“升序”选项。

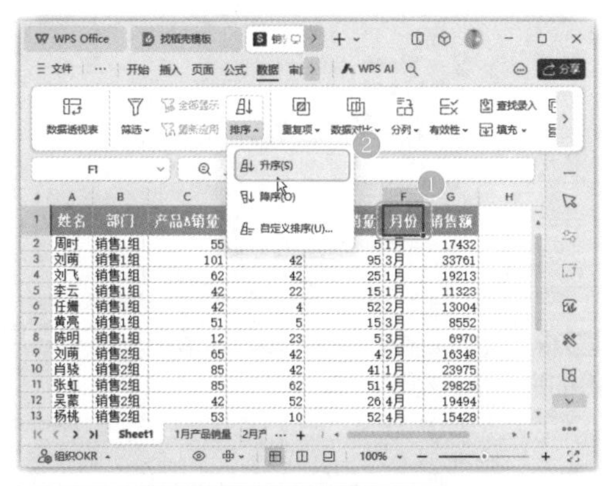

第2步：打开“分类汇总”对话框。单击“数据”选项卡下的“分类汇总”按钮。

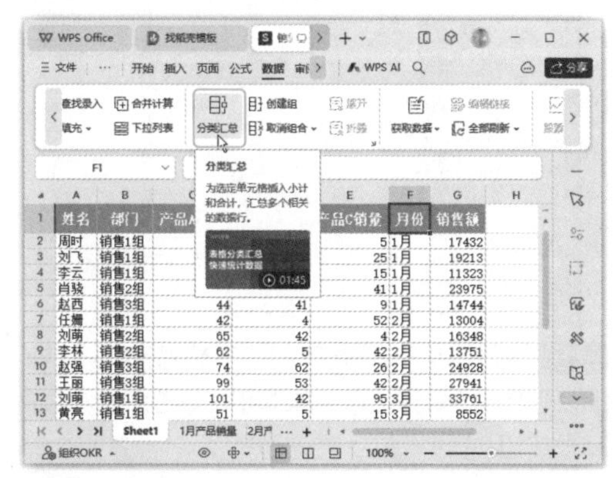

专家答疑

问：可以对销售业绩表中的产品A、产品B、产品C的销量进行汇总吗？

答：可以。如果要汇总不同产品的销量，只需在“分类汇总”对话框的“选定汇总项”列表框中勾选“产品A销量”“产品B销量”或“产品C销量”即可。汇总方式也不一定是求和，还可以选择“平均值”“最大值”“最小值”等方式汇总。

第3步：设置“分类汇总”对话框。❶ 在打开的“分类汇总”对话框中设置“分类字段”为“月份”，“汇总方式”为“求和”；❷ 设置“选定汇总项”为“销售额”；❸ 单击“确定”按钮。

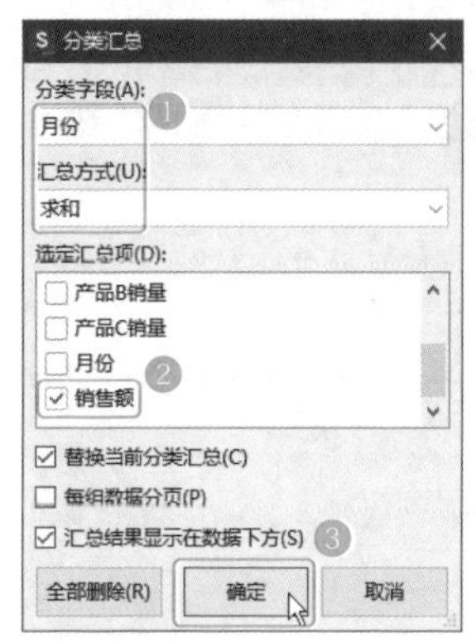

第4步：查看汇总结果。此时表格中按照不同月份的销售额进行了汇总。

	姓名	部门	产品A销量	产品B销量	产品C销量	月份	销售额
2	周时	销售1组	55	51	5	1月	17432
3	刘飞	销售1组	62	42	25	1月	19213
4	李云	销售1组	42	22	15	1月	11323
5	肖骁	销售2组	85	42	41	1月	23975
6	赵西	销售3组	44	41	9	1月	14744
7						1月 汇总	86687
8	任孀	销售1组	42	4	52	2月	13004
9	刘萌	销售2组	65	42	4	2月	16348
10	李林	销售2组	62	5	42	2月	13751
11	赵强	销售3组	74	62	26	2月	24928
12	王丽	销售3组	99	53	42	2月	27941
13						2月 汇总	95972
14	刘萌	销售1组	101	42	95	3月	33761
15	黄亮	销售1组	51	5	15	3月	8552
16	陈明	销售1组	12	23	5	3月	6970
17	李涛	销售3组	74	51	12	3月	20427
18	杜明	销售3组	74	51	11	3月	20276
19	高飞	销售3组	51	41	42	3月	20441
20						3月 汇总	110427
21	张虹	销售2组	85	62	51	4月	29825
22	吴蒙	销售2组	42	52	26	4月	19494
23	杨桃	销售2组	53	10	52	4月	15428
24	赵丽	销售3组	51	9	36	4月	12591
25	王敏	销售3组	52	8	41	4月	13231
26						4月 汇总	90569
27						总计	383655

第5步：单击折叠按钮。如果不想看那么多的明细，只想直接看到汇总结果，可以单击页面左边的减号按钮 ⊟。

	姓名	部门	产品A销量	产品B销量	产品C销量	月份	销售额
2	周时	销售1组	55	51	5	1月	17432
3	刘飞	销售1组	62	42	25	1月	19213
4	李云	销售1组	42	22	15	1月	11323
5	肖骁	销售2组	85	42	41	1月	23975
6	赵西	销售3组	44	41	9	1月	14744
7						1月 汇总	86687
8	任孀	销售1组	42	4	52	2月	13004
9	刘萌	销售2组	65	42	4	2月	16348
10	李林	销售2组	62	5	42	2月	13751
11	赵强	销售3组	74	62	26	2月	24928
12	王丽	销售3组	99	53	42	2月	27941
13						2月 汇总	95972
14	刘萌	销售1组	101	42	95	3月	33761
15	黄亮	销售1组	51	5	15	3月	8552
16	陈明	销售1组	12	23	5	3月	6970
17	李涛	销售3组	74	51	12	3月	20427
18	杜明	销售3组	74	51	11	3月	20276
19	高飞	销售3组	51	41	42	3月	20441
20						3月 汇总	110427
21	张虹	销售2组	85	62	51	4月	29825
22	吴蒙	销售2组	42	52	26	4月	19494
23	杨桃	销售2组	53	10	52	4月	15428
24	赵丽	销售3组	51	9	36	4月	12591
25	王敏	销售3组	52	8	41	4月	13231
26						4月 汇总	90569
27						总计	383655

第6步：查看明细折叠效果。单击减号按钮后效果如下图所示，没有明细数据，只有对应月份的销售额汇总数据。

	姓名	部门	产品A销量	产品B销量	产品C销量	月份	销售
7						1月 汇总	8668
13						2月 汇总	9597
14	刘萌	销售1组	101	42	95	3月	3376
15	黄亮	销售1组	51	5	15	3月	855
16	陈明	销售1组	12	23	5	3月	697
17	李涛	销售3组	74	51	12	3月	2042
18	杜明	销售3组	74	51	11	3月	2027
19	高飞	销售3组	51	41	42	3月	2044
20						3月 汇总	11042
21	张虹	销售2组	85	62	51	4月	2982
22	吴蒙	销售2组	42	52	26	4月	1949
23	杨桃	销售2组	53	10	52	4月	1542
24	赵丽	销售3组	51	9	36	4月	1259
25	王敏	销售3组	52	8	41	4月	1323
26						4月 汇总	9056
27						总计	38365

7.3.3 合并计算多张表格的销售业绩

要按某一个分类将数据结果进行汇总计算，可以应用WPS表格中的合并计算功能，它可以将一张或多张工作表中具有相同标签的数据进行汇总运算。

第1步：新建表。现在需要将表格中1—3月的销售数据汇总到一张表中，单击表格下方的加号按钮，新建一张表来存放合并计算的结果。

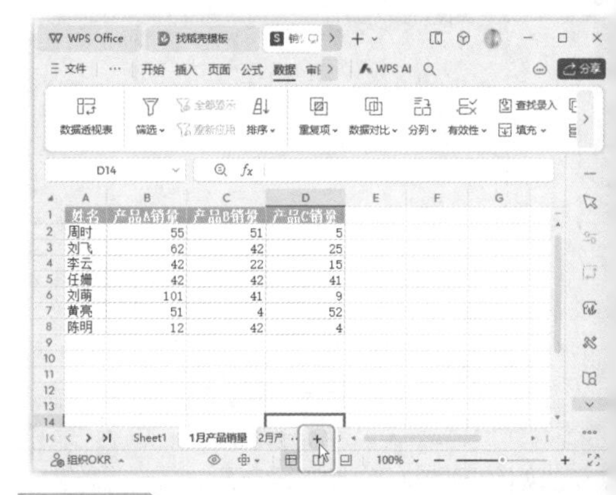

	姓名	产品A销量	产品B销量	产品C销量
2	周时	55	51	5
3	刘飞	62	42	25
4	李云	42	22	15
5	任孀	42	42	41
6	刘萌	101	41	9
7	黄亮	51	4	52
8	陈明	12	42	4

专家点拨

对不同表格的数据进行合并计算，要注意表格中的字段名相同。如本例中，“1月产品销量”“2月产品销量”“3月产品销量”中都是由“姓名”“产品A销量”等相同字段组成，并且“姓名”下的人名相同。

第2步：重命名表格。完成表格新建后，右击表格名称，选择“重命名”，输入新的表格名称为“1-3月产品销量汇总”。

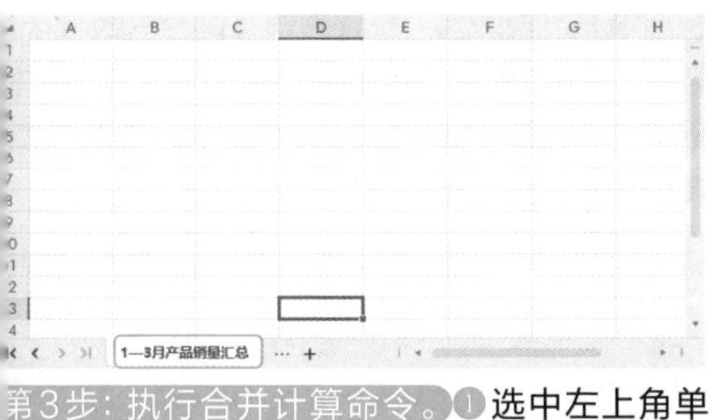

第3步：执行合并计算命令。❶选中左上角单元格，表示合并计算的结果从这个单元格位置开始放置；❷单击“数据”选项卡下的“合并计算”按钮。

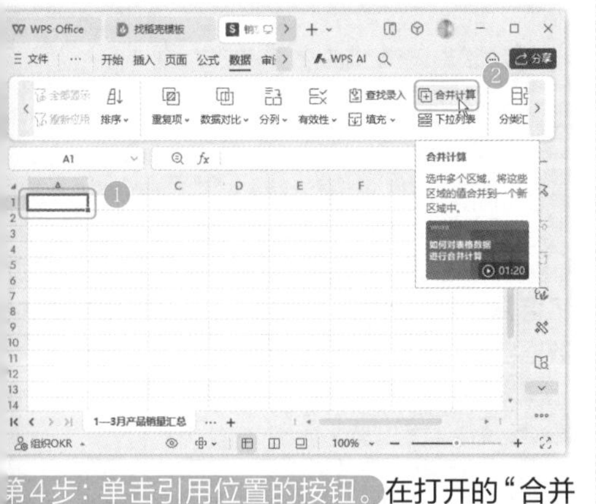

第4步：单击引用位置的按钮。在打开的“合并计算”对话框中单击引用位置的 按钮。

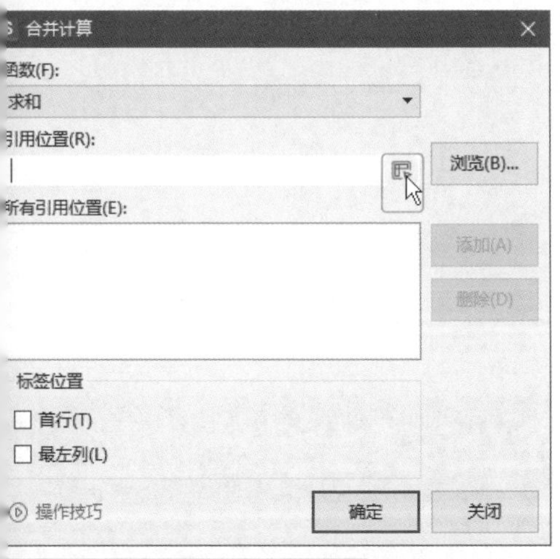

第5步：选择1月数据引用位置。❶切换到“1月产品销量”表格中；❷按住鼠标左键不放拖动选中表格中的销售数据；❸单击“合并计算-引用位置”对话框中的 按钮。

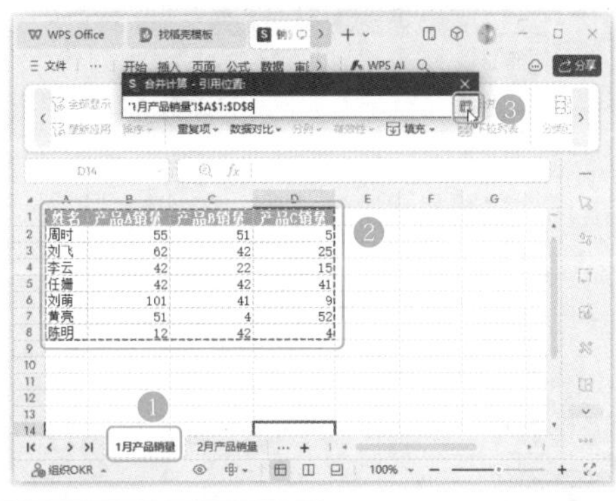

第6步：添加引用位置。❶完成1月产品数据的选择后，单击“添加”按钮，将数据添加到引用位置；❷单击 按钮。

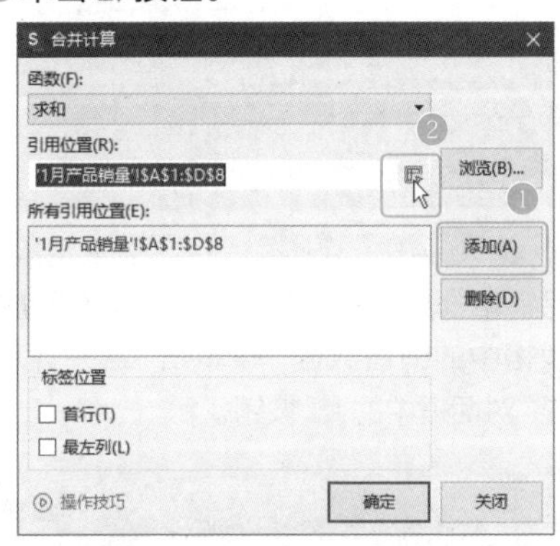

第7步：选择2月数据引用位置。❶切换到“2月产品销量”表格中；❷按住鼠标左键不放拖动选中表格中的销售数据；❸单击“合并计算-引用位置”对话框中的 按钮。

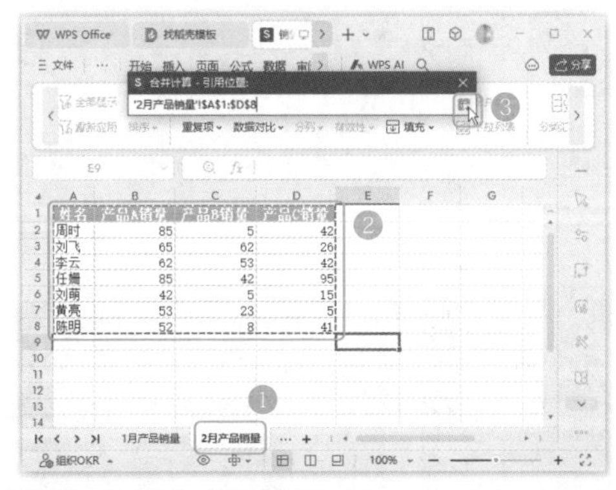

第8步：添加引用位置。❶完成2月产品数据的选择后，单击“添加”按钮，将数据添加到引用位置；❷单击 按钮。

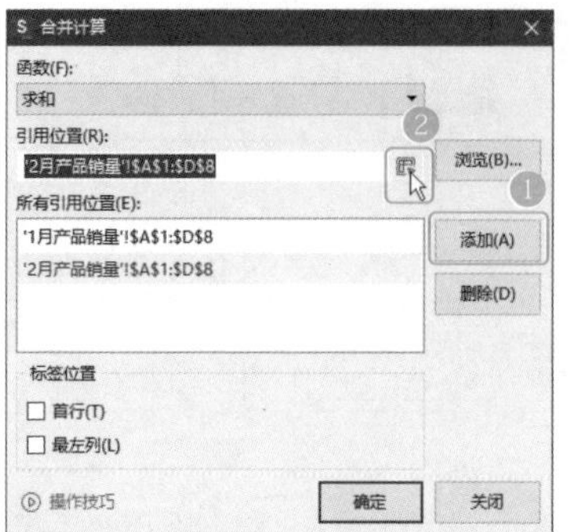

专家点拨

在“合并计算”对话框中，如果不勾选标签位置的“首行”和“最左列”，合并计算的结果是，汇总数据没有首行和最左列，即数据没有字段名称。这也是为什么要求进行合并计算的不同表格中的字段名称要相同；否则，在合并计算时无法计算出相同字段下的数据总和。

第9步：选择3月数据引用位置。 ❶切换到“3月产品销量”表格中；❷按住鼠标左键不放拖动选中表格中的销售数据；❸单击“合并计算－引用位置”对话框中的 按钮。

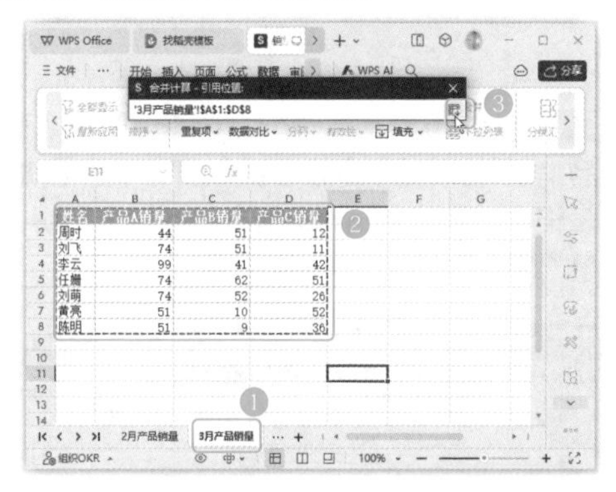

第10步：完成引用。 ❶完成3月产品数据的选择后，单击“添加”按钮，将数据添加到引用位置；❷勾选“标签位置”下面的两个选项；❸单击“确定”按钮。

第11步：查看合并计算结果。 此时表格中就完成了合并计算，结果如下图所示，三张表格中的销售数据自动求和汇总到一张表格中。

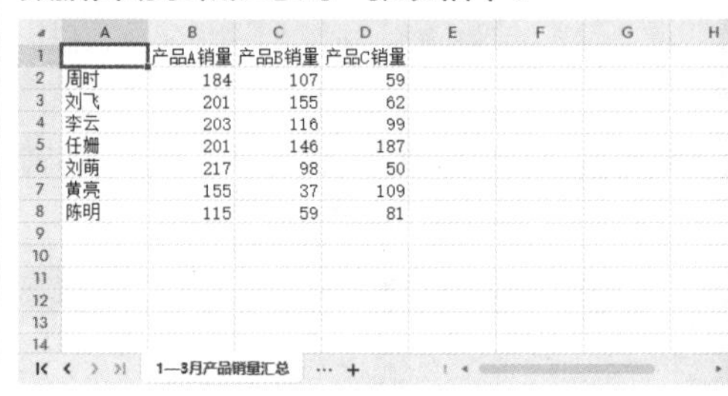

	产品A销量	产品B销量	产品C销量
周时	184	107	59
刘飞	201	155	62
李云	203	116	99
任姗	201	146	187
刘萌	217	98	50
黄亮	155	37	109
陈明	115	59	81

过关练习：分析“企业成本全年统计表”

通过本章节前面的学习，相信读者已经掌握了WPS表格的排序、筛选、分类汇总及合并计算功能。现在利用企业成本全年统计表，将排序、筛选、分类汇总功能结合起来，分析成本统计表。其中的汇总分析效果如下图所示，读者可以结合分析思路自己动手强化练习。

品名	生产部门	数量（件）	材料1成本（元）	材料2成本（元）	材料3成本（元）	材料4成本（元）	材料5成本（元）
J	生产1组	74	0.00	324.00	987.00	512.36	624.00
C	生产1组	134	123.51	326.41	326.14	124.36	0.00
F	生产1组	95	124.60	0.00	0.00	124.00	124.30
O	生产1组	51	351.64	124.36	624.00	124.00	0.00
P	生产1组	42	524.20	362.45	125.00	256.00	0.00
M	生产1组	51	624.63	152.00	0.00	0.00	0.00
A	生产1组	125	879.25	124.36	624.35	0.00	264.35
D	生产2组	152	0.00	251.00	125.60	214.00	254.36
H	生产2组	84	254.00	321.42	63.40	524.36	325.00
E	生产2组	45	365.24	0.00	32.50	215.20	362.52
K	生产2组	65	624.00	321.42	352.64	324.25	124.00
B	生产2组	111	635.24	325.00	624.25	124.62	125.00
N	生产3组	42	125.00	0.00	524.36	364.25	127.60
G	生产3组	75	213.45	524.00	0.00	263.42	245.66
I	生产3组	85	326.41	125.35	524.36	0.00	0.00
Q	生产3组	53	635.00	0.00	241.00	324.00	364.50
L	生产3组	12	854.00	524.26	0.00	524.00	126.96

品名	生产部门	数量（件）	材料1成本（元）	材料2成本（元）	材料3成本（元）	材料4成本（元）	材料5成本（元）
A	生产1组	65	101.25	957.00	0.00	254.36	0.00
K	生产1组	524	0.00	321.42	112.35	254.35	0.00
N	生产1组	95	0.00	0.00	0.00	364.25	127.60
P	生产1组	74	524.20	362.45	0.00	256.00	65.00
生产1组 平均值			156.36	410.22	28.09	282.24	48.15
B	生产2组	41	0.00	124.00	256.35	0.00	128.61
C	生产2组	52	243.00	265.00	326.14	241.36	254.36
D	生产2组	62	124.60	0.00	0.00	125.55	0.00
E	生产2组	42	365.24	156.34	32.50	325.61	126.66
F	生产2组	51	0.00	112.45	125.36	254.36	124.30
I	生产2组	101	365.00	256.36	0.00	0.00	254.61
Q	生产2组	101	0.00	126.34	241.00	0.00	250.00
生产2组 平均值			156.83	148.64	140.19	135.27	162.65
G	生产3组	25	213.45	0.00	254.36	125.34	0.00
H	生产3组	62	124.00	0.00	63.40	0.00	325.00
J	生产3组	231	145.00	324.00	125.61	215.36	624.00
L	生产3组	125	0.00	0.00	135.00	0.00	126.96
M	生产3组	124	325.60	152.00	42.00	125.33	345.61
O	生产3组	85	124.60	364.25	124.52	124.00	127.62
生产3组 平均值			155.44	140.04	124.15	98.34	258.20
	总平均值		156.23	207.15	108.15	156.82	169.43

※ 思路解析

每隔一定的时间，如年中、季度末时，企业需要对过去时间段的成本进行统计分析，以便总结找到节约成本的方法，提高企业利润。分析企业成本全年统计表的操作方法主要涉及排序操作（找到成本使用最高的地方、产量最高的产品）、筛选操作（单独查看某类产品、某部门的成本使用情况，找出符合筛选条件的成本数据）及汇总操作（汇总不同部门、不同时间段的成本使用情况）。具体思路如下图所示。

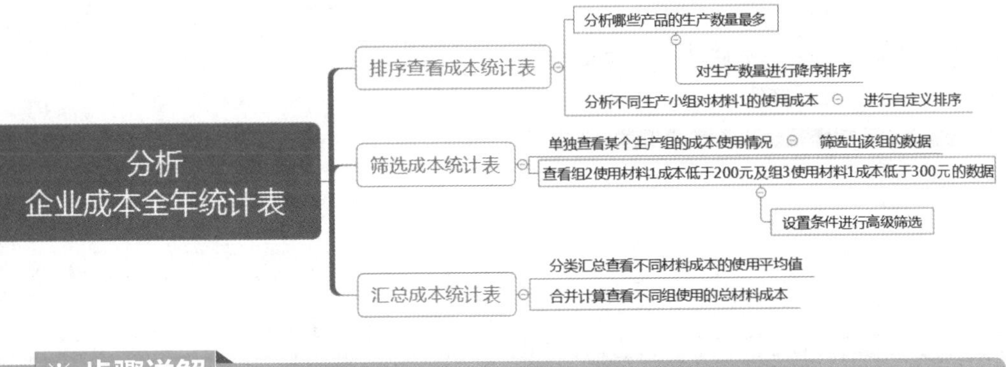

※ 步骤详解

关键步骤1：降序排序。❶ 按照路径“素材文件\第7章\企业成本全年统计表.et”打开素材文件，为表格添加筛选按钮；❷ 在下拉菜单中选择“降序”选项。

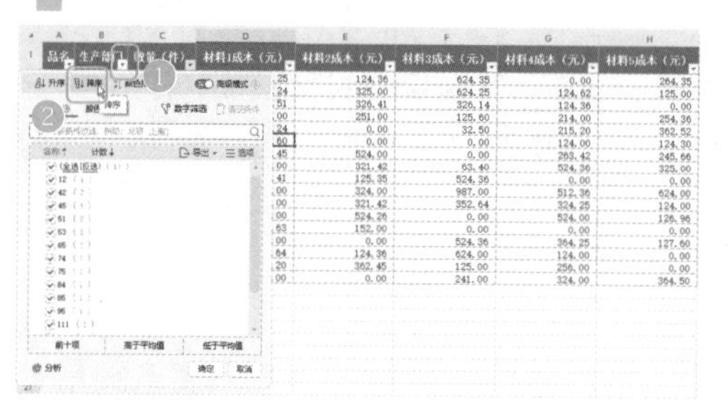

关键步骤2：查看降序排序结果。不同产品的生产数量就按照从大到小进行降序排序了。

品名	生产部门	数量（件）	材料1成本（元）	材料2成本（元）	材料3成本（元）	材料4成本（元）	材料5成本（元）
D	生产2组	152	0.00	251.00	125.60	214.00	254.36
C	生产1组	134	123.51	326.41	326.14	124.36	0.00
A	生产1组	125	879.25	124.36	624.35	0.00	264.35
B	生产2组	111	635.24	325.00	624.25	124.62	125.00
F	生产1组	95	124.60	0.00	0.00	124.00	124.30
I	生产3组	85	326.41	125.35	524.36	0.00	0.00
H	生产2组	84	254.00	321.42	63.40	524.36	325.00
G	生产3组	75	213.45	524.00	0.00	263.42	245.66
J	生产1组	74	0.00	324.00	987.00	512.36	624.00
K	生产2组	65	624.00	321.42	352.64	324.25	124.00
Q	生产3组	53	635.00	0.00	241.00	324.00	364.50
M	生产1组	51	624.63	152.00	0.00	0.00	0.00
O	生产1组	51	351.64	124.36	624.00	124.00	0.00
E	生产2组	45	365.24	0.00	32.50	215.20	362.52
N	生产3组	42	125.00	0.00	524.36	364.25	127.60
P	生产1组	42	524.20	362.45	125.00	256.00	0.00
L	生产3组	12	854.00	524.26	0.00	524.00	126.96

关键步骤3：打开“排序”对话框。选择“排序”下拉菜单中的“自定义排序”选项。

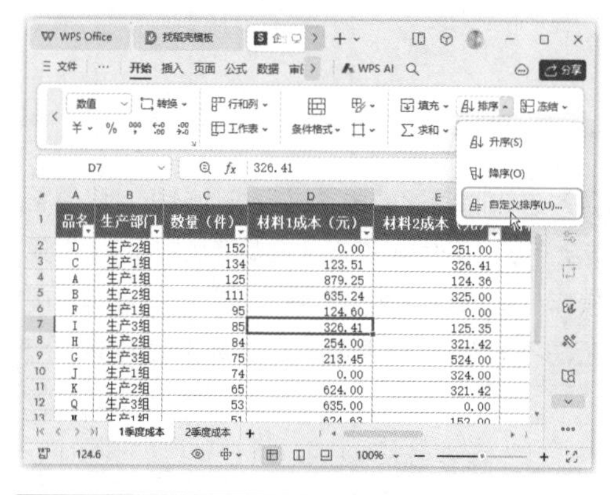

关键步骤4：设置排序条件。①设置好两个排序条件；②单击“确定”按钮。

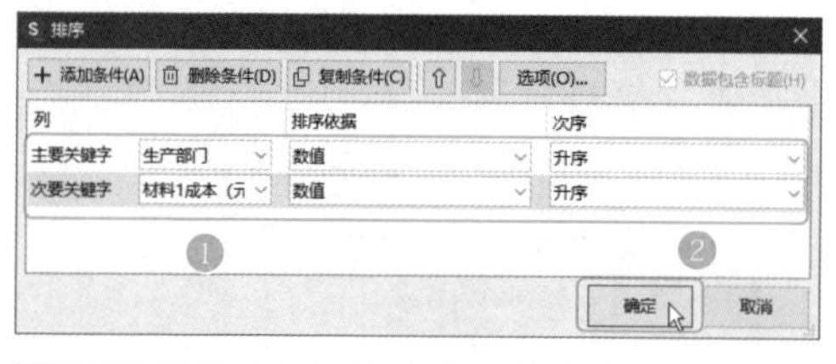

关键步骤5：查看自定义排序结果。此时如下图所示，表格中的数据首先按照生产部门进行排序，生产部门相同的情况下，按照材料1的生产成本进行升序排序。

品名	生产部门	数量（件）	材料1成本（元）	材料2成本（元）	材料3成本（元）	材料4成本（元）	材料5成本（元）
J	生产1组	74	0.00	324.00	987.00	512.36	624.00
C	生产1组	134	123.51	326.41	326.14	124.36	0.00
F	生产1组	95	124.60	0.00	0.00	124.00	124.30
O	生产1组	51	351.64	124.36	624.00	124.00	0.00
P	生产1组	42	524.20	362.45	125.00	256.00	0.00
M	生产1组	51	624.63	152.00	0.00	0.00	0.00
A	生产1组	125	879.25	124.36	624.35	0.00	264.35
D	生产2组	152	0.00	251.00	125.60	214.00	254.36
H	生产2组	84	254.00	321.42	63.40	524.36	325.00
E	生产2组	45	365.24	0.00	32.50	215.20	362.52
K	生产2组	65	624.00	321.42	352.64	324.25	124.00
B	生产2组	111	635.24	325.00	624.25	124.62	125.00
N	生产3组	42	125.00	0.00	524.36	364.25	127.60
G	生产3组	75	213.45	524.00	0.00	263.42	245.66
I	生产3组	85	326.41	125.35	524.36	0.00	0.00
Q	生产3组	53	635.00	0.00	241.00	324.00	364.50
L	生产3组	12	854.00	524.26	0.00	524.00	126.96

关键步骤6：筛选数据。①单击“生产部门”单元格的按钮；②在下拉菜单中选择“生产1组”；③单击“确定”按钮。

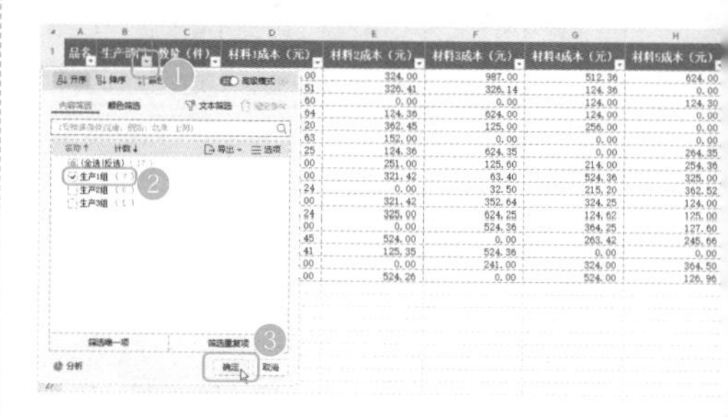

关键步骤7：查看筛选结果。如下图所示，表格中筛选出生产1组的所有生产成本数据。

品名	生产部门	数量（件）	材料1成本（元）	材料2成本（元）	材料3成本（元）	材料4成本（元）	材料5成本（元）
J	生产1组	74	0.00	324.00	987.00	512.36	624.00
C	生产1组	134	123.51	326.41	326.14	124.36	0.00
F	生产1组	95	124.60	0.00	0.00	124.00	124.30
O	生产1组	51	351.64	124.36	624.00	124.00	0.00
P	生产1组	42	524.20	362.45	125.00	256.00	0.00
M	生产1组	51	624.63	152.00	0.00	0.00	0.00
A	生产1组	125	879.25	124.36	624.35	0.00	264.35

关键步骤8：设置高级筛选条件。①在表格下方的空白地方输入高级筛选条件，该条件表示要筛选出生产2组材料1成本低于200元的产品，以及生产3组材料1成本低于300元的产品；②选择“筛选”菜单中的“高级筛选”选项。

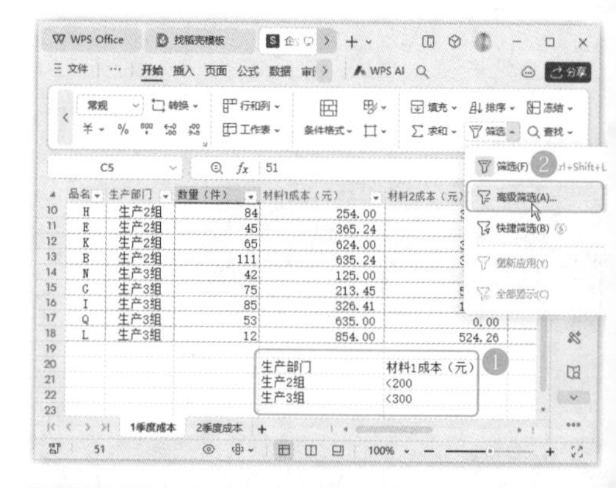

关键步骤9：设置筛选条件。①选择好条件区域；②单击“确定”按钮，确定筛选条件。

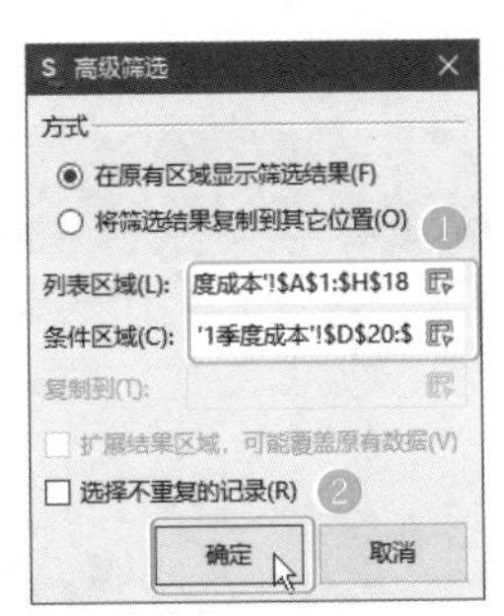

关键步骤10：查看筛选结果。 此时页面中就筛选出了符合条件的数据内容。

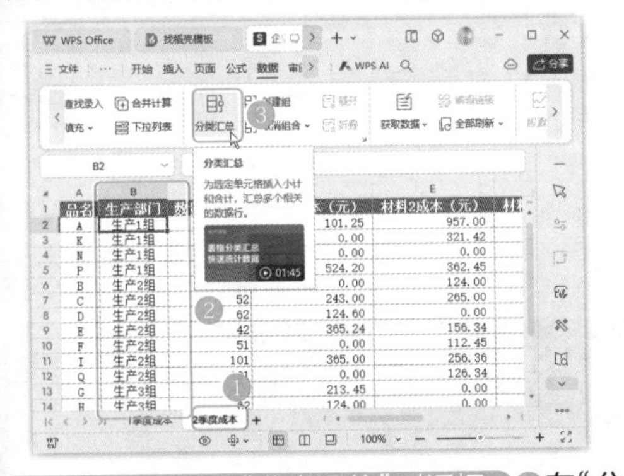

关键步骤11：对生产部门进行排序并打开“分类汇总”对话框。 ①切换到“2季度成本”工作表中；②对“生产部门”执行“升序”排序命令；③单击“数据”选项卡下的“分类汇总”按钮。

关键步骤12：设置“分类汇总”对话框。 ①在“分类汇总”对话框中设置“分类字段”为“生产部门”，“汇总方式”为“平均值”；②勾选5种生产材料选项；③单击“确定”按钮。

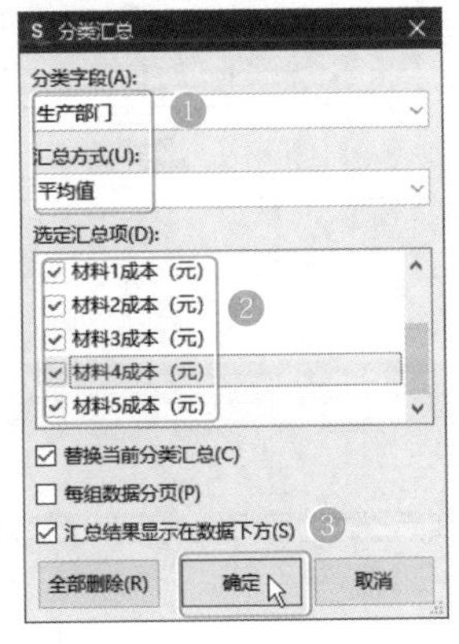

关键步骤13：查看分类汇总结果。 此时表格中的数据就按照5种生产材料的平均值进行了汇总，如下图所示。

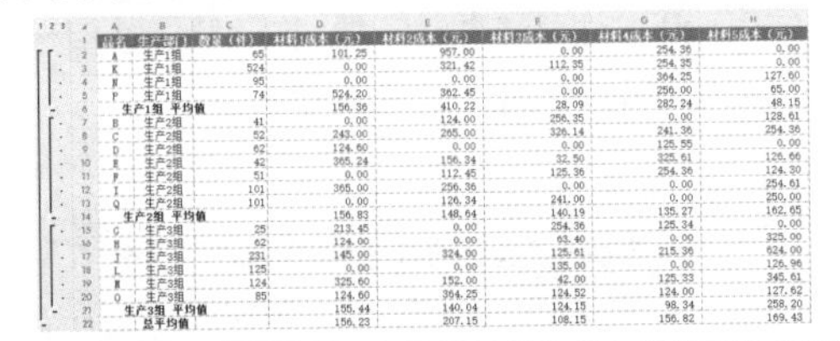

关键步骤14：查看二级汇总结果。 如果不想查看明细数据，直接单击2按钮查看每种材料的成本平均值。

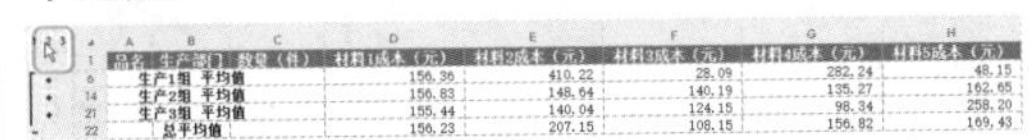

关键步骤15：执行合并计算命令。 取消1季度和2季度两张表格的筛选和分类汇总，接下来进行合并计算。①新建一张工作表，命名为“1-2季度合并计算”；②单击“数据”选项卡下的“合并计算”按钮。

关键步骤16：选择引用位置。 单击 按钮后，①切换到“1季度成本”工作表中；②按住鼠标左键不放，拖动鼠标选择B1到H18区域的单元格，选择引用位置；③单击 按钮。

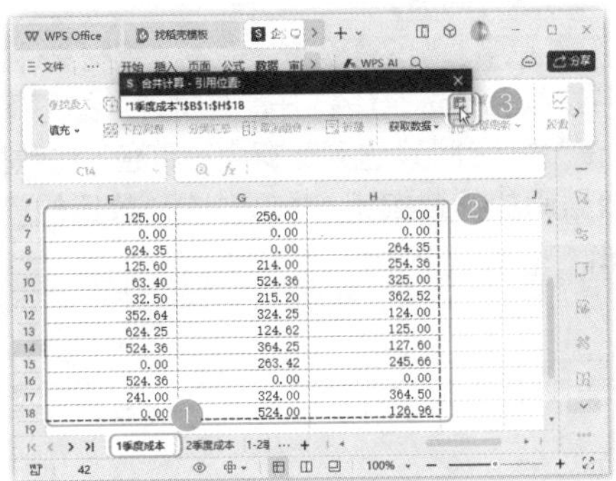

关键步骤17：选择引用位置。添加引用区域后再次选择引用区域。将前面选择的区域进行添加后，再次进行区域选择。❶切换到“2季度成本”工作表中；❷按住鼠标左键不放，拖动鼠标选择B1到H18区域的单元格；❸单击按钮。

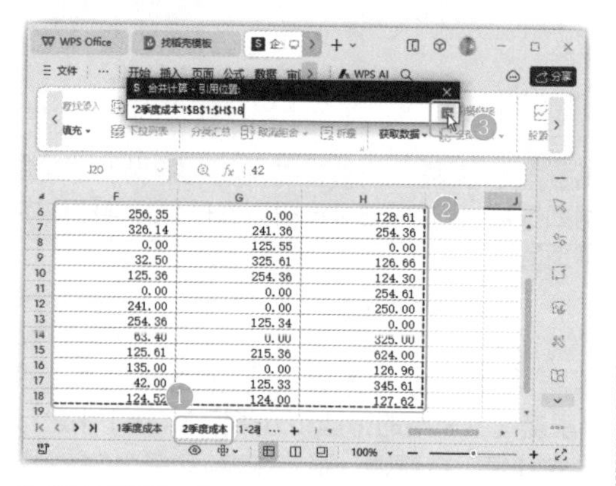

关键步骤18：确定合并计算条件。❶勾选“标签位置”下的“首行”和“最左列”选项；❷单击“确定”按钮。

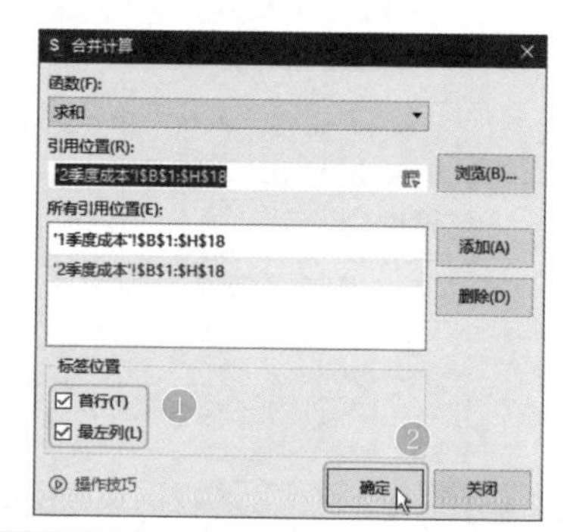

关键步骤19：查看合并计算结果。如下图所示，1季度和2季度不同小组的生产总数量、各种材料的总成本都被计算出来了。

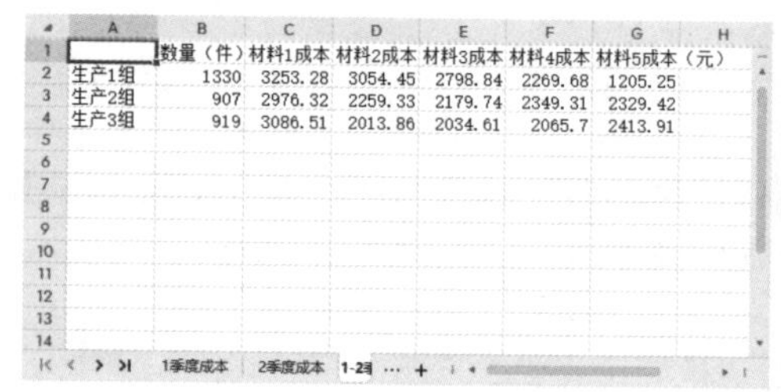

	数量（件）	材料1成本	材料2成本	材料3成本	材料4成本	材料5成本（元）
生产1组	1330	3253.28	3054.45	2798.84	2269.68	1205.25
生产2组	907	2976.32	2259.33	2179.74	2349.31	2329.42
生产3组	919	3086.51	2013.86	2034.61	2065.7	2413.91

高手秘技与AI智能化办公

01 打开思维，筛选对象不仅仅是数据

WPS表格的功能十分强大，在筛选数据时不要限制思维，不要认为只能通过数据的值来进行筛选，实际上还可以通过单元格数据的特定特征（如颜色）进行筛选。

第1步：单击筛选按钮。按照路径“素材文件\第7章\按颜色筛选.et”打开素材文件。如下图所示，在“生产部门”这列数据中有红色[①]的数据。为数据添加筛选按钮，并单击该列数据的筛选按钮。

品名	生产部门	数量（件）	材料1成本（元）	材料2成本（元）
A	生产1组	125	879.25	124.36
B	生产2组	111	635.24	325.00
C	生产1组	134	123.51	326.41
D	生产2组	152	0.00	251.00
E	生产2组	45	365.24	0.00
F	生产1组	95	124.60	0.00
G	生产3组	75	213.45	524.00
H	生产2组	84	254.00	321.42
I	生产3组	85	326.41	125.35
J	生产1组	74	0.00	324.00
K	生产2组	65	624.00	321.42
L	生产3组	12	854.00	524.26
M	生产1组	51	624.63	152.00
N	生产3组	42	125.00	0.00
O	生产1组	51	351.64	124.36
P	生产1组	42	524.20	362.45

① 编者注：因本书采用双色印刷，故书中无法体现多余颜色信息，读者在实际操作时可仔细观察和了解，全书余同。

第2步：筛选选择。❶单击对话框中的“颜色筛选”按钮；❷此时会出现这列数据所有的文字颜色选项，选择红色文字；❸单击“确定”按钮

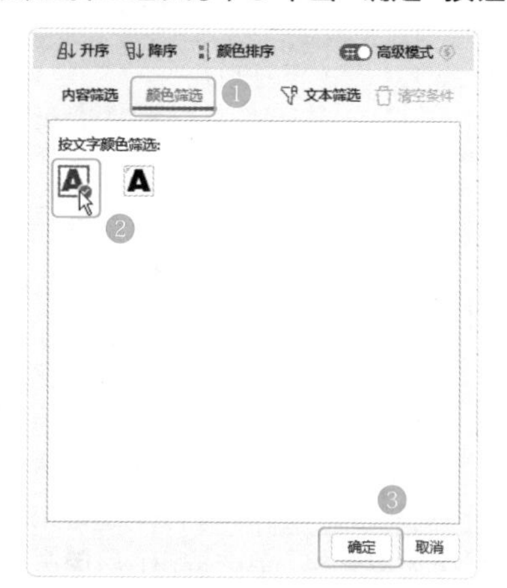

第3步：查看筛选结果。如下图所示，是按颜色筛选的结果。

品名	生产部门	数量（件）	材料1成本（元）	材料2成本（元）	材
A	生产1组	125	879.25	124.36	
D	生产2组	152	0.00	251.00	
I	生产3组	85	326.41	125.35	
O	生产1组	51	351.64	124.36	
Q	生产3组	53	635.00	0.00	

1季度成本

02 让WPS AI帮我们智能筛选数据

为帮助用户从繁杂的数据中快速提取关键信，WPS AI推出了强大的智能筛选功能。该功基于先进的人工智能技术，能够自动识别数据的模式和趋势。用户只需输入简单的筛选条，WPS AI便会筛选出符合条件的数据，从而用户快速获取所需信息。无论是按日期、按项还是按任何其他标准筛选，WPS AI都能轻松对。

例如，要完成上个技巧讲解的按颜色筛选，使WPS AI进行智能筛选的具体操作步骤如下。

第1步：选择“对话操作表格”选项。❶单击PS AI按钮；❷在显示出的WPS AI任务窗格选择“对话操作表格”选项。

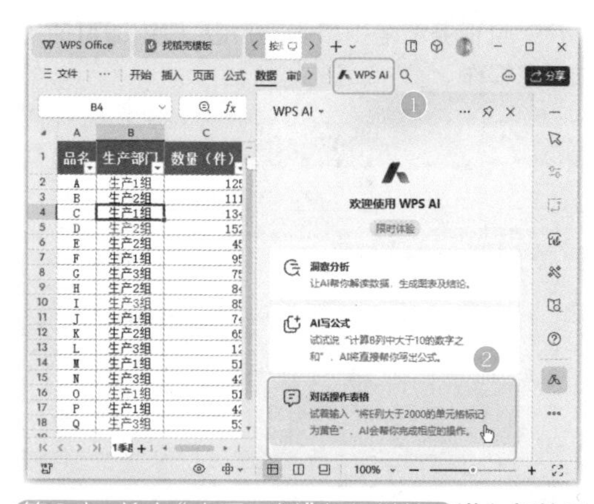

第2步：单击“查看示例”超级链接。进入新的界面，单击“查看示例”超级链接。

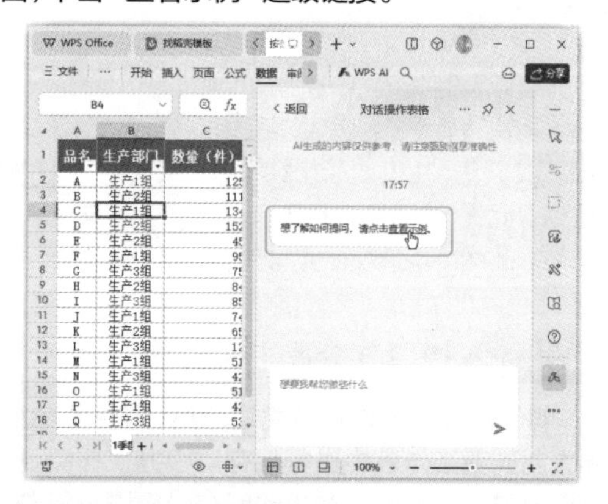

第3步：对WPS AI提问。WPS AI给出了部分提问的示例，根据这些提问，❶在对话框中输入自己的需求，如“将生产部门列中标红的单元格筛选出来”；❷单击“发送”按钮 ➤ 。

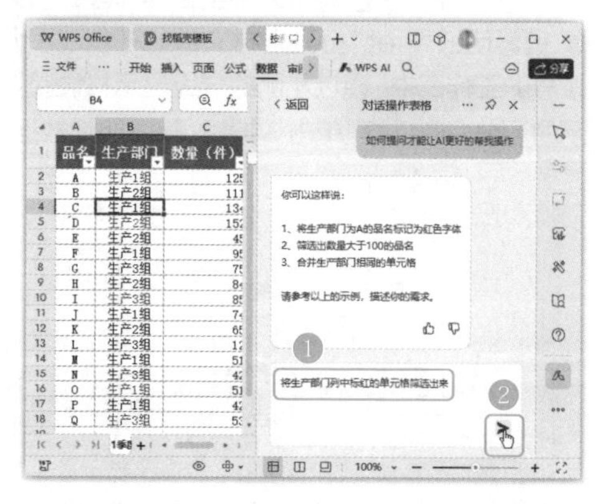

第4步：确认使用智能筛选结果。此时在表格中可以看到WPS AI进行的数据筛选操作，在

WPS AI任务窗格中单击“完成”按钮即可使用该筛选操作。

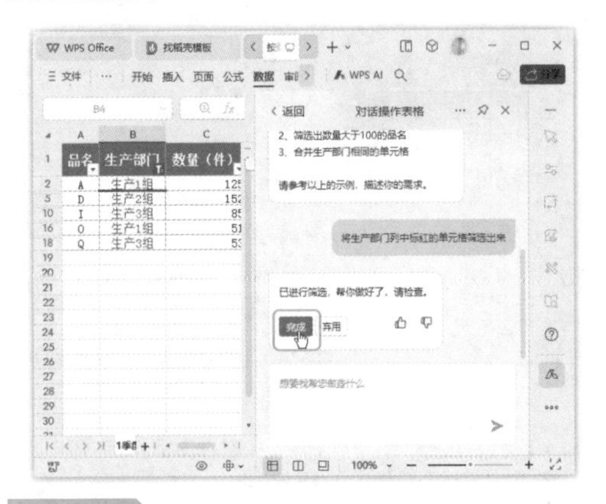

专家点拨

与传统的筛选方法相比，WPS AI的智能筛选功能具有更高的效率和准确性。它能够处理大规模数据集，并迅速给出结果，大大提高了工作效率。此外，该功能还支持多种筛选条件的组合，使用户能够根据具体需求进行灵活的数据筛选。

03 仅复制分类汇总结果

对工作表数据进行分类汇总后，可将汇总结果复制到新工作表中进行保存。根据操作需要，可以将包含明细数据在内的所有内容进行复制，也可以只复制不含明细数据的汇总结果。

要复制不含明细数据的汇总结果，具体操作方法如下。

第1步：隐藏明细数据。 按照路径“素材文件\第7章\销量明细表.et”打开素材文件。在创建了分类汇总的工作表中，通过左侧的分级显示栏调整要显示的汇总内容，这里单击 3 按钮，隐藏明细数据。

第2步：选择“定位”选项。 ❶隐藏明细数据 选中数据区域；❷单击“开始”选项卡下的“查找 按钮；❸在下拉菜单中选择“定位”选项。

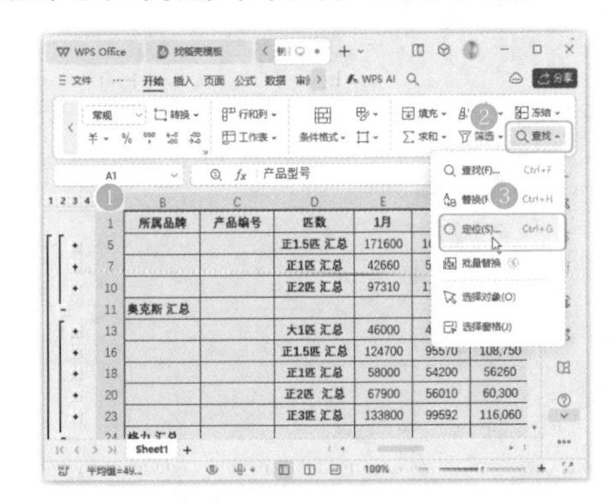

第3步：定位可见单元格。 打开“定位”对话框 ❶选中“可见单元格”单选按钮；❷单击“定位 按钮。

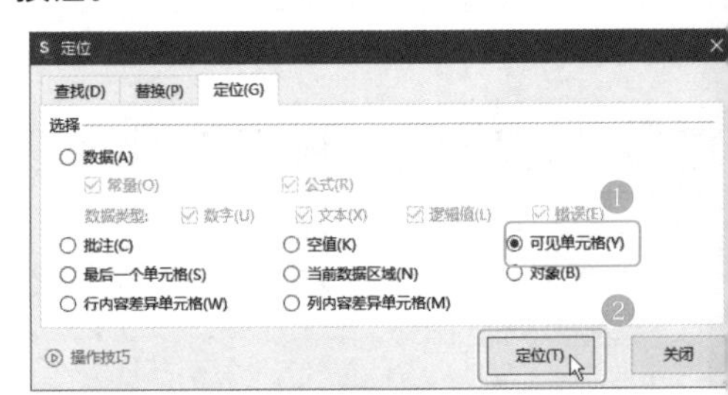

第4步：复制汇总内容。 返回工作表，❶直接 Ctrl+C组合键进行复制操作，新建一张工作表 并命名为“汇总结果”；❷在该工作表中执行粘 操作即可。

专家点拨

若要将包含明细数据在内的所有内容进 复制，则选中数据区域后直接进行复制、粘贴 作即可。

第8章 WPS电子表格中图表与透视表的应用

本章导读

WPS Office可以将表格中的数据转换成不同类型的图表，帮助数据更加直观地展现。对于新手来说，可以通过在线的图表模板创建图表。当数据量较大、数量项目较多时，可以创建数据和透视表，利用透视表快速分析不同数据项目的情况。

知识要点

- 各类图表的创建方法
- 图表的格式的编辑技巧
- 在线图表的创建方法
- 数据透视表的应用技巧
- 切片器的应用
- 利用数据透视表分析数据

案例展示

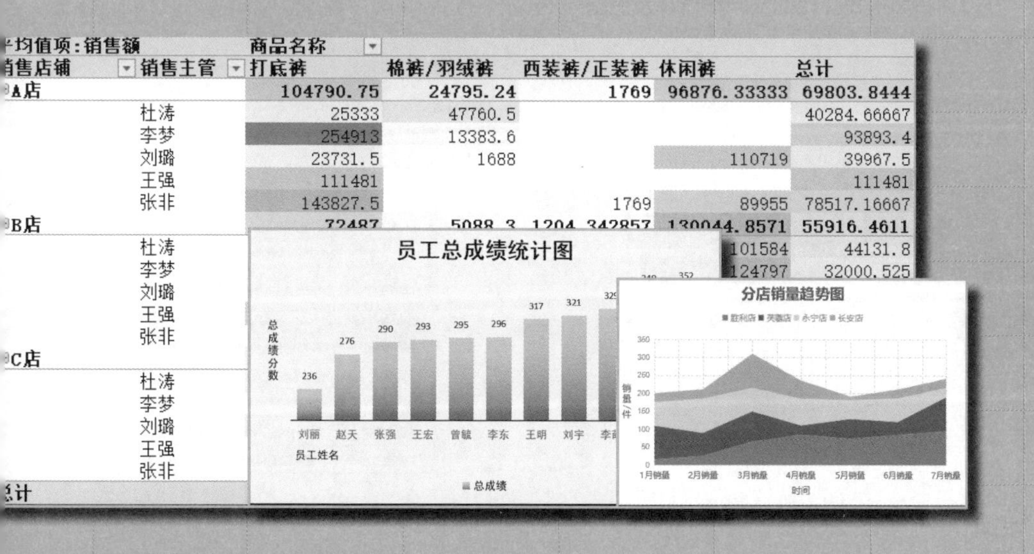

8.1 制作“员工业绩统计图”

※ 案例说明

为了督促员工提高业绩，形成良性竞争，发现问题所在，企业常常在固定时间段内对员工不同的能力进行考察，以观察不同员工的表现。业绩数据表格中通常包括员工的姓名信息、不同考察方向的得分。完成表格制作后，可以将不同的得分制作成柱形图，以便更直观地分析数据。

“员工业绩统计图”文档制作完成后的效果如下图所示。

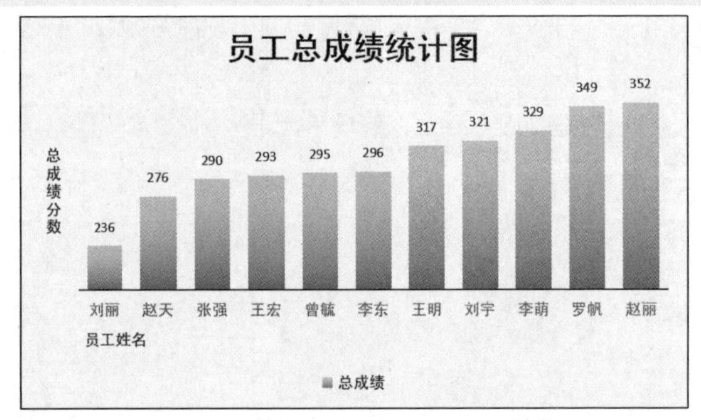

※ 思路解析

当公司主管人员或行政人员需要向领导汇报部门员工的业绩时，纯数据表格不够直观，不能让领导一目了然地了解到不同员工的表现情况。如果将表格数据转换成图表数据，领导便能一眼看出不同员工的表现情况。因为制作图表时首先要正确地创建图表，再根据表现需要，选择布局及设置布局格式。具体的制作流程及思路如下。

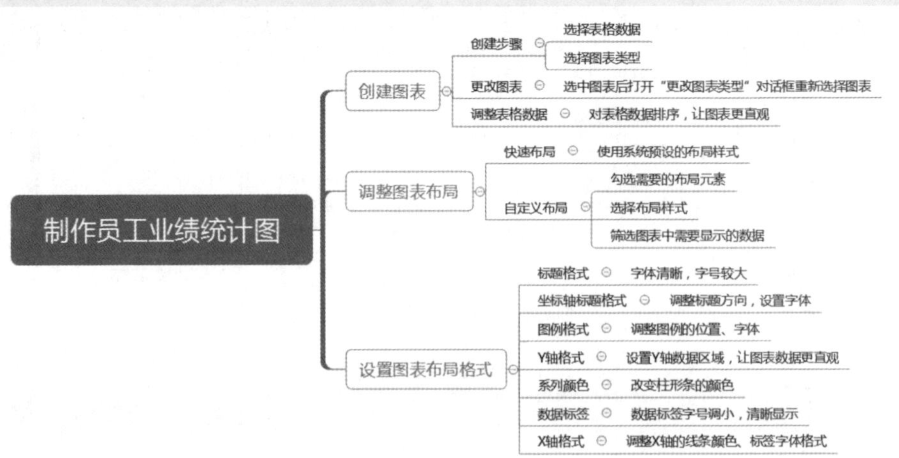

※ 步骤详解

8.1.1 创建图表

WPS表格创建图表的基本方法是，选中图表中的数据，再选择需要创建的图表类型。如果不满意选择好的图表类型，可以更改图表类型，并且可以调整图表的原始数据。

>>>1. 创建三维柱形图

创建图表需要选择好数据区域，再选择图表类型。具体操作方法如下。

第1步：选择数据区域。 按照路径“素材文件\第8章\员工业绩统计图.xlsx”打开素材文件。❶按住鼠标左键不放，拖动选中第一列数据；❷按Ctrl键，继续选中最后一列数据；❸单击“插入”选项卡下的“全部图表”按钮。

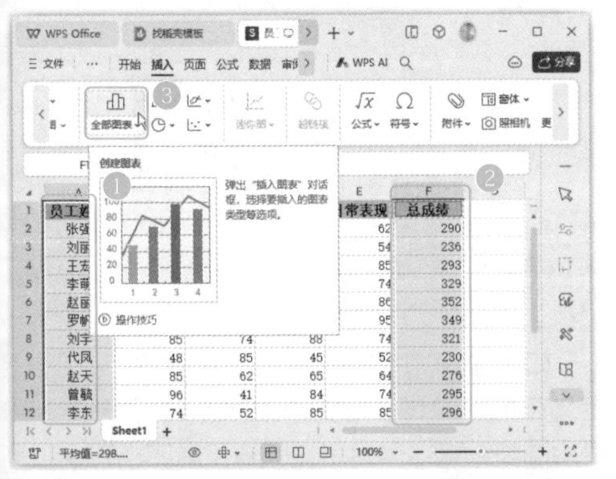

第2步：选择图表。 ❶在“图表”对话框中单击“条形图”选项卡；❷在右侧选择系统预设的“簇状条形图”选项。

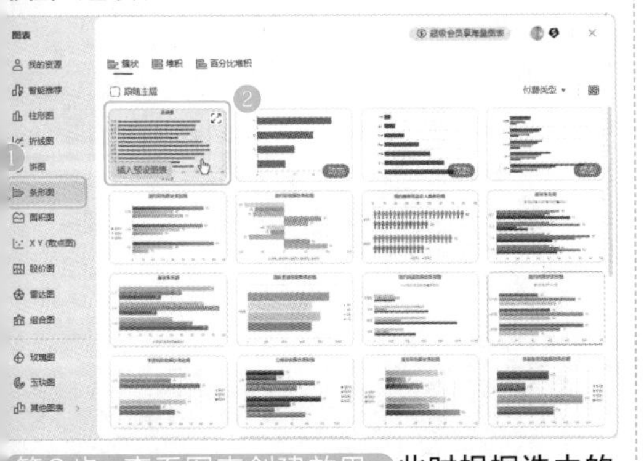

第3步：查看图表创建效果。 此时根据选中的数据便创建出了一个簇状条形图，效果如下图所示。

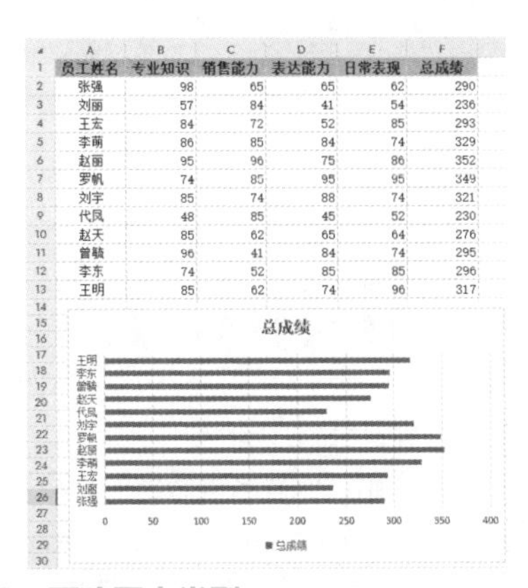

员工姓名	专业知识	销售能力	表达能力	日常表现	总成绩
张强	98	65	65	62	290
刘丽	57	84	41	54	236
王宏	84	72	52	85	293
李萌	86	85	84	74	329
赵丽	95	96	75	86	352
罗帆	74	85	95	95	349
刘宇	85	74	88	74	321
代凤	48	85	45	52	230
赵天	85	62	65	64	276
曾毅	96	41	84	74	295
李东	74	52	85	85	296
王明	85	62	74	96	317

>>>2. 更改图表类型

当发现图表类型不理想时，不用删除图表重新插入，只需打开“更改图表类型”对话框重新选择图表即可。

第1步：打开“更改图表类型”对话框。 ❶选中图表；❷单击“图表工具”选项卡下的“更改类型”按钮。

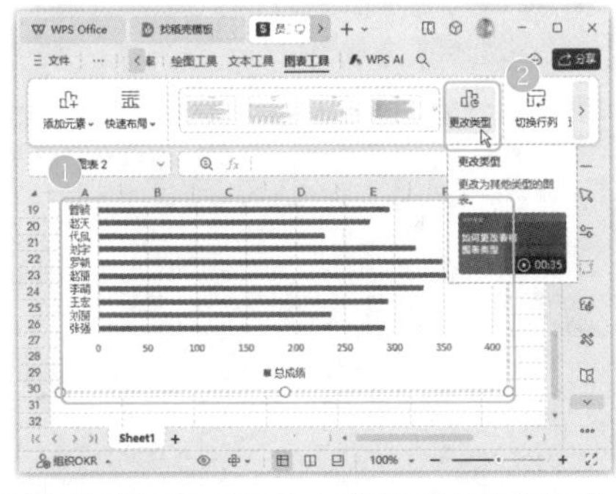

第2步：选择图表。 ❶在“更改图表类型”对话框中选择“柱形图”选项；❷在右侧选择系统预设的“簇状柱形图”选项。

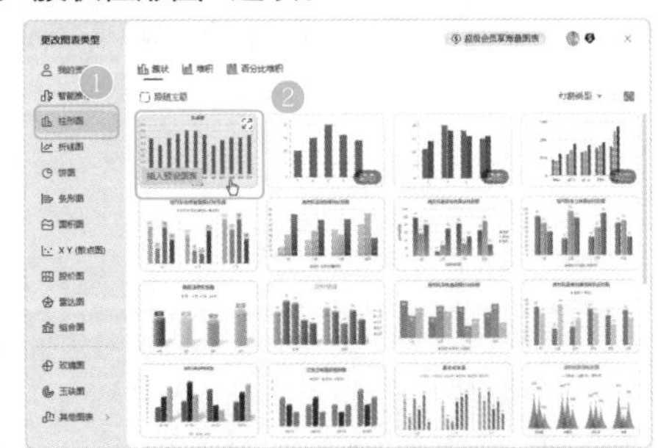

第3步：查看图表更改效果。 此时工作界面中的条形图表就变成了柱形图表，效果如下图所示。

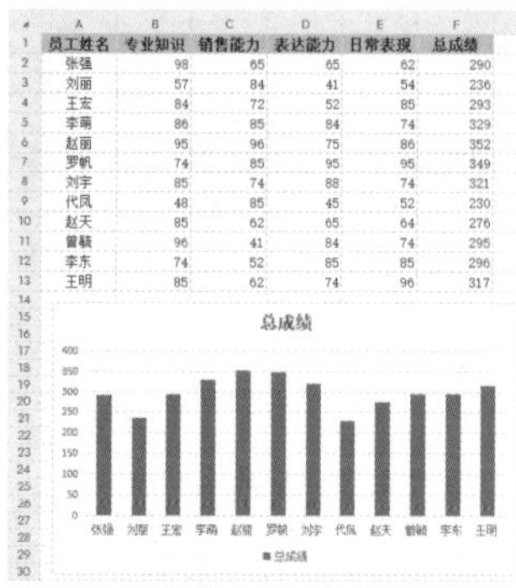

员工姓名	专业知识	销售能力	表达能力	日常表现	总成绩
张强	98	65	65	62	290
刘丽	57	84	41	54	236
王宏	84	72	52	85	293
李萌	86	85	84	74	329
赵丽	95	96	75	86	352
罗帆	74	85	95	95	349
刘宇	85	74	88	74	321
代凤	48	85	45	52	230
赵天	85	62	65	64	276
曾毓	96	41	84	74	295
李东	74	52	85	85	296
王明	85	62	74	96	317

>>>3. 调整图表数据排序

柱形图的作用是比较各项数据的大小，如果能调整数据排序，让柱形图按照从小到大或从大到小的序列显示，图表信息将更容易被人理解，实现一目了然的效果。图表创建完成后，调整表格中在创建图表时选中的数据，图表将根据数据的变化而变化。

第1步：排序表格数据。❶ 选中“总成绩”单元格；❷ 单击“开始”选项卡下的“排序”按钮，选择“升序”选项。

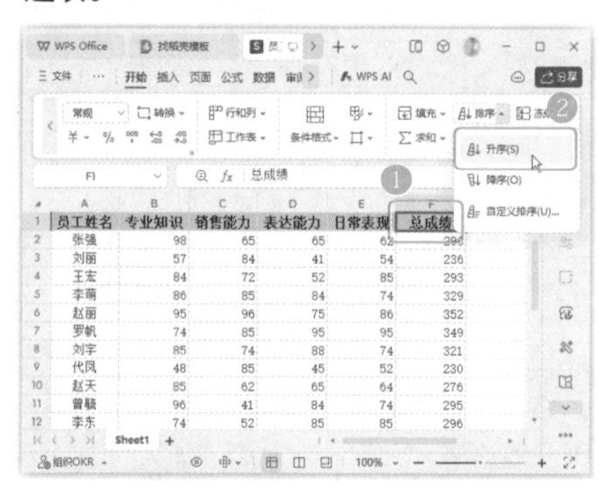

第2步：查看排序效果。当表格原始数据进行排序更改后，柱形图中代表“总成绩”的柱形条也发生了变化，按照从小到大的顺序进行了排列，这让其他人一眼就可以看出员工总成绩的高低情况。

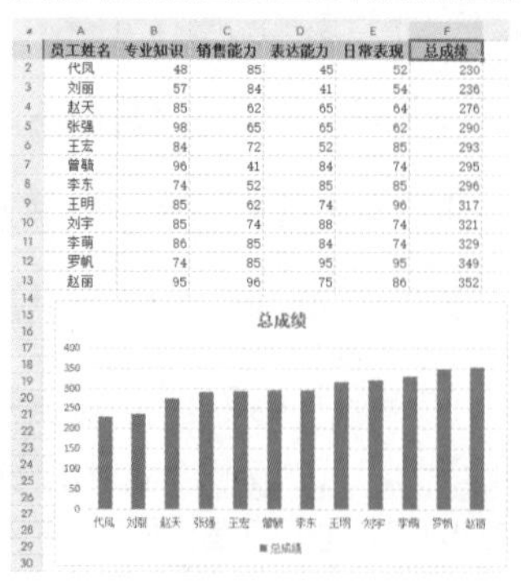

员工姓名	专业知识	销售能力	表达能力	日常表现	总成绩
代凤	48	85	45	52	230
刘丽	57	84	41	54	236
赵天	85	62	65	64	276
张强	98	65	65	62	290
王宏	84	72	52	85	293
曾毓	96	41	84	74	295
李东	74	52	85	85	296
王明	85	62	74	96	317
刘宇	85	74	88	74	321
李萌	86	85	84	74	329
罗帆	74	85	95	95	349
赵丽	95	96	75	86	352

8.1.2 调整图表布局

组成WPS表格图表的布局元素有很多种，如坐标轴、标题、图例等。完成图表创建后，需要根据实际需求对图表布局进行调整，使其既满足数据意义表达，又能保证美观。

>>>1. 快速布局

从效率上考虑，可以利用系统预置的布局样式对图表进行布局调整。具体操作方法如下。

❶ 单击“图表工具”选项卡下的“快速布局”按钮；❷ 在下拉菜单中选择“布局3”选项。此时图表便会应用“布局3”样式中的布局。

>>>2. 自定义布局

如果快速布局样式不能满足要求，还可以自定义布局。通过手动更改图表元素、图表样式和使用图表筛选器来自定义图表布局或样式。

第1步：选择图表需要的元素。❶ 单击图表右上方的“图表元素”按钮；❷ 在弹出的“图表元素”列表中选择需要的布局元素，同时将不需要的布局元素取消选择。

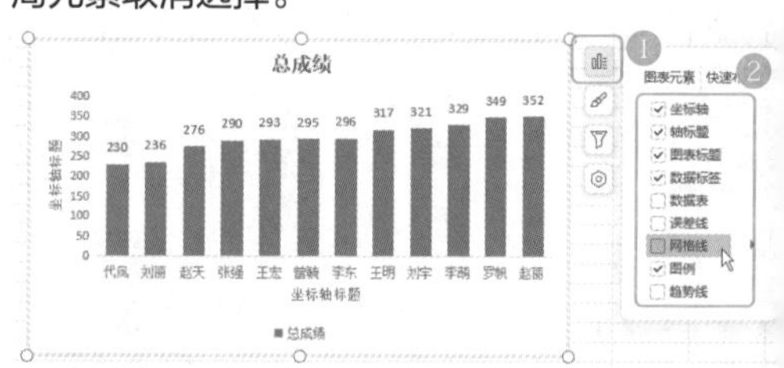

专家点拨

选择图表布局元素的原则是，只选择最必要的元素，否则图表显得杂乱。如果去除某布局元素，图表能正常表达含义，那么最好不要添加该布局元素。

第2步：选择图表样式。❶ 单击图表右上方的“图表样式”按钮；❷ 在打开的样式列表中选择“样式8”。

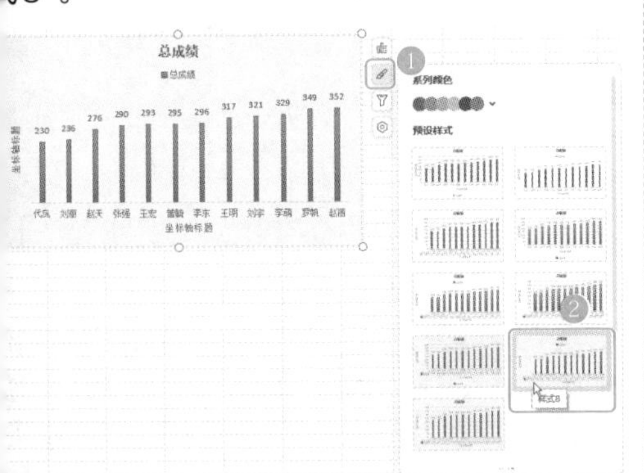

第3步：筛选图表数据。图表并不一定要全部显示选中的表格数据，根据实际需求，可以选择隐藏部分数据，如这里可以将总成绩太低的员工进行隐藏。❶ 单击图表右上方的“图表筛选器”按钮；❷ 展开“类别”栏，取消总成绩最低分员工“代凤”的选择；❸ 单击“应用”按钮。

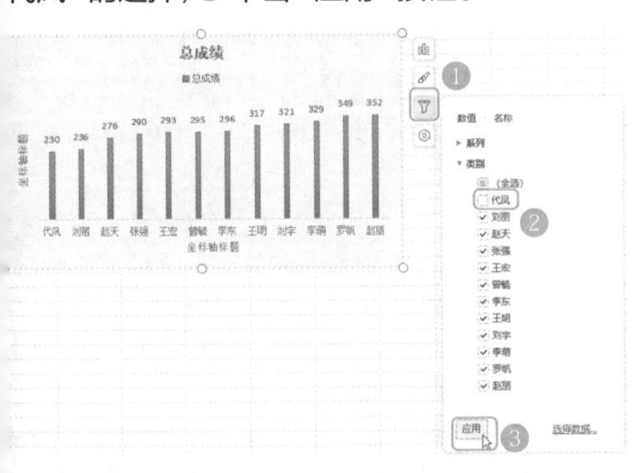

8.1.3 设置图表布局格式

当完成图表布局元素的调整后，需要对不同的布局元素进行格式设置，让不同的布局元素格式保持一致，并且最大限度地帮助图表表达数据意义。

>>>1. 设置标题格式

默认情况下，标题与表格中的数据字段名保持一致。完整的图表应该有一个完整的标题，并且标题的格式要清晰美观。

第1步：删除原标题内容。将光标放到标题中，按Delete键，将原标题内容删除。

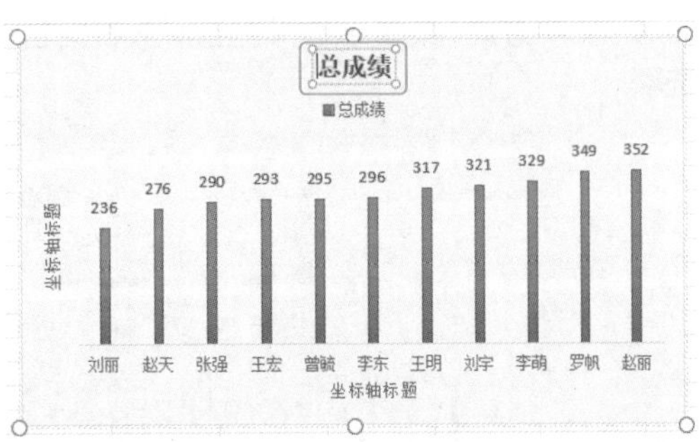

第2步：输入新标题并更改格式。❶ 输入新标题内容；❷ 在“开始”选项卡下设置标题的格式为“黑体”、18号、“黑色，文本1”并加粗。

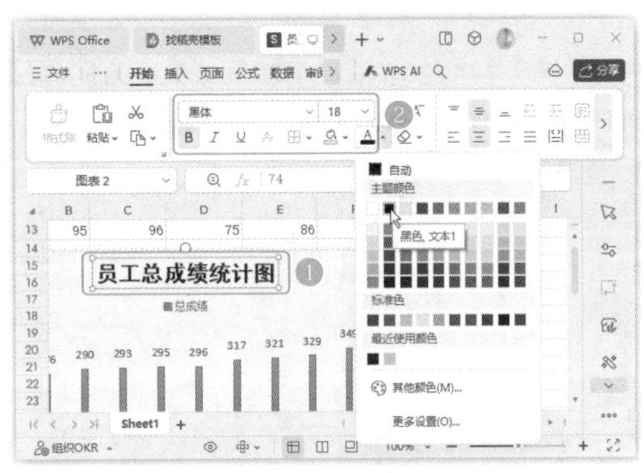

>>>2. 设置坐标轴标题格式

坐标轴标题显示了Y轴和X轴分别代表什么数据，因此，要调整坐标轴标题的文字方向、文字格式，让其传达的意义更加明确。

第1步：打开“设置坐标轴标题格式”窗格。右击图表Y轴的标题，在下拉菜单中选择“设置坐标轴标题格式”选项。

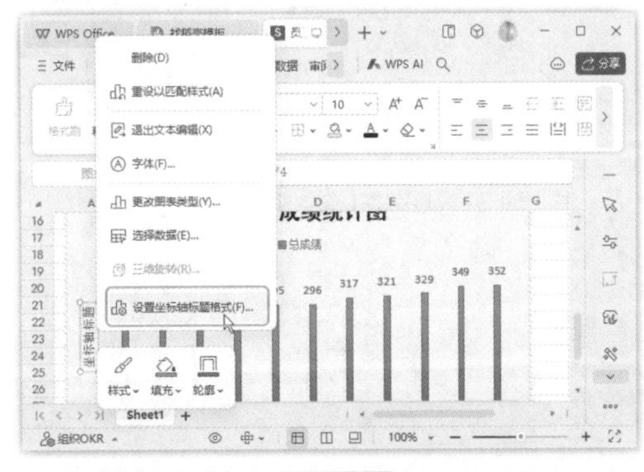

第2步：调整标题文字方向。默认情况下的Y轴标题文字不方便辨认。❶ 切换到“属性”窗格中的“文本选项”选项卡；❷ 单击“文本框”按钮；

③在“文字方向”菜单中选择“竖排(从右向左)”选项。

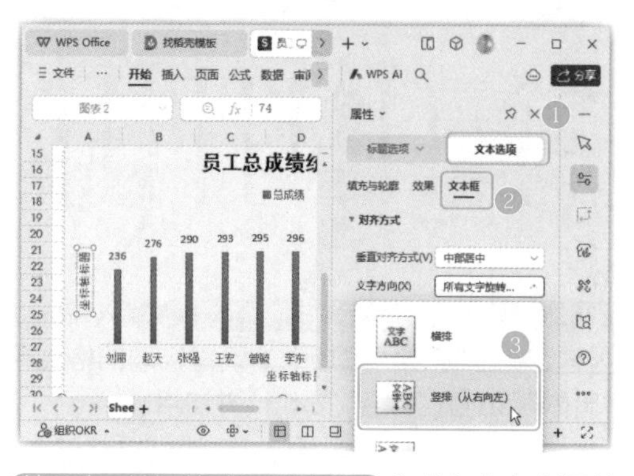

第3步：关闭格式设置窗格。完成文字方向调整后，单击窗格右上方的叉号×，关闭窗格。

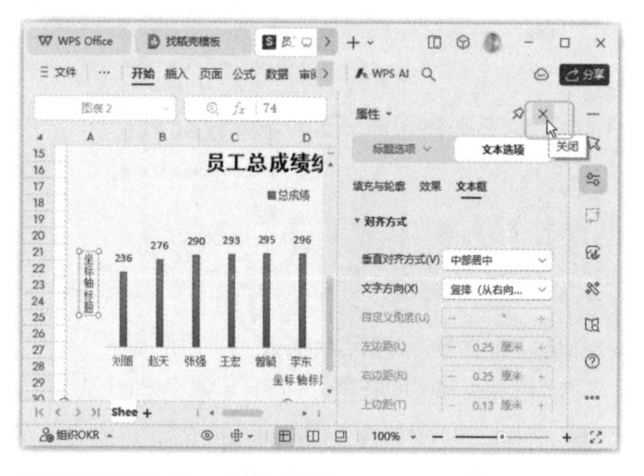

第4步：调整文字格式。①输入Y轴标题；②设置Y轴标题的格式为“黑体”、9号、“黑色，文本1”；③单击“字体”对话框启动器按钮。

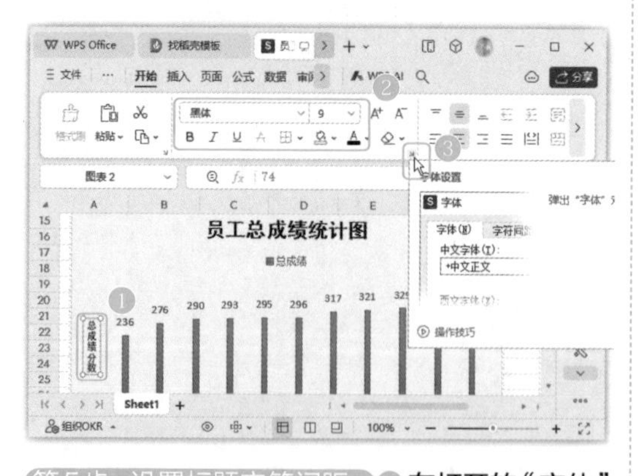

第5步：设置标题字符间距。①在打开的“字体”对话框中设置间距为“加宽”“1.0磅”；②单击“确定”按钮。

第6步：设置X轴标题格式。①设置X轴标题格式为“黑体”、9号、“黑色，文本1”；②将鼠标指针放到标题上，当鼠标指针变成黑色箭头时，按住鼠标左键不放，拖动鼠标，移动X轴标题的位置到图表的左下方。此时便完成了图表坐标轴标题的格式调整。

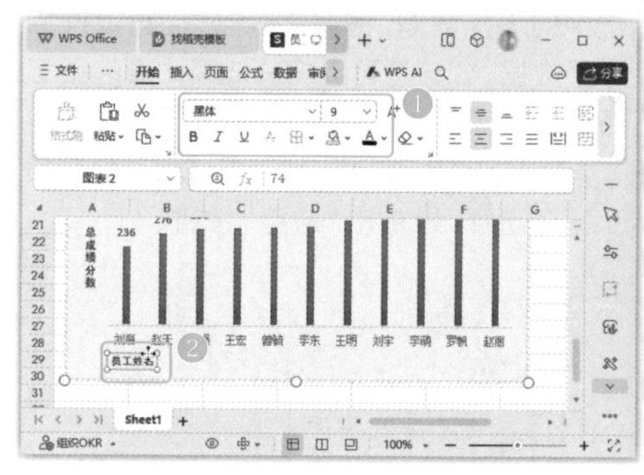

>>>3．设置图例格式

图表图例显示说明了图表中的数据系列代表了什么。默认情况下图例显示在图表下方，可以更改图表的位置及图例文字格式。

第1步：打开“设置图例格式”窗格。①选中图表上方的图例，设置其字体格式为“黑体”、9号、“黑色，文本1”；②右击图例，在弹出的快捷菜单中选择“设置图例格式”选项。

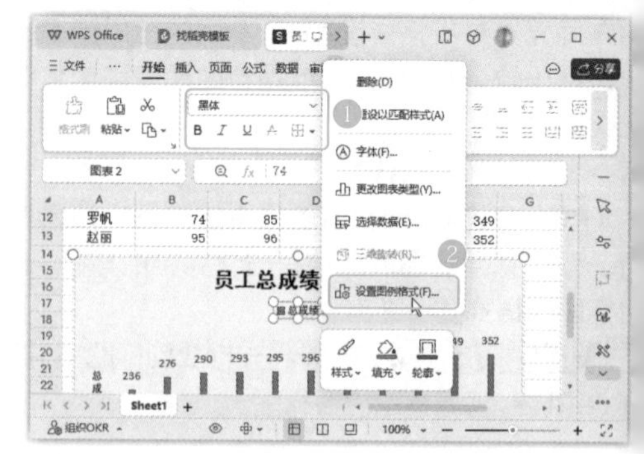

第2步：调整图例位置。 在“图例选项”选项卡下的“图例位置”栏中选择“靠下”选项。

>>>4. 设置Y轴格式

图表的作用是将数据具象化、直观化。因此，调整坐标轴的数值范围可以让图表数据的对比更加明显。

第1步：单击“坐标轴”选项右侧的下拉按钮。 ❶单击图表右上方的“图表元素”按钮；❷在弹出的“图表元素”列表中单击“坐标轴”选项右侧的下拉按钮。

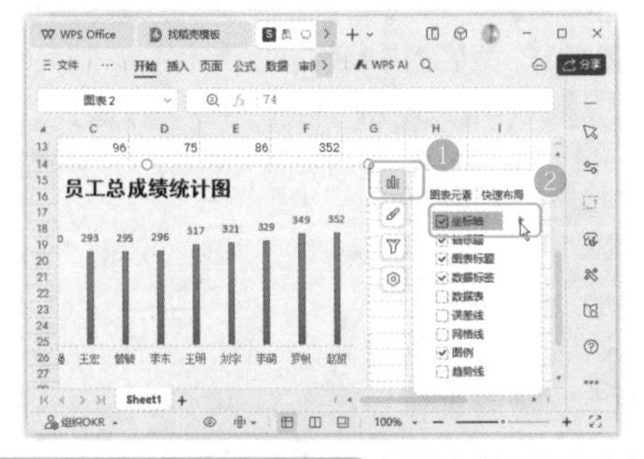

第2步：设置显示出Y轴。 在弹出的下拉列表中勾选“主要纵坐标轴”选项，显示出Y轴。

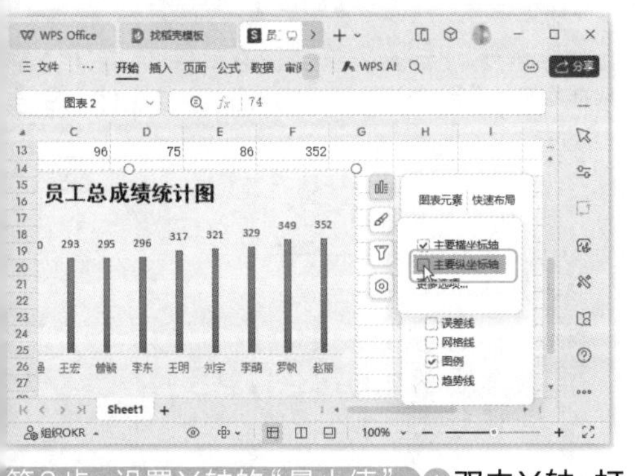

第3步：设置Y轴的“最小值”。 ❶双击Y轴，打开“属性”窗格，单击“坐标轴选项”选项卡下的“坐标轴”按钮；❷在“最小值”文本框中输入数值200。

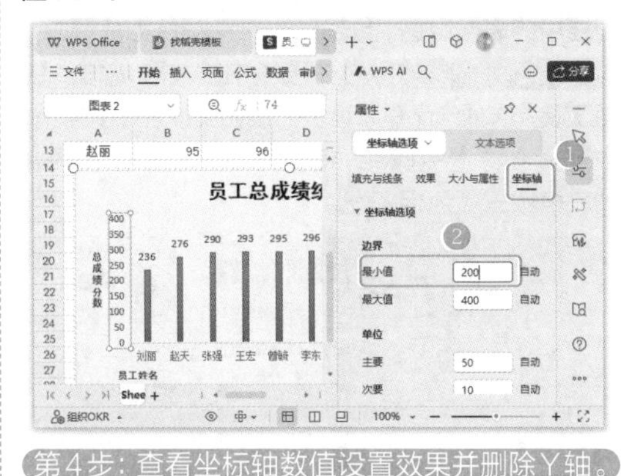

第4步：查看坐标轴数值设置效果并删除Y轴。 此时图表中的Y轴从数值200开始，并且图表中的柱形图对比更加明确。调整完Y轴数值后，由于图表中有数据标签，已经能够表示柱形条的数据大小，因此Y轴显得多余，按Delete键将Y轴删除。

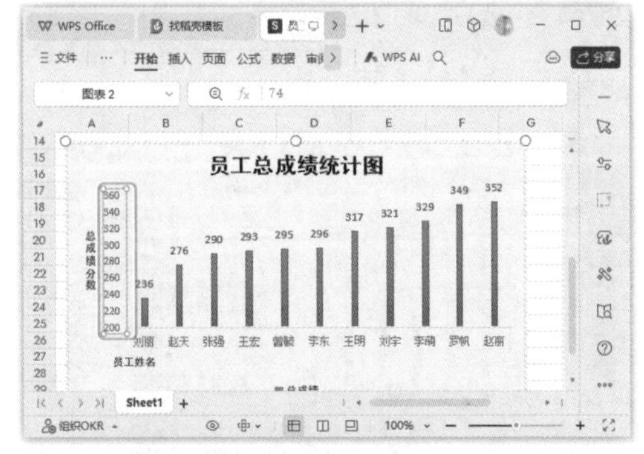

第5步：查看Y轴删除效果。 如下图所示，Y轴被删除后，并没有影响数据的阅读，图表反而更加简洁。

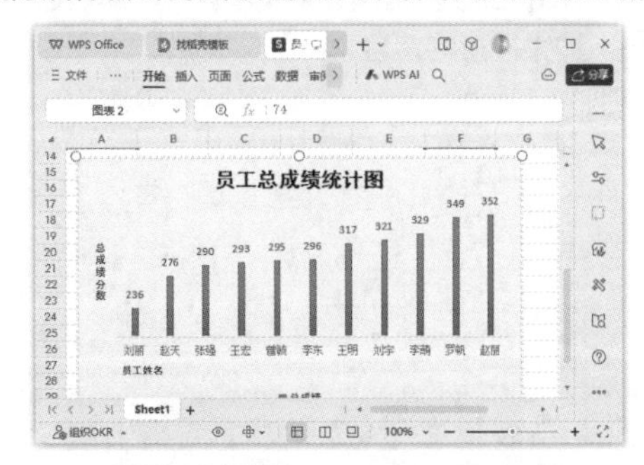

>>>5. 设置系列颜色

柱形图表的系列颜色可以重新设置，设置的原则有两个：一是保证颜色意义表达无误，如本例中，柱形图都表示“总成绩”数据，它们的意义相同，因此颜色也应该相同；二是保证颜色与WPS表格中的表格数据、图表其他元素颜色相搭配。

第1步：选择颜色。①选中图表中的柱形，单击“绘图工具”选项卡下的“填充”按钮；②在下拉菜单中选择一种渐变颜色，使其与WPS表格中原始的表格数据颜色相搭配。

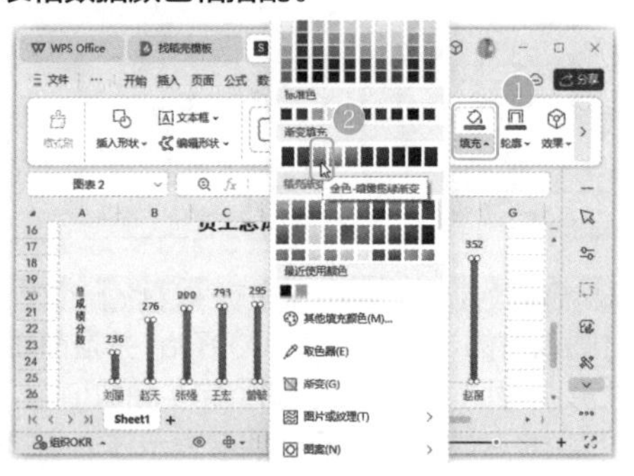

第2步：设置边框效果。①单击“绘图工具”选项卡下的“轮廓”按钮；②在下拉菜单中选择“无边框颜色”选项，取消边框效果。

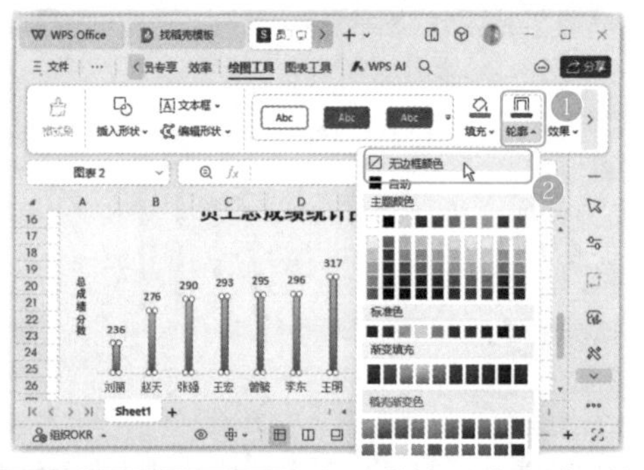

第3步：设置柱形宽度。①双击柱形，打开“属性”窗格，单击“系列”按钮；②设置“分类间距”为50%，增大柱形的宽度。

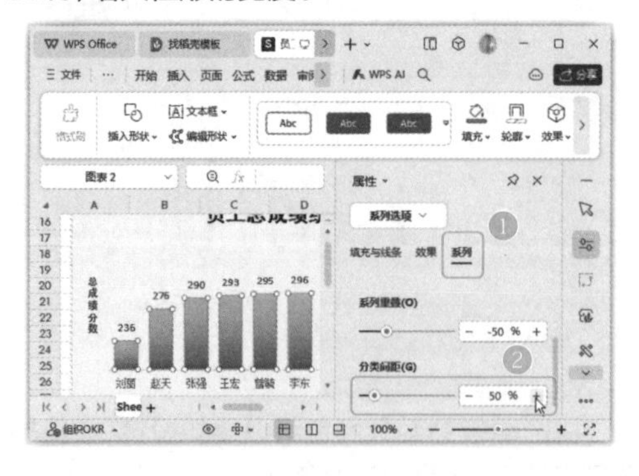

>>>6. 设置数据标签格式

数据标签显示了每一项数据的具体大小，标签数量较多，因此字号应该更小。

①选中标签；②在“字体”组中设置字号为8，颜色为“黑色，文本1”，效果如下图所示。

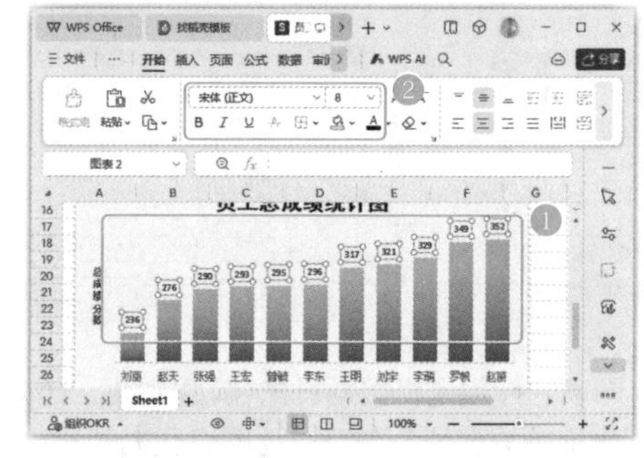

>>>7. 设置X轴格式

X轴可以设置其轴线条格式，使其更加明显，还可以设置轴标签的格式，使其更加方便辨认。

第1步：设置坐标轴线条格式。①双击X轴，打开“属性”窗格，切换到“填充与线条”选项卡；②选择“线条”为“实线”；③设置“颜色”为“黑色，文本1”，宽度为“1磅”。

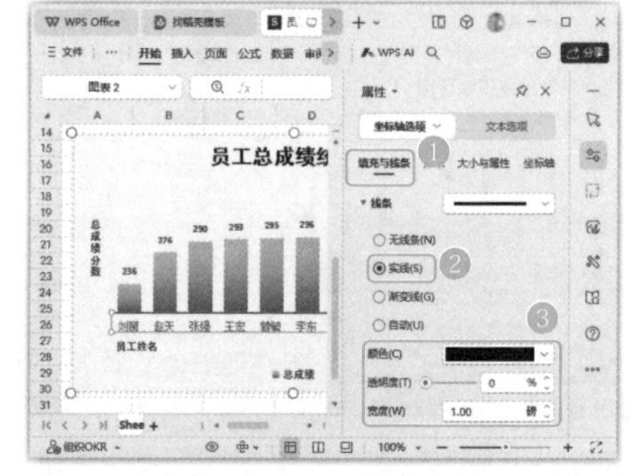

第2步：设置轴标签文字格式。①选中X轴；②在“字体”组中设置字体为格式为“黑体”、9号

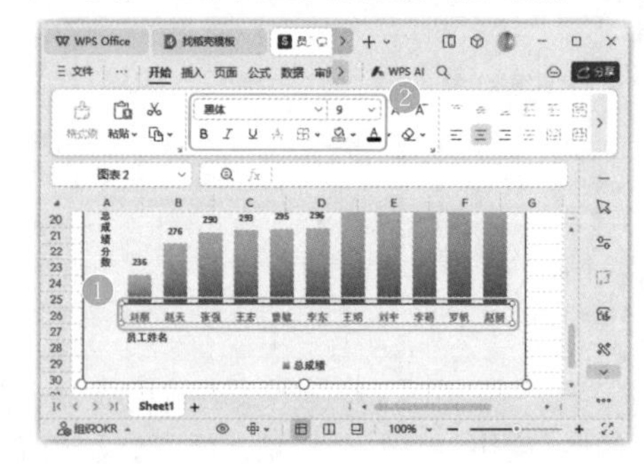

8.2 制作“分店销量统计图”

扫一扫 看视频

※ 案例说明

在销售产品时，需要定期统计不同产品、不同店铺的销量数据。在 WPS 表格中完成销量数据统计后，可以将同一份数据制作成不同的图表，多方面分析数据，找到数据的规律所在。例如，将不同店铺的销量数据制作成面积图，可以观察到在不同时间段内各分店的销量，以及在固定时间内不同分店的累积销量。如果只想观察分店的销量趋势，则将分店的销售数据制作成折线图。如果数据分析的目的是分析不同时间内各分店的销量占总销量的比例，则将数据制作成饼图。

将“分店销量统计图”制作成图表后，效果如下图所示。

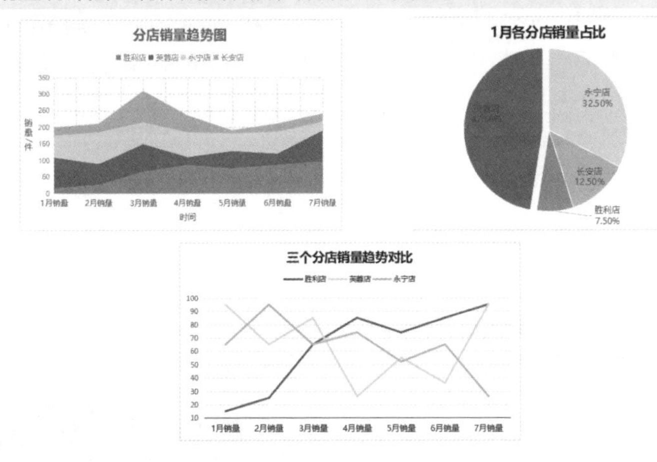

※ 思路解析

在完成分店的销量统计后，需要根据数据分析的侧重点或者是数据汇报的侧重点选择不同类型的图表。如果想快速制作出样式美观的图表，可以选择在线的图表模板，然后经过编辑修改后完成图表制作；也可以自行创建图表，对图表元素进行编辑。具体思路如下图所示。

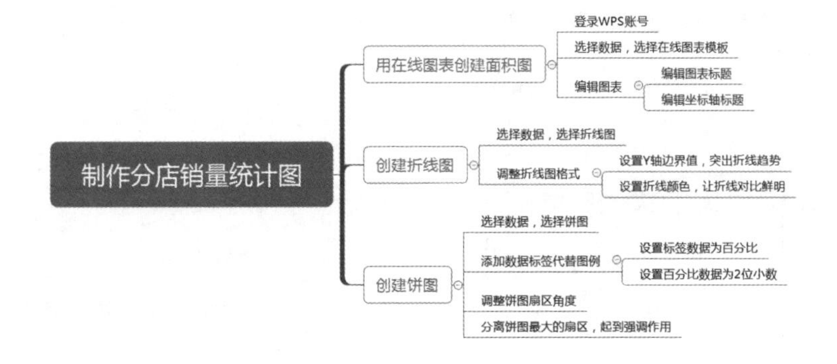

※ 步骤详解

8.2.1 使用在线图表呈现销量变化

在WPS表格中制作图表，不仅要考虑正确创建图表，还要设计图表的布局、样式、配色，让图表美观大方。如果想快速制作出样式搭配合理的美观图表，可以使用在线图表模板进行创建。使用在线图表模板需要事先登录WPS账号。

>>>1. 插入在线图表

第1步：登录WPS账号。 按照路径"素材文件\第8章\分店销量统计图.xlsx"打开素材文件。❶单击窗口顶部右侧的"立即登录"按钮；❷在弹出的对话框中单击"立即登录"按钮。

第2步：选择登录方式。 在对话框中选择登录方式并根据提示输入相关信息进行登录。

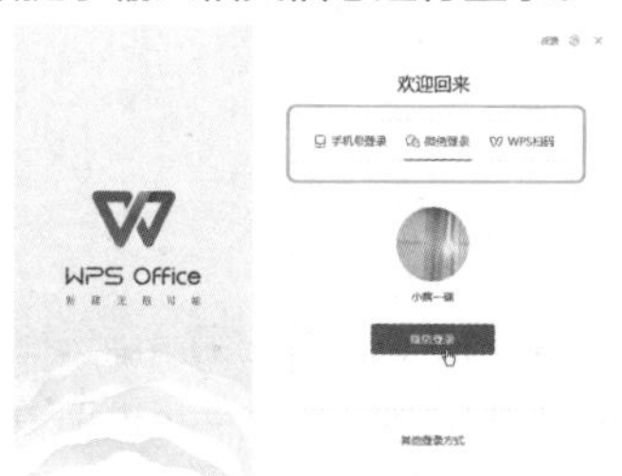

第3步：打开图表列表。 ❶选中表格中的数据；❷单击"插入"选项卡下的"全部图表"按钮。

第4步：选择图表模板。 在图表列表中选择符合需求的图表模板，单击"立即使用"按钮。

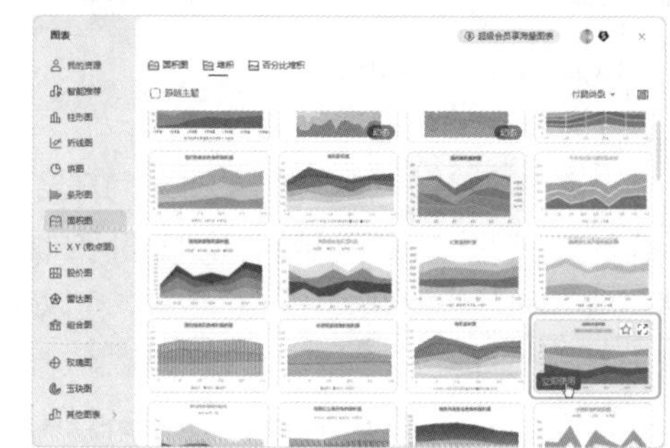

第5步：查看效果。 此时WPS表格中就完成了图表创建，如下图所示，使用在线图表模板创建的图表无论是布局还是配色均有讲究。

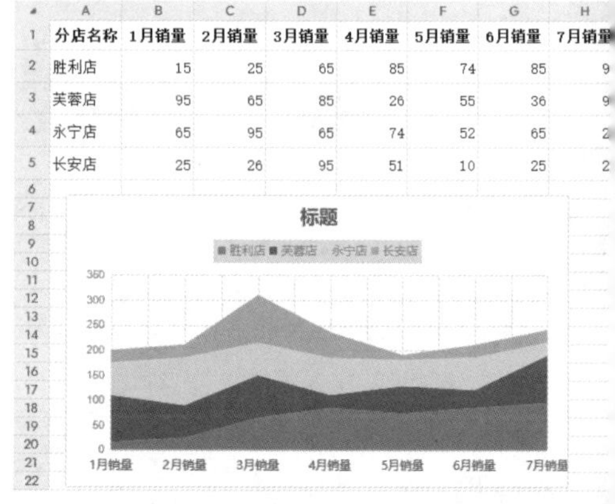

分店名称	1月销量	2月销量	3月销量	4月销量	5月销量	6月销量	7月销量
胜利店	15	25	65	85	74	85	9
芙蓉店	95	65	85	26	55	36	9
永宁店	65	95	65	74	52	65	2
长安店	25	26	95	51	10	25	2

>>>2. 编辑在线图表

利用在线图表模板创建的图表虽然美观，但是需要修改标题等元素，让图表满足数据表达的需求。

第1步：编辑图表标题。 ❶修改图表的标题文字；❷在"开始"选项卡下设置标题的字体、字号。

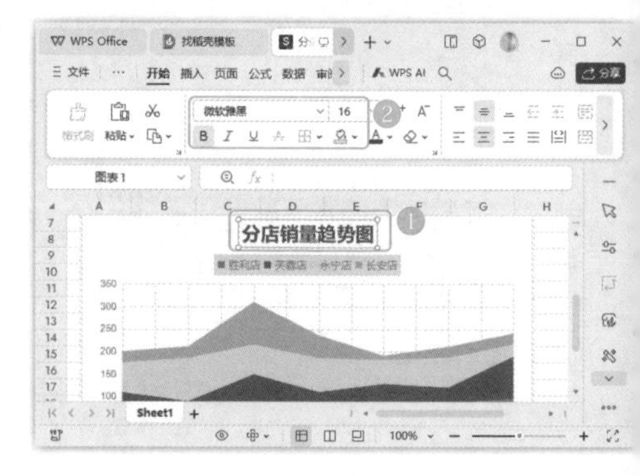

第2步：选择图表元素。❶单击图表右上方的"图表元素"按钮；❷选择"轴标题"选项。

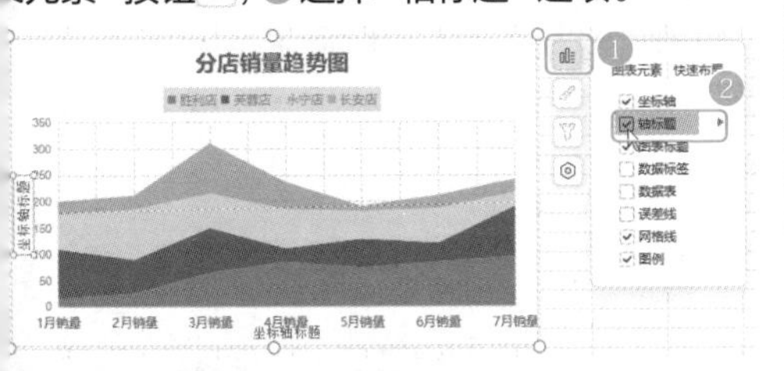

第3步：设置Y轴标题格式。❶输入Y轴标题文字；❷在"开始"选项卡下设置轴标题的字体、字号；❸双击Y轴标题，打开"属性"窗格，设置标题的文字方向为"竖排(从右向左)"；❹单击"字体"对话框启动按钮，增加Y轴标题文字的间距。

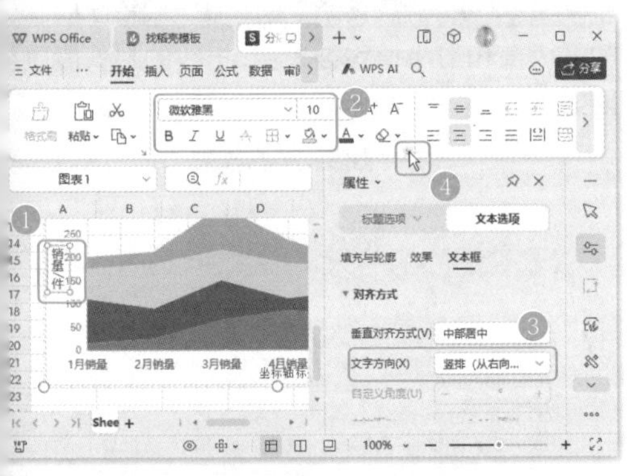

第4步：设置字体间距。❶在"字体"对话框中设置间距为"加宽""1.0磅"；❷单击"确定"按钮。

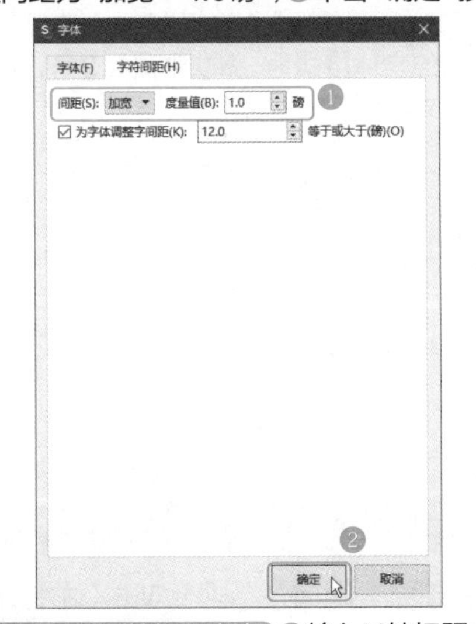

第5步：设置X轴标题文字。❶输入X轴标题文字；❷设置文字的字体、字号。

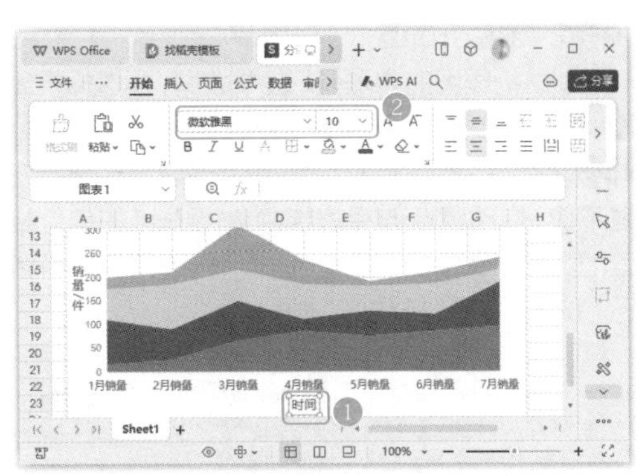

第6步：设置图例格式。❶选中图例，在"开始"选项卡下单击"填充颜色"按钮；❷在下拉菜单中选择"无填充颜色"选项。

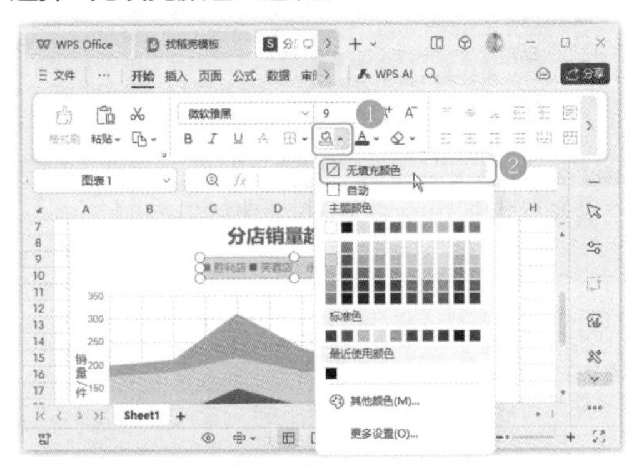

第7步：查看图表效果。此时便完成了图表创建，效果如下图所示。

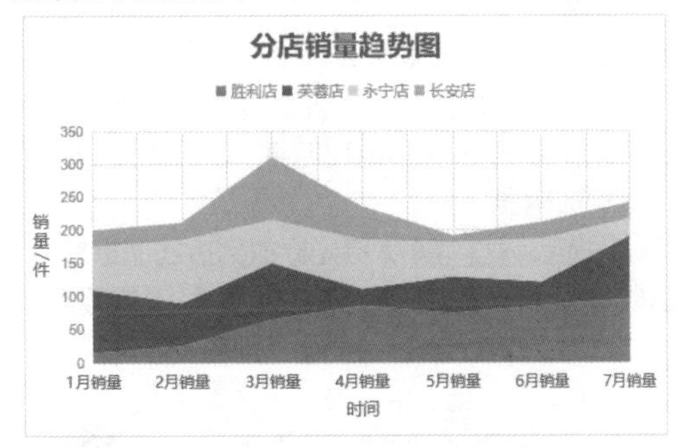

8.2.2 创建销量趋势对比图

要突出表现表格数据的趋势对比，最好的方法是创建折线图。折线图创建成功后，要调整折线图格式，让趋势最大化、明显化。创建图表时，可以只为表格中的部分数据创建图表。下面以三个分店的销量数据创建折线图为例，讲解折线图趋势图表的创建编辑法。

>>>1. 创建折线图

创建折线图的方法是，选中数据，再选择折线图，具体操作如下。

第1步：单击“插入折线图”按钮。❶按住鼠标左键不放，拖动鼠标选择表格中A1到H4的单位格范围数据；❷单击“插入”选项卡下的“插入折线图”按钮，选择“折线图”图表。

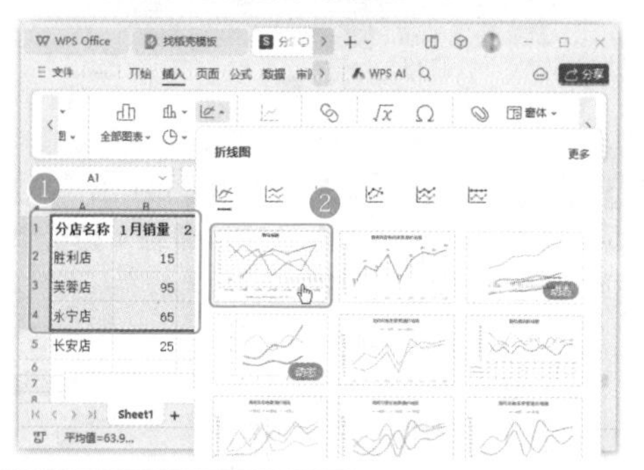

第2步：查看创建的图表。此时便能将选中的三个分店数据创建成折线图，效果如下图所示。

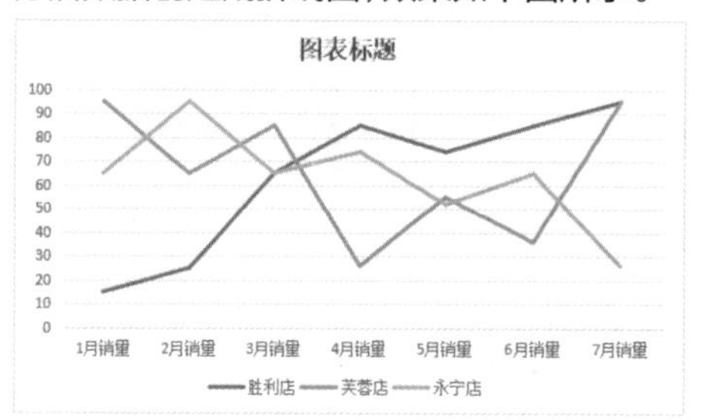

>>>2. 设置折线图格式

折线图创建成功后，需要调整Y轴坐标值以及折线图中折线的颜色和粗细，让折线图的趋势对比更加明显。

第1步：设置标题。❶将光标放到折线图标题中，删除原来的标题，输入新的标题；❷设置标题文字格式为“微软雅黑”、14号、“黑色，文本1”。

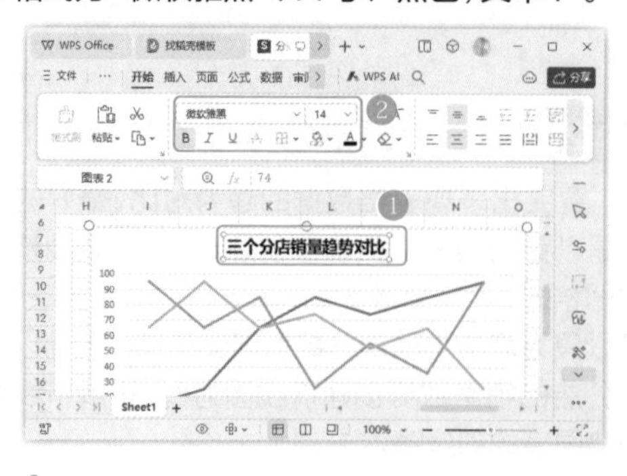

第2步：设置Y轴边界值。❶双击Y轴，打开“属性”窗格，切换到“坐标轴选项”选项卡下，单击“坐标轴”按钮；❷设置坐标轴的边界值。

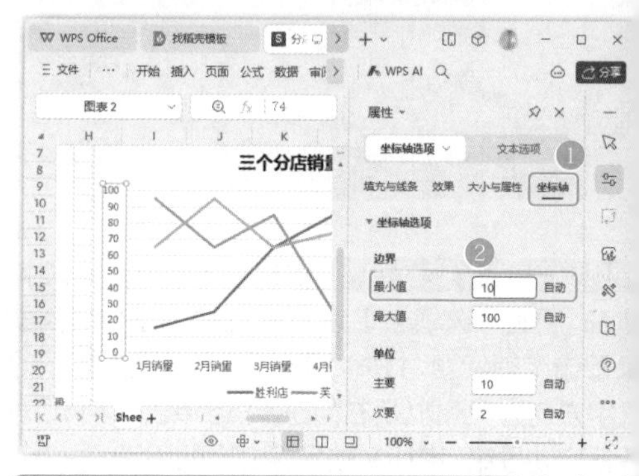

第3步：查看Y轴边界值设置效果。此时Y轴的最大值和最小值均被改变，折线的起伏度更加明显。

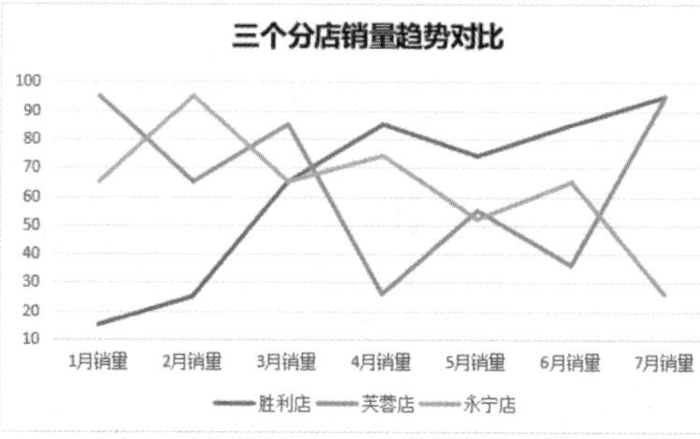

第4步：设置图例格式。❶双击图例，打开“属性”窗格，在“图例位置”中选择“靠上”选项；❷设置图例的字体格式为“微软雅黑”、8号，颜色为“黑色，文本1”。

第5步：设置X轴线条颜色。❶双击X轴，打开“属性”窗格，选中“线条”下的“实线”选项；❷选择颜色为“黑色，文本1”。

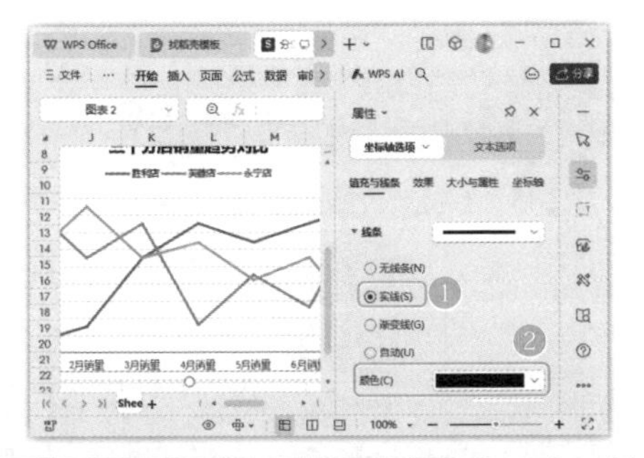

第6步：设置X轴文字标签颜色。❶选中X轴文字标签；❷设置字体颜色为“黑色，文本1”。

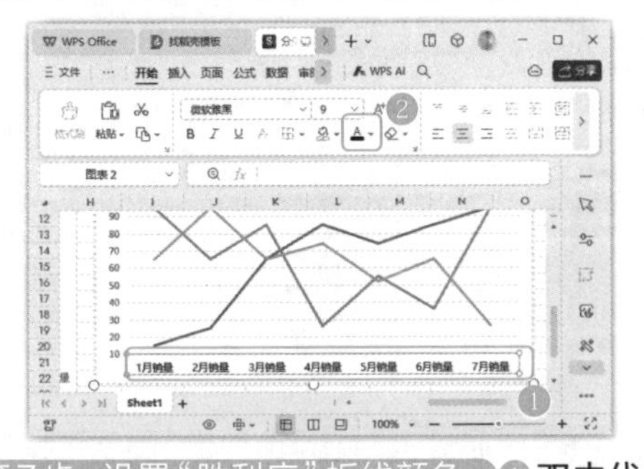

第7步：设置“胜利店”折线颜色。❶双击代表胜利店的折线，在“属性”窗格中选择“线条”类型为“实线”；❷选择颜色为“浅蓝”。

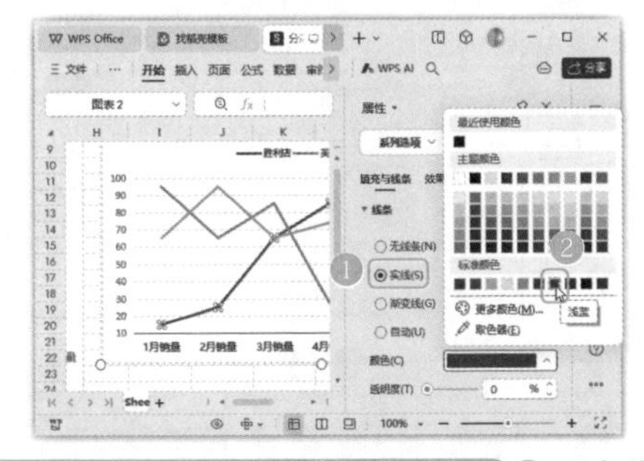

第8步：设置“芙蓉店”折线颜色。❶双击代表芙蓉店的折线，在“属性”窗格中选择“线条”类型为“实线”；❷选择颜色为“浅黄”。

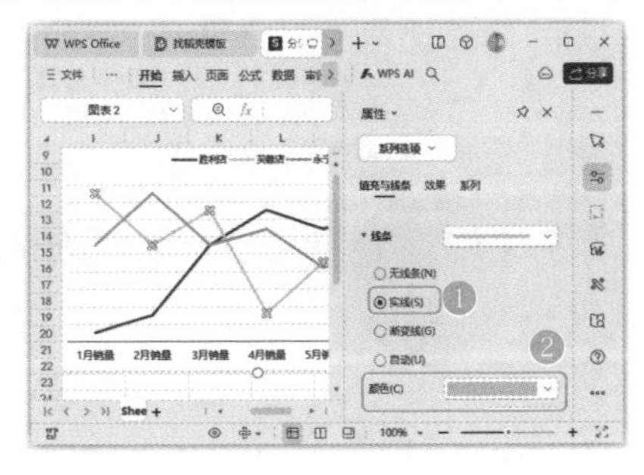

第9步：设置“永宁店”折线颜色。❶双击代表永宁店的折线，在“属性”窗格中选择“线条”类型为“实线”；❷选择颜色为“浅橙”。

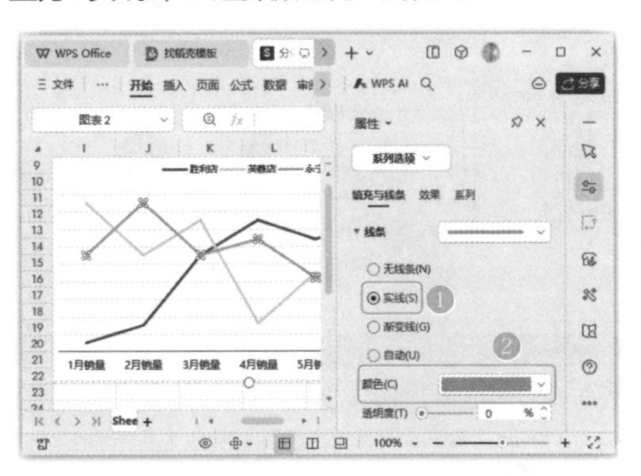

第10步：查看完成设置的折线图。此时折线图完成设置，效果如下图所示，可以看到，折线的颜色对比明显，且趋势突出。

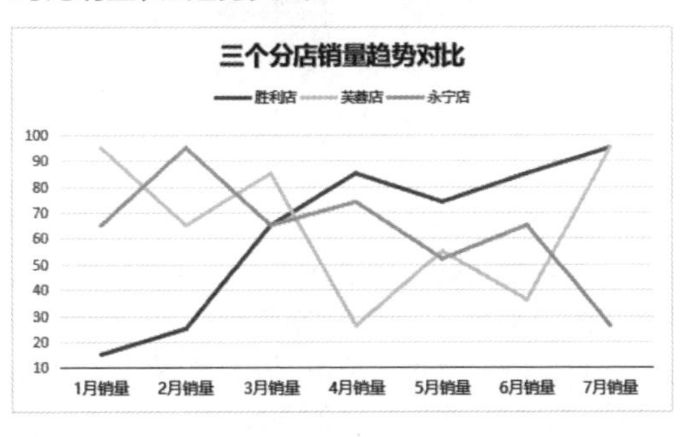

8.2.3 创建分店销量占比图

根据分析目标的不同，可以将表格中的数据制作成不同类型的图表。如果分析的目标是对比不同分店的销量比例，则可以选用专门表现比例数据的饼图。饼图创建完成后，需要调整饼图数据标签的数据格式及饼图的颜色样式等。

>>>1. 创建饼图

饼图表现的是数据的比例，这里可以创建同一月份下不同分店的销量比例，也可以创建同一分店在不同月份下的销量比例。下面将以前者为例进行讲解。

第1步：单击“插入饼图或圆环图”按钮。❶选中表格中的1月份不同分店的销量数据；❷单击“插入”选项卡下的“插入饼图或圆环图”按钮，选择“饼图”选项。

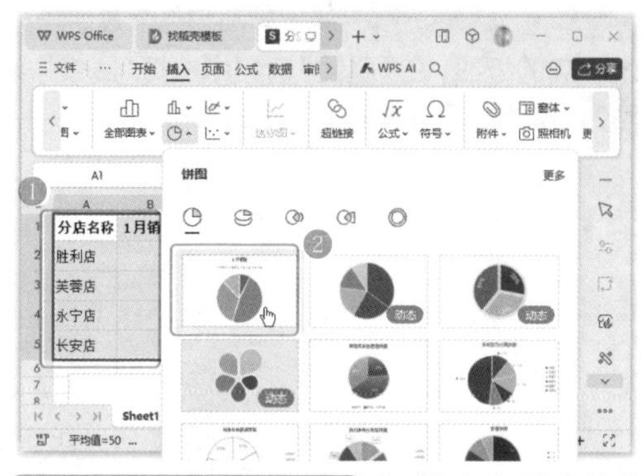

第 2 步：完成饼图的创建。此时便根据选中的数据完成了饼图的创建。

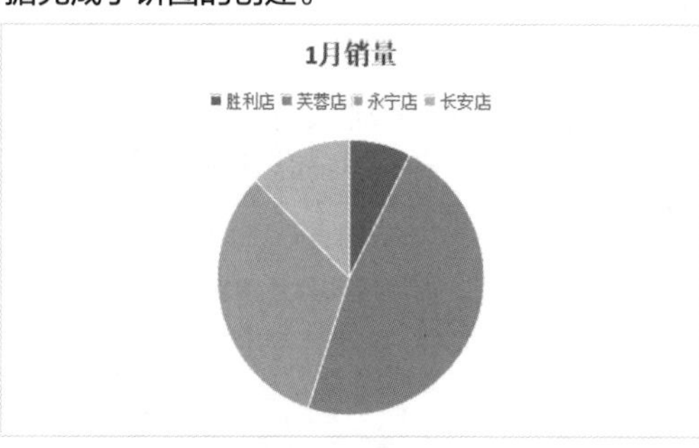

>>>2. 调整饼图格式

调整饼图格式的目的是让别人更加便捷地看懂饼图，所以可以先将饼图的图例去掉，改用数据标签代替图例；然后再将饼图中数据最大/最小的扇形分离出来，起到突出重点的作用。

第 1 步：调整标题格式。❶ 将光标置入饼图原来的标题中，删除标题，输入新的标题；❷ 更改标题的字体格式为“微软雅黑”、14 号、“黑色，文本 1”。

第 2 步：调整饼图颜色。❶ 选中饼图中代表“芙蓉店”的扇区，单击“绘图工具”选项卡下的“填充”按钮，在下拉菜单中选择“蓝绿”色；❷ 用同样的方法分别为其他扇区选择填充色。

第 3 步：删除饼图图例。右击饼图图例，在弹出的快捷菜单中选择“删除”选项。

第 4 步：添加数据标签。❶ 单击“图表工具”选项卡下的“添加元素”按钮；❷ 在下拉菜单中选择“数据标签”选项，再选择级联菜单中的“最佳匹配”选项。

第 5 步：设置标签选项。双击数据标签，打开“属性”窗格，在“标签选项”中选择“类别名称”等三个选项。

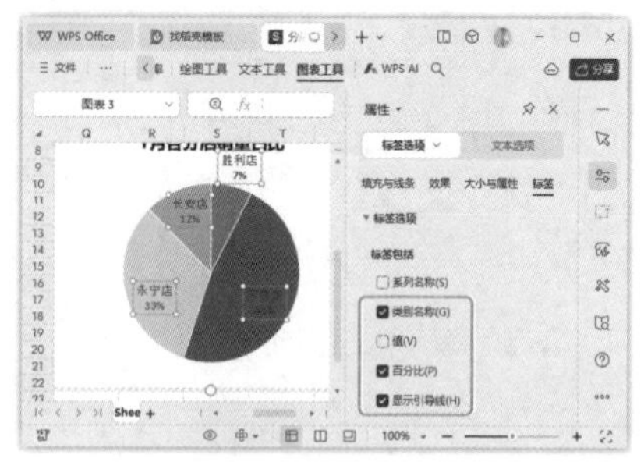

第6步：设置标签的数字格式。在“数字”菜单中将类别选择为“百分比”，并设置小数位数为2。

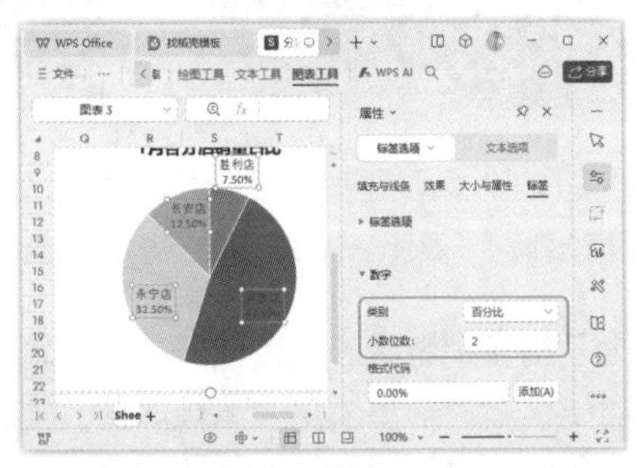

第7步：设置标签字体格式。此时饼图数据标签从原来的数字变为带2个小数点的百分数。❶ 选中标签，更改字体为“微软雅黑”、9号字；❷ 拖动鼠标调整部分标签的位置。

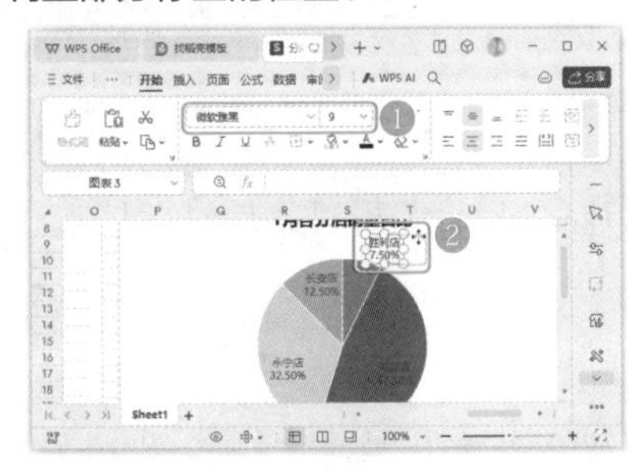

第8步：增加饼图的面积。将光标放到绘图区右下方，按住鼠标左键不放，拖动鼠标，将绘图区调整得大一点。

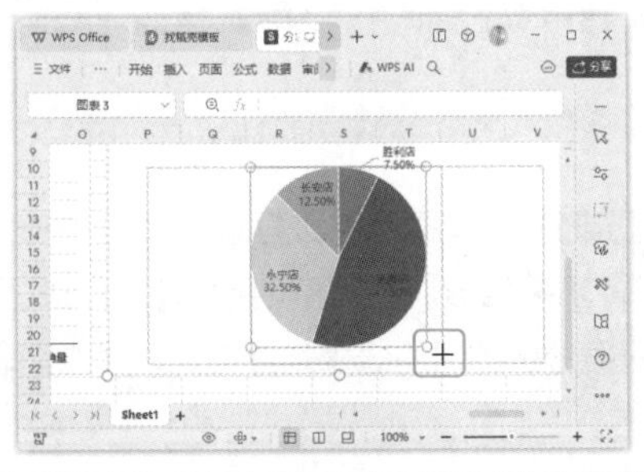

第9步：查看绘图区大小改变效果。绘图区增加后，效果如下图所示，饼图基本充满了整个图表区域。

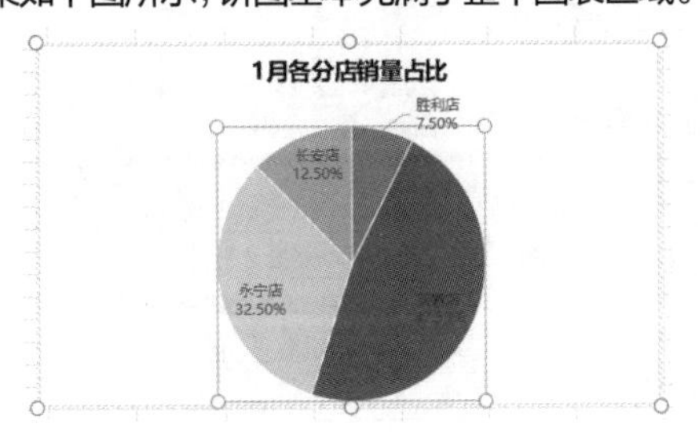

第10步：调整饼图角度。制作饼图时，扇区的面积应该从大到小顺时针排列，方便阅读饼图数据。如下图所示，双击饼图，❶ 在“属性”窗格中选择“系列”选项；❷ 在“第一扇区起始角度”中调整饼图的角度。

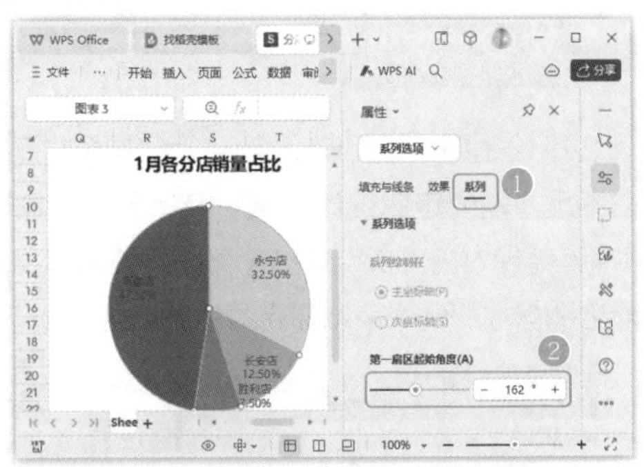

第11步：分离饼图中占比较大的扇形。单独选中饼图中较大的扇形区域，将“属性”窗格中“系列”选项卡下的“点爆炸型”设置为8%，将该区域分离出来，起到强调作用。

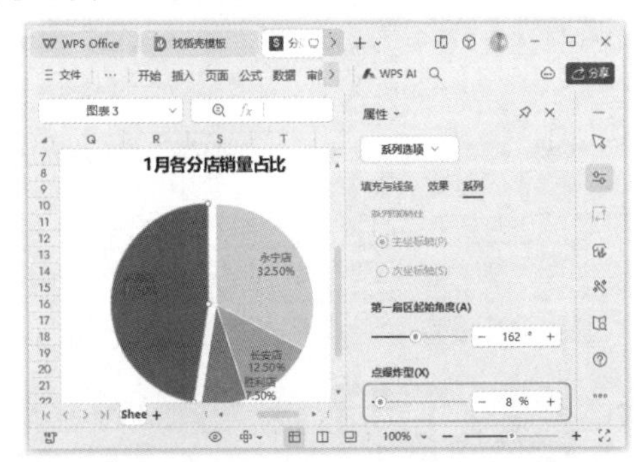

第12步：调整饼图位置。将光标放到绘图区的上方，按住鼠标左键不放，拖动鼠标，将绘图区向上移动，使其靠近图表标题，并为下方的扇区留出更多数据标签的显示位置。此时便完成了饼图的创建与格式调整。

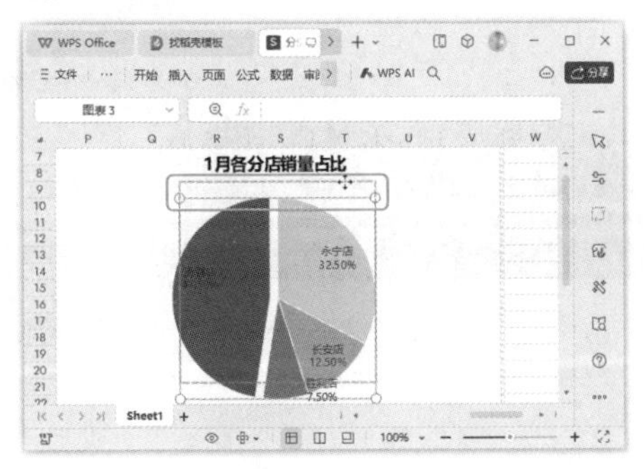

8.3 制作“网店销售数据透视表”

扫一扫 看视

※ 案例说明

不论是网店还是其他企业，都需要进行产品销售，为了衡量销量状态是否良好，哪些地方存在不足，需要定期统计数据。统计出来的数据往往包含时间、商品种类销量、销售店铺、销售人员等信息。由于信息比较杂，不方便分析，如果将表格制作成透视表，就可以提高数据分析效率。网店销售数据透视表制作完成的效果之一如下图所示。

平均值项:销售额		商品名称				
销售店铺	销售主管	打底裤	棉裤/羽绒裤	西装裤/正装裤	休闲裤	总计
⊟A店		104790.75	24795.24	1769	96876.33333	69803.8444
	杜涛	25333	47760.5			40284.66667
	李梦	254913	13383.6			93893.4
	刘璐	23731.5	1688		110719	39967.5
	王强	111481				111481
	张非	143827.5		1769	89955	78517.16667
⊟B店		72487	5088.3	1204.342857	130044.8571	55916.4611
	杜涛		14713	1389	101584	44131.8
	李梦		361.1	1422	124797	32000.525
	刘璐		190.8		165626	82908.4
	王强	72487		936.1333333	176097	50278.48
	张非				120313	120313
⊟C店		23037.66667	1928.3725	2086.666667	143939.5	30913.7908
	杜涛	20550	82.19			10316.095
	李梦		3507	2042	156109	41291.25
	刘璐	24281.5				24281.5
	王强			2196	131770	66983
	张非		617.3	2022		1319.65
总计		81660.5	12246.21583	1519.033333	124068.5	54873.5623

※ 思路解析

当网店的销售主管需要汇报业绩或者是统计销量情况时，不仅需要将数据录入表格，还需要利用表格生成数据透视表。在透视表中，可以通过求和、求平均数、为数据创建图表等方式更加灵活地展现与分析数据。在利用透视表分析数据时，要根据分析的目的选择条件格式、建立图表、切片器分析等不同的功能。具体思路如下图所示。

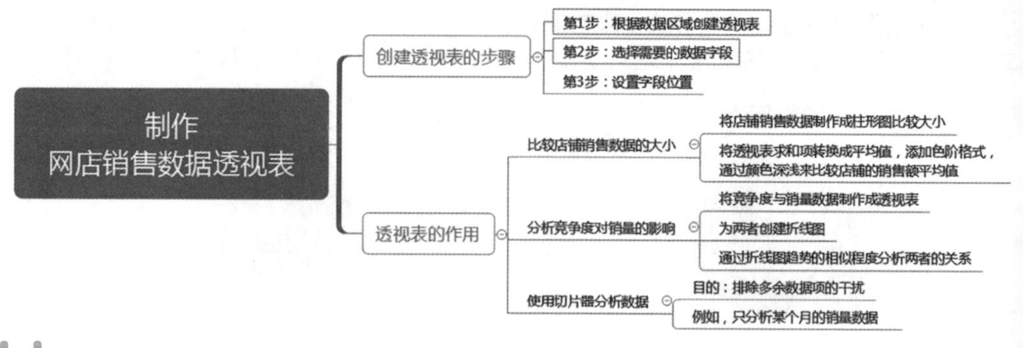

※ 步骤详解

8.3.1 按销售店铺分析商品销售情况

数据透视表可以将表格中的数据整合到一张透视表中。在透视表中，通过设置字段可以对比查看不同店铺的商品销售情况。

>>>1. 创建数据透视表

要利用数据透视表对数据进行分析，就要根据数据区域创建数据透视表。

第1步：单击“数据透视表”按钮。按照路径“素材文件\第8章\网店销售数据透视表.xlsx”打开素材文件，单击“插入”选项卡下的“数据透视表”按钮。

第2步：设置“创建数据透视表”对话框。❶在打开的“创建数据透视表”对话框中确定区域是表格中的所有数据区域；❷选择“新工作表”选项；❸单击“确定”按钮。

第3步：查看创建的透视表。完成数据透视表创建后，效果如下图所示，需要设置字段方能显示所需要的透视表。

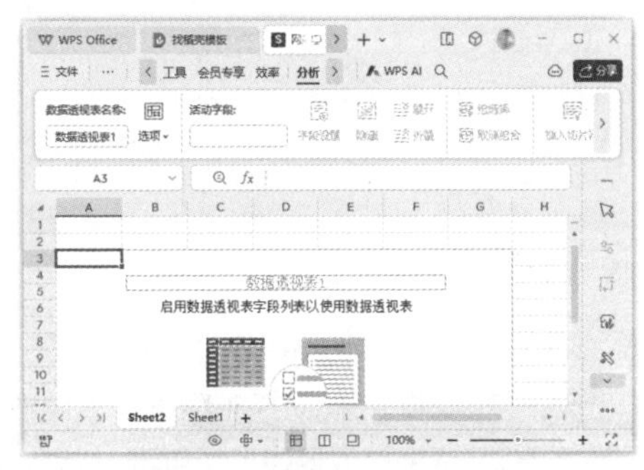

>>>2. 设置透视表字段

刚创建出的数据透视表或透视图中并没有任何的数据，需要在透视表中添加进行分析和统计的字段才可以得到相应的数据透视表或数据透视图。例如本例中，需要分析不同店铺的销量，那么就要添加“销售店铺”“商品名称”“成交量”来分析商品数据。

第1步：显示字段列表。在数据透视表中右击，在弹出的快捷菜单中选择“显示字段列表”选项。

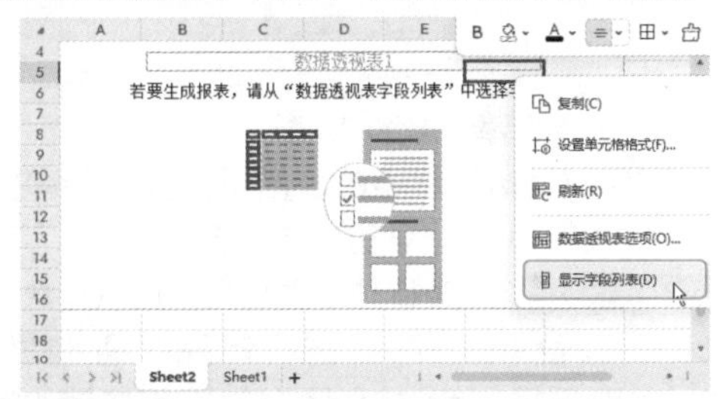

第2步：选择透视表字段。在“数据透视表”窗格中选择“商品名称”“成交量”“销售店铺”三个数据字段。

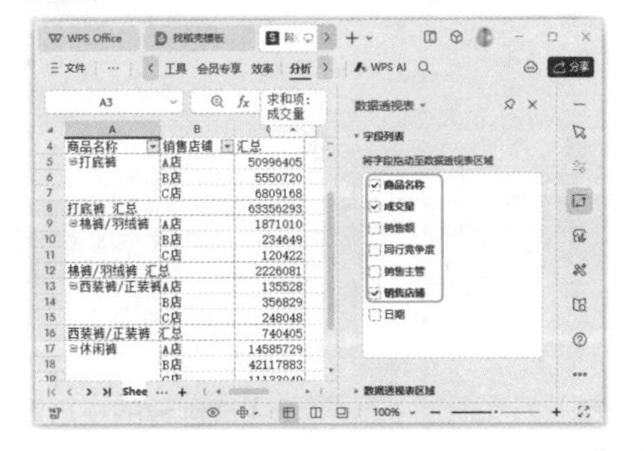

第3步：调整字段区域。在“数据透视表区域”面板中，用拖动的方法调整字段所在区域，如选择“销售店铺”，按住鼠标不放，将其移动到“列”区域中。

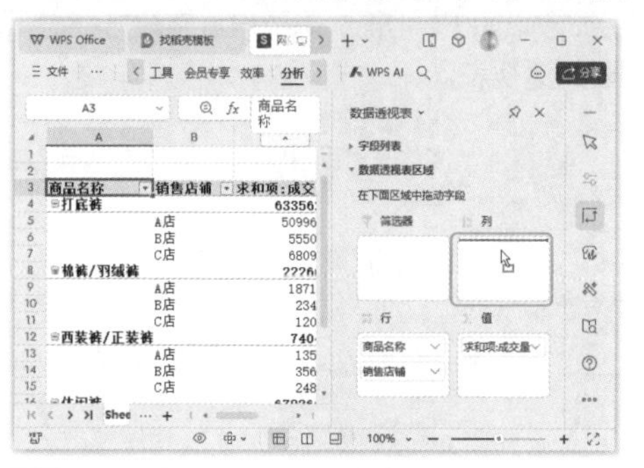

第4步：查看完成设置的透视表。完成字段选择与位置调整后，透视表效果如下图所示，从表中可以清晰地看到不同商品的销量情况。

>>>3. 创建销售对比柱形图

利用数据透视表中的数据可以创建各种图表，将数据可视化，方便进一步分析。

第1步：选择图表。❶选中透视表中任意有数据的单元格；❷单击“插入”选项卡下的“插入柱形图”按钮，选择“簇状柱形图”选项，将店铺的销售数据制作成透视图表。

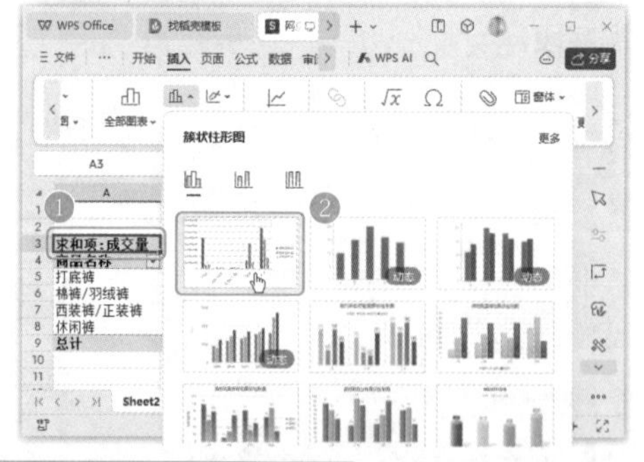

第2步：查看创建的图表。完成创建的柱形图如下图所示，将光标放到柱形条上会显示相应的数值大小。

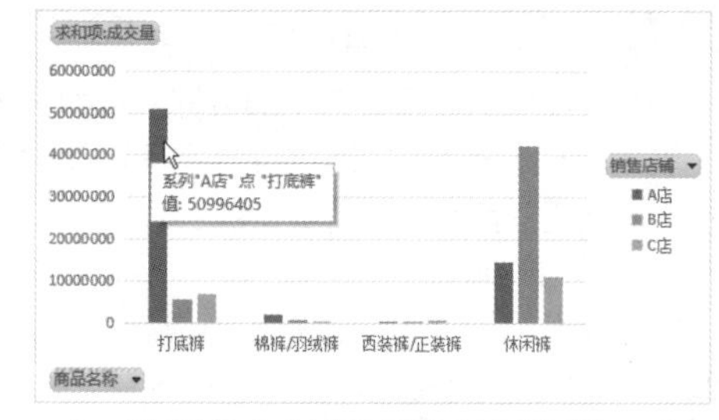

>>>4. 计算不同店铺的销售额平均数

在数据透视表中，默认情况下统计的是数据的和，如前面的步骤中，透视表自动计算出了不同店铺中不同商品的销量之和。接下来就要通过设置，将求和改成求平均值，对比不同店铺的销售平均值大小。

第1步：选择字段。❶在“数据透视表”窗格中选择“商品名称”“销售额”“销售主管”“销售店铺”四个选项；❷设置字段的位置，此时销售额默认的是“求和项”。

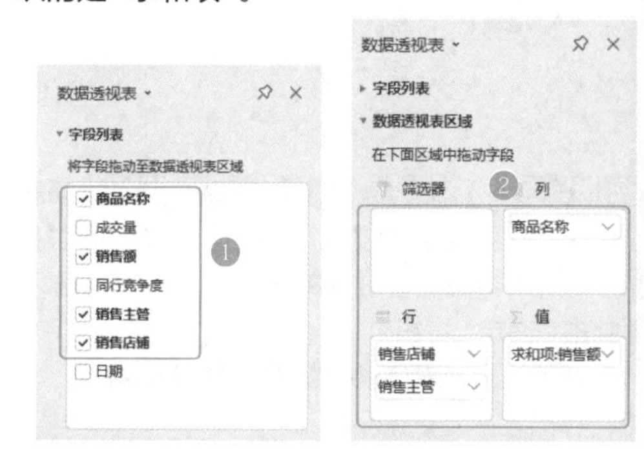

第2步：打开“值字段设置”对话框。在透视表任意单元格中右击，在弹出的快捷菜单中选择“值字段设置”选项。

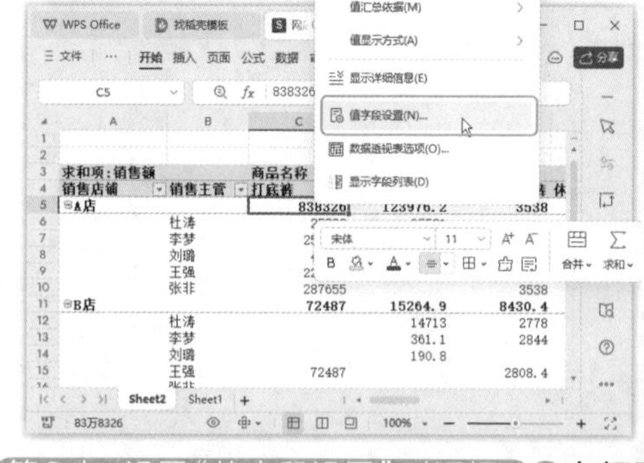

第3步：设置“值字段设置”对话框。❶在打开

的“值字段设置”对话框中选择计算类型为“平均值”；❷单击“确定”按钮。

第4步：查看完成设置的透视表。 当值字段设置为“平均值”后，透视表效果如下图所示。在表中可以清楚地看到不同店铺中不同商品的销售额平均值，以及不同销售主管的销售额平均值。

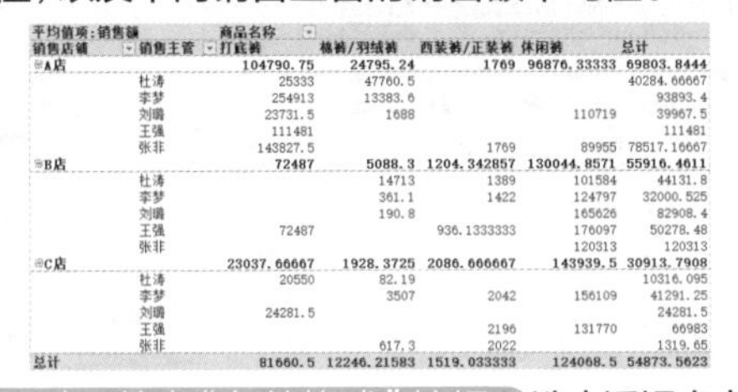

平均值项:销售额		商品名称				
销售店铺	销售主管	打底裤	棉裤/羽绒裤	西装裤/正装裤	休闲裤	总计
⊟A店		104790.75	24795.24	1769	96876.33333	69803.8444
	杜涛	25333	47760.5			40284.66667
	李梦	254913	13383.6			93893.4
	刘璐	23731.5	1688		110719	39967.5
	王强	111481				111481
	张非	143827.5		1769	89955	78517.16667
⊟B店		72487	5088.3	1204.342857	130044.8571	55916.4611
	杜涛		14713	1389	101584	44131.8
	李梦		361.1	1422	124797	32000.525
	刘璐		190.8		165626	82908.4
	王强	72487		936.1333333	176097	50278.48
	张非				120313	120313
⊟C店		23037.66667	1928.3725	2086.666667	143939.5	30913.7908
	杜涛	20550	82.19			10316.095
	李梦		3507	2042	156109	41291.25
	刘璐	24281.5				24281.5
	王强			2196	131770	66983
	张非		617.3	2022		1319.65
总计		81660.5	12246.21583	1519.033333	124068.5	54873.5623

第5步：单击“条件格式”按钮。 选中透视表中的数据单元格，单击“开始”选项卡下的“条件格式”按钮。

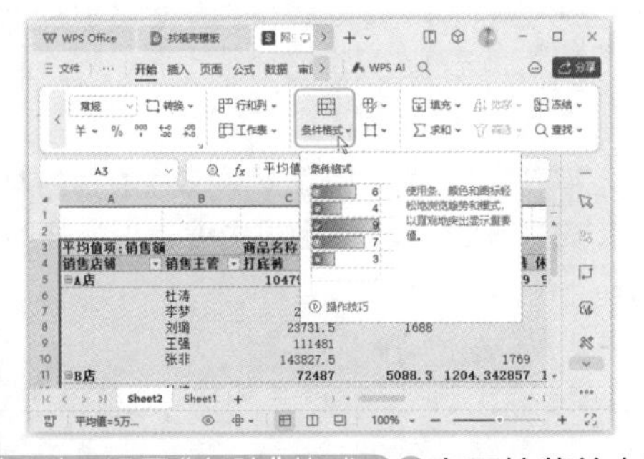

第6步：设置“色阶”格式。 ❶在下拉菜单中选择“色阶”选项；❷单击一种色阶样式。

第7步：查看透视表效果。 此时数据透视表就按照表格中的数据填充上深浅不一的颜色。通过颜色对比，可以很快地分析出哪个店铺的销售额平均值最高、哪种商品的销售额平均值最高、哪位销售主管的业绩平均值最高。

平均值项:销售额		商品名称				
销售店铺	销售主管	打底裤	棉裤/羽绒裤	西装裤/正装裤	休闲裤	总计
⊟A店		104790.75	24795.24	1769	96876.33333	69803.8444
	杜涛	25333	47760.5			40284.66667
	李梦	254913	13383.6			93893.4
	刘璐	23731.5	1688		110719	39967.5
	王强	111481				111481
	张非	143827.5		1769	89955	78517.16667
⊟B店		72487	5088.3	1204.342857	130044.8571	55916.4611
	杜涛		14713	1389	101584	44131.8
	李梦		361.1	1422	124797	32000.525
	刘璐		190.8		165626	82908.4
	王强	72487		936.1333333	176097	50278.48
	张非				120313	120313
⊟C店		23037.66667	1928.3725	2086.666667	143939.5	30913.7908
	杜涛	20550	82.19			10316.095
	李梦		3507	2042	156109	41291.25
	刘璐	24281.5				24281.5
	王强			2196	131770	66983
	张非		617.3	2022		1319.65
总计		81660.5	12246.21583	1519.033333	124068.5	54873.5623

8.3.2 按销量和竞争度来分析商品

网店销售是一种竞争激烈的销售方式，为了分析出是什么原因影响了商品的销量，可以在透视表中将销售与影响因素创建成折线图，通过对比两者的趋势来进行分析。

>>>1. 调整透视表字段

要想分析竞争度对销量的影响，就要将销量与竞争度字段一同选择，创建成新的数据透视表。

第1步：调整字段。 ❶在“数据透视表字段”窗格中选择“商品名称”“成交量”“同行竞争度”“日期”四个字段；❷调整字段的位置，如下图所示。

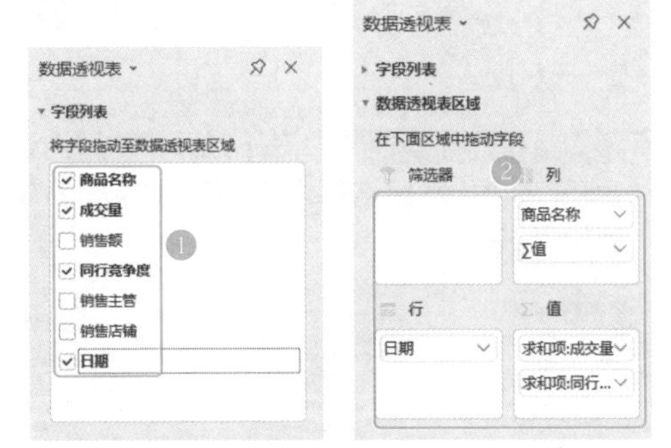

第2步：查看透视表效果。 调整透视表字段后的透视表效果如下图所示。

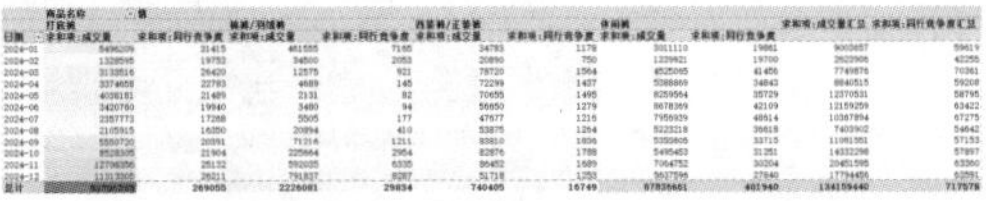

>>>2. 创建折线图

当完成透视表创建后，需要将销量与竞争度创建成折线图，对比两者的趋势是否相似，如果是，则说明销量的起伏确实跟竞争度有关系。

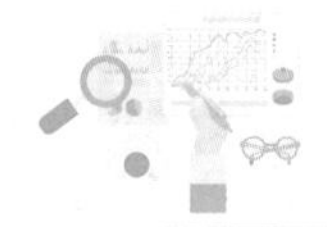

第1步：选择图表。❶选中透视表中的任意数据；❷单击“插入”选项卡下的“插入折线图”按钮，选择“折线图”选项。

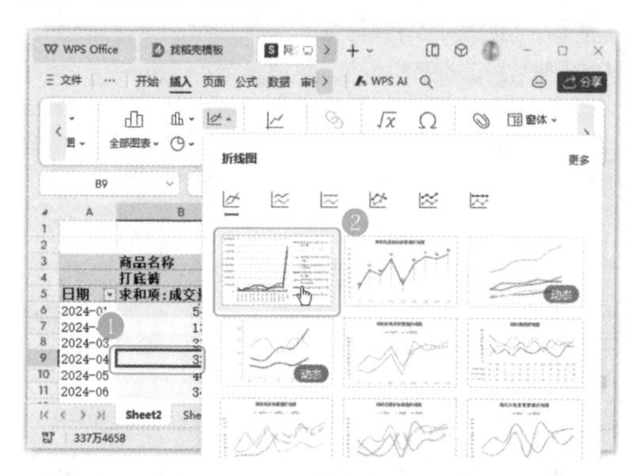

第2步：单击“商品名称”的下拉按钮。为了更加清晰地分析数据趋势，这里将暂时不需要分析的数据折线隐藏，只选择需要分析的数据。单击图表中的“商品名称”右侧的下拉按钮。

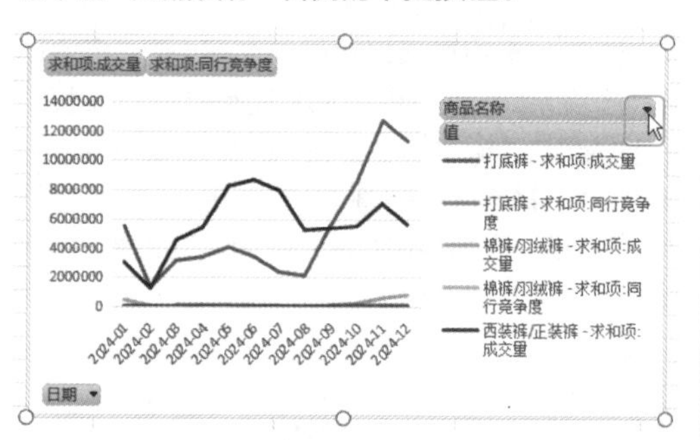

第3步：选择商品名称。❶在下拉菜单中取消选择“全部”选项，然后选择“打底裤”选项；❷单击“确定”按钮。

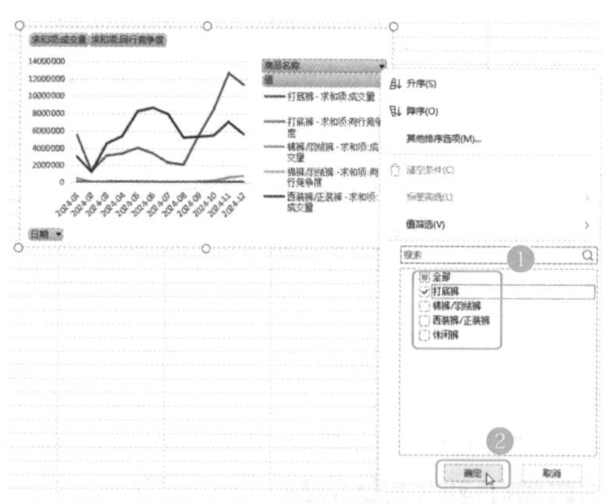

第4步：打开“属性”窗格。选中代表打底裤同行竞争度的折线，右击，在弹出的快捷菜单中选择“设置数据系列格式”选项。

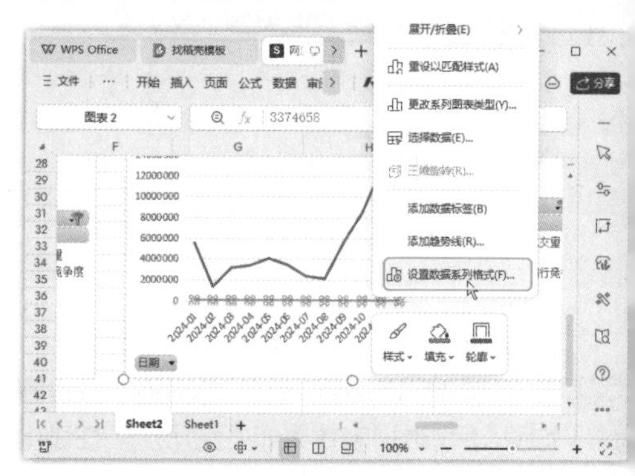

第5步：设置数据的坐标轴。在打开的“属性”窗格中选择“次坐标轴”选项。

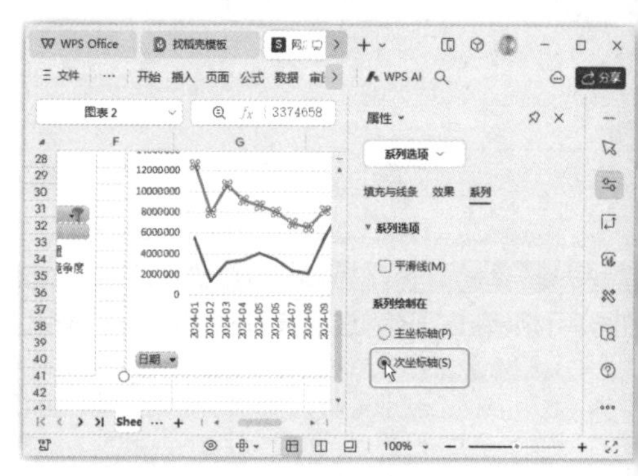

第6步：设置坐标轴的边界值。双击右边的次坐标轴，在打开的“属性”窗格中设置坐标轴的边界值。

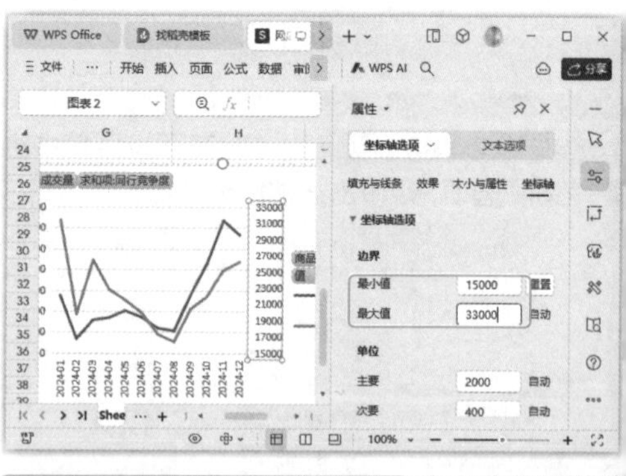

第7步：设置竞争度折线格式。❶双击代表打底裤竞争度的折线，在打开的“属性”窗格中设置其宽度为“1.5磅”；❷选择颜色为“橙色”。

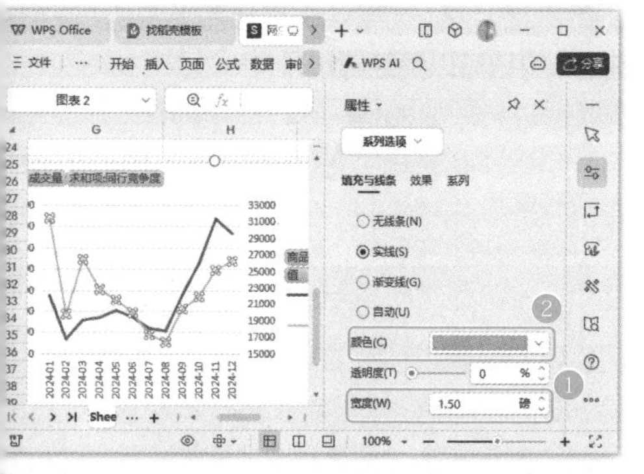

第8步：设置销量折线格式。双击代表打底裤销量的折线，①在打开的“属性”窗格中设置其宽度为“1.5磅”；②单击“短划线类型”的下拉按钮，在下拉菜单中选择“线条样式:系统短划线”选项。

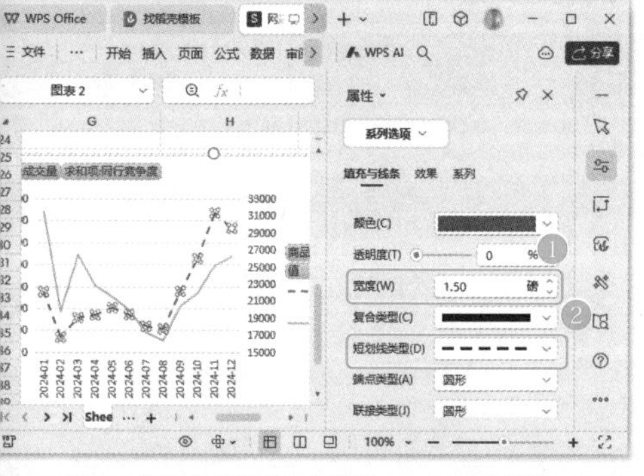

第9步：利用折线分析数据。适当调整数据透视表的宽度，查看图表，此时代表销售和竞争度的两条折线不论是在颜色上还是在线型上都明确地区分开来，分析两者的趋势，发现起伏度非常类似，说明竞争度确实影响到了销量大小。

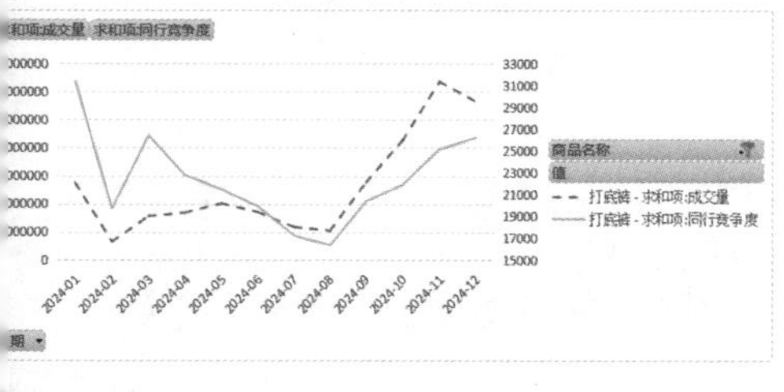

8.3.3 使用切片器分析数据透视表

制作出来的数据透视表数据项目往往比较多，如店铺的商品销售透视表有各个店铺的数据。此时可以通过WPS表格的切片功能来筛选特定项目，让数据更加直观地呈现。具体操作方法如下。

第1步：设置字段。①在“字段列表”中选择需要显示的字段；②设置字段的区域。

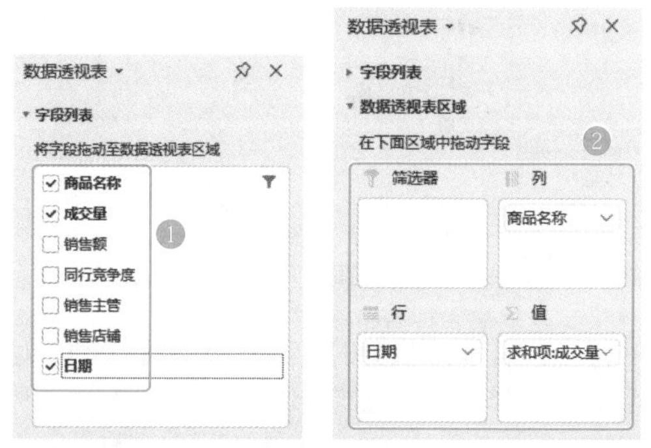

第2步：清空筛选条件。使用8.3.2小节的字段和区域设置。①在透视表中单击“商品名称”单元格右侧的按钮；②在下拉菜单中选择“清空条件”选项。

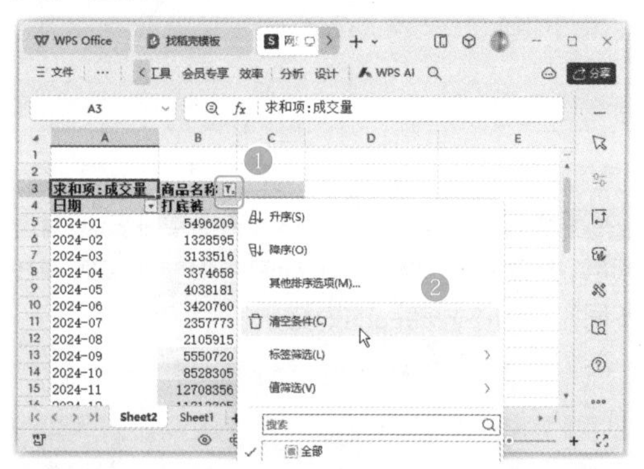

第3步：单击“插入切片器”按钮。在透视表中单击“分析”选项卡下的“插入切片器”按钮。

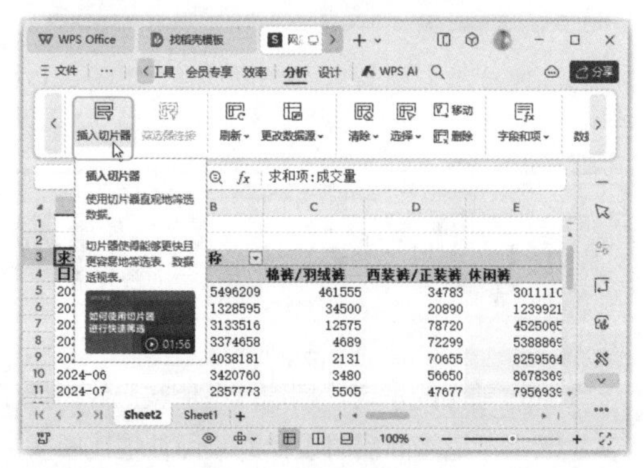

第4步：选择数据项目。①在打开的“插入切片器”对话框中选择需要的数据项目，如“销售店铺”；②单击“确定”按钮。

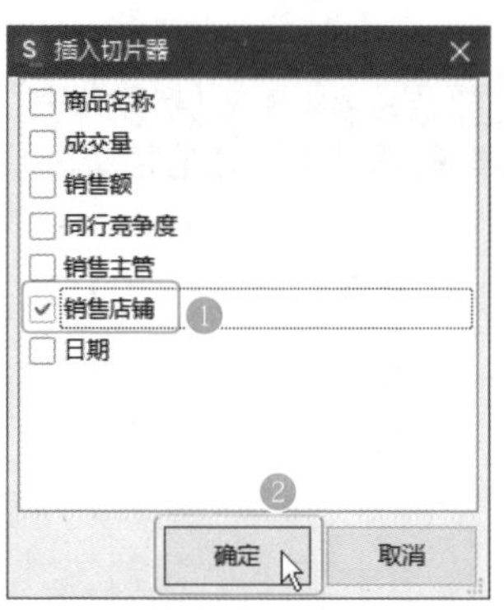

第5步：选择店铺。此时会弹出“切片器筛选”对话框，选择其中一个店铺选项。

第6步：查看数据筛选结果。选择单独的店铺选项后，效果如下图所示，透视表中仅显示该店铺在不同时间内不同商品的销量。

求和项:成交量	商品名称				
日期	打底裤	棉裤/羽绒裤	西装裤/正装裤	休闲裤	总计
2024-01	5496209	461555			5957764
2024-02				1239921	1239921
2024-03	3133516				3133516
2024-04		4689		5388869	5393558
2024-05	4038181				4038181
2024-06	3420760				3420760
2024-07	2357773			7956939	10314712
2024-08		20894			20894
2024-09			83810		83810
2024-10	8528305				8528305
2024-11	12708356	592035			13300391
2024-12	11313305	791837	51718		12156860
总计	50996405	1871010	135528	14585729	67588672

第7步：清除筛选。单击切片器上方的“清除筛选器”按钮可以清除筛选。

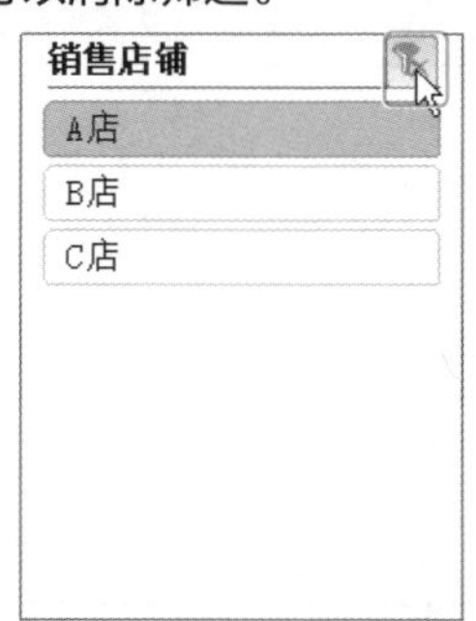

第8步：根据时间进行筛选。清除筛选后，可以重新选择筛选方式，如在“插入切片器”对话框中选择“日期”。效果如下图所示，可以选择查看月的销售数据。

求和项:成交量	商品名称				
日期	打底裤	棉裤/羽绒裤	西装裤/正装裤	休闲裤	总计
2024-03	3133516	12575	78720	4525065	77498
总计	3133516	12575	78720	4525065	774987

过关练习：制作“网店销货、退货统计表”

通过前面的学习，相信读者朋友已经掌握了图表的制作方法及透视表的数据分析方法。在现实生活中，销售商品时设计的项目往往比较多，如网店销售，有销货地和退货地，还有客服人员等因素。只有通过透视表的综合分析，才能分析出商品的销售情况。

“网店销货、退货统计表”效果如下图所示。

求和项:销量		客服人员				
是否退货	商品名称	刘菲	罗雨	张丽	赵奇	总计
⊟否		**509**	**647**	**482**	**410**	**2048**
	打底裤	133	73	59	39	304
	吊带衫		20	16	32	68
	喇叭裤	23		8	11	42
	连衣裙A款	59	39	66	50	214
	牛仔裤	98	106	124	117	445
	碎花半身裙	150	266	175	141	732
	小西服	24	129	28	12	193
	雪纺衫	22	14	6	8	50
⊟是		**22**	**109**	**146**	**19**	**296**
	打底裤		51			51
	连衣裙A款		45	10	6	61
	牛仔裤			33	5	38
	碎花半身裙	4	12	8		24
	小西服	18	1	95	8	122
总计		**531**	**756**	**628**	**429**	**2344**

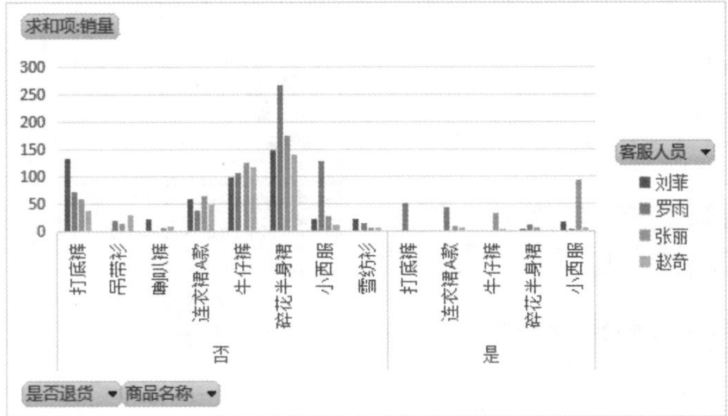

※ 思路解析

为了分析好网店的销售情况，需要将数据项目创建成透视表。在利用透视表分析数据时要从目的出发，根据目的选择不同的分析方式。例如，想要分析“小西服”商品的销售情况，可以查看该商品在不同地区的销量及退货量，以及不同客服的销售情况，从而找到商品不好卖的地区、判断是否存在客服销售因素等。具体思路如下图所示。

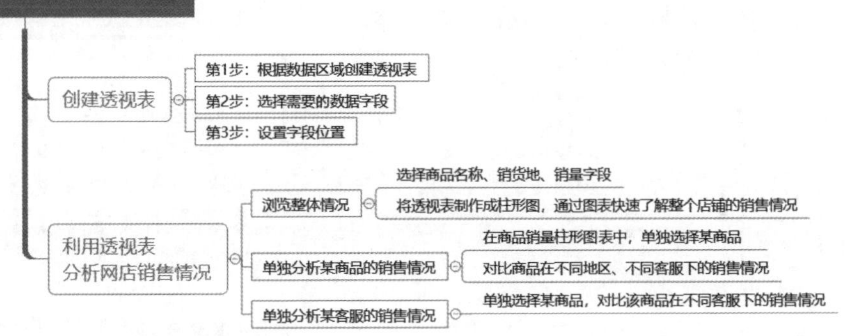

※ 关键步骤

关键步骤1：创建数据透视表。按照路径“素材文件\第8章\网店销货、退货统计表.xlsx”打开素材文件。单击“插入”选项卡下的“数据透视表”按钮。

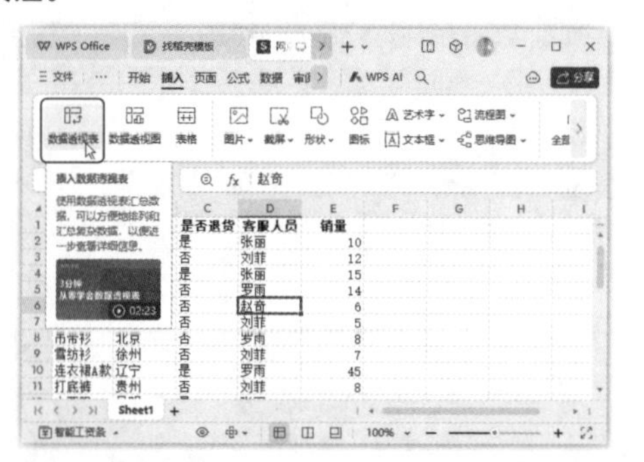

关键步骤2：设置“创建数据透视表”对话框。❶选择表的区域；❷选择“新工作表”选项；❸单击“确定”按钮。

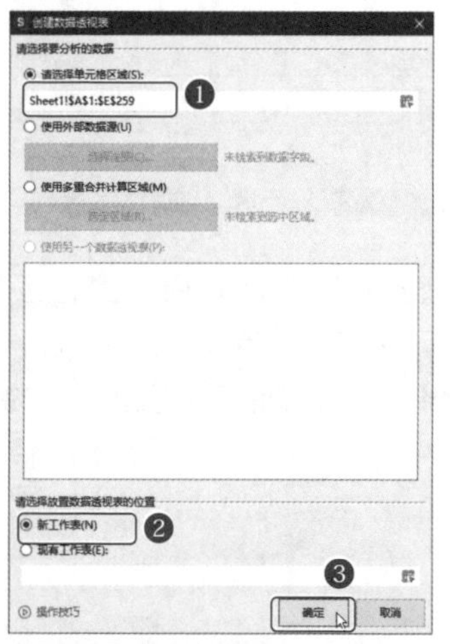

关键步骤3：设置字段。❶在“数据透视表”窗格中选择字段；❷设置字段位置。

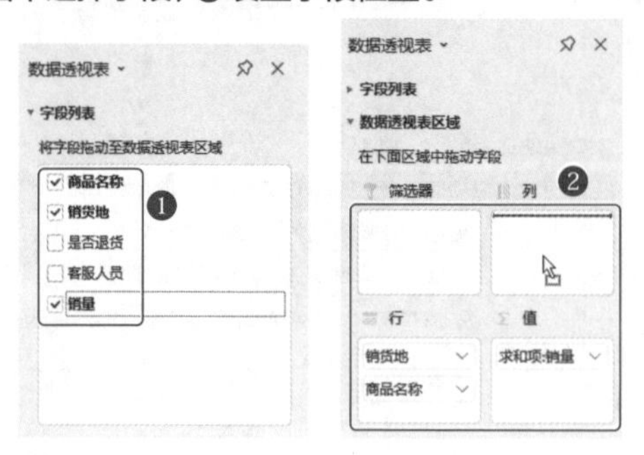

关键步骤4：插入并分析柱形图。单击“插入”选项卡下的“插入柱形图”按钮，创建一个柱形图。将光标放到柱形图的柱形上会显示相应的数据，如下图所示，大连的碎花半身裙销量最高。

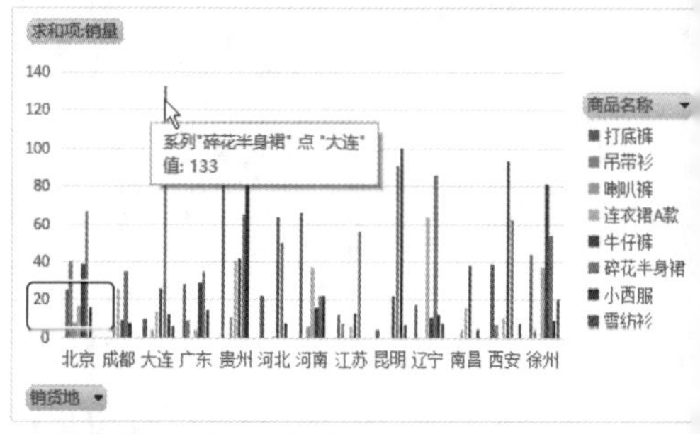

关键步骤5：筛选商品。❶单击“商品名称”菜单，选择一样商品；❷单击“确定”按钮。

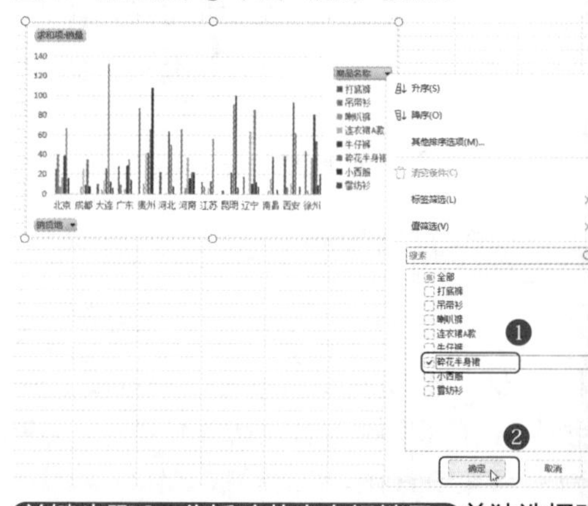

关键步骤6：分析碎花半身裙销量。单独选择碎花半身裙后，分析其销量，如下图所示，发现大连、昆明、辽宁的销量最好。

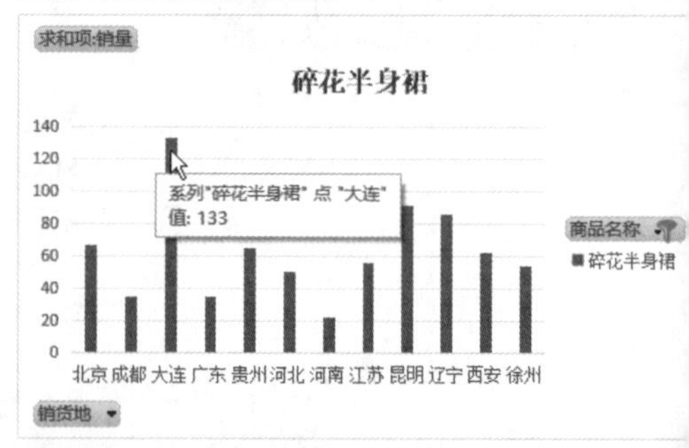

关键步骤7：创建雷达图。取消上面步骤中图表的商品筛选。❶单击“插入”选项卡下的“全部

图表”按钮，在打开的对话框中选择“雷达图”选项；❷选择预设的雷达图效果，创建一个雷达图。

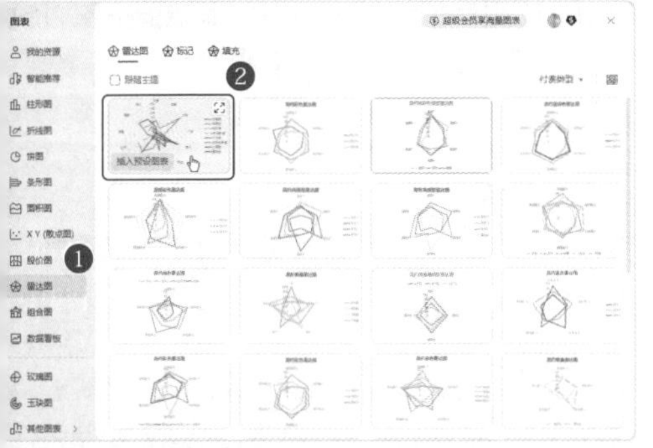

关键步骤8：筛选商品。在创建的雷达图“商品名称”菜单中选择“打底裤”选项后的“仅选择此项”命令。

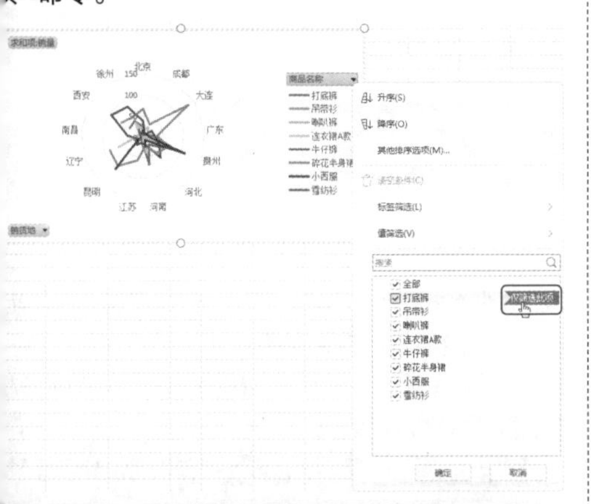

关键步骤9：分析打底裤在不同城市的销量。在雷达图中筛选出打底裤商品后，通过雷达图对比出商品在不同城市的销量，如下图所示，贵州和河南是销量最高的两个省份。

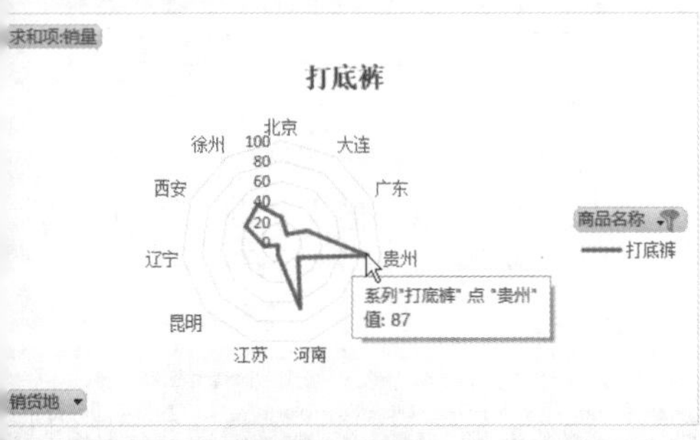

关键步骤10：重新设置字段。取消上面步骤中图表的商品筛选。❶打开“数据透视表”窗格，重新选择字段；❷设置字段的位置。

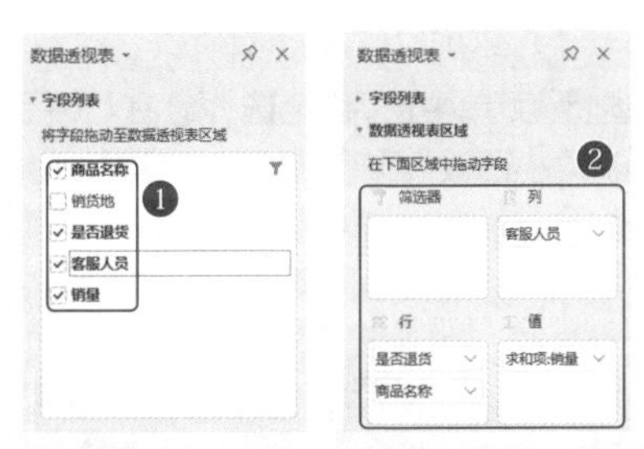

关键步骤11：创建柱形图并大概浏览销货、退货情况。为透视表创建簇状柱形图，通过柱形图可以大概浏览网店商品的销货和退货情况，能快速对比出哪些商品的销量高以及哪些商品的退货量高。从下图中可以看到，由客服“张丽”销售的“小西服”商品的退货量最高。

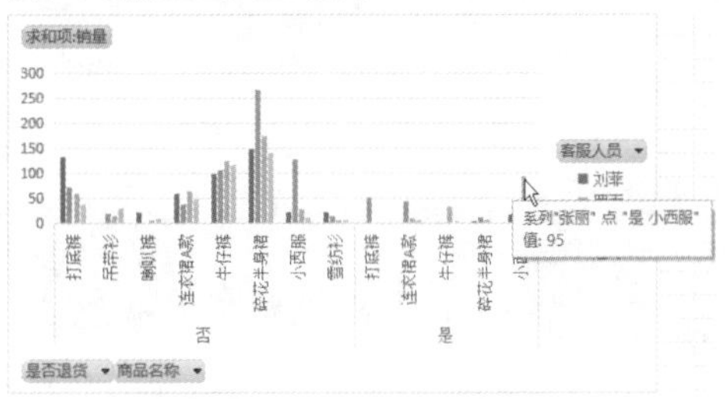

关键步骤12：单独查看退货情况。❶单击透视图中的“是否退货”按钮，选择菜单下的“是”选项；❷单击“确定”按钮。

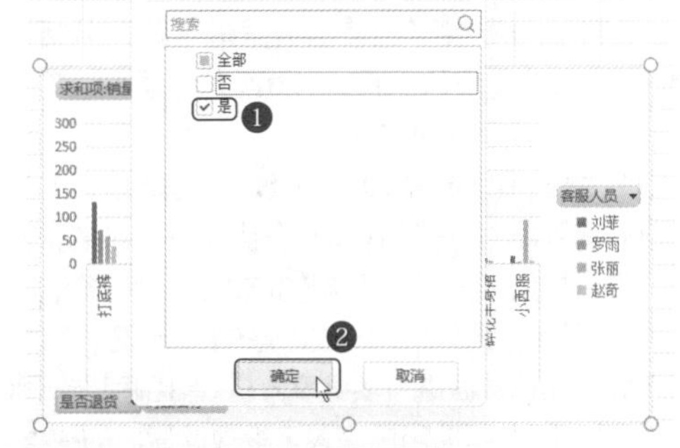

关键步骤13：查看退货情况。如下图所示，从退货图表中发现，小西服的退货量最高。

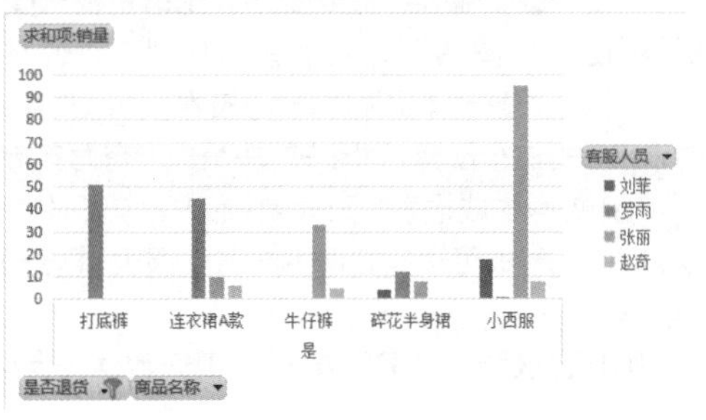

关键步骤14：单独查看小西服的销售情况。❶在“是否退货”菜单中选择“全选”；❷在“商品名称”中仅选择“小西服”。

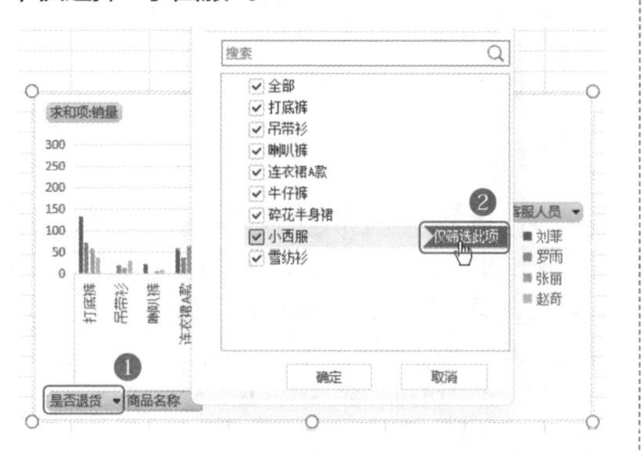

关键步骤15：分析小西服的销售情况。此时可
单独查看小西服的销售情况，如下图所示，结果
现由客服张丽销售的小西服的退货量最高，而
客服罗雨销售的小西服的退货量最低。

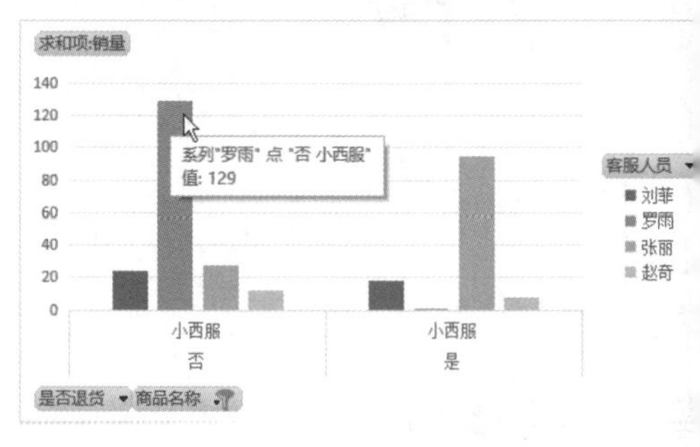

高手秘技与 AI 智能化办公

01 让 WPS AI 对表格数据进行智能分析

WPS AI提供了对表格数据进行智能分析的功能，让数据呈现得更直观，洞察力更强。该功能主要有以下6个方面的优势。

（1）智能识别与整理：WPS AI具备强大的数据自动识别能力，无论是标准表格还是复杂的数据集，都能快速整理，确保数据的准确性和完整性。

（2）深度数据分析：通过内置的AI算法，WPS AI可以对表格数据进行多维度分析，包括趋势预测、关联性检测等，帮助用户深入了解数据背后的故事。

（3）可视化呈现：将数据以直观的图表形式展示，以便一眼就能洞悉数据变化。无论是柱形图、折线图还是饼图，WPS AI都能轻松创建。

（4）预测分析：利用机器学习技术，WPS AI可对未来数据进行预测，为用户的决策提供有力支持。

（5）快速生成报表：无须复杂的操作，只需一键，WPS AI即可根据数据生成各类报表，提升工作效率。

（6）安全保障：WPS AI严格遵守数据安全标准，确保数据安全无虞。同时，支持多种数据导
格式，方便与其他软件共享数据。

下面举例介绍WPS AI的表格数据智能分
功能的具体操作步骤。

第1步：单击“智能分析”按钮。按照路径“素
文件\第8章\分店销量数据智能分析.xlsx”打
素材文件。❶选择要分析的数据所在单元格区
❷单击“数据”选项卡下的“智能分析”按钮。

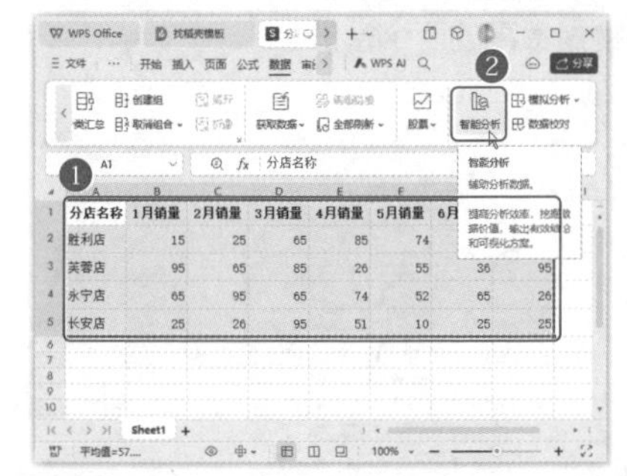

第2步：选择需要的解读方式。在显示出的“
据解读”窗格中可以看到系统根据所选数据提
的多个图表解读选项，查看并选择需要的解读
式，单击下方的“插入解读”按钮。

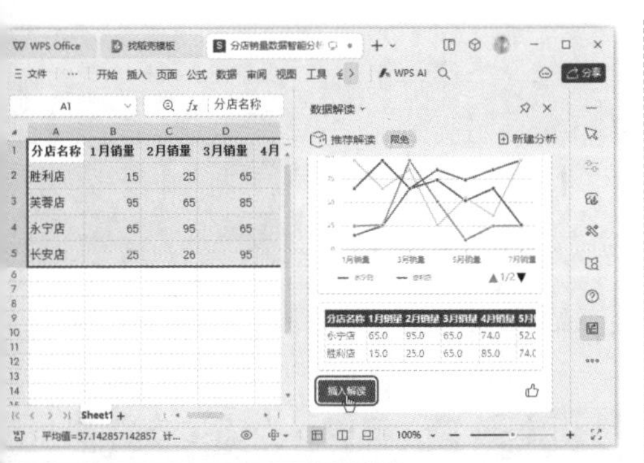

第3步：查看插入的图表效果。 在表格中可以看到插入了对应的图表效果，还可以插入多个解读效果。

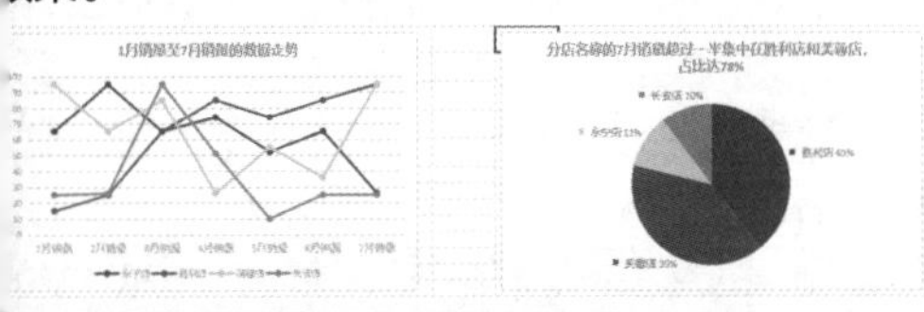

第4步：单击“新建分析”按钮。 在“数据解读”窗格中单击右上角的“新建分析”按钮。

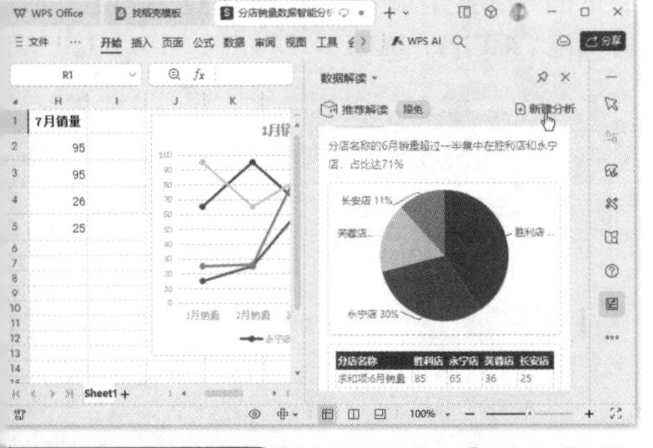

第5步：添加字段。 在新界面中，❶单击“添加字段”按钮；❷在下拉列表中选择要添加的字段选项。

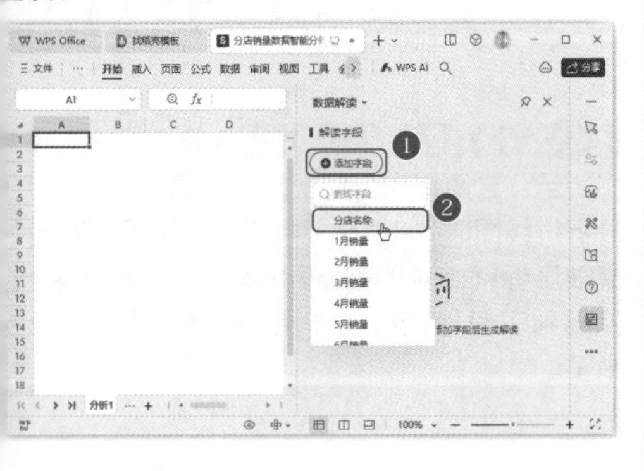

第6步：选择需要的透视解读方式。 ❶使用相同的方法继续添加其他需要分析的字段，即可在新建的工作表中查看到包含这些字段的对应表格；❷在窗格下方查看并选择需要的透视图表，单击“插入解读”按钮；❸在下拉列表中选择要插入图表的位置，这里选择“插入到当前工作表”选项。

第7步：查看插入的透视图表效果。 在工作表中即可看到插入的透视图表效果。

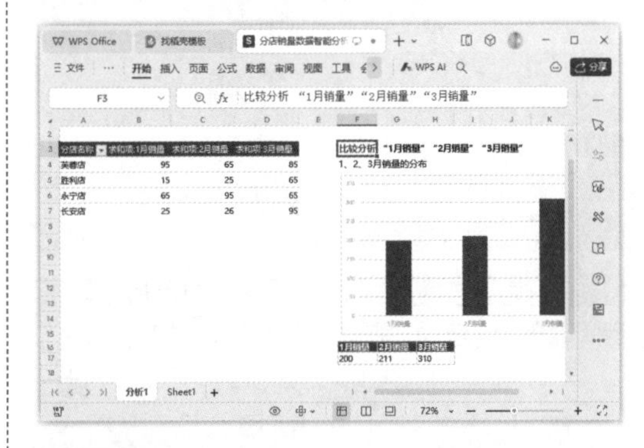

02 横轴标签太多，可以这样调整

在使用WPS表格制作图表时，如果遇到横轴标签太多，如标签是一个30天的日期，那么X轴的标签就密密麻麻挤在一起。此时可以调整标签的显示间隔，让X轴的标签清楚显示。

第1步：打开“属性”窗格。 按照路径“素材文件\第8章\X轴标签设置.et”打开素材文件。右击横坐标轴，在弹出的快捷菜单中选择“设置坐标轴格式”选项。

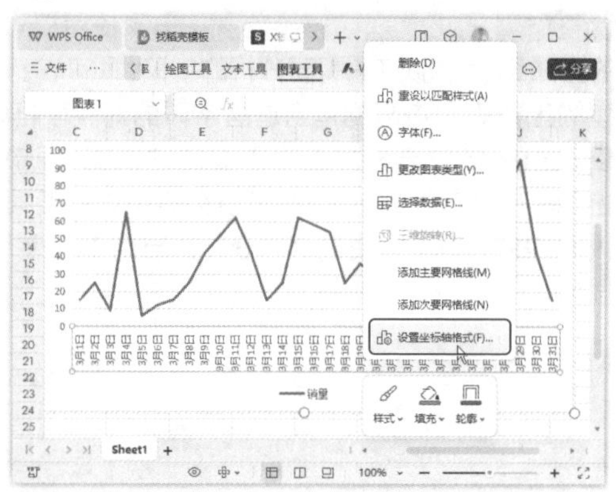

第2步：设置坐标轴类型。在“属性”窗格中的“坐标轴选项”选项卡下设置“坐标轴类型”为“文本坐标轴”。

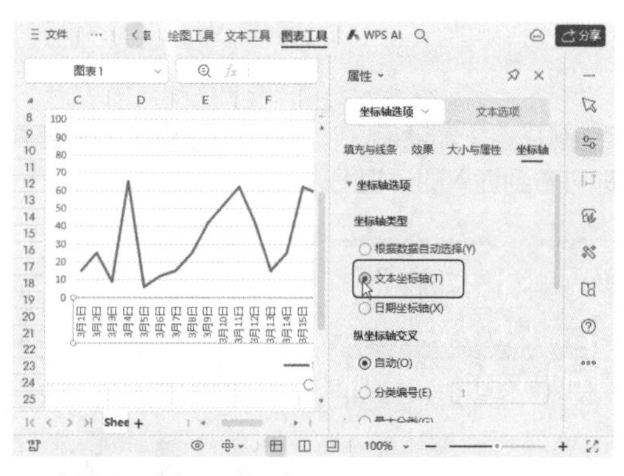

第3步：设置标签间隔。在“标签”菜单中选择“指定间隔单位”选项，并输入间隔单位，如输入3。

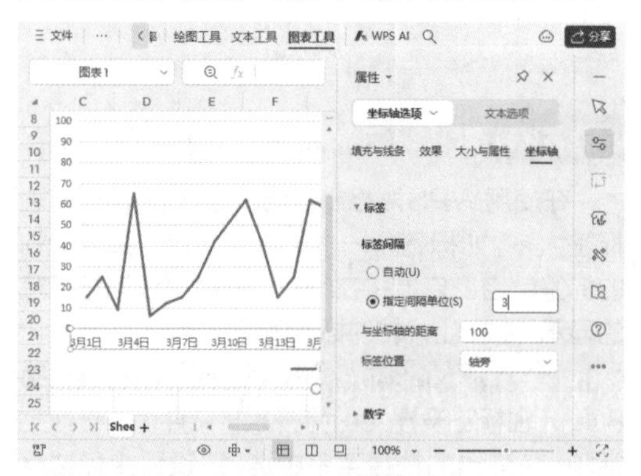

第4步：查看标签设置效果。如下图所示，横轴的标签不再显示很多，而是以3为间隔进行显示。

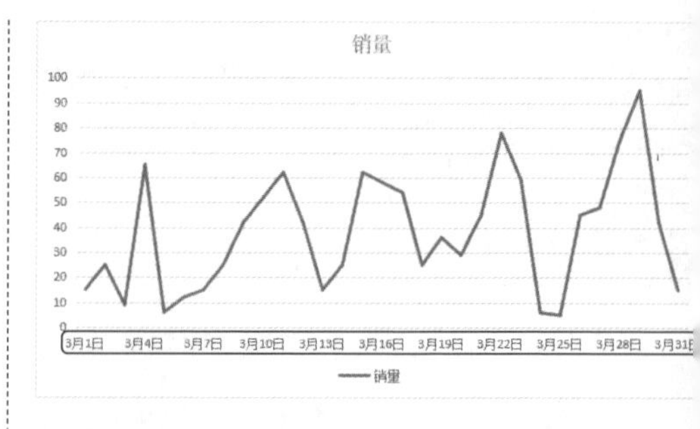

03 画龙点睛，为图表添加辅助线

在WPS表格中制作完图表，为了让图表的信息更清楚地表达，可以添加辅助线，帮助强调图表重点。图表可以添加的辅助线有误差线、网格线、线条、趋势线、涨/跌柱线，但并不是每种图表都能添加这些辅助线，下面进行常用的辅助线介绍。

第1步：添加线条。按照路径“素材文件\第8章\添加辅助线.et”打开素材文件。❶切换到Sheet工作表中，选中图表；❷单击“图表工具”选项卡下的“添加元素”按钮；❸选择“线条”选项；❹选择“垂直线”选项。

第2步：查看线条添加效果。线条添加效果如下图所示。之所以为折线图添加垂直线，是因为在分析折线图时，如果想要将折线的转折点对应到横轴坐标就比较困难，但是添加了垂直趋势线就起到了引导视线的作用，对应坐标就轻而易举了。

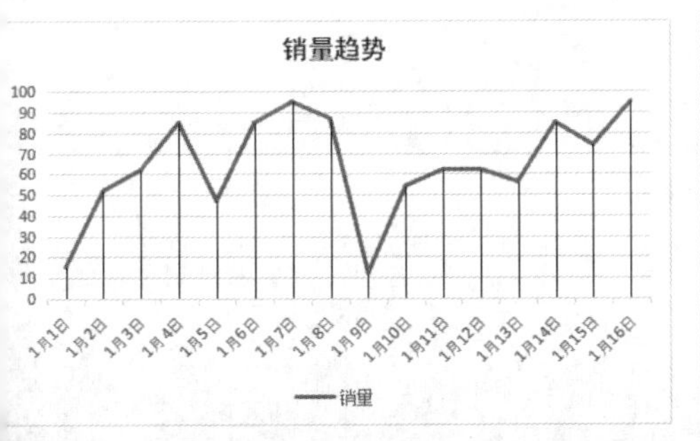

第3步：添加水平网格线。 网格线就是图表区域的网格，通常情况下，散点图更适合添加网格线，有助于用户将散点图中的点具体定位到X轴和Y轴的坐标。❶切换到Sheet2工作表中，选中图表；❷单击“图表工具”选项卡下的“添加元素”按钮；❸选择“网格线”选项；❹选择“主轴主要水平网格线”选项。

第4步：添加垂直网格线。 ❶单击“图表工具”选项卡下的“添加元素”按钮；❷选择“网格线”选项；❸选择“主轴主要垂直网格线”选项。

第5步：查看网格线添加效果。 如下图所示，此时图表中添加了水平和垂直方向上的网格线。

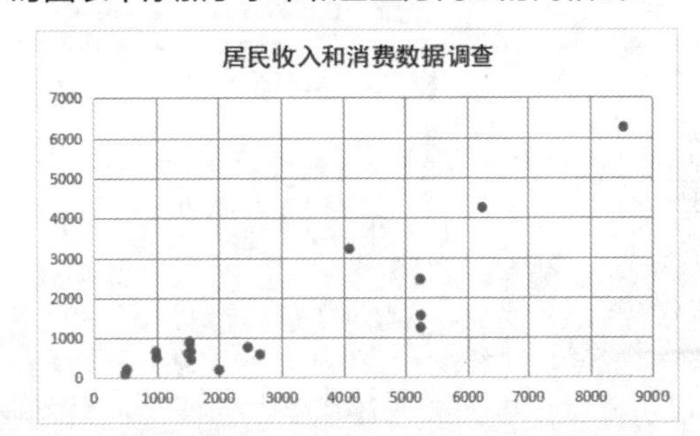

第6步：添加趋势线。 趋势线用于帮助分析数据趋势，通常情况下，散点图适合添加趋势线，有助于用户分析孤立的点形成的趋势。❶切换到Sheet3工作表中，选中图表；❷单击“图表工具”选项卡下的“添加元素”按钮；❸选择“趋势线”选项；❹选择“指数”选项。

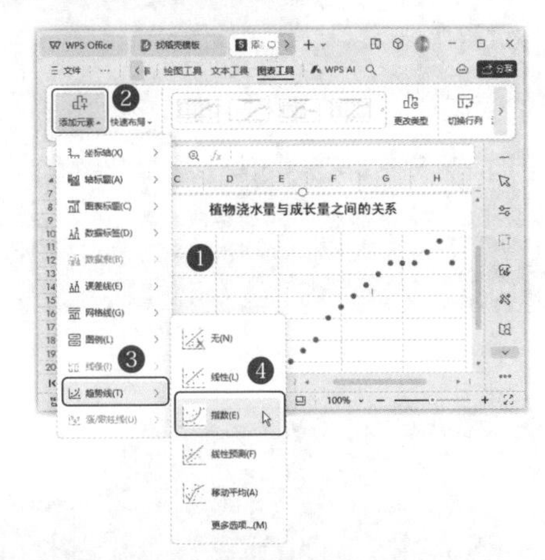

第7步：查看趋势线添加效果。 如下图所示，此时散点图中添加了一条趋势线，可以通过趋势线判断散点的走势。

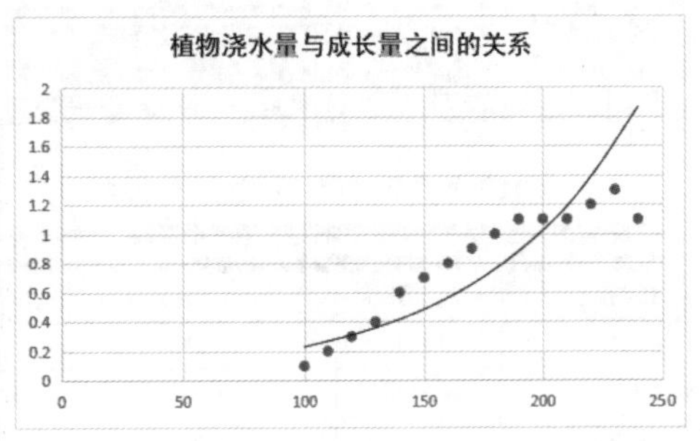

第9章 WPS中表格数据的预算与决算分析

◆本章导读

数据分析的一大作用就是预测未来发展，作出利益最大的决策。在WPS表格中提供了单变量求解和规划求解两个工具。利用这两个工具，可以计算达成某一目标的事项安排，也可以找到成本最小化、利润最大化的最优解。

◆知识要点

■用公式将变量与定量联系起来
■使用单变量求解
■为数据建立模型
■使用规划求解

◆案例展示

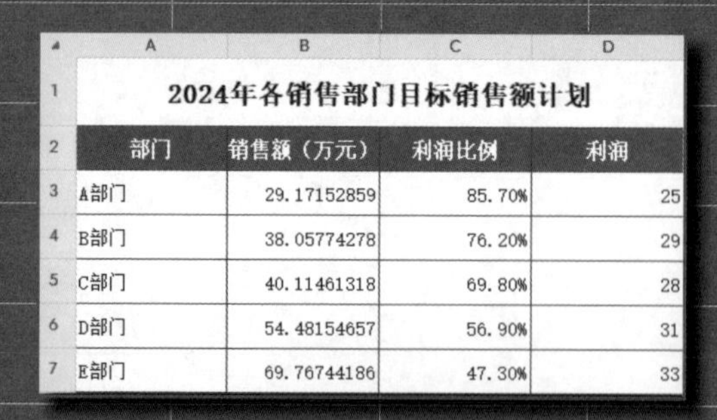

	A	B	C	D
1	2024年各销售部门目标销售额计划			
2	部门	销售额（万元）	利润比例	利润
3	A部门	29.17152859	85.70%	25
4	B部门	38.05774278	76.20%	29
5	C部门	40.11461318	69.80%	28
6	D部门	54.48154657	56.90%	31
7	E部门	69.76744186	47.30%	33

	A	B	C	D	E
1	车间生产不同产品的时长（单位：小时）				
2	产品名称	车间1	车间2	车间3	
3	产品A	1	2.5	3	
4	产品B	1.5	1	2	
5	产品C	2	1	1	
6					
7	车间生产用时规划（单位：小时）				
8	产品名称	车间1	车间2	车间3	
9	产品A	8	7.67839E-13	1.18482E-12	
10	产品B	3.76405E-13	8	1.18482E-12	
11	产品C	2.79931E-13	1.19532E-12	8	
12	总时长	8	8	8	
13					
14	产量（件）				
15	产品名称	车间1	车间2	车间3	总产量
16	产品A	8	3.07136E-13	3.94939E-13	8
17	产品B	2.50937E-13	8	5.92409E-13	8
18	产品C	1.39965E-13	1.19532E-12	8	8
19					
20	利润（元）				
21	产品名称	车间1	车间2	车间3	总利润
22	产品A	2400	-7.67839E-12	5.92409E-11	480
23	产品B	-1.25468E-11	1200	5.92409E-11	
24	产品C	-4.19896E-11	5.97658E-11	1200	

9.1 制作“销售计划表”

※ 案例说明

一个有计划的企业会根据前一年销售情况对来年公司的销售进行规划，规划时会考虑到变量因素。常见的企业销售计划表中，利润比例往往是固定的，而人工成本可能是变动的。一个企业中又包括多个销售部门，可以为每个部门制定利润目标，然后根据利润目标计算完成这个目标需要达成的销售额。完成表格制作后，可以将销售计划表提交到上级领导处，让领导及时作出销售规划。

“销售计划表”完成后的效果如下图所示。

2024年各销售部门目标销售额计划

部门	销售额（万元）	利润比例	利润
A部门	29.17152859	85.70%	25
B部门	38.05774278	76.20%	29
C部门	40.11461318	69.80%	28
D部门	54.48154657	56.90%	31
E部门	69.76744186	47.30%	33

2024年各销售部门目标销售额计划

部门	销售额（万元）	利润比例	人工费用（万元）	利润
A部门	32.08868145	85.70%	2.5	25
B部门	42.78215223	76.20%	3.6	29
C部门	45.98853868	69.80%	4.1	28
D部门	60.98418278	56.90%	3.7	31
E部门	80.76109937	47.30%	5.2	33

※ 思路解析

在利用WPS表格的“单变量求解”功能制作销售计划表时，要确定数据分析中的变量和定量。确定好变量和定量后，再输入公式进行计算。有了公式就可以将变量和定量之间的关系表达出来，WPS表格再根据这个关系进行计算。无论定量有多少个，如只有一个利润率或是有利润率和人工成本，其思路都是一样的，只要用公式正确表达即可。思路如下图所示。

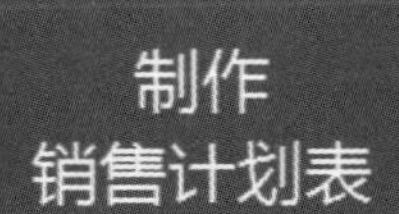

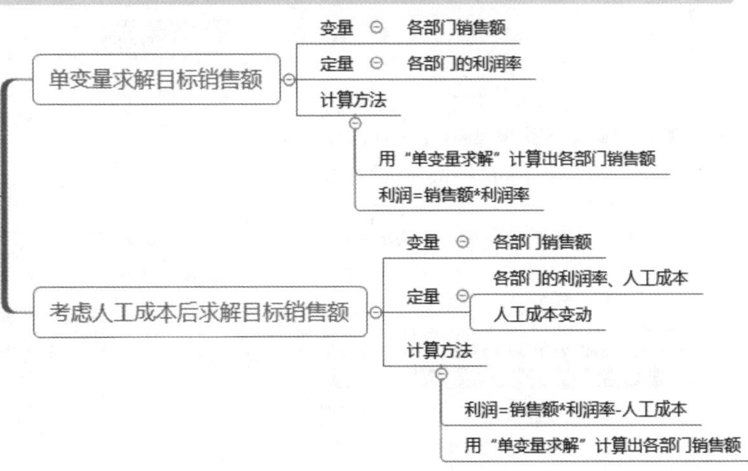

※ 步骤详解

9.1.1 用单变量求解计算目标销售额

在计划各部门的年度销售目标时，可以根据已知的利润比例和利润大小计算出部门的目标销售额。所用到的运算方法是单变量求解方法。

第1步：输入公式计算利润。 ❶新建“销售计划表”；❷建立一张“各部门目标销售额”工作表，在表中输入基本数据；❸在表格中输入数据并设置格式，在“利润”下面的单元格中输入数据计算出A部门的利润大小。

第2步：复制公式。 将第一个单元格的利润计算公式复制到以下的单元格中完成所有部门的利润计算。

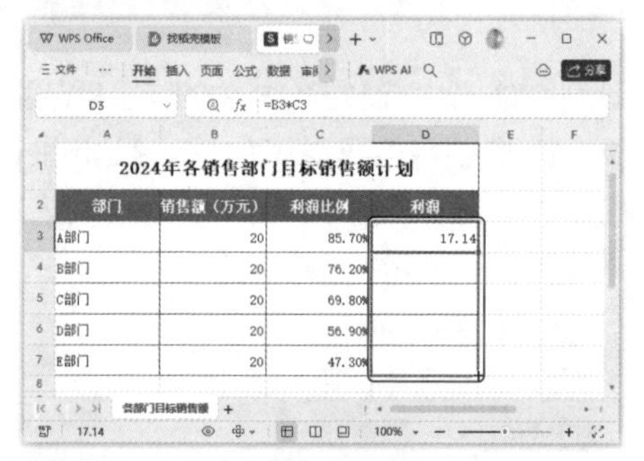

第3步：执行模拟分析命令。 ❶选中D3单元格；❷单击“数据”选项卡下的“模拟分析”按钮。

第4步：执行单变量求解命令。 等待模拟分析工具下载安装好以后，❶再次单击“模拟分析”按钮；❷在下拉菜单中选择“单变量求解”选项。

第5步：设置“单变量求解”对话框。 ❶在打开的“单变量求解”对话框中输入“目标单元格”和“目标值”；❷将光标定位到“可变单元格”文本框中，单击B3单元格；❸单击“确定”按钮。

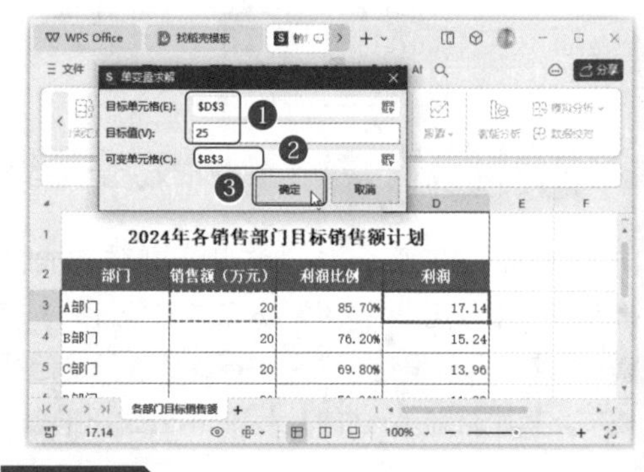

专家点拨

在利用单变求解分析数据时，需要输入公式引用数据。不能直接输入纯数值，否则不能分析出数据的变动情况。例如，在D列利润列中通过输入公式计算利润，而不是直接输入利润数值。

第6步：确定求解结果。 经过计算后，弹出“单变量求解状态”对话框，单击“确定”按钮。

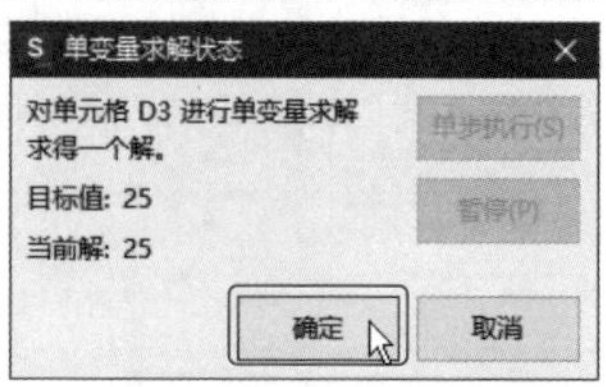

第7步：查看A部门的计划销售额。如下图所示，此时计算出，A部门要想达到25万元的利润，则销售额应该达到29.17152859万元。

第8步：计算B部门的目标销售额。❶按照同样的方法选中D4单元格，打开“单变量求解”对话框，计算B部门的目标销售额；❷设置好“单变量求解”对话框；❸单击“确定”按钮。

第9步：完成计算结果。按照同样的方法完成余下几个部门的目标销售额计算。其中，C部门的目标利润为28万元，D部门的目标利润为31万元，E部门的目标利润为33万元。结果如下图所示，即每个部门要达到D列的固定利润，需要完成的销售额是多少。

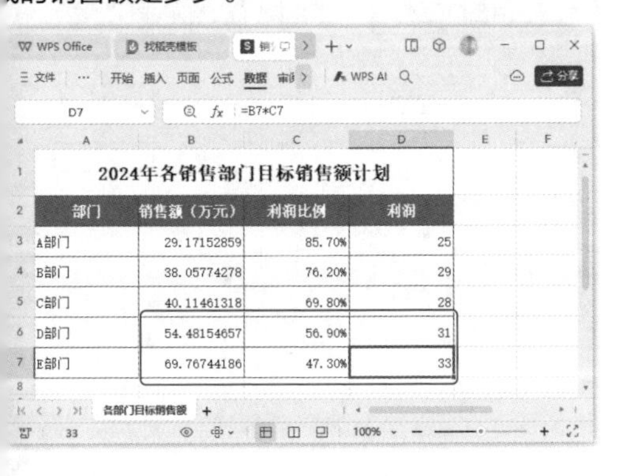

9.1.2 用单变量求解计算考虑人工成本的销售额

在进行各部门的年度销售额计划时，会发现影响销售额的因素较多，如还需要考虑人工成本。在这种情况下，同样可以在加入人工成本数据后，利用公式计算利润，然后进行单变量求解，规划出不同部门的目标销售额。

第1步：计算利润。❶新建一张名为“考虑人工成本计划销售额”的工作表；❷在表中输入包括人工费用的基本数据，在E3单元格中输入公式，计算A部门的利润。

2024年各销售部门目标销售额计划

部门	销售额（万元）	利润比例	人工费用（万元）	利润
A部门	20	85.70%	2.5	=B3*C3-D3
B部门	20	76.20%	3.6	
C部门	20	69.80%	4.1	
D部门	20	56.90%	3.7	
E部门	20	47.30%	5.2	

专家点拨

无论影响销售额的因素有多少个，只要列出来公式进行计算，都可以使用单变量求解进行销售额目标规划。

第2步：复制公式。完成A部门的利润计算后，将光标放到E3单元格右下方，按住鼠标左键不放，往下拖动复制公式。

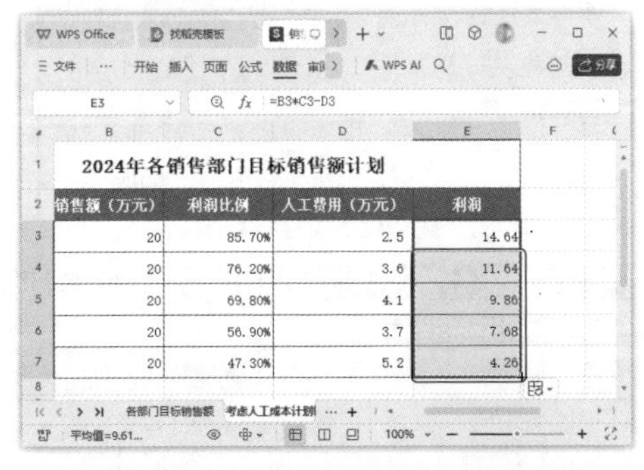

第3步：打开“单变量求解”对话框。❶选中E3单元格；❷选择“数据”选项卡下“模拟分析”菜

单中的“单变量求解”选项。

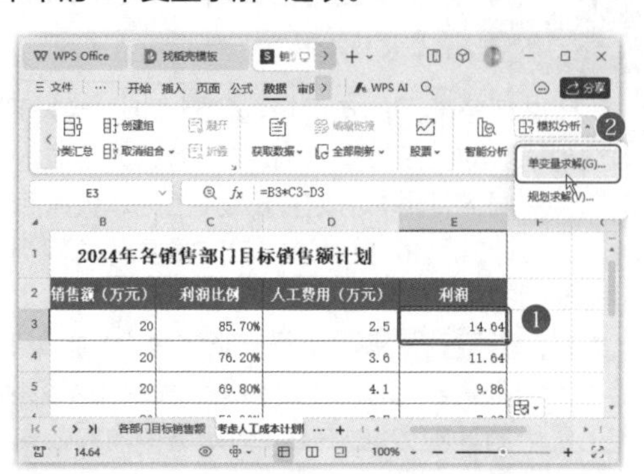

第4步:计算A部门的销售额。❶在“单变量求解”对话框中输入A部门的“目标单元格”和“目标值”;❷在“可变单元格”中选中B3单元格;❸单击“确定”按钮。

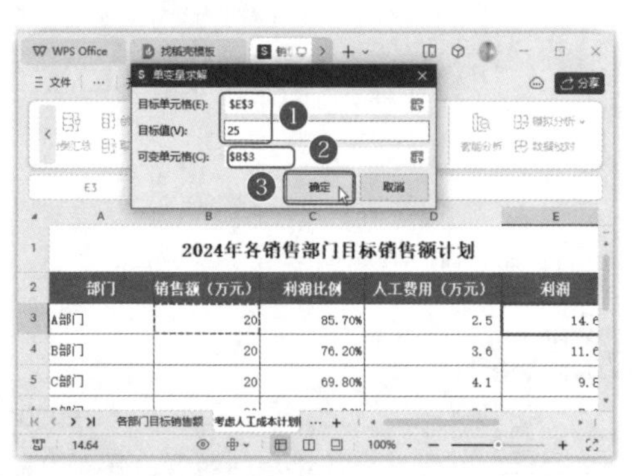

第5步:确定计算结果。此时弹出“单变量求解状态”对话框,单击“确定”按钮。

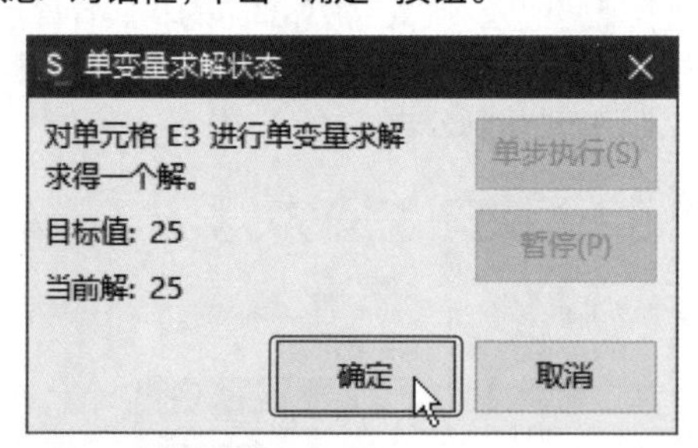

第6步:查看计算结果。如下图所示,此时计算出A部门的目标销售额。

第7步:计算B部门的目标销售额。❶选中E
单元格,打开“单变量求解”对话框,输入“目
单元格”和“目标值”;❷在“可变单元格”中
择B4单元格;❸单击“确定”按钮。

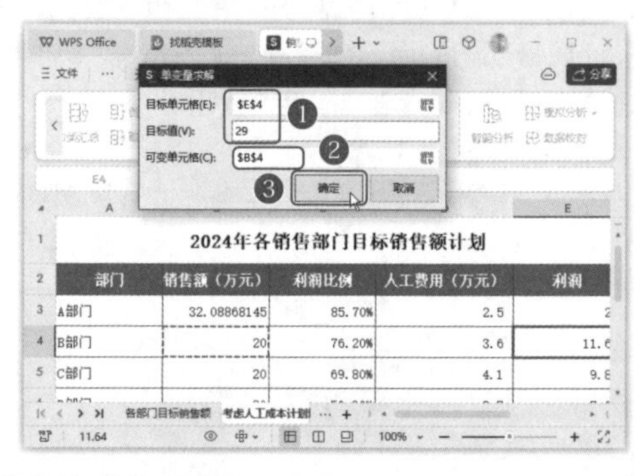

第8步:完成计算结果。按照同样的方法完成余
下几个部门的目标销售额计算。其中,C部门
目标利润为28万元,D部门的目标利润为31
元,E部门的目标利润为33万元。

9.2 制作“生产规划表”

※ 案例说明

企业在进行生产规划时，往往需要考虑生产时用到的不同原料成本或生产产品的时长。为了减小生产成本、增加生产利润，往往需要根据已知生产条件对生产进行规划。

如下面两张图所示，分别是成本最小化和利润最大化时的“生产规划表”效果。

	A	B	C	D	E
1	生产每件产品需要用到的各种原料（单位：千克）				
2	产品名称	原料1	原料2	原料3	
3	产品A	1.2	2.5	1.5	
4	产品B	2.2	3.2	6.1	
5	产品C	1.4	4.2	5.4	
6	产品D	3.1	2.6	3.2	
7					
8	生产产品需要的原料（单位：千克）				
9	产品名称	原料1	原料2	原料3	
10	产品A	5.99963E-14	60.0	4.10313E-14	
11	产品B	4.26684E-14	0.0	3.04972E-14	
12	产品C	5.33543E-14	14.3	6.79378E-14	
13	产品D	4.26509E-14	0.0	3.04649E-14	
14					
15	产量计算表				
16	产品名称	原料1	原料2	原料3	产量合计
17	产品A	7.19955E-14	150	6.1547E-14	150
18	产品B	9.38704E-14	2.27726E-13	1.86033E-13	5.08E-13
19	产品C	7.4696E-14	60	3.66864E-13	60
20	产品D	1.32218E-13	1.84821E-13	9.74878E-14	4.15E-13
21					
22	成本计算表				
23	产品名称	原料1	原料2	原料3	成本合计
24	产品A	2.99981E-13	180	2.87219E-13	222.8571
25	产品B	2.13342E-13	2.13493E-13	2.1348E-13	
26	产品C	2.66772E-13	42.85714286	4.75565E-13	
27	产品D	2.13255E-13	2.13255E-13	2.13255E-13	

	A	B	C	D	E
1	车间生产不同产品的时长（单位：小时）				
2	产品名称	车间1	车间2	车间3	
3	产品A	1	2.5	3	
4	产品B	1.5	1	2	
5	产品C	2	1	1	
6					
7	车间生产用时规划（单位：小时）				
8	产品名称	车间1	车间2	车间3	
9	产品A	8	7.67839E-13	1.18482E-12	
10	产品B	3.76405E-13	8	1.18482E-12	
11	产品C	2.79931E-13	1.19532E-12	8	
12	总时长	8	8	8	
13					
14	产量（件）				
15	产品名称	车间1	车间2	车间3	总产量
16	产品A	8	3.07136E-13	3.94939E-13	8
17	产品B	2.50937E-13	8	5.92409E-13	8
18	产品C	1.39965E-13	1.19532E-12	8	8
19					
20	利润（元）				
21	产品名称	车间1	车间2	车间3	总利润
22	产品A	2400	-7.67839E-12	5.92409E-11	4800
23	产品B	-1.25468E-11	1200	5.92409E-11	
24	产品C	-4.19896E-11	5.97658E-11	1200	

※ 思路解析

WPS 表格的规划求解功能可以根据已知条件建立数据模型，然后设置最小值、最大值或目标值，再选择可变单元格，设置限定条件，从而对数据进行最优解寻找。具体思路如下图所示。

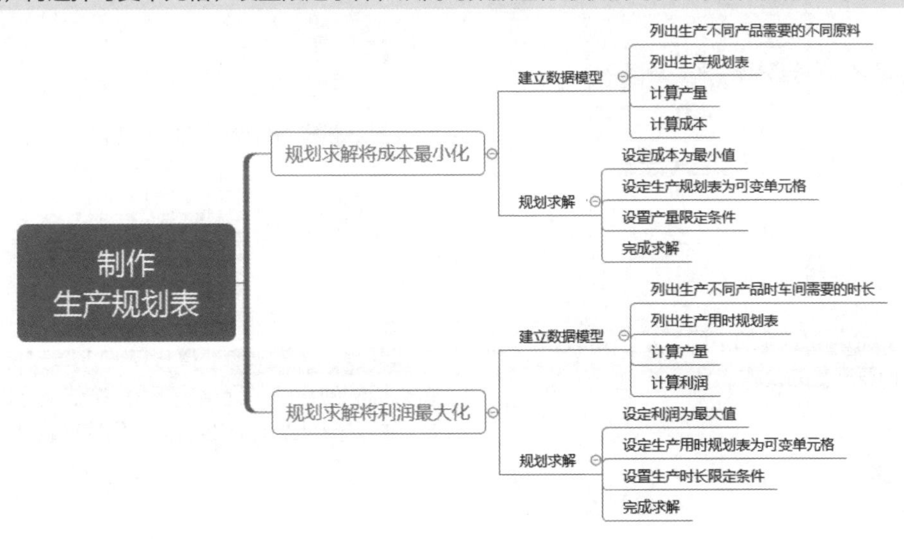

※ 步骤详解

9.2.1 通过规划求解让成本最小化

WPS表格中提供了“规划求解”功能，利用该功能，可以求得不同条件下的最优值。其原理是，通过调整指定单元格的可改变值，从目标单元格公式中求得所需的结果，通过设置约束条件来完成最优解寻求。

例如，企业在生产A、B、C、D、E五种产品时，需要使用1、2、3三种原料。这三种原料的成本价分别为5元、3元、7元。现已知生产每种产品需要用到的不同原料数量，企业要求产品A的产量不能小于150件，产品B的产量不能超过310件，产品C的产量固定为60件。需要规划如何采购原料数量既能满足生产需要又能将总成本控制到最少。

>>>1. 建立数据模型

在利用已知条件进行规划求解时，需要在WPS表格中建立数据模型。数据模型的形式不是唯一的，只要能在表格中将数据关系列清楚即可。具体方法如下。

第1步：输入基本数据。 ❶新建一份名为“生产规划方案”的文件；❷建立一张名为“产品生产规划表”的工作表；❸在表格中输入生产不同产品时需要用到的原料，以及一张产品规划表。

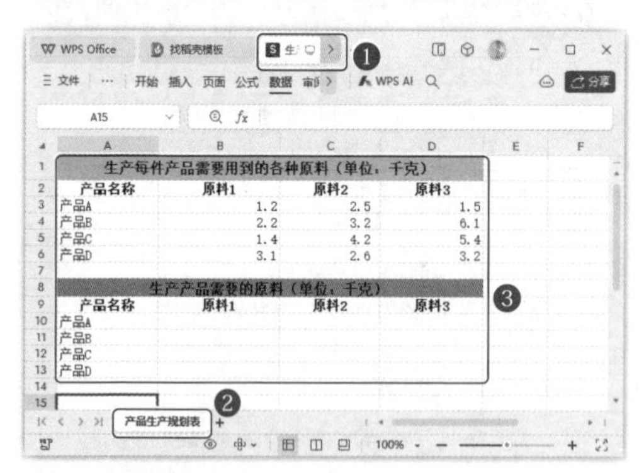

生产每件产品需要用到的各种原料（单位，千克）
产品名称 原料1 原料2 原料3
产品A 1.2 2.5 1.5
产品B 2.2 3.2 6.1
产品C 1.4 4.2 5.4
产品D 3.1 2.6 3.2
生产产品需要的原料（单位，千克）
产品生产规划表

第2步：计算产量。 如下图所示，在B17单元格中输入计算产量的公式。

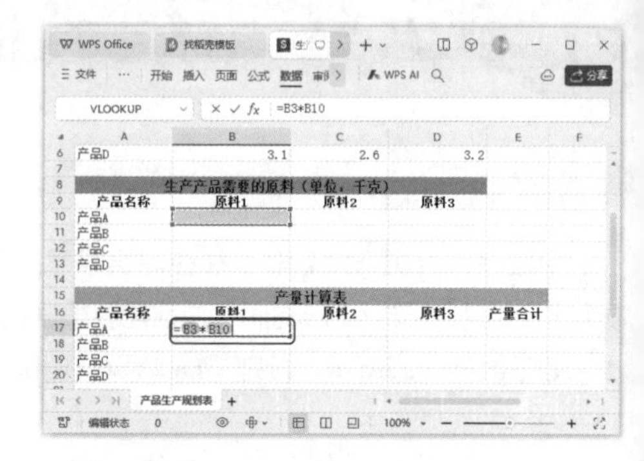

第3步：复制公式。 将光标放到B17单元格右下角，按住鼠标左键不放，往右拖动鼠标，计算其他原料。

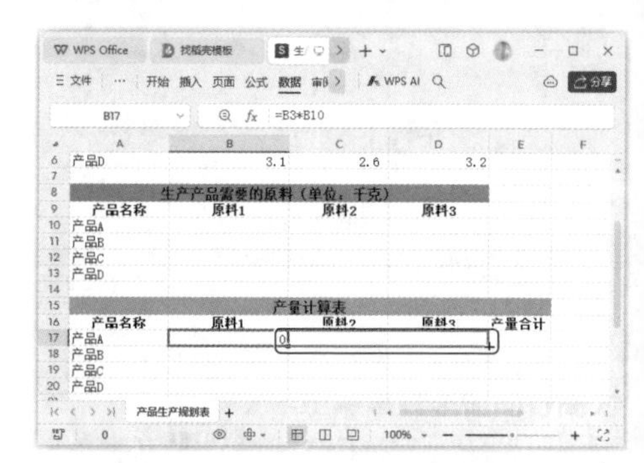

第4步：计算产量。 在E17单元格中输入求和公式，计算A产品的产量。

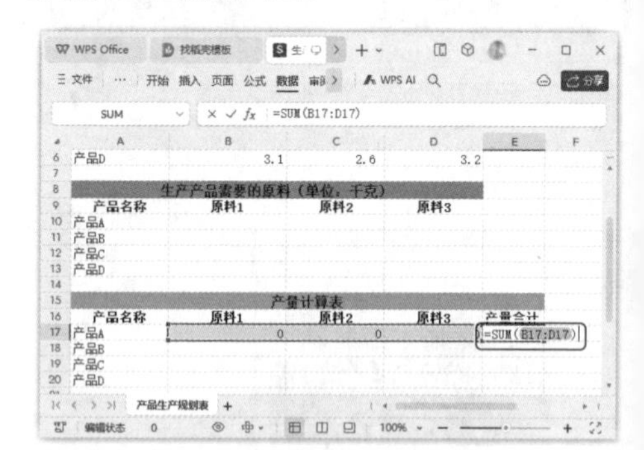

第5步：复制公式。 选择B17:E17单元格区域，将光标放到E17单元格右下角，按住鼠标左键不放，往下拖动鼠标，计算其他产品的产量。

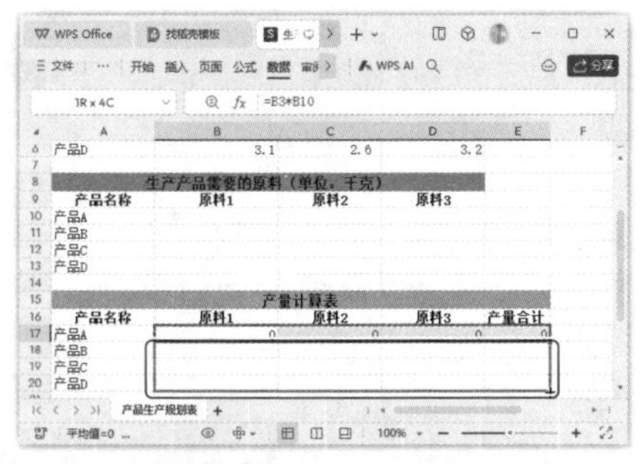

第6步：计算成本。在B24单元格中输入公式计算生产产品A时用到的原料1的成本。

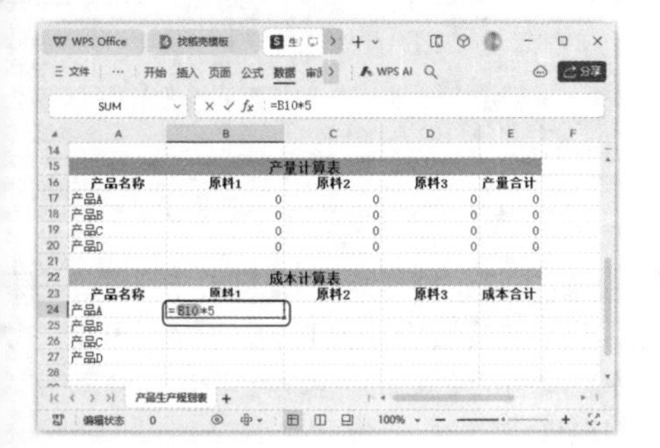

第7步：复制公式。往右复制B24单元格的原料计算公式。

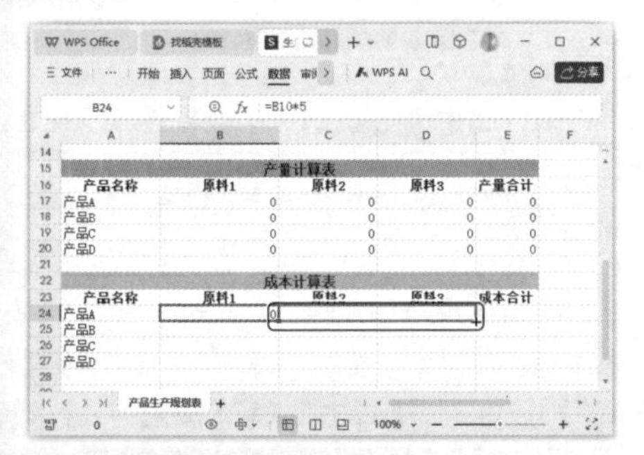

第8步：计算总成本。❶用同样的方法完成其他产品生产时的成本计算；❷在E24单元格中输入求和公式，计算生产所有产品的成本。

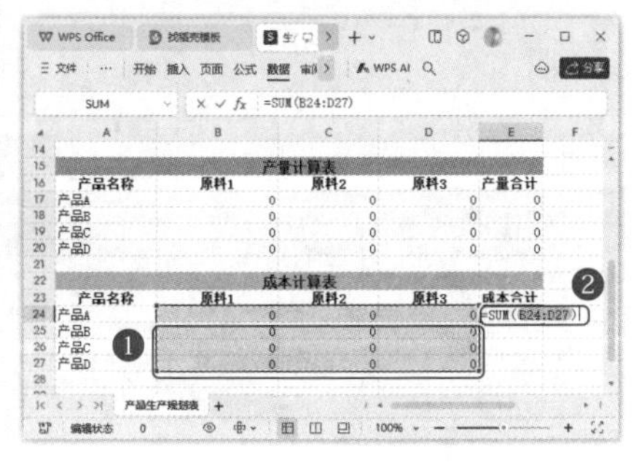

第9步：完成公式输入。此时完成了规划求解的模型建立。如果显示所有公式，则效果如下图所示。

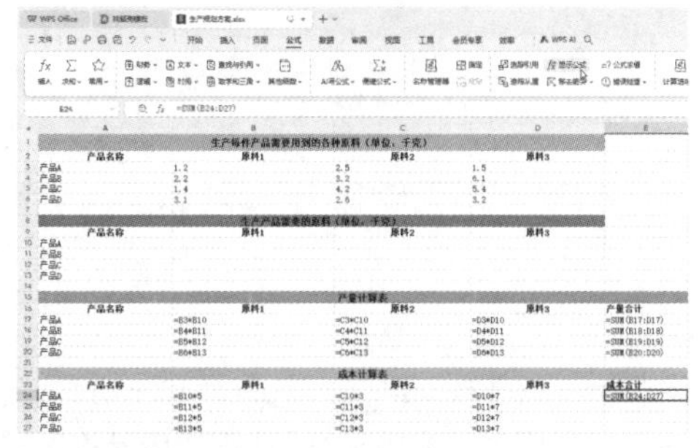

>>>2. 规划求解

完成数据模型建立后，就可以使用规划求解功能根据建立的数据模型进行求解。

第1步：选择“规划求解”选项。如下图所示，选择“数据”选项卡下“模拟分析”菜单中的“规划求解”选项。

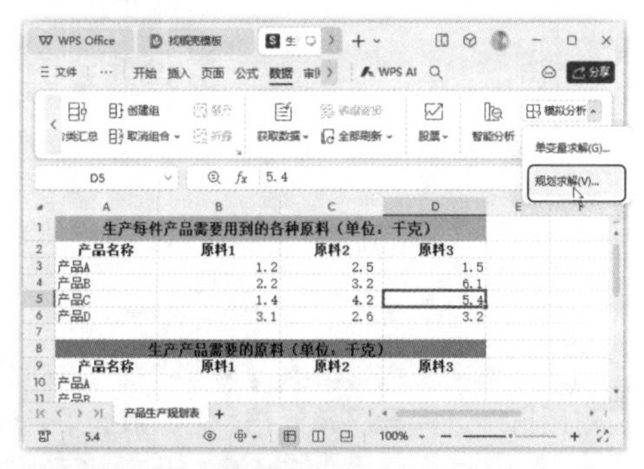

第2步：设置目标单元格。单击“规划求解参数”对话框中“设置目标”右侧的按钮。

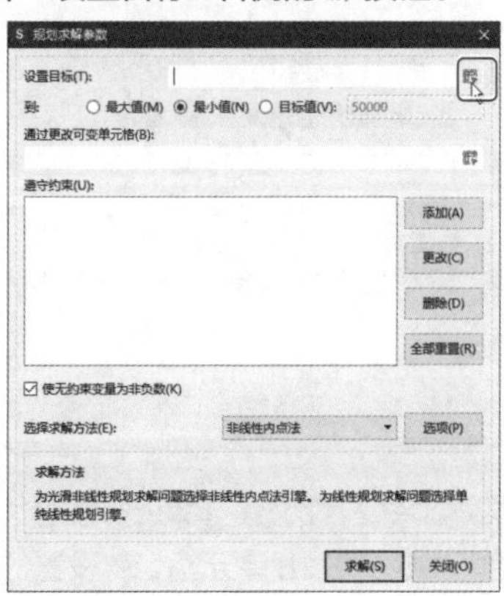

第3步：选择目标单元格。❶在表格中单击E24单元格，表示要将总成本值设置为目标数据；❷单

击按钮。

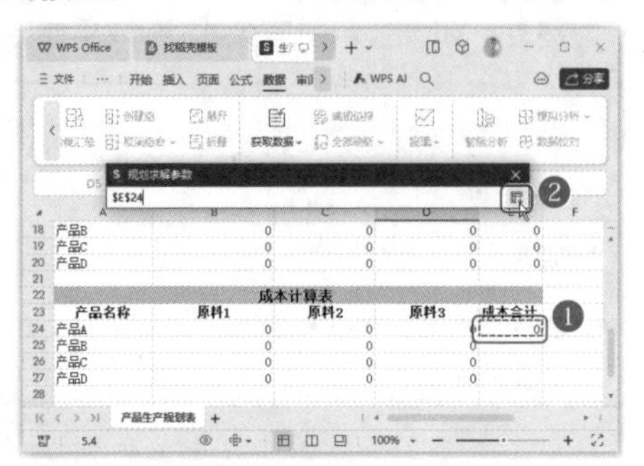

第4步：设置可变单元格。 ❶ 选择“最小值”选项；❷ 在“通过更改可变单元格”中选择单元格区域；❸ 单击“添加”按钮。

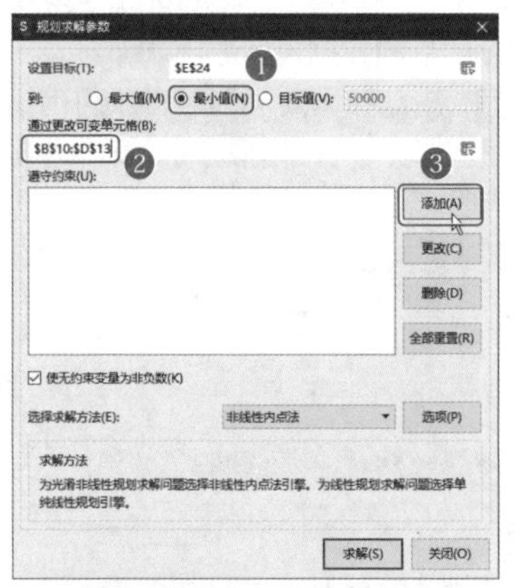

第5步：添加第一个约束条件。 ❶ 在“添加约束”对话框中选择E17单元格；❷ 设置约束条件为“>=150”，表示产品A的产量大于等于150件；❸ 单击“添加”按钮。

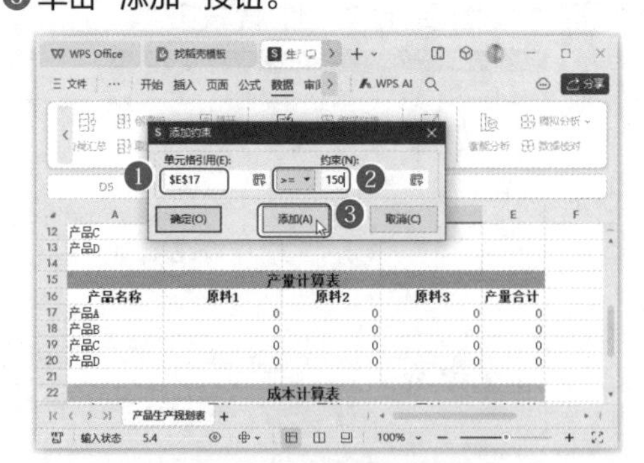

第6步：添加第二个约束条件。 ❶ 在“添加约束”对话框中选择E18单元格；❷ 设置约束条件为“<=310”，表示产品B的产量小于等于310件；❸ 单击“添加”按钮。

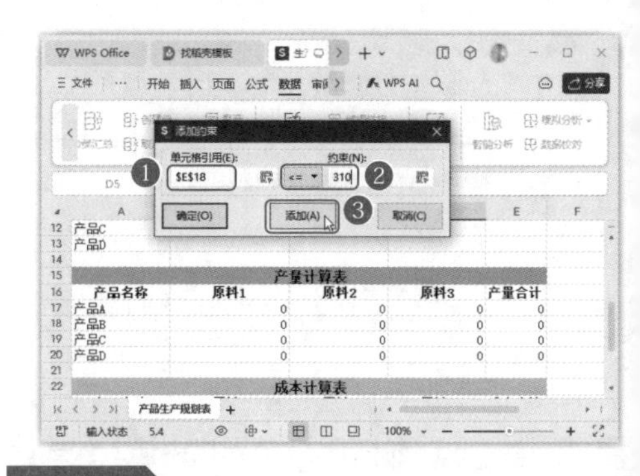

专家答疑

问：如果设置了错误的约束条件，可以更改吗？

答：可以。在“规划求解参数”对话框中选中设置好的约束条件，单击“更改”按钮就可以对设置好的约束条件进行更改了。

第7步：添加第三个约束条件。 ❶ 在“添加约束”对话框中选择E19单元格；❷ 设置约束条件为“=60”，表示产品C的产量等于60件；❸ 单击“确定”按钮。

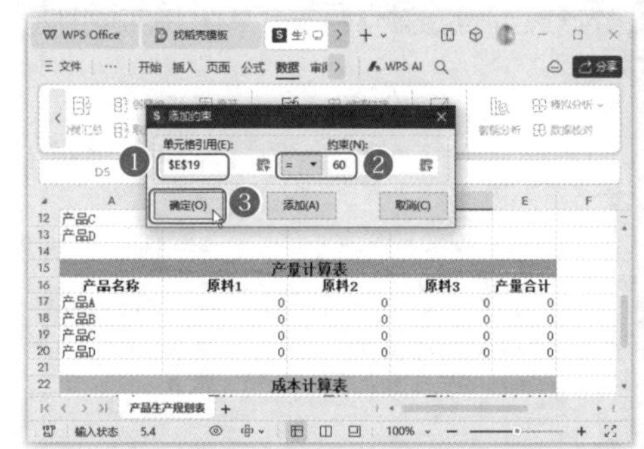

第8步：开始求解。 单击“求解”按钮，开始求解。

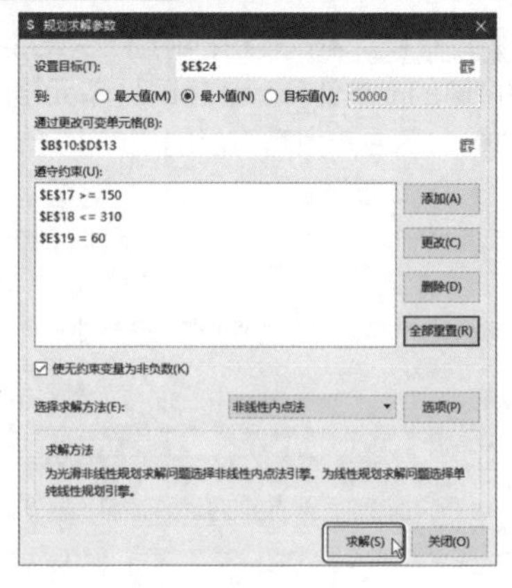

第9步：完成求解。 ❶ 选择“保留规划求解的解”选项；❷ 单击“确定”按钮，完成规划求解。

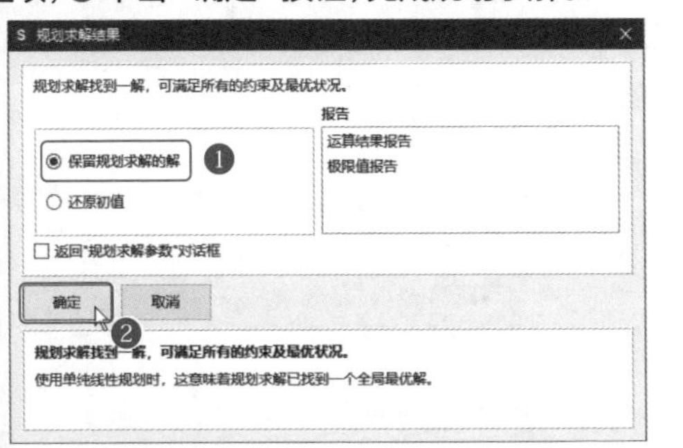

第10步：查看结果。 如下图所示，此时显示了成本最小时生产各产品需要用到的原料数量。

生产每件产品需要用到的各种原料（单位：千克）				
产品名称	原料1	原料2	原料3	
产品A	1.2	2.5	1.5	
产品B	2.2	3.2	6.1	
产品C	1.4	4.2	5.4	
产品D	3.1	2.6	3.2	
生产产品需要的原料（单位：千克）				
产品名称	原料1	原料2	原料3	
产品A	5.99963E-14	60.0	4.10313E-14	
产品B	4.26684E-14	0.0	3.04972E-14	
产品C	5.33543E-14	14.3	6.79378E-14	
产品D	4.26509E-14	0.0	3.04649E-14	
产量计算表				
产品名称	原料1	原料2	原料3	产量合计
产品A	7.19955E-14	150	6.1547E-14	150
产品B	9.38704E-14	2.27726E-13	1.86033E-13	5.08E-13
产品C	7.4696E-14	60	3.66864E-13	60
产品D	1.32218E-13	1.84821E-13	9.74878E-14	4.15E-13
成本计算表				
产品名称	原料1	原料2	原料3	成本合计
产品A	2.99981E-13	180	2.87219E-13	222.8571
产品B	2.13342E-13	2.13493E-13	2.1348E-13	
产品C	2.66772E-13	42.85714286	4.75565E-13	
产品D	2.13255E-13	2.13255E-13	2.13255E-13	

9.2.2 通过规划求解将利润最大化

使用WPS“规划求解”功能时，可以自由设置固定的目标值，或者是最小目标值、最大目标值。在前面的案例中，通过设置最小目标值将生产成本控制到最少。同样的道理，可以通过设置最大值将利润最大化。

例如，某企业有1、2、3三个生产车间，现在需要生产A、B、C三种产品，已知不同车间生产这三种产品时需要的时长。车间1每小时的人工成本为300元，车间2每小时的人工成本为250元，车间3每小时的人工成本为150元。产品A的利润为每件600元，产品B的利润为每件400元，产品C的利润为每件300元。三个车间每天的生产时间都为8个小时，现在需要计算每天应该如何安排不同车间生产不同产品的时长，以便将利润最大化。

>>>1. 建立数据模型

在进行利润最大化求解时，需要事先将已知条件设置为数据模型。

第1步：输入数据和公式。 ❶ 新建一张名为“生产时长规划表”的工作表；❷ 在表格中输入基本数据，并在B12、C12、D12单元格中输入公式，计算每个车间生产产品的总时长。

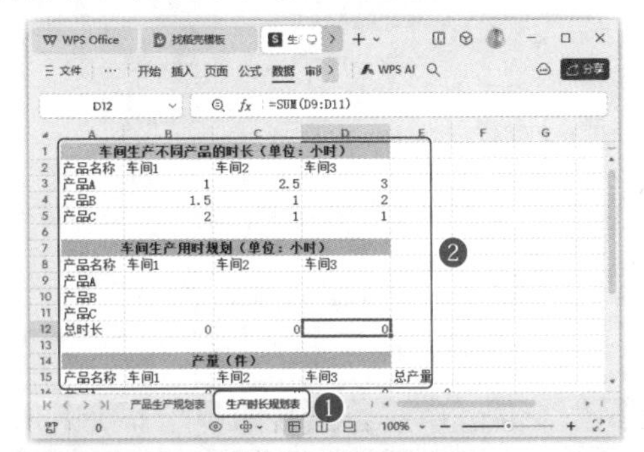

第2步：完成其他数据和公式输入。 用同样的方法完成其他数据和公式输入，让公式显示后，效果如下图所示。

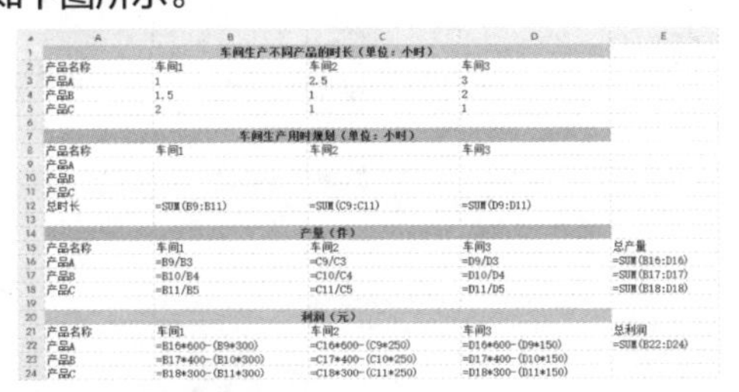

车间生产不同产品的时长（单位：小时）				
产品名称	车间1	车间2	车间3	
产品A	1	2.5	3	
产品B	1.5	1	2	
产品C	2	1	1	
车间生产用时规划（单位：小时）				
产品名称	车间1	车间2	车间3	
产品A				
产品B				
产品C				
总时长	=SUM(B9:B11)	=SUM(C9:C11)	=SUM(D9:D11)	
产量（件）				
产品名称	车间1	车间2	车间3	总产量
产品A	=B9/B3	=C9/C3	=D9/D3	=SUM(B16:D16)
产品B	=B10/B4	=C10/C4	=D10/D4	=SUM(B17:D17)
产品C	=B11/B5	=C11/C5	=D11/D5	=SUM(B18:D18)
利润（元）				
产品名称	车间1	车间2	车间3	总利润
产品A	=B16*600-(B9*300)	=C16*600-(C9*250)	=D16*600-(D9*150)	=SUM(B22:D24)
产品B	=B17*400-(B10*300)	=C17*400-(C10*250)	=D17*400-(D10*150)	
产品C	=B18*300-(B11*300)	=C18*300-(C11*250)	=D18*300-(D11*150)	

>>>2. 规划求解

完成公式输入后，就可以进行利润最大化的规划求解了，方法如下。

第1步：选择“规划求解”选项。 选择“模拟分析”菜单中的“规划求解”选项。

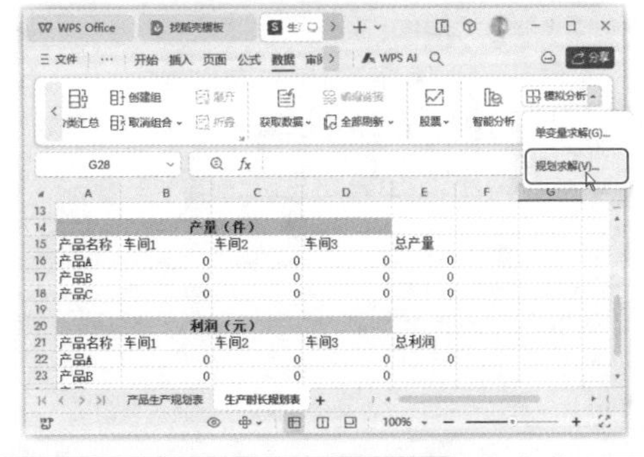

第2步：设置目标和可变单元格。 ❶ 在“设置目

标”中选择E22单元格，这是总利润值所在的单元格。选择“最大值”选项。❷在“通过更改可变单元格”中选择可改变的单元格区域。❸单击“添加”按钮。

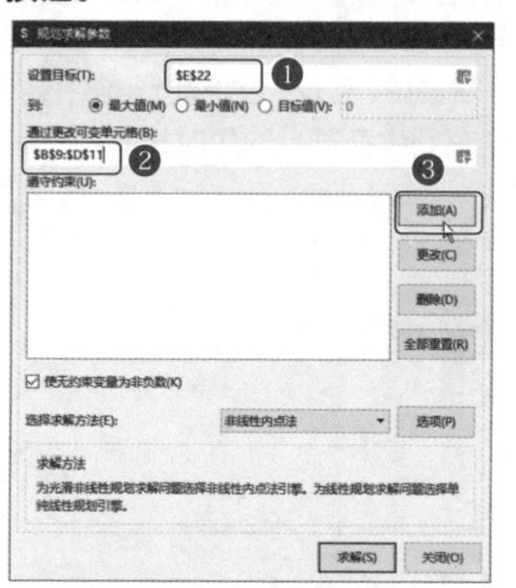

第3步：添加第一个约束条件。❶在“添加约束”对话框中设置约束条件为B12单元格的值小于等于8，表示车间1每天的工作时长不超过8小时；❷单击“添加”按钮。

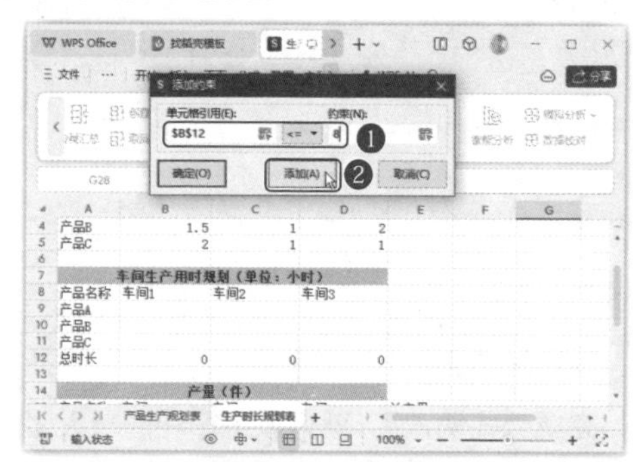

第4步：添加第二个约束条件。❶在“添加约束”对话框中设置约束条件为C12单元格的值小于等于8，表示车间2每天的工作时长不超过8小时；❷单击“添加”按钮。

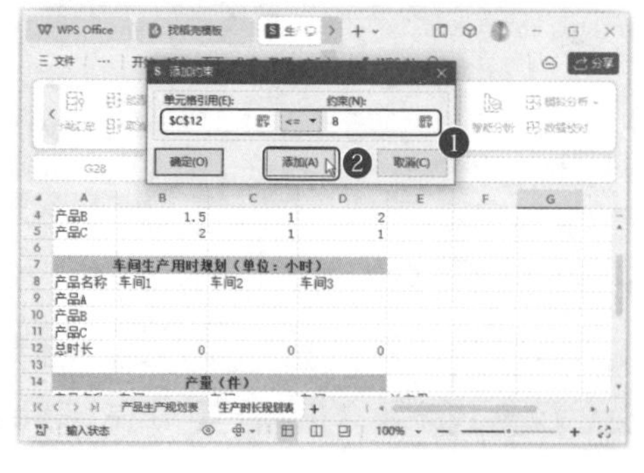

第5步：添加第三个约束条件。❶在“添加约束”对话框中设置约束条件为D12单元格的值小于等于8，表示车间3每天的工作时长不超过8小时；❷单击“确定”按钮。

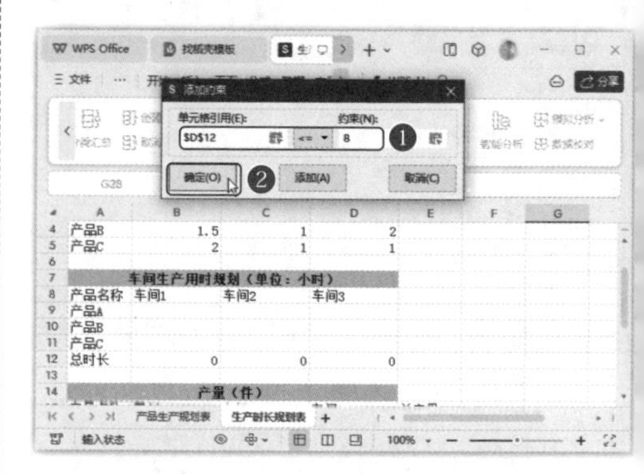

第6步：开始求解。单击“规划求解参数”对话框中的“求解”按钮，开始进行规划求解。

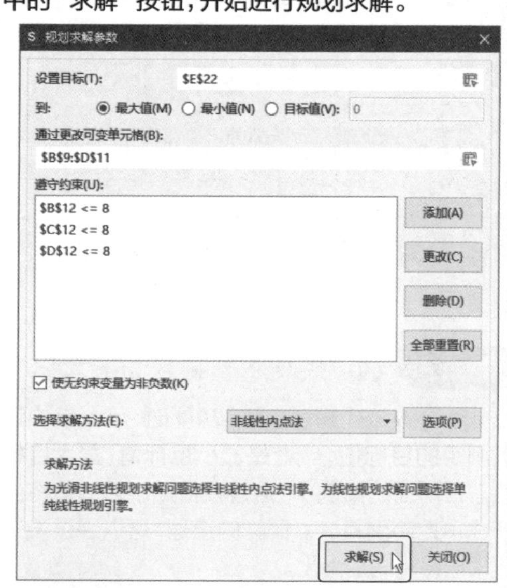

专家点拨

在“规划求解参数”对话框中选择“目标值”，表示要将一个目标值设置为求解目标，如目标值为5000，表示需要计算如何更改可变单元格的数据，才能让最终值控制为5000。

第7步：完成规划求解。❶选择“保留规划求解的解”选项；❷单击“确定”按钮，此时就完成了规划求解。

S 规划求解结果

规划求解找到一解，可满足所有的约束及最优状况。

报告

◉ 保留规划求解的解 ❶

○ 还原初值

运算结果报告

极限值报告

☐ 返回"规划求解参数"对话框

确定 ❷　取消

规划求解找到一解，可满足所有的约束及最优状况。

使用单纯线性规划时，这意味着规划求解已找到一个全局最优解。

专家答疑

问：规划求解出现错误怎么办？

答：在完成规划求解时，如果出现错误可以重新求解。方法是选择“规划求解结果”对话框中的“还原初值”选项，并选择“返回‘规划求解参数’对话框”选项，然后在“规划求解参数”对话框中重新设置规划求解的参数和约束条件，再进行新的求解。

第8步：查看结果。如下图所示，此时显示出了规划求解的结果。

	A	B	C	D	E
1	车间生产不同产品的时长（单位：小时）				
2	产品名称	车间1	车间2	车间3	
3	产品A	1	2.5	3	
4	产品B	1.5	1	2	
5	产品C	2	1	1	
6					
7	车间生产用时规划（单位：小时）				
8	产品名称	车间1	车间2	车间3	
9	产品A	8	7.67839E-13	1.18482E-12	
10	产品B	3.76405E-13	8	1.18482E-12	
11	产品C	2.79931E-13	1.19532E-12	8	
12	总时长	8	8	8	
13					
14	产量（件）				
15	产品名称	车间1	车间2	车间3	总产量
16	产品A	8	3.07136E-13	3.94939E-13	8
17	产品B	2.50937E-13	8	5.92409E-13	8
18	产品C	1.39965E-13	1.19532E-12	8	8
19					
20	利润（元）				
21	产品名称	车间1	车间2	车间3	总利润
22	产品A	2400	-7.67839E-12	5.92409E-11	4800
23	产品B	-1.25468E-11	1200	5.92409E-11	
24	产品C	-4.19896E-11	5.97658E-11	1200	

过关练习：制作“人工规划表”

通过前面内容的学习，相信读者已经掌握如何利用 WPS 表格的“单变量求解”和“规划求解”功能。这两个功能都可以进行数据预算分析，不同的是，“单变量求解”功能只要有一个变量就行，使用方法比较简单；而“规划求解”需要建模再进行分析。

综合应用本章知识对“人工规划表”进行分析后，效果如下面的两张图所示。

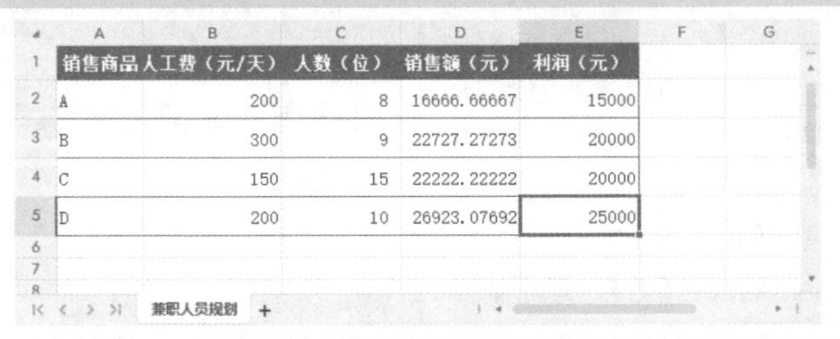

	A	B	C	D	E
1	销售商品	人工费（元/天）	人数（位）	销售额（元）	利润（元）
2	A	200	8	16666.66667	15000
3	B	300	9	22727.27273	20000
4	C	150	15	22222.22222	20000
5	D	200	10	26923.07692	25000

兼职人员规划

	A	B	C	D	E	F
1	片区经理	分配客户数	客单价（元/人）	二次销售额（元/人）	扩展销售额（元/人）	客户价值
2	王经理	400	500	200	300	400000
3	刘经理	500	800	10	200	505000
4	张经理	1100	600	400	300	1430000
5		2000				2335000

※ 思路解析

在企业中进行人员安排或人力资源分配时，要考虑人工的成本费用和产出费用。此时可以通过单变量求解计算出销售不同的商品时安排多少人手能让利润达到目标值。不同的销售经理有不同的特质，企业为了让客户产生最大价值，需要充分考虑不同经理的业务能力，合理分配客户。此时可以建立模型，通过规划求解找到客户分配的最优解。具体制作流程及思路如下。

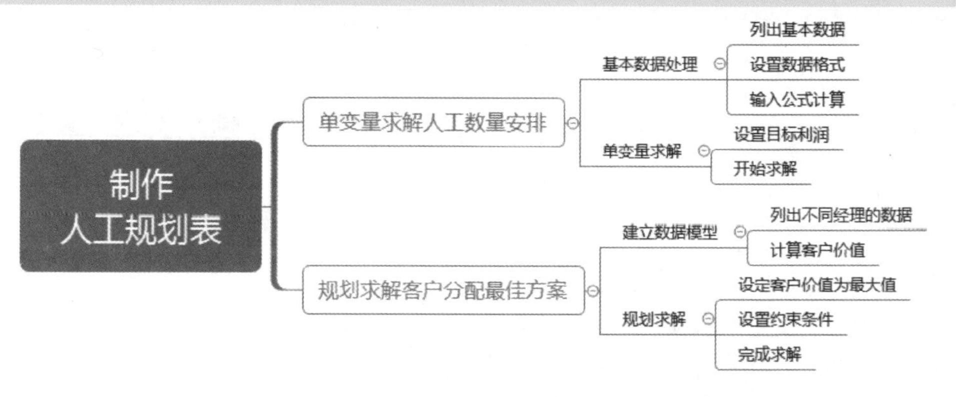

※ 关键步骤

在人工规划表中，需要规划商品销售人员的数量及客户数量分配。已知每位销售人员销售A商品每天平均能产生2000元的销售额，销售B商品每天平均能产生2500元的销售额，销售C商品每天平均能产生1500元的销售额，销售D商品每天平均能产生2800元的销售额。需要计算A、B、C、D四种商品达到15000元、20000元、20000元、25000元目标利润时的销售人数安排。

在分配客户数量时，已知每位客户经理的客单价(平均每个客户的消费金额)、二次销售额(平均每个客户二次购买的金额)、扩展销售额(平均每个客户带来的其他客户消费金额)。同时，已知目前一共有2000位客户，需要计算如何将这2000位客户合理分配给三位客户经理，同时保证王经理的客户数不少于400人，刘经理的客户数不少于500人。

关键步骤1：输入基本数据。❶新建一份名为“人工规划表”的WPS表格文件；❷新建一张名为“兼职人员规划”的工作表；❸在表中输入基本数据。

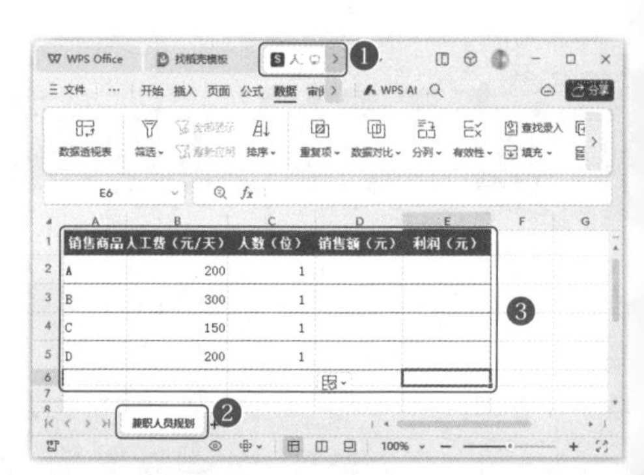

关键步骤2：计算销售额。在D2单元格中输入公式，计算销售额。用同样的方法计算出销售员在销售其他商品时的销售额。

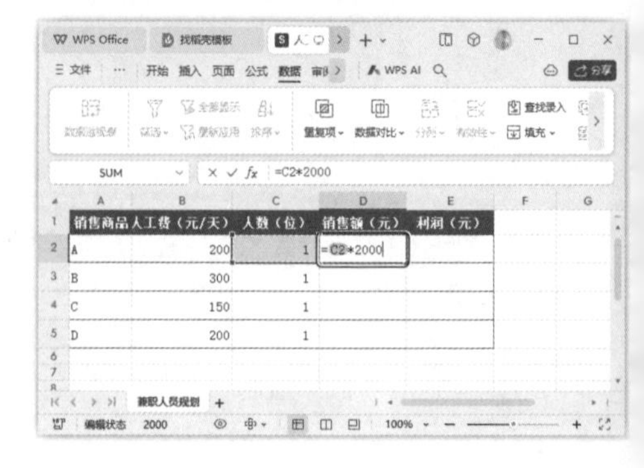

关键步骤3：计算利润。 在E2单元格中输入公式，计算销售商品A时的利润。用同样的方法计算出销售其他商品的利润。

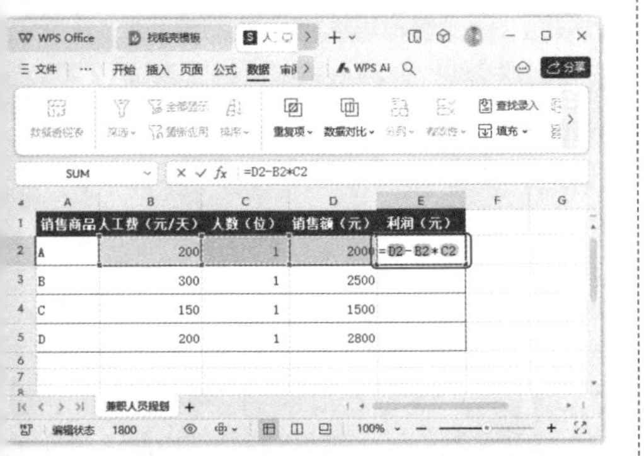

关键步骤4：打开"单元格格式"对话框。 ❶选中C2到C5单元格；❷单击"开始"选项卡下"单元格格式：数字"对话框启动器按钮 ↘ 。

关键步骤5：设置数字格式。 ❶在"单元格格式"对话框中选择"数值"选项；❷设置"小数位数"为0；❸单击"确定"按钮。

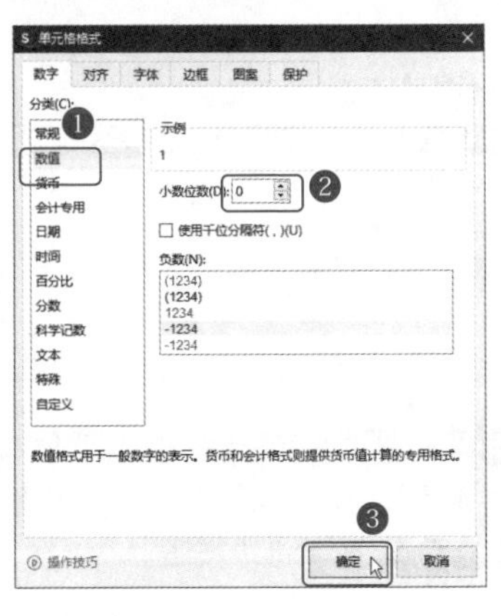

专家点拨

在进行"单变量求解"时，可以事先设置数字格式。例如本例中，人数不可能为小数，只能为整数，因此事先设置数字格式后，就不会出现类似于2.4人这种求解结果了。

关键步骤6：打开"单变量求解"对话框。 ❶选中E2单元格；❷选择"数据"选项卡下"模拟分析"菜单中的"单变量求解"选项。

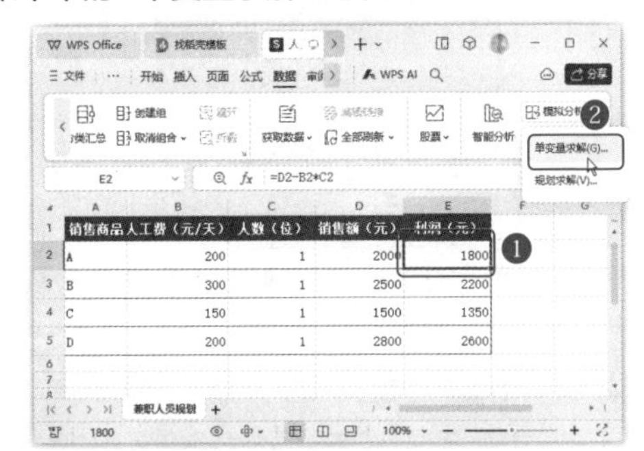

关键步骤7：计算商品A的销售人数。 ❶在"单变量求解"对话框中设置参数；❷单击"确定"按钮。然后在打开的对话框中确定使用规划求解结果。

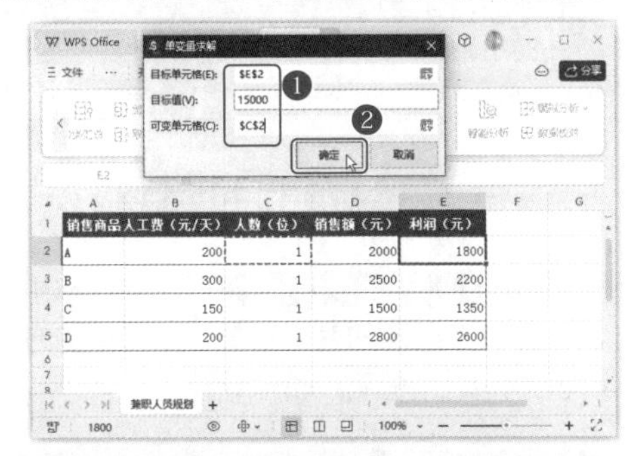

关键步骤8：计算商品B的销售人数。 ❶选中E3单元格，在打开的"单变量求解"对话框中设置参数；❷单击"确定"按钮。

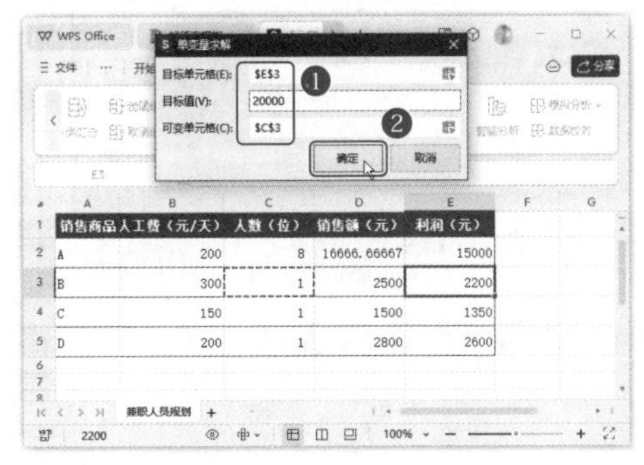

关键步骤9：完成单变量求解。用同样的方法计算商品C和D的人数安排，结果如下图所示。

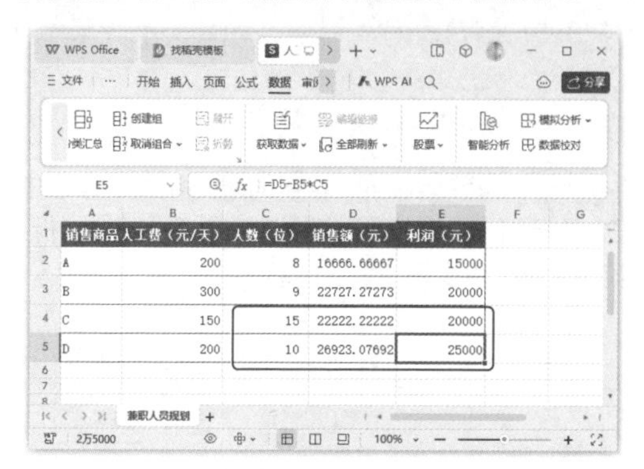

关键步骤10：输入基本数据。❶新建一张名为“客户分配表”的工作表；❷在表格中输入基本数据。

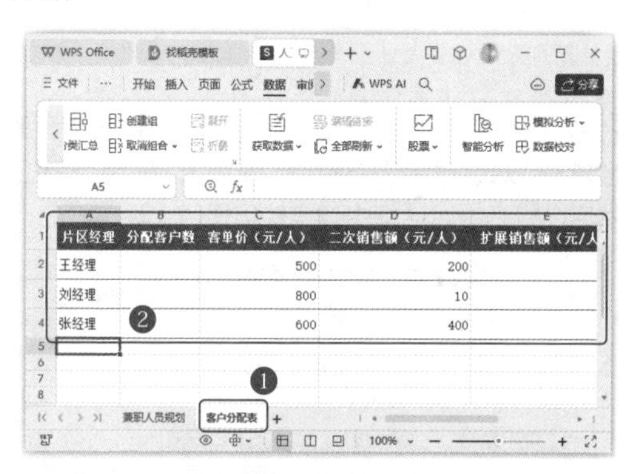

关键步骤11：计算客户价值。在F2单元格中输入公式，计算王经理的客户价值。用同样的方法完成其他两位经理的客户价值计算。

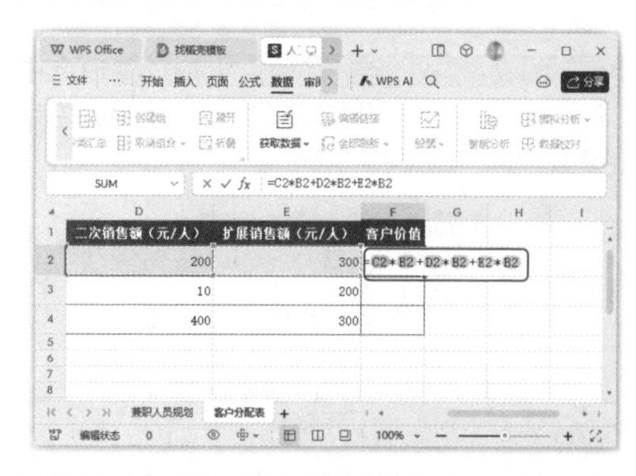

关键步骤12：计算客户总价值。在F5单元格中输入求和函数，计算三位经理的客户总价值。

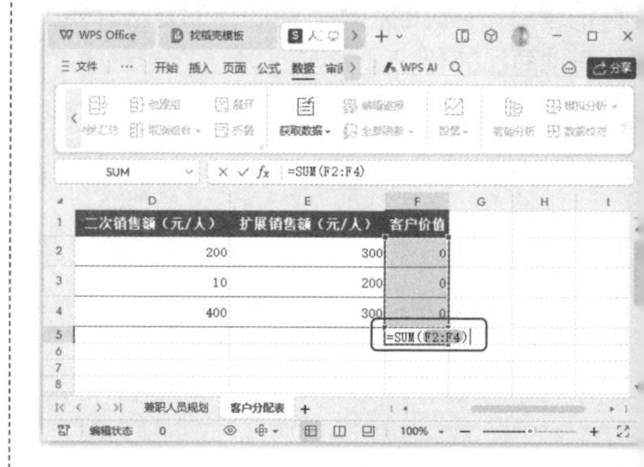

关键步骤13：计算客户总人数。在B5单元格中输入求和函数，计算三位经理的客户总人数。

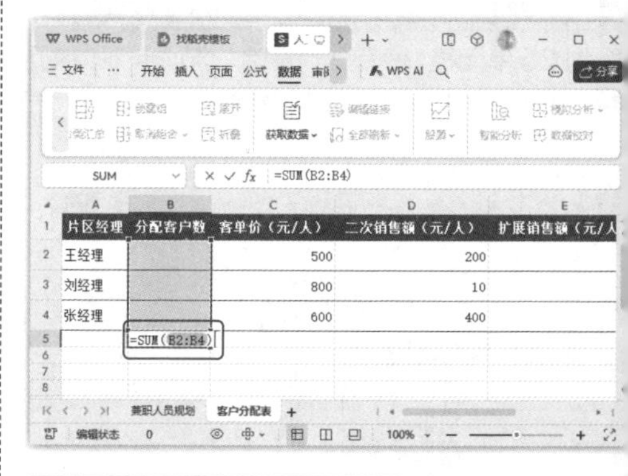

关键步骤14：选择规划求解。完成数据模型建立后，选择“数据”选项卡下“模拟分析”菜单中的“规划求解”选项。

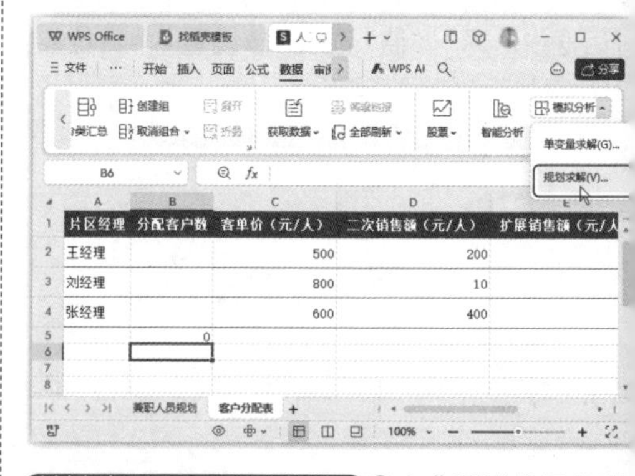

关键步骤15：设置参数。❶在“规划求解参数”对话框中设置目标，选择“最大值”，设置可变单元格区域；❷单击“添加”按钮。

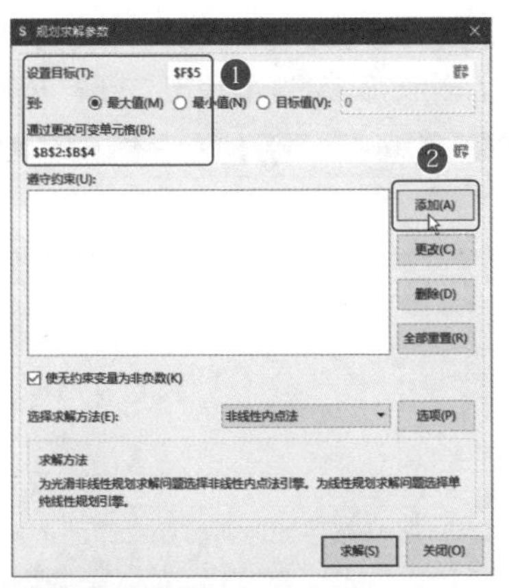

关键步骤16：添加约束条件。❶在打开的“添加约束”对话框中设置总客户数小于等于2000位；❷单击“添加”按钮。

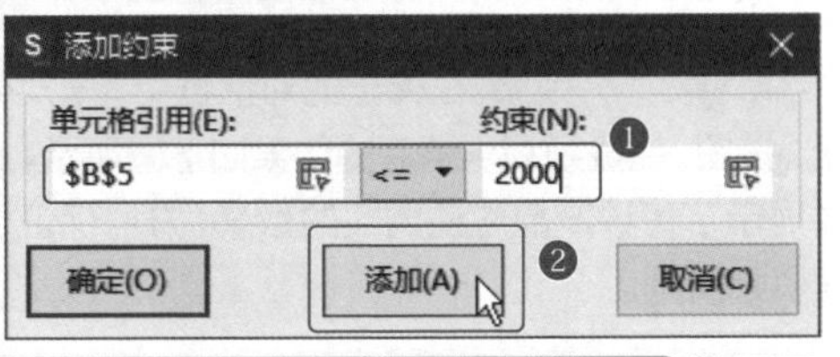

关键步骤17：设置王经理客户数约束。❶设置王经理的客户数大于等于400人；❷单击“添加”按钮。

关键步骤18：设置刘经理客户数约束。❶设置刘经理的客户数大于等于500人；❷单击“确定”按钮。

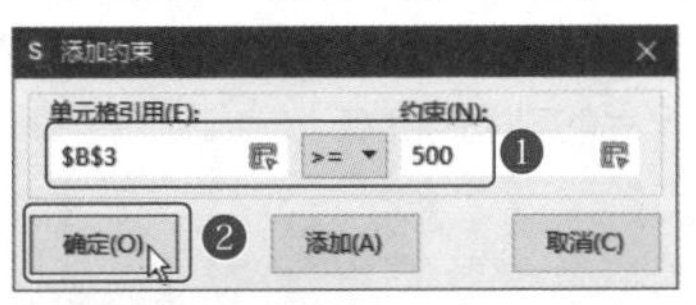

关键步骤19：开始求解。完成规划求解参数设置后，单击“求解”按钮进行计算。

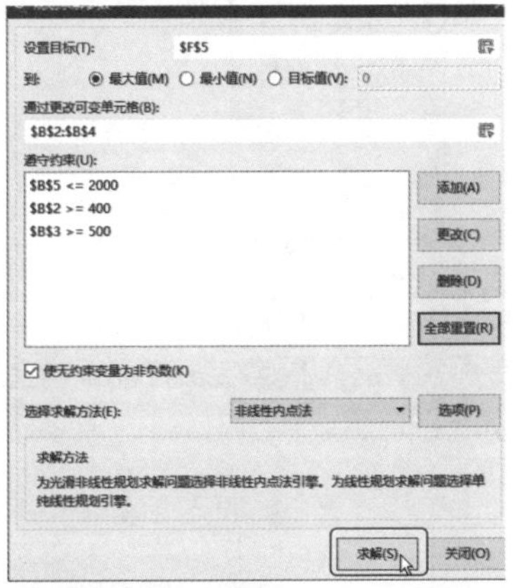

关键步骤20：查看结果。在打开的对话框中单击“确定”按钮，即可看到规划求解的结果，显示出每位经理应该分配多少客户数才能使企业有限的客户产生最大的价值。

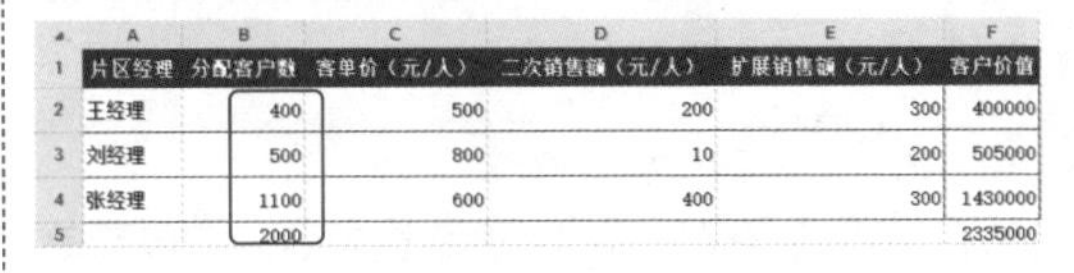

片区经理	分配客户数	客单价（元/人）	二次销售额（元/人）	扩展销售额（元/人）	客户价值
王经理	400	500	200	300	400000
刘经理	500	800	10	200	505000
张经理	1100	600	400	300	1430000
	2000				2335000

高手秘技与AI智能化办公

01 规划求解，合理安排资金

使用规划求解时，可以选择“目标值”，从而计算数据如何组合才能符合目标值需求。根据这一原理，可以在特定的资金要求下进行资金的购物安排。例如，现在有一系列产品需要采购，采购金额为5000元，需要计算每类产品的采购数量。

第1步：输入公式计算采购总金额。按照路径“素材文件\第9章\资金安排.et”打开素材文件。在C19单元格中输入求和公式“=SUM(B2:B18*C2:C18)”，然后按Ctrl+Shift+Enter组合键，将公式变成数组公式，计算产品的总采购价格。

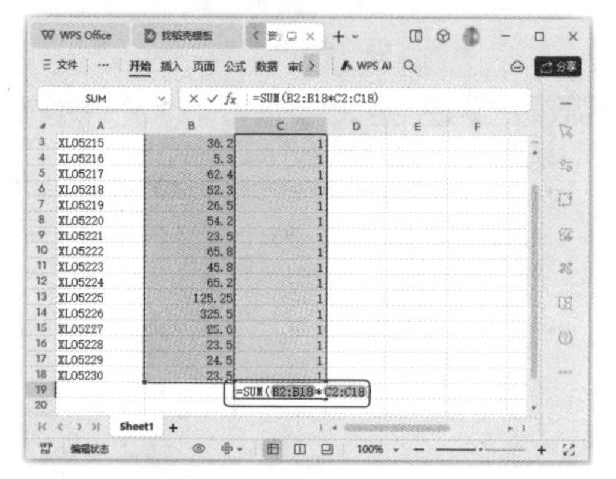

第2步：查看计算结果。完成产品采购金额计算的结果如下图所示。

第3步：设置单元格格式。❶选中C列的数量单元格；❷打开“单元格格式”对话框，选择“数值”选项；❸设置产品数量的“小数位数”为0；❹单击“确定”按钮。

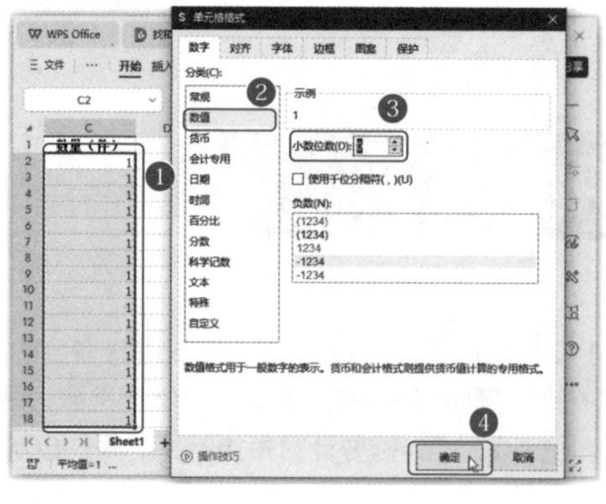

第4步：设置求解参数。❶打开“规划求解参数”对话框，设置求解参数；❷单击“求解”按钮。

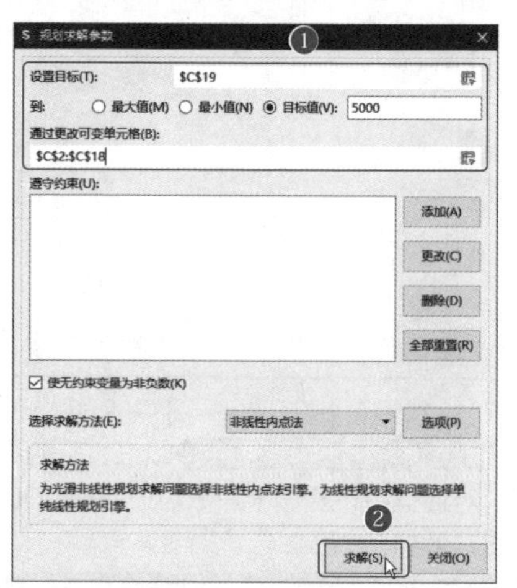

第5步：查看结果。在弹出的对话框中单击“确定”按钮，完成规划求解后的结果如下图所示，此时显示了每种产品应该购买的数量，方能保证合理资金安排。

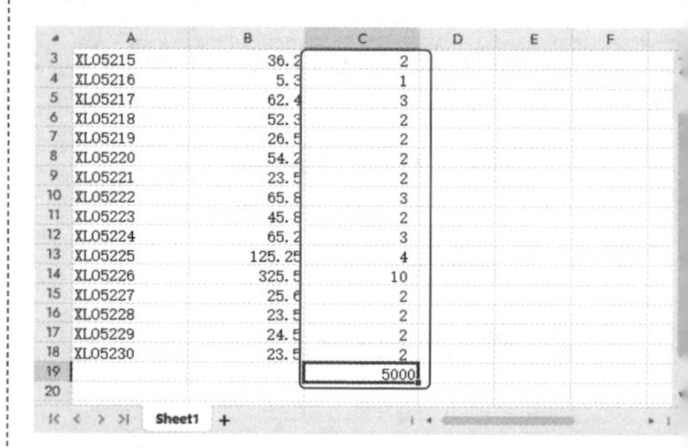

02 规划求解，找出特定数据组合

利用规划求解的“目标值”选项还可以找出一组数据中哪些数据可以组合出固定的值。例如某财务人员在核查账单时发现产品采购明细数据丢失，但是总的采购金额为80元。此时可以通过规划求解计算出哪些产品的金额相加的值与已知的采购金额值相同，从而找出采购品。

第1步：输入公式。按照路径“素材文件\第9章\数据组合.et”打开素材文件。在C2单元格中输入公式“=SUMPRODUCT(A2:A10,B2:B10)”，该公式表示计算A2到A10的产品金额与B2到B10的数据相乘后再相加的结果。B列为数量列，

㊐此公式表示计算采购金额。

第2步：设置求解参数。❶打开“规划求解参数”对话框，设置目标；❷选择“目标值”，输入目标值为80；❸设置可变单元格；❹单击“添加”按钮。

第3步：设置第一个约束条件。❶在“添加约束”对话框中设置B2到B10单元格的值小于等于1；❷单击“添加”按钮。

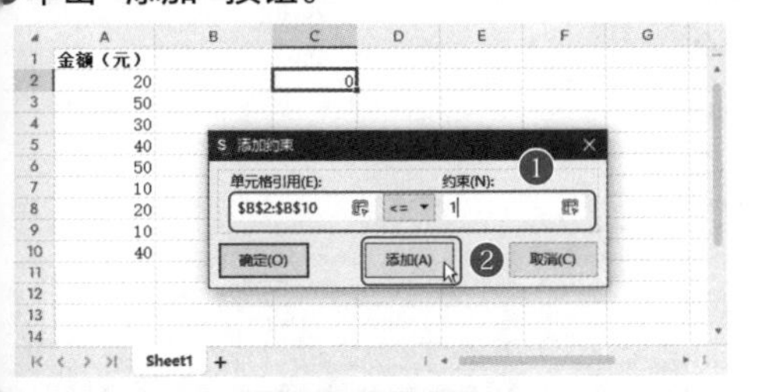

第4步：设置第二个约束条件。❶在“添加约束”对话框中设置B2到B10单元格的值大于等于0；❷单击“添加”按钮。

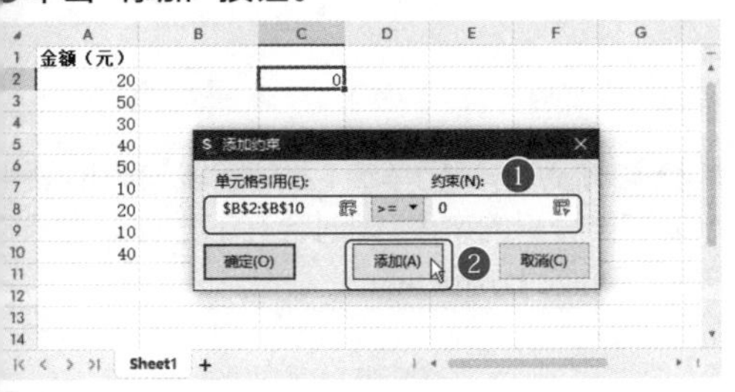

第5步：设置第三个约束条件。❶在“添加约束”对话框中设置B2到B10单元格为整数；❷单击“确定”按钮。

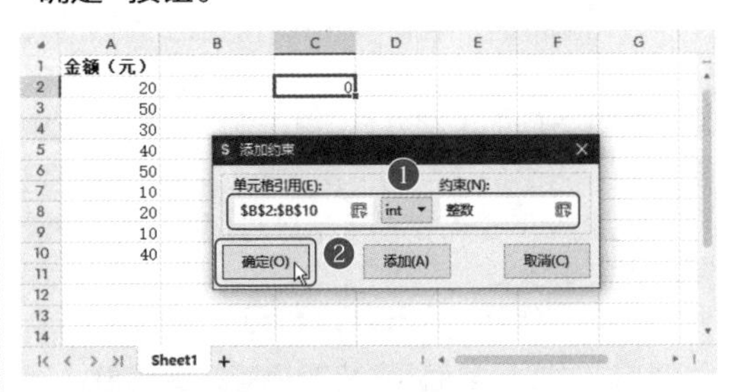

第6步：开始求解。此时就完成了规划求解参数设置，该参数表示B列的商品数量值只能为0或1。单击“求解”按钮。

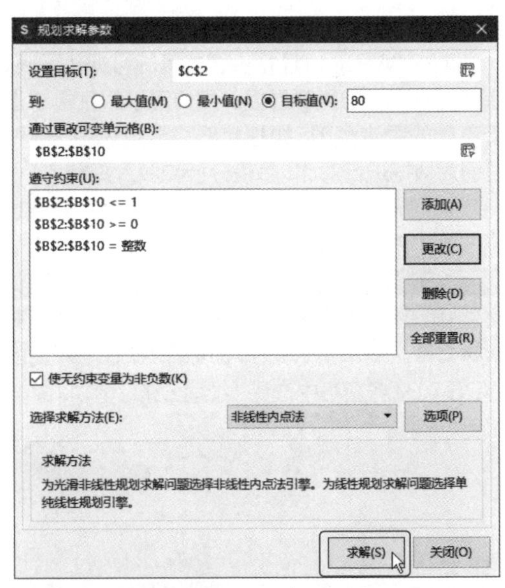

第7步：查看结果。在弹出的对话框中单击“确定”按钮，完成求解后，B列中显示1表示“采购”，显示0表示“未采购”，因此可以判断出采购哪些商品可以组合出80元的采购金额。

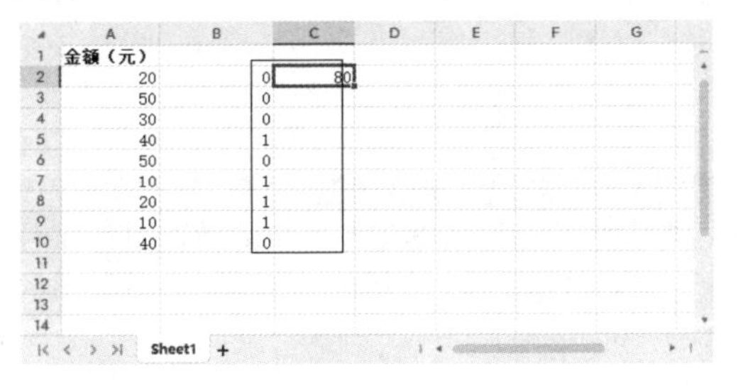

03 WPS AI 一键就能对数据进行洞察分析

WPS AI的表格洞察分析功能基于先进的人工智能技术，能够自动对表格数据进行深度分析，发现数据之间的潜在联系，揭示数据背后的规律和趋势。无论是复杂的销售数据、财务数据还是科研数据，WPS AI都能轻松应对，帮助用户快速洞察数据奥秘。

通过该功能，用户可以快速了解数据的整体情况，发现异常值、趋势变化等关键信息。同时，还能进行多维度分析，从不同的角度挖掘数据的价值。无论是进行市场分析、财务分析还是科学研究，WPS AI都能为用户提供强大的数据支持。

此外，WPS AI还提供了丰富的可视化图表，让数据呈现更加直观易懂。用户可以根据需求选择不同的图表类型，如柱状图、折线图、饼图等，方便对数据进行对比、趋势分析和深入探究。

下面就来看一下WPS AI的表格洞察分析功能的具体作用如何。

第1步：选择“洞察分析”选项。 按照路径“素材文件\第9章\网店销货、退货统计表.xlsx”打开素材文件。❶单击WPS AI按钮；❷在显示出的WPS AI任务窗格中选择“洞察分析”选项。

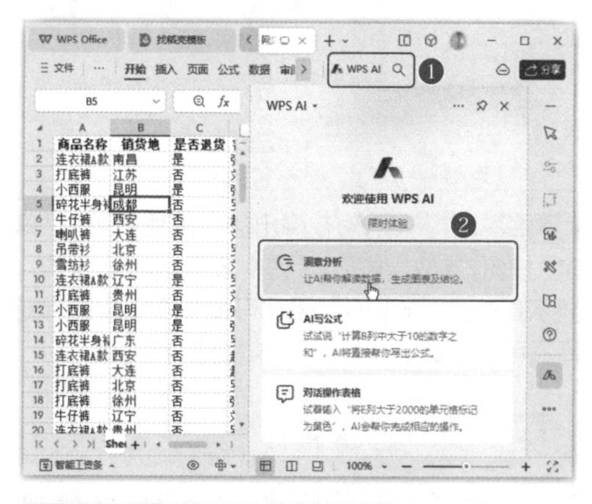

第2步：单击“更多分析”按钮。 在新界面中，可以看到系统自动根据工作表中的数据进行了分析，有对数据扫描后的简单汇总结果，有简单的关系分析探索及对应的图表，单击“更多分析”按钮。

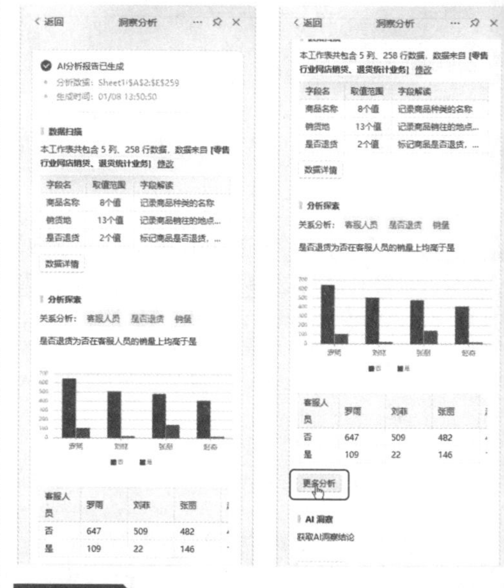

专家点拨

WPS AI的表格洞察分析功能凭借其强大的分析能力和直观的可视化效果，成为用户在数据处理和分析方面的得力助手。

第3步：查看更多分析内容。 弹出“分析探索”对话框，在其中给出了更多当前表格数据的分析结论和图表。

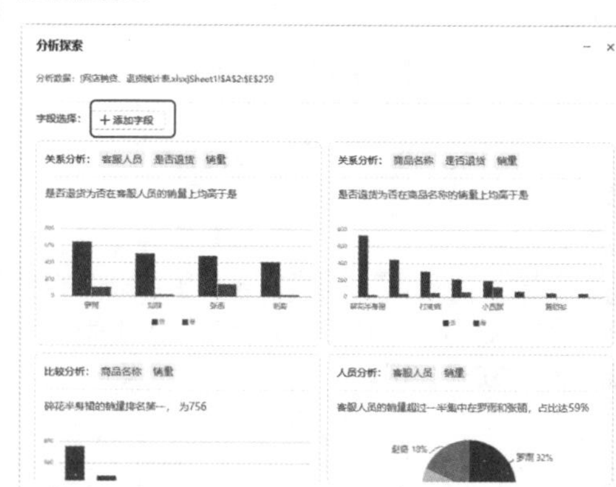

第4步：添加字段。 单击“添加字段”按钮，还可以调整要分析的字段，同时会在下方立即显示与该字段对应的分析内容。

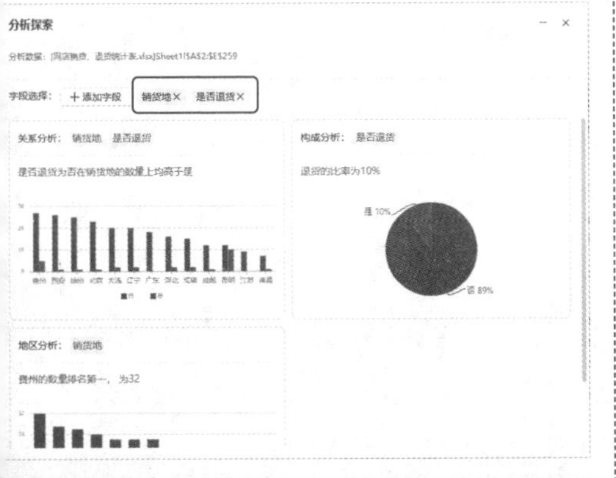

第5步：单击“获取AI洞察结论”超级链接。

❶在“洞察分析”窗格中单击“AI洞察”栏中的“获取AI洞察结论”超级链接；❷稍后可以看到系统给出的文字描述分析结论。

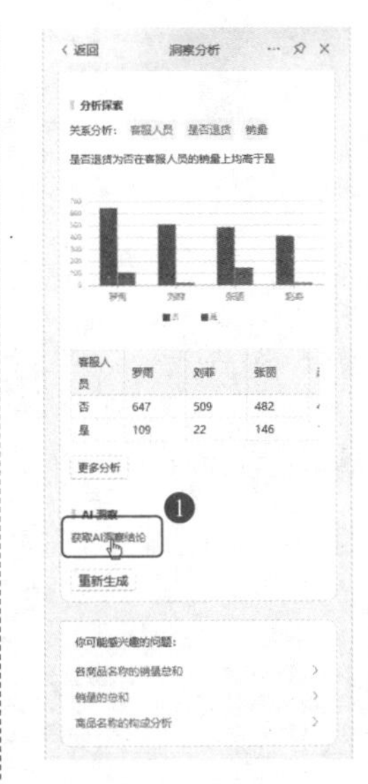

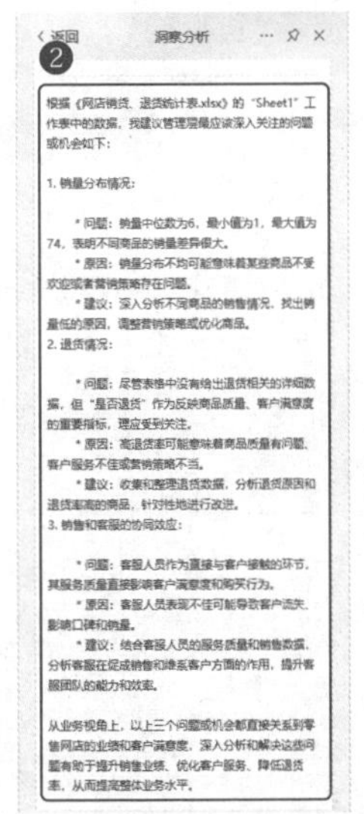

第10章 WPS表格数据的共享与高级应用

◆本章导读

在应用WPS表格对大量数据进行存储和计算分析时，应用WPS表格中的一些高级功能可以有效地提高工作效率。例如，在WPS表格中使用宏命令来提高重复操作的效率，设置数据有效性防止输入错误数据，将工作簿进行保护并共享实现多个用户同时编辑一个工作簿。

◆知识要点

- 录制宏的操作步骤
- 查看和启用宏的方法
- 设置数据有效性
- 设置表格可编辑区域的方法
- 共享工作簿的操作流程
- 保护工作簿及查看修订的方法

◆案例展示

	A	B	C	D	E	F	G	H	I
1	订单号	订单量	客户姓名	下单日期	单价	商品编号	订单总价	订单状态	销售员
2	1254	51	王强	2024-3-1	87.25	51249MN			
3	1255	52	李梦	2024-3-2	154.36	51250MN			
4	1256	42	六路	2024-3-3	52.98	51251MN			
5	1257	63	赵奇	2024-3-4	56.88	51252MN			
6	2614	26	顾晶	2024-4-5	95.00	62415JK			
7	2614	51	刘田	2024-4-1	56.00	62411JK			
8	1258	52	刘东	2024-3-5	64.87	51253MN			
9	1259	52	王宏	2024-3-6	53.00	51254MN			
10	1260	11	李凡	2024-3-7	26.47	51255MN			
11	1261	2	张泽	2024-3-8	84.69	51256MN			
12	1262	9	罗雨	2024-3-9	65.32	51257MN			
13	1263	8	代凤	2024-3-10	56.47	51258MN			
14	1264	4	曾琦	2024-3-11	55.00	51259MN			
15	1265	5	王茜	2024-3-12	64.50	51260MN			
16	2614	15	李晶	2024-4-2	57.00	62412JK			
17	1266	7	董丽	2024-3-13	62.50	51261MN			
18	1267	4	朱天	2024-3-14	51.40	51262MN			
19	1268	8	周钟	2024-3-15	37.50	51263MN			
20	1269	21	李文	2024-3-16	38.00	51264MN			
21	1270	9	王卿	2024-3-17	67.00	51265MN			
22	1271	15	罗秋	2024-3-18	66.50	51266MN			

	A	B	C	D	E	F	G	H
1	编号	种类	品名	规格型号	数量	单价	单位	总金额
2	5124IH	服装	连衣裙	L号	25	56.89	条	1422.
3	5125IH	服装	连衣裙	M号	41	52.85	条	2166.
4	5126IH	服装	半身群	S号	52	56.67	条	2946.
5	5127IH	服装	半身群	M号	62	52.62	条	3262.
6	5128IH	服装	碎花长群	S号	41	55.00	条	225
7	5129IH	服装	打底衫	L号	52	65.00	件	338
8	5130IH	服装	吊带裙	M号	12	85.00	条	102
9	5131IH	服装	小外套	L号	52	74.00	件	38
10	5132IH	服装	九分裤	M号	63	89.00	条	56
11	5133IH	服装	七分裤	L号	52	158.00	条	82
12	5134IH	服装	长裤	M号	41	54.98	条	2254.
13	5135IH	服装	短裤	S号	52	57.69	条	2999.8
14	5136IH	服装	衬衫	L号	45	189.68	件	8535.
15	5137IH	服装	衬衫	M号	56	57.89	件	3241.8
16	5138IH	服装	衬衫	S号	57	95.00	件	541
17	5139IH	服装	圆领连衣裙	S号	41	87.00	条	356
18	5140IH	服装	波点衬衫	S号	25	85.00	件	212
19	5141IH	服装	灯笼裤	S号	62	42.00	条	26
20	5142IH	服装	吊带	M号	42	101.50	件	426
21	5143IH	服装	连体裤	M号	52	124.00	条	644
22	5144IH	服装	小脚裤	L号	66	135.00	条	644
23	5145IH	服装	牛仔裤	M号	75	145	条	1087

10.1 制作“订单管理系统”

扫一扫 看视频

※ 案例说明

为了合理地统计销售数据，需要将公司的订单制作成订单管理系统，其中包含各类订单的信息，也可以单独制作出“退货”订单、“待发货”订单、“已发货”订单工作表。订单管理系统制作完成后，在查看订单时可以通过宏命令对订单管理系统进行重复操作，如标注出重点客户的姓名。还可以为数据列设置数据有效性，防止输入错误的订单信息。

“订单管理系统”文档制作完成后的效果如下图所示。

	A	B	C	D	E	F	G	H	I
1	订单号	订单量	客户姓名	下单日期	单价	商品编号	订单总价	订单状态	销售员
2	1254	51	王强	2024-3-1	87.25	51249MN	4449.75	已发货	
3	1255	52	李梦	2024-3-2	154.36	51250MN	8026.72	退货	
4	1256	42	六路	2024-3-3	52.98	51251MN	2225.16	已发货	
5	1257	63	赵奇	2024-3-4	56.88	51252MN	3583.44	待发货	陈梅
6	2614	26	顾晶	2024-4-5	95.00	62415JK	2470	已发货	
7	2614	51	刘田	2024-4-1	56.00	62411JK	2856	已发货	
8	1258	52	刘东	2024-3-5	64.87	51253MN	3373.24	待发货	
9	1259	52	王宏	2024-3-6	53.00	51254MN	2756	待发货	
10	1260	11	李凡	2024-3-7	26.47	51255MN	291.17	已发货	
11	1261	2	张泽	2024-3-8	84.69	51256MN	169.38	待发货	
12	1262	9	罗雨	2024-3-9	65.32	51257MN	587.88	待发货	
13	1263	8	代凤	2024-3-10	56.47	51258MN	451.76	退货	赵箐
14	1264	4	曾琦	2024-3-11	55.00	51259MN	220	已发货	
15	1265	5	王茜	2024-3-12	64.50	51260MN	322.5	待发货	
16	2614	15	李晶	2024-4-2	57.00	62412JK	855	已发货	
17	1266	7	董丽	2024-3-13	62.50	51261MN	437.5	退货	
18	1267	4	朱天	2024-3-14	51.40	51262MN	205.6	已发货	
19	1268	8	周钟	2024-3-15	37.50	51263MN	300	已发货	
20	1269	21	李文	2024-3-16	38.00	51264MN	798	已发货	李情
21	1270	9	王卿	2024-3-17	67.00	51265MN	603	已发货	
22	1271	15	罗秋	2024-3-18	66.50	51266MN	997.5	已发货	

※ 思路解析

在制作订单管理系统时，首先要将 WPS 表格文件保存成启用宏的文件，方便后期的宏命令操作；然后再根据订单查询的需求，将需要重复操作的步骤录制成宏命令。完成宏命令录制后，为了保证订单管理系统的数据正确，可以设置数据有效性。具体的制作流程及思路如下。

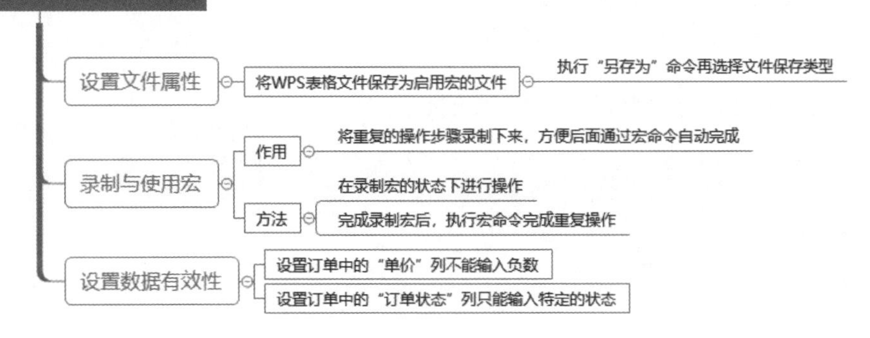

※ 步骤详解

10.1.1 设置订单管理系统的文件格式

订单管理系统需要用到宏命令，因此WPS表格文件需要保存成启用宏的文件，具体操作方法如下。

第1步：选择“另存为”选项。按照路径“素材文件\第10章\订单管理系统.et”文件，打开素材文件，❶单击左上方的“文件”按钮；❷在下拉菜单中选择“另存为”选项。

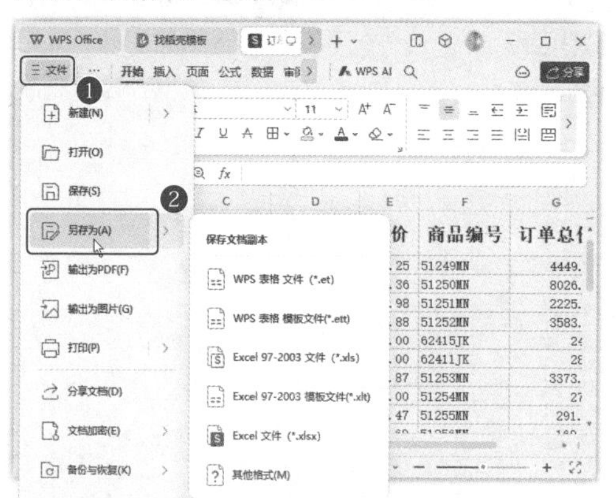

第2步：保存文件。❶在打开的“另存为”对话框中选择保存位置；❷输入文件名称，并选择文件类型为“Microsoft Excel启用宏的工作簿(*xlsm)”；❸单击“保存”按钮。

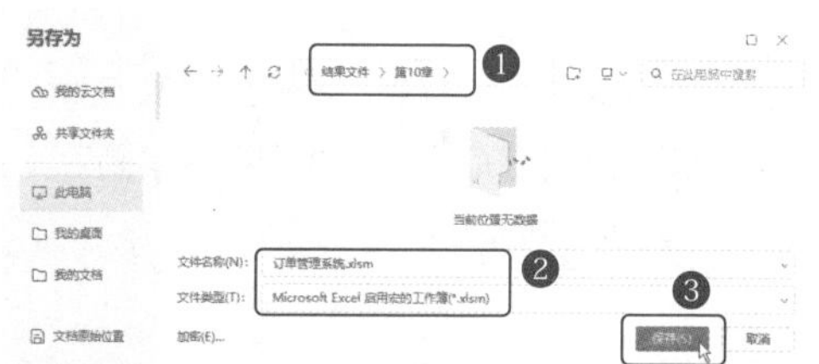

第3步：查看保存成功的文件。更改文件的保存类型后打开文件夹，可以看到该文件的类型已经发生改变。

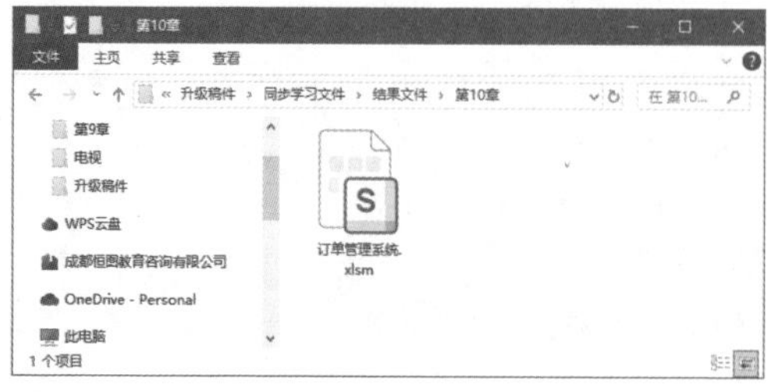

10.1.2 录制与使用宏命令

在利用WPS表格制作订单时，常常会遇到一些重复性操作。为了提高效率，可以利用录制宏的功能，将需要进行重复性操作的步骤录制下来，当需要再次重复此操作时，只需执行宏命令即可。

>>>1. 录制自动计数的宏

在订单管理系统中，常常需要标注出重点订单。可以为重点客户的姓名添加底纹、改变文字格式，以起到醒目的作用。此时可以录制宏，后面直接执行宏命令就可以重复进行重点客户标注。

第1步：显示出“开发工具”选项卡。❶打开上一节保存成功的启用宏的WPS表格文件，进入到“总订单”工作表中；❷单击“工具”选项卡下的“开发工具”按钮。

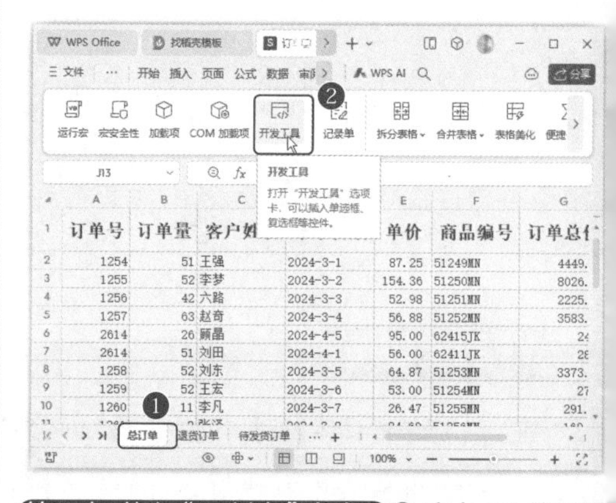

第2步：执行“录制宏”命令。❶选中C5单元格；❷单击“开发工具”选项卡下的“录制新宏”按钮。

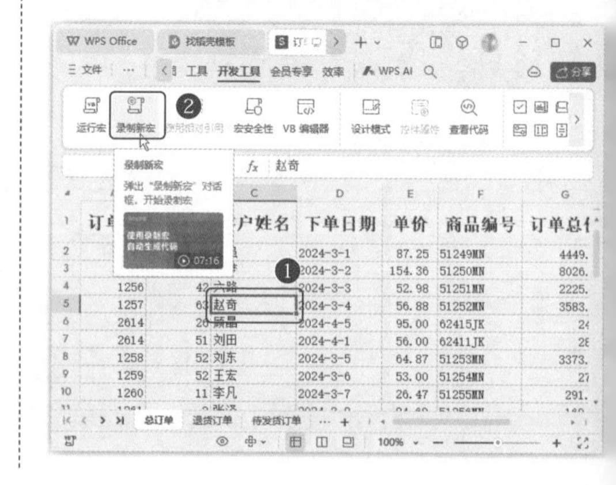

第3步：设置"录制宏"对话框。❶在"录制新宏"对话框中输入宏的名称"重点标注"；❷输入一个快捷键；❸单击"确定"按钮。

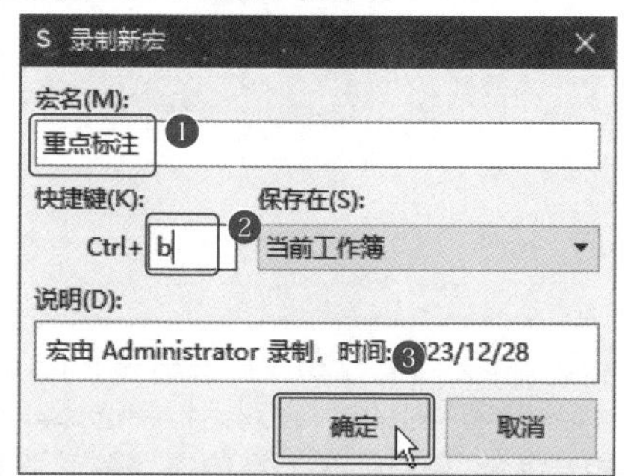

第4步：设置单元格填充色。单击"开始"选项卡下的"填充颜色"按钮，从中选择"黄色"填充色。

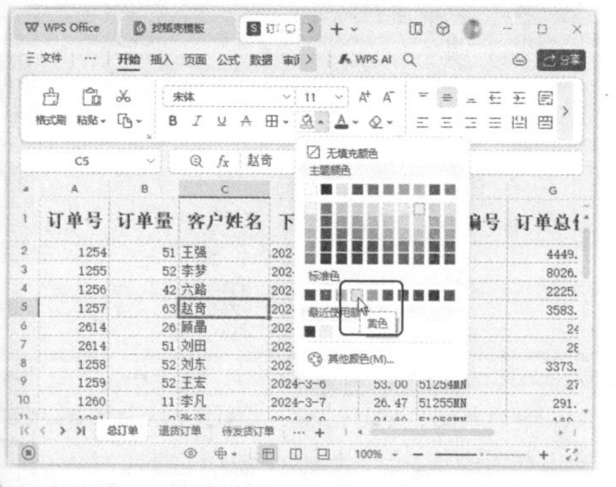

第5步：设置文字格式。❶在"开始"选项卡下设置文字的字号为12号、B(加粗)格式；❷单击"字体颜色"按钮，从中选择"矢车菊蓝，着色1"颜色。

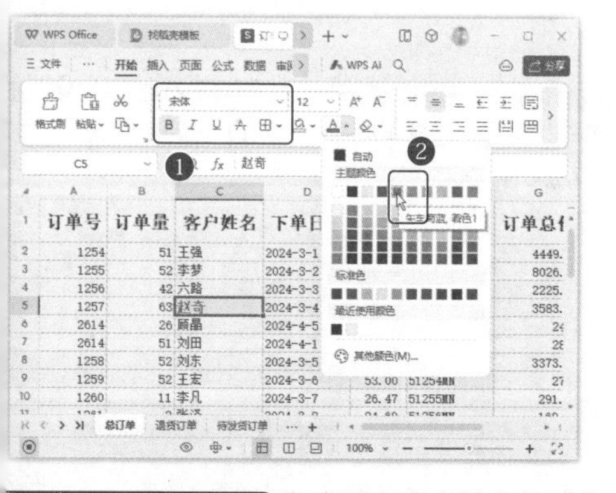

第6步：停止录制宏。完成重点客户姓名格式的设置后，单击"开发工具"选项卡下的"停止录制"按钮，完成宏录制。

>>>2．执行宏命令

完成录制宏命令后，可以通过执行录制好的宏命令来对其他单元格进行相同的操作。在操作时还可以利用事先设置好的宏命令快捷键，提高操作效率。

第1步：打开"宏"对话框。❶单击选中C9单元格，要利用录制好的宏为该单元格设置醒目格式；❷单击"开发工具"选项卡下的"运行宏"按钮。

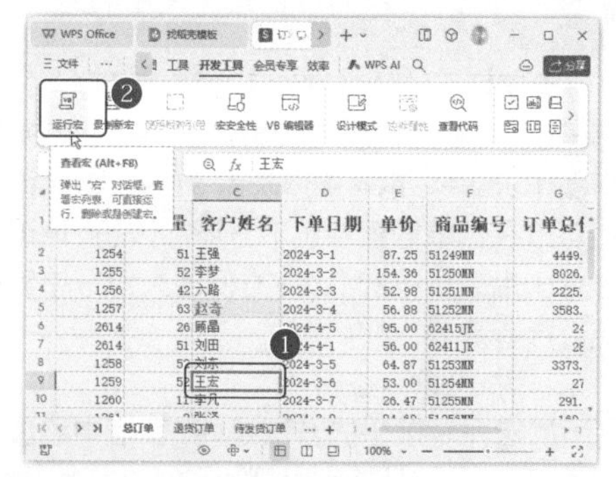

第2步：选择宏命令。❶在打开的"VB宏"对话框中选择事先录制完成的宏命令"重点标注"；❷单击"运行"按钮。

第3步：查看宏命令执行效果。宏命令执行后，效果如下图所示，C9单元格中自动进行了格式设置，效果与C5单元格的效果一致。

	订单号	订单量	客户姓名	下单日期	单价	商品编号	订单总仁
2	1254	51	王强	2024-3-1	87.25	51249MN	4449.
3	1255	52	李梦	2024-3-2	154.36	51250MN	8026.
4	1256	42	六路	2024-3-3	52.98	51251MN	2225.
5	1257	63	赵奇	2024-3-4	56.88	51252MN	3583.
6	2614	26	顾晶	2024-4-5	95.00	62415JK	24
7	2614	51	刘田	2024-4-1	56.00	62411JK	28
8	1258	52	刘东	2024-3-5	64.87	51253MN	3373.
9	1259	52	王宏	2024-3-6	53.00	51254MN	27
10	1260	11	李凡	2024-3-7	26.47	51255MN	291.

第4步：利用快捷键执行宏命令。选中C11单元格，表示需要为这个单元格设置醒目格式。按下事先设置好的宏快捷键Ctrl+B，此时该单元格自动进行了格式设置，效果如下图所示。

	A	B	C	D	E	F	G
2	1254	51	王强	2024-3-1	87.25	51249MN	4449.
3	1255	52	李梦	2024-3-2	154.36	51250MN	8026.
4	1256	42	六路	2024-3-3	52.98	51251MN	2225.
5	1257	63	赵奇	2024-3-4	56.88	51252MN	3583.
6	2614	26	顾晶	2024-4-5	95.00	62415JK	24
7	2614	51	刘田	2024-4-1	56.00	62411JK	28
8	1258	52	刘东	2024-3-5	64.87	51253MN	3373.
9	1259	52	王宏	2024-3-6	53.00	51254MN	27
10	1260	11	李凡	2024-3-7	26.47	51255MN	291.
11	1261	2	张泽	2024-3-8	84.69	51256MN	169.
12	1262	9	罗雨	2024-3-9	65.32	51257MN	587.
13	1263	8	代凤	2024-3-10	56.47	51258MN	451.

10.1.3 为订单管理系统表添加宏命令执行按钮

订单管理系统的查询者不止订单管理系统制作者一位，其他查询者在查看订单时可能不知道如何操作宏命令，也不知道宏命令的操作快捷键。这时可以在订单管理系统下方添加按钮，让该按钮被单击后便执行宏命令，方便他人对订单管理系统进行查看。

>>>1. 添加宏命令按钮

添加宏命令按钮的方法是，在表格中添加按钮控件，再将该控件指定为录制好的宏命令，具体操作如下。

第1步：选择命令按钮。❶ 单击“插入”选项卡下的“窗体”按钮；❷ 在下拉菜单中选择“按钮”选项。

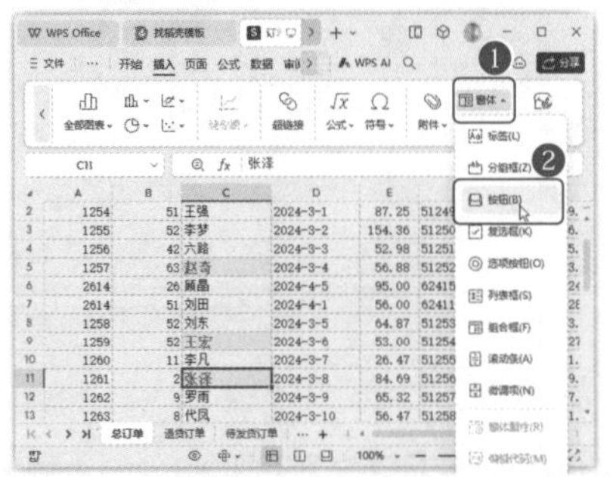

第2步：绘制按钮控件。在界面下方绘制按钮控件，如下图所示。

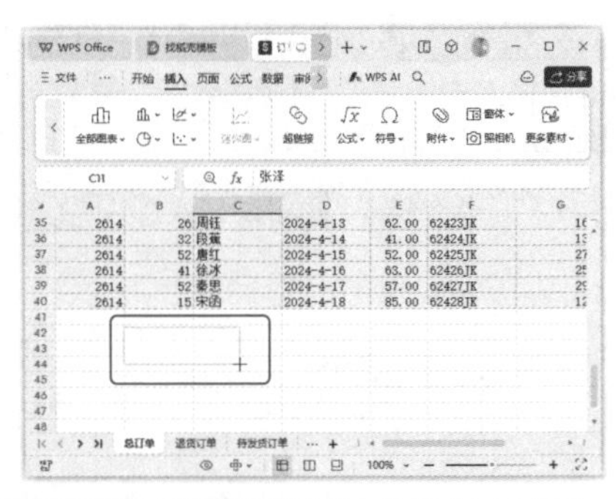

第3步：指定宏。❶ 按钮控件绘制完成后，会弹出“指定VB宏”对话框，在对话框中选择事先录制好的宏命令“重点标注”；❷ 单击“确定”按钮。

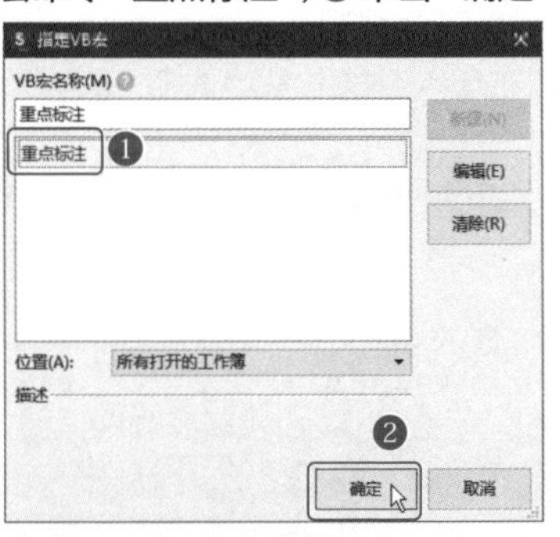

第4步：更改按钮显示文字。在按钮文字中插入光标，输入新的按钮名称“单击标注重点”，表示单击该按钮可以标注出重点客户姓名。

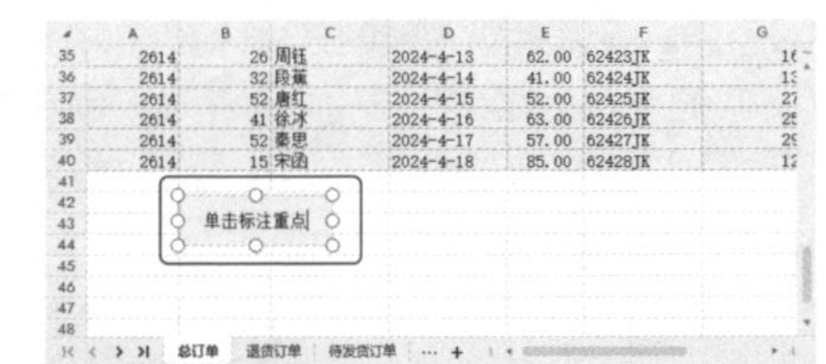

第5步：退出设计。完成宏命令指定按钮设置后，单击“开发工具”选项卡下的“退出设计”按钮，完成按钮设置。

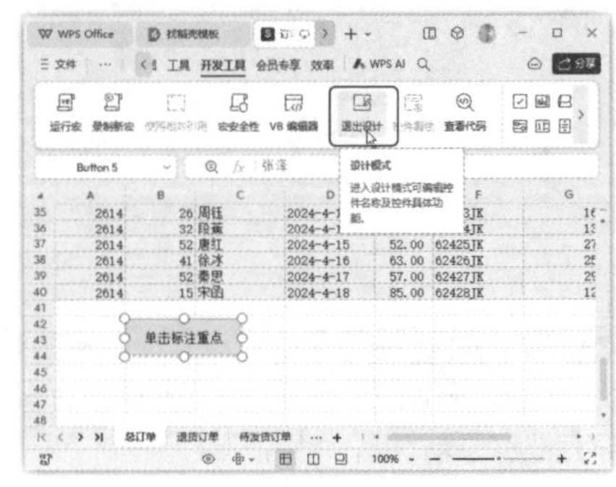

>>>2. 使用宏命令按钮

完成宏命令按钮的添加后，可以通过单击宏命令按钮完成重点客户标注。

第1步：单击按钮。❶选中C37单元格；❷单击宏命令按钮。

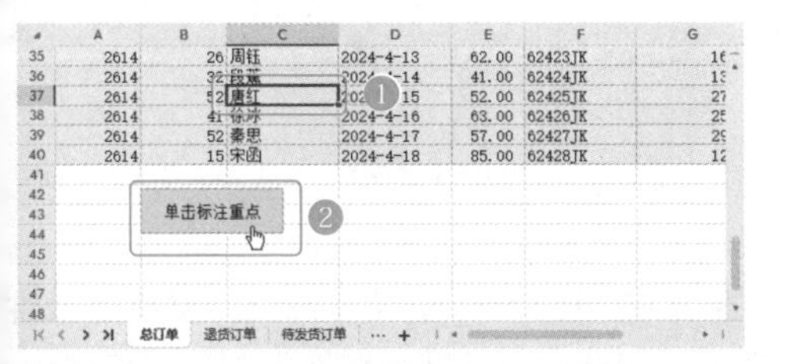

第2步：查看效果。此时C37单元格便自动设置了醒目格式。

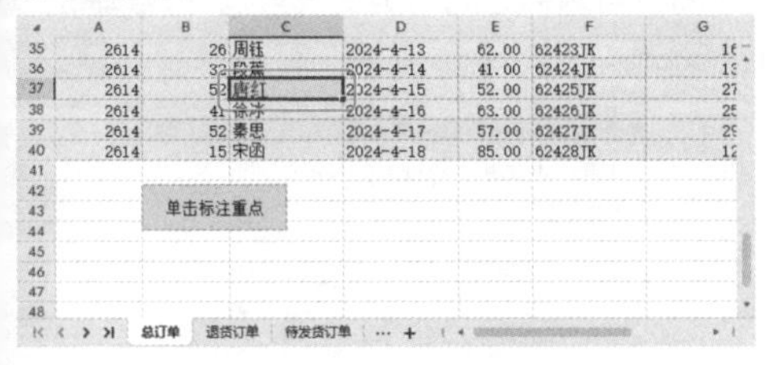

>>>3. 冻结单元格方便执行宏命令

在订单管理系统下方执行宏命令或者是单击宏命令按钮时，由于订单行数太多，看不到这一行数据的字段名称，那么可以通过冻结窗格的操作，将表格第1行单元格冻结，方便查看数据项目。

第1步：执行"冻结"首行命令。❶选中第1行任意一个单元格；❷选择"视图"选项卡下"冻结窗格"下拉菜单中的"冻结首行"命令。

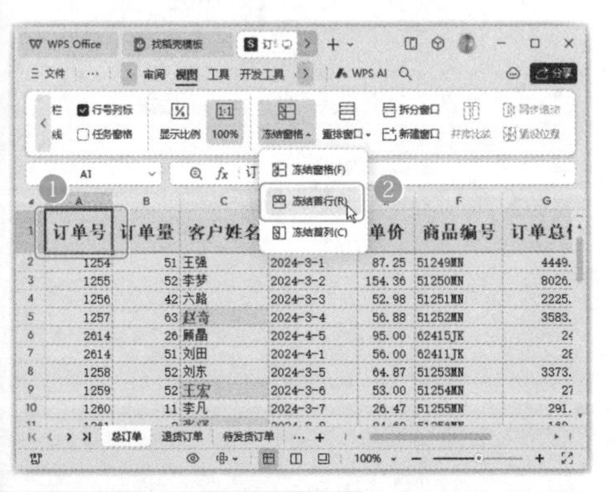

第2步：查看窗格冻结效果。将表格拖动到最下面，可以看到首行单元格也不会被隐藏，如此一来就可以更加方便地查看订单信息了。

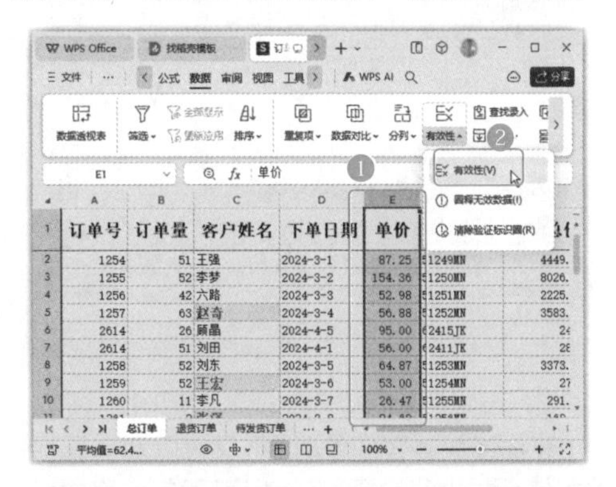

10.1.4 为订单管理系统设置数据有效性

为了保证订单管理系统中不会出现错误的数据录入，可以设置数据有效性，限定他人在增加订单数据时录入的数据类型或范围。

>>>1. 设置单价不能为负数

在订单管理系统中，有商品的单价数据可以设置填写商品单价的单元格只能输入大于0的数据，从而有效避免错误填入负数单价。

第1步：打开"数据有效性"对话框。❶选中E列需要设置数据有效性的单元格；❷单击"数据"选项卡下的"有效性"按钮，选择"有效性"选项。

第2步：设置数据有效性。❶在"数据有效性"对话框中选择有效性条件的"允许"为"小数"，选择"数据"为"大于"，在"最小值"中输入0，表示设置这列数据为大于0的小数；❷单击"确定"按钮。

第3步：输入负数。在E列任意单元格中删除原有数据，输入负数。

	A	B	C	D	E	F	G
1	订单号	订单量	客户姓名	下单日期	单价	商品编号	订单总价
2	1254	51	王强	2024-3-1	87.25	51249MN	4449.
3	1255	52	李梦	2024-3-2	154.36	51250MN	8026.
4	1256	42	六路	2024-3-3	52.98	51251MN	2225.
5	1257	63	赵奇	2024-3-4	56.88	51252MN	3583.
6	2614	26	顾晶	2024-4-5	-52	62415JK	24
7	2614	51	刘田	2024-4-1	56.00	62411JK	28
8	1258	52	刘东	2024-3-5	64.87	51253MN	3373.
9	1259	52	王宏	2024-3-6	53.00	51254MN	27
10	1260	11	李凡	2024-3-7	26.47	51255MN	291.

总订单 退货订单 待发货订单

第4步：出现提示。此时出现了错误提示，表示输入的数据不符合要求。

	A	B	C	D	E	F	G
1	订单号	订单量	客户姓名	下单日期	单价	商品编号	订单总价
2	1254	51				51249MN	4449.
3	1255	52				51250MN	8026.
4	1256	42				51251MN	2225.
5	1257	63				51252MN	3583.
6	2614	26	顾晶	2024-4-5	-52	62415JK	24
7	2614	51	刘田	2024-4-1	56.00	62411JK	28
8	1258	52	刘东	2024-3-5	64.87	51253MN	3373.
9	1259	52	王宏	2024-3-6	53.00	51254MN	27
10	1260	11	李凡	2024-3-7	26.47	51255MN	291.

错误提示

您输入的内容，不符合限制条件。

了解更多

总订单 退货订单 待发货订单

专家答疑

问：可以利用数据有效性设置单元格中的日期范围吗？

答：可以。选中要设置数据有效性的单元格后，打开“数据有效性”对话框，选择“日期”为允许条件，就可以设置“开始日期”和“结束日期”，从而限定单元格中输入的日期范围。

>>>2．设置订单状态只能填入固定内容

在设置数据有效性时，不仅可以对单元格中的数值大小进行设置，还可以设置单元格中只能输入固定的内容。

第1步：打开“数据有效性”对话框。❶选中H列需要设置数据有效性的单元格；❷单击“数据”选项卡下的“有效性”按钮，选择“有效性”选项。

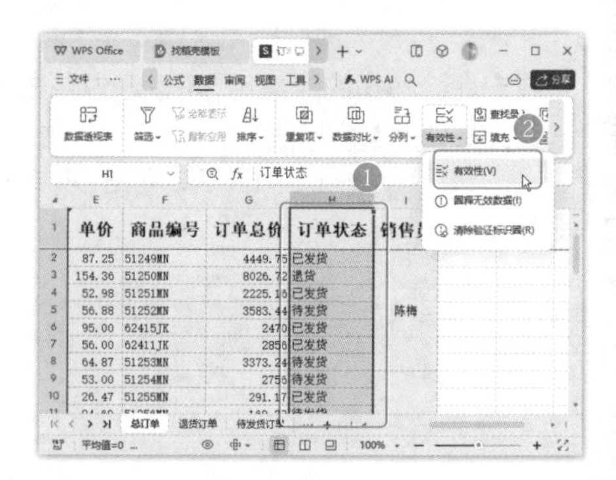

第2步：设置数据有效性。❶在“数据有效性”对话框中选择有效性条件的“允许”为“序列”，在“来源”中输入这列单元格中允许选择的内容，注意内容与内容之间用英文逗号隔开；❷单击“确定”按钮。

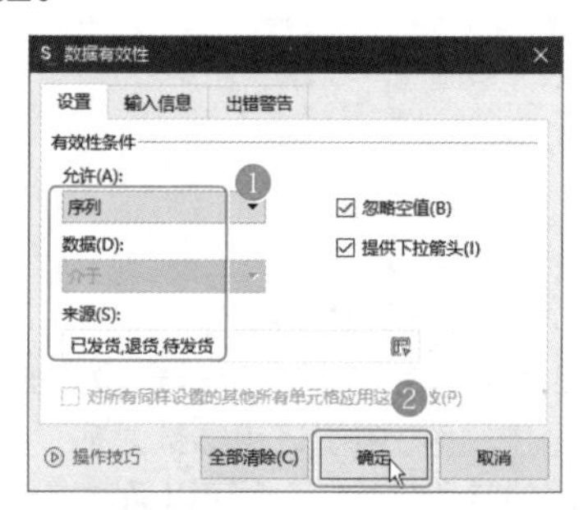

第3步：查看结果。此时选中的这列单元格中会出现按钮，单击该按钮，可以从中选择特定的内容。通过这种方式可以有效地避免输入错误或不符合规范的内容。

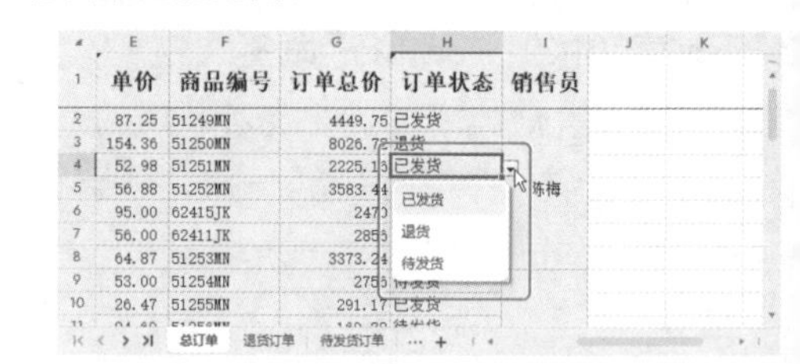

10.2 共享和保护“产品出入库查询表”

扫一扫　看视频

※ 案例说明

为了更高效地统计产品的入库和出库数据，现在常常会制作“产品出入库查询表”，并且将表格进行共享。让不同的销售部门之间可以共享查看产品的出入库信息，并将自己部门的产品出入库信息共享到表格中，让信息的传递更高效及时。

“产品出入库查询表”文档制作完成后的效果如下图所示。

	A	B	C	D	E	F	G	H
1	编号	种类	品名	规格型号	数量	单价	单位	总金额
2	5124IH	服装	连衣裙	L号	25	56.89	条	1422.25
3	5125IH	服装	连衣裙	M号	41	52.85	条	2166.85
4	5126IH	服装	半身群	S号	52	56.67	条	2946.84
5	5127IH	服装	半身群	M号	62	52.62	条	3262.44
6	5128IH	服装	碎花长群	S号	41	55.00	条	2255
7	5129IH	服装	打底衫	L号	52	65.00	件	3380
8	5130IH	服装	吊带裙	M号	12	85.00	条	1020
9	5131IH	服装	小外套	L号	52	74.00	件	3848
10	5132IH	服装	九分裤	M号	63	89.00	条	5607
11	5133IH	服装	七分裤	L号	52	158.00	条	8216
12	5134IH	服装	长裤	M号	41	54.98	条	2254.18
13	5135IH	服装	短裤	S号	52	57.69	条	2999.88
14	5136IH	服装	衬衫	L号	45	189.68	件	8535.6
15	5137IH	服装	衬衫	M号	56	57.89	件	3241.84
16	5138IH	服装	衬衫	S号	57	95.00	件	5415
17	5139IH	服装	圆领连衣裙	S号	41	87.00	条	3567
18	5140IH	服装	波点衬衫	S号	25	85.00	件	2125
19	5141IH	服装	灯笼裤	S号	62	42.00	条	2604
20	5142IH	服装	吊带	M号	42	101.50	件	4263
21	5143IH	服装	连体裤	M号	52	124.00	条	6448
22	5144IH	服装	小脚裤	L号	66	135.00	条	6448
23	5145IH	服装	牛仔裤	M号	75	145	条	10875

※ 思路解析

在保护和共享产品出入库查询表时，首先应该设置可编辑区域，对工作表添加保护密码，避免共享后重要信息被修改；接着再开始设置工作簿的共享命令。当工作簿成功共享后，可以通过保护工作簿显示修订的方法查看他人对工作簿的修改。具体的流程及思路如下。

制作
产品出入库查询表

- 共享文件
  - 设置可编辑区域
    - 目的：让文件在共享后，其他用户只可在指定区域编辑文件
    - 方法：使用“允许编辑区域”命令
  - 保护工作表
    - 为工作表设置保护密码
  - 共享工作簿
    - 执行“共享工作簿”命令
- 记录不同共享部门对文件的更改
  - 第1步：执行“保护共享工作簿”命令
  - 第2步：在工作簿中进行操作
  - 第3步：显示修订，即可查看工作簿被修改的信息

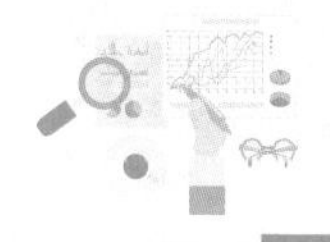

※ 步骤详解

10.2.1 共享产品出入库查询表

在应用WPS表格编辑完成产品出入库查询表后，往往需要将表格共享出去，让相关人员进行查看。

>>>1. 设置可编辑区域

在共享工作簿前，为了避免重要信息被更改，可以事先设置好可共享的区域，具体操作如下。

第1步：执行“允许编辑区域”命令。按照路径“素材文件\第10章\产品出入库查询表.et”打开素材文件。单击“审阅”选项卡下的“允许编辑区域”按钮。

第2步：设置“允许用户编辑区域”对话框。在打开的“允许用户编辑区域”对话框中单击“新建”按钮。

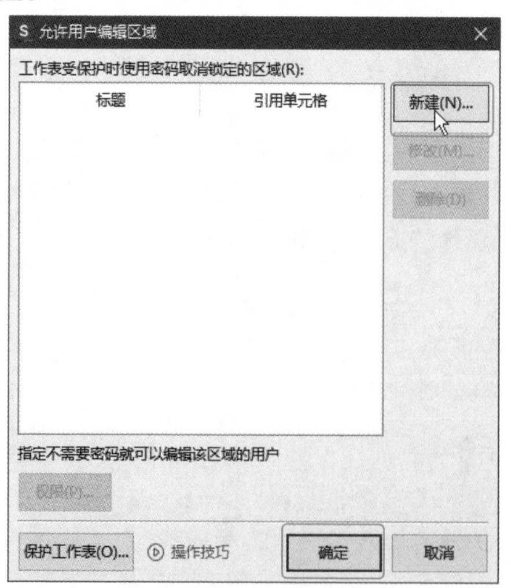

第3步：设置“新区域”对话框。❶在打开的对话框的“标题”文本框中输入可编辑区域的名称“可编辑区域”。❷在“引用单元格”中引用单元格区域“$A$23:$H$33”。该区域是产品入库表下方的空白区域，表示用户不能更改表中已有的信息，但是可以在空白的地方添加新的产品入库信息。❸单击“确定”按钮，完成可编辑区域的添加。

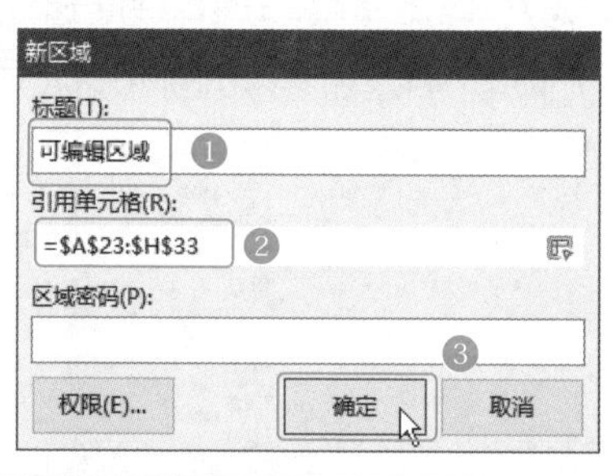

第4步：确定可编辑区域的设置。回到“允许用户编辑区域”对话框后，单击“确定”按钮，完成可编辑区域的设置。

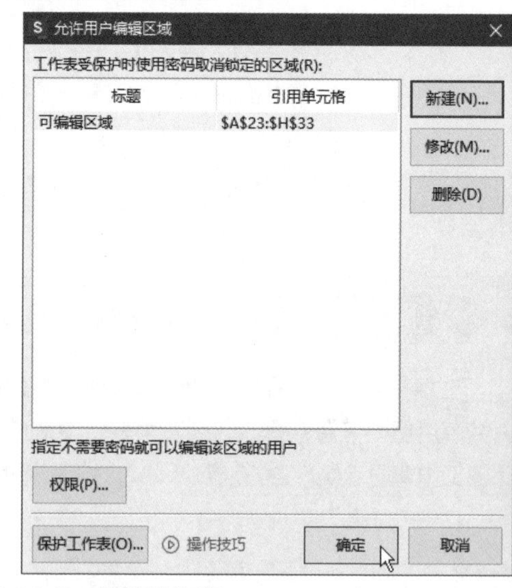

>>>2. 保护工作表

为了进一步保护产品出入库查询表，可以设置保护工作表的密码，具体操作如下。

第1步：单击“保护工作表”按钮。单击“允许编辑区域”按钮，打开对话框，单击“保护工作表”按钮。

第2步：设置“保护工作表”对话框。❶在“保护工作表”对话框中输入工作表的保护密码123；❷勾选如图所示的两个选项；❸单击“确定”按钮。

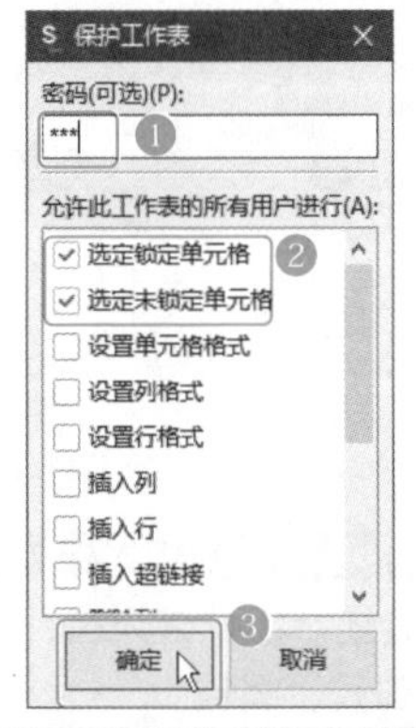

第3步：再次输入密码完成工作表的保护设置。❶在弹出的“确认密码”对话框中再次输入密码123；❷单击“确定”按钮，完成对工作表的保护设置。

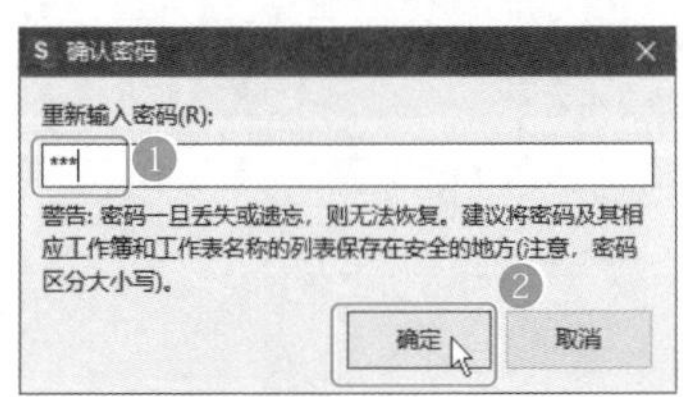

>>3. 共享工作簿

完成文档个人信息设置后，就可以开始进行文档共享了，具体操作如下。

第1步：单击“共享工作簿”按钮。❶单击“审阅”选项卡下的“共享工作簿”按钮；❷在下拉菜单中选择“共享工作簿”选项，如下图所示。

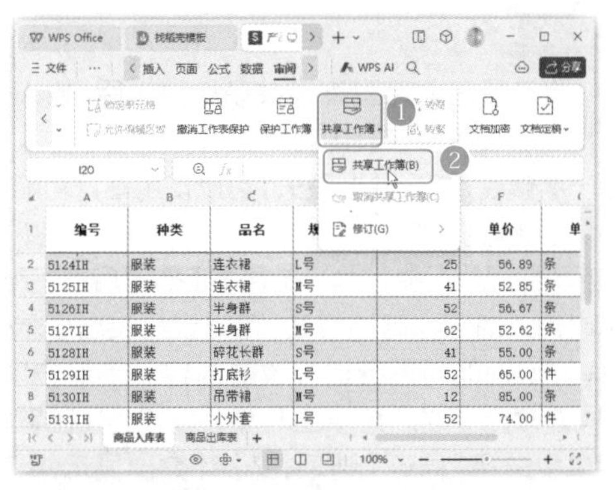

第2步：设置“共享工作簿”对话框。❶选择“允许多用户同时编辑，同时允许工作簿合并”复选框；❷单击“确定”按钮。

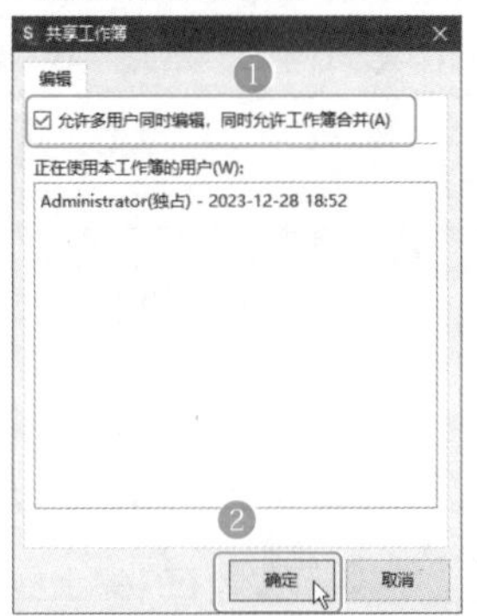

第3步：确认保存工作簿。系统弹出提示保存工作簿的对话框，单击“确定”按钮。

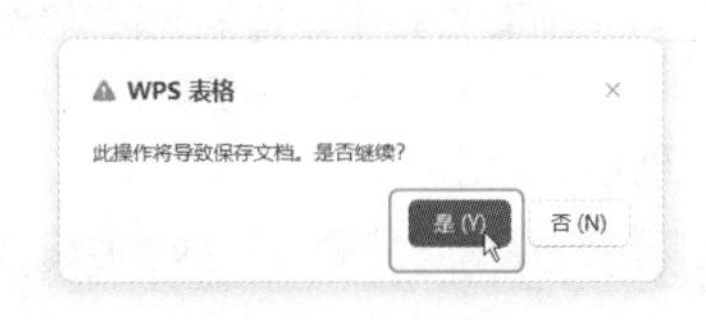

第4步：实现工作簿共享。此时文档便成功实现共享，文件名称中带有“共享”二字。

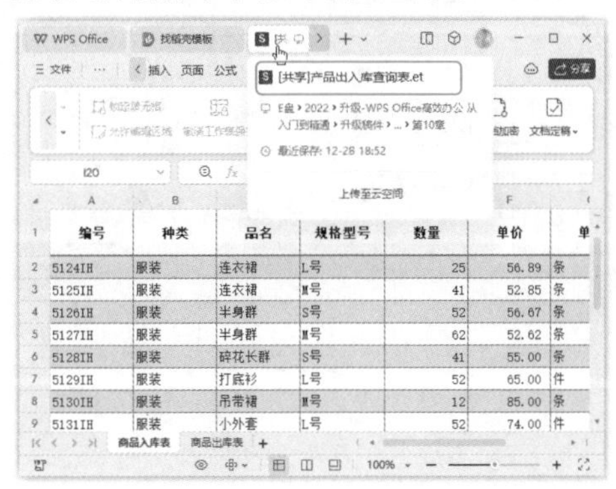

10.2.2 记录共享工作簿的修订信息

将产品出入库查询表共享给他人后，他人可以对表单进行修改及内容添加。为了记录他人的每一次修改，防止数据丢失，可以使用修订功能突出显示修订。

第1步：突出显示修订。在共享工作簿后，为了显示出他人对工作簿的修改，可以设置突出显示修订，好识别他人进行过修改的内容。❶ 单击“审阅”选项卡下的“共享工作簿”按钮；❷ 在下拉菜单中选择“修订”选项，选择“突出显示修订”选项。

第2步：设置对话框。❶ 在“突出显示修订”对话框中选择“时间”和“修订人”，选择“位置”为A23单元格到H33单元格的位置。这片单元格区域也正好是前面步骤中设置的允许编辑的单元格区域；❷ 选择“在屏幕上显示修订信息”选项；❸ 单击“确定”按钮。

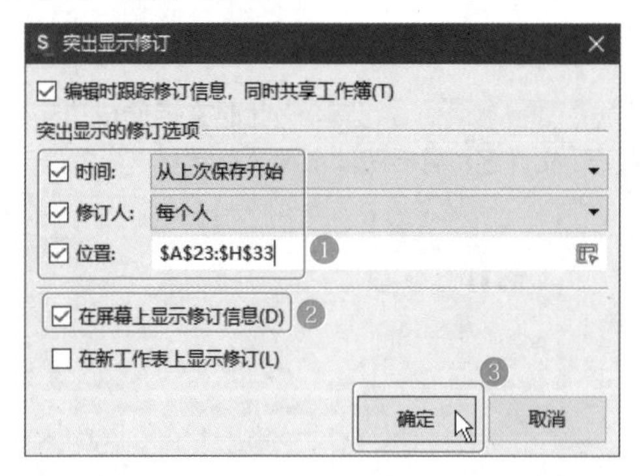

第3步：在共享工作簿中进行内容修改。❶ 在
允许编辑区域(如E8单元格)进行内容修改，会
到该区域不允许编辑的提示对话框；❷ 在共享
作表中允许编辑区域(如最后一行数据)进行内
添加，此时修订操作已经被记录。

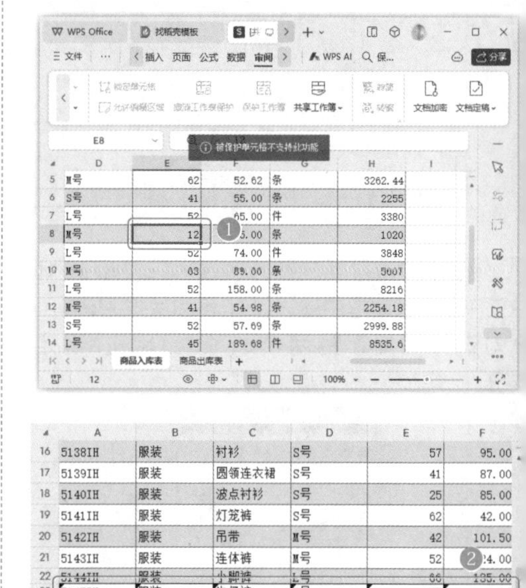

第4步：查看修订内容。将光标放到添加了内
的单元格上，会显示出什么人在什么时间对这
单元格的内容进行了编辑。

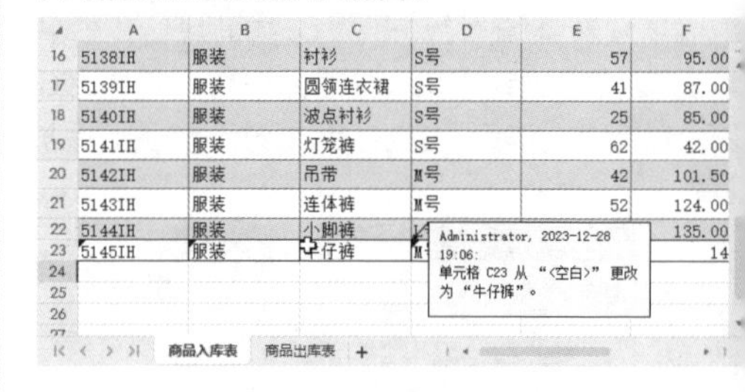

过关练习：制作“顾客投诉记录表”

通过前面内容的学习，相信读者已经掌握如何将WPS表格保存为宏文件，并且懂得如何设置表格单元格的数据有效性，还懂得当文档完成后如何进行分享与保护。为了巩固所学内容，下面以制作“顾客投诉记录表”为综合案例，讲解如何将投诉表共享到不同的部门进行信息完善，其效果如下图所示。读者可以结合分析思路自己动手强化练习。

	A	B	C	D	E	F	G
1	序号	投诉日期	相关商品	责任人	是否采取措施	客户是否回复满意	具体解决方案
2	001	2024/5/1	女鞋A	王梅	是	是	打电话给客户，主动
3	002	2024/5/7	女鞋B	李东	否	否	
4	003	2024/5/9	童鞋A	赵奇	是	是	
5	004	2024/6/7	童鞋D	王梅	是	是	
6	005	2024/6/9	男鞋F	李东	是	是	
7	006	2024/6/10	女鞋A	王梅	否	否	
8	007	2024/6/11	女鞋B	李东	是	是	

Administrator, 2024-1-2 14:40
单元格 G2 从“<空白>”更改为“打电话给客户，主动提供换货服务”。

Sheet1

※ 思路解析

顾客投诉记录表是记录顾客投诉及处理方法的文档，如果销售部门较多，该表常常需要多个部门协作完成。此时就需要用到WPS表格工作簿的共享功能，让其他部门的销售人员填写他们部门处理顾客投诉的具体方案。具体的制作流程及思路如下。

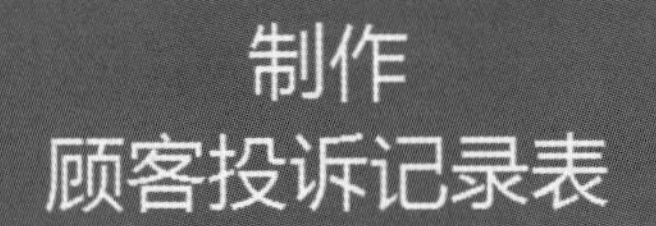

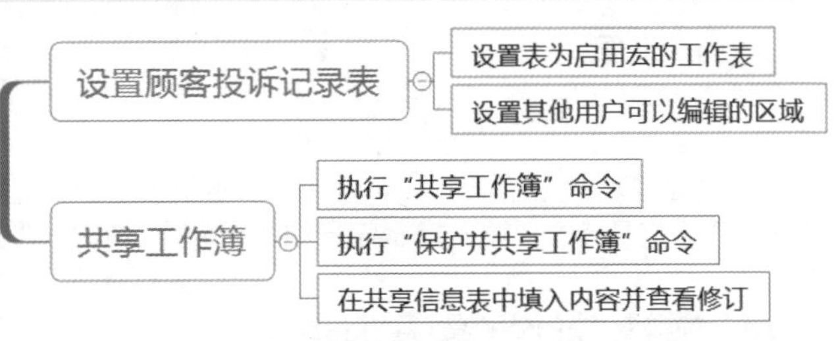

※ 关键步骤

关键步骤1：更改文件类型。按照路径“素材文件\第10章\顾客投诉记录表.et”打开素材文件。❶执行“另存为”命令，设置保存位置；❷设置保存文件名，并选择文件的保存类型为“Microsoft Excel启用宏的工作簿(*.xlsm)”；❸单击“保存”按钮。

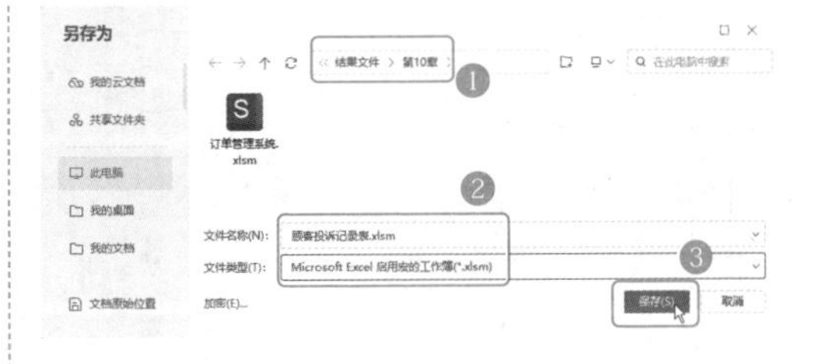

关键步骤2:打开“数据有效性”对话框。❶按住Ctrl键,选中E列和F列;❷选择“数据”选项卡下“有效性”菜单中的“有效性”选项。

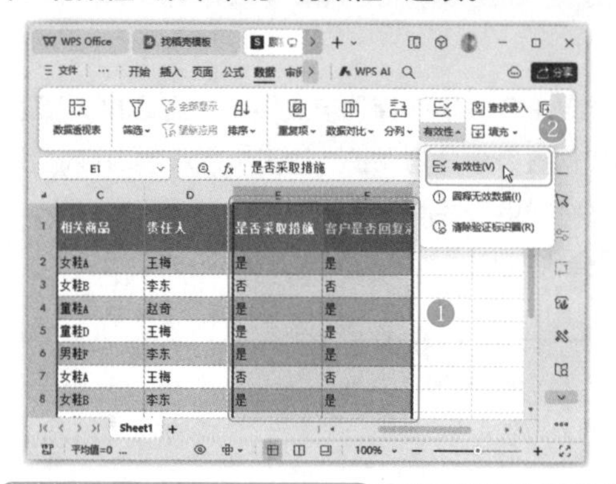

关键步骤3:设置有效性条件。❶在“数据有效性”对话框中选择“允许”为“序列”;❷输入“来源”内容。

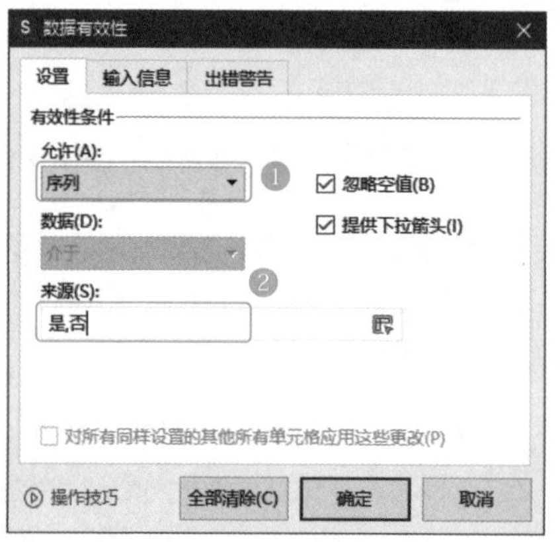

关键步骤4:设置输入时的提示信息。❶切换到“输入信息”选项卡;❷输入提示信息的标题和内容。

关键步骤5:设置出错警告信息。❶切换到“出错警告”选项卡;❷输入出错警告时的标题和内容;❸单击“确定”按钮。

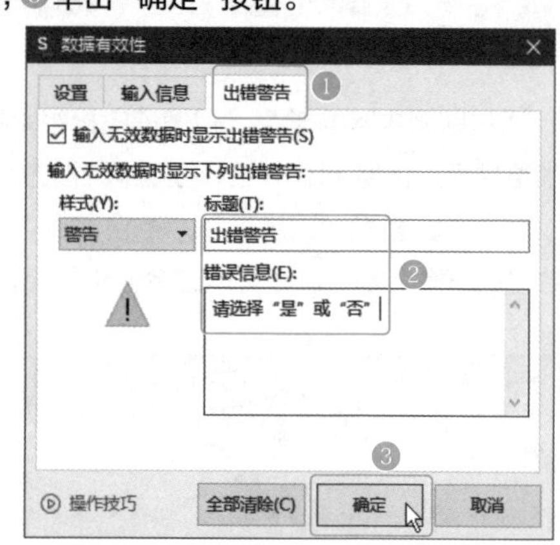

关键步骤6:查看输入时的提示信息。选择E列或F列中任意空白单元格,出现输入时的提示信息。

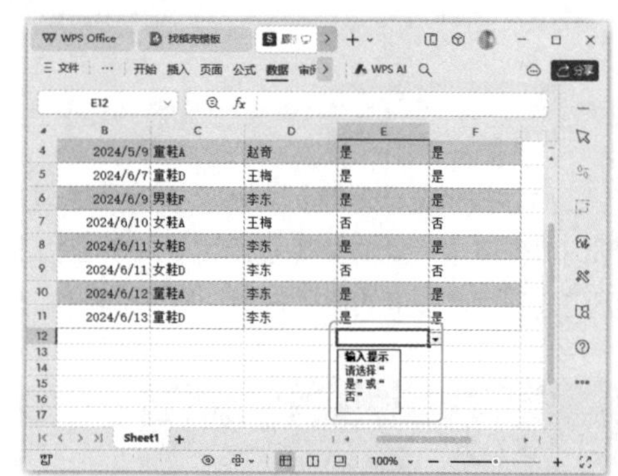

关键步骤7:查看出错警告。如果在E列或F列中输入“是”或“否”之外的内容,则会弹出错误警告。

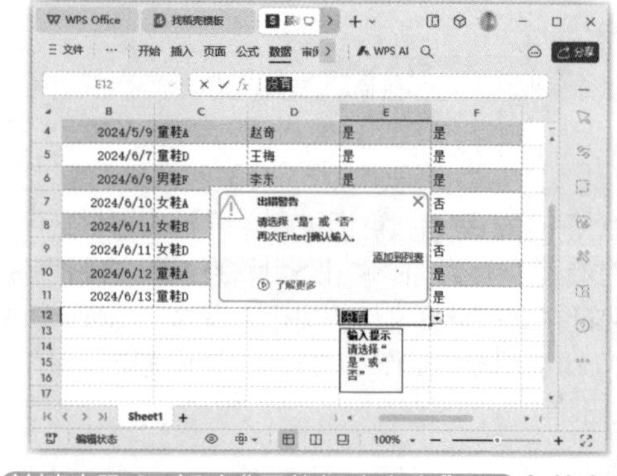

关键步骤8:新建“具体解决方案”列。在共享顾

客投诉记录表中新建“具体解决方案”列。

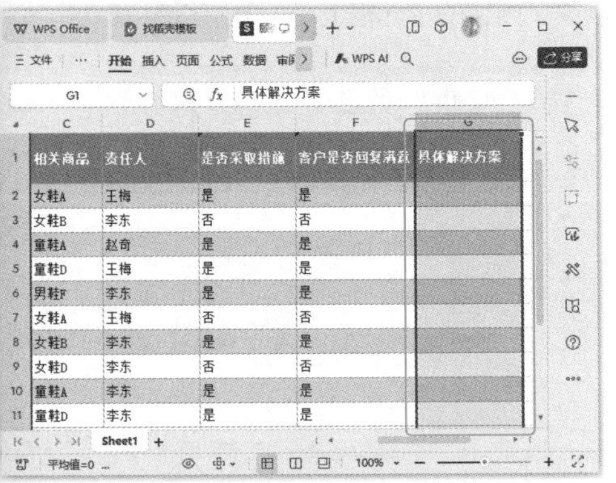

关键步骤9:单击“允许编辑区域”按钮。单击“审阅”选项卡下的“允许编辑区域”按钮。

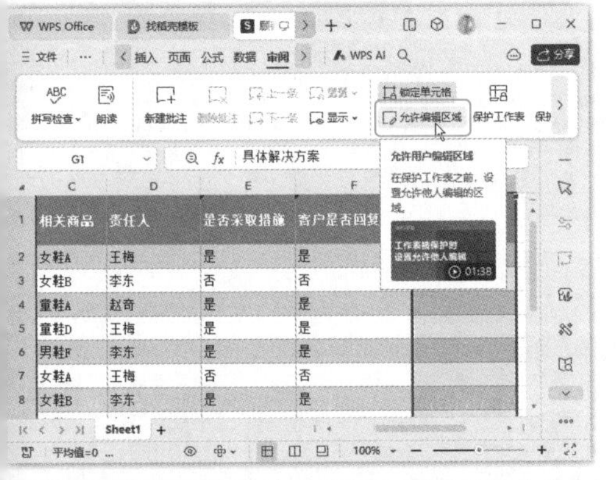

关键步骤10:设置“新区域”对话框。❶在打开的对话框中单击“新建”按钮，打开“新区域”对话框，输入区域的标题名称；❷选择引用单元格区域为新建的单元格区域；❸单击“确定”按钮。最后返回到“允许用户编辑区域”对话框中，单击“确定”按钮。

新区域
标题(T):
请填写解决方案
引用单元格(R):
=$G$2:$G$11
区域密码(P):
权限(E)...
确定
取消

关键步骤11:执行“共享工作簿”命令。单击“审阅”选项卡下的“共享工作簿”按钮，在下拉菜单中选择“共享工作簿”选项。

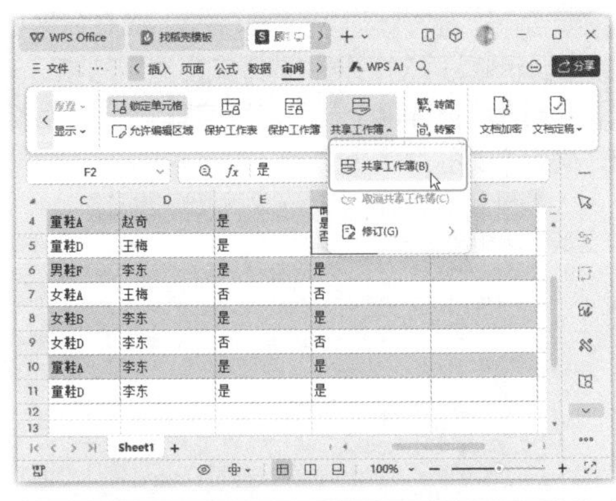

关键步骤12:设置“共享工作簿”对话框。❶在打开的“共享工作簿”对话框中选择“允许多用户同时编辑，同时允许工作簿合并”选项；❷单击“确定”按钮。

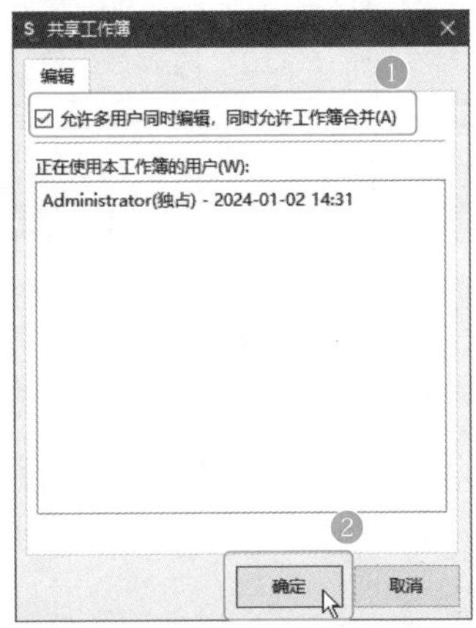

关键步骤13:突出显示修订。共享工作簿后，系统提示对工作簿内容进行了保存，并需要重新打开工作簿。❶单击“审阅”选项卡下的“共享工作簿”按钮；❷在下拉菜单中选择“修订”选项，选择“突出显示修订”选项。

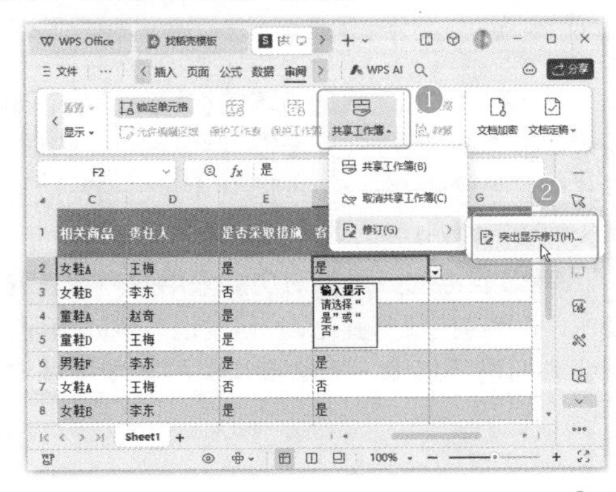

关键步骤14：设置突出显示修订。❶在打开的“突出显示修订”对话框中选择突出显示的修订选项；❷选择“在屏幕上显示修订信息”选项；❸单击“确定”按钮。

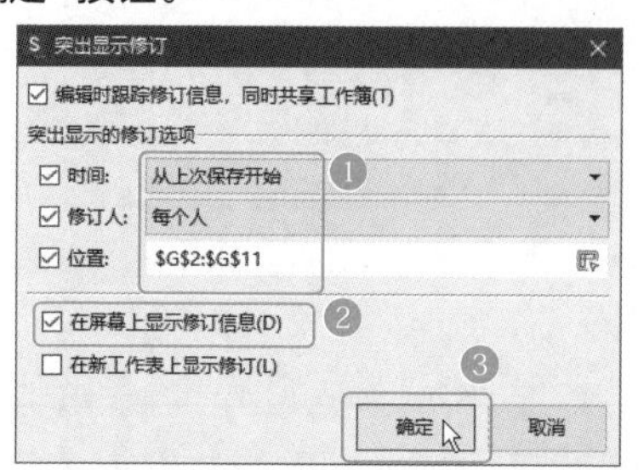

关键步骤15：在表格中可编辑区域内增加内容。在“具体解决方案”下面的单元格中输入内容。

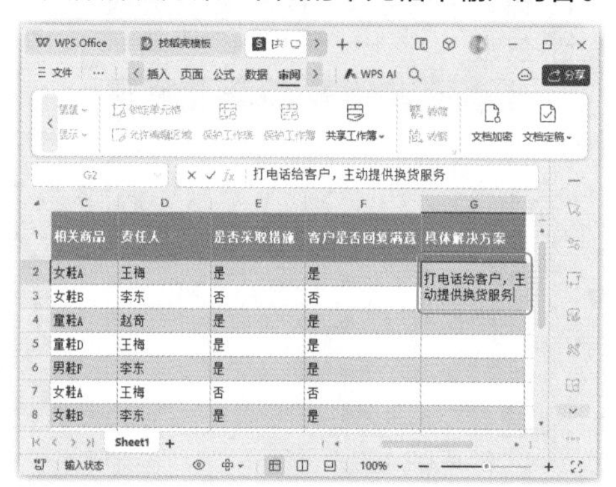

关键步骤16：查看突出显示的修订。将光标放到修改了内容的单元格上，显示出了修订信息。

	E	F	G
1	是否采取措施	客户是否回复满意	具体解决方案
2	是	是	打电话给客户，主动
3	否	否	
4	是	是	
5	是	是	
6	是	是	
7	否	否	
8	是	是	

Administrator，2024-1-2 14:40
单元格 G2 从“<空白>”更改为“打电话给客户，主动提供换货服务”。

高手秘技与 AI 智能化办公

01 数据校对，保证数据的准确性

在数字化时代，数据的重要性日益凸显。如何确保数据的准确性、完整性，避免因输入错误、格式错误等导致的一系列问题？WPS表格以其强大的数据校对功能，帮用户解决了这一难题。

WPS表格的数据校对功能采用业内领先的技术，实时监控数据变化，一旦发现可能的错误，就会立即进行提醒。无论是常见的数字格式错误、文本长度超出范围，还是单元格引用错误等，WPS表格都能准确识别，确保数据的准确性。

下面就让我们一起开启WPS表格的数据校对之旅，享受精准无误的数据处理体验！

第1步：单击“数据校对”按钮。按照路径“素材文件\第10章\员工考评成绩表.et”打开素材文件。单击“数据”选项卡下的“数据校对”按钮。

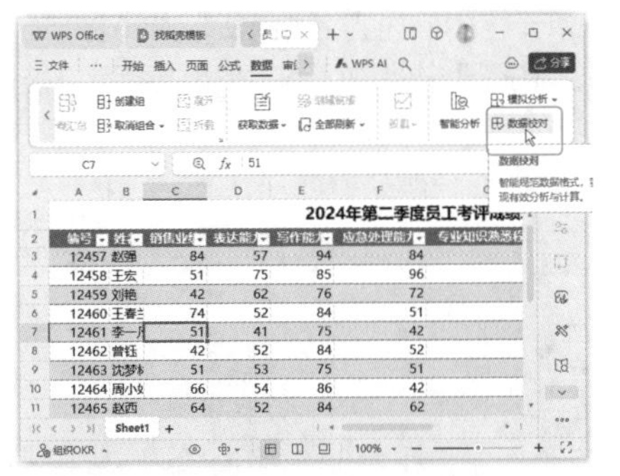

第2步：单击“查看问题”按钮。在显示出的“数据校对”窗格中会显示出检查结果，包括校对出的各类型问题数量，单击“查看问题”按钮。

第3步：单击“一键修改”按钮。在新界面中可以看到具体的出错位置和出错原因，单击“一键修改”按钮。

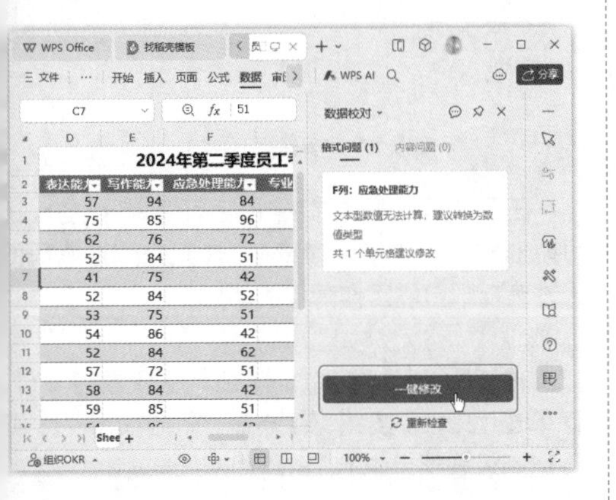

专家点拨

WPS表格的数据校对功能目前还不是特别完善，有部分错误系统还是无法诊断出来，如公式编写错误，还是需要人工进行检查。

第4步：查看修改效果。如下图所示，原来F8单元格中的数据从文本型数字格式变成了数值格式，相关的计算结果也发生了改变。

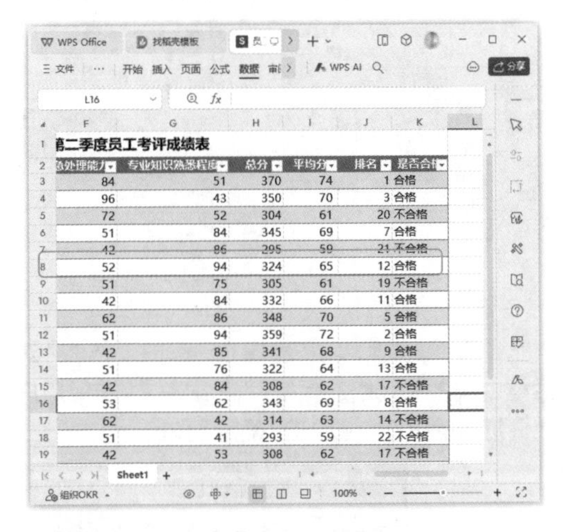

02 锁定部分单元格，让数据不被修改

在制作报表时，如果只想保护表格中的部分单元格区域不被修改，而其他区域可以被修改，可以单独为这个区域设置密码。方法是，先锁定这个区域的单元格，再为这个区域设置保护密码。

第1步：锁定单元格。按照路径“素材文件\第10章\锁定单元格.et”打开素材文件。❶选中A1到I17单元格区域；❷单击“审阅”选项卡下的“锁定单元格”按钮。

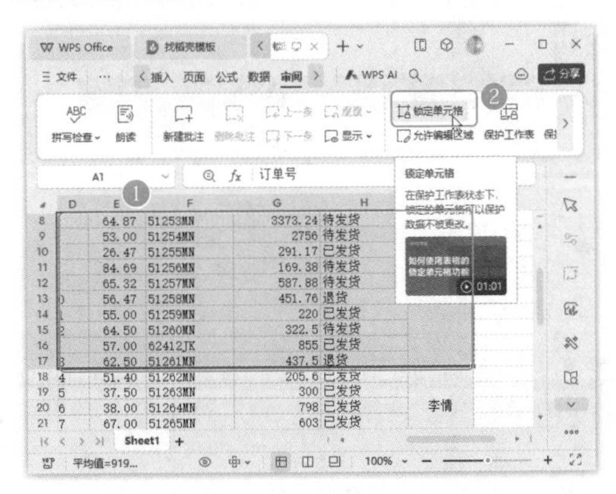

第2步：打开“保护工作表”对话框。单击“审阅”选项卡下的“保护工作表”按钮。

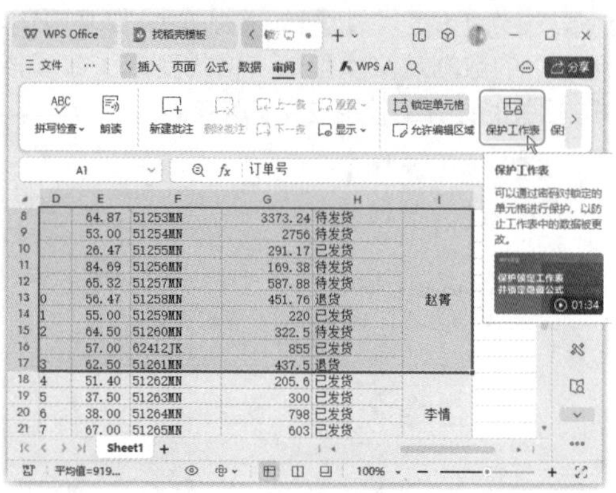

第3步：输入保护密码。 ❶在“保护工作表”对话框中输入单元格的保护密码123；❷选择用户允许进行的操作；❸单击“确定”按钮。

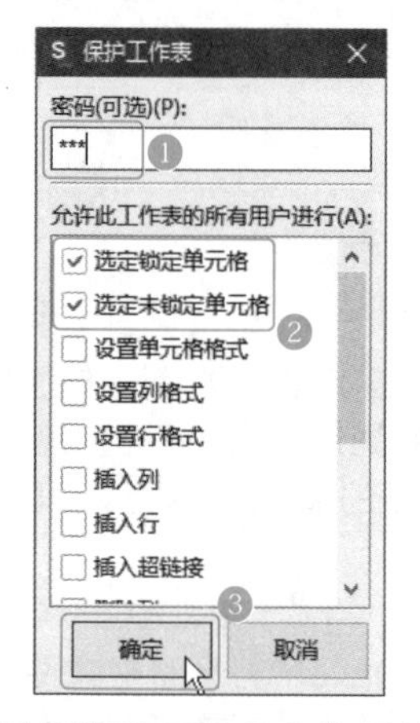

第4步：再次输入密码。 ❶在“确认密码”对话框中再次输入相同的密码123；❷单击“确定”按钮。

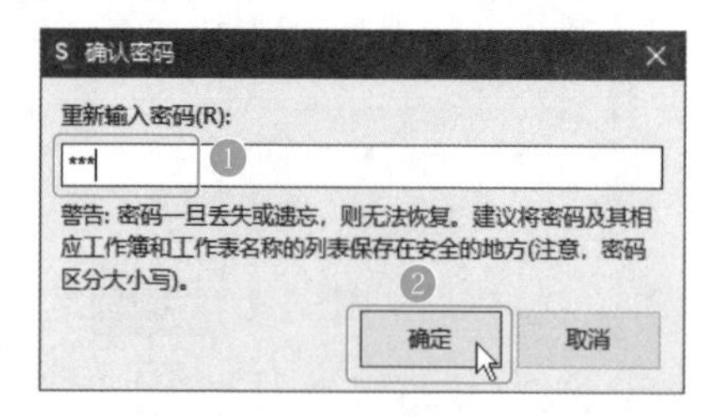

第5步：修改未保护单元格区域的内容。 修改H20单元格中的内容为“退货”，如下图所示，这个单元格属于未保护区域，所以内容可以被成功修改。

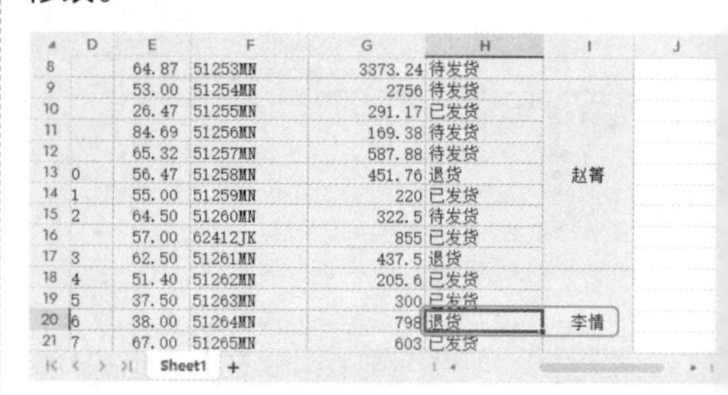

第6步：修改保护区域的单元格内容。 修改H14单元格的内容，则弹出如下图所示的信息框，提示该单元格的内容不能被修改。

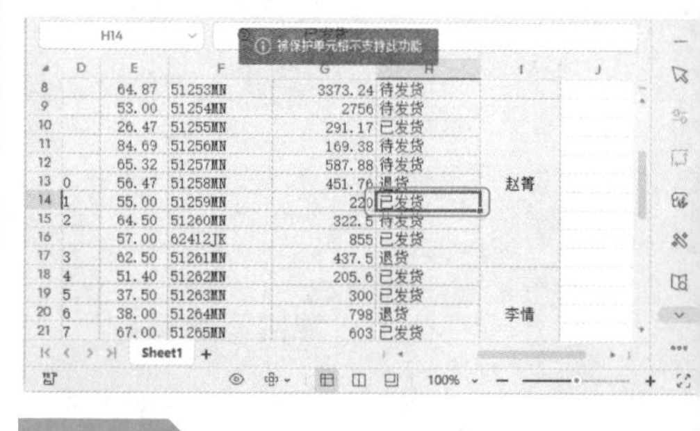

专家点拨

设置部分单元格区域不被修改，要保证只有这个区域的单元格处于锁定状态。如果整张表的单元格都处于锁定状态，再设置保护密码，就会让整张表的内容都无法修改。

03 保护工作表，还可以这样做

在保护工作簿时，除了设定可编辑区域外，还可以对整个工作簿设置密码，让只有知道密码的人才有权限查看工作簿中的信息。

第1步：执行“密码加密”命令。 按照路径“素材文件\第10章\文件加密.et”打开素材文件，❶单击“文件”按钮；❷选择“文档加密”选项；❸选择级联菜单中的“密码加密”选项。

第2步：设置"密码加密"对话框。❶在弹出的"密码加密"对话框中设置打开权限的密码为123，❷单击"应用"按钮。

第3步：关闭文件。成功设置密码后，单击对话框右上角的关闭按钮，关闭加密后的文档。

第4步：查看加密效果。再次打开文档，弹出如下图所示的对话框，表示文档已加密成功，需要输入正确的密码才能打开文件。

第11章 WPS演示文稿的编辑与设计

◆本章导读

WPS演示是金山公司开发的演示文稿程序，可以用于商务汇报、公司培训、产品发布、广告宣传、商业演示以及远程会议等。本章以制作产品宣传文稿和培训演示文稿为例，介绍演示文稿和幻灯片的基本操作。

◆知识要点

■演示文稿的创建方法

■演示文稿内容的编排方法

■运用模板快速制作文稿

■设计母版提高效率

■图片的插入技巧

■幻灯片内容的对齐方法

◆案例展示

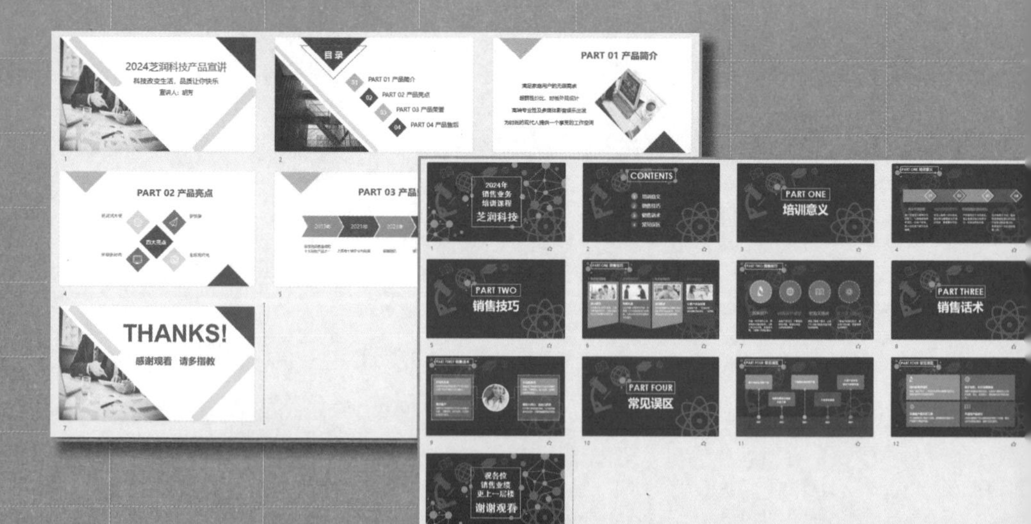

11.1 制作“产品宣传与推广演示文稿”

扫一扫 看视频

※ 案例说明

当公司有新品上市，或者需要向客户介绍公司产品时，就需要用到产品宣传与推广演示文稿。这种演示文稿中包含了产品介绍、产品优点、产品荣誉等内容信息，力图向观众展示出产品好的一面。“产品宣传与推广演示文稿”文档制作完成后的效果如下图所示。

※ 思路解析

制作一份产品宣传与推广演示文稿。首先应该正确创建一份文件，再将文件的框架，即封面、底页、目录制作完成，然后再将内容的通用元素提取出来制作成版式，方便后面的内容制作。具体制作流程及思路如下。

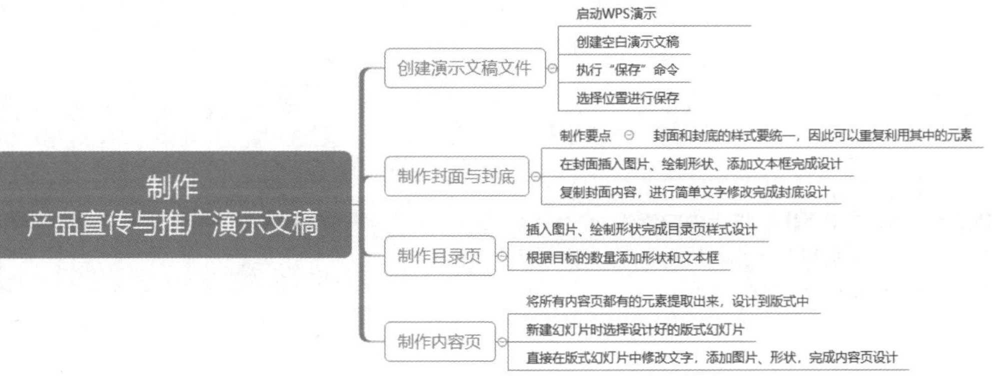

※ 步骤详解

11.1.1 创建产品推广演示文稿

在制作产品宣传与推广演示文稿前，首先要用WPS演示软件正确创建文档，并保存文档。

>>>1. 新建演示文稿

启动WPS Office软件，选择创建文档类型即可成功创建一份文档。操作步骤如下。

第1步：打开软件。启动WPS Office，❶单击“新建”按钮；❷在下拉列表中选择“演示”选项。

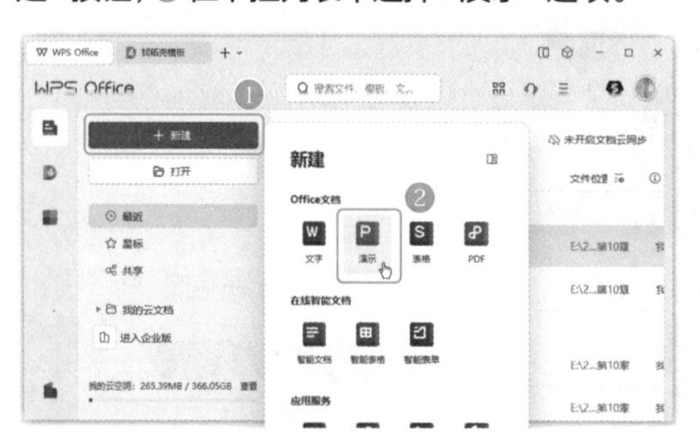

第2步：选择文件类型。创建演示文稿可以创建空白文稿，也可以选择模板进行创建，这里选择“空白演示文稿”选项，单击进行创建。此时便能完成空白新文档的创建。

>>>2. 保存演示文稿

创建新文档后，先不要急着编排幻灯片，先正确保存再进行内容编排，防止内容丢失。

第1步：单击“保存”按钮。新创建的文档如下图所示，单击左上方的“保存”按钮。

第2步：保存文档。❶在打开的“另存为”对话框中选择文件位置；❷输入文件名称；❸单击“保存”按钮。

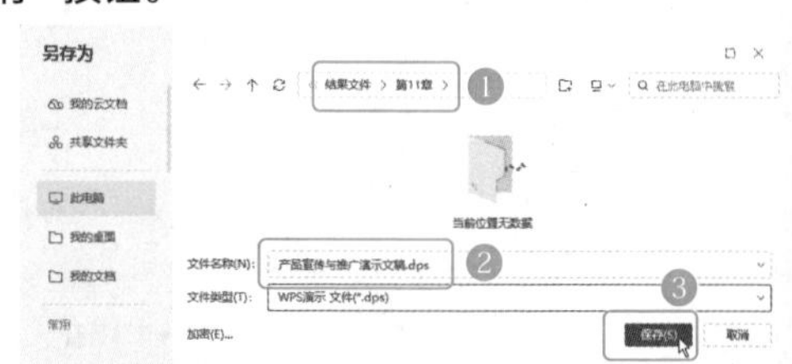

第3步：查看保存效果。成功保存文档后，效果如下图所示，文档中显示了文档保存时的名称。

专家点拨

在制作文档前，应该养成事先保存文档的习惯。按照特定路径保存好文档后，在制作过程中随时按下保存文档快捷键Ctrl+S，可以有效避免文档内容因为断电等突发情况而丢失。

11.1.2 为文稿设计封面与封底页

完成文档创建与保存后，首先可以制作封面页与封底页。这两页之所以一起制作，是因为一份完整的演示文稿，其风格是统一的，其中就包含了封面页与封底页的风格统一。

>>>1. 新建幻灯片

封面页与封底页需要两页幻灯片，而新创建的演示文稿中默认只有一页幻灯片，所以需要进行幻灯片创建操作。

第1步：单击"新建幻灯片"按钮。单击"开始"选项卡下的"新建幻灯片"按钮。

第2步：选择幻灯片版式。❶切换到"版式"选项卡；❷选择空白的幻灯片版式。

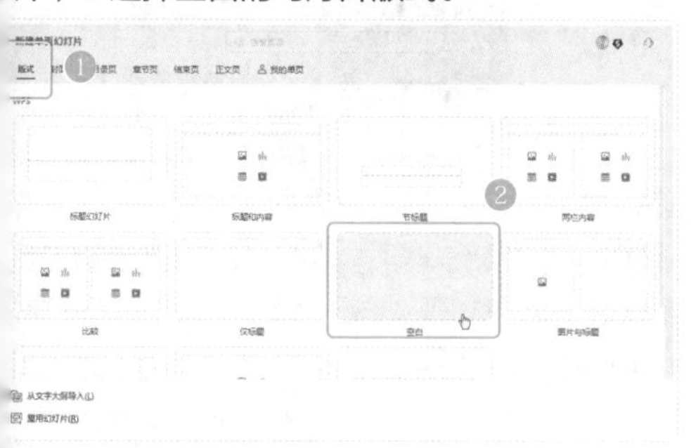

第3步：查看新建的幻灯片。如下图所示，此时已新建了一页空白的幻灯片。

>>>2. 编辑封面幻灯片

新建好封底幻灯片后，首先选中封面幻灯片进行内容编排。主要涉及的操作是图片插入、形状绘制、文本框添加。

第1步：删除封面幻灯片中的内容。❶选中第一页幻灯片；❷按Ctrl+A组合键，选中所有内容，再按Delete键，将这些内容删除。

第2步：打开"插入图片"对话框。❶单击"插入"选项卡下的"图片"按钮；❷在下拉菜单中选择"本地图片"选项。

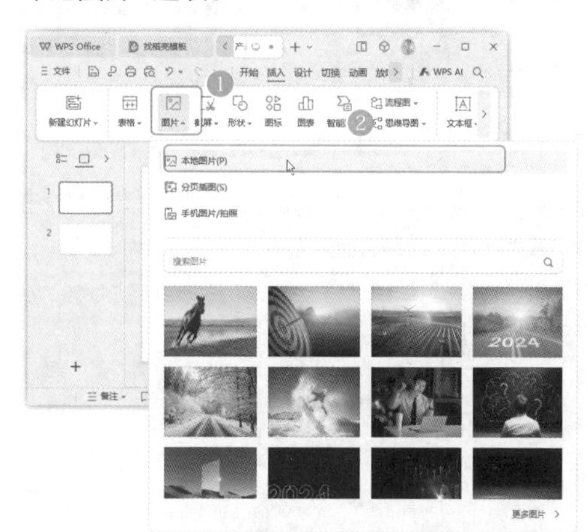

第3步：选择图片插入。❶按照路径"素材文件\第11章\图片1.png"选中素材图片；❷单击"打开"按钮。

第4步：调整图片位置。选中图片，按住鼠标左键不放，移动图片到幻灯片左下角的位置。

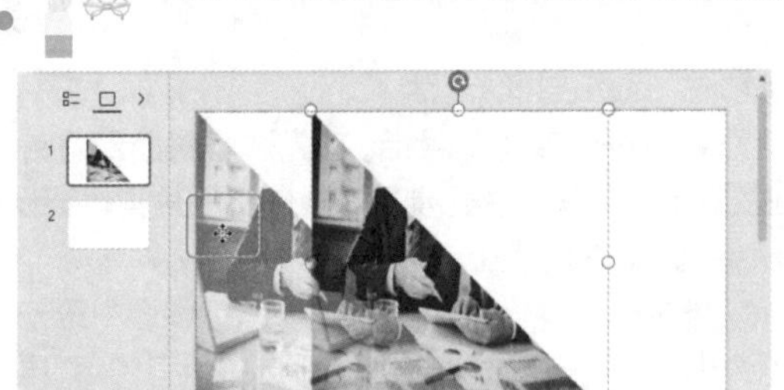

第5步：选择矩形形状。❶单击“插入”选项卡下的“形状”按钮；❷在下拉菜单中选择“剪去对角的矩形”形状。

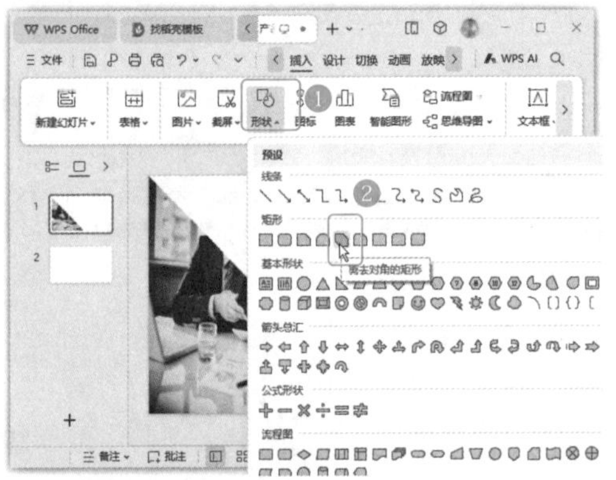

第6步：绘制长条矩形。按住鼠标左键不放，在图中绘制一个长条矩形。

第7步：设置矩形的旋转参数。❶选中矩形，单击工作界面右侧的“对象属性”按钮，打开“对象属性”窗格；❷在“对象属性”窗格中切换到“形状选项”和“大小与属性”选项卡，设置旋转参数。

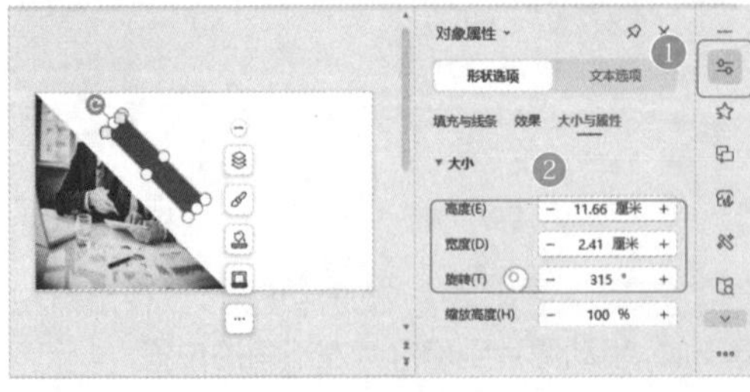

专家点拨

如果不需要精确调整图形的旋转参数，可以直接按住图形上方的旋转按钮左右拖动来调整图形的旋转角度。

第8步：微调矩形的形状和位置。矩形上部有一个黄色的调节按钮，移动按钮位置，让矩形的斜角幅度更大，然后调整矩形位置，让矩形与幻灯片顶部对齐。

第9步：调整形状的颜色。❶完成形状裁剪后单击“绘图工具”选项卡下的“填充”按钮；❷在下拉菜单中选择矩形的填充颜色。

第10步：调整形状轮廓颜色。❶单击“绘图工具”选项卡下的“轮廓”按钮；❷在下拉菜单中选择“无边框颜色”选项。

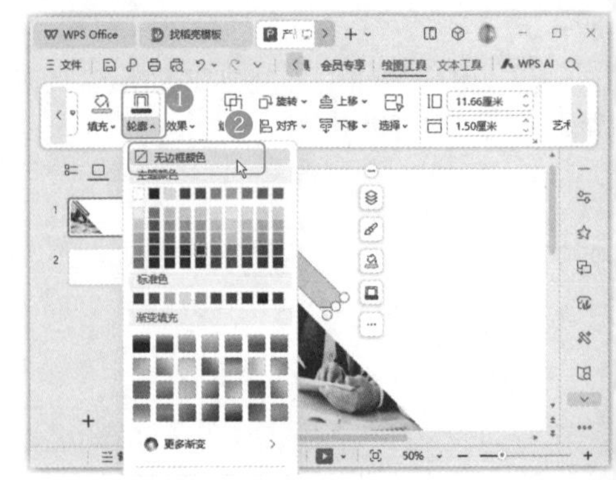

第11步：选择形状。 ❶ 单击“插入”选项卡下的“形状”按钮；❷ 在下拉菜单中选择“剪去同侧角的矩形”形状。

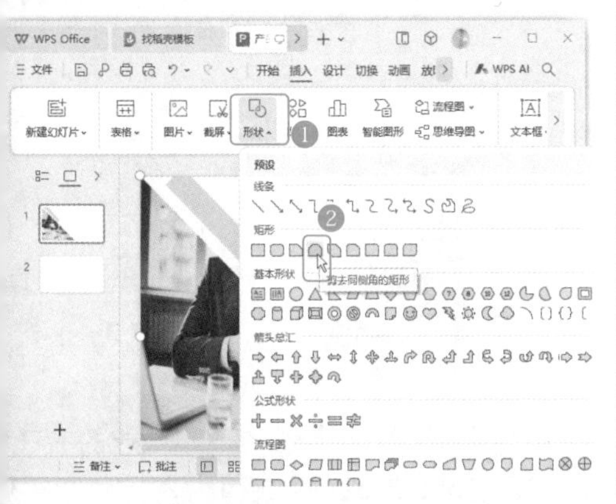

第12步：调整矩形旋转角度。 ❶ 单击“对象属性”按钮 ；❷ 在“对象属性”窗格中设置矩形的旋转角度。

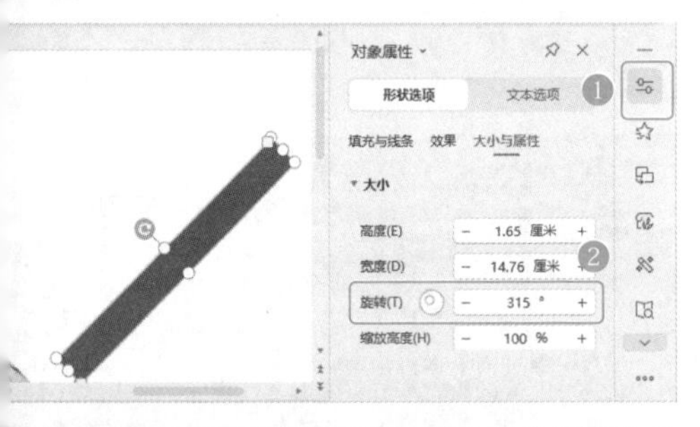

第13步：调整矩形的位置和格式。 按住矩形上的黄色调整手柄，调整斜角幅度，然后移动矩形到幻灯片右下角的位置。设置矩形的填充色和轮廓色与幻灯片左上角的矩形相同。

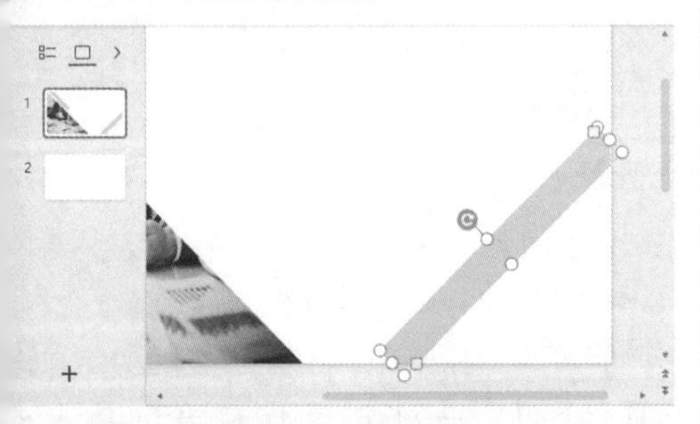

第14步：选择直角三角形。 ❶ 单击“插入”选项卡下的“形状”按钮；❷ 在下拉菜单中选择“直角三角形”形状。

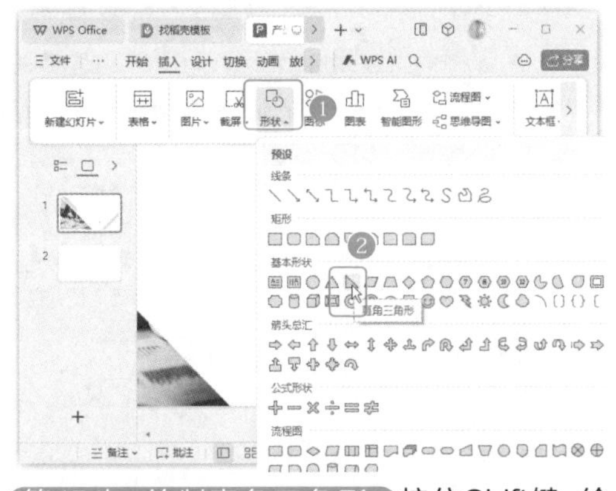

第15步：绘制直角三角形。 按住Shift键，绘制直角三角形，这样能保证绘制出直角等腰三角形。

第16步：设置三角形轮廓。 ❶ 三角形绘制完成后，将旋转值设置成180°并调整其位置到幻灯片右上角；❷ 选择“轮廓”菜单中的“无边框颜色”选项。

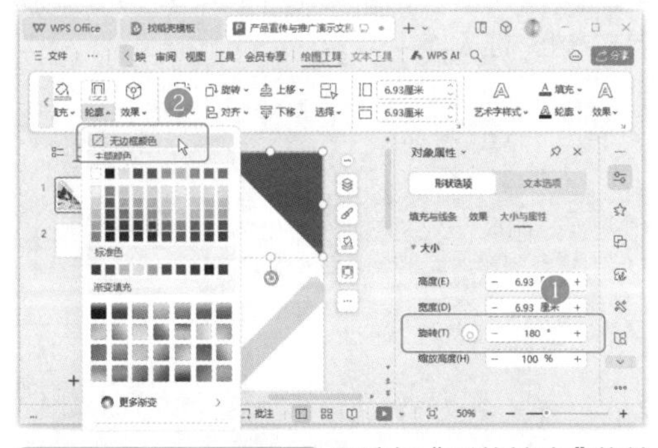

第17步：使用取色器。 ❶ 选择“形状填充”菜单中的“取色器”选项；❷ 在图片中进行取色，所取到的颜色将作为三角形的填充色。这里的颜色为“靛蓝”，颜色RGB参数是“48，68，118”，后面将重复使用，以保证幻灯片整体颜色的统一性。

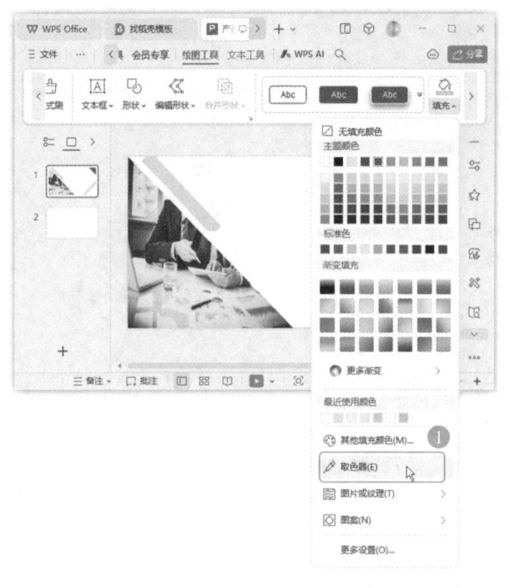

第18步：选择横向文本框。 ❶单击“插入”选项卡下的“文本框”按钮；❷在下拉菜单中选择“横向文本框”选项。

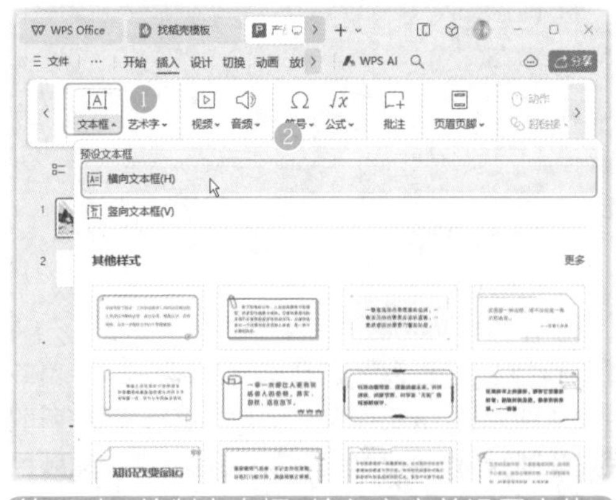

第19步：绘制文本框，输入文字并设置字体。 ❶在页面中绘制一个文本框并输入文字；❷选中文本框，单击“字体”的下拉按钮，从中选择“微软雅黑”字体。

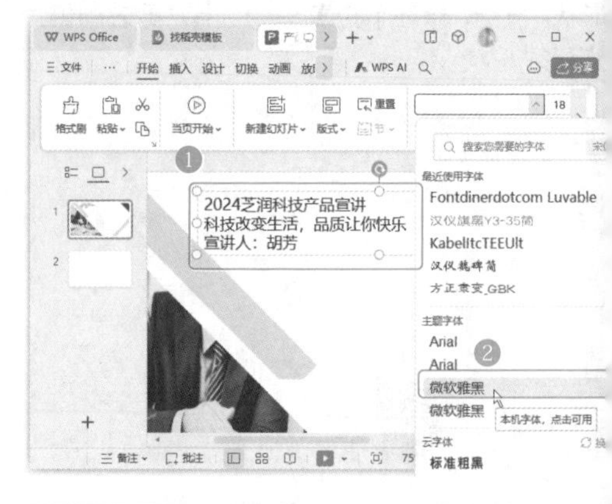

第20步：设置文字格式。 ❶设置文字的不同大小，这三排文字大小依次为48、32、28；❷单独选中第一行文字，设置文字的颜色与幻灯片右上角的三角形填充色相同。

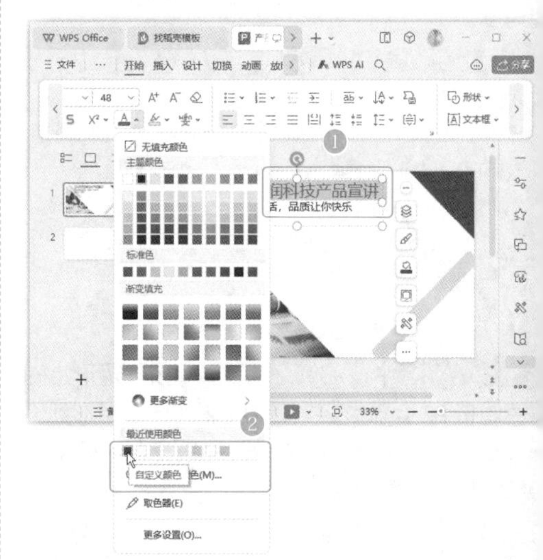

专家点拨

在使用了一种非主题颜色后，会在颜色列表中出现“最近使用颜色”选项，里面记录了最近使用的颜色，直接选择即可。

第21步：设置字体对齐和行距。 ❶单击“开始”选项卡下的“居中对齐”按钮；❷单击“段落”组中的“行距”按钮，在下拉菜单中选择1.5倍行距，此时便完成了封面页的内容编排。

>>>3. 编辑封底幻灯片

封底幻灯片可以使用与封面幻灯片一样的格式进行排版，只不过文字内容有所不同，这样既能提高效率，又能保证统一性。

第1步：复制封面页内容。按Ctrl+A组合键，选中封面页中的所有内容，右击，在弹出的快捷菜单中选择"复制"选项。

第2步：粘贴内容。❶选择第2页幻灯片，❷单击"开始"选项卡下的"粘贴"按钮，选择"带格式粘贴"选项。

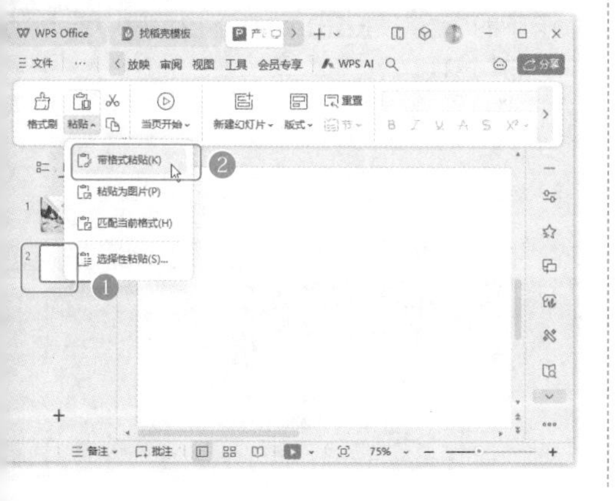

第3步：编辑首行文字。❶将原来文本框中的内容删除，输入新的文字；❷设置文字颜色为"靛蓝"，字体为Arial，字号为115号，B(加粗)显示。

第4步：编辑第二条文字。❶在首行文字下方输入第二行文字；❷设置文字的格式。此时便完成了封底幻灯片的内容编排。

11.1.3 编排目录页幻灯片

完成封面和封底内容编排后，可以开始编排目录页，目录页编排根据幻灯片中的目录数量来安排内容项目数量，并且要充分运用幻灯片中的对齐功能，让各元素排列整齐。

第1步：插入图片绘制图形。❶新建一页"空白"幻灯片作为目录页；❷按照路径"素材文件\第11章\图片2.png"选中素材图片插入到幻灯片中，并按照前面讲过的方法绘制一个倾斜且剪去两角的矩形，选择"直角三角形"形状，按住Shift键，绘制一个等腰直角三角形。

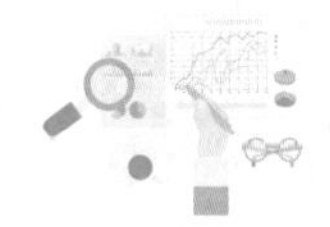

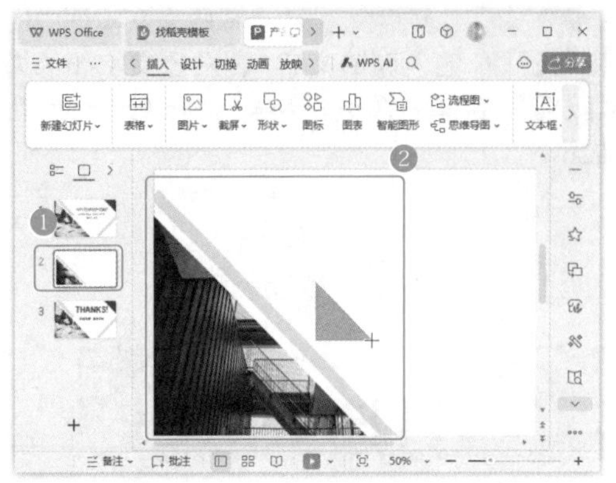

第2步：调整三角形格式。❶调整三角形的旋转角度为“315°”，移动位置到页面左上方；❷设置颜色为“靛蓝”色，设置轮廓为“无边框颜色”。

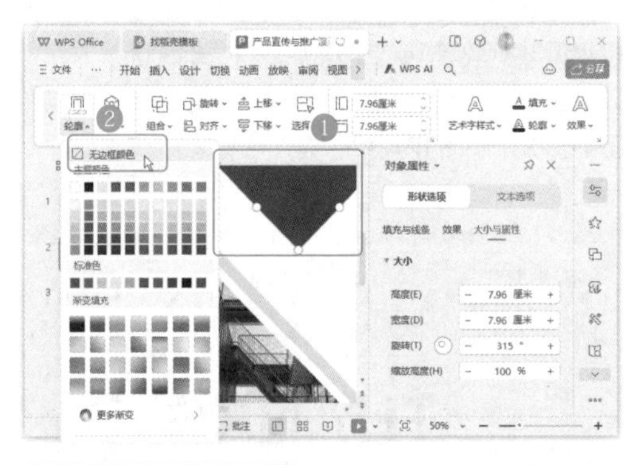

第3步：复制三角形。选中上一步绘制完成的三角形，按Ctrl+C组合键和Ctrl+V组合键，复制、粘贴一个相同的三角形，并调整两个三角形如下图所示的位置关系。

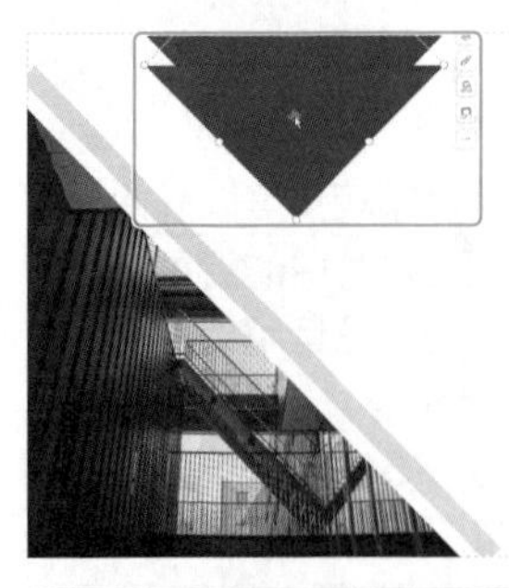

第4步：设置复制的三角形格式。设置复制的三角形填充色为“无填充颜色”。❶选择“轮廓”菜单中的“黑色，文本1，浅色35%”轮廓颜色；❷选择“线型”；❸选择“2.25磅”线型。

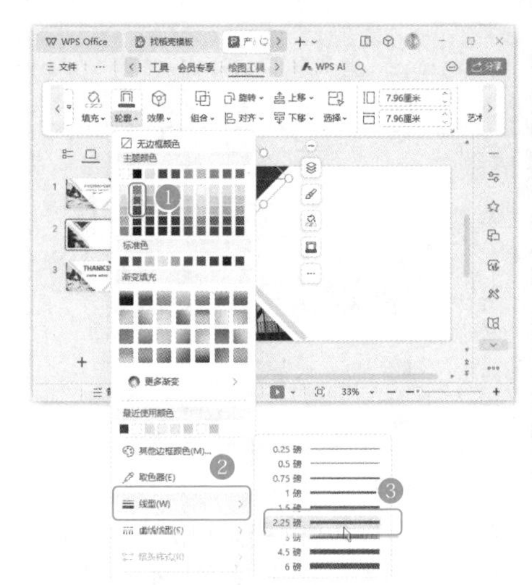

第5步：绘制菱形。❶单击“插入”选项卡下的“形状”按钮；❷在下拉菜单中选择“菱形”形状。

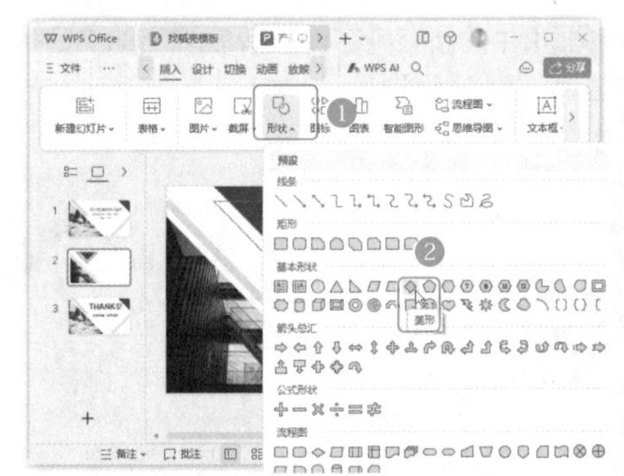

第6步：绘制并复制菱形。❶在界面中绘制一个菱形，并按Ctrl+C组合键，复制菱形，然后连续按Ctrl+V组合键粘贴三个菱形，如下图所示。❷将四个菱形调整为大致倾斜的排列方式，按住Ctrl键，同时选中四个菱形，单击“绘图工具”选项卡下的“对齐”按钮；❸在下拉菜单中选择“纵向分布”选项。

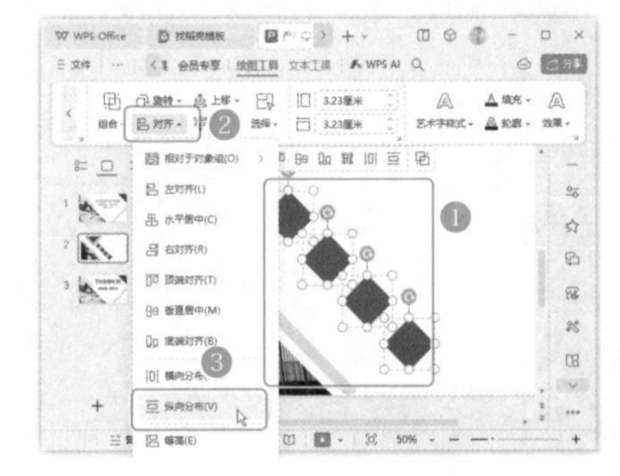

第7步：设置横向分布。 ❶完成纵向分布后，再次单击"对齐"按钮；❷在下拉菜单中选择"横向分布"选项。

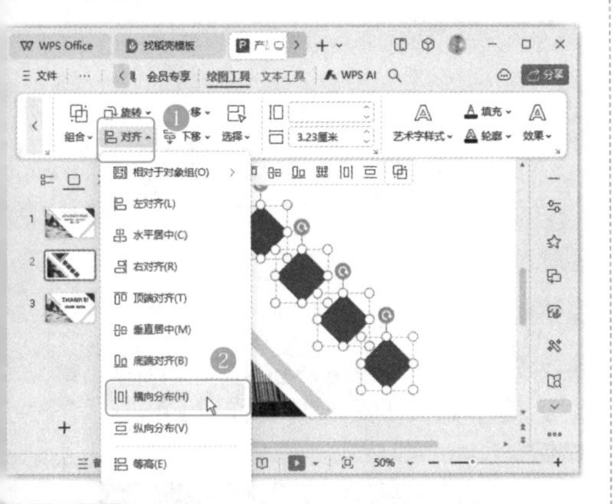

专家点拨

这四个菱形的填充色和文字格式为，第一个菱形和第三个菱形相同，第二个菱形和第四个菱形相同。设置好第二个菱形后，可以单击"格式刷"按钮，再用格式刷单击第三个菱形，从而快速复制格式。用同样的方法，可以将第二个菱形的格式复制到第四个菱形上。

第8步：在菱形中输入文字。 ❶完成菱形对齐后，输入四个编号，因为有四个目录，调整菱形的颜色为RGB参数值为"48，69，119"的自定义靛蓝色和"灰色-25%，背景2，深色25%"；❷调整编号的文字格式。

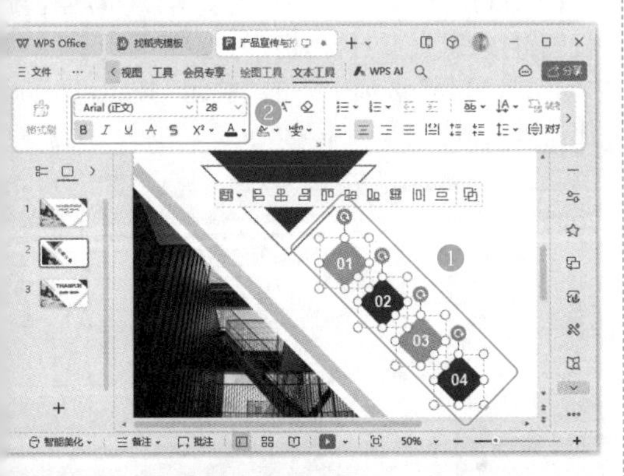

第9步：输入目录。 ❶添加文本框，输入目录文字；❷调整目录文字的格式。

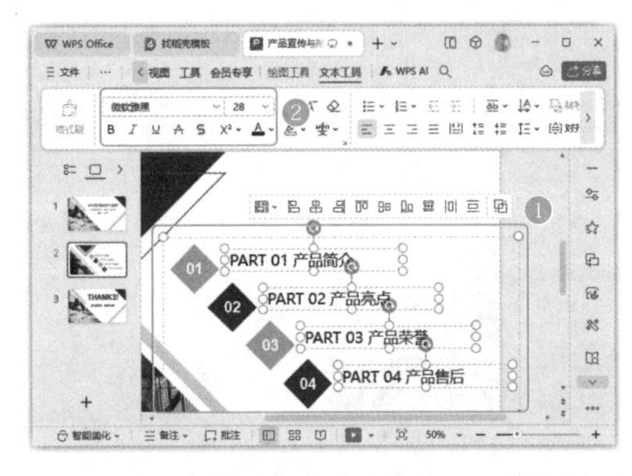

第10步：输入"目录"二字。 ❶插入文本框，输入"目录"二字，调整其位置；❷设置"目录"二字的字体格式，此时便完成了目录页幻灯片的制作。

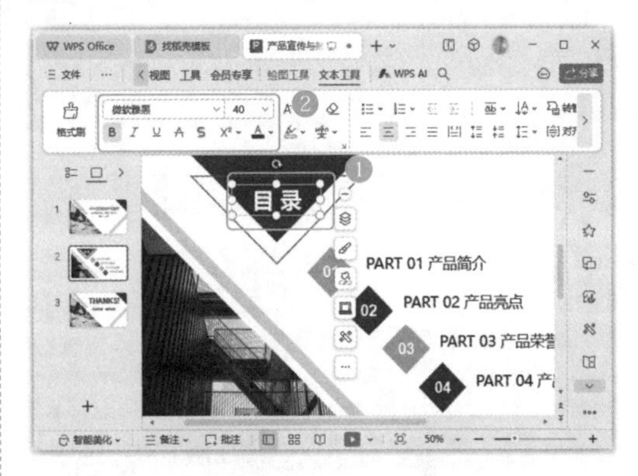

11.1.4 编排内容页幻灯片

在编排完目录页幻灯片后，就可以开始编排内容了。内容页是幻灯片中页数占比较大的幻灯片类型，因此可以将内容页幻灯片中相同的元素提取出来，制作成母版，方便后期提高制作效果以及保证幻灯片的统一性。

>>>1. 制作内容页母版

母版相当于模板，可以对母版进行设计。设计好后，在新建幻灯片时直接选中设计好的版式，就可以添加幻灯片内容，同时运用版式的样式设计。

第1步：进入母版视图。 单击"视图"选项卡下的"幻灯片母版"按钮，进入母版视图。

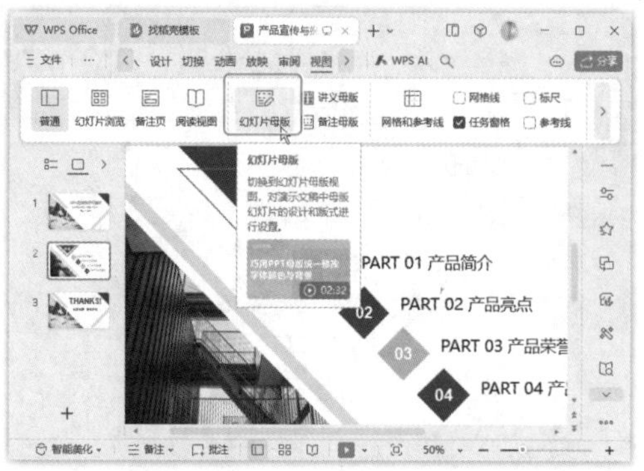

第2步：选择版式。将光标放到版式上，选择一张任何幻灯片都没有使用的版式，否则更改版式设计会影响到当下页面中完成的幻灯片。

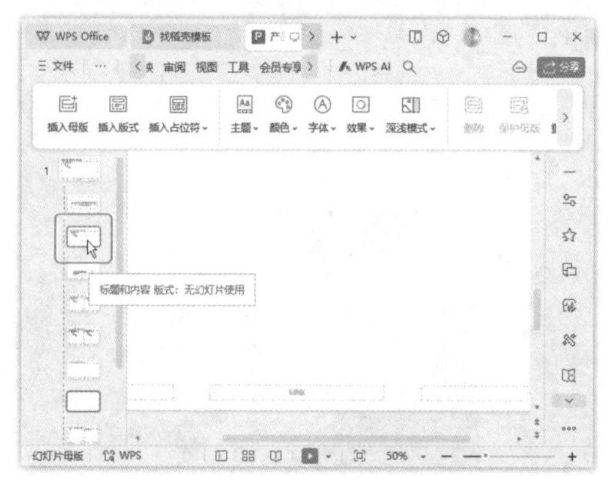

第3步：删除版式中的内容。在版式中，选中页面中除最下面一排的三个文本框的其他所有内容元素，再按Delete键，删除这些内容。

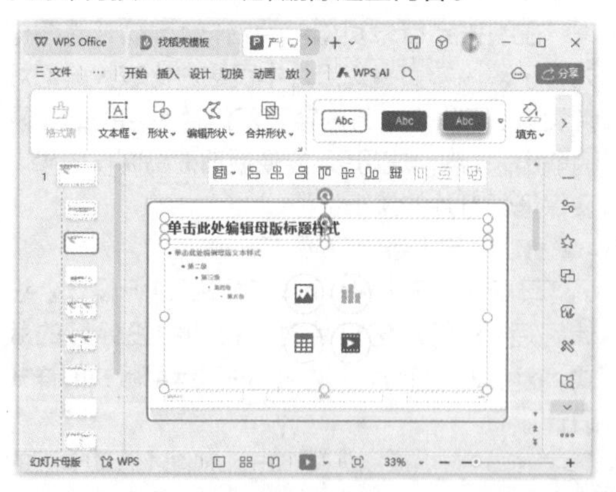

第4步：重命名版式。为了避免版式混淆，这里将版式重命名。选中版式，右击，在弹出的快捷菜单中选择“重命名版式”选项。

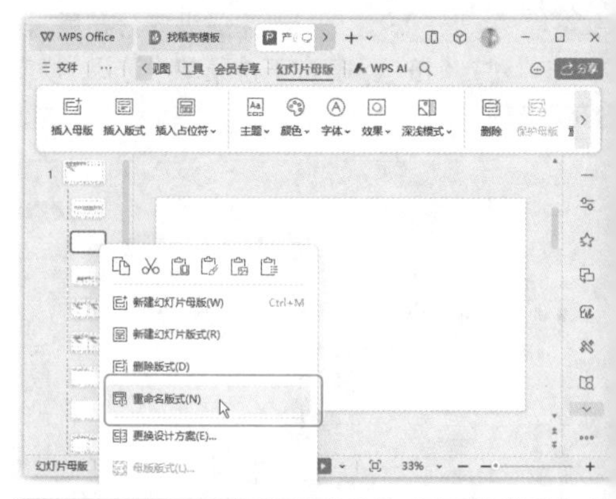

第5步：输入版式名称。❶在打开的“重命名对话框中输入版式的新名称；❷单击“重命名按钮。

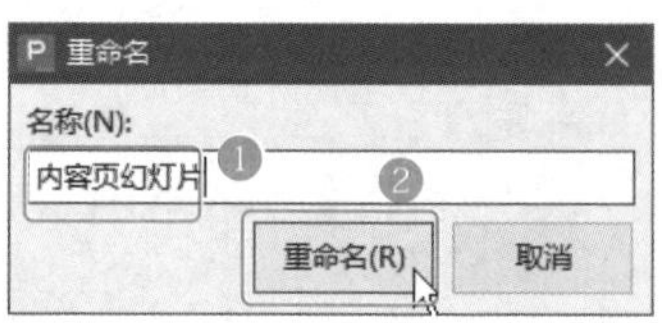

专家答疑

问：除了设置内容页版式，还可以设置封面、节标题页版式吗？

答：可以。版式设计的目的就是提高幻灯片制作效率。如果一份演示文稿中有多张节标题页，那么可以为节标题页也设计版式。

第6步：切换回普通视图。❶在版式中插入形状进行版式设计；❷完成设计后就可以切换回普通视图继续编排幻灯片内容了。如下图所示，单击“幻灯片母版”选项卡下的“关闭”按钮，即可退出母版编辑状态。

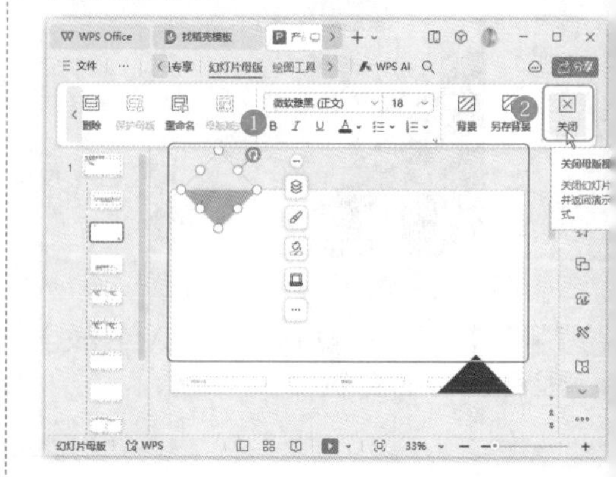

>>>2. 应用母版制作内容页幻灯片

当完成版式设计后，可以直接新建版式幻灯片，进行幻灯片内容页编排。

第1步：选择版式新建幻灯片。❶将光标定位到第2张幻灯片后面，表示要在这里新建幻灯片；❷单击“开始”选项卡下的“新建幻灯片”按钮。

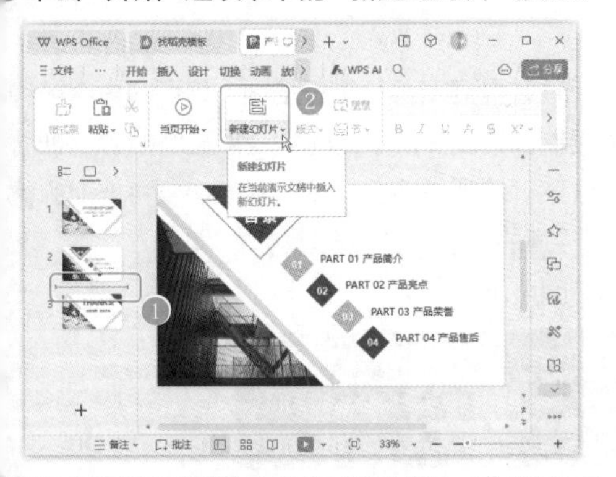

第2步：选择版式。❶切换到“版式”选项卡；❷单击设计好的版式。

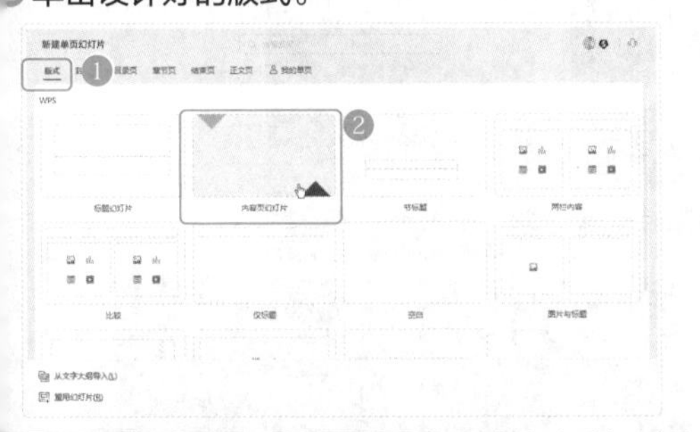

第3步：插入图片，输入标题。❶在幻灯片中插入一个横向文本框，输入标题内容；❷设置标题文字的格式；❸单击“插入”选项卡，选择“图片”，按照路径“素材文件\第11章\图片3.png”选中素材图片插入到页面右边。

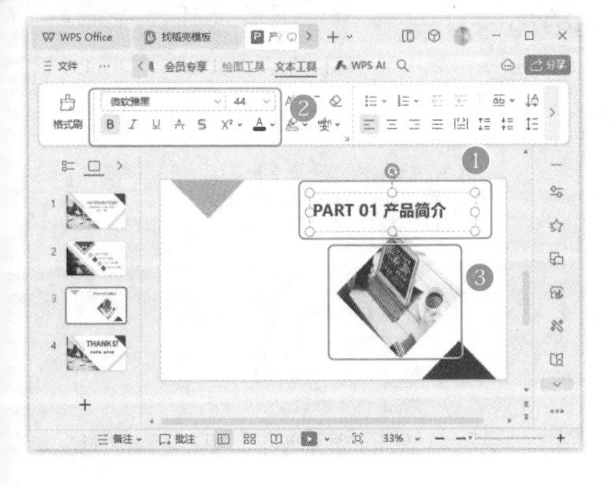

第4步：添加文本框。❶添加文本框，输入文字，调整文字格式；❷单击“开始”选项卡下的“居中对齐”按钮；❸单击“行距”按钮，从中选择2.0行距。

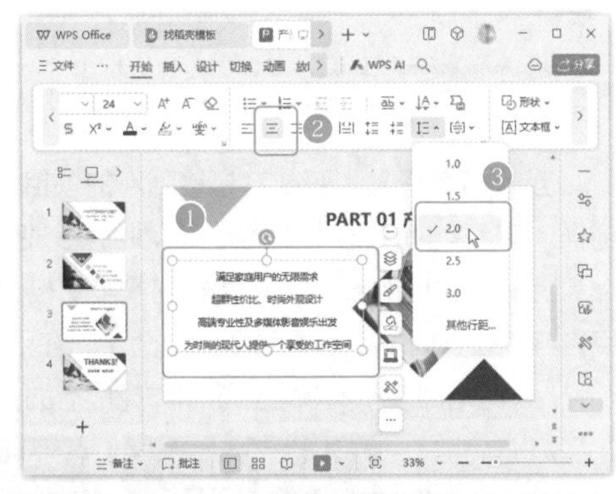

第5步：完成其他内容页设计。按照同样的方法完成其他内容页设计，效果如下面三张图所示，其中所需要的图标素材文件路径为“素材文件\第11章\图片4.png~图片11.png”。

11.2 制作“公司培训演示文稿”

※ 案例说明

当公司有新人入职或者是接到新的项目任务时，往往需要对员工进行培训。培训的内容多种多样，包括礼仪培训、销售培训等。此时培训师就需要制作培训类演示文稿，在给员工进行培训时，配合上演示文稿的展示，方能起到事半功倍的培训效果。培训类演示文稿的制作需要将培训的重点内容放在页面中，必要时要添加图片，在引起员工注意的同时减少视觉疲劳。

“公司培训演示文稿”文档制作完成后的效果如下图所示。

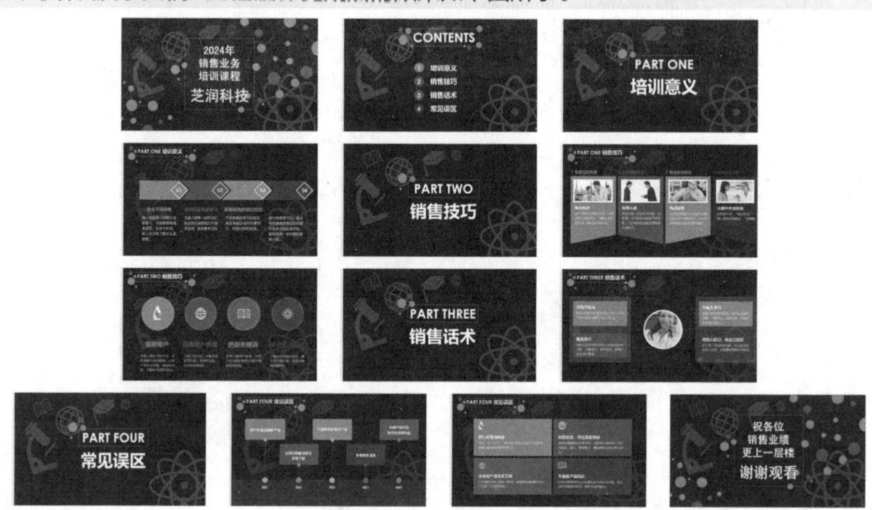

※ 思路解析

培训师在接到培训任务时，要思考这是一项关于什么内容的培训，再根据培训内容找到风格相当的模板，利用模板进行简单修改完成培训课件的制作，是提高课件制作效率的好方法。在修改模板时要掌握不同内容的修改方法。具体的制作流程及思路如下。

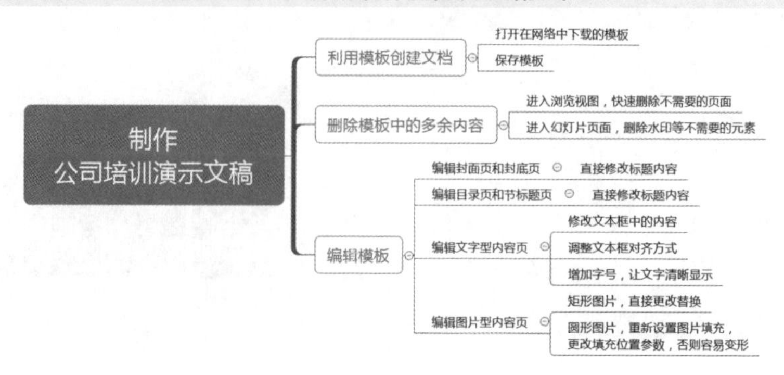

※ 步骤详解

11.2.1 利用模板创建文稿

对于新手来说，很难用WPS演示快速制作出图文并茂又美观的演示文稿。此时可以从网络中下载模板，然后在此基础上通过修改模板中的内容快速制作出演示文稿。下载模板后，打开模板文件，首先需要保存模板文件。

第1步：另存模板文件。按照路径“素材文件\第11章\公司培训模板.dps”打开模板文件；❶单击“文件”按钮；❷选择“另存为”选项；❸选择“WPS演示文件(*.dps)”文件类型。

第2步：保存文件。❶在“另存为”对话框中选择“此电脑”选项，并选择要保存的位置；❷输入文件名称；❸单击“保存”按钮。

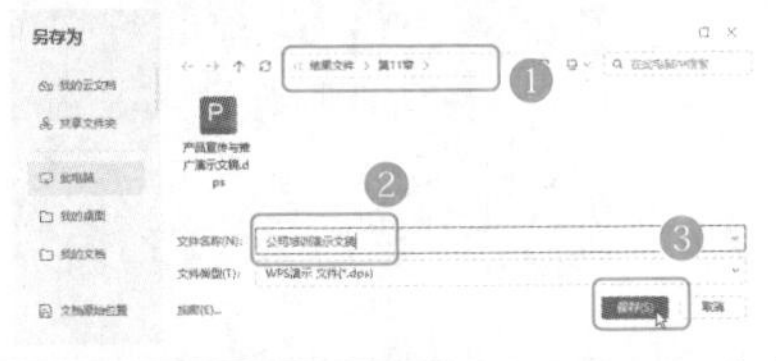

第3步：查看保存的文件。如下图所示，成功保存文件后，文件的名称发生了变化，接下来就可以在保存后的模板文件中进行幻灯片内容的编辑修改了。

11.2.2 将不需要的内容删除

保存下载的模板文件后，首先要将不需要的页面和页面内容删除，方便后期内容编排。

第1步：进入“幻灯片浏览视图”。单击“视图”选项卡下的“幻灯片浏览”按钮。

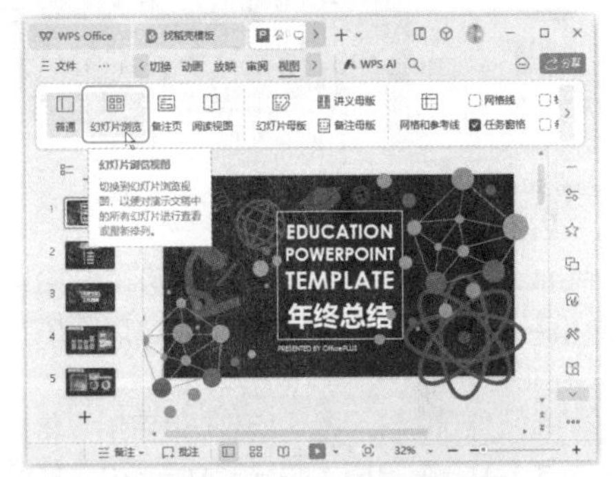

第2步：选择不需要的幻灯片页面。按住Ctrl键，选中不需要的幻灯片页面，这里选择编号为4、5、7、10、13、15、18的幻灯片，然后按Delete键，删除这些页面。

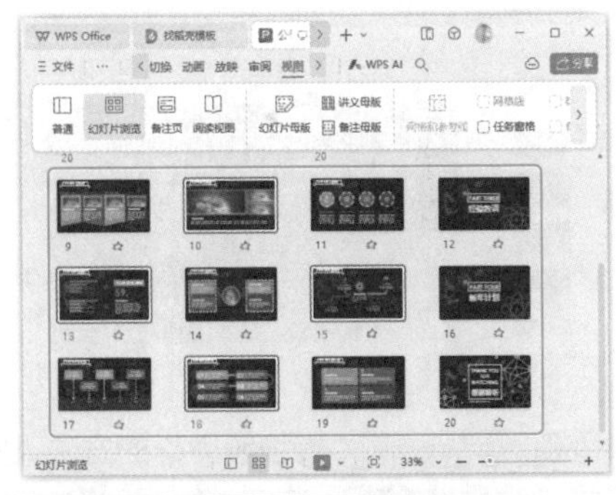

第3步：查看留下的幻灯片。删除幻灯片后留下的幻灯片页面如下图所示，一共有13页幻灯片。

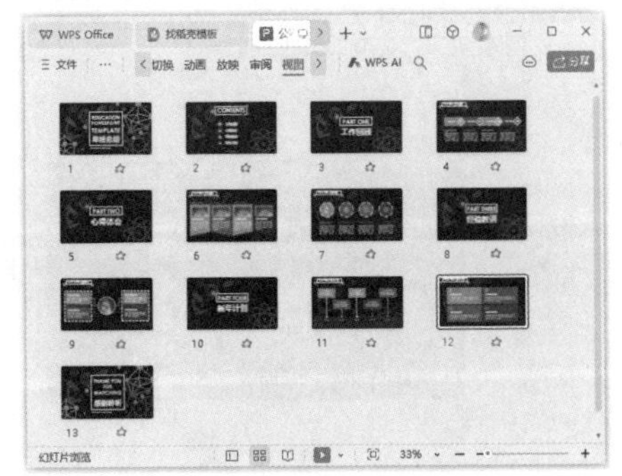

第4步：删除页面元素。下载的模板中通常会有不需要的水印、标志等元素，如下图所示，选中页面下方的文本框进行删除。按照同样的方法删除其他内容页中不需要的内容。

11.2.3 替换封面底页内容

完成幻灯片页面的调整后，就可以开始编排封面和封底的内容了。方法很简单，只需进行标题文字替换即可。

第1步：编排封面内容。切换到封面页中，将光标置于文本框中，删除原本的标题文字，输入新的标题文字，并设置文字的字体为"黑体"，调整字体大小，其他格式不用调整。

第2步：编排封底内容。按照同样的方法，进入封底页，删除原本的标题文字，输入新的文字，并设置文字的字体为"黑体"。

11.2.4 替换目录和节标题内容

完成封面和封底页后，就可以开始制作目录页和节标题页了，方法也是将目录中的标题文字进行更换。

第1步：修改目录页标题。❶进入第2页目录页；❷直接在原来的标题文本框中删除原来的内容，输入新的标题文字，效果如下图所示。

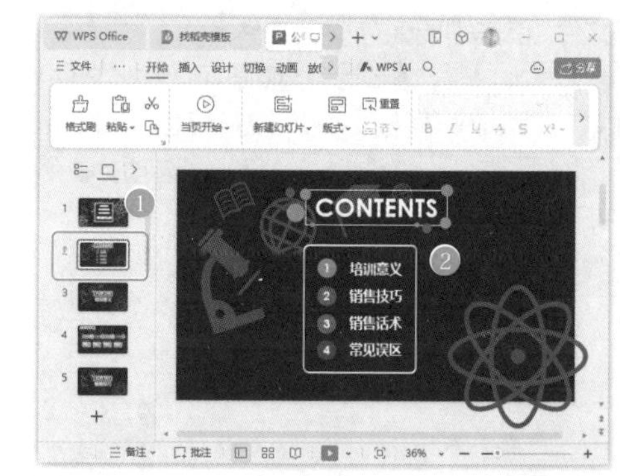

第2步：编排第1页标题页。❶进入第3页幻灯片，即标题页幻灯片；❷输入新的节标题文字，其他的格式不用改变，直接使用模板中的格式。

第3步：编排第2页标题页。❶进入第5页幻灯片，即第2页标题页；❷输入新的节标题文字。

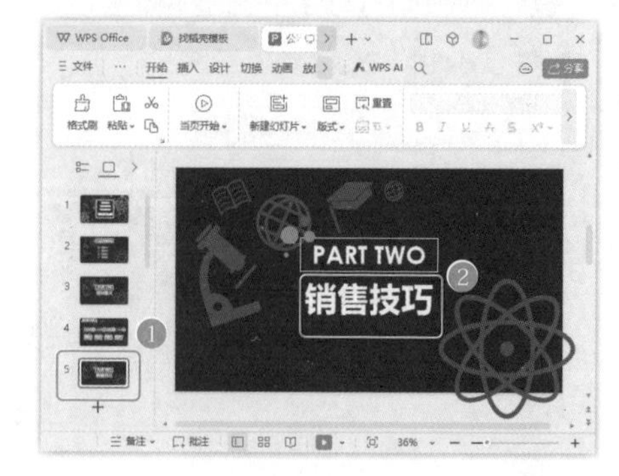

第4步：编排第3页标题页。❶进入第8页幻灯片，即第3页标题页；❷输入新的标题文字。

第5步：编排第4页标题页。❶进入第10页幻灯片，即第4页标题页；❷输入新的标题。

11.2.5 编排文字型幻灯片内容

模板中有只需更改文字内容的幻灯片，这类幻灯片比较容易制作，只需注意文字的对齐方式和字号大小即可。

第1步：输入标题，删除文本框。❶进入第 页幻灯片，在左上方输入新的标题；❷选中TITLEHERE文本框，按Delete键删除。用同样的方法删除后面三个同样内容的文本框。

第2步：输入小标题文字。将光标定位到左边第一个标题文本框中，按Delete键，删除里面的文字内容，输入新的文字内容。按照同样的方法完成所有小标题内容的更改。

第3步：调整小标题格式。❶按住Ctrl键，选中四个小标题；❷单击“开始”选项卡下的“居中对齐”按钮；❸设置文本框字体的字号为20号。

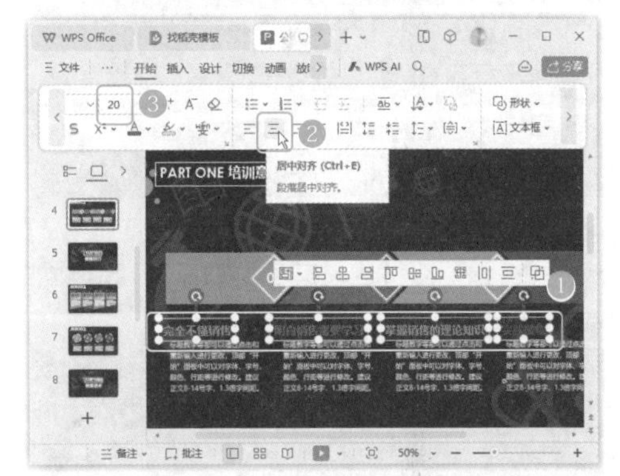

第4步：输入其他内容并调整居中格式。❶用同样的方法删除小标题下面文本框中的内容，重新输入合适的内容；❷单击“两端对齐”按钮。

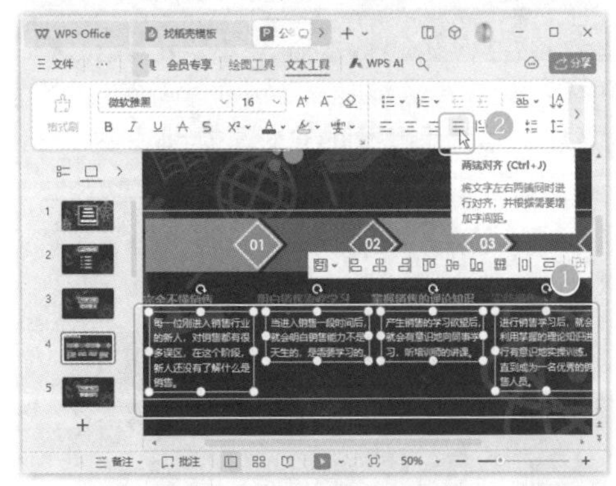

第5步：对齐文本框。选中左边第一个小标题文本框，左右拖动这个文本框，让它与下面的文本框居中对齐，标志是出现一条红色的虚线。按照同样的方法完成后面三个小标题与下面文本框的对齐。

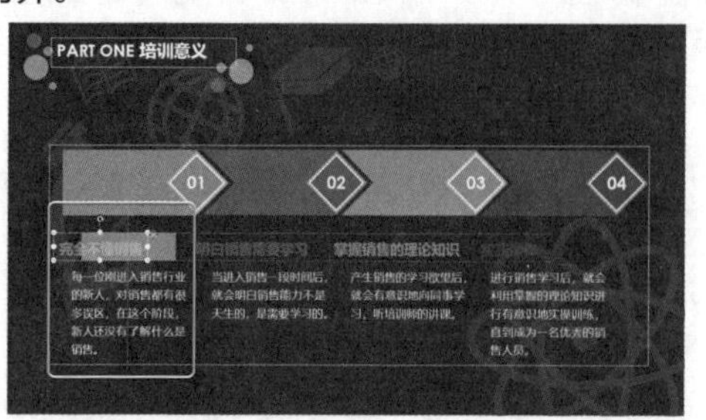

第6步：查看效果。此时就完成了这一页幻灯片的制作，效果如下图所示。

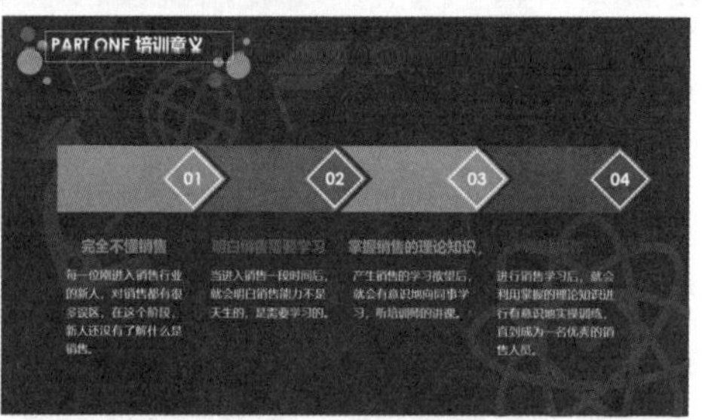

第7步：修改第7页幻灯片内容。切换到第7页幻灯片中，该幻灯片也是文字型幻灯片，将里面的标题文字和内容文字进行修改编辑。

第8步：增加字号。将幻灯片中的小标题文字字号调整为28号，标题下面的文本框文字调整为14号。

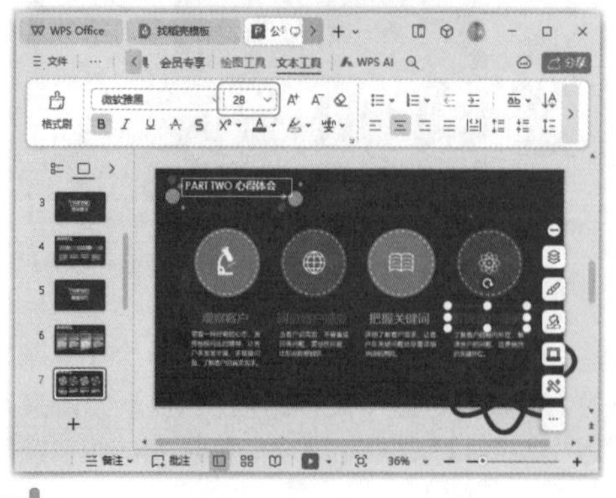

第9步：移动文本框。增加文字的字号后，文本框之间变得拥挤，选中左下角的文本框，往下拖动增加距离。用同样的方法调整其他文本框的距离。

第10步：查看完成编排的幻灯片。此时便完成了第7页幻灯片的设计了，效果如下图所示。

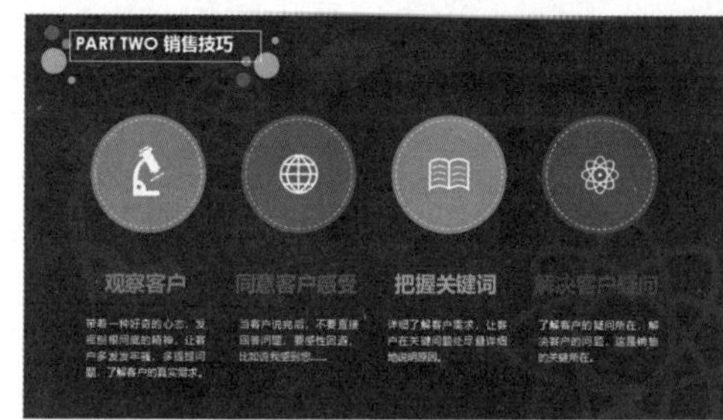

第11步：编排第11页幻灯片。用同样的方法替换模板幻灯片中的文本框文字内容，完成第11页幻灯片的制作，效果如下图所示。

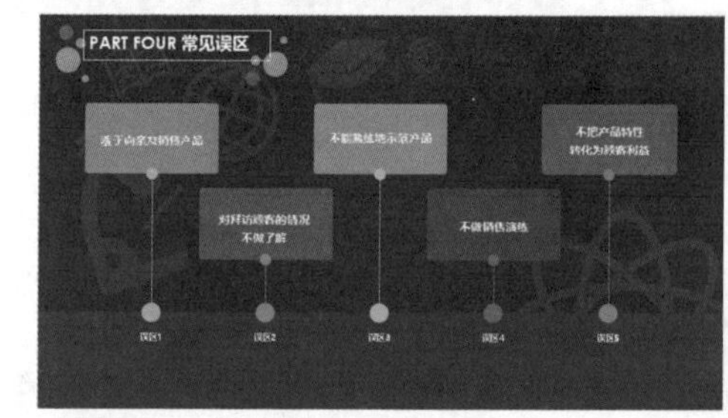

第12步：编排第12页幻灯片。用同样的方法，替换模板幻灯片中的文本框文字内容，完成第12页幻灯片的制作，效果如下图所示。

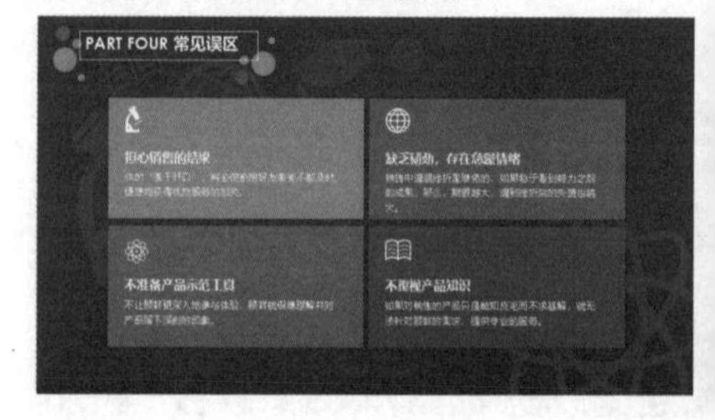

11.2.6 编排图片型幻灯片内容

当模板中有图片，需要编排图片内容时，可以使用更改图片的方式替换图片。如果图片的形状与素材图片相差太大，则可以重新绘制形状，再填充图片完成内容替换。

第1步：执行"更改图片"命令。❶切换到第6页幻灯片中，修改幻灯片中的标题文字；❷右击左边的图，在弹出的快捷菜单中选择"更改图片"选项。

第2步：插入图片。❶在"插入图片"对话框中，按照路径"素材文件\第11章\图片12.png"选中素材图片；❷单击"打开"按钮。

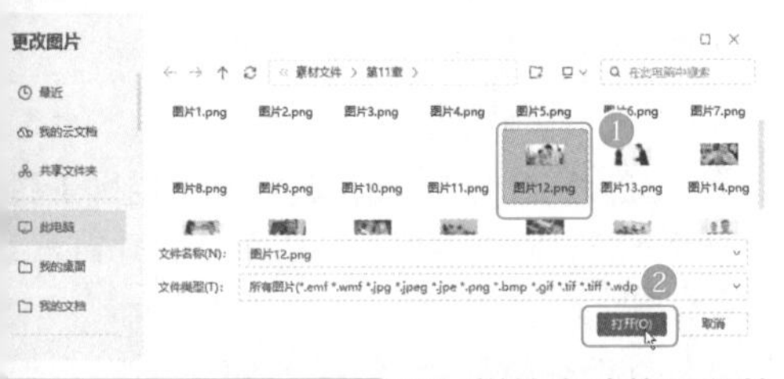

第3步：完成图片更改。用同样的方法将后面的三张图片进行替换，图片路径为"素材文件\第11章\图片13.png、图片14.png、图片15.png"，效果如下图所示。

第4步：完成页面文字替换。完成图片替换后，再将页面中的文字内容进行更改编排，即可完成这一页幻灯片的制作。

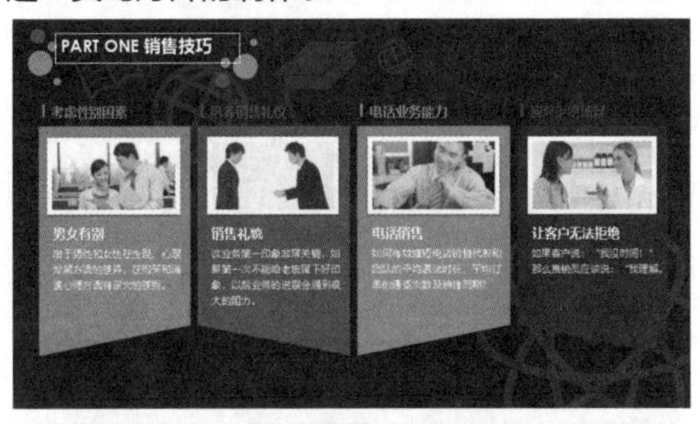

第5步：观察模板幻灯片。切换到第9页幻灯片中，观察幻灯片中的图片形状，是一个圆形，直径为6.32厘米。而准备的素材图片是矩形，直接更改图片会造成图片变形。因此，接下来采用形状填充的方法实现图片替换。

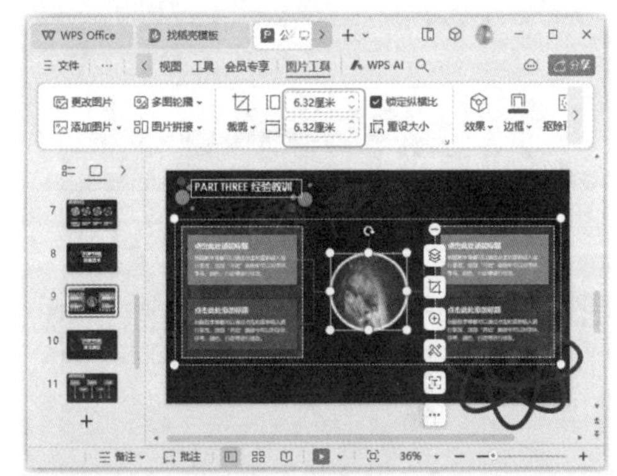

第6步：选择"椭圆"形状。❶单击"插入"选项卡下的"形状"按钮；❷选择菜单中的"椭圆"选项。

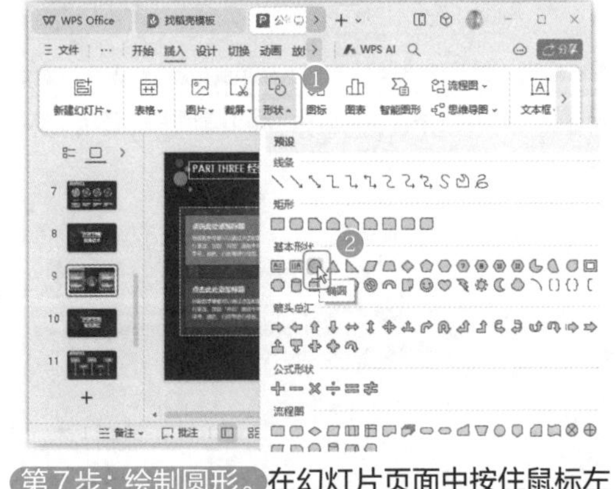

第7步：绘制圆形。在幻灯片页面中按住鼠标左

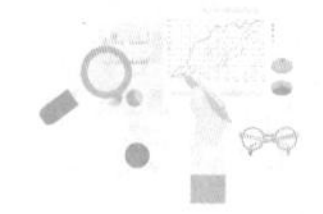

键绘制圆形。

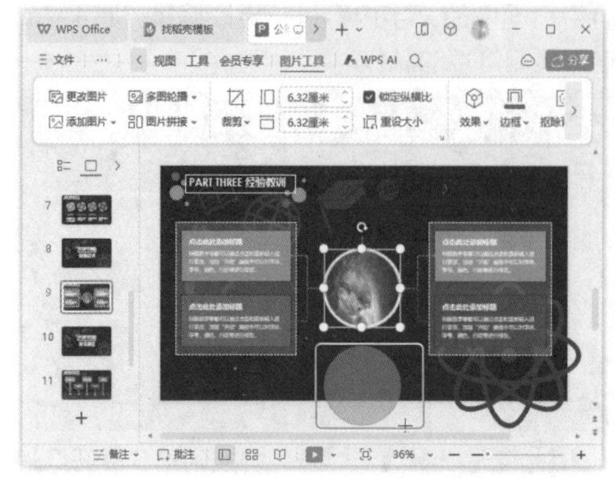

第8步:设置圆形格式。❶调整圆形的直径为6.32厘米;❷选择"填充"菜单中的"图片或纹理"选项;❸选择级联菜单中的"本地图片"选项。

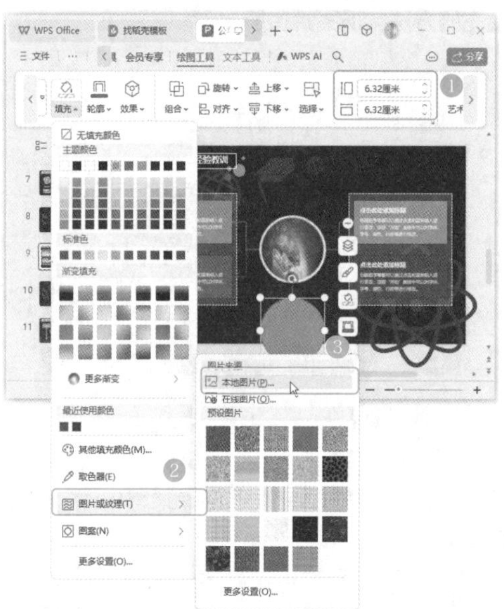

第9步:选择填充图片。❶按照路径"素材文件\第11章\图片16.png"选中素材图片;❷单击"打开"按钮。

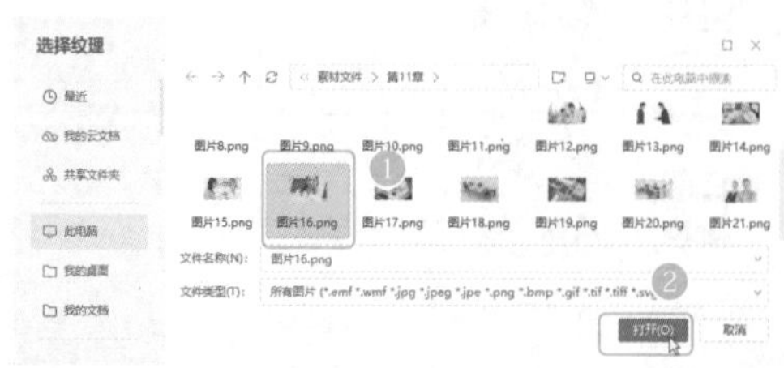

第10步:打开"对象属性"窗格。右击填充了图片的圆形,在弹出的快捷菜单中选择"设置对象格式"选项。

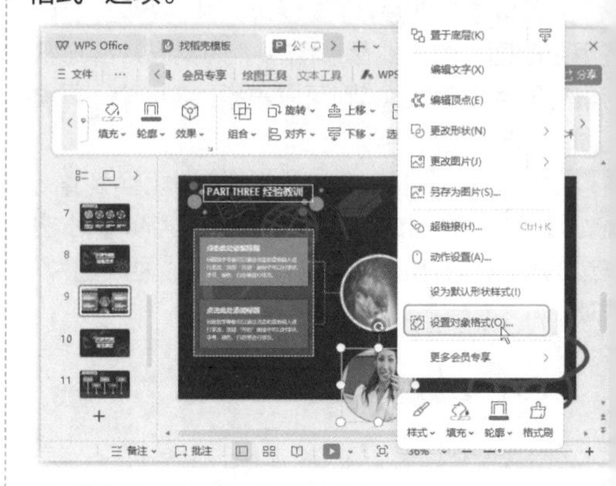

第11步:设置图片填充格式。❶在打开的"对象属性"窗格中选择"平铺"的放置方式;❷通过设置其填充参数值来调整显示图片的区域效果。

第12步:设置圆形边框色。❶单击"绘图工具"选项卡下的"轮廓"按钮;❷选择"白色,背景1"为轮廓颜色。

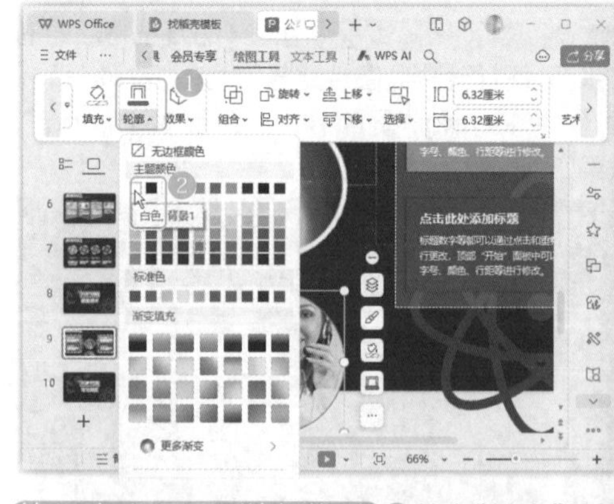

第13步:设置圆形边框线形。❶单击"轮廓"按钮

在下拉菜单中选择“线型”选项；③选择“6磅”细。

第14步：调整圆形位置。移动圆形位置到之前中心处，删除模板中原有的图片，更改模式中的文字内容，完成这一页幻灯片的内容编排，效果如下图所示。

过关练习：制作“项目方案演示文稿”

通过前面内容的学习，相信读者已熟悉如何利用WPS演示编排幻灯片内容，并且掌握如何利用模板修改得到所需内容了。为了巩固所学内容，下面以制作“项目方案演示文稿”为案例进行练习，其效果如下图所示。读者可以结合思路解析自己动手强化练习。

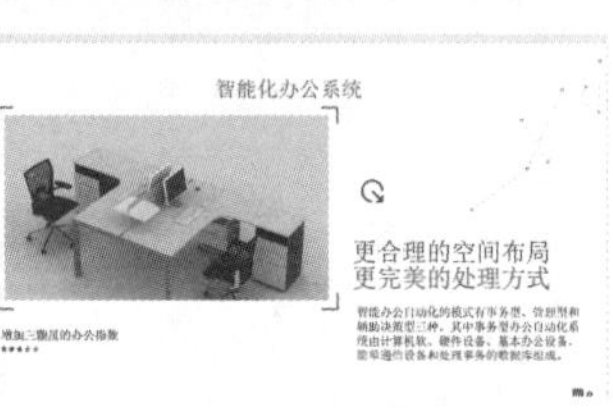

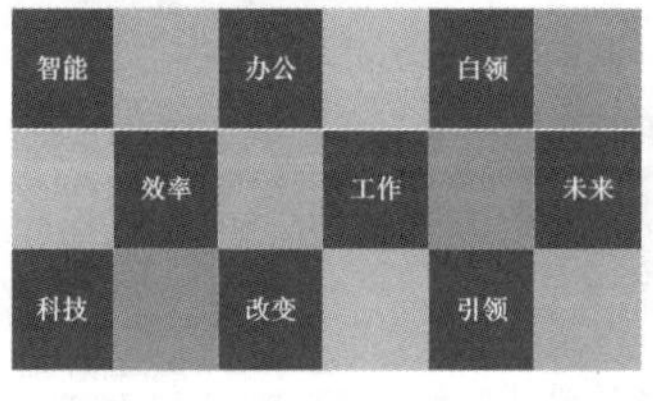

※ 思路解析

当需要制作项目方案演示文稿时，为了提高工作效率，可以利用下载好的模板进行内容修改，这时只需掌握图片及文字的修改方法即可。在完成图片和文字修改时，还可以自行设计幻灯片背景，以达到需求。具体的制作流程及思路如下。

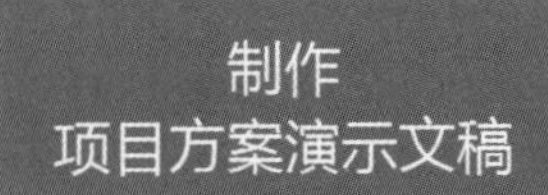

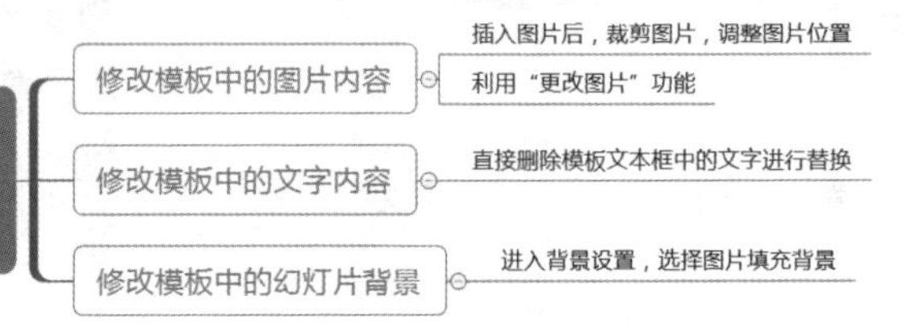

※ 关键步骤

关键步骤1：更改封面幻灯片。 ❶按照路径“素材文件\第11章\项目方案演示文稿.dps”打开演示文稿，切换到第1页幻灯片中；❷修改标题文字。

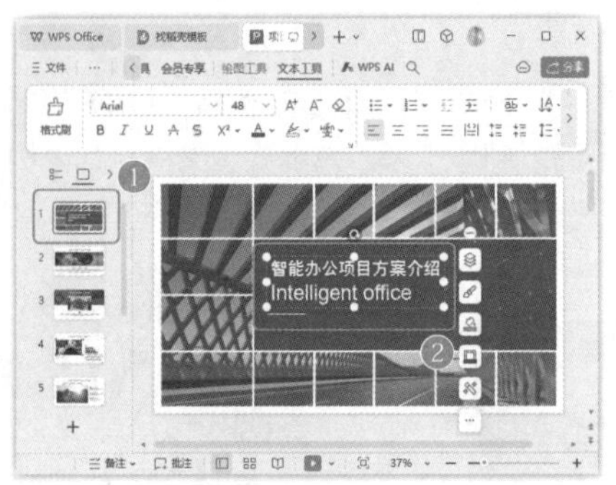

关键步骤2：插入并裁剪图片。 切换到第2页幻灯片中，按照路径“素材文件\第11章\图片17.png”选择素材图片插入。❶单击“图片工具”选项卡下的“裁剪”按钮，裁剪图片，然后将光标放到图片下方；❷按住黑色的线往上拖动鼠标裁剪图片。

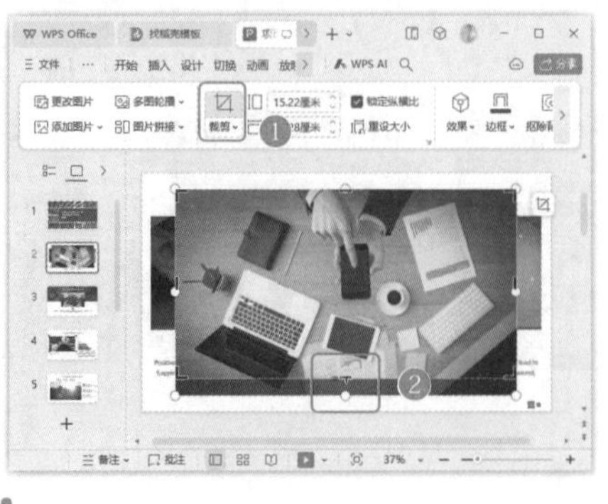

关键步骤3：调整图片大小。 完成图片裁剪后，将光标放到图片的右上角，光标变成十字形，按住鼠标左键不放，拖动图片，将图片放大。

关键步骤4：调整图片层级。 与模板中的图片重合，右击图片，在弹出的快捷菜单中选择“置于底层”选项。

关键步骤5：完成第2页幻灯片制作。 将插入的图片置于底层后，模板中的图片就显示了，选中这张图片，按Delete键进行删除。更改幻灯片中的

文字，完成这一页幻灯片的制作。

关键步骤6：更改图片。❶切换到第3页幻灯片中；❷右击页面中的图片，选择"更改图片"选项。

关键步骤7：完成第3页幻灯片。打开"插入图片"对话框，按照路径"素材文件\第11章\图片14.png"选择素材图片，单击"插入"按钮。更改这一页幻灯片中的文字内容，完成制作。

关键步骤8：插入图片调整宽度。❶切换到第4页幻灯片中；❷按照路径"素材文件\第11章\图片18.png"选择素材图片插入；❸在"图片工具"选项卡下设置图片的"宽度"值为17.43厘米。

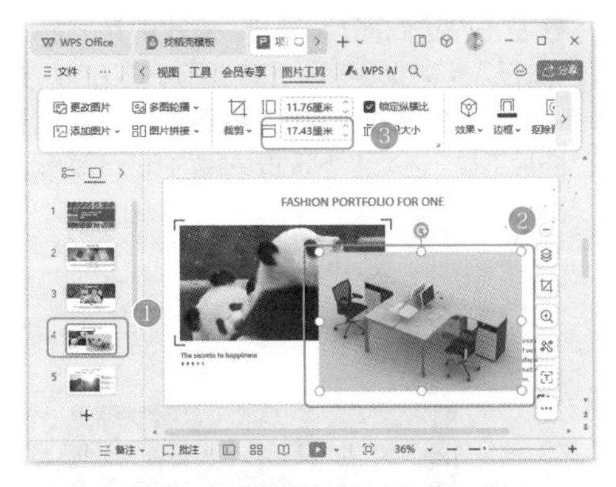

关键步骤9：裁剪图片，完成幻灯片的制作。单击"裁剪"按钮，裁剪图片，让图片的高度与模板中的图片一致。修改这一页幻灯片的文字内容，完成制作。

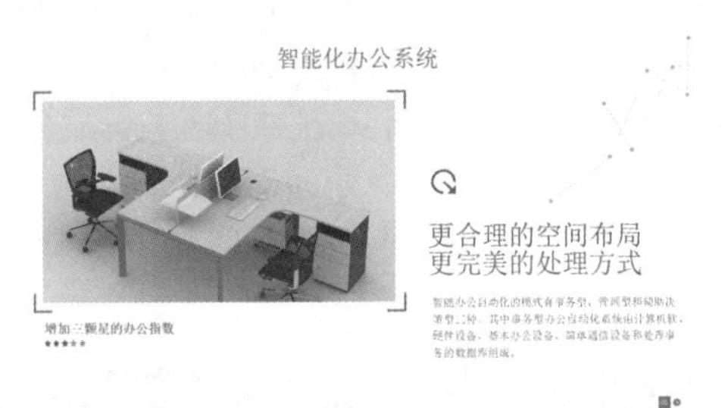

关键步骤10：制作第5页幻灯片。❶进入到第5页幻灯片中；❷按照路径"素材文件\第11章\图片19.png"插入素材图片，并调整位置和大小。选中页面左上方的文本框，按Delete键删除；❸更改幻灯片中的文字内容，完成这一张幻灯片的制作。

关键步骤11：更改图片。❶切换到第6页幻灯片

中；❷右击左边的图片，选择“更改图片”选项，按照路径“素材文件\第11章\图片16.png”选择素材图片；❸更改图片后，如果圆形变形了，要在“图片工具”选项卡下设置直径为5.55厘米。

关键步骤12：完成图片更改和文字输入。用同样的方法更改后面三张图片内容，路径为“素材文件\第11章\图片21.png、图片19.png、图片12.png”，并调整图片大小为5.55厘米。输入文字内容，完成这一张幻灯片的制作。

关键步骤13：更改文字。进入第7页幻灯片，修改文字内容，并调整文字格式，最终效果如下图所示。

关键步骤14：插入表格。❶切换到第8页幻灯片；❷单击“插入”选项卡下的“表格”按钮；❸插入一张3行×6列的表格。

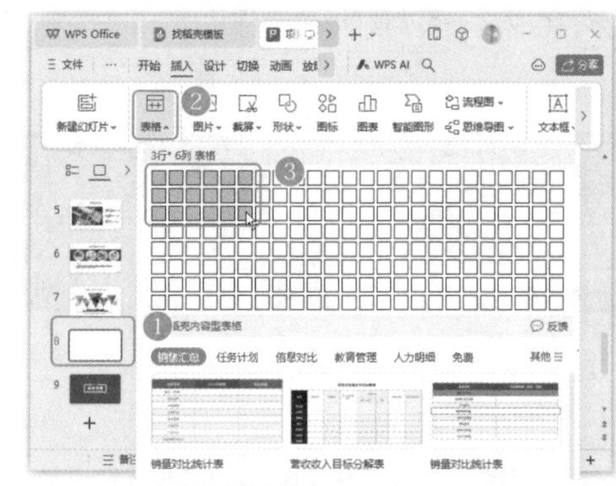

关键步骤15：设置表格格式。❶将光标放到表格右下角，拖动鼠标，调整表格大小，直到完全覆盖住幻灯片页面。单击“表格样式”选项卡下的“填充”按钮，选择“其他填充颜色”选项，设置表格的填充色RGB值为“64,64,64”。❷设置表格为“无框线”格式。

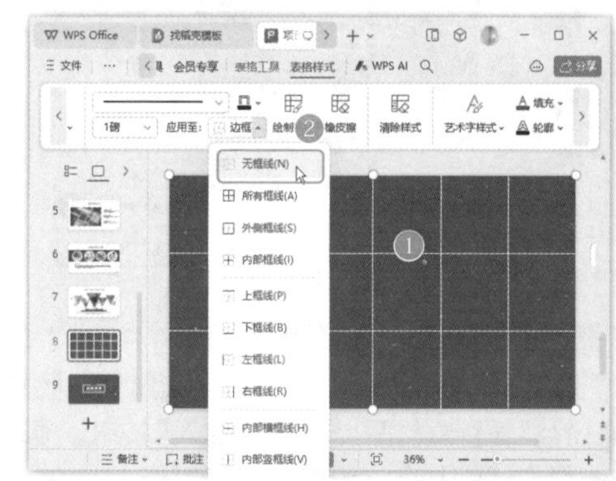

关键步骤16：输入文字并调整格式填充表格。❶在表格中输入文字，单击“对齐方式”组中的“居中对齐”按钮，以及“水平居中”按钮；❷设置表格中文字的大小为40号并加粗显示。随意设置不同单元格的填充颜色。

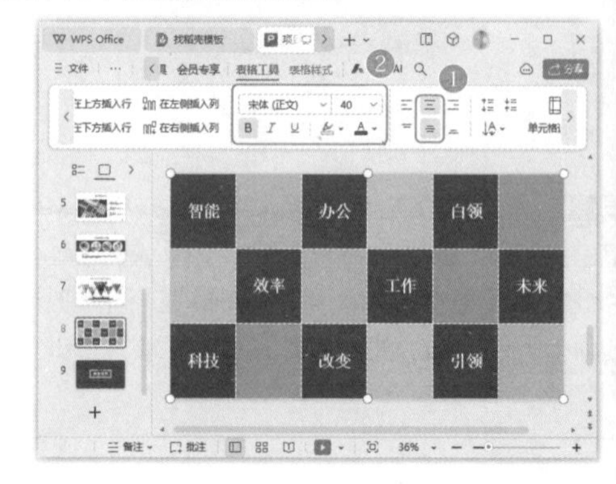

关键步骤17：插入背景图片。❶ 切换到第9页幻片中；❷ 单击“设计”选项卡下的“背景”按钮，开“对象属性”窗格；❸ 选择“图片或纹理填充”项；❹ 在“图片填充”下拉列表中选择“本地文”选项。

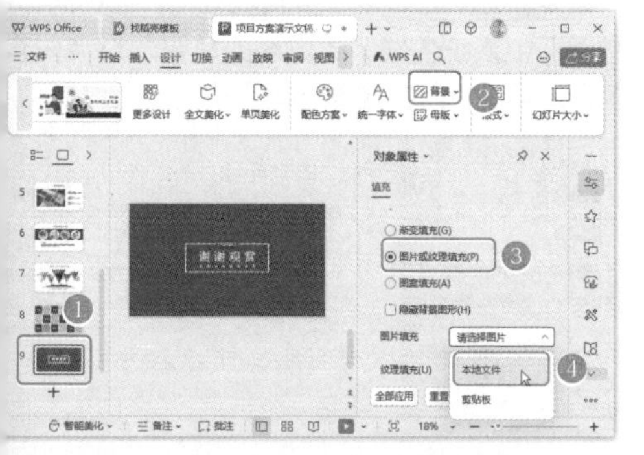

关键步骤18：插入图片。❶ 按照路径“素材文件\11章\图片20.png”选中素材图片；❷ 单击“打”按钮。

关键步骤19：完成底页制作。❶ 完成底页的幻灯片背景修改后，删除多余的文字。选中标题文字，单击“开始”选项卡下的“字体颜色”按钮。❷ 从中选择“黄色”颜色。

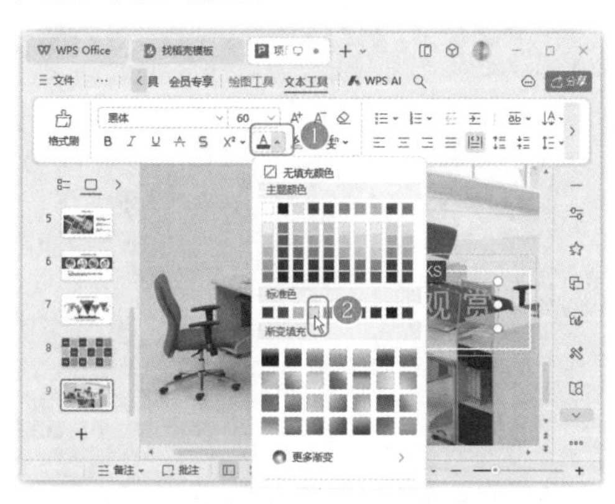

高手秘技与AI智能化办公

01 使用WPS AI生成PPT，够快

WPS演示带来了一项革命性的新功能，即自生成PPT。无须复杂的操作，只需简单几步，可将用户的想法转化为精美的演示文稿。

自动生成PPT功能基于人工智能技术，能够根据用户的内容智能匹配模板，并自动调整布局、配色和字体。用户只需输入文字，即可享受专业级别的演示效果。

现在就让我们一起体验WPS演示的自动生成PPT功能，让演示更加出彩！

第1步：选择“一键生成”选项。新建一个空白演示文稿，❶单击WPS AI按钮；❷在显示出的WPS AI任务窗格中选择“一键生成”选项。

第2步：选择“一键生成幻灯片”选项。❶单击新界面下方对话框前面的“创作单页”按钮；❷在下拉菜单中选择“一键生成幻灯片”选项。

第3步：输入生成PPT的需求。❶在弹出的WPS AI对话框中输入要生成PPT的需求；❷勾选下方的“含正文页内容”选项；❸单击“智能生成”按钮。

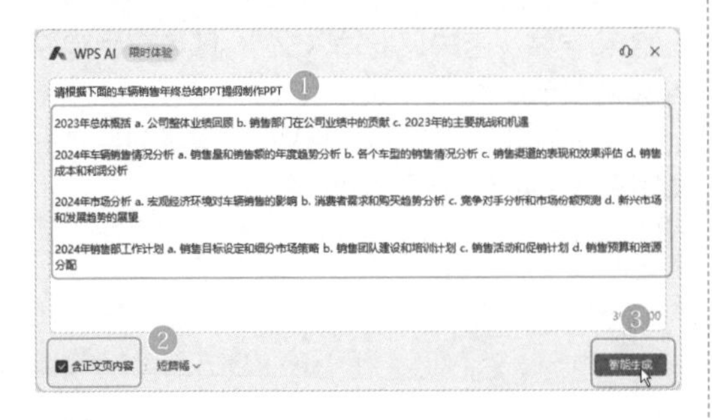

专家点拨

在使用WPS AI生成PPT时，如果能给出更详尽的PPT大纲，则最终生成的PPT会更符合需求。

第4步：查看生成的PPT大纲。如下图所示，在对话框中系统生成了更详细的每张幻灯片内容，查看无误后，单击“立即创建”按钮。

第5步：改变PPT应用主题。稍后便可根据刚刚罗列的PPT大纲生成对应的幻灯片。完成后会显示“更改主题”窗格，在下方可以选择更适合的主题来替换PPT应用的主题效果。

第6步：查看PPT效果。应用所选主题后的效果如下图所示，至此，就完成了这个演示文稿的大致效果，后续进行适当编辑修改就能快速完成PPT的制作。

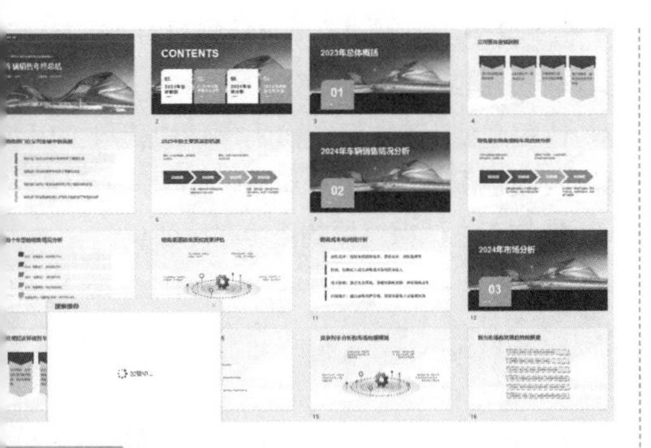

专家点拨

无论是商务人士、教师还是学生，自动生成PPT功能都能满足其需求。在会议、教学、报告等场合，可以轻松展现自己的观点，提升演示效果。

02 PPT设计，直接选择套用即可

WPS演示中提供了多种PPT设计，通过选择即可快速更改演示文稿的整体效果，包括配色方案、背景效果、字体格式等。

例如，要为刚刚创建的演示文稿变装，具体操作方法如下。

第1步：单击“更多设计”按钮。单击“设计”选项卡下的“更多设计”按钮。

第2步：选择需要使用的PPT设计效果。打开“全文美化”窗口，在其中自动选择“全文换肤”选项卡。选择需要使用的PPT设计效果，并单击出现的“预览换肤效果”按钮。

第3步：预览换肤效果。在窗口右侧会显示出当前PPT中各幻灯片在换肤后的效果缩览图。❶选择需要使用新效果的幻灯片，默认勾选“全选”选项；❷单击“应用美化”按钮。

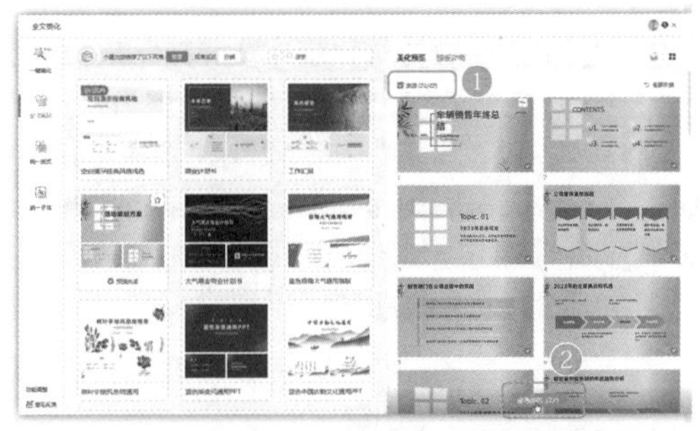

第4步：查看换肤后的效果。稍后即可看到为当前PPT所选幻灯片替换新设计后的效果。

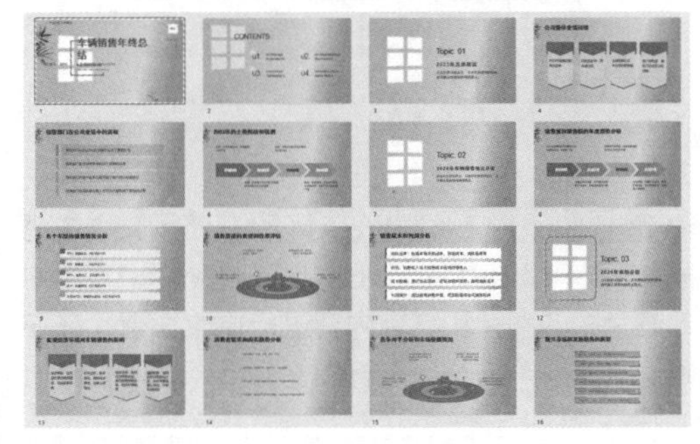

03 快速新建幻灯片

在PPT中新建幻灯片也有快捷方法，一是先根据要使用的排版效果直接新建对应的版式幻灯片，再修改其中的内容；另一种方法是先生成具体的文字内容，然后根据内容来进行排版。

下面接着上个案例讲解一下创建幻灯片的快捷操作步骤。

第1步：单击“新建幻灯片”按钮。 ❶选择要新建幻灯片的前一张幻灯片；❷在左侧导航窗格中单击最下方的“新建幻灯片”按钮。

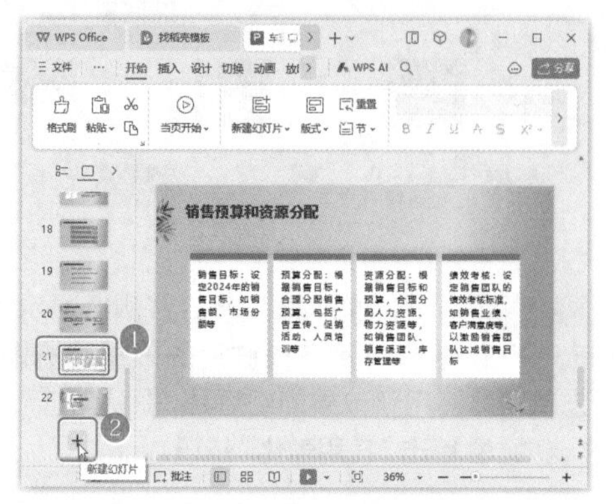

第2步：选择幻灯片版式类型。 打开“新建单页幻灯片”窗口，❶在顶部选择要创建幻灯片的类型，这里选择“正文页”选项；❷根据想要的正文版式效果选择排版类型，这里选择“并列”和“4项”选项；❸在下方选择具体的排版布局效果，在需要的版式上单击“立即使用”按钮。

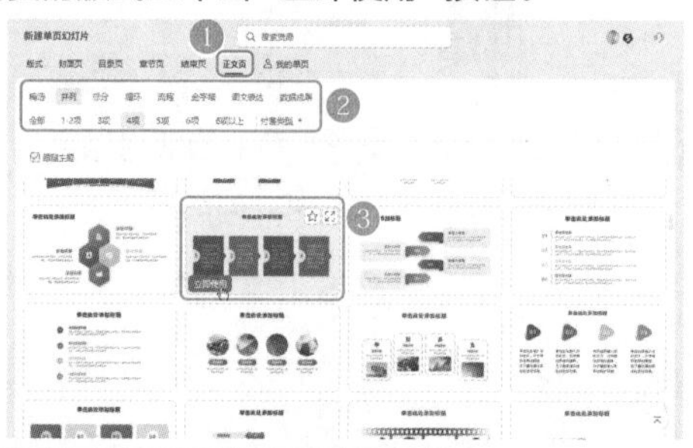

第3步：查看新建幻灯片效果。 在演示文稿中将插入所选排版布局的幻灯片，如下图所示。然后对幻灯片中的图片和文字内容进行更改即可。在左侧导航窗格中单击最下方的“新建幻灯片”按钮。

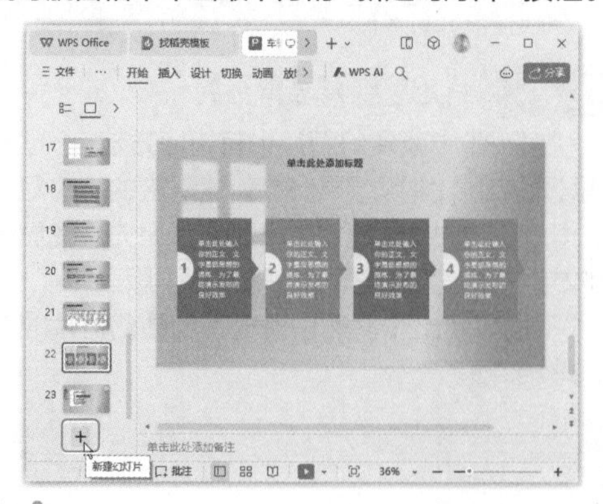

第4步：选择幻灯片版式类型。 打开“新建单页幻灯片”窗口，❶在顶部选择要创建幻灯片的类型，这里选择“正文页”选项；❷根据想要的正文版式效果选择排版类型，这里选择“图文表达”选项；❸在下方选择具体的排版布局效果。

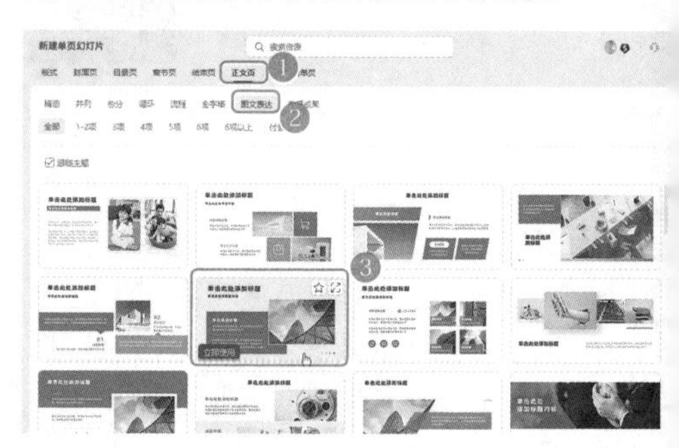

第5步：向WPS AI输入创建幻灯片指令。 在演示文稿中将插入所选排版布局的幻灯片。❶打开WPS AI窗格，在底部的对话框中输入要创建的幻灯片需求；❷单击“发送”按钮。

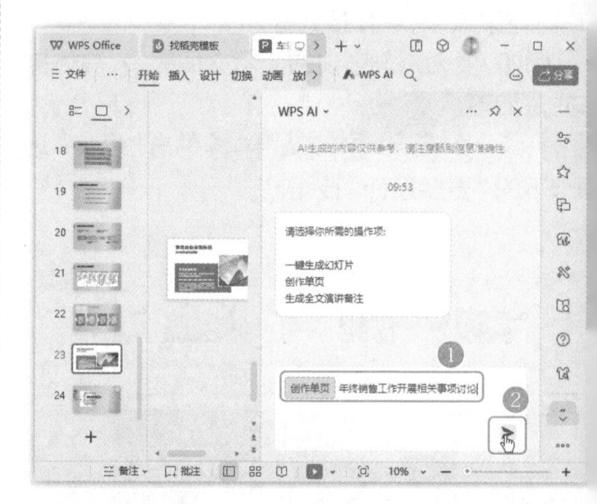

专家点拨

通过“新建单页幻灯片”对话框，还可以创建很多类型的幻灯片，读者可以自行进行实操，以便在后期快速创建符合需求的幻灯片。包含图片的幻灯片后期可以通过“更改图片”功能来快速进行替换。

第6步：应用创建的幻灯片。 稍后会创建一页新的幻灯片，其中包含了生成的文本信息。在窗格中单击“应用”按钮，即可生成该幻灯片。

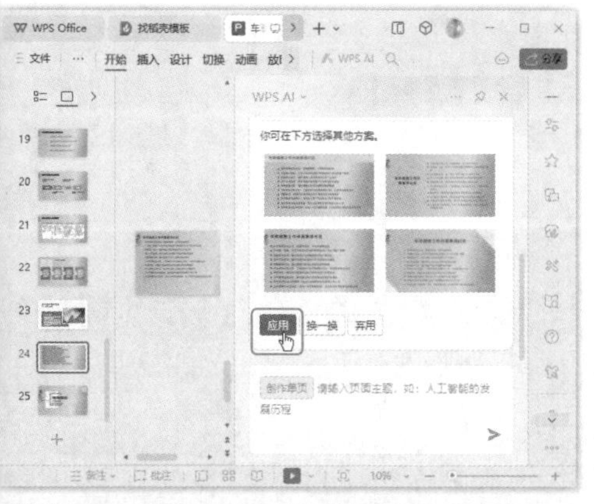

第7步：单击“转智能图形”按钮。关闭窗格，可以仔细查看幻灯片中的具体内容。❶修改文字内容到合适状态，并选择文本框；❷单击“文本工具”选项卡下的“转智能图形”按钮。

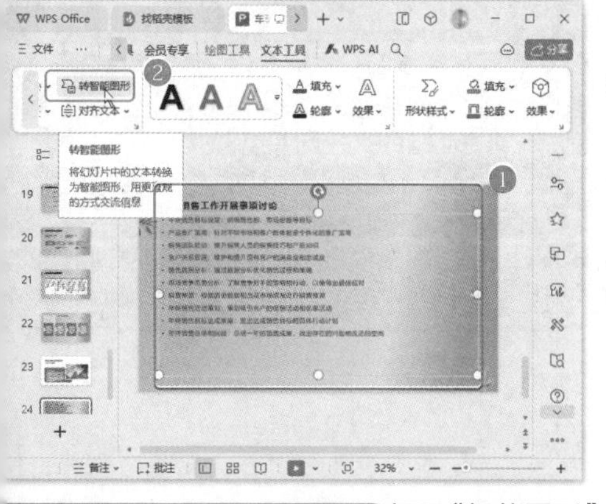

第8步：选择需要的图形效果。打开“智能图形”窗口，系统已经根据所选内容提供了符合需求的图形选项。在下方根据需要选择具体的图形效果。

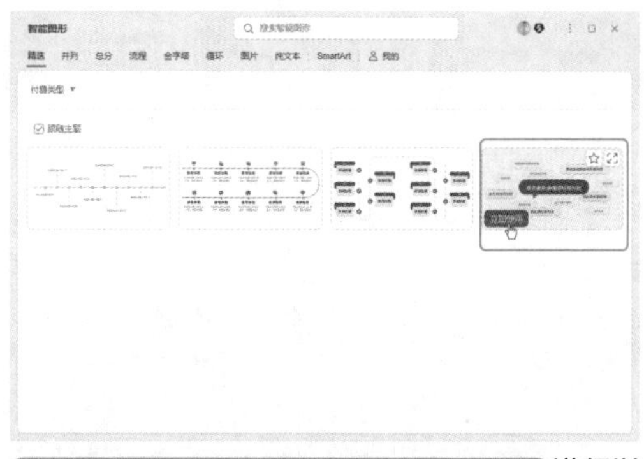

第9步：查看更改版式后的幻灯片效果。进行以上操作后即可将所选文本框中的文本转换为选择的智能图形效果。

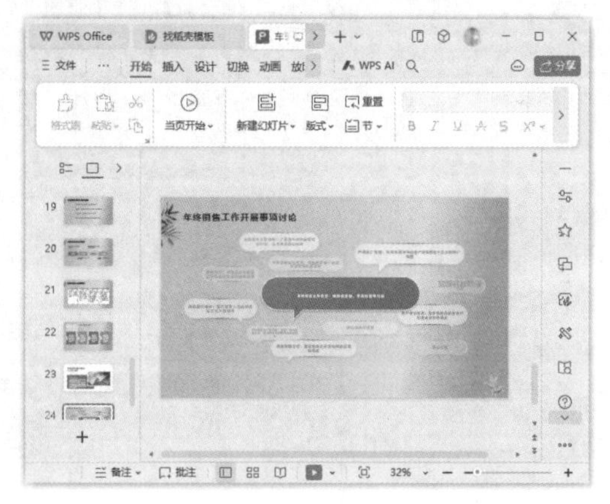

第12章 WPS演示文稿的动画设计与放映

◆本章导读

在应用幻灯片对企业进行宣传、对产品进行展示以及各类会议或演讲过程中的演示时，为使幻灯片内容更具吸引力，让幻灯片中的内容和效果更加丰富，常常需要在幻灯片中添加各类动画效果。本章将为读者介绍幻灯片中动画的制作以及放映时的设置与技巧。

◆知识要点

■幻灯片页面切换动画设置
■幻灯片内容进入动画设置
■幻灯片内容强调动画设置
■幻灯片内容路径动画设置
■放映幻灯片的设置方法
■排练预演演讲稿

◆案例展示

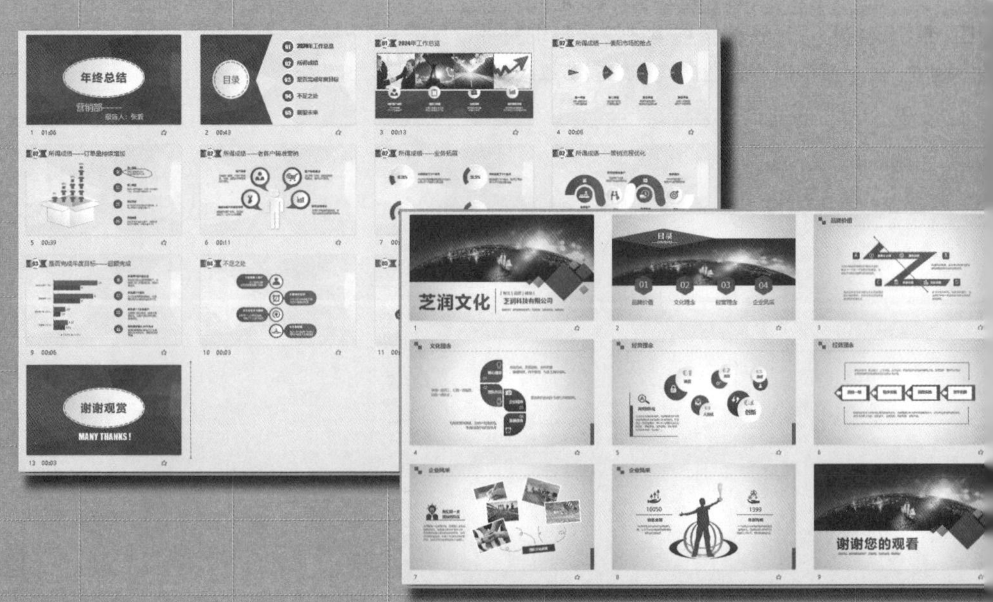

12.1 为“企业文化宣传演示文稿”设计动画

扫一扫 看视频

※ 案例说明

当企业需要向内部新员工或者外部来访者讲解企业文化时，需要制作企业文化宣传演示文稿作展示之用。为了增强展示效果，通常要为演示文稿设置动画效果，包括切换动画和内容动画，设置完动画的幻灯片下方会带有星形符号。

“企业文化宣传演示文稿”文档制作完成后的效果如下图所示。

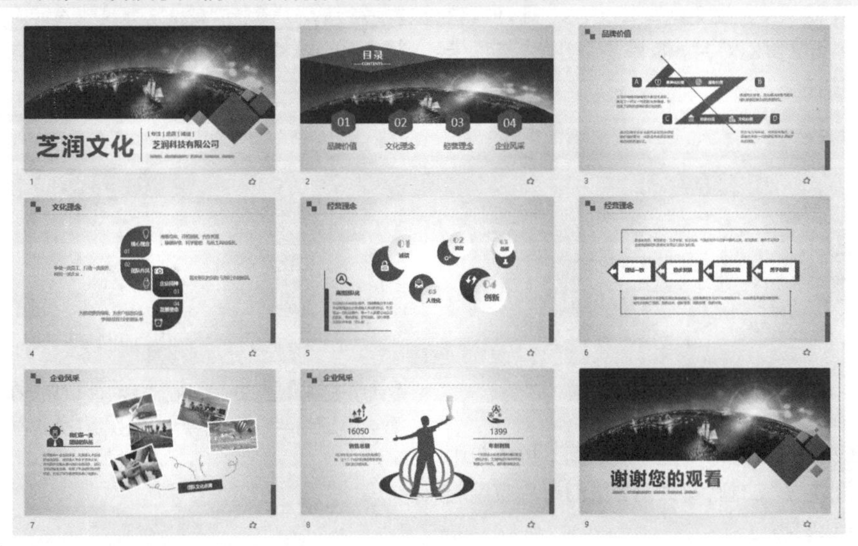

※ 思路解析

为企业文化宣传演示文稿设计动画时，首先要为幻灯片设计切换动画，再为内容元素设计动画。内容元素的动画以进入动画为主，可以添加路径动画和强调动画作辅助，还可以添加超链接交互动画。具体的制作流程及思路如下。

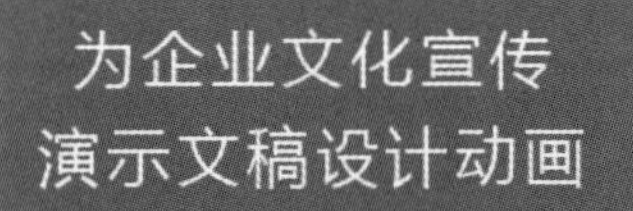

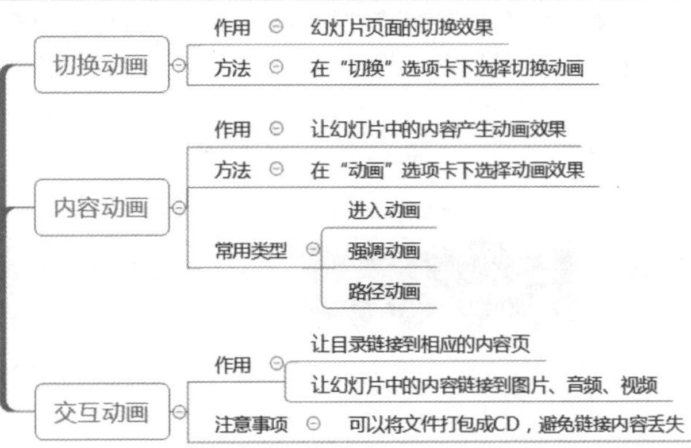

※ 步骤详解

12.1.1 设置宣传文稿的切换动画

在演示文稿中对幻灯片添加动画时，可针对各幻灯片添加切换动画效果及音效，该类动画为各幻灯片整体的切换过程动画。例如，本例将针对整个演示文稿中所有幻灯片应用相同的一种幻灯片切换动画及音效，然后针对个别幻灯片应用不同的切换动画。

第1步：打开"切换动画"列表。 ❶按照路径"素材文件\第12章\企业文化宣传.dps"打开素材文件，选择第2页幻灯片；❷单击"切换"选项卡下的快翻按钮 ⩡。

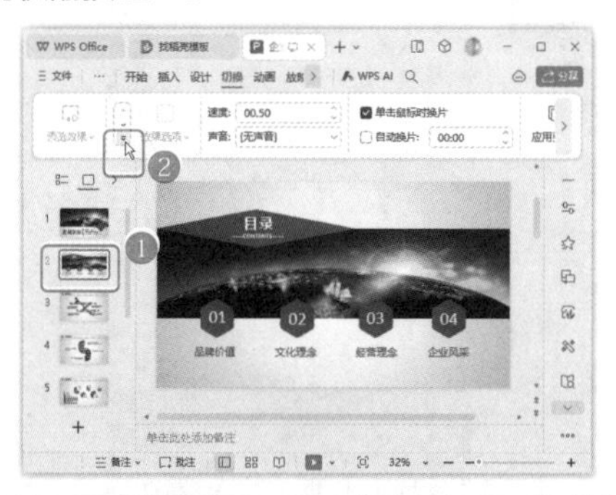

第2步：选择切换动画。 在切换动画下拉菜单中选择"新闻快报"动画，可为第2页幻灯片应用这种切换动画效果。

第3步：预览切换动画效果。 此时可以看到一次切换动画的播放效果，如果需要再次查看，❶可以单击"动画"选项卡下的"预览效果"按钮；❷此时就会播放该幻灯片的切换效果。

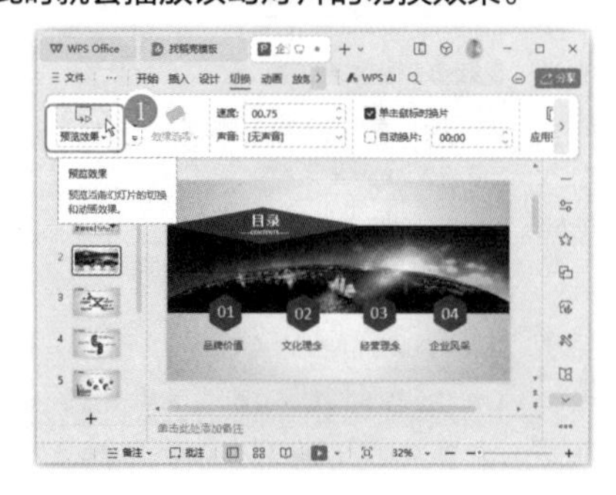

第4步：为第3页幻灯片设置切换动画。 ❶选中第3页幻灯片；❷选择"溶解"切换动画。

第5步：为第4页幻灯片设置切换动画。 ❶选中第4页幻灯片；❷选择"切出"切换动画。

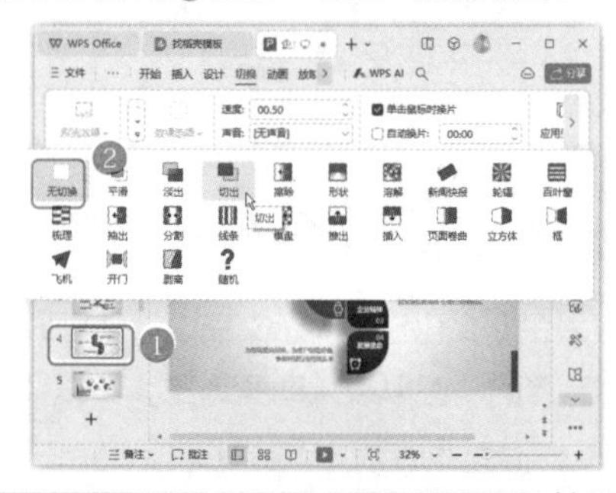

第6步：为其余幻灯片设置切换动画。 按照同样的方法为第5～9页幻灯片设置"擦除"切换动画。

专家答疑

问：可以快速为演示文稿中的所有幻灯片设置相同的切换动画吗？

答：可以。为一张幻灯片设置好切换动画后，单击工作界面右边的“切换”按钮，打开“幻灯片切换”窗格，在窗格中单击“应用于所有幻灯片”按钮，就可以将切换动画应用到所有幻灯片中了。

12.1.2 设置宣传文稿的进入动画

在制作幻灯片时，除设置幻灯片切换的动画效果外，常常需要为幻灯片中的内容添加上不同的动画效果，如内容显示出来的进入动画效果。进入动画是幻灯片内容最常用的动画，甚至很多演示文稿只需进入动画一种效果即可满足演讲需求。

第1步：打开“动画”下拉列表。 ❶ 切换到第1页幻灯片；❷ 选中页面的背景图片；❸ 单击“动画”选项卡下的快翻按钮 ▿。

第2步：查看更多进入动画。 在弹出的下拉列表中单击进入动画栏右侧的“更多选项”按钮。

第3步：选择进入动画。 在进入动画列表中选择“温和型”进入动画组中的“缩放”动画。

第4步：设置“缩放”动画的效果。 完成动画添加后，需要设置动画效果。❶ 单击“动画”选项卡下的“动画窗格”按钮，显示出“动画窗格”；❷ 设置动画的开始方式为“在上一动画之后”，缩放方式为“轻微缩小”，速度为“中速(2秒)”。

第5步：设置最大菱形的动画。 ❶ 选中页面右下角最大的菱形图形；❷ 为其设置“缩放”进入动画，设置缩放动画的开始方式和缩放方式，单击动画列表中当前动画右侧的下拉按钮；❸ 在下拉菜单中选择“计时”选项。

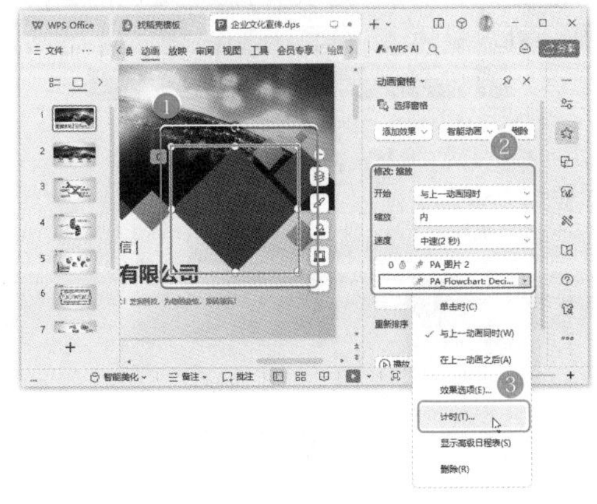

第6步：设置动画的时间。❶在打开的“缩放”对话框中的“计时”选项卡下设置动画的延迟时间和速度；❷单击“确定”按钮。

第7步：设置最大菱形的动画。❶选中页面右上角最大的菱形图形；❷为其设置“缩放”进入动画，设置缩放动画的开始方式和缩放方式，单击动画列表中的下拉按钮；❸在下拉菜单中选择“计时”选项。

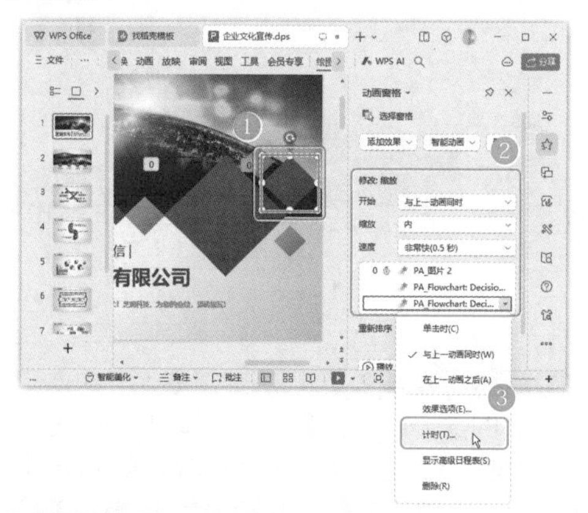

第8步：设置动画的时间。❶在打开的“缩放”对话框中的“计时”选项卡下设置动画的延迟时间和速度；❷单击“确定”按钮。

专家点拨

在本例中，这页幻灯片中有多个菱形。需要设置菱形的动画相同、速度相同，但是延迟时间不同。这样一来，可以实现菱形慢慢缩放出现的动画效果。

第9步：为其他菱形设置进入动画。用同样的方法为其他菱形设置相似的缩放动画，实现菱形依次缩放出现的动画效果。第3个菱形的动画计时参数如下图所示。

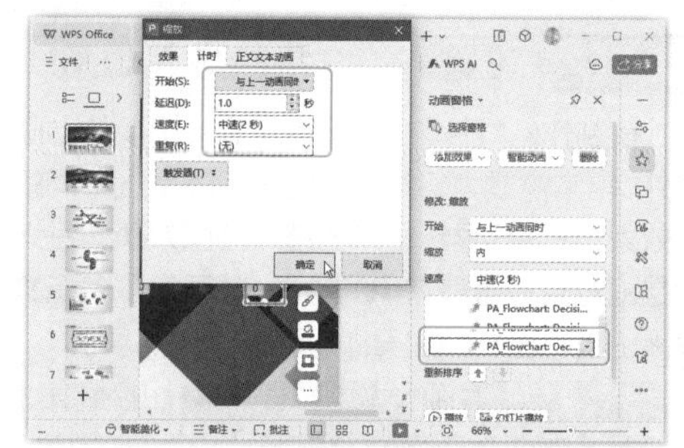

第10步：设置“浮动”进入动画。选中页面左边的“芝润文化”文本框，选择“华丽型”组中的“浮动”动画，让文本框以浮动的方式进入观众视线。

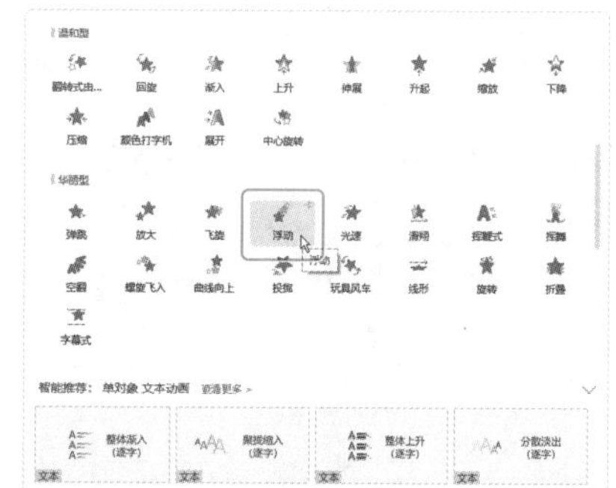

第11步：调整动画参数。在“动画窗格”中设置动画的开始方式和速度。

第12步：设置"劈裂"动画。❶选中页面中下方的蓝色直线，为其设置"劈裂"动画；❷在"动画窗格"中设置动画的开始方式、方向和速度。

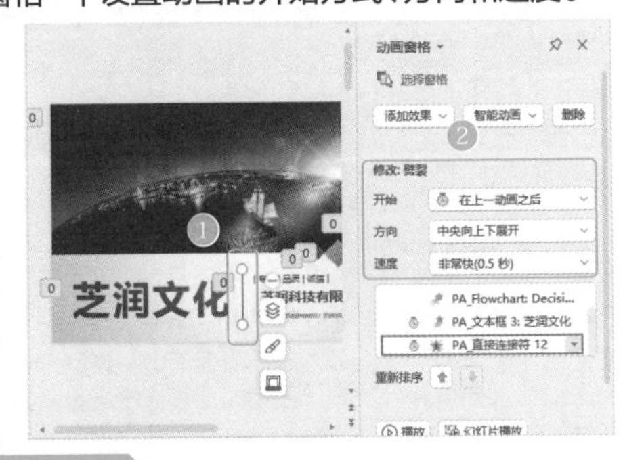

专家点拨

并不是所有动画都有属性选项，如"浮动"动画就没有属性选项。不同动画的属性选项也不相同，这是根据动画的特点来定的。

第13步：设置"切入"进入动画。❶选中"| 专注 | 品质 | 诚信"字样的文本框，为其设置"切入"进入动画；❷在"动画窗格"中设置动画的开始方式、方向和速度。

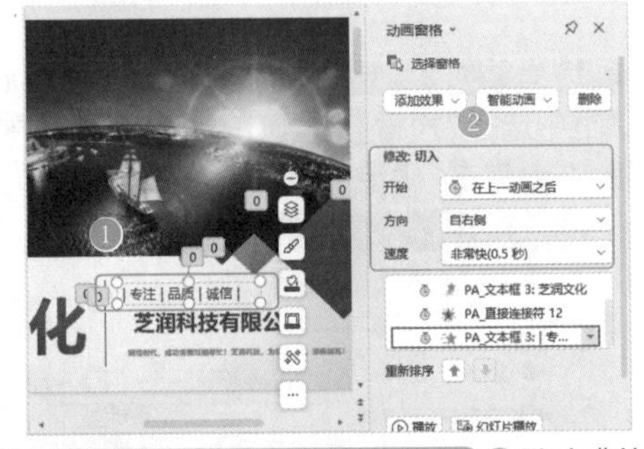

第14步：设置"飞入"进入动画。❶选中"芝润科技有限公司"文本框，为其设置"飞入"动画效果；❷在"动画窗格"中设置动画的开始方式、方向和速度。

第15步：设置"浮动"进入动画。❶选中最下方的灰色字文本框，为其设置"浮动"进入动画；❷在"动画窗格"中设置动画的开始方式和速度。

第16步：查看完成设置的进入动画。完成进入动画设置后，在"动画窗格"中可以看到按照动画顺序排列好的进入动画。

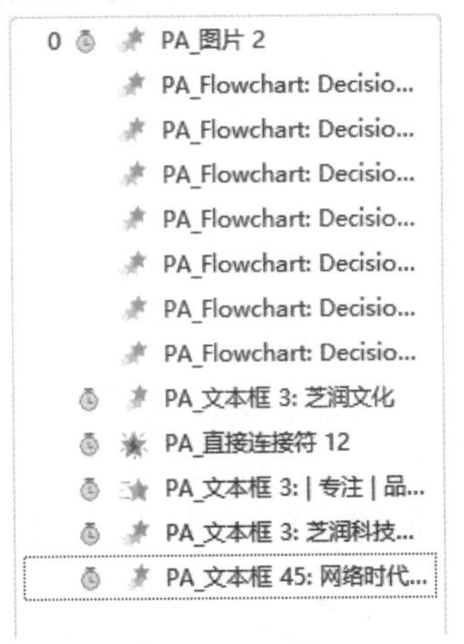

12.1.3 设置宣传文稿的强调动画

强调动画是通过放大、缩小、闪烁、陀螺旋等方式突出显示对象和组合的一种动画。在上一小节中为幻灯片内容设置了进入动画，这一小节讲解如何在进入动画的基础上添加强调动画及声音效果。

>>>1. 添加强调动画

如果内容元素没有设置动画，则可以直接打开动画列表选择一种动画；如果内容元素本身已有动画，可以为其添加动画，让一个内容有两种动画效果。

第1步：单击"添加效果"按钮。❶选中第1页幻灯片中最大的菱形；❷单击"添加效果"按钮。

第2步：选择强调动画。在打开的列表中选择“强调”动画类型组中的“陀螺旋”动画效果。

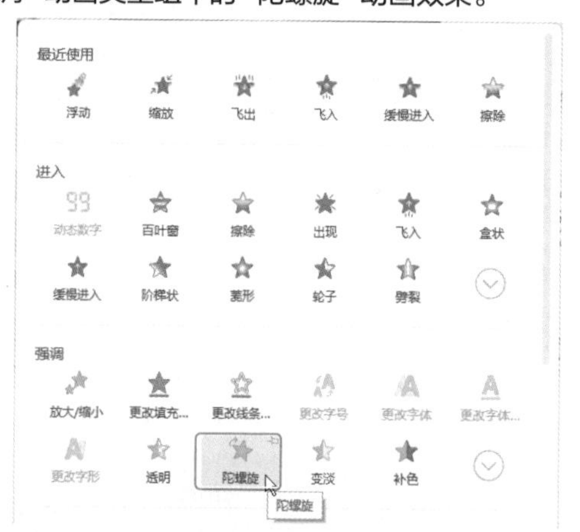

第3步：设置强调动画设置。在动画列表中，可以看到强调动画已设置成功，标志是黄色的星星符号。设置强调动画的开始方式、速度。

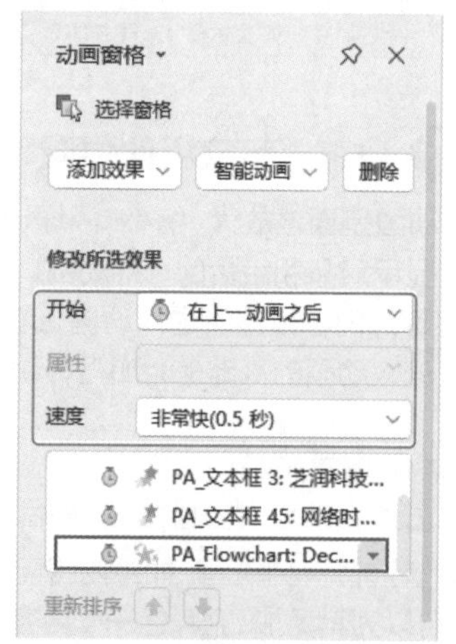

>>>2. 设置强调动画的声音

强调动画的作用就是为了引起观众注意，那么可以为强调动画添加声音，增加强调效果。

第1步：打开动画的效果设置对话框。在“动画窗格”中单击上一步设置好的强调动画的下拉按钮，在下拉菜单中选择“效果选项”选项。

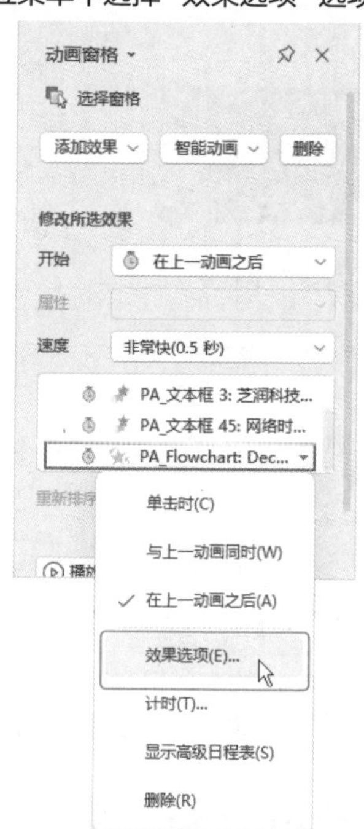

第2步：设置声音效果。❶在打开的“陀螺旋”对话框中选择“声音”为“风铃”；❷将音量调整到最大；❸单击“确定”按钮。

专家点拨

为幻灯片中的内容元素设置动画声音时，不可以同时为多个元素设置声音；否则放映幻灯片时会出现多种音效，从而显得杂乱。

第3步：预览动画。完成强调动画设置后，此时就完成了这页幻灯片的动画设置。单击“动画”

选项卡下的“预览效果”按钮，开始预览这页幻灯片的动画。

第4步：预览动画效果。这页幻灯片的动画播放时的效果如下面两张图所示。页面中的内容根据动画顺序依次出现。

12.1.4 设置宣传文稿的路径动画

路径动画是让对象按照绘制的路径运动的一种高级动画效果，可以实现幻灯片中内容元素的运动效果。

>>>1. 添加路径动画

路径动画的添加与进入动画和强调动画一样，只需选择路径动画进行添加即可。

第1步：打开动画列表。❶切换到第7页幻灯片，可以看到素材文件中已经事先设置好了部分内容的动画，接下来要为照片添加路径动画，选中左下角的照片；❷单击“添加效果”按钮。

第2步：选择路径动画。在打开的动画列表中选择“动作路径”栏“特殊”组中的“水平数字8”路径动画。

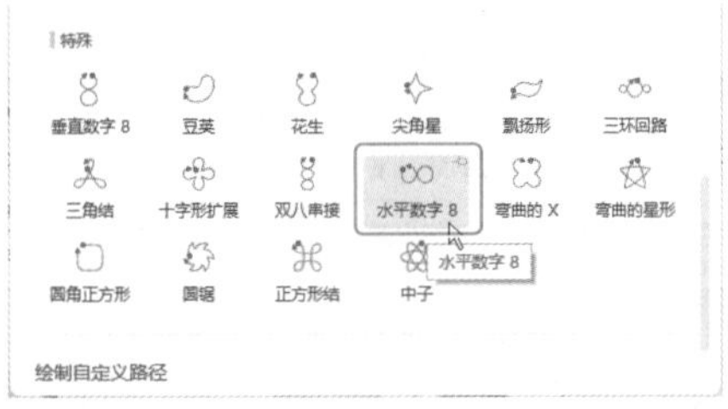

第3步：设置路径动画。在“动画窗格”中设置动画的开始方式。

第4步：设置第2张照片的路径动画。❶按照同样的方法，选中左边中间的照片，为其添加“水平数字8”的路径动画；❷在“动画窗格”中设置动画的开始方式、路径和速度。

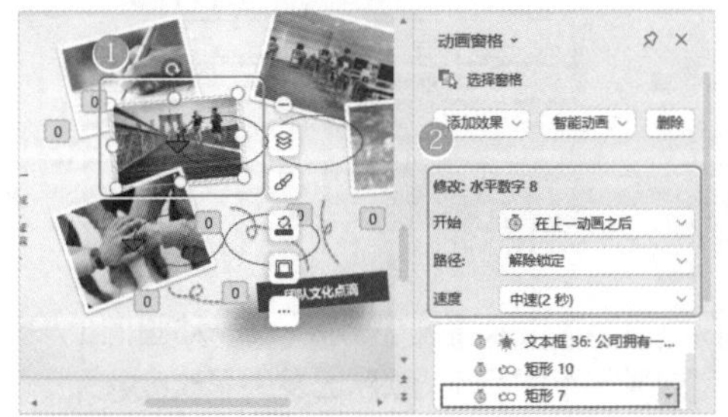

第5步：完成所有照片的路径动画设置。按照相同的方法完成所有照片的路径动画设置，可以看到在“动画窗格”中路径动画是蓝色的长条。

>>>2. 调整动画顺序

完成动画设置后，可以根据需要调整动画的顺序，而不用将顺序设置错误的动画删除。

第1步：单击“向前移动”按钮。❶打开第7页幻灯片的“动画窗格”，选择“矩形10”的动画，按住Shift键，单击“矩形9”的动画，此时它们之间的动画就被全部选中了；❷连续两次单击“重新排序”中的向上箭头按钮，将选中的动画向上移动两个顺序。

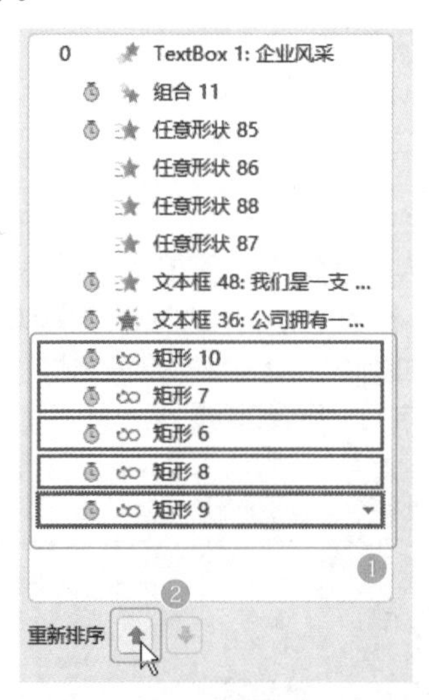

第2步：查看动画顺序调整效果。动画向上移动后，效果如下图所示，顺序已发生了改变。

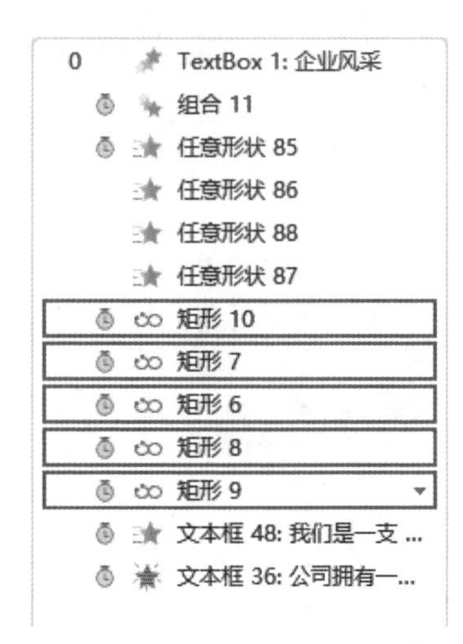

12.1.5 设置宣传文稿的交互动画

可以通过超链接为演示文稿设置交互动画最常见的就是目录的交互，即单击某个目录便跳转到相应的内容页面。也可以为内容元素添加交互动画，如单击某行文字便出现相应的图片展示。

>>>1. 为目录添加内容页链接

为目录添加内容页链接的方法是，选中目录设置超链接，具体方法如下。

第1步：执行“超链接”命令。❶进入到第2页目录页面中；❷选中页面中第1个目录文本框“品牌价值”；❸单击“插入”选项卡下的“超链接”按钮。

第2步：选择链接的幻灯片。❶在打开的“插入超链接”对话框中选择“本文档中的位置”选项❷选择“幻灯片3”；❸单击“确定”按钮，此时就将该目录成功链接到第3页幻灯片上了。

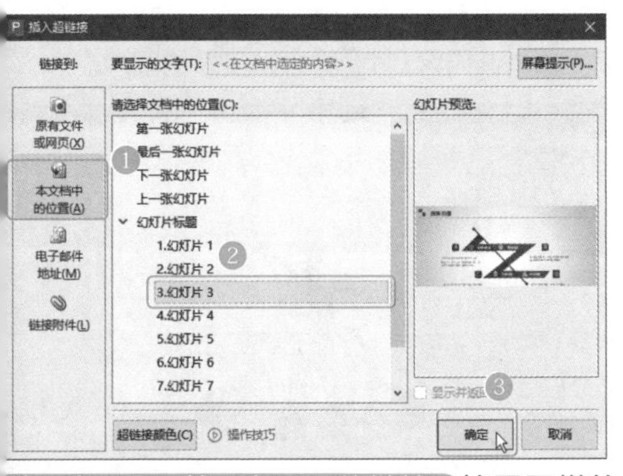

第3步：设置第2个目录的链接。按照同样的方法选中第2个目录“文化理念”，打开“插入超链接”对话框。❶选择“本文档中的位置”选项；❷选择“幻灯片4”；❸单击“确定”按钮。

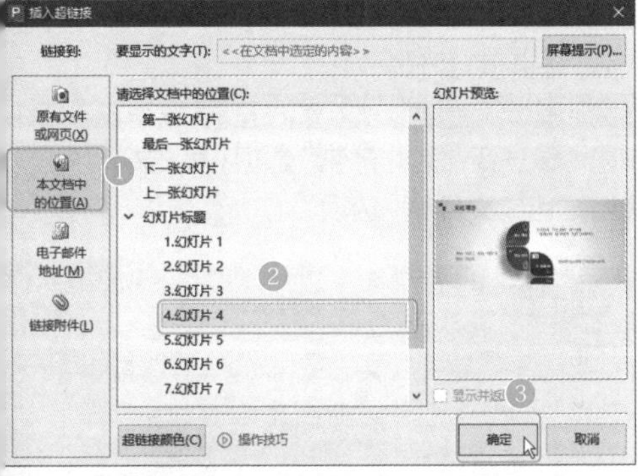

第4步：设置第3个目录的链接。选中第3个目录“经营理念”，打开“插入超链接”对话框。❶选择“本文档中的位置”选项；❷选择“幻灯片5”；❸单击“确定”按钮。

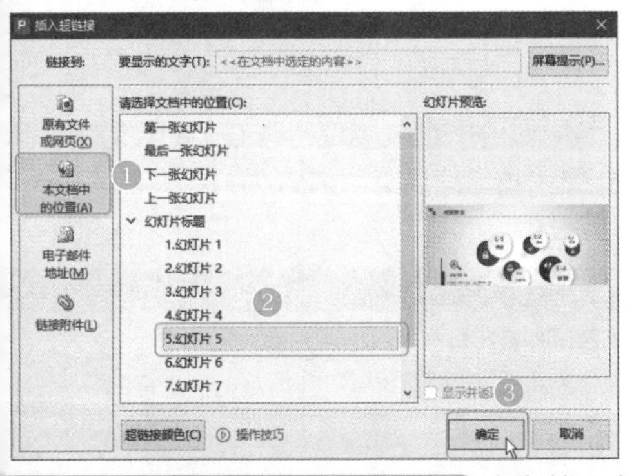

第5步：设置第4个目录的链接。选中第4个目录“企业风采”，打开“插入超链接”对话框。❶选择“本文档中的位置”选项；❷选择“幻灯片7”；❸单击“确定”按钮。

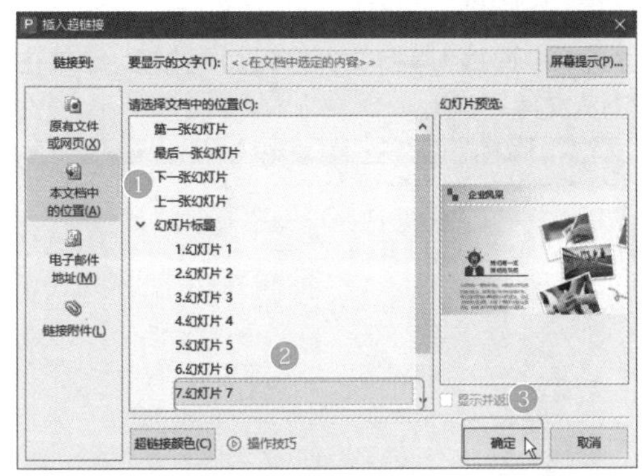

第6步：查看目录链接设置。完成目录链接设置后，按F5键进入放映设置，在目录页放映时，将光标放到设置了超链接的文本框上，会变成手指形状，单击这个目录就会切换到相应的幻灯片页面。

>>>2. 为内容添加交互动画

除了可以为目录页设置交互动画外，还可以为幻灯片中的文本框、图片、图形等元素设置交互动画，让这些元素在被点击时出现链接内容。

第1步：执行“超链接”命令。❶切换到企业文化宣传演示文稿的第8页幻灯片；❷选中页面中的人形图形；❸单击“插入”选项卡下的“超链接”按钮。

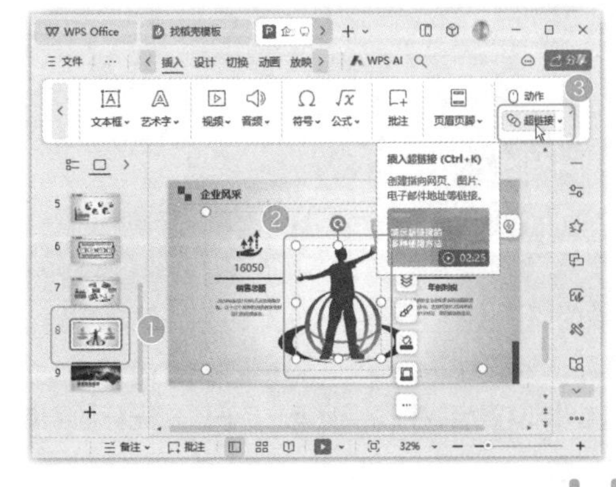

第2步：浏览文件。 ❶在打开的“插入超链接”对话框中选择“原有文件或网页”选项；❷单击“浏览文件”按钮。

第3步：选择文件。 ❶在打开的“链接到文件”对话框中按照路径“素材文件\第12章\企业文化.jpg”选择素材图片；❷单击“打开”按钮。

第4步：确定选择的图片。 选择图片后，回到“插入超链接”对话框中，单击“确定”按钮。

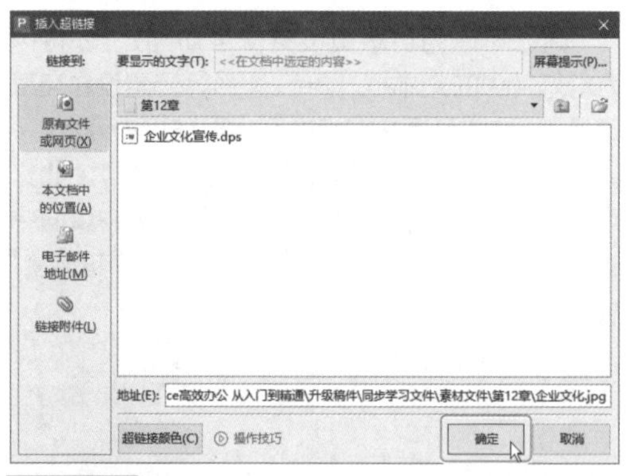

专家点拨

当超链接是链接到计算机中的文件时，文件位置发生改变后，演示文稿中的超链接会失效，此时需要重新进行链接。

第5步：查看超链接设置效果。 完成内容元素的超链接设置后，在放映演示文稿时，将光标放到设置了超链接的内容上，就会出现如下图所示的效果。单击该内容，就会弹出链接好的图片。

>>>3. 打包保存有交互动画的文稿

超链接设置不仅可以是图片，还可以是音频和视频。为了保证链接好的内容可以准确无误地打开，最好将文件打包保存，避免换一台计算机播放后，超链接打开失败。

第1步：执行打包成文件夹命令。 ❶单击“文件”按钮；❷选择“文件打包”选项；❸选择“将演示文档打包成文件夹”选项。

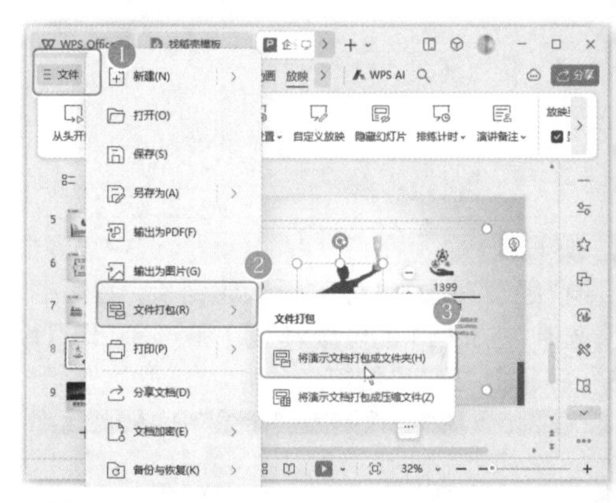

第2步：单击“浏览”按钮。 在“演示文件打包”对话框中单击“浏览”按钮，为打包文件选择一个保存位置。

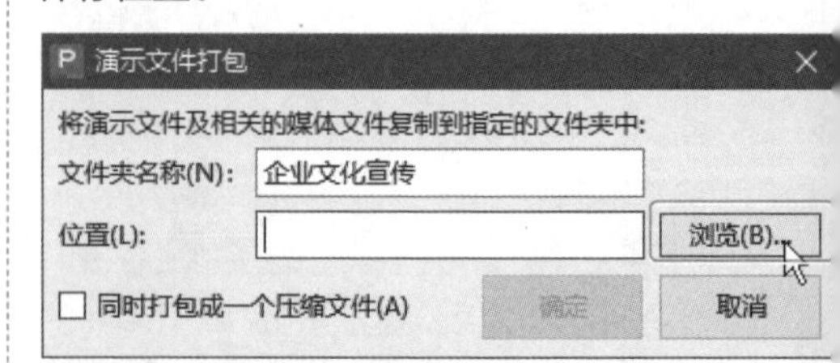

第3步：确定文件打包。 完成打包文件保存位置的设置后，单击“确定”按钮。

演示文件打包
将演示文件及相关的媒体文件复制到指定的文件夹中:
文件夹名称(N): 企业文化宣传
位置(L): t\同步学习文件\结果文件\第12章 浏览(B)...
同时打包成一个压缩文件(A) 确定 取消

第4步：完成文件打包。完成文件打包后，会弹出“已完成打包”对话框，单击“关闭”按钮。

第5步：查看打包成功的文件。打包成功的文件如下图所示，其中包含了超链接使用到的链接文件，将打包文件复制到其他计算机中进行播放时也不用担心链接文件的路径失效影响播放效果。

12.2 设置与放映“年终总结演示文稿”

扫一扫 看视频

※ 案例说明

在年终的时候，公司与企业不同的部门都要进行年终总结汇报。此时就需要利用演示文稿来放映年终总结汇报内容。年终总结演示文稿中通常包含对去年工作的优点与缺点总结，对来年工作的计划与展望。为了在年终总结大会上完美地进行演讲，需要提前在幻灯片中设置好备注内容，防止关键时刻忘词，也需要提前进行演讲排练，做足准备工作。

“年终总结演示文稿”文档制作完成后的效果如下图所示。

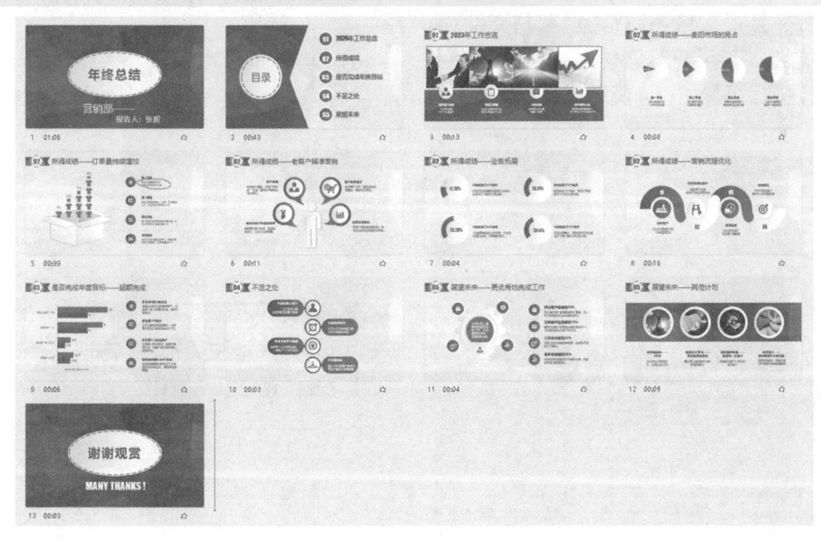

※ 思路解析

当完成年终总结报告制作后，需要审视每一页内容，思考在放映这页幻灯片时需要演讲什么内容，是否有容易忘记的内容需要以备注的形式添加到幻灯片中。当完成备注添加后，还要知道如何正确地播放备注。此外，还要明白如何设置幻灯片的播放，具体的制作流程及思路如下。

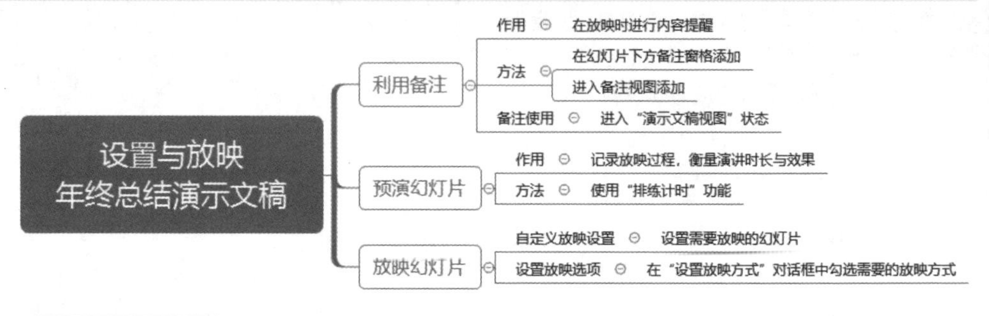

※ 步骤详解

12.2.1 设置备注帮助演讲

在制作幻灯片时，幻灯片页面中仅仅只输入主要内容，其他内容则可以添加到备注中，在演讲时作为提词所用。备注最好不要长篇大论，简短的几句思路提醒、关键内容提醒即可；否则，在演讲时长时间盯着备注看会影响演讲效果。完成备注添加后，演讲时也需要正确设置，才能正确显示备注。

>>>1. 设置备注

设置备注有两种方法，短的备注可以在幻灯片下方进行添加，长的备注则可以进入备注视图添加。

第1步：打开备注窗格。 按照路径"素材文件\第12章\年终总结.dps"打开素材文件。❶切换到需要添加备注的页面，如第4页幻灯片；❷单击幻灯片下方的"备注"按钮。

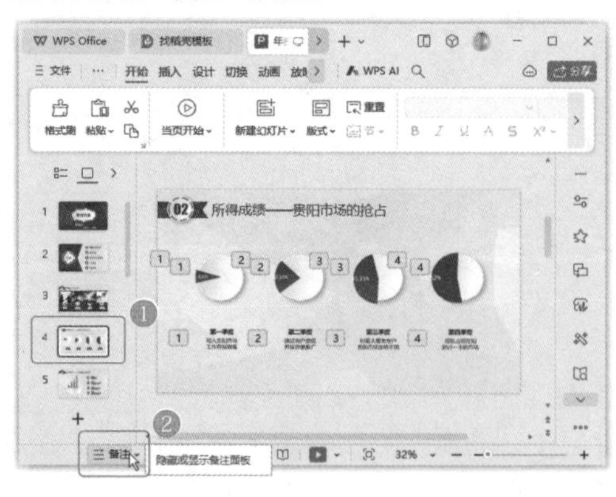

专家点拨

在添加备注时，还可以选中需要添加备注的幻灯片，单击"放映"选项卡下的"演讲备注"按钮，打开"演讲者备注"对话框，在对话框中输入备注内容即可。

第2步：输入备注内容。 在打开的备注窗格中输入备注内容。

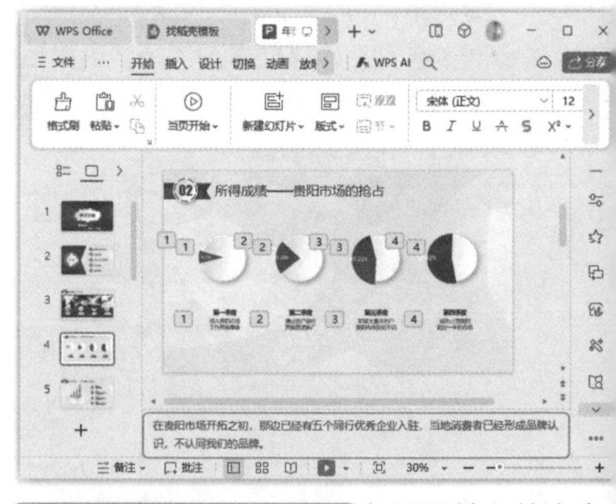

第3步：进入备注页视图。 如果要输入的内容较长，可以打开备注页视图，方法是单击"视图"选项卡下的"备注页"按钮。

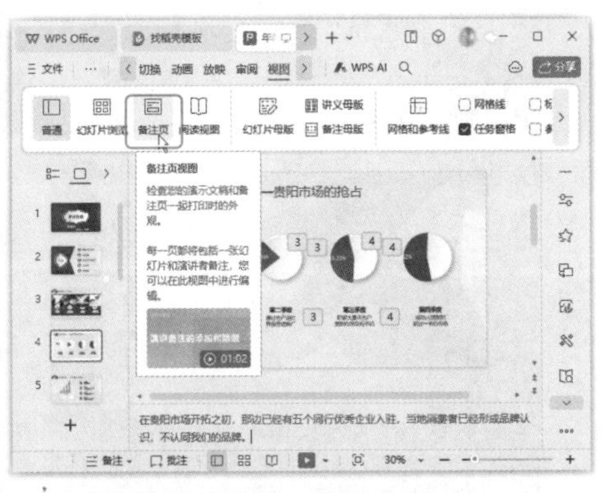

第4步：在备注页视图中添加备注。打开备注页视图后，在下方的文本框中输入备注即可。

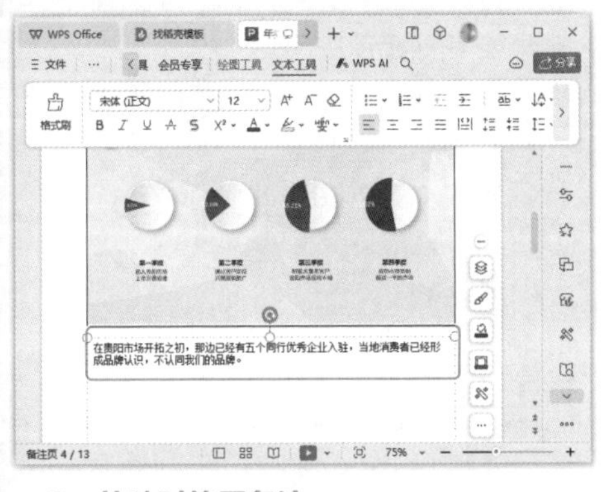

>>>2．放映时使用备注

完成备注输入后，需要进行正确设置，才能在放映时让观众只看到幻灯片内容，而演讲者可以看到幻灯片及备注内容。

第1步：执行“演讲备注”命令。按F5键，进行幻灯片播放状态。在播放到有备注的第4页幻灯片时，播放时右击，在弹出的快捷菜单中选择“演讲备注”选项。

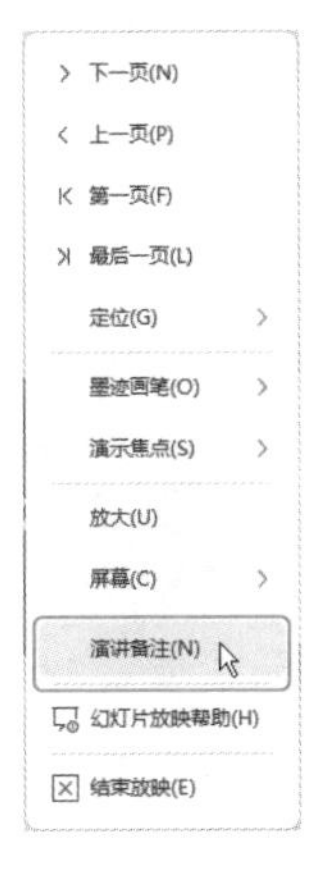

专家点拨

使用“演讲备注”功能后，讲台上的演讲者可以看到备注内容，而讲台下的观众则看不到备注内容。

第2步：查看备注。此时会弹出“演讲者备注”对话框，演讲者查看完备注后，单击“确定”按钮，即可关闭备注内容。

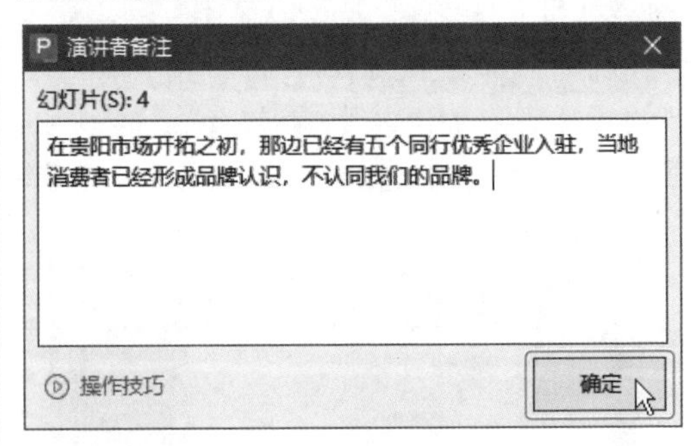

12.2.2 在放映前预演幻灯片

在完成演示文稿制作后，可以播放幻灯片，进入计时状态，将幻灯片放映过程中的时间长短及操作步骤录制下来，以此来回放与分析演讲中的不足之处以便于改进，也可以让预演完成的幻灯片自动播放。

第1步：执行“排练计时”命令。单击“放映”选项卡下的“排练计时”按钮。

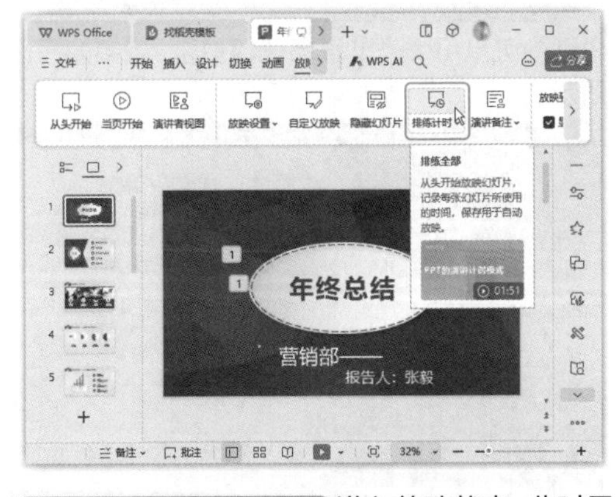

第2步：进入放映状态。进入放映状态，此时界面左上方出现计时窗格，里面记录了每一页幻灯片的放映时间以及演示文稿的总放映时间。

第3步：打开荧光笔。在放映时，可以设置光标为荧光笔，方便演讲者指向重要内容。❶单击界面左下方的笔状按钮；❷在打开的菜单中选择“荧光笔”选项。

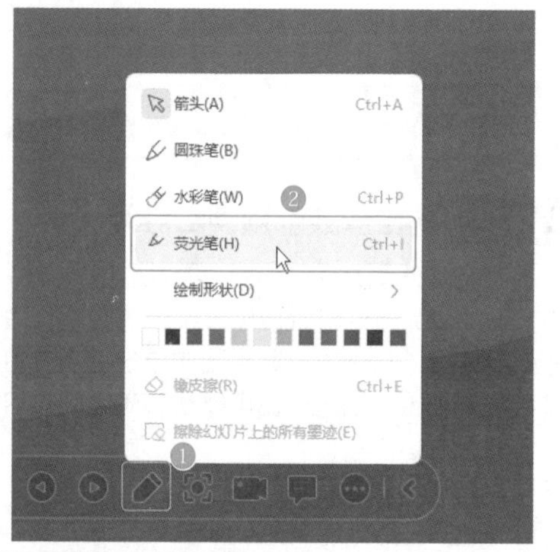

第4步：使用荧光笔。将光标变成荧光笔后，在界面中可以用荧光笔指向任何位置，效果如下图所示。

第5步：打开水彩笔。如果觉得荧光笔太突兀，可以选择水彩笔。❶单击笔状按钮；❷选择“水彩笔”选项。

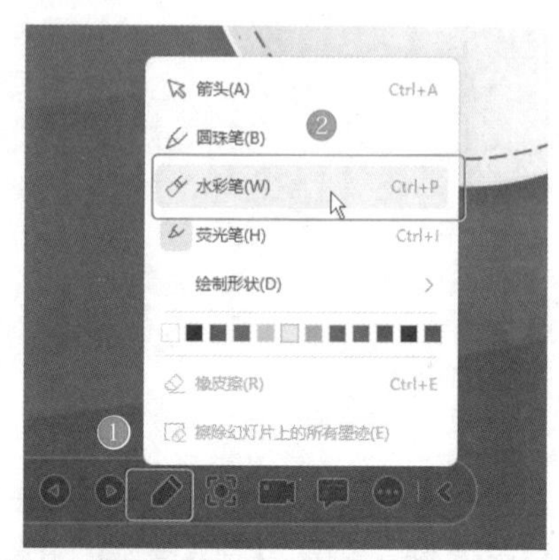

第6步：在界面中圈画重点内容。当光标变成水彩笔后，按住鼠标左键不放，拖动鼠标圈画重点内容，效果如下图所示。

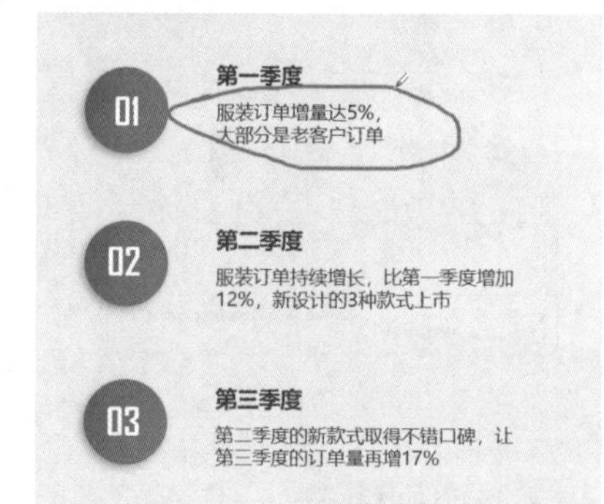

第7步：使用放大镜。对于重点内容，还可以使用放大镜放大播放。在放映时右击，在弹出的快捷菜单中选择“放大”选项。

第8步：选择放大位置。在放映界面右下角将鼠标指针移动红色线框的位置，选择放大位置。

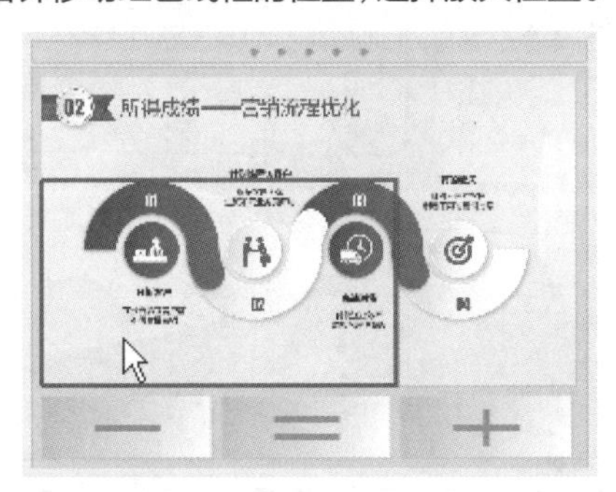

第9步：查看放大内容。被放大镜选中的区域就放大显示，效果如下图所示。

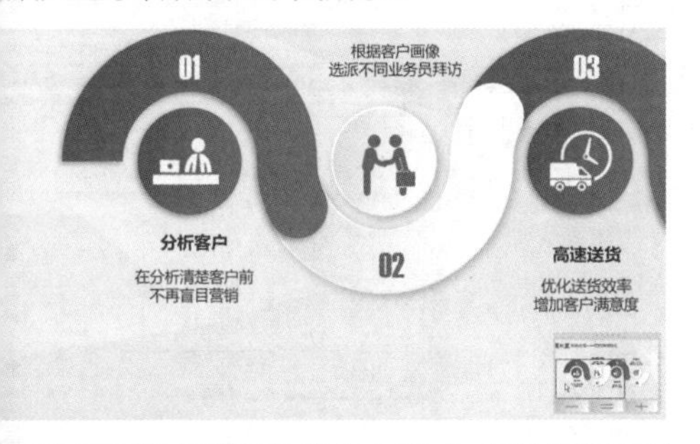

第10步：保留注释。当幻灯片完成所有页面的放映后，会弹出如下图所示的界面，询问是否保留在幻灯片中使用荧光笔绘制的注释，单击“保留”按钮。

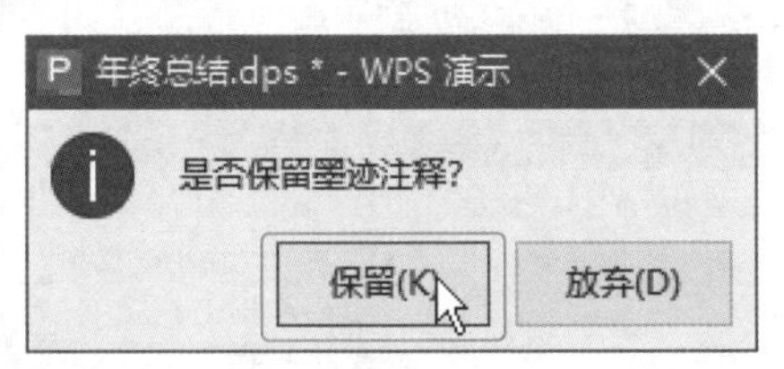

第11步：保留幻灯片计时。保留注释后会弹出对话框询问是否保留计时，单击“是”按钮。

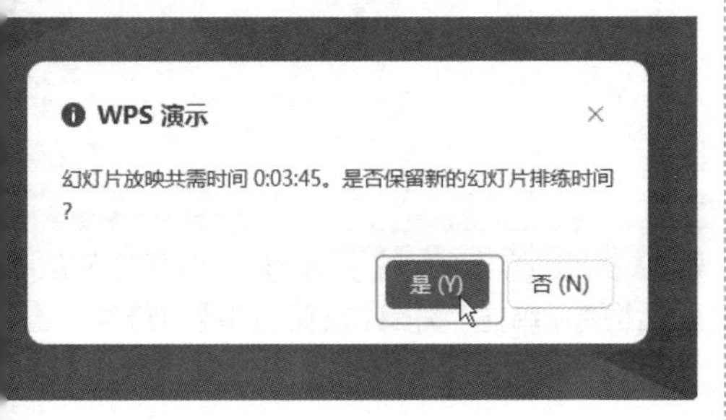

第12步：查看计时。结束放映后，此时可以看到每一页幻灯片下方都记录了放映时长，并且用荧光笔绘制的痕迹也被保留了。

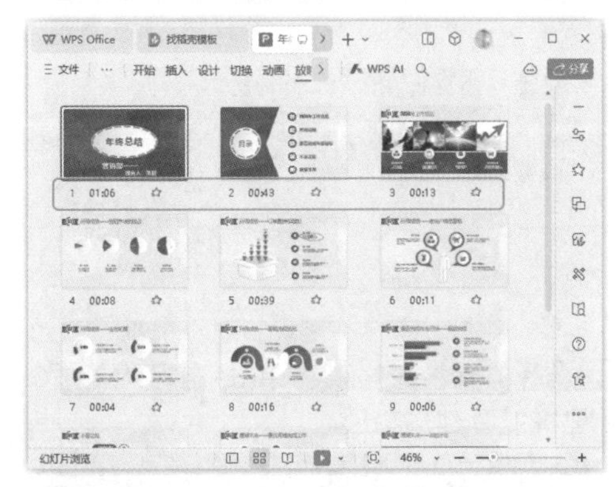

12.2.3 幻灯片放映设置

在放映幻灯片的过程中，放映者可能对幻灯片的放映类型、放映选项、放映幻灯片的数量和换片方式等有不同的需求。为此，可以对其进行相应的设置。

>>>1. 放映内容设置

在放映幻灯片时，可以自由选择要从哪一张幻灯片开始放映。同时也可以自由选择要放映的内容，并且调整放映时幻灯片的顺序，具体操作如下。

第1步：从当前幻灯片开始放映。放映幻灯片时，❶切换到需要开始放映的页面；❷单击“放映”选项卡下的“当页开始”按钮，就可以从当前的幻灯片页面开始放映，而不是从头开始放映。

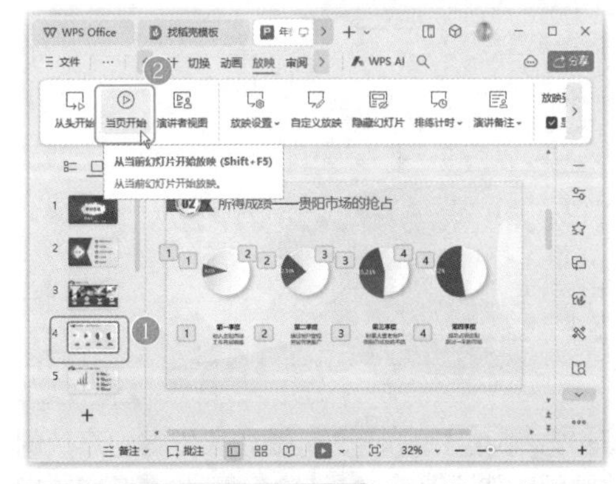

第2步：自定义幻灯片放映。单击“放映”选项卡下的“自定义放映”按钮。

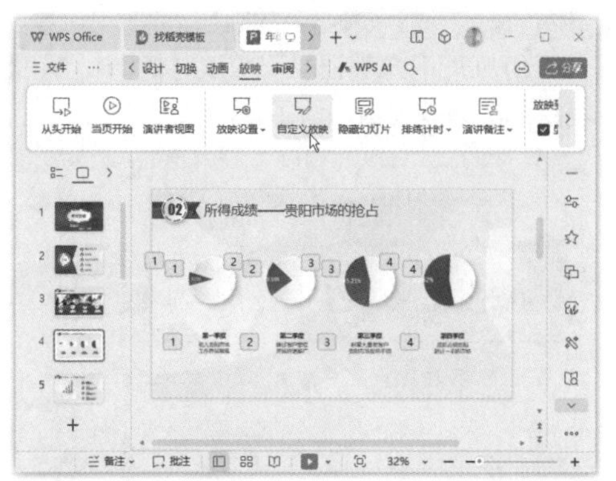

第3步:新建自定义放映。单击“自定义放映”对话框中的“新建”按钮。

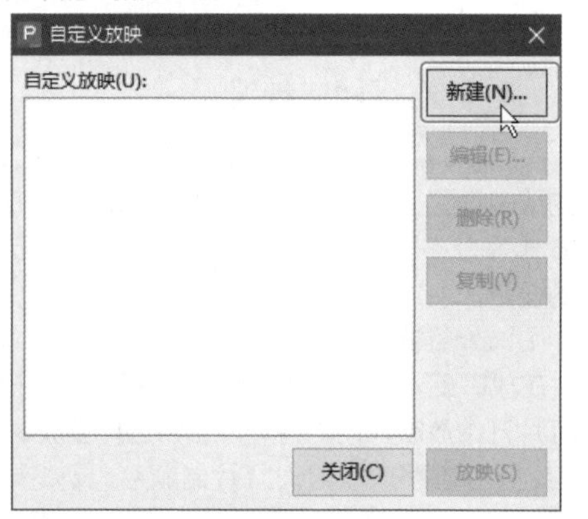

第4步:添加要放映的幻灯片。❶输入放映文件的名称;❷选择要放映的幻灯片,单击“添加”按钮。

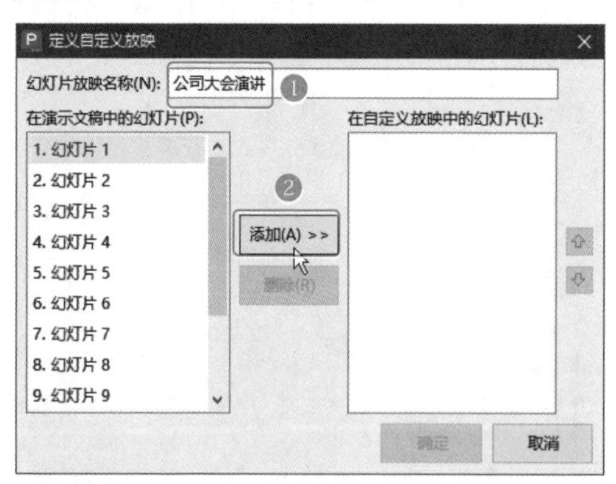

第5步:调整幻灯片顺序。如果觉得幻灯片的放映顺序需要调整,❶选中幻灯片;❷单击“向上”或“向下”按钮。

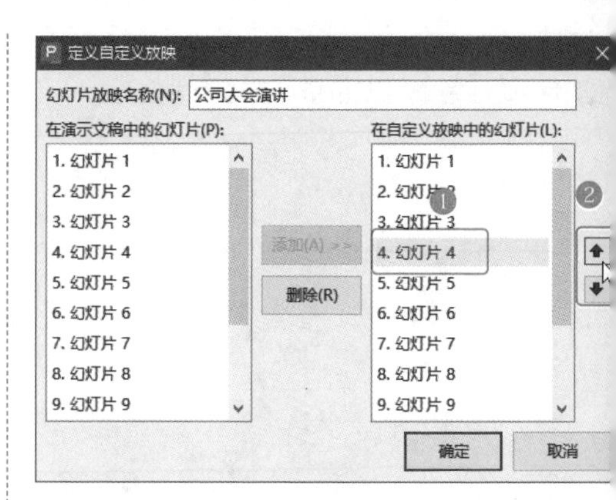

第6步:删除幻灯片放映。如果觉得某张幻灯片不需要放映,❶选中该幻灯片;❷单击“删除”按钮。

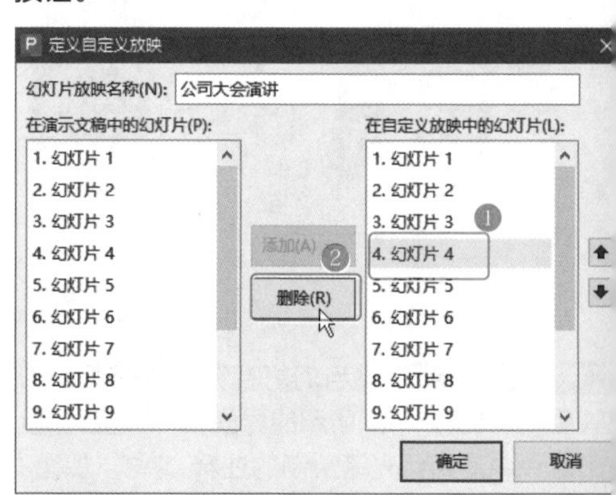

第7步:确定放映设置。单击“确定”按钮,确定放映设置。

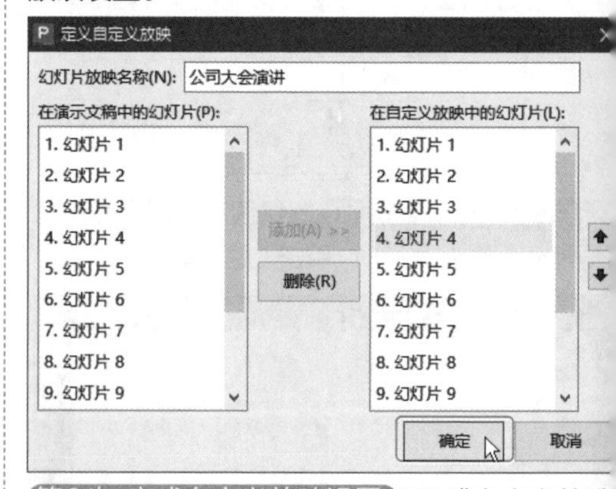

第8步:完成自定义放映设置。返回“自定义放映”对话框中,单击“关闭”按钮,完成幻灯片的自定义放映设置。

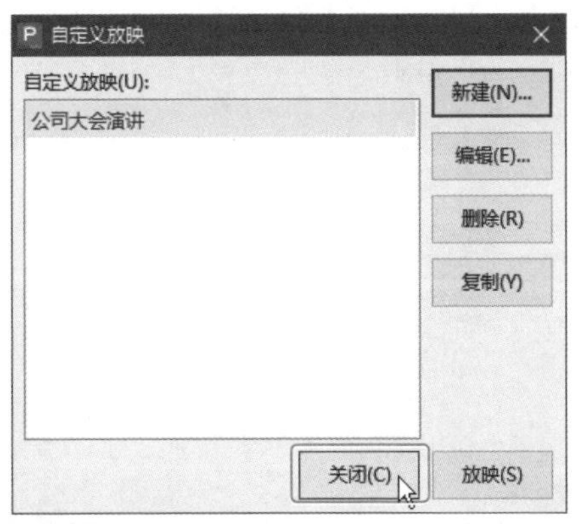

第9步：自定义放映。 单击“放映”选项卡下的“自定义放映”按钮。

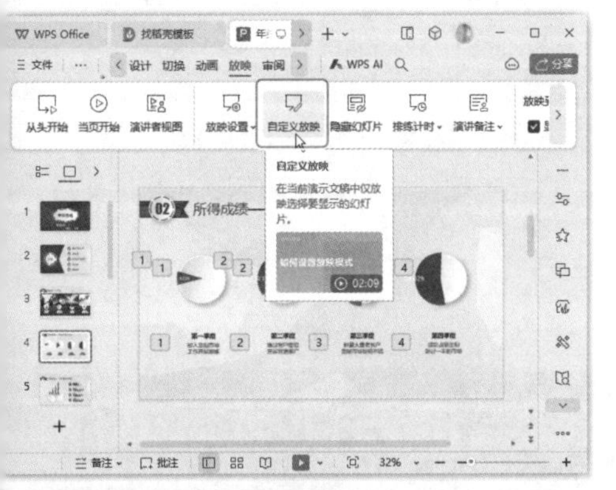

第10步：选择自定义放映。 在打开的“自定义放映”对话框中选择事先设置好的放映方式，单击“放映”按钮，就可以开始自定义放映了。

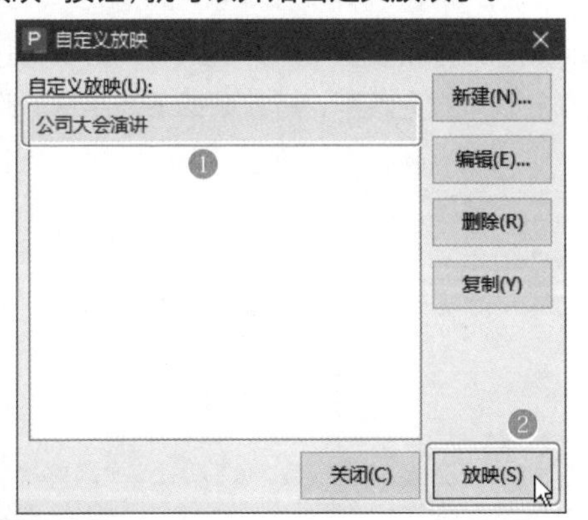

专家点拨

完成演示文稿制作后，如果想放映部分页面或是改变幻灯片的放映顺序，均可以通过自定义放映设置来实现。

>>>2. 放映方式设置

幻灯片的放映有许多方式可以设置，并且还可以设置放映过程中的细节问题。

第1步：打开“设置放映方式”对话框。 单击“放映”选项卡下的“放映设置”按钮。

第2步：设置放映方式。 在打开的“设置放映方式”对话框中选择需要的放映方式，单击“确定”按钮。

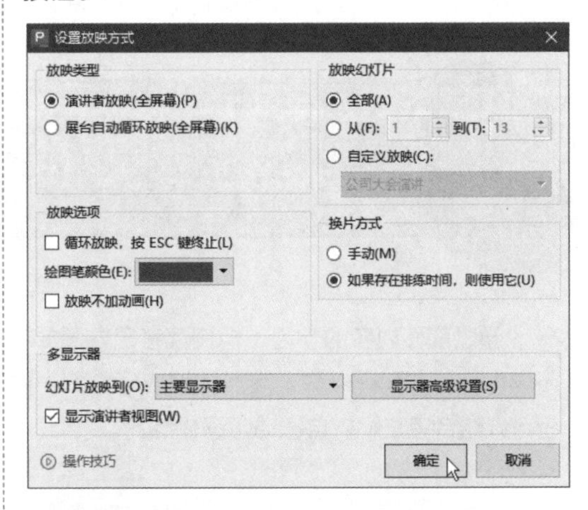

12.2.4 将字体嵌入文件设置

在放映幻灯片时可能出现这样的情况：幻灯片的字体出现异常。这很可能是放映幻灯片的计算机中没有安装文档中使用的字体造成的。那么可以将文档的字体进行嵌入设置，保证放映时的效果。

第1步：打开“选项”对话框。 ❶单击文档左上角的“文件”按钮；❷在下拉菜单中选择“选项”选项。

第2步：设置字体嵌入。❶在“选项”对话框中切换到“常规与保存”选项卡；❷选择“将字体嵌入文件”选项，再选择“仅嵌入文档中所用的字符(适于减小文件大小)”选项；❸单击“确定”按钮。

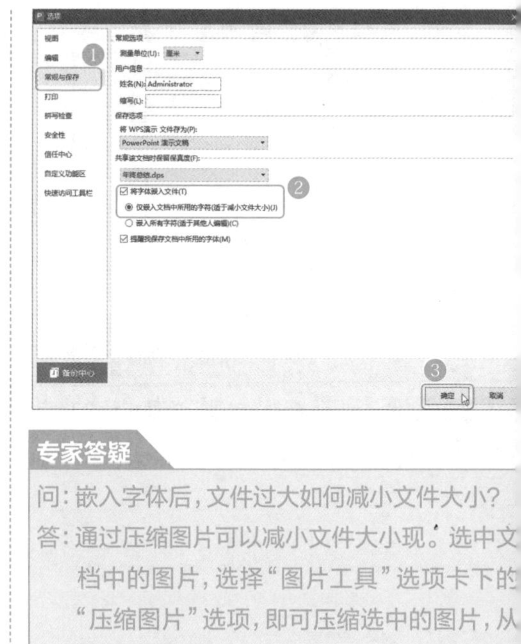

专家答疑

问：嵌入字体后，文件过大如何减小文件大小？

答：通过压缩图片可以减小文件大小现。选中文档中的图片，选择“图片工具”选项卡下的“压缩图片”选项，即可压缩选中的图片，从而减小文件大小。

过关练习：设计并放映“商务计划演示文稿”

通过前面内容的学习，相信读者已熟悉如何添加动画效果以及设置幻灯片放映了。为了巩固所学内容，下面以制作“商务计划演示文稿”的动画和放映方式为案例，其效果如下图所示。读者可以结合思路解析自己动手强化练习。

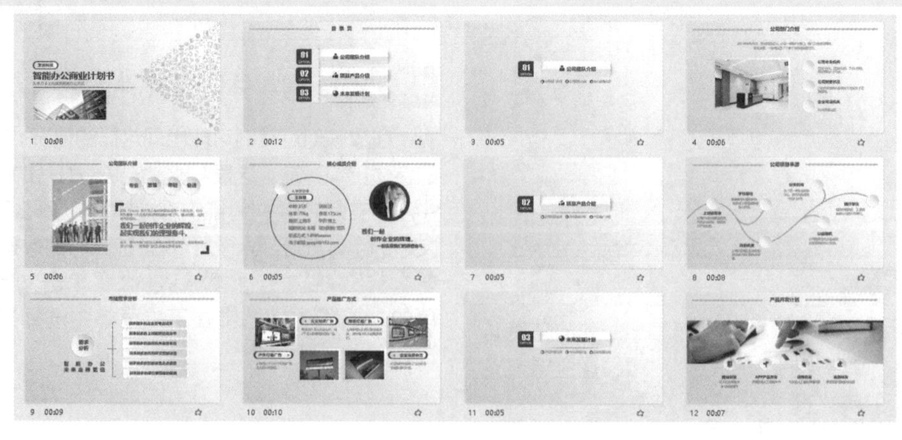

※ 思路解析

商务计划演示文稿中包含了公司团队介绍、项目产品介绍，以及未来发展计划等内容。当商务计划书完成后，需要向商务合作伙伴进行展示，获得更多的合作机会。在展示前应该完善计划书中的动画效果，以及对添加的备注进行注释，还需要进行排练计时，充分地准备演讲。具体的制作流程及思路如下。

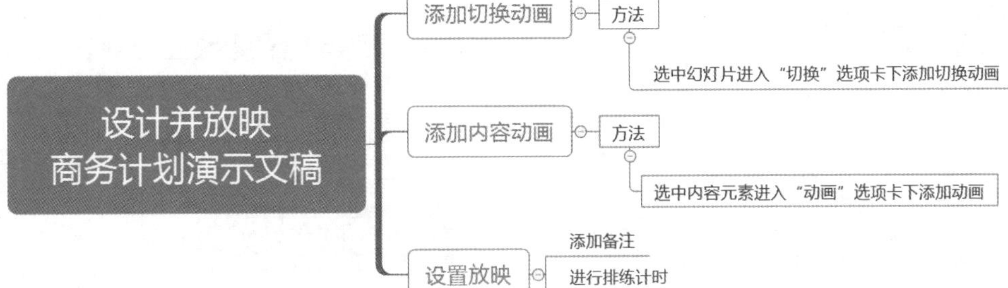

※ 关键步骤

关键步骤1：设置“切出”切换动画。按照路径“素材文件\第12章\商务计划.dps”打开素材文件。❶选中第1页幻灯片；❷选择“切换”选项卡下的“切出”切换动画。按照同样的方法为第2页幻灯片也设置这样的切换方式。

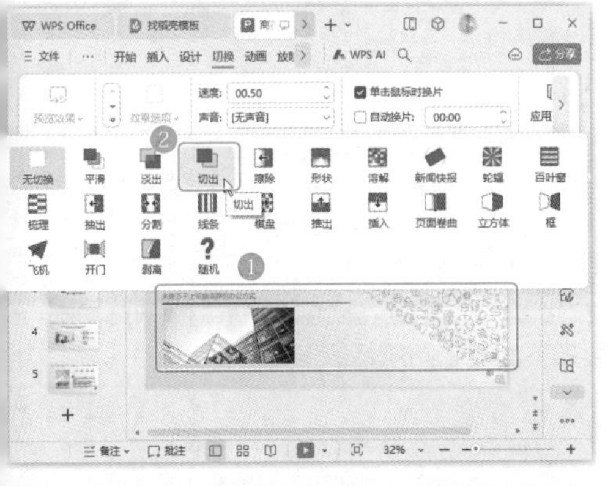

关键步骤2：设置“棋盘”切换动画。❶选中第3页幻灯片；❷选择“切换”选项卡下的“棋盘”切换动画。按照同样的方法为其余幻灯片设置切换方式。

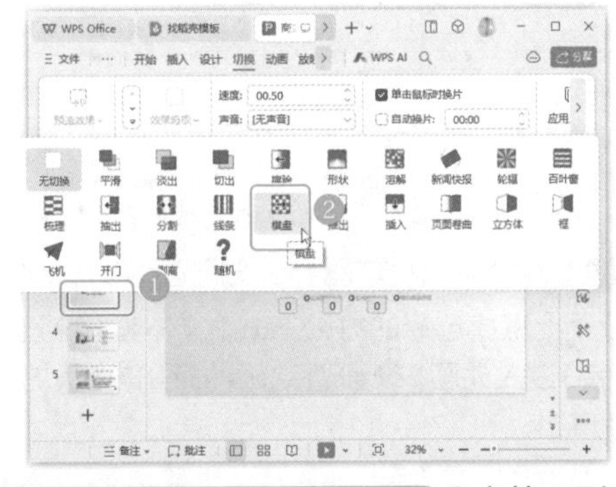

关键步骤3：设置“切入”动画。❶在第1页幻灯片中选中左上角的组合图形；❷设置“切入”动画；❸设置动画的开始方式、方向和速度。

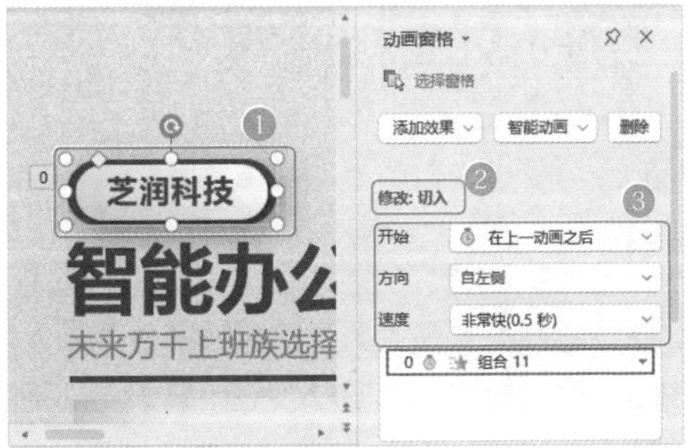

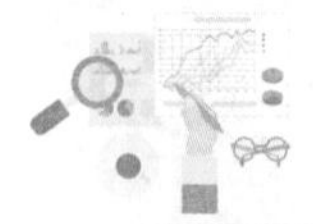

关键步骤4：设置"渐变式缩放"动画。❶选中"芝润科技"文本框；❷设置"渐变式缩放"进入动画；❸设置动画的开始方式和速度。

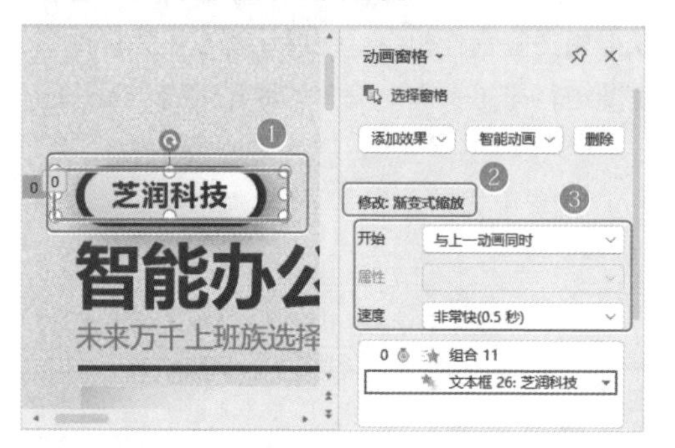

关键步骤5：设置"空翻"动画。❶选中"智能办公商业计划书"文本框；❷设置"空翻"进入动画；❸设置动画的开始方式和速度。

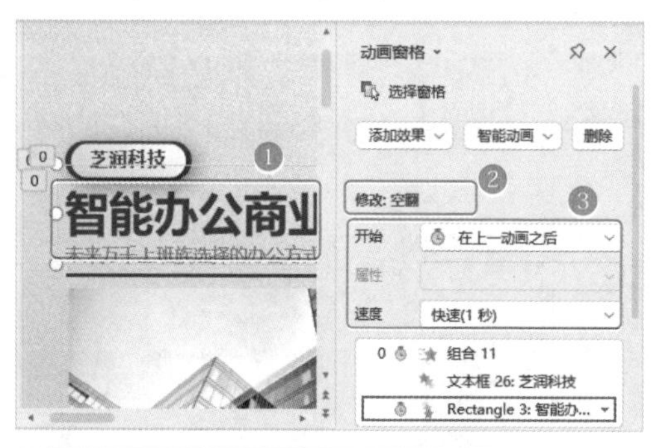

关键步骤6：设置文本框"擦除"动画。❶选中"未来万千上班族选择的办公方式"文本框；❷设置"擦除"进入动画；❸设置动画的开始方式、方向和速度。

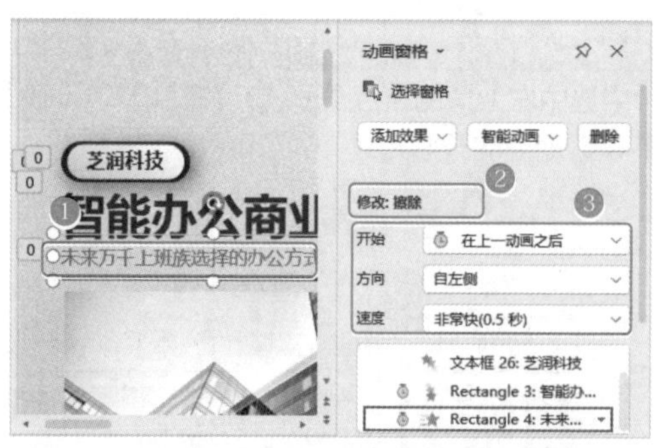

关键步骤7：设置线条"擦除"动画。❶选中左边的线条；❷设置"擦除"进入动画；❸设置动画的开始方式、方向和速度。

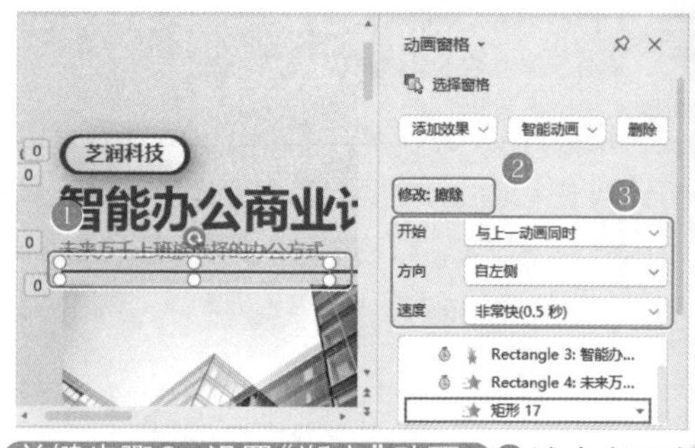

关键步骤8：设置"渐变"动画。❶选中左下角的图片；❷设置"渐变"进入动画；❸设置动画的开始方式和速度。

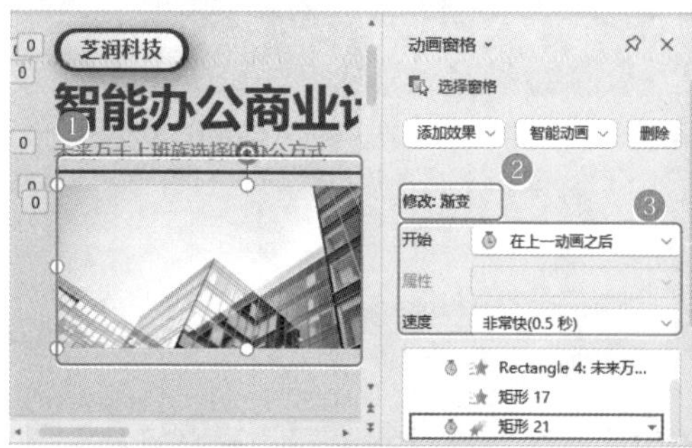

关键步骤9：设置"飞入"动画。❶选中右边的组合图形；❷设置"飞入"进入动画；❸设置动画的开始方式、方向和速度。

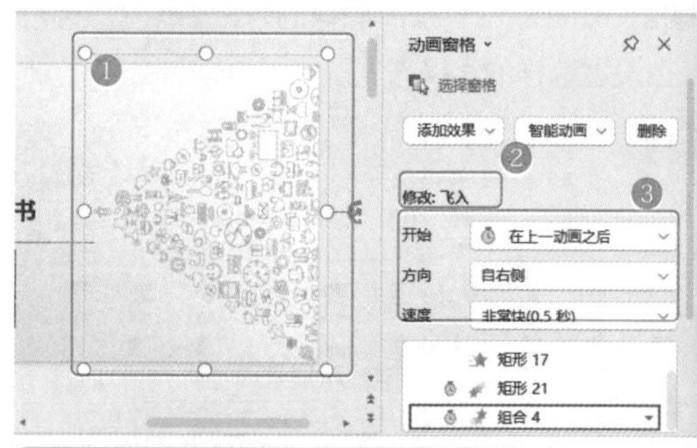

关键步骤10：查看动画播放效果。预览动画，效果如下面两张图所示。

关键步骤11：完善动画。检查后发现直线动画出现了问题，❶分别为右侧的三条线条也设置“擦除”进入动画；❷设置动画的开始方式、方向和速度；❸调整动画的播放位置到合适状态。

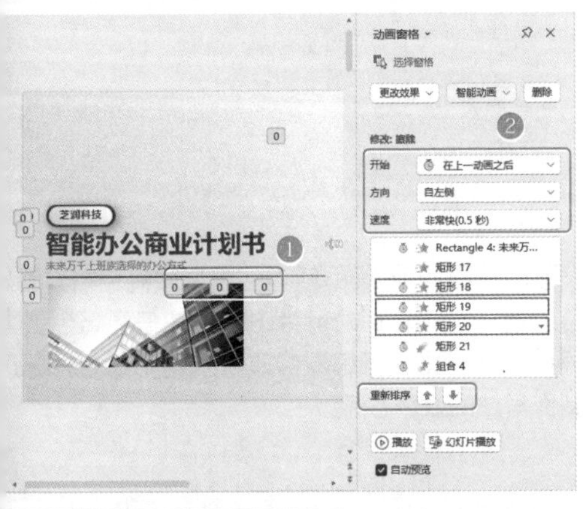

关键步骤12：添加备注。❶切换到第5页幻灯片中；❷单击“备注”按钮；❸在窗格中添加备注文字。

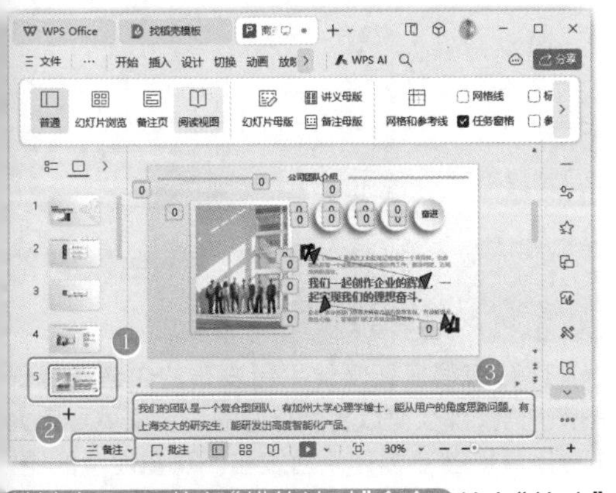

关键步骤13：执行“排练计时”命令。单击“放映”选项卡下的“排练计时”按钮。

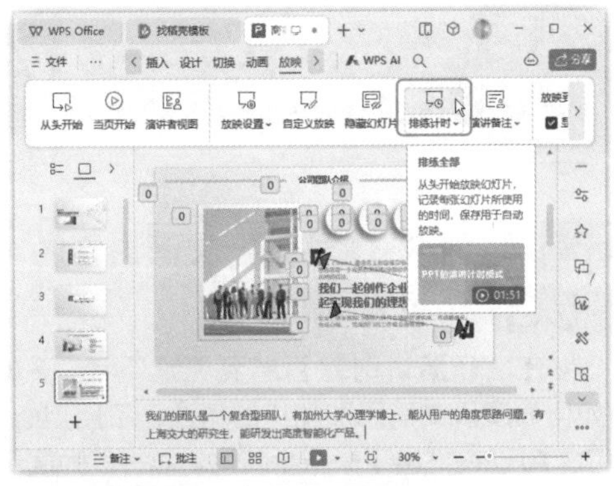

关键步骤14：进行排练预演。在录制状态下，播放演讲幻灯片。

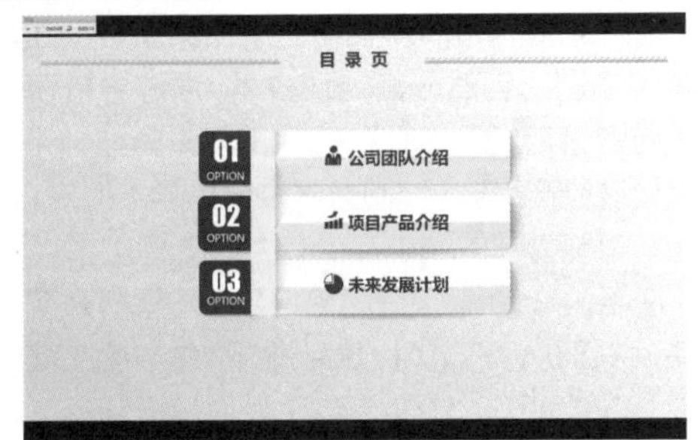

关键步骤15：保存计时。完成放映后，单击“是”按钮，保存计时放映。

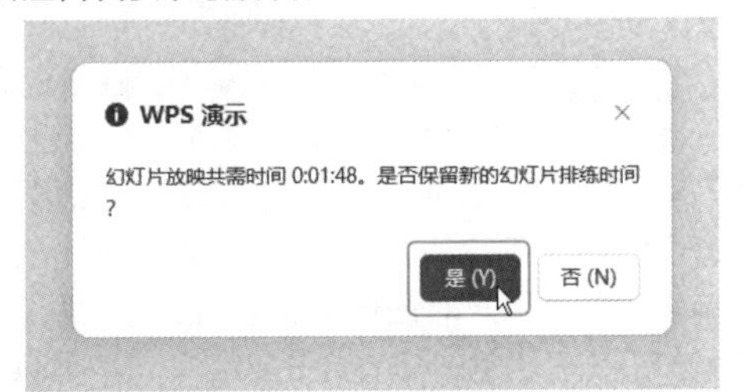

关键步骤16：查看排练计时。此时可以查看每页幻灯片放映的时长。

高手秘技与 AI 智能化办公

01 为 PPT 生成全文演讲备注，让演讲更精彩

你在准备演讲时是否感到无从下手，不知道如何为演示文稿添加精练的备注？不用担心，WPS AI现在推出了一个全新的功能——为演示文稿生成全文演讲备注。这个功能将为演示文稿提供全面的支持，让你在演讲中更加自信、流畅。

WPS AI的为演示文稿生成全文演讲备注功能基于先进的自然语言处理技术，通过分析演示文稿内容，自动生成精练、有用的演讲备注。无论你是要进行产品演示、商务演讲还是学术报告，这个功能都能为你的演讲提供有力的支持。

使用这个功能非常简单，用户只需打开演示文稿，并启动WPS AI，然后选择“生成全文演讲备注”功能即可。软件将自动为你分析演示文稿内容，生成适合你的演讲备注。你还可以在生成的备注中进行个性化修改，以满足实际需求。具体操作步骤如下。

第1步：选择“生成全文演讲备注”选项。 按照路径“素材文件\第12章\车辆销售年终总结.pptx”打开素材文件。❶单击WPS AI按钮，在显示出的WPS AI任务窗格中选择“一键生成”选项；❷单击新界面下方对话框前面的“创作单页”按钮；❸在下拉菜单中选择“生成全文演讲备注”选项。

第2步：应用生成的备注。 稍后即可看到系统为每一页幻灯片都添加了备注。单击“应用”按钮。

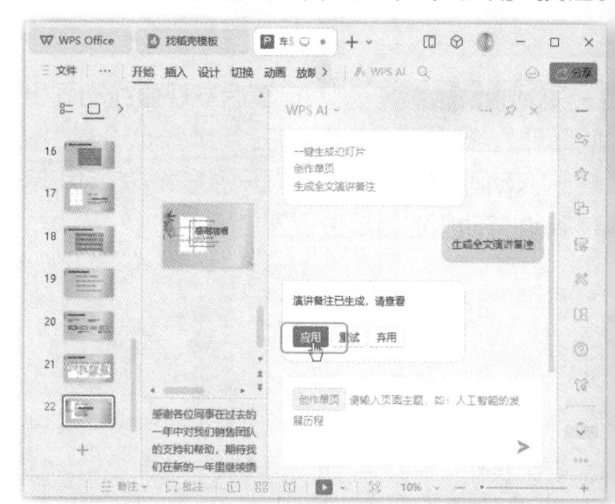

第3步：查看备注效果。 返回演示文稿编辑界面，可以逐一查看每页幻灯片下的备注信息，还可以根据实际需求进行编辑修改，这样就大大提高了制作备注的效率。

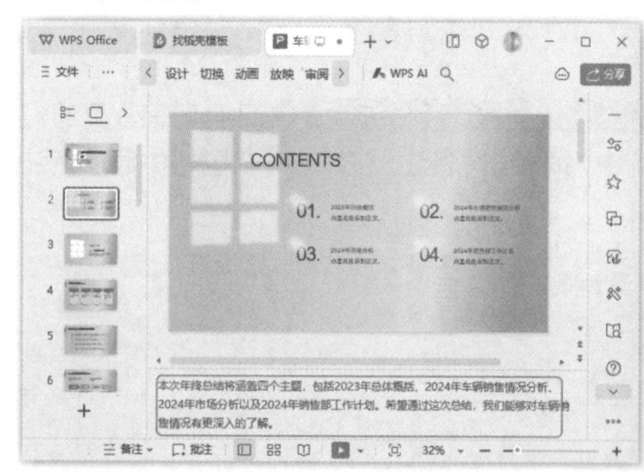

02 制作适合新媒体平台发布的长图其实很简单

现在有很多新媒体平台发布的内容都是长图形内容，那么可以将制作好的演示文稿导出为长图，直接在新媒体平台发布。需要注意的是，WPS演示的合成长图功能需要充值成为WPS会员，才能将图片导出为无水印长图；否则导出的长图带有水印。

第1步：输出图片。打开“素材文件\第12章\合成长图.dps”文件。❶单击“文件”按钮；❷选择“输出为图片”选项。

第2步：设置参数。❶在右侧选择“合成长图”选项；❷如果是WPS会员则选择“无水印”选项，这里在“水印设置”栏中选择“默认水印”选项，设置图片的格式和输出位置；❸单击“开始输出”按钮。

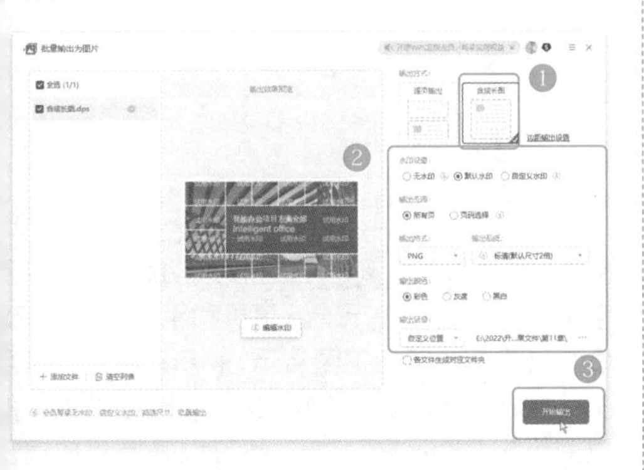

第3步：正在输出。图片输出完成后，会弹出提示对话框，单击“打开图片”按钮。

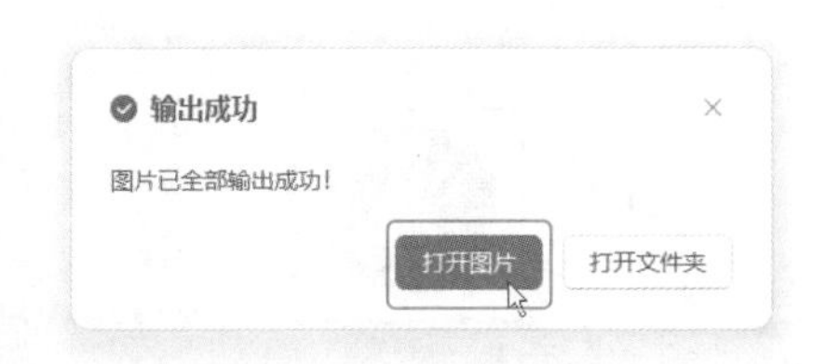

第4步：查看长图。在看图软件中会打开导出的图片，可以看到长图效果，如下图所示；也可以根据保存位置打开长图。

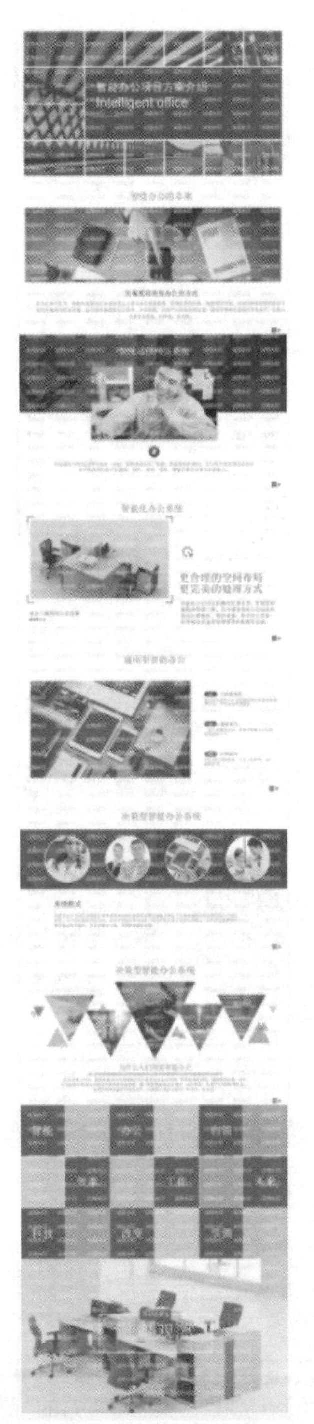

03 使用手机也能轻松控制演示文稿

使用手机也可以控制演示文稿的播放，以前

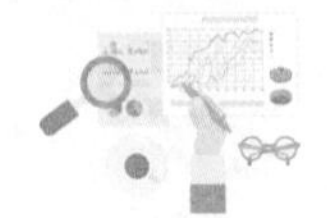

需要在手机上安装专业的播放器，现在直接使用手机版的WPS Office就可以了，具体操作步骤如下。

第1步：单击“手机遥控”按钮。打开任意要播放的演示文稿。单击“放映”选项卡下的“手机遥控”按钮。

第2步：打开二维码界面。如下图所示，此时会弹出如下图所示的界面。

专家点拨

在该界面中单击“投影教程”按钮，可以在新界面中查看到“手机遥控”功能使用方法的关键操作步骤。

第3步：点击“扫一扫”图标。在手机上打开WPS Office，❶点击页面最下方的“首页”按钮，切换到首页界面；❷点击上方搜索框右侧的“扫一扫”图标，并扫描计算机中WPS Office当前界面中的二维码。

第4步：播放演示文稿。连接成功后，计算机和手机上都会得到提示。计算机和手机中的WPS Office界面显示如下图所示，表示已经进入演示文稿播放控制状态。随便在计算机或手机中的界面上单击“播放”按钮，都可以开始播放演示文稿。

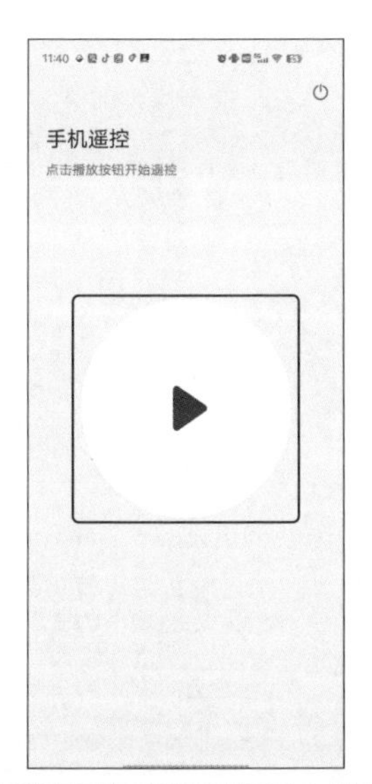

第5步：控制演示文稿放映。进入演示文稿控制状态并开始放映后，手机中的界面如下图所示，可以通过在屏幕中左右点击或滑动来翻页，还可以按住屏幕使用激光笔在计算机中的演示文稿中画标注，十分方便。

第6步：退出演示文稿控制状态。放映到最后一页幻灯片后，会弹出如下图所示的提示对话框，点击“确定”按钮，即可退出手机遥控状态。

专家点拨

通过手机版本的WPS Office，无论用户在何时何地，只需一部手机，就能轻松操控WPS组件，查看与编辑文档、表格和演示文稿。通过WPS演示可以在放映演示文稿时一键切换幻灯片，调整演示进度，让演示更加流畅自如。不再拘泥于固定的演讲稿，可以随时修改内容，让每次演示都充满新鲜感。WPS演示的“手机遥控”功能可以让用户随时随地掌控演示，提升演讲魅力。